NEUROBIOLOGIA

Zespół tłumaczy

Grzegorz Hess (Sekcja B, C, D, F, M, O,
            Wykaz skrótów, Przedmowa)
Henryk Majczyński (Sekcja G, K, L, N, R2, R3)
Grażyna Niewiadomska (Sekcja A, E, P, Q, R1, R4)
Wioletta Waleszczyk (Sekcja H, I, J)

W serii ukazały się: *Biochemia, Biologia molekularna, Biologia zwierząt, Mikrobiologia, Genetyka, Ekologia, Immunologia, Chemia organiczna, Neurobiologia*

W przygotowaniu: *Chemia fizyczna, Chemia nieorganiczna, Biologia rozwoju, Biologia roślin*

Krótkie wykłady

NEUROBIOLOGIA

A. Longstaff

Przekład zbiorowy pod redakcją
Andrzeja Wróbla

Warszawa 2002
Wydawnictwo Naukowe PWN

Dane oryginału
Instant Notes in Neuroscience
Alan Longstaff

The INSTANT NOTES series
Series editor B.D. Hames

Original edition published
in English under the title of *Instant Notes. Neuroscience*

© BIOS Scientific Publishers Limited, 2000

Za zgodą wydawcy oryginału wykorzystano układ i element graficzny wydania angielskiego

Redaktor Krystyna Mostowik

Podręcznik akademicki dotowany przez Ministerstwo Edukacji Narodowej i Sportu

ISBN 83–01–13805–X

Wydawnictwo Naukowe PWN SA
ul. Miodowa 10, 00-251 Warszawa
tel. (0–22) 695–43–21
e-mail: pwn@pwn.com.pl, http://www.pwn.pl

SPIS TREŚCI

Skróty

A1 pierwszorzędowa kora słuchowa (ang. primary auditory cortex)

A2 drugorzędowa kora słuchowa (ang. secondary auditory cortex)

ACh acetylocholina (ang. acetylcholine)

AChE esteraza acetylocholinowa (ang. acetylcholinesterase)

ACTH hormon adrenokortykotropowy (ang. adrenocorticotrophic hormone)

AII angiotensyna II (ang. angiotensin II)

AMPA kwas α-amino-3-hydroksy-5-metylo--4-izoksazolopropionowy (ang. α-amino-3-hydroxy-5-methyl-4--isoxazole-propionic acid)

apoE apolipoproteina E (ang. apolipoprotein E)

APP białko prekursorowe amyloidu (ang. amyloid precursor protein)

APV kwas D-2-amino-5-fosfonowaleriano-wy (ang. D-2-amino-5-phosphono-valerate)

ATN jądra przednie wzgórza (ang. anterior thalamic nuclei)

ATP adenozyno-5'-trifosforan (ang. adenosine 5'-triphosphate)

AUN autonomiczny układ nerwowy

AVP arginino-wazopresyna (ang. arginine vasopressin)

βAR receptor β-adrenergiczny (ang. β adrenoceptor)

BDNF czynnik wzrostu pochodzenia mózgo-wego (ang. brain derived neurotro-phic factor)

bl błona podstawna (ang. basal lamina)

BMP białko morfogenetyczne kości (ang. bone morphogenetic protein)

α-BTX α-bungarotoksyna (ang. α-bungarotoxin)

CA róg Ammona (łac. cornu Ammonis)

CaM kalmodulina (ang. calmodulin)

CAM kadheryna lub cząsteczka adhezji komórkowej (ang. cell adhesion molecule)

CaMKII kinaza białkowa II zależna od wapnia i kalmoduliny (ang. calcium-calmodu-lin-dependent protein kinase II)

cAMP cykliczny 3',5'-adenozynomono-fosforan (ang. 3',5'-cyclic adenosine monophosphate)

CAT (lub CT) tomografia komputerowa (ang. computer assisted tomography)

CC kora zakrętu obręczy (ang. cingulate cortex)

CCK cholecystokinina (ang. cholecysto-kinin)

CF częstotliwość charakterystyczna (ang. characteristic frequency)

cGMP cykliczny 3',5'-guanozynomono-fosforan (ang. 3',5'-cyclic guanosine monophosphate)

ChAT acetylotransferaza cholinowa (ang. choline acetyltransferase)

CL jądra śródblaszkowe wzgórza (ang. central laminar nuclei of thalamus)

CNG kanał jonowy bramkowany cyklicz-nym nukleotydem (ang. cyclic--nucleotide-gated channel)

CoA koenzym A (ang. coenzyme A)

COMT metylotransferaza katecholowa (ang. catechol-O-methyl transferase)

CPG ośrodkowy generator wzorców lokomocyjnych (ang. central pattern generators)

CRH hormon uwalniający hormon adreno-kortykotropowy (ang. corticotrophin releasing hormone)

CS bodziec warunkowy (ang. conditioned stimulus)

CSF płyn mózgowo-rdzeniowy (ang. cerebrospinal fluid)

CVA udar mózgowo-naczyniowy (ang. cerebrovascular accident)

CVLM tylna brzuszno-boczna część rdzenia przedłużonego (ang. caudal ventrolateral medulla)

CVO narząd okołokomorowy (ang. circumventricular organ)

DAG diacyloglicerol (ang. diacylglycerol)

DBL warga grzbietowa blastoporu lub pragęby (ang. dorsal blastopore lip)

DCML układ (droga) sznurów tylnych – wstęga przyśrodkowa (ang. dorsal column – medial lemniscal system)

DCN jądra sznurów tylnych (ang. dorsal column nuclei)

2-DG 2-deoksyglukoza (ang. 2-deoxyglucose)

DHC	komórka rogu tylnego (grzbietowego) (ang. dorsal horn cell)
DLPN	jądro mostu grzbietowo-boczne (ang. dorsolateral pontine nucleus)
DNA	kwas deoksyrybonukleinowy (ang. desoxyribonucleic acid)
DOPAC	kwas dihydroksyfenylooctowy (ang. dihydroxyphenyl acetic acid)
DRG	zwój rdzeniowy (ang. dorsal root ganglion)
DST	droga rdzeniowo-móżdżkowa grzbietowa (tylna) (ang. dorsal spinocerebellar tract)
DYN	dynorfina (ang. dynorphin)
ECT	terapia elektrowstrząsowa (ang. electroconvulsive therapy)
EEG	elektroencefalografia (ang. electroencephalography)
EGF	czynnik wzrostu naskórka (ang. epidermal growth factor)
EGL	warstwa ziarnista zewnętrzna (ang. external granular layer)
EMG	elektromiografia (ang. electromyography)
ENK	enkefalina (ang. encephalin)
ENS	układ nerwowy trzewny (ang. enteric nervous system)
EPP	potencjał płytki końcowej (ang. endplate potential)
EPSP	pobudzający potencjał postsynaptyczny (ang. excitatory postsynaptic potential)
ER	siateczka śródplazmatyczna (ang. endoplasmatic reticulum)
aktyna F	włóknista (fibrylarna) forma aktyny (ang. filamentous actin)
FEF	czołowy ośrodek spojrzenia (ang. frontal eye field)
FF	(jednostka ruchowa) szybka męczliwa (ang. fast fatiguing)
FM	modulacja częstotliwościowa (ang. frequency modulation)
fMRI	czynnościowe obrazowanie metodą jądrowego rezonansu magnetycznego (ang. functional magnetic resonance)
FR	(jednostka ruchowa szybka) odporna na zmęczenie (ang. fatigue resistant)
FRA	włókna aferentne (lub aferenty) odruchu zginania (ang. flexor reflex afferents)
FSH	hormon dojrzewania pęcherzyka Graafa (folitropina) (ang. follicle stimulating hormone)
G_i	hamujące białko G (hamujace cyklazę adenylanową) (ang. inhibitory G protein)
Go	białko Go (ang. other G protein)
Gq	białko G sprzężone z fosfolipazą (ang. G protein coupled to phospholipase)
Gs	stymulujące białko G (stymulujące cyklazę adenylanową) (ang. stimulatory G protein)
Gt	transducyna
GABA	kwas γ-aminomasłowy (ang. γ-aminobutyrate)
GC	cyklaza guanylanowa (ang. guanylyl cyclase)
GDP	5′-guanozynodifosforan (ang. guanosine 5′-diphosphate)
GFAP	kwaśne włókienkowe białko glejowe (ang. glial fibrillary acidic protein)
GH	hormon wzrostu (ang. growth hormone)
GHRH	hormon uwalniający hormon wzrostu (somatokrynina) (ang. growth hormone releasing hormone)
GnRH	hormon uwalniający hormony gonadotropowe (gonadoliberyna) (ang. gonadotrophin releasing hormone)
GPe	część zewnętrzna gałki bladej (łac. globus pallidus pars externa)
GPi	część wewnętrzna gałki bladej (łac. globus pallidus pars interna)
GR	receptor glukokortykoidów (glukokortykosteroidów) (ang. glucocorticoid receptor)
GTO	narząd (receptor) ścięgnisty Golgiego (ang. Golgi tendon organ)
GTP	5′-guanozynotrifosforan (ang. guanosine 5′-triphosphate)
5-HIAA	kwas 5-hydroksyindolooctowy (ang. 5-hydroxyindoleacetic acid)
HPA	oś podwzgórze–przysadka–nadnercza (ang. hypothalamic–pituitary–adrenal axis)
HPG	oś podwzgórze–przysadka–gonady (ang. hypothalamic–pituitary–gonadal axis)
HPT	oś podwzórze–przysadka–tarczyca (ang. hypothalamic–pituitary–thyroid axis)
HRP	peroksydaza chrzanu (ang. horseradish peroxidase)
5-HT	5-hydroksytryptamina (serotonina) (ang. 5-hydroxytryptamine, serotonin)
5-HTP	5-hydroksytryptofan (ang. 5-hydroxytryptophan)
HVA	kanały jonowe aktywowane wysokim napięciem (ang. high voltage activated)

IaIN hamujące interneurony (neurony wstawkowe) Ia (ang. **Ia inhibitory interneurons**)

IbIN hamujące neurony Ib (ang. **Ib inhibitory neurons**)

IC wzgórek dolny pokrywy (łac. *inferior colliculus*)

ICSS samodrażnienie wewnątrzczaszkowe (ang. **intracranial self-stimulation**)

Ig immunoglobulina (ang. **immunoglobulin**)

IGF-1 insulinopodobny czynnik wzrostu 1 (ang. **insulin-like growth factor 1**)

IGL warstwa ziarnista wewnętrzna (ang. **internal granular layer**)

iGluR jonotropowy receptor glutaminianowy (ang. **ionotrophic glutamate receptor**)

ILD międzyuszna różnica poziomu głośności dźwięku (ang. **interaural level differences**)

IP$_3$ inozytolo-1,4,5-trisfosforan (ang. **inositol 1,4,5-trisphosphate**)

IPSP hamujący potencjał postsynaptyczny (ang. **inhibitory postsynaptic potential**)

IT dolna część kory skroniowej (ang. **inferotemporal cortex**)

ITD międzyuszna różnica czasu (ang. **interaural time difference**)

L-DOPA L-3,4-dihydroksyfenyloalanina (ang. **L-3,4-dihydroxyphenylalanine**)

LC jądro sinawe (łac. *locus coeruleus*)

LCN jądro szyjne boczne (ang. **lateral cervical nucleus**)

LDCV duży pęcherzyk o gęstym rdzeniu (ang. **large dense-core vesicle**)

LGN ciało kolankowate boczne (ang. **lateral geniculate nucleus**)

LH hormon luteinizujący (lutropina) (ang. **luteinizing hormone**)

LSO jądro górne boczne oliwki (ang. **lateral superior olivary nucleus**)

LTD długotrwała depresja synaptyczna (lub osłabienie) (ang. **long-term depression**)

LTM pamięć długotrwała (ang. **long-term memory**)

LTN jądro boczne nakrywki (ang. **lateral tegmental nucleus**)

LTP długotrwałe wzmocnienie synaptyczne (lub potencjalizacja) (ang. **long-term potentiation**)

LVA kanały jonowe aktywowane niskim napięciem (ang. **low voltage activated**)

m. mięsień

mm. mięśnie

M kanał wielkokomórkowy (ang. **magnocellular pathway**)

M/T komórki mitralne/pędzelkowate (ang. **mitral/tufted cells**)

mAChR cholinergiczny receptor muskarynowy (ang. **muscarinic cholinergic receptor**)

MAO oksydaza monoaminowa (ang. **monoamine oxidase**)

MAP średnie ciśnienie tętnicze (**mean arterial (blood) pressure**)

MB ciała suteczkowate (ang. **mammillary bodies**)

MEPP potencjał miniaturowy płytki końcowej (ang. **miniature endplate potential**)

MFB pęczek przyśrodkowy przodomózgowia (ang. **medial forebrain bundle**)

MFS rozgałęzianie włókien kiciastych lub mszystych (ang. **mossy fiber sprouting**)

mGluR1 metabotropowy receptor glutaminianowy typu 1 (ang. **type 1 metabotropic glutamate receptor**)

MGN ciało kolankowate przyśrodkowe (ang. **medial geniculate nucleus**)

MI pierwszorzędowa kora ruchowa (ang. **primary motor cortex**)

MII drugorzędowa kora ruchowa (ang. **secondary motor cortex**)

MLCK kinaza łańcucha lekkiego miozyny (ang. **myosin light chain kinase**)

MLR śródmózgowiowa okolica lokomocyjna (ang. **mesencephalic locomotor region**)

MOPEG 3-metoksy-4-hydroksyfenyloglikol (ang. **3-methoxy,4-hydroxy-phenylglycol**)

MPOA przyśrodkowe pole przedwzrokowe (ang. **medial preoptic area**)

MPP+ 1-metylo-4-fenylopyridinium (ang. **1-methyl-4-phenyl pyridinium**)

MPSP miniaturowy potencjał postsynaptyczny (ang. **miniature postsynaptic potential**)

MPTP 1-metylo-4-fenylo-1,2,3,6-tetrahydro-pirydina (ang. **1-methyl-4-phenyl-1,2,3,6-tetrahydropyridin**)

MR receptor mineralokortykoidów lub mineralokortykosteroidów (ang. **mineralocorticoid receptor**)

MRI obrazowanie metodą jądrowego rezonansu magnetycznego (ang. **magnetic resonance imaging**)

MSO — jądro górne przyśrodkowe oliwki (ang. medial superior olivary complex)

MST — kora skroniowa przyśrodkowo-górna (ang. medial superior temporal cortex)

MT — przyśrodkowa kora skroniowa (ang. medial temporal cortex)

MuSK — kinaza specyficzna dla mięśni (ang. muscle-specific kinase)

n. — nerw

nn. — nerwy

NA — noradrenalina (ang. noradrenaline)

nAChR — cholinergiczny receptor nikotynowy (ang. nicotinic cholinergic receptor)

NGF — czynnik wzrostu nerwu (ang. nerve growth factor)

NMDA — kwas N-metylo-D-asparaginowy (ang. N-methyl-D-aspartate)

NMDAR — receptor kwasu N-metylo-D-asparaginowego (ang. N-methyl-D-aspartate receptor)

nmj — złącze nerwowo-mięśniowe (ang. neuromuscular junction)

NMR — jądrowy rezonans magnetyczny (ang. nuclear magnetic resonance)

NPY — neuropeptyd Y (ang. neuropeptide Y)

NREM — sen „nie-REM" lub sen wolnofalowy, faza snu, w której nie występują szybkie ruchy gałek ocznych (ang. nonrapid eye movement sleep)

NRM — wielkie jądro szwu (łac. nucleus raphe magnus)

NST — jądro pasma samotnego (ang. nucleus of the solitary tract)

NT 3–6 — neurotrofiny 3–6 (ang. neurotrophins 3–6)

OC — oliwkowo-ślimakowy (ang. olivocochlear)

OCD — zespół obsesyjno-kompulsywny lub nerwica z natręctwami (ang. obsessive-compulsive disorder)

6-OHDA — 6-hydroksydopamina (ang. 6-hydroxydopamine)

OUN — ośrodkowy układ nerwowy

OVLT — narząd naczyniowy blaszki krańcowej (ang. vascular organ of the lamina terminalis)

P — droga drobnokomórkowa (ang. parvocellular pathway)

PAD — depolaryzacja pierwszorzędowych włókien aferentnych lub włókien czuciowych Ia (ang. primary afferent depolarization)

PAG — istota szara okołowodociągowa (ang. periaqueductal gray matter)

PB — kanał drobnokomórkowy plamkowy (ang. parvocellular-blob)

PC — komórki Purkinjego (ang. Purkinje cells)

PD — choroba Parkinsona (ang. Parkinson's disease)

PDE — fosfodiesteraza (ang. phosphodiesterase)

PDS — depolaryzacje napadowe neuronu (ang. paroxysmal depolarizing shifts)

PET — pozytronowa tomografia emisyjna (ang. positron emission tomography)

pf — włókna równoległe (ang. parallel fibers)

PFC — kora przedczołowa (ang. prefrontal cortex)

PGO — iglice mostowo-kolankowato-potyliczne (ang. pontine-geniculate-occipital spikes)

PHF — parzyste spiralnie skręcone włókienka (ang. paired helical filaments)

PI — kanał drobnokomórkowy międzyplamkowy (ang. parvocellular-interblob)

PIP_2 — fosfatydyloinozytolo-4,5-bisfosforan (ang. phosphatidylinositol-4,5-bisphosphate)

PKA — kinaza białkowa A (ang. protein kinase A)

PKC — kinaza białkowa C (ang. protein kinase C)

PLC — fosfolipaza C (ang. phospholipase C)

PM — kora przedruchowa (ang. premotor cortex)

PNS — obwodowy układ nerwowy (ang. peripheral nervous system)

POA — pole przedwzrokowe (ang. preoptic area)

POM — kompleks tylny wzgórza (jądro przyśrodkowe) (ang. posterior complex (medial nucleus) of thalamus)

PP — kora ciemieniowa tylna (ang. posterior parietal cortex)

PRL — prolaktyna (ang. prolactin)

PSNS — układ przywspółczulny lub parasympatyczny (ang. parasympathetic nervous system)

PSP — potencjał postsynaptyczny (ang. postsynaptic potential)

PVN — jądro przykomorowe (ang. paraventricular nucleus)

RA — kwas retinowy (ang. retinoic acid)

RA — receptor szybko adaptujący się (ang. rapidly adapting)

REM — sen REM lub sen paradoksalny, przejawiający się szybkimi ruchami

RER szorstka siateczka śróplazmatyczna (ang. rough endoplasmatic reticulum)

gałek ocznych (ang. rapid eye movement sleep)

RF pole recepcyjne (ang. receptive field)

RHT droga siatkówkowo-podwzgórzowa (ang. retinohypothalamic tract)

RNA kwas rybonukleinowy (ang. ribonucleic acid)

RVLM przednia brzuszno-boczna część rdzenia przedłużonego (ang. rostral ventrolateral medulla)

S (jednostka ruchowa) wolna (ang. slow twitch fiber)

SC bocznica (kolaterala) Schaffera (ang. Schaffer collateral)

SCG zwój szyjny górny (ang. superior cervical ganglion)

SCN jądro nadskrzyżowaniowe (ang. suprachiasmatic nucleus)

SDN--POA dymorficzne płciowo jądro pola przedwzrokowego (ang. sexually dimorphic nucleus of the preoptic area)

SER gładka siateczka śródplazmatyczna (ang. smooth endoplasmatic reticulum)

SH2 domena 2 homologii src (ang. src homology domain 2)

SHH białko „sonic hedgehog" (*nie przyjęto dotychczas polskiego terminu, przyp. tłum.*) (ang. sonic hedgehog protein)

SMA dodatkowa kora ruchowa (ang. supplementary motor area)

SNpc część zbita istoty czarnej (łac. *substantia nigra pars compacta*)

SNpr część siatkowata istoty czarnej (łac. *substantia nigra pars reticulata*)

SNS układ współczulny lub sympatyczny (ang. sympathetic nervous system)

SOC zespół jąder górnych oliwki (ang. superior olivary complex)

SON jądro nadwzrokowe (ang. supraoptic nucleus)

SP substancja P (ang. substance P)

SPL poziom ciśnienia dźwięku (ang. sound pressure level)

SR siateczka sarkoplazmatyczna (ang. sarcoplasmic reticulum)

SSRI wybiórcze inhibitory pobierania zwrotnego serotoniny (ang. selective serotonin reuptake inhibitors)

SSV mały przejrzysty pęcherzyk synaptyczny (ang. small clear synaptic vesicle)

ST prążek krańcowy (łac. *stria terminalis*)

STM pamięć krótkotrwała (ang. short-term memory)

STN jądro niskowzgórzowe (ang. subthalamic nucleus)

STT droga rdzeniowo-wzgórzowa (ang. spinothalamic tract)

TB ciało czworoboczne (ang. trapezoid body)

TCA trójcykliczne leki przeciwdepresyjne (ang. tricyclic antidepressants)

TEA jon tetraetyloamoniowy (ang. tetraethylammonium)

TENS przezskórna stymulacja elektryczna nerwu (ang. transcutaneous electrical nerve stimulation)

TH hydroksylaza tyrozynowa (ang. tyrosine hydroxylase)

TM transbłonowy (ang. transmembrane)

TRH hormon uwalniający hormon tyreotropowy (tyreoliberyna) (ang. thyrotropin releasing hormone)

trk receptor sprzężony z kinazą tyrozynową (ang. tropomyosin receptors kinase) [w oryginale: receptory kinazy tyrozynowej (ang. tyrosine kinase receptors)]

TSH hormon tyreotropowy (tyreotropina) (ang. thyroid stimulating hormone)

TTX tetrodotoksyna (ang. tetrodotoxin)

UR odpowiedź bezwarunkowa (ang. unconditioned response)

US bodziec bezwarunkowy (ang. unconditioned stimulus)

V1 pierwszorzędowa kora wzrokowa (ang. primary visual cortex)

V2 drugorzędowa kora wzrokowa (ang. secondary visual cortex)

V3, V4, V5 pola kory wzrokowej wyższego rzędu

VDCC napięciowozależny kanał wapniowy (ang. voltage-dependent calcium channel)

VDKC napięciowozależny kanał potasowy (ang. voltage-dependent potassium (K) channel)

VDSC napięciowozależny kanał sodowy (ang. voltage-dependent sodium channel)

VIP naczyniowoaktywny peptyd jelitowy (ang. vasoactive intestinal peptide)

VLH brzuszno-boczna część podwzgórza (ang. ventrolateral hypothalamus)

VLPO brzuszno-boczne pole przedwzrokowe (ang. ventrolateral preoptic area)

VMAT   pęcherzykowy transporter mono-
        aminowy (ang. vesicular monoamine
        transporter)

VMH   brzuszno-przyśrodkowa część pod-
        wzgórza (ang. ventromedial
        hypothalamus)

VOR   odruchy przedsionkowo-wzrokowe
        (ang. vestibulo-ocular reflexes)

VPL   jądro brzuszne tylno-boczne wzgórza
        (ang. ventroposterolateral nucleus
        (of thalamus))

VPM   jądro brzuszne tylno-przyśrodkowe
        wzgórza (ang. ventroposteromedial
        nucleus (of thalamus))

VRG   brzuszna grupa oddechowa
        (ang. ventral respiratory group)

VST   brzuszna (przednia) droga
        rdzeniowo-móżdżkowa (ang. ventral
        spinocerebellar tract)

VZ   warstwa przykomorowa
        (ang. ventricular zone)

Przedmowa

Nauka o układzie nerwowym (neurobiologia) należy do najbardziej dynamicznie rozwijających się gałęzi wiedzy, czemu w konsekwencji towarzyszy gwałtowne zwiększenie się liczby publikacji. Próbuje ona wyjaśnić w sposób mechanistyczny działanie najbardziej skomplikowanego „urządzenia" istniejącego w znanym wszechświecie, a mianowicie mózgu ludzkiego. Nauka o układzie nerwowym jest interdyscyplinarna. Łączy elementy biochemii i biologii molekularnej, fizjologii, anatomii, psychologii oraz medycyny klinicznej, wymieniając tylko te najbardziej oczywiste. Z tych powodów coraz trudniejszym zadaniem dla wykładowców i autorów podręczników staje się przekazywanie wiedzy o układzie nerwowym w sposób, który byłby ogólny, aktualny i przystępny, a jednocześnie na tyle dokładny, aby przygotować studentów do dalszego, samodzielnego studiowania literatury przedmiotu. Celem książki *Krótkie wykłady. Neurobiologia* nie jest zastąpienie wykładów czy też standardowych podręczników, ale uzupełnienie ich w wymiarze zredukowanym i w formie ułatwiającej uczenie się.

Tekst tej książki jest podzielony na 18 sekcji omawiających 93 tematy. Wiem z doświadczenia, że gdy pojawia się nowy temat, studenci na ogół napotykają na dwie trudności: po pierwsze, jak spośród ogromu szczegółów wyodrębnić najważniejsze zagadnienia i fakty, a po drugie: jak opanować nieznajomą terminologię. Ponadto, wykładowcy wymagają od studentów wyższych lat studiów umiejętności integracji wiedzy z różnych dziedzin. Zadanie książki *Krótkie wykłady. Neurobiologia* polega na ułatwieniu pokonania tych trudności. Każdy z tematów rozpoczyna się pojęciami kluczowymi (nazwanymi tu hasłami), które stanowią podsumowanie najważniejszych punktów danego tematu. Za każdym razem, gdy pojawia się nowy termin, jest on wyróżniony pogrubioną czcionką i zdefiniowany albo wyjaśniony. Tekst zawiera liczne odnośniki do tematów pokrewnych, co umożliwia studentom zintegrowanie swojej wiedzy.

Książka jest znacznie cieńsza niż większość podręczników neurobiologii, które bywają niekiedy zniechęcająco obszerne. Składa się na to wiele czynników. Po pierwsze, starałem się zminimalizować liczbę szczegółów, tak jednak, aby nie zmniejszyć możliwości stworzenia bazy danych do dalszych studiów. Po drugie, mimo że omówiono wiele metod stosowanych przez badaczy układu nerwowego, wyniki pojedynczych doświadczeń i dowody doświadczalne są wspomniane jedynie tam, gdzie widziałem konieczność zilustrowania konkretnego problemu albo gdy pojawiła się kwestia wymagająca uzasadnienia. Po trzecie, z kilkoma wyjątkami, przykłady ograniczyłem do tych, które odnoszą się przede wszystkim do układu nerwowego człowieka. Postępując tak, zawsze określam gatunek, ponieważ różnice międzygatunkowe są bardzo istotne. Gdyby tak nie było, szczury i koty zachowywałyby się jak ludzie, czego z pewnością nie czynią!

Sekcja A stanowi omówienie komórek układu nerwowego, podkreślając cechy istotne dla funkcji pełnionych przez neuron. Kolejne trzy sekcje dotyczą zasadniczo neurobiologii komórkowej. W Sekcji B omówiono głównie potencjały czynnościowe. W Sekcji C — połączenia synaptyczne, a w Sekcji D — sposób, w jaki komórki nerwowe funkcjonują jako procesory informacji. Sekcje te zawierają wprowadzenie do technik ektrofizjologicznych stosowanych do badania komórek nerwowych oraz wspominają o biologii molekularnej kanałów jonowych i receptorów kierujących ich funkcjonowaniem. Sekcja E omawia skrótowo neuroanatomię i podsumowuje techniki, takie jak obrazowanie mózgu, które znajdują zastosowanie do badania struktury układu nerwowego. Sposób, w jaki zachodzi kodowanie informacji poprzez aktywność neuronalną i połączenia między neuronami, omówiono w Sekcji F. Materiał prezentowany jest na ogół na kursach pierwszego roku studiów (w Anglii i USA, *przyp. tłum.*).

Kolejnych siedem sekcji tworzy rdzeń neurobiologii systemowej. Sekcja G stanowi przegląd układów czuciowych ciała: dotyku, bólu i równowagi. Sekcje H oraz I dotyczą odpowiednio wzroku i słuchu, a Sekcja J — zmysłów chemicznych: węchu i smaku. Właściwości mięśnia szkieletowego, odruchy ruchowe i korowa kontrola nad ruchami dowolnymi to tematy omawiane w Sekcji K. Rola móżdżku (włączając w to propriorecepcję) i jąder podstawy w aktywności ruchowej została omówiona w Sekcji L. Neuroendokrynologii, a także zarówno obwodowych, jak i ośrodkowych aspektów funkcji autonomicznego układu nerwowego dotyczy Sekcja M, w której ponadto (w odróżnieniu od standardowych podręczników dotyczących układu nerwowego) omówiono mięśnie gładkie i mięsień sercowy, a także jelitowy układ nerwowy. Krótka Sekcja N opisuje podstawowe właściwości przekaźnictwa monoaminergicznego, będącego podstawą neurofarmakologii, i stanowi wprowadzenie do zrozumienia takich aspektów zachowania, jak motywacja i sen, które omówiono w Sekcji O. Sekcja P jest przeglądem wiadomości na temat rozwoju płodowego układu nerwowego, poczynając od genetycznego określenia podstaw jego budowy, a kończąc na przyczynach istnienia różnic między mózgiem kobiety i mężczyzny. Sekcja Q dotyczy mechanizmów zachodzącej ustawicznie, w wyniku indywidualnego doświadczenia, reorganizacji układu nerwowego, to jest uczenia się i pamięci. Na koniec, mimo że o różnych schorzeniach układu nerwowego wspomniano w odpowiednich miejscach w całej książce, Sekcja R omawia bardziej szczegółowo cztery najpowszechniej występujące neuropatologie: udar mózgu, padaczkę, chorobę Parkinsona i demencję Alzheimera, opisując przyczyny oraz możliwości terapeutyczne obecnie i w przyszłości. Z powodu braku miejsca nie omówiono dwóch głównych zaburzeń o podłożu psychicznym — schizofrenii i depresji; tematy te będą dostępne bezpłatnie na stronach internetowych wydawnictwa BIOS (w języku angielskim, *przyp. tłum.*). Na końcu książki zamieszczono listę literatury dla czytelnika zainteresowanego bardziej szczegółowymi wiadomościami.

Jak powinieneś/powinnaś korzystać z tego podręcznika będąc studentem/studentką? Ogranicz się jedynie do tych rozdziałów i tematów, których dotyczy Twój aktualny kurs. Na przykład, zawartość Sekcji od A do F najprawdopodobniej będzie wymagana na każdym kursie neurobiologicznym, dlatego powinieneś/powinnaś przeczytać je jako pierwsze. Z następnymi sekcjami możesz się zapoznawać w dowolnej kolejności. Najpierw przeczytaj dokładnie cały rozdział i postaraj się zrozumieć główne kwestie. Skorzystaj z „tematów pokrewnych", tak jakbyś poruszał(a) się w Internecie. W niektórych miejscach znajdują się odnośniki do zagadnień omówionych bardziej szczegółowo w książkach *Krótkie wykłady. Biochemia* i *Krótkie wykłady. Biologia molekularna*. Na tym etapie możesz dopisać w wolnym miejscu na końcu rozdziału dodatkowe wiadomości, pochodzące z wykładów lub innych podręczników, albo zaznaczyć te, które są szczególnie ważne dla Twojego aktualnego kursu. Dobrą strategią uczenia się z *Krótkich wykładów* jest zasada: „krótko, ale często". Ponieważ gęstość informacji w tekście jest znaczna, więc liczne krótkie „akcje" są o wiele bardziej efektywne niż ośmiogodzinna nieprzerwana „zmiana". Im więcej razy będziesz się zapoznawać z danym tematem, tym lepiej będziesz go rozumieć i tym lepiej go zapamiętasz. W czasie powtarzania posługuj się „hasłami". Ponadto, powinieneś/powinnaś dążyć do tego, by móc odtworzyć z pamięci kilka zdań na temat każdego z terminów, które wyróżniono w tekście pogrubionym drukiem. Umiejętność odtworzenia z pamięci prostszych schematów jest także jedną z dobrych metod na zdanie egzaminu.

Badania mózgu są zamierzeniem niezwykłym, ponieważ w zasadzie zmierzają do poznania, co to oznacza być człowiekiem; jak to jest: zachowywać się, myśleć i czuć, tak jak my to robimy. W chwili obecnej jesteśmy jeszcze daleko od spójnego wyjaśnienia każdej z tych kwestii, a mimo to fakt, że tak wiele pozostało wciąż do zrobienia, jest jednym z powodów, dla których nauka ta jest tak bardzo fascynująca. Niniejsza książka stanowi przyczynek do opisu nadzwyczajnego postępu, jaki dotychczas osiągnięto. Mam nadzieję, że będzie ona dobrze służyła Twoim potrzebom i że podobnie jak ja, będziesz czerpał(a) satysfakcję z odkrywania neurobiologii.

PODZIĘKOWANIA

Wielu kolegów z Uniwersytetu Hertfordshire — Barry Hunt, Vasanta Raman i John Wilkinson — zgodziło się na przeczytanie kilku tematów i poczyniło bardzo pomocne sugestie. David Hames (Uniwersytet w Leeds, UK), Kevin Alloway (Penn State University, USA) i Patricia Revest (Queen Mary and Westfield College, London University, UK) byli na tyle odważni, by przeczytać całość tekstu, a ich pobudzające do myślenia uwagi były ważne do stworzenia jego ostatecznej wersji. Jestem bardzo wdzięczny tym osobom za ich czas i wiedzę. Dziękuję Jonathanowi Rayowi, Rachel Offord, Willowi Sansomowi i Fran Kigston z Wydawnictwa Naukowym BIOS za zachętę i cierpliwość.

Alan Longstaff

A1 BUDOWA NEURONU

Hasła

Ciało komórki	Ciało komórki nerwowej zawiera wszystkie organelle komórkowe znajdowane w typowej komórce zwierzęcej. Jednak komórki nerwowe są wyspecjalizowane w utrzymywaniu wysokiego tempa syntezy białek, co odzwierciedlają ciałka Nissla bogate w rybosomy.
Neuryty	Neuryty to długie elementy projekcyjne komórek nerwowych. Wyróżnia się dwa ich typy, dendryty i aksony. Dendryty są przedłużeniami ciała komórki i otrzymują większość informacji dochodzącej do komórki. Neuron może mieć jeden lub wiele dendrytów i jeden akson wychodzący ze wzgórka aksonalnego. Zakończenia aksonalne tworzą komponenty presynaptyczne synaps.
Akson czy dendryt?	W układzie nerwowym na podstawie struktury wyróżnia się dwa typy neurytów. Dendryty zawierają wiele organelli i mają zdolność do syntezy białek. W aksonach natomiast nie zachodzi synteza białek, dlatego substancje te dostarczane są do nich z ciała neuronu. Zarówno dendryty, jak i aksony zawierają mitochondria. Organelle są transportowane do neurytów poprzez mikrotubule.

Tematy pokrewne   Budowa synaps chemicznych (A3)

Ciało komórki   Ciało komórki nerwowej (inaczej **soma** lub **perikarion**, oba pojęcia są synonimami; por. *rys. 1*) zawiera jądro, aparat Golgiego, rybosomy oraz inne organelle komórkowe i jest odpowiedzialne za większość rutynowych funkcji utrzymujących strukturę neuronu. Perikarion neuronu nie różni się bardzo od ciała komórki nienerwowej, chociaż strukturalnie jest on wyspecjalizowany w utrzymywaniu dużej aktywności biosyntetycznej. Na przykład szorstkie retikulum endoplazmatyczne jest tak gęsto upakowane rybosomami, że tworzy wręcz charakterystyczne struktury zwane **ciałkami Nissla**. Odzwierciedla to zdolność neuronów do wysokiego tempa syntezy białek.

Istnieje wiele typów neuronów, które różnią się przede wszystkim wielkością. Najmniejsze z nich mają średnicę 5–8 μm, a największe około 120 μm.

Neuryty   Neurony różnią się od innych komórek tym, iż mają **neuryty**, długie (w stosunku do rozmiarów ciała neuronu) cylindryczne wypustki dwojakiego rodzaju, dendryty i aksony. **Dendryty** są silnie rozgałęzionymi przedłużeniami ciała komórki, o długości nawet ponad 1 mm i sta-

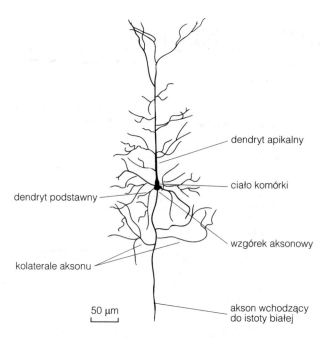

dendryt apikalny

ciało komórki

dendryt podstawny

wzgórek aksonowy

kolaterale aksonu

50 μm

akson wchodzący
do istoty białej

*Rys.1. Budowa neuronu. Schemat komórki piramidalnej pokazuje rozmieszczenie
neurytów (dendrytów i aksonów)*

nowiącymi do 90% całkowitej powierzchni wielu neuronów. Dendryty
niektórych neuronów są pokryte setkami cienkich palcowatych tworów
zwanych **kolcami dendrytycznymi**, na których tworzą się synapsy (patrz
niżej). Komórki nerwowe zawierające kolce nazywane są **neuronami kol-
czastymi**, a te, które ich nie mają — **neuronami bezkolcowymi**. Neuron
może mieć jeden lub wiele dendrytów, ułożonych we wzór typowy dla
danej komórki i tworzących wspólnie tzw. **drzewko dendrytyczne**.
Większość wejść synaptycznych pochodzących z innych neuronów
dochodzi do dendrytów.

Komórki nerwowe zwykle mają tylko jeden **akson**, który przeważnie
wychodzi z ciała komórki, ale czasami może mieć początek na dendrycie
proksymalnym (dendryt najbliższy ciała komórki). W każdym przypadku miejsce wychodzenia aksonu nazywane jest **wzgórkiem aksonowym**. Aksony mają średnicę w granicach od 0,2 do 20 μm u ludzi (chociaż średnica aksonów u bezkręgowców może osiągać 1 mm) i długość
od kilku μm do ponad metra. Aksony mogą być otoczone **osłonką mielinową** i zwykle rozgałęziają się, szczególnie w ich dystalnych końcach
(tzn. najdalej od ciała neuronu). Rozgałęzienia te nazywane są **kolateralami (bocznicami) aksonu**. Pogrubione zakończenia aksonów zwane
kolbkami lub **guziczkami** zawierają zwykle mitochondria i pęcherzyki
plazmolemalne. Niektóre aksony kończą się pęczkiem gałązek (rozgałęzienia końcowe), z których każda zakończona jest guziczkiem, natomiast inne aksony mają guziczki na całej swojej długości, nazywane
w tym przypadku **żylakowatościami**. Zakończenia aksonów tworzą
komponenty presynaptyczne synaps chemicznych.

Akson czy dendryt?

Akson od dendrytu można odróżnić na podstawie struktury. Aksony są zazwyczaj długie, o wyrównanej średnicy, nie rozgałęziają się zbyt gęsto, nie mają kolców i są otoczone osłonką mielinową. Dendryty są krótsze, gęsto rozgałęzione wzdłuż całej długości, zwężają się ku końcowi, a część z nich ma struktury zwane kolcami dendrytycznymi. Dendryty są przedłużeniem ciała komórki i dlatego zawierają aparat Golgiego, szorstkie retikulum endoplazmatyczne i rybosomy — organelle nie występujące w aksonach. Natomiast zarówno dendryty, jak i aksony zawierają mitochondria. Ponieważ aksony nie mają maszynerii do syntezy białek, to substancje te są dostarczane z ciała komórki z wykorzystaniem mechanizmu zwanego transportem aksoplazmatycznym. Zakończenia aksonów zawierają bardzo dużo mitochondriów, co jest odzwierciedleniem znacznych potrzeb energetycznych metabolizmu aksonów.

Różnice w składzie organelli w obu typach neurytów wynikają z odmiennej organizacji **mikrotubul**. Mikrotubule są długimi białkowymi polimerami, będącymi częścią wewnętrznego rusztowania komórek zwanego **cytoszkieletem**. Mikrotubule działają jak szyny, po których organelle poruszają się wewnątrz komórki. Oba końce mikrotubul są spolaryzowane i obdarzone znakiem + lub –, co oznacza, że organelle poruszają się w specyficznych kierunkach. Mitochondria wędrują od końca – do końca +, podczas gdy pozostałe organelle poruszają się w kierunku od + do –. Zarówno dendryty, jak i aksony są wypełnione mikrotubulami. Mikrotubule w dendrytach ułożone są w obu kierunkach, od + do – i odwrotnie. W aksonach natomiast mikrotubule układają się zawsze końcem + dystalnie od ciała komórki. Tak więc aksony transportują mitochondria w kierunku od ciała neuronu do swoich zakończeń, nie mogą natomiast transportować innych organelli. Inaczej w dendrytach, mikrotubule zorientowane w obu kierunkach mogą transportować wszystkie rodzaje organelli komórkowych.

W okresie rozwoju i dojrzewania neurony wytwarzają wypustki, które początkowo nie różnią się od siebie. Proces ich różnicowania nie jest dotychczas dokładnie poznany i nie wiadomo, co decyduje o tym, że jedne z nich będą aksonami, a inne dendrytami. Pierwszym, wyraźnie rozróżnialnym sygnałem, że dana wypustka będzie aksonem, jest jej znacznie szybsze tempo wyrastania, od tych, które będą w przyszłości dendrytami.

A2 RODZAJE I LICZBA NEURONÓW

Hasła

Klasyfikacja neuronów	Neurony można sklasyfikować na podstawie ich morfologii, funkcji oraz wydzielanych przez nie neuroprzekaźników. Komórki z jednym, dwoma lub trzema i więcej neurytami nazywa się odpowiednio jedno-, dwu- i wielobiegunowymi. Kształt drzewka dendrytycznego, obecność lub brak kolców na dendrytach, a także długość aksonów są cechami pomagającymi klasyfikować neurony. Klasyfikacja na podstawie funkcji neuronów wyróżnia neurony czuciowe, odpowiadające wprost na bodźce fizyczne, i neurony ruchowe, które tworzą synapsy na komórkach mięśniowych (efektorach).
Liczba neuronów	Układ nerwowy człowieka może zawierać 300–500 mld komórek nerwowych. Gęstość neuronów jest wartością stosunkowo stałą w obrębie całej kory mózgowej, a także w korze mózgowej różnych gatunków ssaków, co oznacza, że u osobników o mniejszych mózgach jest mniej komórek nerwowych.

Tematy pokrewne	Budowa obwodowego układu nerwowego (E1)	Budowa ośrodkowego układu nerwowego (E2)

Klasyfikacja neuronów

Nie ma czegoś takiego, jak „typowy" neuron. Neurony różnią się znacznie kształtami i rozmiarami, liczbą tworzonych synaps, a także rodzajem wydzielanego neuroprzekaźnika. Chociaż neurony są klasyfikowane na podstawie tak różnych atrybutów, to uważa się, że neurony należące do danej klasy mają podobne funkcje.

Cechy strukturalne, na podstawie których klasyfikuje się neurony, to ich rozmiar, liczba posiadanych neurytów, wzór ich drzewka dendrytycznego, długość aksonów oraz charakter wytwarzanych przez nie połączeń. Neuron z pojedynczym neurytem to komórka **jednobiegunowa**, z dwoma — komórka **dwubiegunowa**, a z trzema i więcej — komórka **wielobiegunowa** (rys. 1). Większość neuronów w układzie nerwowym kręgowców to komórki wielobiegunowe, jednak istnieje tu kilka ważnych wyjątków. Na przykład, populacja komórek siatkówki, które tworzą synapsy na fotoreceptorach, to komórki dwubiegunowe, a neurony czuciowe zwojów korzeni grzbietowych to komórki **pseudojednobiegunowe**. Tak naprawdę, w początkowym okresie życia są to neurony dwubiegunowe, jednak w miarę rozwoju ich neuryty ulegają fuzji. W układzie nerwowym bezkręgowców dominują komórki jednobiegunowe.

Występowanie kolców dendrytycznych na dendrytach oraz kształt drzewka dendrytycznego także mogą służyć klasyfikacji neuronów.

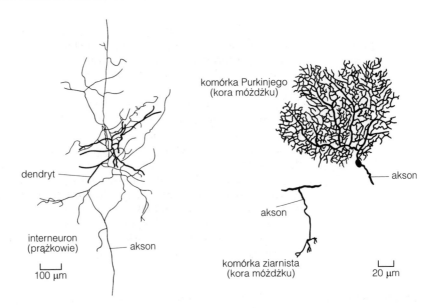

komórka Purkinjego
(kora móżdżku)

akson

dendryt

akson

interneuron
(prążkowie)

akson

komórka ziarnista
(kora móżdżku)

100 μm

20 μm

Rys.1. Morfologia trzech typowych rodzajów neuronów. Na rysunku nie pokazano pełnej długości aksonów. Rozgałęziający się akson komórek ziarnistych wydłuża się na kilka centymetrów we wszystkich kierunkach. Uwagę zwracają bardzo obfite rozgałęzienia aksonów interneuronów

Kształt każdego drzewka dendrytycznego świadczy o efektywności połączeń synaptycznych neuronu i tym samym o jego funkcji. Komórki **piramidalne**, nazywane tak z powodu kształtu perikarionu, stanowią 60% neuronów w korze mózgowej, a ich dendryty wraz z rozgałęzieniami kształtem przypominają także piramidy. Inną populacją komórek w korze są tak zwane komórki gwiaździste, ponieważ ich dendryty układają się w kształt gwiazdy. Z kolei komórki **Purkinjego** w korze móżdżku wyróżniają się bardzo gęsto rozgałęzioną siecią dendrytów tworzących dwuwymiarową strukturę.

Neurony można także klasyfikować na podstawie długości ich aksonów. Neurony **projekcyjne** (inaczej nazywane neuronami głównymi, przekaźnikowymi lub neuronami Golgiego typu I) mają długie aksony, które wyrastają poza obszar, w którym ulokowane są ich ciała komórkowe. Do tej kategorii należą komórki piramidalne i komórki Purkinjego. Natomiast **interneurony** (inaczej komórki wstawkowe lub neurony Golgiego typu II) mają krótkie aksony. Neurony te (np. komórki gwiaździste) należą do obwodów lokalnych i wywierają bezpośredni efekt tylko w obrębie ich najbliższego sąsiedztwa.

Analiza połączeń, jakie tworzą neurony, pozwala na ich klasyfikację ze względu na funkcję, którą pełnią. Dany obszar układu nerwowego otrzymuje sygnały od neuronów **aferentnych** (projekcja dochodząca) i wysyła sygnały przez neurony **eferentne** (projekcja wychodząca) do innych okolic układu nerwowego lub do organów efektorowych (np. mięśnie lub gruczoły). Neurony aferentne, które tworzą połączenia z receptorami czuciowymi lub same są zdolne do odpowiadania wprost na bodźce fizjologiczne, nazywane są neuronami **czuciowymi** (lub zmysłowymi). Neurony eferentne, które tworzą synapsy na mięśniach szkieletowych, nazywane są neuronami **ruchowymi** (lub motoneuronami). Czasami termin neuron ruchowy stosuje się do neuronów projekcyjnych w układzie ruchowym nawet wtedy, gdy nie tworzą one bezpośrednich połączeń z mięśniami.

Neurony można również klasyfikować według rodzaju wydzielanych przez nie neuroprzekaźników. Często występuje wyraźna korelacja pomiędzy morfologią neuronów i typem neurosekrecji. Innymi słowy, kształt neuronu stanowi wskazówkę pozwalającą przewidzieć, jaki rodzaj przekaźnika jest przezeń wydzielany. Na przykład neurony piramidalne wydzielają kwas glutaminowy (neuroprzekaźnik pobudzający), podczas gdy komórki gwiaździste i komórki Purkinjego wydzielają kwas gamma-aminomasłowy (GABA; neuroprzekaźnik hamujący). To z kolei stanowi bardzo ważną wskazówkę co do ich funkcji. Przytoczone informacje pokazują ogólną prawidłowość, że mimo różnych sposobów kategoryzowania neuronów poszczególne klasyfikacje nakładają się na siebie.

Liczba neuronów   Ocena liczby neuronów w układzie nerwowym dokonywana jest poprzez zliczanie neuronów zawartych w cienkich skrawkach tkanki oglądanych w mikroskopie świetlnym i poddanie tych danych analizie statystycznej. Ten sposób pomiarów pokazuje, że u ludzi, a także u innych ssaków liczba neuronów na jednostkę powierzchni kory mózgowej jest stała w różnych okolicach mózgu i wynosi około $80\,000$ na mm^2. Wyjątkiem jest pierwszorzędowa kora wzrokowa, w której gęstość neuronów osiąga wartość $200\,000$ na mm^2. Ponieważ całkowita powierzchnia kory mózgu ma około $2000\ mm^2$, to możemy oszacować, że zawiera ona około $1,6 \times 10^{11}$ komórek nerwowych. Najliczniejszą populację komórek w układzie nerwowym ssaków stanowią małe neurony ziarniste móżdżku; u człowieka może ich być około 10^{11}. Stąd układ nerwowy człowieka zawiera przynajmniej $2,5 \times 10^{11}$ neuronów; jest prawdopodobne, że całkowita ich liczba wynosi od 300 do 500 miliardów. Mniejsze ssaki mają mniejsze mózgi, ponieważ zawierają one mniej neuronów, a nie dlatego, że ich neurony są mniejsze.

A3 BUDOWA SYNAPS CHEMICZNYCH

Hasła

Umiejscowienie synaps

Synapsy mogą być elektryczne lub chemiczne. Kryterium klasyfikacji synaps chemicznych jest ich umiejscowienie na neuronie odbierającym sygnał (postsynaptycznym). Synapsy akso-dendrytyczne tworzone są na dendrytach, synapsy akso-somatyczne — na ciele komórki nerwowej, a synapsy akso-aksonalne — na aksonach neuronu. Większość synaps to synapsy akso-dendrytyczne.

Struktura synapsy

Synapsy akso-dendrytyczne są tworzone pomiędzy zakończeniem aksonalnym neuronu presynaptycznego (przekazującego sygnał) a dendrytem neuronu postsynaptycznego (odbierającego sygnał). Szczelina synaptyczna pomiędzy tymi dwoma elementami ma szerokość około 30 nm. Zakończenie aksonu zawiera mitochondria, okrągłe pęcherzyki synaptyczne oraz beleczki ograniczające przestrzenie dla pęcherzyków w błonie presynaptycznej. W szczelinie znajdują się białka, które łączą się z błoną pre- lub postsynaptyczną. Błona postsynaptyczna jest pogrubiona i tworzy tzw. zagęszczenie postsynaptyczne.

Rodzaje synaps

Wyróżnia się dwa główne rodzaje synaps. Typ I to opisane wyżej synapsy akso-dendrytyczne, które są przeważnie synapsami pobudzającymi. Synapsy typu II mają znacznie słabiej rozwiniętą strukturę beleczek ograniczających przestrzenie dla pęcherzyków, zawierają mniej białek w szczelinie synaptycznej, a zagęszczenie postsynaptyczne jest cieńsze niż w synapsach typu I. Tworzone są pomiędzy aksonem i ciałem neuronu, zawierają owalne pęcherzyki synaptyczne i pełnią zwykle rolę synaps hamujących. Synapsy wydzielające katecholaminy lub białka mają duże pęcherzyki wypełnione gęstym rdzeniem; niektóre z nich cechuje również odmienna budowa błony pre- lub postsynaptycznej i grube zagęszczenie postsynaptyczne. Wiele synaps zawiera zarówno małe przezroczyste pęcherzyki, jak i duże wypełnione gęstym rdzeniem, co może świadczyć o tym, iż neurony te wydzielają więcej niż jeden rodzaj neuroprzekaźnika.

Tematy pokrewne   Szybkie przekaźnictwo synaptyczne (C2)   Drogi węchowe (J2)
Wolne przekaźnictwo synaptyczne (C3)   Przekaźnictwo
Przetwarzanie informacji   noradrenergiczne (N2)
  w siatkówce (H5)

Umiejscowienie synaps

Przekazywanie sygnału między neuronami odbywa się poprzez synapsy. Wyróżnia się dwa typy synaps, **elektryczne** i **chemiczne**, jednak synapsy chemiczne są znacznie liczniejsze. Synapsy chemiczne tworzone są przez dystalne zakończenia aksonów neuronu przewodzącego sygnał, które stanowią element presynaptyczny, oraz przez któryś z elementów strukturalnych neuronu odbierającego sygnał, będący elementem postsynaptycznym. Przestrzeń pomiędzy zakończeniem presynaptycznym i komórką postsynaptyczną nazywana jest **szczeliną synaptyczną**. Jej szerokość zależy od natury synapsy i zawiera się w przedziale od 20 do 500 nm. Synapsy mogą być tworzone w każdym miejscu na komórce odbierającej sygnał. Lokalizacja stanowi podstawę ich klasyfikacji. Większość synaps tworzona jest na dendrytach. Na dendrytach kolczastych każdy kolec dendrytyczny jest miejscem docelowym docierającego zakończenia aksonalnego i stanowi element postsynaptyczny pojedynczej synapsy. Synapsy pomiędzy aksonami i dendrytami nazywane są synapsami **akso-dendrytycznymi**. Szczególnie silne przekaźnictwo sygnałów w układzie nerwowym zachodzi w synapsach pomiędzy aksonami i ciałem komórki postsynaptycznej. Synapsy te nazywane są synapsami **akso-somatycznymi**, od wyrażenia soma, będącego zamienną nazwą ciała komórki. Synapsy między zakończeniami aksonalnymi i aksonami neuronu postsynaptycznego to synapsy **akso-aksonalne**.

Struktura synapsy

Synapsy, z powodu ich małych rozmiarów, można oglądać tylko w mikroskopie elektronowym. Taka obserwacja pozwala dostrzec wiele morfologicznych typów synaps, jednak ich podstawowe cechy są wspólne. *Rysunek 1* przedstawia typową synapsę akso-dendrytyczną. **Małe przejrzyste pęcherzyki synaptyczne** (SSV), zawierające neuroprzekaźnik, są okrągłe, mają średnicę około 50 nm i leżą rozrzucone w pobliżu mikrotubul, które transportują je z ciała komórki do błony presynaptycznej. W pogrubionej błonie presynaptycznej można dostrzec, skierowane do wewnątrz, beleczki ograniczające przestrzenie dla pęcherzyków, struktury zaangażowane w przekazywanie pęcherzyków do **strefy aktywnej**, tj. obszaru błony komórkowej, w którym następuje wydzielenie przekaźnika. Uwagę zwracają liczne mitochondria zawarte w zakończeniu aksonalnym.

Szczelina synaptyczna w synapsach akso-dendrytycznych ma szerokość 30 nm i zawiera filamenty białka, które rozciągają się od części presynaptycznej do postsynaptycznej. Służy to utrzymaniu obu błon blisko siebie.

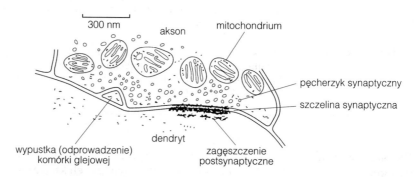

Rys. 1. Struktura synapsy chemicznej (akso-dendrytycznej)

Błona komórkowa dendrytu w obszarze tworzącym synapsę jest pogrubiona i tworzy **zagęszczenie postsynaptyczne**. Dzieje się tak wskutek akumulacji receptorów, enzymów i innych białek i ma prawdopodobnie związek z generowaniem odpowiedzi komórki na docierający neuroprzekaźnik.

Rodzaje synaps Badania morfologiczne kory mózgowej oraz kory móżdżku pozwalają stwierdzić, że większość synaps należy do dwóch głównych typów. **Typ I** stanowią synapsy opisane wyżej. Do **typu II** należą synapsy nie mające wcale lub mające bardzo słabo wykształcone beleczki ograniczające przestrzeń dla pęcherzyków, zawierające bardzo ubogi materiał białkowy w wąskiej 20 nm szczelinie synaptycznej i charakteryzujące się cienkim zagęszczeniem postsynaptycznym. Synapsy te są najczęściej synapsami akso-somatycznymi. Synapsy typu II zawierają owalne pęcherzyki synaptyczne. Badania fizjologiczne wykazały, że synapsy typu I są najczęściej synapsami pobudzającymi, a synapsy typu II — synapsami hamującymi.

Chociaż większość synaps zawiera SSV, to są i takie, które zawierają okrągłe pęcherzyki charakteryzujące się dużą gęstością elektronową w ich centrum (*rys. 2*). Pęcherzyki te nazywane są **dużymi pęcherzykami o gęstym rdzeniu** (LDCV) i w zależności od rozmiarów należą do dwu populacji. Te o średnicy 40–60 nm znajdowane są w neuronach wydzielających katecholaminy, podczas gdy pęcherzyki o rozmiarach 120–200 nm są obecne w komórkach neurosekrecyjnych tylnego płata przysadki, wydzielających hormony białkowe. Niektóre synapsy nie mają wyspecjalizowanych stref kontaktu w części pre- i postsynaptycznej, a ich szczeliny synaptyczne są bardzo szerokie (100–500 nm). Te synapsy, to często synapsy katecholaminergiczne (neuroprzekaźnikiem w nich jest jedna z katecholamin), zawierające duże pęcherzyki o gęstym rdzeniu. Znajduje się je zarówno w ośrodkowym, jak i obwodowym układzie nerwowym.

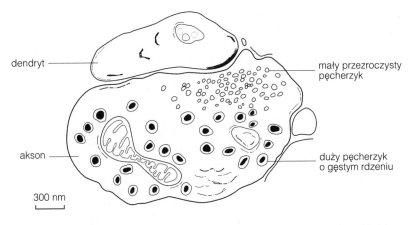

dendryt

mały przezroczysty pęcherzyk

akson

duży pęcherzyk o gęstym rdzeniu

300 nm

Rys. 2. Synapsa typu I zawierająca zarówno małe przezroczyste pęcherzyki, jak i duże pęcherzyki o gęstym rdzeniu

Wiele synaps zawiera więcej niż jeden rodzaj pęcherzyków. SSV są powszechnie znajdowane wraz z LDCV w tym samym zakończeniu aksonalnym. Stanowi to oczywisty strukturalny dowód na to, iż wiele neuronów wydziela nie jeden, lecz kilka różnych neuroprzekaźników.

Różnorodność synaps jest znacznie większa niż opisana wyżej. W niektórych wyspecjalizowanych obszarach mózgu znajdowane są synapsy znacznie różniące się od typowych rodzajów. Należą do nich na przykład triady synaptyczne w siatkówce (por. temat H5) i wzajemne synapsy w opuszce węchowej (temat J2), które na zakończeniach wydzielają monoaminy (temat N2). Te wyjątkowe synapsy są opisane bardziej szczegółowo w odpowiednich sekcjach podręcznika.

A4 KOMÓRKI GLEJOWE I PROCES MIELINIZACJI

Hasła

Rodzaje komórek glejowych	Komórki glejowe wykonują różne funkcje wspomagające działanie neuronów. Ich liczba jest większa niż komórek nerwowych. Komórki glejowe są zaliczane do trzech głównych populacji: astrocytów, oligodendrocytów (wraz z obwodowymi komórkami Schwanna) i mikrogleju.
Astrocyty	Astrocyty to duże, licznie występujące komórki glejowe o gwiaździstym kształcie, które mają długie wypustki zakończone rozszerzeniem zwanym stopką ssącą. Pokrywają one synapsy, kontaktują się z komórkami nabłonkowymi naczyń włosowatych oraz z oponą miękką, gdzie tworzą błonę glejową graniczną zewnętrzną. Do zadań astrocytów należy regulacja zewnątrz-komórkowego stężenia jonów K^+, usuwanie neuroprzekaźnika ze szczeliny synaptycznej, zapewnienie zaopatrzenia neuronów w glukozę oraz tworzenie się bariery krew–mózg.
Oligodendrocyty i komórki Schwanna	Oligodendrocyty w ośrodkowym układzie nerwowym (OUN) i komórki Schwanna w obwodowym układzie nerwowym biorą udział w tworzeniu osłonki mielinowej otaczającej wiele aksonów. Osłonka jest tworzona przez mezakson komórki glejowej i owija się wielokrotnie wokół aksonu. Wzdłuż aksonu, w regularnych odstępach, osłonka traci swoją ciągłość, tworząc wąskie przerwy zwane przewężeniami Ranviera. W tych miejscach błona komórkowa aksonu jest nieosłonięta.
Mikroglej	Mikroglej to małe fagocytarne komórki o charakterze immunologicznym pochodzące od makrofagów. Namnażają się one w stanach zapalnych, a ich zadaniem jest naprawa uszkodzeń układu nerwowego.

Tematy pokrewne   Bariera krew–mózg (A5)   Przewodzenie potencjału
                       Potencjał spoczynkowy (B1)   czynnościowego (B5)
                                                    Inaktywacja neuroprzekaźnika (C7)

Rodzaje komórek glejowych	Układ nerwowy oprócz neuronów zawiera także komórki glejowe (z greckiego: glia; klej). Uważa się, że tkanka glejowa nie jest bezpośrednio zaangażowana w przetwarzanie informacji w układzie nerwowym, a jej podstawowym zadaniem jest spełnianie różnorodnych czynności wspo-

magających działanie neuronów. Badania szacunkowe wskazują, że w układzie nerwowym jest 10 razy więcej komórek glejowych niż komórek nerwowych. Zaskakujący wynik tych pomiarów oznacza, że gęstość komórek w tkance nerwowej jest nadzwyczaj duża, a mózg spośród wszystkich narządów ciała ma najmniejszą objętość przestrzeni międzykomórkowej. Komórki glejowe dzielą się na dwie główne klasy: **makroglej i mikroglej**. W makrogleju wyróżnia się kilka odrębnych populacji komórek: **astrocyty, oligodendrocyty i komórki Schwanna**.

Astrocyty

Astrocyty są największymi i najliczniejszymi spośród komórek glejowych. Cechują się nieregularnym kształtem ciała komórkowego oraz bardzo licznymi wypustkami, które pokrywają dendryty neuronów. Astrocyty można bardzo łatwo odróżnić od neuronów, ponieważ nie zawierają one ciałek Nissla. Ponadto możemy je zidentyfikować, stosując barwienie immunocytochemiczne z wykorzystaniem przeciwciała rozpoznającego kwaśne włókienkowe białko glejowe (GFAP), specyficzny marker astrocytów. Komórki te wypełniają niemal całą przestrzeń pomiędzy neuronami, pozostawiając niewielkie przestrzenie o rozmiarach nie większych niż 20 nm. Wypustki astrocytów otaczają synapsy. Niektóre z wypustek mają na końcu rozszerzenia – **stopki ssące**, przylegające do naczyń włosowatych lub do opony miękkiej (najbardziej wewnętrznej opony mózgu, por. temat E5) i w ten sposób tworzą warstwę pokrywającą powierzchnię rdzenia kręgowego i mózgu, zwaną **błoną glejową graniczną wewnętrzną**.

Astrocyty pełnią bardzo różnorodne funkcje:

- Duża aktywność neuronów powoduje gromadzenie się nadmiernych ilości jonów K$^+$ w przestrzeni międzykomórkowej. Astrocyty pobierają nadmiar jonów K$^+$ i przekazują je do obszarów o małym stężeniu. Sąsiadujące z sobą astrocyty komunikują się poprzez złącza szczelinowe, dzięki czemu tworzą połączoną sieć, mogącą przenosić jony K$^+$ na całkiem dużą odległość. Większość z nadmiaru jonów K$^+$ jest przenoszona ze stopek końcowych, poprzez błonę glejową graniczną, do światła naczyń włosowatych. To przestrzenne buforowanie jonów potasu zapewnia ich właściwe stężenie we wnętrzu neuronów.
- Otaczając ściśle synapsy, astrocyty pełnią dwie ważne funkcje regulujące neuroprzekaźnictwo. Po pierwsze, stanowią zaporę zapobiegającą dyfuzji neuroprzekaźnika poza szczelinę synaptyczną. Po drugie, błona komórkowa astrocytów zawiera specyficzne białka transportowe, wiążące z dużym powinowactwem neuroprzekaźniki i przenoszące je do wnętrza komórki astrocytarnej. Te dwa procesy mają przeciwstawny wpływ na to, jak długo neuroprzekaźnik pozostaje w szczelinie synaptycznej, a tym samym regulują siłę pobudzenia.
- Astrocyty mogą także odgrywać rolę w zaopatrywaniu neuronów w glukozę. W astrocytach są obecne transportery glukozy, dzięki którym jest ona przenoszona do wnętrza astrocytów i magazynowana w postaci glikogenu. Prawdopodobnie glukoza jest również uwalniana z astrocytów i dostarczana neuronom, gdy są one bardzo aktywne i do działania potrzebują znacznie większej jej ilości, niż może to zapewnić transport poprzez barierę krew–mózg.

- Stopki ssące astrocytów, wchodzące w kontakt z komórkami nabłonkowymi naczyń włosowatych, wymuszają tworzenie jedynie bardzo
wąskich przewężeń pomiędzy komórkami, co jest istotną cechą bariery
krew–mózg (temat A5).

Oligodendrocyty i komórki Schwanna

W skład tkanki glejowej wchodzą także komórki glejowe skąpowypu-
stkowe (**oligodendrocyty**) występujące w mózgowiu i ich odpowiedniki
w układzie obwodowym, czyli komórki Schwanna. Wspólną ich cechą
jest tworzenie **osłonki mielinowej**, będącej elektrycznym izolatorem
aksonów. Aksony pokryte tą osłonką nazywane są aksonami **zmielinizowanymi**, zaś te, które jej nie mają, to aksony **bezmielinowe**. Osłonka
mielinowa w obwodowym układzie nerwowym tworzy się w następujący sposób. Komórki Schwana układają się wzdłuż aksonu i otaczają
go podobną do pseudopodium strukturą zwaną **mezaksonem**. W neuronach bezmielinowych proces ten nie postępuje dalej. W neuronach zmielinizowanych mezakson owija się spiralnie wokół aksonu od 8 do 12
razy. W trakcie tego otulania większość cytoplazmy zostaje wyciśnięta
z powrotem do głównego światła komórki (z wyjątkiem najbardziej
wewnętrznej warstwy), wobec czego niemal wszystkie warstwy składają
się z podwójnej błony plazmatycznej (por. *rys. 1*). Pojedyncza komórka
Schwanna otacza mieliną odcinek aksonu długości od 0,15 do 1,5 mm.
Najogólniej, istnieje zależność, że im grubszy akson, tym dłuższy jest
odcinek mielinizowany przez pojedynczą komórkę Schwanna. Pomiędzy
sąsiadującymi ze sobą osłoniętymi odcinkami aksonu występują wąskie
(0,5 µm), nieotulone fragmenty aksonu zwane **przewężeniami Ranviera**.
W miejscach tych błona aksonu kontaktuje się bezpośrednio z przestrzenią międzykomórkową. Ponieważ nerwy obwodowe bywają często
bardzo długie, potrzeba czasami kilkuset komórek Schwana, aby wytworzyć osłonkę mielinową na tych aksonach. Średnica zmielinizowanych
aksonów jest różna i zawiera się w przedziale od 3 do 15 µm, jednak na
zróżnicowanie to nie składa się udział osłonki mielinowej, gdyż jej grubość jest zwykle stała.

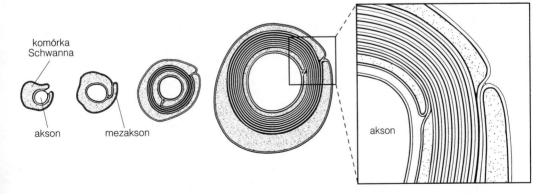

*Rys. 1. Tworzenie osłonki mielinowej na aksonie w obwodowym układzie nerwowym. Osłonka jest
wytwarzana przez wzrost mezaksonu, który zawija się wielokrotnie na aksonie*

Proces mielinizacji w ośrodkowym układzie nerwowym przebiega bardzo podobnie. Wyjątek stanowi zdolność oligodendrocytów do wytwarzania kilku wypustek, dzięki czemu mogą one tworzyć osłonki na kilku sąsiadujących aksonach. Oznacza to, że w mózgowiu potrzeba mniej komórek do zmielinizowania aksonów, co zapewnia oszczędzanie przestrzeni i tak mocno ograniczonej w ośrodkowym układzie nerwowym.

Stwardnienie rozsiane jest postępującą chorobą zwyrodnieniową, którą cechuje zanikanie fragmentów osłonki mielinowej na aksonach ośrodkowego i obwodowego układu nerwowego. Sądzi się, że jest to choroba autoimmunologiczna, w której układ odpornościowy wadliwie rozpoznaje jedno lub kilka białek wchodzących w skład osłonki mielinowej jako obce. Efektem tych uszkodzeń jest zaburzone rozchodzenie się potencjału czynnościowego. Inną chorobą o podobnej etiologii jest zespół **Guillaina–Barrégo**. Tu również dochodzi do uszkodzenia osłonki mielinowej aksonów w obwodowych neuronach czuciowych i ruchowych, jednak, szczęśliwie, w chorobie tej odbywa się spontaniczne odtwarzanie uszkodzeń.

Mikroglej

Mikroglej to najmniejsze komórki tkanki glejowej nazywane też komórkami „odgruzowywania" lub neurofagami. Są one składnikami układu odpornościowego i wywodzą się z makrofagów. Wykazują zdolność pochłaniania produktów rozpadu tkanki nerwowej, namnażania oraz poruszania się. Uaktywniają się w różnorodnych stanach zapalnych, uszkodzeniach i guzach mózgu. Tworzenie się blizn tkankowych w mózgowiu jest efektem aktywacji i namnażania się mikrogleju. Proces ten nosi nazwę **glejozy**.

A5 BARIERA KREW–MÓZG

Hasła

Budowa bariery krew–mózg	Barierę krew–mózg tworzą głównie komórki nabłonkowe naczyń włosowatych, które są połączone przez złącza ścisłe, charakteryzujące się niezwykle dużą opornością elektryczną. Astrocyty okołonaczyniowe pobudzają komórki nabłonka naczyń do tworzenia ścisłych złączy i indukują syntezę enzymów swoistych dla bariery krew–mózg. Kilka obszarów w mózgu, tzw. narządy okołokomorowe, nie ma bariery krew–mózg. Mogą one wydzielać substancje wprost do krwi lub kontrolować stężenie składników krwi. Obszary te są odizolowane od pozostałej części mózgowia przez tanocyty, które łączą się ze sobą poprzez złącza ścisłe.
Działanie bariery krew-mózg	Bariera krew–mózg jest tworem o niezwykle selektywnej przepuszczalności, umożliwiającej przechodzenie do mózgu: wody, niektórych gazów oraz substancji rozpuszczalnych w tłuszczach — na zasadzie dyfuzji biernej. Zawiera także system transporterów służących selektywnemu przenoszeniu cząsteczek, takich jak glukoza i aminokwasy, ważnych dla funkcjonowania neuronów. Jej obecność zapobiega przechodzeniu do mózgowia substancji neuroaktywnych, np. substancji lipofilnych, mogących być potencjalnymi neurotoksynami. Służy temu aktywny mechanizm transportu, w którym pośredniczą glikoproteiny P. Odma mózgowa jest skutkiem nadmiernej akumulacji wody w przestrzeni pozakomórkowej mózgu i pojawia się wówczas, gdy wskutek niedotlenienia dochodzi do uszkodzenia bariery krew–mózg.

Tematy pokrewne   Budowa ośrodkowego układu nerwowego (E2)
Opony mózgowia i płyn mózgowo-rdzeniowy (E5)

Funkcje tylnego płata przysadki (M2)

Budowa bariery krew–mózg

Bariera krew–mózg reguluje bardzo ściśle przechodzenie substancji z krwi do płynu zewnątrzkomórkowego w mózgowiu. Fizycznie tworzą ją **komórki nabłonkowe** naczyń włosowatych, połączone ze sobą poprzez złącza ścisłe, cechujące się niezwykle dużą opornością elektryczną (ok. 1000 om/cm^2; wartość rezystancji 100-krotnie większa niż w złączach ścisłych innych naczyń włosowatych). Oznacza to, że nawet bardzo małe jony nie są w stanie przenikać pomiędzy komórkami nabłonkowymi naczyń włosowatych. Ponadto, komórki nabłonkowe naczyń włosowatych mózgu nie mają dwóch ważnych mechanizmów transportu poprzez błony, obecnych w innych naczyniach włosowatych.

W komórkach tych nie występują **pęcherzyki pinocytarne**, pozwalające przenosić ogromną większość płynów poprzez cytoplazmę komórki. Nie zachodzi też w nich **endocytoza** z udziałem receptorów, mechanizm, dzięki któremu różnorodne substancje, np. lipoproteiny, są specyficznie transportowane w innych komórkach. Naczynia włosowate mózgu są bardzo ściśle pokryte przez stopki końcowe astrocytów, które wydzielają czynniki (dotychczas nie zidentyfikowane) pobudzające komórki nabłonkowe do tworzenia bardzo ścisłych złączy między nimi (*rys. 1*).

W kilku okolicach mózgu naczynia włosowate mają nieco luźniejszą strukturę i nie tworzą tam bariery krew–mózg. Te obszary to narządy okołokomorowe (ang. circumventricular organs, CVO), do których należą tylny płat przysadki oraz splot naczyniówkowy wyściełający ściany bocznych komór mózgu, a także grzbietowa część trzeciej i czwartej komory. Położenie CVO pokazano na *rysunku 1*, w temacie M2. Obszary te są izolowane od reszty mózgu przez wyspecjalizowane **komórki wyściółki** (komórki nabłonkowe wyściełające komory mózgu) zwane **tanocytami**. Tanocyty są połączone ze sobą poprzez złącza ścisłe skutecznie uszczelniające kontakt między CVO a resztą mózgu. Brak bariery krew–mózg w tylnym płacie przysadki umożliwia wydzielanie jego hormonów — wazopresyny i oksytocyny, bezpośrednio do krwiobiegu, a w innych miejscach — kontrolowanie przez mózg stężenia wody, jonów i niektórych cząsteczek, co wspomaga homeostazę. Właściwości splotu naczyniówkowego są opisane w temacie E5.

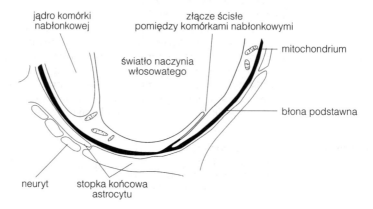

Rys.1. Elementy strukturalne bariery krew–mózg. Bariera jest tworzona przez złącza ścisłe pomiędzy komórkami nabłonkowymi

Działanie bariery krew–mózg

Błona cytoplazmatyczna komórek nabłonkowych, podobnie jak błony innych komórek, składa się z dwuwarstwy lipidowej, w której zanurzone są różnorodne białka. Lipidowe składniki błony komórek nabłonkowych eliminują jony lub cząsteczki o ładunku elektrycznym oraz niemal wszystkie (z wyjątkiem najmniejszych) cząsteczki polarne. Jedynie woda, gazy rozpuszczalne w wodzie lub lipidach (np. odpowiednio, tlen lub lotne anestetyki) oraz substancje lipofilne (np. steroidy) mogą przechodzić przez tę barierę. Transport jonów, cząsteczek naładowanych lub polarnych może się odbywać jedynie w sposób czynny, z wykorzystaniem nośników pośredniczących w transporcie. Wiele białek w cytoplazmatycznych komórkach nabłonkowych to białka transporterowe lub składniki kanałów jonowych służące temu transportowi.

Selektywna przepuszczalność bariery krew–mózg chroni mózgowie przed działaniem substancji neuroaktywnych krążących we krwi, np. katecholamin lub glutaminianu, i zapewnia dostęp do ważnych funkcjonalnie substancji, takich jak glukoza i aminokwasy. Bariera krew–mózg jest w stanie czynnie eliminować wiele substancji lipofilnych, które, mimo iż często są składnikami naturalnej diety, mogą być potencjalnymi neurotoksynami. Do tego celu służą białka transporterowe, **glikoproteiny P**, których stężenie w błonie cytoplazmatycznej komórek nabłonkowych jest bardzo duże. Toksyny lipofilne, które dyfundują do wnętrza komórek nabłonkowych, są natychmiast wypompowywane z powrotem do krwi przez glikoproteiny P. Niestety wiele komórek nowotworowych w mózgu także syntetyzuje glikoproteiny P, przez co są one zdolne usuwać związki chemoterapeutyczne podawane w trakcie leczenia. Zjawisko to nazywane jest **opornością wielolekową** i tłumaczy często nieskuteczność chemioterapii w przypadku nowotworów mózgu.

Bariera krew–mózg traci swoją szczelność wskutek niedotlenienia. Prowadzi to do niebezpiecznej klinicznie **cytotoksycznej odmy mózgowej**. Brak tlenu jest przyczyną obniżenia poziomu ATP w komórkach nabłonkowych i w konsekwencji zaburzenia funkcji enzymu Na^+/K^+-ATPazy (por. *Krótkie wykłady. Biochemia* wyd. 2.). Wskutek uszkodzenia pompy sodowo-potasowej wewnątrz komórki nagromadzają się jony Na^+, co powoduje osmotyczne przenikanie wody, puchnięcie komórek, rozerwanie złączy ścisłych oraz napływ jonów i wody do przestrzeni międzykomórkowej w mózgu.

B1 POTENCJAŁ SPOCZYNKOWY

Hasła

Właściwości pobudliwe

W wyniku pobudzenia w komórkach pobudliwych powstaje potencjał czynnościowy — krótkie odwrócenie elektrycznej polaryzacji błony komórkowej. Do komórek pobudliwych należą neurony i komórki mięśniowe.

Rejestracja wewnątrzkomórkowa

Jest to metoda pomiaru różnicy potencjałów pomiędzy obu stronami błony komórkowej. W metodzie tej stosuje się cienką mikropipetę wypełnioną elektrolitem, której koniec wprowadza się poprzez błonę do wnętrza komórki. Sygnał wyjściowy z mikroelektrody jest odbierany przez wzmacniacz, porównywany z sygnałem z elektrody odniesienia i przekazywany do oscyloskopu lub komputera w celu wyświetlenia, zapisu i analizy.

Potencjał spoczynkowy

Potencjał spoczynkowy to różnica napięcia między obu stronami błony plazmatycznej niepobudzonej komórki pobudliwej. Wszystkie napięcia na błonie wyraża się jako stosunek potencjału wnętrza komórki do potencjału po stronie zewnętrznej. Potencjały spoczynkowe mają wartości ujemne, które w komórkach nerwowych wahają się między −65 mV a −90 mV. Powstanie potencjału spoczynkowego jest spowodowane przede wszystkim tendencją jonów potasu do przepływania zgodnie z gradientem stężenia tych jonów z wnętrza na zewnątrz błony komórki. Powoduje to pozostanie niewielkiego nadmiaru ładunków ujemnych po wewnętrznej stronie błony. Inne jony (np. sodu) jedynie w niewielkim stopniu wpływają na wartość potencjału spoczynkowego. Siła elektrochemiczna, powodująca ruch jonu poprzez błonę komórkową, jest różnicą między potencjałem spoczynkowym a potencjałem równowagi dla danego jonu. Potencjał równowagi jonu jest to taki potencjał, przy którym wypływ tego rodzaju jonów z komórki jest równy ich wpływowi do jej wnętrza. Potencjały równowagi dla poszczególnych jonów można obliczyć stosując równanie Nernsta. Potencjały spoczynkowe można obliczyć stosując równanie Goldmana, które uwzględnia wszystkie zaangażowane rodzaje jonów.

Tematy pokrewne   Potencjał czynnościowy (B2)   Szybkie przekaźnictwo
                                                    synaptyczne (C2)

Właściwości pobudliwe

Między obu stronami błony plazmatycznej, otaczającej każdą komórkę, istnieje określona różnica potencjału elektrycznego. Niektóre rodzaje komórek noszą nazwę **pobudliwych**, ponieważ w wyniku odpowiedniego pobudzenia są one w stanie wytworzyć gwałtowną, krótką zmianę potencjału elektrycznego, przenoszącą się po powierzchni komórki, która nosi nazwę **potencjału czynnościowego**. Do komórek pobudliwych należą neurony, komórki mięśni szkieletowych i gładkich, mięśnia sercowego, niektóre komórki wewnątrzwydzielnicze (np. komórki B wydzielające insulinę) oraz (przez krótki okres) niektóre oocyty. Różnica potencjału elektrycznego występująca między obu stronami błony komórki pobudliwej, wtedy gdy nie jest ona pobudzona, nosi nazwę **potencjału spoczynkowego**.

Rejestracja wewnątrzkomórkowa

Dla zrozumienia mechanizmu działania i interakcji komórek nerwowych oraz mięśniowych zasadnicze znaczenie ma bezpośredni pomiar potencjałów spoczynkowych, potencjałów czynnościowych i innych potencjałów występujących w tych komórkach. Standardową techniką, umożliwiającą pomiar potencjałów błonowych w pojedynczych komórkach, jest **rejestracja wewnątrzkomórkowa**.

Aby zarejestrować różnicę potencjałów po obu stronach błony, konieczne jest zastosowanie dwóch elektrod; jednej umieszczonej wewnątrz komórki, a drugiej — na zewnątrz. Obie elektrody podłącza się do urządzenia mierzącego różnicę napięcia (*rys. 1*). Ponieważ komórki nerwowe są małe, czubek mikroelektrody wprowadzanej do wnętrza neuronu musi być bardzo cienki. Mikropipety szklane wytwarza się w ten sposób, aby średnica ich końca była mniejsza niż 1 μm. Mikropipetę wypełnia się roztworem elektrolitu (najczęściej KCl w stężeniu: 0,15–3,0 M) i w ten sposób powstaje **mikroelektroda**. Napięcie na błonie jest na ogół mniejsze niż 0,1 V i z tego powodu musi być wzmacniane przez wzmacniacz operacyjny. Wzmacniacz ma wejście z mikroelektrody wprowadzonej do wnętrza komórki, a także z **elektrody odniesienia (obojętnej)**, umieszczonej w roztworze otaczającym komórkę. Jeżeli nie ma różnicy potencjałów między mikroelektrodą a elektrodą odniesienia, to sygnał na wyjściu wzmacniacza będzie wynosił zero. Jeżeli natomiast występuje taka różnica potencjałów, to wzmacniacz generuje sygnał, którego wielkość jest proporcjonalna do potencjału. Sygnał wyjściowy ze wzmacniacza jest przesyłany do odpowiedniego urządzenia rejestrującego, którym dawniej był oscyloskop katodowy. Obecnie stosuje się w tym celu przetworniki analogowo-cyfrowe, połączone z komputerami wyposażonymi w programy emulujące oscyloskop i umożliwiające wyświetlanie, zapisywanie i analizę danych doświadczalnych.

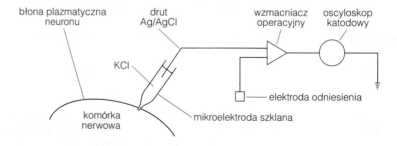

Rys. 1. Obwód stosowany w rejestracjach wewnątrzkomórkowych

Potencjał spoczynkowy

Potencjał spoczynkowy (V_{sp}) powstaje w efekcie istnienia różnicy stężeń jonów między wnętrzem a środowiskiem zewnętrznym komórki, a także dlatego, że błonę komórkową cechuje odmienna przepuszczalność dla różnych jonów. W *tabeli 1* zamieszczono wartości stężenia tych jonów, które mają najistotniejsze znaczenie w ustalaniu potencjału spoczynkowego.

Tabela 1. Stężenie jonów po obu stronach błony neuronu ssaka
(mmol · l^{-1})

Jon	Środowisko zewnątrzkomórkowe	Aksoplazma
K^+	2,5	115
Na^+	145	14
Cl^-	90	6

NaCl

K^+

Na płyn międzykomórkowy, w którym znajdują się komórki, składa się przede wszystkim roztwór chlorku sodu. W przeciwieństwie do tego, płyn wewnątrzkomórkowy zawiera dość duże stężenie jonów potasowych, równoważone przez rozmaite aniony, dla których błona komórkowa jest zupełnie nieprzepuszczalna (nie wymienione w *tabeli 1* aniony to kwasy organiczne, siarczany, fosforany, niektóre aminokwasy i białka). Błona komórkowa jest przepuszczalna dla K^+, a ponieważ po obu stronach błony istnieje różnica (gradient) stężenia jonów K^+, powstaje siła dyfuzyjna powodująca wypływanie jonów K^+ na zewnątrz komórki (*rys. 2*). Jednakże błona komórkowa jest nieprzepuszczalna dla dużo większych anionów, które w związku z tym pozostają wewnątrz komórki. W miarę wypływania jonów potasowych na zewnątrz wytwarza się różnica potencjałów po obu stronach błony, ponieważ ładunki niektórych wewnątrzkomórkowych anionów nie są już dłużej neutralizowane przez jony K^+. Powstała różnica potencjałów oznacza istnienie **siły elektrostatycznej**, której działanie przeciwdziała dalszemu wypływaniu

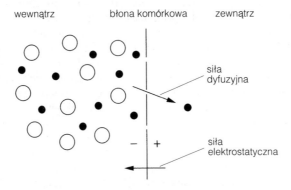

wewnątrz   błona komórkowa   zewnątrz

siła dyfuzyjna

siła elektrostatyczna

Rys. 2. Ilustracja sposobu, w jaki powstaje potencjał równowagi. Niewielka różnica potencjałów po obu stronach błony istnieje wtedy, gdy siła dyfuzji równoważy się z siłą elektrostatyczną. Małe czarne kółka oznaczają jony K^+, a duże, niezaczernione kółka — aniony

jonów potasu. Po pewnym czasie dochodzi do zrównoważenia siły dyfuzyjnej powodującej wypływanie jonów K^+ z siłą elektrostatyczną, przeciwdziałającą wypływaniu K^+.

W tym stanie równowagi istnieje określona różnica potencjałów, nosząca nazwę **potencjału równowagi,** a wypływanie jonów z komórki jest zrównoważone ich napływaniem do wnętrza (przepływ netto jest równy zeru). Jeżeli potencjał ten powstaje na skutek przemieszczenia się jonów K^+, to będzie on nosił nazwę potencjału równowagi dla potasu (E_K). W typowych komórkach nerwowych potencjał równowagi dla potasu wynosi około –90 mV. Należy tu zwrócić uwagę na trzy istotne punkty:

- Napięcie na błonie jest zawsze mierzone jako potencjał wnętrza komórki w stosunku do potencjału środowiska zewnątrzkomórkowego, którego wartość przyjmuje się za równą zeru. A więc, $E_K = -90$ mV oznacza, że wnętrze komórki jest ujemne w stosunku do płynu zewnątrzkomórkowego.
- Liczba jonów, które przepływają poprzez błonę i ustalają potencjał równowagi, jest bardzo mała.
- Różnica potencjałów występuje tylko w pobliżu błony plazmatycznej, która gromadząc ładunek elektryczny zachowuje się jak **kondensator**.

Potencjały równowagi można obliczyć, stosując równanie Nernsta:

$$E = (RT / zF) \ln C_z / C_w$$

gdzie: R — uniwersalna stała gazowa, T — temperatura bezwzględna, z — wartościowość jonu, F — stała Faradaya, C_z i C_w — odpowiednio: zewnątrz- i wewnątrzkomórkowe stężenie danego jonu.

Wartość potencjału równowagi potasu jest bliska wartości potencjału spoczynkowego (V_{sp}) komórek pobudliwych. Wskazuje to, że V_{sp} powstaje głównie w wyniku przepływu i rozmieszczenia jonów potasu po obu stronach błony komórkowej. Potencjał spoczynkowy komórek nerwowych wynosi od –65 mV do –80 mV. Różnica między E_K i V_{sp} powstaje pod wpływem jonów innych niż potasu, mających odmienne potencjały równowagi. Spośród nich najważniejsze są jony sodu ($E_{Na} = +55$ mV), ale ponieważ względna przepuszczalność błony dla jonów sodu jest mała, ich udział w ustalaniu wartości V_{sp} jest niewielki. Efektem występowania określonej przepuszczalności dla Na^+ jest przesunięcie potencjału spoczynkowego od E_K w kierunku E_{Na} o wartość wynikającą ze stosunku względnej przepuszczalności dla obu tych jonów. Różnica między potencjałem spoczynkowym a potencjałem równowagi dla danego jonu, $V_{sp} — E_{jon}$, określana jest jako **jonowa siła napędowa** i jest miarą **siły elektrochemicznej**, zgodnie z którą jony przepływają poprzez błonę komórkową. Siła napędowa w stanie spoczynku dla K^+ jest mała, natomiast dla Na^+ — duża.

W większości komórek pobudliwych jonowa siła napędowa dla jonów chlorkowych jest bliska zeru ($E_{Cl} = V_{sp}$). Dzieje się tak, ponieważ jony Cl^- rozmieszczają się po obu stronach błony w sposób bierny, zgodnie z potencjałem spoczynkowym ustalanym przez połączone efekty E_K i E_{Na}. Powodem, dla którego jony Cl^- są rozmieszczane biernie, podczas gdy K^+ i Na^+ bezpośrednio determinują potencjał spoczynkowy, jest to, iż spoczynkowy gradient stężeń jonów potasu i sodu jest aktywnie utrzymywany przez ATPazę Na⁺/K⁺, nie ma natomiast aktywnego mechanizmu transportującego, utrzymującego ustalony gradient Cl⁻.

Potencjał spoczynkowy można obliczyć stosując równanie Goldmana, które uwzględnia stosunek stężeń (oznaczonych nawiasem kwadratowym) i względną przepuszczalność (P) dla jonów K⁺, Na⁺ i Cl⁻:

$$E = (\text{RT} / z\text{F}) \ln \frac{P_K[\text{K}^+]_z + P_{Na}[\text{Na}^+]_z + P_{Cl}[\text{Cl}^-]_w}{P_K[\text{K}^+]_w + P_{Na}[\text{Na}^+]_w + P_{Cl}[\text{Cl}^-]_z}$$

B2 POTENCJAŁ CZYNNOŚCIOWY

Hasła

Stymulacja neuronów

Neurony można pobudzać za pomocą stymulatora, który dostarcza do komórki prąd poprzez mikroelektrodę. Prąd pobudzający ma zazwyczaj kształt impulsu prostokątnego, którego częstotliwość powtarzania, amplitudę i długość można niezależnie regulować. Prąd przepływający do wnętrza powoduje depolaryzację neuronu (tzn. potencjał błonowy zmniejsza się), natomiast prąd skierowany na zewnątrz wywołuje hiperpolaryzację.

Potencjał czynnościowy

Potencjał czynnościowy (zwany też iglicowym) czyli impuls nerwowy, jest krótkotrwałym odwróceniem potencjału błonowego. Potencjał czynnościowy trwa krócej niż 1 ms i osiąga maksymalnie wartość około +30 mV. Hiperpolaryzacja następcza trwa kilka milisekund.

Właściwości potencjału czynnościowego

Potencjały czynnościowe powstają na wzgórku aksonowym neuronu i rozprzestrzeniają się po błonie aksonu. Zachowują się one zgodnie z zasadą „wszystko albo nic": do zapoczątkowania potencjału czynnościowego niezbędny jest bodziec o intensywności wystarczającej do zdepolaryzowania neuronu powyżej określonej wartości progowej; wszystkie potencjały czynnościowe w danej komórce mają tę samą wielkość. Między początkiem bodźca a początkiem potencjału czynnościowego występuje krótkie opóźnienie, tzw. czas utajenia (latencja). W czasie trwania potencjału czynnościowego neurony stają się niepobudliwe, zaś w czasie występowania hiperpolaryzującego potencjału następczego ich pobudliwość jest zmniejszona. Zjawiska te określa się odpowiednio jako refrakcję bezwzględną i względną. Zjawiska refrakcji stanowią ograniczenie dla maksymalnej częstotliwości, z jaką neuron może wytwarzać potencjały czynnościowe. Zapobiega to sumowaniu potencjałów czynnościowych i zapewnia przewodzenie potencjałów czynnościowych w aksonie tylko w jednym kierunku.

Tematy pokrewne   Potencjał spoczynkowy (B1)   Szybkie przekaźnictwo
                        Napięciowozależne kanały jonowe (B3)   synaptyczne (C2)
                        Przewodzenie potencjału   Właściwości neurytów (D1)
                        czynnościowego (B5)

Stymulacja neuronów

In vivo neurony są pobudzane przez kaskadę wejść synaptycznych, położonych na ich dendrytach i ciele komórkowym, pochodzących z innych komórek nerwowych albo przez potencjały receptorowe generowane w receptorach czuciowych. Neurofizjolodzy często pobudzają neurony bezpośrednio, za pomocą prądu dostarczanego do badanej komórki poprzez mikroelektrodę stymulującą. Używany w tym celu **stymulator** dostarcza na ogół impulsy prądowe o kształcie prostokątnym. W większości stymulatorów można regulować **czas trwania** bodźca, **amplitudę** podawanego prądu (mierzoną w wartości napięcia lub natężenia) i **częstotliwość** bodźców. Kierunek przepływu prądu (zdefiniowany jako ruch ładunków dodatnich) określa reakcję neuronu. Jeżeli niewielki prąd skierowany zostanie do wnętrza (**dokomórkowo**), to wnętrze neuronu stanie się bardziej dodatnie, co oznacza obniżenie potencjału błonowego, ponieważ V przybliży się ku zeru. Zjawisko to nosi nazwę **depolaryzacji**. Natomiast, jeżeli kierunek przepływającego prądu jest odwrotny, **odkomórkowy** (tj. prąd wypływa z komórki), to potencjał błonowy podwyższa się. Zjawisko to nosi nazwę **hiperpolaryzacji**. Kierunek i przebieg czasowy potencjałów depolaryzujących i hiperpolaryzujących występujących w komórkach nerwowych jest uzależniony wyłącznie od biernych właściwości błony neuronu.

Potencjał czynnościowy

Jeżeli do neuronu zostanie podany wystarczająco silny prąd dokomórkowy, to błona ulegnie depolaryzacji w stopniu wystarczającym, aby wytworzyć potencjał czynnościowy (impuls nerwowy). Jest on zdefiniowany jako krótkotrwałe odwrócenie różnicy potencjałów po obu stronach błony, które przemieszcza się po powierzchni komórki. Rejestracja wewnątrzkomórkowa potencjału czynnościowego neuronu wykazuje (patrz *rys. 1*), że potencjał błonowy gwałtownie depolaryzuje do zera, przyjmuje chwilowo wartość dodatnią, sięgającą około +30 mV (tzw. nadstrzał), a następnie repolaryzuje ponownie do V_{sp}, w czasie krótszym niż 1 ms. Zjawiska te stanowią łącznie **iglicę** (ang. spike) potencjału czynnościowego. Natychmiast po zakończeniu fazy iglicy dochodzi do hiperpolaryzacji błony neuronu. **Hiperpolaryzacja następcza** trwa kilka milisekund i zmniejsza się w miarę powrotu potencjału błonowego do wartości spoczynkowej.

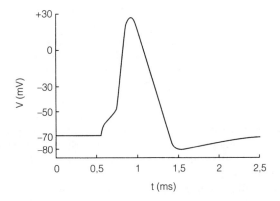

Rys. 1. Rejestracja wewnątrzkomórkowa potencjału czynnościowego w komórce nerwowej. Potencjał spoczynkowy wynosi –70 mV

Właściwości potencjału czynnościowego

W warunkach fizjologicznych potencjały czynnościowe powstają na wzgórku aksonowym (segmencie początkowym aksonu) i przenoszą się wzdłuż aksonu w kierunku jego zakończeń.

- Potencjały czynnościowe mają charakter progowy. Do wytworzenia potencjału czynnościowego niezbędny jest bodziec o określonej, minimalnej wartości. Taki **bodziec progowy** (mierzony wartością natężenia prądu) wywołuje potencjał czynnościowy w 50% przypadków stymulacji. Słabsze bodźce noszą nazwę **podprogowych**, a silniejsze — **ponadprogowych**. Zasadniczą właściwością bodźca progowego jest to, że powoduje on depolaryzację błony neuronu do określonego **napięcia progowego**. Intensywość bodźca progowego zależy od rozmiarów neuronu. W większości neuronów napięcie progowe jest o około 15 mV niższe od V_{sp}. Potencjały czynnościowe powstają na wzgórku aksonowym, ponieważ ten fragment komórki nerwowej ma najniższy próg pobudliwości.
- Wszystkie potencjały czynnościowe, w danej komórce, mają w przybliżeniu tę samą wielkość, niezależnie od siły bodźca. Wielkość potencjału czynnościowego nie niesie informacji o intensywności bodźca, który go wywołał. Łącznie, właściwości te określa się jako „zasadę wszystko albo nic", co oznacza, że neuron albo wytwarza potencjał czynnościowy, albo nie.
- Między początkiem bodźca a początkiem potencjału czynnościowego występuje krótkie opóźnienie, noszące nazwę **latencji** (lub **okresu utajenia**). Latencja ulega skróceniu w miarę wzrostu intensywności bodźca.
- W czasie trwania potencjału czynnościowego komórka nerwowa staje się całkowicie niepobudliwa. Czas występowania tego zjawiska nosi nazwę **okresu refrakcji bezwzględnej**, w trakcie której neuron nie może wytworzyć potencjału czynnościowego, niezależnie od siły stosowanego bodźca. Po zakończeniu potencjału iglicowego, gdy neuron znajduje się w stanie hiperpolaryzacji, może on zostać pobudzony jedynie przez bodźce ponadprogowe. W tym czasie, noszącym nazwę **okresu refrakcji względnej**, trwający stan hiperpolaryzacji błony powoduje, że w celu osiągnięcia napięcia progowego musi być zastosowany silniejszy bodziec. Występowanie przejściowego braku pobudliwości, związanego ze zjawiskiem refrakcji, pociąga za sobą trzy skutki, mające istotne znaczenie dla funkcji komórki nerwowej. Po pierwsze, stanowi ono ograniczenie dla maksymalnej częstotliwości potencjałów czynnościowych, jakie może generować neuron. Po drugie, powoduje, że kolejny potencjał czynnościowy nie może się nałożyć na poprzedni, co technicznie oznacza brak możliwości sumowania potencjałów czynnościowych (por. potencjały synaptyczne, temat C2). Po trzecie, ponieważ frament błony komórki nerwowej, w którym właśnie wystąpił potencjał czynnościowy, jest niepobudliwy, potencjał czynnościowy nie może ponownie w nim powstać i dlatego może się on przenosić tylko dalej do przodu. Innymi słowy, potencjały czynnościowe mogą się przenosić jedynie w jednym kierunku wzdłuż osi aksonu. Refrakcję bezwzględną i względną można wyjaśnić na podstawie właściwości kanałów jonowych odpowiedzialnych za generowanie potencjału czynnościowego (temat B3).

B3 NAPIĘCIOWOZALEŻNE KANAŁY JONOWE

Hasła

Napięciowozależne kanały jonowe

Napięciowozależne kanały jonowe to transbłonowe białka, które są wybiórcze wobec określonego jonu i wrażliwe na napięcie elektryczne. Ich nazwy pochodzą często od tego jonu, dla którego wykazują największą przepuszczalność. Mogą one występować co najmniej w dwóch przechodzących w siebie stanach, otwartym albo zamkniętym, w zależności od potencjału błony, w którą są wbudowane.

Napięciowozależne kanały sodowe

Kanały sodowe są transbłonowymi glikoproteinami, występującymi w większości komórek pobudliwych. Normalnie pozostają one w stanie zamkniętym, a otwierają się w wyniku depolaryzacji potencjału błonowego powyżej określonego progu. Umożliwia to wpływanie jonów sodowych do wnętrza komórki, co stanowi podłoże fazy depolaryzacyjnej potencjału czynnościowego. Po około 0,5–1 ms kanały sodowe inaktywują się. W tym stanie nie są już dłużej przepuszczalne dla jonów sodu, co łącznie ze zmniejszeniem się jonowej siły napędowej przy dodatnich wartościach potencjału błonowego stanowi ograniczenie dla amplitudy potencjału czynnościowego. Inaktywacja kanałów sodowych jest przyczyną występowania zjawiska refrakcji bezwzględnej.

Napięciowozależne kanały potasowe

Działający z opóźnieniem, odkomórkowy prostujący kanał potasowy odpowiada za fazę zstępującą iglicy potencjału czynnościowego i następującą po niej hiperpolaryzację. Te kanały transbłonowe, aktywujące się na skutek depolaryzacji, pozwalają na wypływanie jonów potasu na zewnątrz komórki, co powoduje przywracanie ujemnych wartości potencjału błonowego. Hiperpolaryzacja następcza jest odpowiedzialna za występowanie zjawiska refrakcji względnej.

Voltage clamping (stabilizacja napięcia)

Voltage clamping (stabilizacja napięcia) jest techniką badawczą umożliwiającą pomiar prądu przepływającego przez błonę komórki nerwowej. Metoda ta polega na utrzymywaniu określonej, stałej wartości potencjału błonowego komórki. Jej zastosowanie pozwoliło udowodnić, że mechanizm potencjału czynnościowego polega na uruchomieniu wczesnego sodowego prądu dokomórkowego i działającego z opóźnieniem odkomórkowego prądu potasowego. Prądy te można wybiórczo blokować, odpowiednio za pomocą tetrodotoksyny i jonu tetraetyloamoniowego.

Tematy pokrewne Potencjał spoczynkowy (B1) Biologia molekularna kanałów
Potencjał czynnościowy (B2) sodowych i potasowych (B4)

**Napięciowo-
zależne kanały
jonowe**

Neurony są komórkami pobudliwymi, a więc mogą generować potencjały czynnościowe, ponieważ w ich błony komórkowe wbudowane są
szczególne transbłonowe białka, noszące nazwę napięciowozależnych
kanałów jonowych. Białka te cechują się dwiema ważnymi właściwościami: **wybiórczością w stosunku do określonego jonu** i **wrażliwością
na potencjał błony**. Kanały jonowe umożliwiają przepływ poprzez błonę
jedynie niektórych niewielkich jonów. Napięciowozależne kanały błonowe są wybiórcze względem jednego z trzech jonów: Na^+, K^+ albo Ca^{2+}.
Wykazano istnienie ponad 30 typów napięciowozależnych kanałów
jonowych. Są one zazwyczaj klasyfikowane na podstawie jonu, dla którego wykazują przepuszczalność (np. dotychczas wykazano istnienie 6
typów napięciowozależnych kanałów sodowych).

Napięciowozależne kanały jonowe mogą występować co najmniej
w dwóch wymiennych stanach: **otwartym (aktywnym)**, gdy umożliwiają
przepływ jonów, albo **zamkniętym**, gdy są nieprzepuszczalne. To, czy są
otwarte, czy zamknięte, zależy od różnicy napięcia po obu stronach
błony komórkowej.

**Napięciowo-
zależne kanały
sodowe** Na^+

Napięciowozależne kanały sodowe (ang. voltage-dependent sodium
channel, VDSC) to duże glikoproteiny, przechodzące poprzez całą grubość błony komórkowej, które występują w większości komórek pobudliwych. W warunkach spoczynkowych znajdują się one w stanie
zamkniętym. Jeżeli fragment błony komórkowej zostanie zdepolaryzowany w niewielkim stopniu (np. o 10 mV), pozostają w dalszym ciągu
zamknięte (*rys. 1a*). Jeżeli natomiast błona ulegnie depolaryzacji do wartości progowej lub wyższej, VDSC zmienia swój kształt tworząc kanał,
stanowiący otwór w błonie komórkowej, który umożliwia przepływ
jonów Na^+. Otwarcie kanału, czyli jego **aktywacja** (*rys. 1b*), jest zjawiskiem bardzo szybkim; zmiana konformacji cząsteczki ze stanu zamkniętego w otwarty trwa zaledwie około 10 μs. Podczas występowania potencjału czynnościowego w komórce nerwowej kanał sodowy jest otwarty
przez okres około 0,5–1 ms, co pozwala na przepłynięcie poprzez pojedynczy kanał około 6000 jonów Na^+. Łączny efekt przepływu jonów
przez kilkaset kanałów sodowych powoduje powstanie wczesnej, depo-
laryzującej fazy potencjału czynnościowego. Do zapoczątkowania potencjału czynnościowego wystarcza aktywacja zaledwie kilku napięciowozależnych kanałów sodowych, ponieważ lokalny napływ jonów Na^+ do

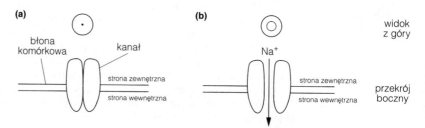

*Rys. 1. Mechanizm działania napięciowozależnego kanału sodowego. W stanie
spoczynku jest on zamknięty (a), natomiast w trakcie potencjału czynnościowego
ulega aktywacji i otwiera się (b)*

wnętrza komórki wywołuje depolaryzację, która powoduje otwieranie (aktywację) kolejnych kanałów sodowych. Działa tu mechanizm **samo-wzbudzania**, który powoduje „wybuchowy" wzrost przepuszczalności sodowej.

W punkcie szczytowym potencjału czynnościowego wzrost przepuszczalności sodowej ulega zahamowaniu z trzech powodów:

- Wszystkie, obecne w aktywnym rejonie błony komórkowej, napięciowozależne kanały sodowe ulegają otwarciu.
- Jonowa siła napędowa sodu zmniejsza się w wyniku depolaryzacji błony w kierunku potencjału równowagi dla jonów sodu.
- Napięciowozależne kanały sodowe przechodzą w stan **inaktywacji**.

Pozostając w stanie inaktywacji kanały nie są przepuszczalne dla jonów, jednakże stan inaktywacji jest czymś innym niż stan zamknięty. W przeciwieństwie do stanu zamkniętego, kanał sodowy pozostający w stanie inaktywacji nie może ulec otwarciu. Inaktywacja VDSC ogranicza czas trwania potencjału czynnościowego, a ponadto odpowiada za występowanie zjawiska refrakcji bezwzględnej. Po kilku milisekundach stan inaktywacji kończy się, a kanał sodowy przechodzi w stan zamknięty, z którego może przejść ponownie w stan aktywny w wyniku odpowiedniej depolaryzacji błony.

Napięciowo-zależne kanały potasowe K^+

W komórkach pobudliwych występują liczne typy kanałów potasowych, różniące się właściwościami. Jeden z nich, noszący nazwę **działającego z opóźnieniem odkomórkowego kanału prostującego** (ang. delayed outward rectifier), uczestniczy w fazie repolaryzacji potencjału czynnościowego. Kanał ten to transbłonowa glikoproteina, której budowa molekularna jest zbliżona do cząsteczki napięciowozależnego kanału sodowego. Podobnie jak kanał sodowy, otwiera się on na skutek depolaryzacji, co pozwala na wypływanie jonów potasu z komórki zgodnie z gradientem stężenia. W efekcie, wnętrze neuronu staje się mniej dodatnie, to znaczy ulega repolaryzacji, co przejawia się w postaci fazy zstępującej iglicy potencjału czynnościowego. Gdy potencjał błony komórkowej wraca do wartości początkowych, większość VDSC znajduje się w stanie inaktywacji, blokując dokomórkowy przepływ jonów sodu. Działający z opóźnieniem, odkomórkowy, prostujący napięciowozależny kanał potasowy (ang. voltage-dependent potassium channel, VDKC) nie inaktywuje się w ogóle, lub (u niektórych gatunków) ulega inaktywacji znacznie wolniej niż VDSC. W związku z tym, tuż po zakończeniu iglicy potencjału czynnościowego błona neuronu jest silnie przepuszczalna dla jonów K^+, a jednocześnie nieprzepuszczalna dla Na^+. W konsekwencji, przez kilka milisekund po zakończeniu fazy repolaryzacji potencjału czynnościowego jony potasu wypływają z komórki, powodując dalsze obniżenie potencjału błony poniżej wartości spoczynkowej V_{sp}. Zjawisko to określa się jako **hiperpolaryzację następczą**. Leży ono u podłoża zjawiska refrakcji względnej, ponieważ w tym okresie, aby pobudzić komórkę, bodziec musi spowodować większą depolaryzację z powodu bardziej ujemnego potencjału błony. Ostatecznie, potencjał błonowy osiąga wartość spoczynkową, gdy kanały potasowe przechodzą w stan zamknięty albo inaktywują się w sposób zależny od czasu. Zmiany przewodnictwa poprzez błonę w trakcie potencjału czynnościowego ilustruje *rysunek 2*.

Z rozważań tych wynikają dwie kwestie:

- Wielkość hiperpolaryzacji jest określona przez potencjał równowagi dla jonów potasu. Jeżeli przepływ odkomórkowy jonów K^+ jest na tyle silny, aby doprowadzić potencjał błony komórkowej do E_K, to jonowa siła napędowa będzie równa zeru i jony K^+ przestaną przepływać.
- Skoro depolaryzacja neuronu do wartości progowej powoduje otwarcie VDSC (pozwalając na wpływanie jonów Na^+) i otwarcie VDKC (pozwalając na wypływanie jonów K^+), to w jaki sposób w ogóle dochodzi do powstania potencjału czynnościowego? Przyczyną jest wcześniejsza reakcja na depolaryzację kanałów sodowych niż kanałów potasowych. Wzrost przepuszczalności sodowej występuje wcześniej niż wzrost przepuszczalności potasowej.

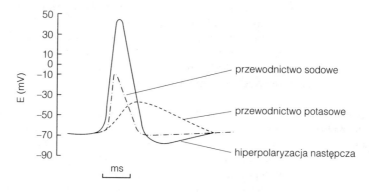

Rys. 2. Zmiany przewodnictw jonowych w trakcie potencjału czynnościowego

Voltage clamping (stabilizacja napięcia)

Przepływy jonów, leżące u podłoża potencjału czynnościowego, zostały zbadane na początku lat 50. XX wieku dzięki zastosowaniu techniki nazwanej *voltage clamping*, co na język polski można przetłumaczyć jako stabilizację napięcia. Metoda *voltage clamping* ma wciąż kluczowe znaczenie we współczesnej elektrofizjologii. Za pomocą tej techniki można mierzyć prądy przepływające przez błonę komórki pobudliwej przy ustalonej wartości potencjału. Pomiar tych prądów jest istotny, ponieważ dostarcza informacji na temat rodzaju jonów odpowiedzialnych za występowanie określonych zmian potencjału. Prądu (I) nie można określić znając tylko potencjał (V), gdyż niezbędna jest do tego również znajomość oporności błony (R). Jeżeli V i R są znane, to prąd można obliczyć stosując prawo Ohma ($V = IR$). Metoda *voltage clamping* pozwala na ominięcie tego problemu dzięki możliwości ciągłego pomiaru potencjału błonowego i zastosowaniu wzmacniacza ze sprzężeniem zwrotnym, który doprowadza do komórki prąd przeciwdziałający zmianom potencjału, a więc stabilizujący go (ang. clamping) na określonym poziomie. Przepływający przez obwód prąd, niezbędny do stabilizacji potencjału, ma to samo natężenie, co prąd przepływający poprzez kanały jonowe, który w normalnych warunkach spowodowałby zmianę potencjału. Wartość potencjału, która jest utrzymywana przez obwód układu *voltage clamping*, nosi nazwę **napięcia zadanego** (ang. command voltage). Badanie prądów przepływających przez błonę komórkową w szerokim zakresie napięcia zadanego umożliwia określenie, które jony przenoszą te prądy.

Zastosowanie metody *voltage clamping* ilustruje *rysunek 3*. Przedstawia ona doświadczenie, w którym akson olbrzymi mątwy jest stabilizowany najpierw przy wartości potencjału spoczynkowego, wynoszącego –60 mV. Następnie potencjał błony aksonu jest zmieniany do wartości 0 mV, co powoduje wystąpienie **prądu pojemnościowego**, I_c. Prąd ten powstaje, ponieważ błona komórki nerwowej jest izolatorem (podwójna warstwa lipidowa) umieszczonym między dwoma warstwami przewodnika (płyn zewnątrzkomórkowy i wewnątrzkomórkowy), a więc zachowuje się jak kondensator. Właściwością kondensatorów jest gromadzenie ładunku elektrycznego, proporcjonalnego do różnicy potencjału, $q \propto V$, czyli $q = CV$, gdzie współczynnikiem proporcjonalności jest pojemność, C. Pojemność kondensatora jest określona przez jego powierzchnię i odległość pomiędzy przewodnikami; C zwiększa się w miarę odległości między ładunkami elektrycznymi. Grubość błony neuronu jest niewielka, co powoduje że jej pojemność jest bardzo duża (ok. 1 $\mu F \cdot cm^{-2}$). Z tego powodu zmiana różnicy napięć między obu stronami błony powoduje zmianę zgromadzonego ładunku, co stanowi przyczynę przepływu prądu pojemnościowego.

Po zakończeniu przepływu prądu pojemnościowego rozpoczyna się wczesny prąd dokomórkowy, a następnie późny prąd odkomórkowy. Prądy te przepływają w czasie normalnego potencjału czynnościowego. Jeżeli akson olbrzymi mątwy jest inkubowany w środowisku pozbawionym jonów sodu, to wczesny prąd dokomórkowy nie występuje. Taki sam rezultat można osiągnąć zatruwając płyn inkubacyjny, którym jest woda morska, z zastosowaniem **tetrodotoksyny** (TTX). Neurotoksyna ta wiąże się z zewnętrznym otworem cząsteczki kanału sodowego i blokuje możliwość wpływania Na^+ do wnętrza kanału. Ponieważ wczesny prąd

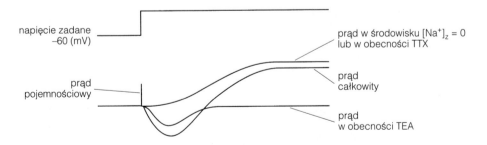

Rys. 3. Doświadczenie wykonane metodą voltage clamping, demonstrujące prądy przepływające przez błonę aksonu w czasie potencjału czynnościowego. Prądy odkomórkowe oznaczono jako wychylenia do góry, a prądy dokomórkowe — jako wychylenia w dół. Początkowo potencjał błony stabilizowano na poziomie –60 mV, po czym zadany potencjał podniesiono do 0 mV. Spowodowało to najpierw powstanie krótkiego prądu pojemnościowego, a następnie wystąpienie prądów jonowych. Doświadczenie wykonano w trzech różnych warunkach inkubacji. Dalsze wyjaśnienia w tekście. TTX — tetrodotoksyna; TEA — jon tetraetyloamoniowy

dokomórkowy jest przenoszony przez jony sodu, dodanie TTX do każdego preparatu nerwowego spowoduje zablokowanie możliwości wytwarzania potencjałów czynnościowych. Podobnie, dodanie do środowiska inkubacyjnego **jonu tetraetyloamoniowego** (TEA), związku blokującego napięciowozależne kanały potasowe, blokuje późny prąd odkomórkowy, co wskazuje, że prąd ten jest przenoszony przez jony K^+.

B4 BIOLOGIA MOLEKULARNA KANAŁÓW SODOWYCH I POTASOWYCH

Hasła

Patch clamping

Metoda *patch clamping* pozwala na pomiar prądu przepływającego przez pojedynczy kanał jonowy. Polega ona na wyizolowaniu miniaturowego fragmentu błony komórkowej („łatka"), znajdującego się pod czubkiem mikroelektrody rejestrującej. Jeśli elektroda przyczepiona jest do nieuszkodzonej błony komórkowej, to badany fragment błony pozostaje połączony z resztą komórki, co pozwala na rejestrację prądów przepływających przez pojedyncze kanały. Rozerwanie tego fragmentu błony umożliwia rejestrację prądów makroskopowych, przepływających poprzez błonę komórki na całej jej powierzchni. „Łatkę" można również wyrwać z błony komórki i rejestrować aktywność znajdujących się w niej pojedynczych kanałów jonowych w dwóch konfiguracjach. Stosując metodę „zewnątrz–na zewnątrz", bada się efekty oddziaływania ligandów kanałów jonowych, podawanych do płynu inkubacyjnego. Metoda „wewnątrz–na zewnątrz" umożliwia badanie roli układów wtórnych przekaźników w modulowaniu aktywności kanałów.

Budowa napięciowo-zależnych kanałów sodowych

Zastosowanie metod klonowania i sekwencjonowania DNA kodującego cząsteczki napięciowozależnych kanałów sodowych (VDSC) umożliwiło zbadanie sekwencji aminokwasowej tych dużych glikoprotein transbłonowych. Na tej podstawie można wnioskować o ich strukturze drugorzędowej. Kanały te składają się z czterech homologicznych domen, z których każda zawiera sześć segmentów o budowie α-helikalnej (S1–S6), przechodzących przez błonę komórkową. Dodatnio naładowane segmenty S4 uczestniczą w aktywacji kanałów. Każda domena, w obszarze między segmentami S5 i S6, ma pętlę H5, tworzącą ścianę otworu kanału jonowego. Trzecia pętla cytoplazmatyczna, łącząca domeny 3 i 4, jest niezbędna do występowania zjawiska inaktywacji kanału. Na trzeciorzędową strukturę cząsteczki składają się cztery domeny skupione wokół otworu kanału jonowego.

Budowa napięciowo-zależnych kanałów potasowych

Budowa działającego z opóźnieniem, odkomórkowego kanału prostującego zaangażowanego w generowanie potencjału czynnościowego, a także innych pokrewnych kanałów potasowych, jest homologiczna z budową pojedynczej domeny kanału sodowego. Funkcjonalne kanały potasowe są najprawdopodobniej tetramerycznymi homo-oligomerami. Inaktywacja (jeżeli występuje) zachodzi na zasadzie mechanizmu „kuli i łańcucha". W cząsteczkach kanałów potasowych muszki owocowej *Drosophila melanogaster* grupa aminokwasów na końcu N łańcucha polipeptydowego blokuje wewnętrzny otwór kanału. U ssaków za blok ten odpowiada oddzielna podjednostka β, połączona z końcem N łańcucha.

Tematy pokrewne   Napięciowozależne kanały   Napięciowozależne kanały
                      jonowe (B3)   wapniowe (C6)

Patch clamping   *Patch clamping* jest techniką umożliwiającą badanie właściwości elektrofizjologicznych pojedynczych kanałów jonowych. Polega ona na wytworzeniu, pomiędzy szklaną mikropipetą a powierzchnią błony komórkowej, złącza o bardzo dużej oporności elektrycznej. Rejestrowane są tylko te prądy, które przepływają przez miniaturowy fragment błony (ang. patch — łatkę), który mieści się pod mikroelektrodą. Technika ta umożliwia pomiar bardzo małych prądów, które przepływają przez pojedyncze kanały jonowe (ok. 1 pA). Układ elektroniczny urządzenia rejestrującego pozwala na zastosowanie metody stabilizacji napięcia (*voltage clamp*) do badanego fragmentu błony (*rys. 1a*).

Pomiary z użyciem techniki *patch clamping* można przeprowadzać w kilku układach (*rys. 1b*), z których każdy znajduje zastosowanie w odmiennego typu doświadczeniach:

1. **Połączenie z komórką** (ang. cell-attached mode). Stosowane do pomiarów pojedynczych kanałów w komórkach nieuszkodzonych. Służy do badania efektów oddziaływania na kanały jonowe, układów wtórnych przekaźników, które pobudza się za pomocą związków, np. neuroprzekaźników, podawanych do płynu inkubacyjnego.

2. **Rejestracja z całej komórki** (ang. whole-cell mode). W tej odmianie rozrywa się fragment błony komórkowej, znajdujący się pod mikroelektrodą. Prąd rejestrowany przez mikroelektrodę reprezentuje sumę wszystkich prądów przepływających w danych warunkach poprzez całą błonę komórki. Rejestruje się więc prądy makroskopowe.

3. **Metoda „zewnątrz–na zewnątrz"** (ang. outside-out mode). Jest to jedna z odmian metody, w której odrywa się fragment błony (łatkę) od reszty komórki. Fragment ten pozostaje nadal w ścisłym, wysokooporowym połączeniu z mikroelektrodą. Konfiguracja taka pozwala na badanie wpływu na kanały jonowe, takich ligandów jak neuroprzekaźniki, hormony czy związki farmakologiczne oddziałujące na komórkę od zewnątrz. Ligandy te podaje się do płynu inkubacyjnego, ponieważ może on być zmieniany o wiele szybciej niż płyn znajdujący się wewnątrz mikroelektrody. Zaletą tej metody jest możliwość przeprowadzania tak skomplikowanych doświadczeń, jak ustalanie związku między dawką podawanej substancji a reakcją komórki.

4. **Metoda „wewnątrz–na zewnątrz"** (ang. inside-out mode). Jest do druga odmiana metody, w której bada się izolowany fragment błony. Zazwyczaj stosowana do szczegółowego badania układów wtórnych przekaźników, które mogą być podawane bezpośrednio na wewnętrzną powierzchnię błony w płynie inkubacyjnym.

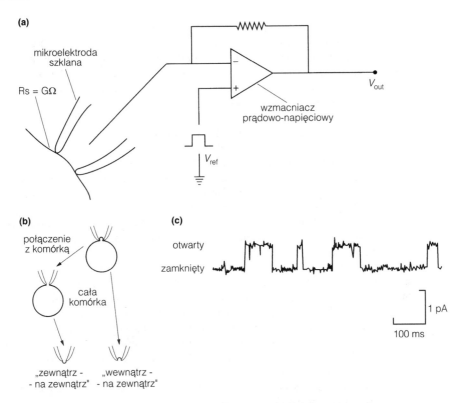

Rys. 1. Technika patch clamping. *(a) Schemat obwodu elektrycznego. Napięcie V_{ref} służy do stabilizacji (równoważenia) potencjału błony neuronu. Metoda polega na wytworzeniu wysokooporowego połączenia (R_S) pomiędzy czubkiem mikroelektrody rejestrującej a błoną komórkową. (b) Konfiguracje techniki* patch clamping. *(c) Prądy przepływające poprzez pojedynczy receptor $GABA_A$*

Przykład wyniku doświadczalnego, jaki można uzyskać za pomocą techniki *patch clamping*, ilustruje *rysunek 1c*. Każde z pokazanych „prostokątnych" wychyleń zarejestrowanej linii prądowej jest efektem otwarcia pojedynczego kanału błonowego. Wysokość wychylenia stanowi miarę **prądu w jednym kanale**, a jego długość — miarę czasu otwarcia kanału. Analiza statystyczna dużej liczby takich przebiegów umożliwia określenie takich parametrów jak **średni czas otwarcia** i zweryfikowanie teoretycznych modeli kinetyki kanału jonowego. Badania takie są bardzo użyteczne w określaniu mechanizmów działania związków neuroaktywnych na poziomie molekularnym. Metoda *patch clamping* okazała się również nieoceniona w badaniach efektów inżynierii genetycznej sklonowanych kanałów i receptorów błonowych.

Budowa napięciowo-zależnych kanałów sodowych

Klonowanie i sekwencjonowanie DNA umożliwia określenie sekwencji aminokwasowej kodowanego białka. Pozwala to na wyciągnięcie wniosków o budowie drugorzędowej białka, jak np. obecności okolic o strukturze α-helisy albo strukturze β. Analiza rozmieszczenia aminokwasów hydrofobowych i hydrofilnych w łańcuchu polipeptydowym wskazuje, które fragmenty mogą być zlokalizowane wewnątrz błony komórkowej.

Zidentyfikowanie specyficznych sekwencji aminokwasowych ulegających glikozylacji wskazuje te części cząsteczki, które mogą być wyeksponowane na zewnątrz błony. Podobnie, zidentyfikowanie sekwencji ulegających fosforylacji dowodzi, że dany fragment cząsteczki znajduje się w cytoplazmie. Informacje tego typu pozwalają na określenie położenia określonych części cząsteczki białka w stosunku do błony komórkowej. **Zlokalizowana mutageneza**, pozwalająca na uzyskanie genów zmodyfikowanych w ściśle określonych miejscach, a następnie na ekspresję tych genów w dogodnych układach komórkowych, może być zastosowana w celu zbadania roli pojedynczych aminokwasów w funkcjonowaniu kanału jonowego. Z dużym powodzeniem zastosowano tu metodę transkrypcji zmutowanego DNA kanału jonowego *in vitro*, a następnie wprowadzenia uzyskanego mRNA do oocytów *Xenopus*. Komórki jajowe przeprowadzają translację zmutowanego białka, które wbudowuje się następnie w błonę komórkową, co umożliwia wykonanie pomiarów metodą *patch clamping*.

Budowa napięciowozależnych kanałów sodowych (VDSC) została wydedukowana z zastosowaniem technik opisanych wyżej. Kanały sodowe to duże glikoproteiny transbłonowe, składające się z czterech domen (I–IV), połączonych pętlami cytoplazmatycznymi (*rys. 2*). Sekwencja aminokwasowa tych domen jest bardzo podobna, co oznacza, że istnieje między nimi znaczna **homologia**. Każda z nich ma sześć silnie hydrofobowych segmentów (S1–S6) o długości około 20 reszt aminokwasowych, które mają strukturę α-helisy i przechodzą przez błonę komórkową. Cztery domeny otaczają wokół centralny otwór, tworząc kanał przechodzący przez błonę.

Jednym z najbardziej charakterystycznych elementów VDSC jest segment S4. Pomiędzy segmentami S4 poszczególnych domen istnieje bardzo wysoki stopień homologii, co wskazuje, że nie zmieniły się one w sposób istotny w trakcie rozwoju ewolucyjnego, a więc muszą pełnić niezwykle ważną funkcję. Co trzeci aminokwas we fragmencie łańcucha

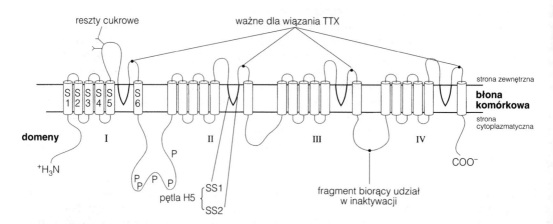

Rys. 2. Schemat drugorzędowej struktury napięciowozależnego kanału sodowego. Dla uproszczenia, segmenty S1–S6 oznaczono jedynie w domenie I. Cztery pętle H5, tworzące otwór kanału jonowego, zaznaczono pogrubioną linią. P, sekwencje ulegające fosforylacji

polipeptydowego, tworzącego segment S4, to lizyna albo arginina, mające dodatni ładunek elektryczny. Zlokalizowana mutageneza wykazała, że segment S4 jest niezbędny do aktywacji kanału, w związku z czym wydaje się, że ładunki te stanowią część czujnika napięcia kanału jonowego.

Od dużej pętli cytoplazmatycznej, położonej między trzecią i czwartą domeną, zależy występowanie zjawiska inaktywacji, ponieważ podanie enzymów proteolitycznych do wnętrza komórki uniemożliwia inaktywację VDSC. Podobnie, kanały pozbawione tej pętli w wyniku zastosowania mutagenezy również nie wykazują inaktywacji.

Między segmentami S5 i S6 w każdej domenie występuje pętla H5, składająca się z dwóch krótkich odcinków, SS1 i SS2. Na podstawie analogii z budową napięciowozależnych kanałów potasowych, które mają podobny motyw, uważa się, że tworzą one ściany kanału jonowego. Trzeciorzędowa struktura kanału to zespół czterech domen skupionych wokół centralnego kanału utworzonego przez cztery pętle H5.

Budowa napięciowozależnych kanałów potasowych

Istnieje wiele rozmaitych typów kanałów potasowych, lecz większość z nich, wliczając w to działający z opóźnieniem, odkomórkowy kanał prostujący odpowiedzialny za fazę opadającą iglicy potencjału czynnościowego, ma podobną budowę (*rys. 3*). Podjednostki α kanału potasowego przypominają także swoją budową pojedynczą domenę napięciowozależnego kanału sodowego. Funkcjonalny kanał potasowy to tetrameryczny homo-oligomer. Oznacza to, że składa się on z czterech podobnych do siebie podjednostek, otaczających centralny otwór. Każda z podjednostek kanału potasowego ma sześć segmentów transbłonowych, a segment S4, bogaty w dodatnio naładowane reszty aminokwasowe, uczestniczy w inaktywacji.

Niektóre kanały potasowe można zablokować za pomocą jonu tetraetyloamoniowego, podawanego od strony zewnętrznej lub wewnętrznej. Zlokalizowana mutageneza wykazała, że aminokwas odpowiedzialny za

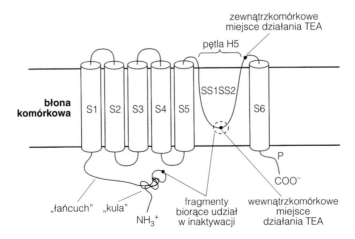

Rys. 3. Schemat drugorzędowej budowy podjednostki odkomórkowego prostującego kanału potasowego. Cztery takie podjednostki tworzą funkcjonalny kanał jonowy

blokadę od strony zewnętrznej jest położony w łańcuchu polipeptydowym w bardzo małej odległości od aminokwasu związanego z blokadą
wewnętrzną. Wynika stąd, że łączący je odcinek łańcucha musi przechodzić przez błonę komórkową, co jest możliwe tylko wtedy, gdy pomiędzy segmentami S5 i S6 istnieje pętla. Uważa się, że ta pętla H5 tworzy
ścianę kanału, ponieważ zawiera ona aminokwasy odpowiedzialne za
wybiórczość wobec przepuszczanych jonów.

Nie wszystkie kanały potasowe, biorące udział w generowaniu potencjału czynnościowego, inaktywują się. Te, które to czynią, dysponują tzw.
mechanizmem kuli i łańcucha. Grupa aminokwasów położona na wewnątrzkomórkowym końcu N cząsteczki może się przesuwać w ten sposób, że blokuje wewnętrzny otwór kanału na skutek interakcji z aminokwasem położonym na najbardziej wsuniętej do wewnątrz części pętli
H5. W kanałach muszki owocowej *Drosophila* (które zostały sklonowane
jako pierwsze) „kula" ta stanowi część podjednostki α, natomiast u ssaków jest ona oddzielną podjednostką β, połączoną z końcem N podjednostki α. Kanały *Drosophila*, które zostały tak zmodyfikowane, że usunięto z nich „kulę" albo skrócono „łańcuch", nie wykazują inaktywacji.

B5 PRZEWODZENIE POTENCJAŁU CZYNNOŚCIOWEGO

Hasła

Rozprzestrzenianie się potencjałów czynnościowych	Potencjały czynnościowe powstają na wzgórku aksonowym (w strefie inicjacyjnej iglicy) i rozprzestrzeniają się aktywnie wzdłuż aksonu ze stałą prędkością i bez zmniejszenia amplitudy. Ponieważ strefa aktywna, fragment aksonu, w którym w danym momencie występuje potencjał czynnościowy, ma odmienny ładunek elektryczny niż pozostała część aksonu, dochodzi do przepływu lokalnych prądów, które depolaryzują sąsiadujące fragmenty błony aksonu, co stanowi przyczynę przesuwania się potencjału czynnościowego „do przodu". Prądy lokalne płyną także „do tyłu", ale z powodu występowania zjawiska refrakcji potencjał czynnościowy nie może się rozprzestrzeniać w tym kierunku.
Szybkość przewodzenia w aksonach niezmielinizowanych	W aksonach niezmielinizowanych szybkość przewodzenia wynosi od 0,5 do 2 m·s^{-1}. Prędkość ta jest proporcjonalna do pierwiastka kwadratowego z średnicy aksonu.
Szybkość przewodzenia w aksonach zmielinizowanych	Mielinizacja powoduje zasadniczy wzrost szybkości przewodzenia przy niewielkim wzroście całkowitej średnicy aksonu. Aksony zmielinizowane przewodzą szybciej, ponieważ prądy lokalne przepływają wokół izolacyjnej warstwy osłonki mielinowej i w związku z tym błona aksonu ulega depolaryzacji generując potencjał czynnościowy jedynie w kolejnych przewężeniach Ranviera. Potencjał czynnościowy jakby „przeskakuje" z jednego przewężenia do drugiego. Szybkość przewodzenia jest proporcjonalna do średnicy aksonu i waha się od 7 do 100 m·s^{-1}.

Tematy pokrewne   Komórki glejowe i proces   Właściwości neurytów (D1)
                        mielinizacji (A4)

Rozprzestrze-nianie się potencjałów czynnościowych	W komórce nerwowej potencjał czynnościowy powstaje najpierw na wzgórku aksonowym, ponieważ w tej części błony gęstość napięciowo-zależnych kanałów sodowych (VDSC) jest największa, a zatem próg pobudliwości jest najniższy. Z tego powodu wzgórek aksonowy okre-ślany jest niekiedy jako **strefa inicjacyjna potencjału czynnościowego**. Powstałe tu potencjały czynnościowe rozprzestrzeniają się aktywnie ze stałą prędkością wzdłuż osi aksonu bez spadku amplitudy. Nie ulegają one zmniejszeniu nawet wtedy, gdy są przewodzone przez aksony ob-wodowe, których długość u człowieka może osiągać 1 m. Z tego powodu potencjały czynnościowe stanowią bardzo wierny sposób przesyłania

informacji. Mechanizmy ich przewodzenia są nieco odmienne w zależności od tego, czy akson jest pokryty osłonką mielinową, czy też nie.

W neuronach niezmielinizowanych przewodzenie przebiega w sposób następujący (*rys. 1*). Fragment aksonu, w którym w danym momencie występuje potencjał czynnościowy, nosi nazwę **strefy aktywnej**. Długość jej wynosi kilka centymetrów. Po wewnętrznej stronie błony — w tej części strefy aktywnej, w której występuje nadstrzał, znajduje się ładunek dodatni. Poza strefą aktywną, do przodu od postępującej fali potencjału czynnościowego oraz za nią, potencjał błonowy przyjmuje wartości ujemne. Zjawisko to jest powodem występowania różnicy potencjałów między różnymi okolicami zewnętrznej powierzchni aksonu; na zewnątrz strefy aktywnej aksonu potencjał elektryczny jest bardziej ujemny niż otoczenie. Analogiczna sytuacja występuje po wewnętrznej części błony, tu jednak strefa aktywna ma ładunek dodatni w stosunku do otoczenia. Różnice potencjałów są przyczyną biernego przepływu prądów przez błonę aksonu. Według przyjętej konwencji, prąd przepływa od miejsca o polaryzacji dodatniej do ujemnej, co zaznaczono za pomocą strzałek na *rysunku 1*.

Prądy na zewnątrz błony aksonu przepływają z miejsc położonych do przodu oraz do tyłu, w kierunku strefy aktywnej potencjału czynnościowego. Prądy te określa się jako **prądy obwodów lokalnych**. Tuż przed miejscem występowania potencjału czynnościowego prądy lokalne wywołują ubytek ładunków dodatnich po zewnętrznej stronie błony i jedno-

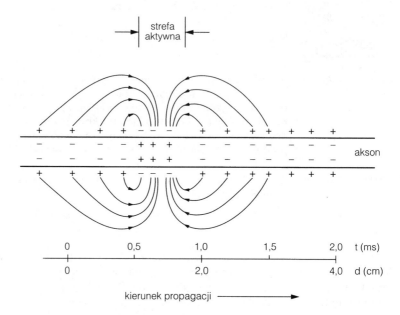

Rys. 1. *Prądy lokalne biorące udział w rozprzestrzenianiu się potencjału czynnościowego. Dla uproszczenia pominięto prądy przepływające wewnątrz aksonu. Potencjał czynnościowy przedstawiono jako falę pobudzenia, przepływającą z lewa na prawo wzdłuż osi aksonu. Początek iglicy potencjału czynnościowego (strefa aktywna) po upływie 1 ms (wyższa skala) znajduje się w odległości 2 cm od miejsca powstania (niższa skala). t, czas; d, odległość*

cześnie przenoszą te ładunki do wnętrza aksonu. W efekcie w miejscu tym dochodzi do depolaryzacji błony, kiedy zaś depolaryzacja przybierze wartość ponadprogową, dochodzi do aktywacji napięciowozależnych kanałów sodowych i przesunięcia potencjału czynnościowego. Oczywiście, prądy obwodów lokalnych przepływają również wzdłuż aksonu za falą potencjału czynnościowego, lecz ten fragment błony aksonu znajduje się w stanie refrakcji (VDSC pozostają w stanie inaktywacji, a błona jest zhiperpolaryzowana) i dlatego potencjał czynnościowy tam nie występuje. Z tego też powodu, w warunkach fizjologicznych, potencjał czynnościowy rozprzestrzenia się tylko w jednym kierunku.

Szybkość przewodzenia w aksonach niezmielinizowanych

Szybkość przewodzenia θ, z jaką rozprzestrzenia się impuls nerwowy, jest w aksonach niezmielinizowanych dość mała. Waha się ona między 0,5 a 2 m·s^{-1}, w zależności od średnicy aksonu. Cienkie aksony cechuje duża oporność, silniej przeciwdziałająca przepływowi prądu przez ich rdzeń niż w aksonach grubych, podobnie jak cienki drut ma większą oporność niż gruby. A więc prądy obwodów lokalnych rozchodzą się w aksoplazmie aksonów o małych średnicach gorzej niż w aksonach dużych. Z tego powodu mniejsza jest też szybkość przewodzenia impulsów w cienkich aksonach.

Zależność tę opisuje w przybliżeniu równanie:

$$\theta = ka^{1/2}$$

gdzie: a — średnica aksonu, k — stała zależna od oporności wewnętrznej aksonu i pojemności błony (patrz temat D1).

Szybkość przewodzenia w aksonach zmielinizowanych

Duża część komórek układu nerwowego kręgowców, a z pewnością większość neuronów obwodowego układu nerwowego, ma aksony pokryte osłonką mielinową. Funkcja osłonki mielinowej polega na znacznym zwiększeniu szybkości przewodzenia przy względnie niewielkim wzroście średnicy włókna. Powstanie osłonki mielinowej w trakcie rozwoju ewolucyjnego pozwoliło kręgowcom na duże powiększenie liczby bardzo szybko przewodzących aksonów, które nie zajmują zbyt wiele przestrzeni.

Ponieważ osłonka mielinowa zbudowana jest z błony komórkowej, zawiera ona dużo fosfolipidów, które cechuje duża oporność elektryczna. Prądy lokalne muszą więc przepływać przez obszary o mniejszej oporności, a więc poprzez elektrolit otaczający osłonkę. Powstające w efekcie obwody prądów lokalnych zamykają się nie poprzez sąsiadujące ze sobą fragmenty błony, jak w aksonach niezmielinizowanych, lecz przez kolejne przewężenia Ranviera, znajdujące się stosunkowo daleko od siebie. Prądy obwodów lokalnych, poprzedzające falę potencjału czynnościowego, dochodząc do kolejnego przewężenia powodują jego depolaryzację powyżej progu pobudliwości i wyzwalają potencjał czynnościowy. W ten sposób potencjał czynnościowy porusza się skokami między kolejnymi przewężeniami. Zjawisko to nosi nazwę **przewodnictwa skokowego**. Gęstość VDSC w obrębie przewężenia Ranviera jest około 100-krotnie większa niż w błonie niezmielinizowanej, a co za tym idzie, próg pobudliwości w przewężeniu jest również wielokrotnie niższy. Zmniejsza to znacznie ryzyko zahamowania przewodzenia, do czego mogłoby dojść na skutek osłabienia prądów obwodów lokalnych w efekcie przepływu na duże odległości.

Czynnikiem ograniczającym szybkość przewodzenia nie jest szybkość rozchodzenia się prądów obwodów lokalnych, która jest duża, ale czas reakcji kanałów sodowych na depolaryzację. W aksonie niezmielinizowanym każdy kolejny fragment błony musi ulec depolaryzacji i pobudzeniu. Natomiast w aksonie zmielinizowanym pobudzeniu ulega jedynie błona w obrębie przewężenia Ranviera. Jest to przyczyną większej szybkości przewodzenia aksonów zmielinizowanych.

Szybkość przewodzenia aksonów zmielinizowanych waha się średnio od 7 do 100 m · s⁻¹. Podobnie jak w wypadku aksonów niezmielinizowanych, jest ona uzależniona od średnicy, lecz zależność ta jest prostsza:

$$\theta = ka$$

gdzie: a oznacza średnicę aksonu, a k — stałą.

C1 PRZEGLĄD MECHANIZMÓW SYNAPTYCZNYCH

Hasła

Przekaźnictwo elektryczne

Synapsy elektryczne są zbudowane z zespołów kanałów jonowych, noszących nazwę koneksonów, położonych w obrębie złączy szczelinowych. Umożliwiają one występowanie sprzężenia elektrycznego pomiędzy komórkami, w efekcie przepływu małych jonów. Potencjały czynnościowe mogą się rozprzestrzeniać między komórkami poprzez złącza szczelinowe z dużą szybkością i bez zaburzeń.

Przekaźnictwo chemiczne

Uwolnienie neuroprzekaźnika z zakończenia nerwowego, po wystąpieniu w nim potencjału czynnościowego, jest wywoływane w wyniku dokomórkowego napływu jonów wapnia przez napięciowozależne kanały wapniowe. Po przejściu przez szczelinę synaptyczną neuroprzekaźnik wiąże się z receptorami postsynaptycznymi. Są to kanały jonowe bramkowane ligandem albo receptory metabotropowe sprzężone z układami wtórnych przekaźników. Aktywacja receptora zwiększa albo zmniejsza szansę wygenerowania potencjału czynnościowego przez komórkę postsynaptyczną, co określa się, odpowiednio, jako reakcję pobudzającą albo hamującą. Przekaźnictwo przebiegające za pośrednictwem kanałów jonowych bramkowanych ligandem jest szybkie, natomiast przekaźnictwo związane z receptorami metabotropowymi jest wolne. Synapsy mogą uwalniać więcej niż jeden rodzaj przekaźnika.

Tematy pokrewne

Przekaźnictwo elektryczne

W układzie nerwowym współistnieją dwa typy przekaźnictwa synaptycznego: elektryczne i chemiczne. Przekaźnictwo elektryczne działa za pośrednictwem synaps elektrycznych — **połączeń szczelinowych** pomiędzy sąsiednimi neuronami. Połączenia szczelinowe są zespołami parzystych, heksamerycznych kanałów jonowych, noszących nazwę **koneksonów** (*rys. 1a*). Średnica otworu kanału wynosi 2–3 nm, co pozwala na przepływanie jonów i niewielkich cząsteczek między połączonymi w ten sposób neuronami. Połączenia szczelinowe, sprzęgające elektrycznie komórki nerwowe, umożliwiają rozprzestrzenianie się pomiędzy nimi wszystkich potencjałów elektrycznych, a więc i potencjałów czynnościo-

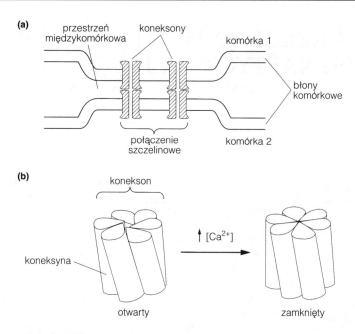

Rys. 1. (a) Połączenie szczelinowe. (b) Zmiana konfiguracji koneksonów, związana z zamknięciem połączenia szczelinowego

wych. Główne cechy przekaźnictwa elektrycznego to: bardzo duża prędkość, wysoka wierność przekazu (sygnały są przekazywane bez zniekształcenia) oraz działanie dwukierunkowe. Połączenia szczelinowe mogą się zamykać. Każdy konekson składa się z sześciu podjednostek noszących nazwę **koneksyn**. Reagując na oddziaływanie określonych czynników chemicznych, takich jak np. podwyższenie wewnątrzkomórkowego stężenia jonów Ca^{2+}, koneksyny obracają się wokół własnej osi, zamykając środkowy kanał (rys. 1b). Synapsy elektryczne stanowią jedynie niewielką część puli wszystkich synaps u osobników dorosłych, natomiast większa ich liczba występuje w czasie rozwoju. Połączenia szczelinowe, poza układem nerwowym, występują również pomiędzy komórkami nabłonkowymi oraz mięśniowymi.

Przekaźnictwo chemiczne

Przeważająca część synaps ma charakter chemiczny. Przekaźnictwo w większości synaps chemicznych ośrodkowego układu nerwowego polega na uwolnieniu neuroprzekaźnika z pojedynczego pęcherzyka synaptycznego, pod wpływem potencjału czynnościowego, który dociera do zakończenia aksonu. Uwolnienie neuroprzekaźnika wymaga zwiększenia wewnątrzkomórkowego stężenia jonów Ca^{2+}, do czego dochodzi na skutek napływu jonów wapnia do wnętrza zakończenia synaptycznego przez **napięciowozależne kanały wapniowe**. Uwolniony neuroprzekaźnik dyfunduje poprzez szczelinę synaptyczną i wiąże się z odpowiednimi receptorami na błonie postsynaptycznej. Związanie neuroprzekaźnika wywołuje zmianę konformacyjną receptora. Od rodzaju receptora zależy to, co dzieje się dalej, lecz ogólny efekt polega na zmianie przepuszczalności błony postsynaptycznej dla określonych jonów.

Receptory neuroprzekaźników należą do dwóch „**nadrodzin**". Integralną częścią **receptorów związanych z bramkowanymi ligandem kanałami jonowymi**, czyli **receptorów jonotropowych**, są jonoselektywne kanały jonowe. Przyłączenie neuroprzekaźnika do receptora wywołuje otwarcie kanału, co bezpośrednio powiększa jego przepuszczalność. Drugą nadrodzinę stanowią **receptory związane z białkami G**, określane jako **receptory metabotropowe**. Przyłączenie neuroprzekaźnika do tego typu receptora aktywuje związane z nim białko G, które może wywierać rozmaite i odległe efekty, wpływając zarówno na metabolizm komórki, jak i na przepuszczalność jej błony. Białka G są w stanie zmieniać przepuszczalność bezpośrednio, przez wiązanie się z kanałami jonowymi, bądź też pośrednio, modyfikując aktywność enzymów pobudzanych przez układy wtórnych przekaźników, które fosforylują kanały jonowe i w ten sposób zmieniają ich przepuszczalność.

Zmiana przepuszczalności błony postsynaptycznej może przybierać dwie zasadnicze formy. Jeżeli dochodzi do zwiększenia prawdopodobieństwa wytworzenia potencjału czynnościowego przez komórkę nerwową, to efekt ma charakter **pobudzający**. Jeżeli natomiast efektem jest zmniejszenie prawdopodobieństwa powstania potencjału czynnościowego, to ma on charakter **hamujący**. Mimo że wielu neurobiologów przypisuje danemu neuroprzekaźnikowi albo charakter pobudzający, albo hamujący, jego działanie powinno się raczej rozpatrywać w kontekście kombinacji określonego neuroprzekaźnika z określonym receptorem. Zdarza się bowiem często, że dany neuroprzekaźnik po połączeniu z określonym receptorem może wywierać efekty pobudzające, a po połączeniu z innym — efekty hamujące. Każda synapsa może być opisana jako pobudzająca lub hamująca.

Zidentyfikowano dotychczas około 30 cząsteczek działających jako neuroprzekaźniki. Przypuszcza się, że funkcję taką pełni również wiele innych związków. Ogólnie można je podzielić na dwie grupy. Neuroprzekaźnikami klasycznymi są aminokwasy i aminy. Ilościowo najistotniejsze spośród tych związków to kwas glutaminowy, prawie zawsze będący neuroprzekaźnikiem pobudzającym, oraz kwas γ-aminomasłowy (GABA), który zazwyczaj pełni funkcję hamującą. Do tej grupy należą również acetylocholina, aminy katecholowe, takie jak dopamina i noradrenalina, oraz indoloamina — serotonina. Drugą, liczniejszą grupę, stanowią rozmaite peptydy, do których należą opioidy, jak dynorfina, oraz tachykininy (np. substancja P). Przykłady zamieszczono w *tabeli 1* (która jednak nie zawiera pełnej listy wszystkich znanych obecnie neuroprzekaźników).

Przekaźnictwo synaptyczne można również podzielić na dwa rodzaje, biorąc pod uwagę jego szybkość. **Szybkie przekaźnictwo synaptyczne** następuje wtedy, gdy neuroprzekaźnik działa na receptory jonotropowe, natomiast **wolne przekaźnictwo synaptyczne** — gdy na receptory metabotropowe. Kwas glutaminowy, GABA i acetylocholina odpowiadają za szybkie przekaźnictwo, jednakże każda z tych cząsteczek pośredniczy również w przekaźnictwie wolnym, z udziałem odpowiednich receptorów metabotropowych. Często każdy z wymienionych neuroprzekaźników pośredniczy w szybkim i wolnym przekaźnictwie w tej samej synapsie, pobudzając równocześnie odmienne populacje receptorów. Wielu

Tabela 1. Główne neuroprzekaźniki ośrodkowego układu nerwowego

Klasyczne	aminokwasy	kwas glutaminowy
		kwas asparaginowy
		kwas γ-aminomasłowy (GABA)
		glicyna
	(mono)aminy	acetylocholina
		dopamina
		noradrenalina ⎫ aminy katecholowe
		adrenalina ⎭
		serotonina (5-hydroksytryptamina) indoloamina
Peptydy	opioidy	dynorfiny
		endorfiny
		enkefaliny
	tachykininy	substancja P
	hormony	cholecystokinina
		somatostatyna

autorów określa te dwa rodzaje przekaźnictwa, odpowiednio, jako **klasyczne przekaźnictwo synaptyczne** oraz **neuromodulację**.

Termin neuromodulacja bywa również stosowany w węższym znaczeniu na określenie tylko tych efektów, w których neuroprzekaźnik nie wywiera bezpośrednio mierzalnego wpływu na przepuszczalność błony, lecz modyfikuje jedynie reakcje neuronu na pobudzenie pochodzące z innych źródeł.

Jedna synapsa najczęściej uwalnia więcej niż jeden rodzaj neuroprzekaźnika. Zjawisko to nosi nazwę **kotransmisji (koprzekaźnictwa)** i polega na uwalnianiu jednego z klasycznych neuroprzekaźników, a przy większych częstotliwościach stymulacji, także jednego lub więcej peptydów.

Cząsteczki neuroprzekaźnika, po uwolnieniu, są bardzo szybko usuwane ze szczeliny synaptycznej na jeden z trzech sposobów: w drodze biernej dyfuzji poza synapsę, przez pobieranie do otaczających neuronów lub komórek glejowych albo też poprzez rozkład enzymatyczny.

C2 SZYBKIE PRZEKAŹNICTWO SYNAPTYCZNE

Hasła

Szybkie przekaźnictwo glutaminianergiczne

Reakcje neuronów ośrodkowego układu nerwowego (OUN) na małe dawki przypuszczalnych neuroprzekaźników mogą być badane z zastosowaniem mikrojontoforezy. Głównym neuroprzekaźnikiem pobudzeniowym OUN ssaków jest kwas glutaminowy. Większość szlaków tworzących długie projekcje w OUN (główne drogi czuciowe i ruchowe) ma charakter glutaminianergiczny.

Pobudzający potencjał postsynaptyczny

Pobudzające potencjały postsynaptyczne (ang. excitatory postsynaptic potential, EPSP), rejestrowane z perikarionu komórki nerwowej jako przejściowa depolaryzacja, powstają w wyniku aktywacji kilku synaps. Ich wielkość waha się między 0,5 a 8 mV, w zależności od liczby pobudzonych połączeń aferentnych, i zanikają one wykładniczo po 10–20 ms. Prąd, leżący u podłoża EPSP, przyjmuje wartość zerową przy potencjale odwrócenia. Potencjał ten jest efektem sumowania potencjałów równowagi dla tych jonów, które przenoszą prąd synaptyczny. W przypadku kwasu glutaminowego wartość potencjału odwrócenia wynosi około 0 mV, co świadczy o tym, że prąd przepływa za pośrednictwem jonów Na^+ oraz K^+.

Receptory AMPA/kainowe

Receptory jonotropowe, odpowiedzialne za powstawanie większości glutaminianergicznych potencjałów postsynaptycznych, noszą nazwę receptorów AMPA/kainowych, od nazw dwóch selektywnych agonistów tych receptorów.

Szybkie przekaźnictwo GABAergiczne

Kwas γ-aminomasłowy (GABA) jest głównym neuroprzekaźnikiem hamującym w OUN ssaków. Większość neuronów wstawkowych (interneuronów), a także szereg dróg ruchowych w mózgu ma charakter GABAergiczny.

Hamujący potencjał postsynaptyczny

Pod wpływem GABA powstają szybkie hamujące potencjały postsynaptyczne (ang. inhibitory postsynaptic potential, IPSP) na skutek zwiększenia przepuszczalności błony postsynaptycznej dla jonów chlorkowych. Wskazuje na to identyczna wartość potencjału odwrócenia dla prądu leżącego u podłoża IPSP, oraz potencjału równowagi dla jonów chlorkowych, w obu przypadkach: –70 mV. IPSP ma bardzo podobne właściwości do EPSP, z tym wyjątkiem, że ma charakter hamujący. Wzrost przepuszczalności dla Cl^- ma zawsze charakter hamujący, ponieważ w jego efekcie powstaje tendencja do stabilizacji potencjału błonowego w pobliżu wartości E_{Cl}. Zjawisko to występuje również wtedy, gdy potencjał spoczynkowy jest większy niż E_{Cl}, a GABA wywołuje depolaryzujący IPSP. Hamowanie GABAergiczne określa się niekiedy jako hamowanie bocznikujące (ang. shunting inhibition). Przeciwstawia się ono depolaryzacji błony ku progowi pobudliwości, wywoływanej przez EPSP.

Receptory GABA_A Receptory jonotropowe, odpowiedzialne prawie za całość neuroprzekaźnictwa GABAergicznego, to bramkowane ligandem kanały chlorkowe, noszące nazwę receptorów $GABA_A$. Stanowią one cel dla wielu głównych grup leków, takich jak anestetyki do znieczulenia ogólnego, barbiturany i benzodiazepiny.

Tematy pokrewne   Potencjał spoczynkowy (B1)   Sumowanie czasowe
                      Przegląd mechanizmów   i przestrzenne (D2)
                         synaptycznych (C1)   Mięśnie szkieletowe
                      Biologia molekularna receptorów (C4)   i sprzężenie
                                                             elektromechaniczne (K1)

Szybkie przekaźnictwo glutaminianergiczne

Kwas glutaminowy jest podstawowym neuroprzekaźnikiem pobudzającym w ośrodkowym układzie nerwowym ssaków. Więcej niż 90% komórek nerwowych rdzenia kręgowego kota reaguje na niewielkie dawki kwasu glutaminowego, podawane z zastosowaniem **mikrojontoforezy**. Technika ta pozwala na podawanie ściśle określonych ilości naładowanych elektrycznie cząsteczek na powierzchnię neuronu za pomocą mikropipety. W przypadku glutaminianu, który w fizjologicznym pH ma ładunek ujemny, początkowo stosuje się prąd o natężeniu kilku nanoamperów, powodujący, iż wnętrze pipety przybiera ładunek dodatni. W tych warunkach glutaminian nie wypływa z pipety. Dopiero odwrócenie kierunku prądu powoduje wypływanie neuroprzekaźnika.

Ocenia się, że 35–40% synaps używa glutaminianu jako neuroprzekaźnika. Większość głównych dróg czuciowych, jak również część ruchowych, ma charakter glutaminianergiczny. Wszystkie komórki piramidalne w korze mózgowej oraz komórki ziarniste w korze móżdżku (najliczniejsze neurony w mózgu ssaków) uwalniają glutaminian.

Pobudzający potencjał postsynaptyczny

Glutaminianergiczne przekaźnictwo synaptyczne odkryto najwcześniej w rdzeniu kręgowym, gdzie czuciowe włókna aferentne z mięśni tworzą synapsy bezpośrednio na motoneuronach (*rys. 1*). Synapsy te mają charakter akso-dendrytyczny i położone są w odległości nie przekraczającej około 600 μm od ciała komórki. Rejestracje wewnątrzkomórkowe wykazały, że w efekcie elektrycznego pobudzenia włókna czuciowego dochodzi do niewielkiej depolaryzacji motoneuronu. Zjawisko to otrzymało nazwę **pobudzającego potencjału postsynaptycznego** (EPSP), ponieważ przybliża ono potencjał błonowy do progu generacji potencjałów czynnościowych.

Pobudzające potencjały postsynaptyczne cechuje kilka istotnych właściwości:

1. EPSP rejestrowany z perykarionu neuronu jest wywołany pobudzeniem kilku synaps. Badania funkcji pojedynczej synapsy są niezmiernie trudne.

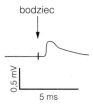

Rys. 1. Pobudzający potencjał postsynaptyczny (EPSP), powstający w motoneuronach rdzenia w odpowiedzi na stymulację pojedynczego włókna czuciowego

2. Pomiędzy pobudzeniem włókien aferentnych a powstaniem EPSP występuje krótkie opóźnienie, około 0,5–1 ms. Nosi ono nazwę **opóźnienia synaptycznego**.
3. EPSP są niewielkie, od dziesiątych części mV do około 8 mV. Ich amplituda jest uzależniona od liczby pobudzanych włókien aferentnych. Im więcej włókien jest pobudzanych, tym więcej synaps ulega aktywacji (por. synapsa nerwowo-mięśniowa, temat K1).
4. EPSP, powstające w wyniku działania kwasu glutaminowego, zanikają wykładniczo w czasie 10–20 ms, lecz EPSP związane z wolnym przekaźnictwem synaptycznym mogą trwać przez kilka sekund, a nawet minut.

Jak ilustruje to *rysunek 2*, rejestrować można nie tylko potencjały, lecz także prądy synaptyczne. W prezentowanym doświadczeniu zastosowano metodę *voltage clamping* (temat B3) w połączeniu ze stymulacją synaps, przy kilku różnych wartościach potencjału zadanego. W miarę przybierania coraz mniej ujemnych wartości przez potencjał zadany, prąd dokomórkowy zmniejsza się, zanika około 0 mV i zamienia się w prąd odkomórkowy przy dodatnich wartościach potencjału zadanego. Potencjał, przy którym nie obserwuje się przepływu prądu, nosi nazwę **potencjału odwrócenia**. Jest to potencjał równowagi dla tego jonu lub

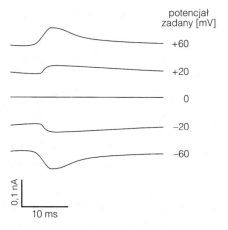

Rys. 2. Potencjał odwrócenia prądów, powstających w wyniku aktywacji receptorów glutaminianowych w motoneuronie rdzenia kręgowego, w rejestracji metodą voltage clamping

jonów, które przenoszą prąd. Znajomość potencjału odwrócenia może zatem stanowić wskazówkę, które jony są odpowiedzialne za generowanie potencjału synaptycznego. W tym przypadku potencjał odwrócenia wynoszący 0 mV wskazuje, że neuroprzekaźnik zmienia przepuszczalność błony w równym stopniu dla jonów Na^+ i K^+. Można to sprawdzić stosując równanie Goldmana (temat B1). Podstawiając do tego równania wartości przepuszczalności sodowej i potasowej równe 1 oraz standardowe wartości stężenia zewnątrz- i wewnątrzkomórkowego obydwu jonów, a także przyjmując zerową wartość przepuszczalności chlorkowej, otrzymuje się wartość potencjału bliską 0 mV.

Receptory AMPA/kainowe

Grupa receptorów określanych jako AMPA/kainowe odpowiada za większość przekaźnictwa glutaminianergicznego. Nazwa tych receptorów, szeroko rozprzestrzenionych w OUN, pochodzi od dwóch związków, które mimo iż nie występują naturalnie w układzie nerwowym, są jednak **agonistami** tej grupy receptorów. Receptory AMPA/kainowe to kanały jonowe bramkowane ligandem. Są one białkami transbłonowymi, których integralną częścią jest kanał jonowy, posiadającymi jednocześnie miejsce rozpoznające glutaminian, znajdujące się we fragmencie zewnątrzkomórkowym i wyeksponowane do szczeliny synaptycznej. Przyłączenie glutaminanu do tego miejsca wywołuje zmianę kształtu cząsteczki, polegającą na otwarciu kanału jonowego. Kanał ten jest przepuszczalny dla jonów Na^+ i K^+. Przepływ jonów równocześnie poprzez kilkaset receptorów glutaminianowych, zgodnie z odpowiednimi gradientami stężeń, powoduje powstanie EPSP, które mogą być rejestrowane z perykarionu komórki nerwowej.

Szybkie przekaźnictwo GABAergiczne

Szacuje się, że między 17 a 30% synaps w mózgu ssaków używa kwasu γ-aminomasłowego (GABA) jako neuroprzekaźnika, co wskazuje, że jest to najważniejszy neuroprzekaźnik hamujący w OUN. Wiele spośród dróg zaangażowanych w kontrolę ruchową to drogi GABAergiczne. Większość interneuronów (neuronów wstawkowych), zarówno w korze mózgowej, jak i korze móżdżku, uwalnia GABA.

Hamujący potencjał postsynaptyczny

Efekt oddziaływania GABA ilustruje przykładowe doświadczenie, pokazane na *rysunku 3*. Na powierzchni komórek piramidalnych w korze mózgowej znajdują się liczne synapsy GABAergiczne, utworzone przez interneurony, które noszą nazwę komórek koszyczkowych. Większość z nich to synapsy akso-somatyczne. Rejestracja wewnątrzkomórkowa z neuronów piramidalnych umożliwia zaobserwowanie efektu pobudzenia komórki koszyczkowej, który polega na niewielkiej hiperpolaryzacji. Jest to **hamujący potencjał postsynaptyczny** (IPSP). IPSP oddala potencjał błony komórkowej od progu generacji potencjałów czynnościowych.

Hamujące potencjały postsynaptyczne mają właściwości zbliżone do EPSP. Jednakże doświadczenia *voltage clamping* wykazały, że potencjał odwrócenia dla prądu odpowiedzialnego za szybkie GABAergiczne IPSP wynosi około –70 mV (*rys. 4*). Jest to wartość potencjału równowagi dla jonów Cl^-. W odpowiedzi na uwolnienie GABA wzrasta przepuszczalność błony komórki piramidalnej dla jonów chloru. Jeżeli potencjał błony

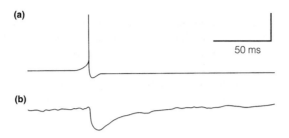

Rys. 3. Hamujący potencjał postsynaptyczny (IPSP) w komórce piramidalnej, powstający na skutek uwolnienia GABA z neuronu hamującego (komórki koszyczkowej): (a) presynaptyczny potencjał czynnościowy w komórce koszyczkowej, skala pionowa: 25 mV; (b) potencjał postsynaptyczny w neuronie piramidalnym, skala pionowa: 0,5 mV

neuronu jest bardziej dodatni od potencjału odwrócenia, jony Cl⁻ wchodzą do wnętrza komórki, czyniąc je bardziej ujemnym, a więc dochodzi do hiperpolaryzacji.

Rysunek 4 pokazuje również taką sytuację, w której potencjał błony komórki jest początkowo bardziej ujemny niż potencjał odwrócenia dla Cl⁻. W takich warunkach jony Cl⁻ opuszczają komórkę, która staje się mniej ujemna wewnątrz, co oznacza, że dochodzi do jej depolaryzacji. Należy jednak podkreślić, że efekt jest w dalszym ciągu hamujący. Zwiększenie przepuszczalności dla Cl⁻ utrzymuje potencjał błonowy w pobliżu wartości bliskich E_{Cl}, ponieważ zawsze, kiedy potencjał błonowy jest różny od E_{Cl}, powstaje napędowa siła jonowa powodująca odkomórkowy albo dokomórkowy przepływ jonów chloru. Zwiększenie przepuszczalności dla jonów Cl⁻ stabilizuje potencjał błonowy przy wartościach bliskich –70 mV i przeciwdziała wszelkim zmianom potencjału błonowego w kierunku progu pobudliwości. Ponieważ, podobnie jak w obwodzie elektrycznym, ten efekt hamujący bardzo wydajnie „bocznikuje" pobudzające potencjały synaptyczne, określa się go często jako **hamowanie bocznikujące**.

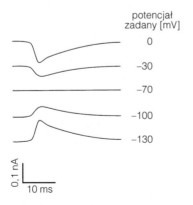

Rys. 4. Potencjał odwrócenia szybkiego GABAergicznego IPSP, wyznaczony metodą voltage clamping. Wartość potencjału odwrócenia wynosi –70 mV

Receptory
GABA$_A$

Receptory GABA$_A$ należą do nadrodziny receptorów bramkowanych ligandem i odpowiadają za całość szybkiego przekaźnictwa GABA-ergicznego. Aktywacja tych receptorów powoduje otwarcie kanału wybiórczego wobec jonów Cl⁻. Na receptory GABA$_A$ działa kilka powszechnie stosowanych grup leków, takich jak benzodiazepiny, barbiturany, anestetyki steroidowe oraz ogólne anestetyki wziewne.

C3 WOLNE PRZEKAŹNICTWO SYNAPTYCZNE

Hasła

| Białka G | Receptory metabotropowe są sprzężone z kanałami jonowymi lub enzymami układów wtórnych przekaźników poprzez białka G, trimeryczne białka wiążące nukleotydy guaninowe. Istnieje kilka różnych rodzin białek G, aktywujących odmienne układy. Przyłączenie ligandu do receptora powoduje uwolnienie formy białka G, połączonej z guanozyno-5′-trifosforanem (GTP), która aktywuje inne białka. Ponieważ białka G wykazują również aktywność GTPazową, w krótkim czasie dochodzi do hydrolizy GTP i zatrzymania aktywności własnej białka G. |

| Aktywacja cyklazy adenylanowej | Białka G_s aktywują cyklazę adenylanową, która z adenozyno-5′-trifosforanu (ATP) wytwarza cykliczny adenozynomonofosforan (cAMP). Ten wtórny przekaźnik aktywuje z kolei kinazę białkową A, fosforylującą inne białka. cAMP jest następnie rozkładany przez fosfodiesterazy. Obniżenie poziomu cAMP, aktywność fosfataz oraz desensytyzacja receptorów, łącznie ograniczają czas trwania efektów pobudzenia układu wtórnego przekaźnika cAMP. |

| Hamowanie cyklazy adenylanowej | Białka G_i hamują cyklazę adenylanową. Aktywność tego enzymu, a co za tym idzie, również stężenie cAMP w komórce, są uzależnione od stopnia aktywacji receptorów sprzężonych z białkami G_s w stosunku do aktywacji receptorów sprzężonych z białkami G_i. |

| Kaskada fosfoinozytolowa | Białka G_q aktywują fosfolipazę C, która rozkłada lipid błonowy wytwarzając dwie cząsteczki mające charakter wtórnych przekaźników: diacyloglicerol (DAG), aktywujący kinazę białkową C, oraz inozytolo-1,4,5-trisfosforan (IP_3), który mobilizując wapń z wewnątrzkomórkowych struktur magazynujących wywołuje zwiększenie cytoplazmatycznego stężenia jonów Ca^{2+}, a w konsekwencji — aktywację kinaz białkowych zależnych od wapnia. Kinazy te fosforylują dwie, częściowo identyczne, grupy białek. |

Tematy pokrewne

Przegląd mechanizmów synaptycznych (C1)
Biologia molekularna receptorów (C4)
Siatkówka (H3)

Drogi węchowe (J2)
Uczenie się z udziałem hipokampa (Q4)

Białka G

Wolne przekaźnictwo synaptyczne odbywa się za pośrednictwem receptorów związanych z białkami G. Odpowiedzi, będące wynikiem aktywacji tych receptorów, mogą trwać sekundy i minuty. **Białka G** są trimerami, składającymi się z podjednostek α, β i γ. Podjednostka α ma zdolność wiązania nukleotydów guaninowych i stąd też pochodzi nazwa tej grupy. Przyłączenie neuroprzekaźników do receptorów metabotropowych aktywuje związane z nimi białka G, które mogą następnie zareagować w dwojaki sposób:

- wchodzić w bezpośrednie interakcje z kanałami jonowymi, powodując ich otwarcie lub zamknięcie
- oddziaływać z enzymami włączającymi albo wyłączającymi kaskady wtórnych przekaźników, które regulują kanały jonowe, między innymi na drodze ich fosforylacji. Dwa ważne enzymy tej grupy to cyklaza adenylanowa i fosfolipaza C.

Schemat mechanizmu sprzęgającego aktywację receptora metabotropowego z modulacją układu wtórnego przekaźnika ilustruje *rysunek 1.*

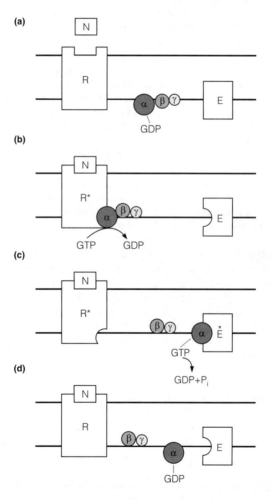

Rys. 1. Sprzężenie receptorów metabotropowych z układami wtórnych przekaźników poprzez białka G. N, neuroprzekaźnik; R, receptor; E, enzym

Przyłączenie neuroprzekaźnika umożliwia połączenie receptora z białkiem G. Guanozyno-5'-difosforan (GDP) odłącza się od białka G, a jego miejsce zajmuje GTP, po czym następuje dysocjacja białka G na podjednostkę α oraz dimer składający się z podjednostek β i γ. Podjednostka α łączy się następnie z enzymem, powodując jego aktywację. Podjednostkę α cechuje wewnętrzna aktywność GTPazowa, wskutek czego wkrótce następuje hydroliza końcowego wiązania fosfodiestrowego w cząsteczce GTP i jej przemiana w GDP. W formie związanej z GDP, podjednostka α odłącza się od enzymu, który powraca do swojego podstawowego poziomu aktywności. Istota tego mechanizmu polega na wzmocnieniu reakcji, ponieważ pojedynczy fakt aktywacji receptora przez neuroprzekaźnik powoduje kilkakrotne powtórzenie cyklu łączenia i odłączania białka G z docelowym enzymem. Ponadto, zaktywowany enzym katalizuje syntezę kilkuset cząsteczek wtórnego przekaźnika, zanim zostanie wyłączony w efekcie hydrolizy GTP związanego z białkiem G. Dane doświadczalne wskazują również na aktywne uczestnictwo podjednostek β/γ w innych procesach. Istnieje kilka różnych białek G, różniących się głównie podjednostkami α. Białka G_s oraz G_i oddziałują z cyklazą adenylanową, podczas gdy G_q — z fosfolipazą C. Jednakże cała grupa białek G stanowi jeden wspólny element, na który oddziałują różne sygnały docierające do neuronu. Za ich pośrednictwem duża liczba rozmaitych receptorów uruchamia zaledwie kilka układów wtórnych przekaźników.

Tabela 1 podsumowuje ważniejsze rodzaje receptorów neuroprzekaźników, oddziałujących z białkami G, oraz sprzężone z nimi układy wtórnych przekaźników.

Tabela 1. Układy wtórnych przekaźników sprzężone z niektórymi receptorami neuroprzekaźników

Białko G	Wtórny przekaźnik	Receptor
G_s	podwyższenie poziomu cAMP	$\beta 1$, $\beta 2$, $\beta 3$-adrenergiczne D1, D5 (dopaminowe) H2 (histaminowy)
G_i	obniżenie poziomu cAMP lub otwarcie kanałów K^+ zamknięcie kanałów Ca^{2+}	$\alpha 2$-adrenergiczny D2, D4 (dopaminowe) $GABA_B$ 5-HT1 (serotoninowy) mGlu, typ II i III (glutaminianowe) M2, M4 (muskarynowe) μ, δ, σ opioidowe
G_q	podwyższenie metabolizmu fosfoinozytydów	$\alpha 1$-adrenergiczny CCK (cholecystokininy) mGlu, typ I (glutaminianowy) 5-HT2 (serotoninowy) M1, M3, M5 (muskarynowe) H1 (histaminowy) NK (tachykininowy)

Aktywacja cyklazy adenylanowej

Cyklaza adenylanowa ulega aktywacji pod wpływem białek należących do rodziny G_s, nazwanych tak, ponieważ ich działanie powoduje stymulację aktywności enzymu. Cyklaza adenylanowa katalizuje reakcję przekształcenia ATP w **cykliczny 3′,5′-adenozynomonofosforan (cAMP)**. Ten wtórny przekaźnik dyfunduje w cytoplazmie i wiąże się z **kinazą białkową A** (ang. protein kinase A, **PKA)**, powodując jej aktywację (*rys. 2*). Aktywna PKA fosforyluje te białka, w tym liczne kanały jonowe, w których łańcuchu polipeptydowym znajduje się odpowiednia sekwencja aminokwasowa, rozpoznawana przez kinazę. Stan ufosforylowania kanału jonowego determinuje często to, czy kanał jest otwarty, czy też zamknięty. Fosforylacja powoduje otwarcie niektórych kanałów, ale może również spowodować zamknięcie innych. Pojedyncza aktywna cząsteczka PKA jest w stanie przeprowadzić fosforylację wielu cząsteczek białek docelowych, co zapewnia znaczny stopień wzmocnienia osiągany przez ten układ sygnalizacyjny. Kaskady wtórnych przekaźników cechuje ponadto obecność szybkich mechanizmów wyłączających, co umożliwia modulację przekazywanych sygnałów w skali czasowej rzędu dziesiątek lub setek milisekund. W przypadku układu cAMP działają następujące mechanizmy:

1. cAMP jest hydrolizowany do AMP przez specyficzną cytoplazmatyczną **fosfodiesterazę.**
2. Istnieją specyficzne **fosfatazy** odpowiedzialne za defosforylację białek. Stan ufosforylowania danego białka w danym momencie jest więc uzależniony od równowagi między aktywnością kinaz i fosfataz.
3. Długotrwałe połączenie receptora z neuroprzekaźnikiem powoduje **desensytyzację (odwrażliwienie) receptora**. Dochodzi do niej, gdy specyficzna kinaza, rozpoznająca formę receptora związaną z agonistą, spowoduje jego fosforylację. Kolejnym etapem jest przyłączenie białka **arestyny** (ang. arrestin). Powstały kompleks nie rozpoznaje białka G.

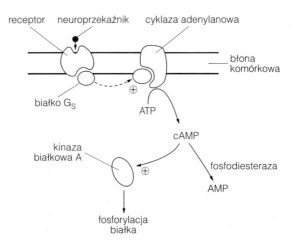

Rys. 2. Układ wtórnego przekaźnika: cyklaza adenylanowa – cAMP. Zaktywowane białko G_s odłącza się od receptora i uruchamia cyklazę adenylanową

Hamowanie cyklazy adenylanowej

Niektóre receptory są ujemnie sprzężone z cyklazą adenylanową. Receptory te wiążą **białka G_i**, które hamują aktywność enzymu. Dokładny mechanizm tego zjawiska nie jest znany, lecz wiadomo, że zarówno podjednostka α, jak i zespół podjednostek β/γ mogą blokować aktywność tej izoformy cyklazy adenylanowej, która występuje powszechnie w komórkach nerwowych. Wynika stąd, że aktywność cyklazy adenylanowej, a co za tym idzie, również poziom cAMP w komórce w danym momencie jest uzależniony od relacji między stopniem aktywacji receptorów sprzężonych z G_s i receptorów sprzężonych z G_i.

Kaskada fosfoinozytolowa

Liczna grupa receptorów jest sprzężona z **białkami G_q**, aktywującymi fosfolipazę C (*rys. 3*). Enzym ten hydrolizuje, występujący w niewielkich ilościach w wewnętrznej warstwie błony, lipid, **fosfatydyloinozytolo--4,5-bisfosforan** (PIP$_2$), wytwarzając dwa wtórne przekaźniki: **diacyloglicerol** (DAG) oraz **inozytolo-1,4,5-trisfosforan** (IP$_3$).

DAG, będąc cząsteczką hydrofobową, dyfunduje w obrębie warstwy lipidowej i aktywuje **kinazę białkową C** (ang. protein kinase C, PKC). Z kolei, kinaza ta fosforyluje rozmaite białka, wpływając na funkcje metaboliczne, receptory i kanały jonowe.

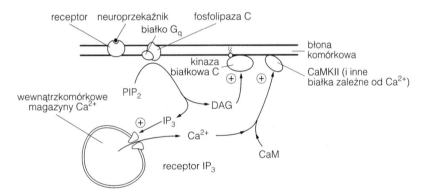

Rys. 3. Układ kaskady fosfoinozytolowej. CaM, kalmodulina; CaMKII, zależna od wapnia i kalmoduliny kinaza białkowa II; DAG, diacyloglicerol; ER, siateczka śródplazmatyczna; IP$_3$, inozytolo-1,4,5-trisfosforan; PIP$_2$, fosfatydyloinozytolo-4,5-bisfosforan

IP$_3$ jest cząsteczką rozpuszczalną w wodzie i dyfunduje w cytoplazmie. Jego celem jest **receptor IP$_3$**, duży kanał wapniowy bramkowany przez IP$_3$, znajdujący się w błonie **gładkiej siateczki śródplazmatycznej** (**SER**). SER w neuronach (i jej odpowiednik w komórkach mięśniowych — **siateczka sarkoplazmatyczna**) służy jako wewnątrzkomórkowy magazyn jonów Ca^{2+}. Wiązanie IP$_3$ z receptorem powoduje otwarcie kanałów wapniowych i wypływanie Ca^{2+} z wnętrza SER do cytozolu. Zwiększenie wewnątrzkomórkowego stężenia jonów wapnia wywiera różnorakie i szeroko rozprzestrzeniające się efekty, które mogą być charakterystyczne dla danego typu komórki. Oczywistym przykładem jest wiązanie **troponiny** z jonami Ca^{2+} w mięśniu poprzecznie prążkowanym, co uruchamia kaskadę biochemiczną prowadzącą do skurczu mięśnia. W neuronach występuje białko wiążące wapń o nazwie **kalmodulina** (CaM), którego budowa wykazuje homologię z troponiną. CaM po przyłączeniu Ca^{2+} aktywuje liczne enzymy, a w tym **zależną od wapnia i kalmoduliny kinazę białkową II** (CaMKII). CaMKII, wspólnie z innymi białkami wrażliwymi na Ca^{2+}, pośredniczy w efektach wywoływanych podniesieniem poziomu jonów wapnia, takich jak zmiany przepuszczalności błony lub ekspresja genów.

C4 BIOLOGIA MOLEKULARNA RECEPTORÓW

Hasła

Kanały jonowe bramkowane ligandem

Wszystkie receptory jonotropowe są pentamerami. Receptory z nadrodziny receptorów nikotynowych składają się z kilku różnych podjednostek. Każda z nich ma cztery segmenty transbłonowe, o budowie α-helisy albo o strukturze β, których końce N i C są położone po stronie zewnątrzkomórkowej. Zarówno nikotynowe receptory cholinergiczne (nAChR), jak i receptory kwasu γ-aminomasłowego typu A (GABA$_A$) wykazują właściwości allosteryczne (dodatni efekt kooperatywny) w wiązaniu ligandów. Receptor nikotynowy jest przepuszczalny zarówno dla jonów Na^+, jak i K^+. Receptor GABA$_A$ ma miejsca allosteryczne, wiążące benzodiazepiny, barbiturany i anastetyki steroidowe. Wszystkie te związki wzmacniają hamowanie synaptyczne poprzez nasilenie przewodnictwa dla jonów Cl^-.

Receptory AMPA/kainowe

Przeważająca część przekaźnictwa glutaminianergicznego opiera się na receptorach AMPA/kainowych. Znana jest sekwencja sześciu podjednostek tych receptorów. Podjednostki GluR1–GluR4 tworzą receptory AMPA, zaś podjednostki GluR6 — receptory kainowe. Większość natywnych form receptora AMPA jest przepuszczalna dla jonów Na^+ i K^+, lecz niektóre są przepuszczalne również dla jonów Ca^{2+}. Przepuszczalność wapniowa jest uzależniona od występowania w receptorze podjednostki GluR2, a warunkuje ją pojedynczy aminokwas, znajdujący się w obrębie otworu kanału jonowego.

Receptory NMDA

Receptory kwasu N-metylo-D-asparaginowego (NMDA) wykazują niewielką homologię z innymi kanałami jonowymi bramkowanymi ligandem. Są one przepuszczalne dla jonów Ca^{2+}, a blokują je jony Mg^{2+}. Blokada ta słabnie po zdepolaryzowaniu błony. Warunkiem aktywacji receptorów NMDA jest obecność glicyny, która jest koagonistą receptora. Mają one również miejsca wiążące Zn^{2+}, poliaminy oraz określone leki. Podjednostki receptora NMDA są kodowane przez pięć oddzielnych genów, zaś produkt transkrypcji jednego z nich ulega w znacznym stopniu alternatywnemu składaniu RNA. Jest to przyczyną występowania dużej liczby różnych podjednostek, z których mogą być tworzone odmienne receptory. Receptory NMDA mają istotne znaczenie w rozwoju mózgu, w uczeniu i pamięci, a także w chorobach układu nerwowego, w tym udarach.

Receptory związane z białkami G

Wiele receptorów neuroprzekaźników i hormonów, a także cząsteczek biorących udział w transdukcji sensorycznej, to receptory związane z białkami G. Mają one siedem segmentów transbłonowych

(TMI–TMVII). Trzecia pętla cytoplazmatyczna, położona pomiędzy segmentami V i VI, wchodzi w interakcję z białkiem G. Metabotropowe receptory glutaminianowe tworzą osobną rodzinę, którą charakteryzuje obecność długiego końca N, zawierającego miejsce wiążące glutaminian. Ligandy peptydowe wiążą się z zewnętrzną częścią receptora, natomiast aminy — z miejscami zanurzonymi w obrębie błony.

Tematy pokrewne   Biologia molekularna kanałów   Szybkie przekaźnictwo
                              sodowych i potasowych (B4)   synaptyczne (C2)
                                                             Wolne przekaźnictwo
                                                             synaptyczne (C3)

Kanały jonowe bramkowane ligandem

Pierwszorzędowa struktura wielu bramkowanych ligandem kanałów jonowych została określona na podstawie sekwencjonowania ich sklonowanego DNA. Ze względu na właściwości strukturalne można podzielić je na dwie nadrodziny: grupę konwencjonalnych kanałów jonowych bramkowanych ligandem, których typowym przedstawicielem jest nAChR, zbadany jako pierwszy, oraz rodzinę receptorów glutaminianowych (*tab. 1*).

Receptory z grupy receptora nikotynowego są pentamerami, składającymi się z pięciu podjednostek otaczających centralny kanał. Ponieważ dany receptor jest zbudowany z kilku różnych podjednostek, określa się je jako **heterooligomery**. Na przykład, nAChR składa się z dwóch podjednostek α, połączonych z podjednostkami β, γ i δ. Podjednostki te cechuje umiarkowana homologia sekwencji aminokwasowej, występująca zarówno między różnymi podjednostkami w obrębie jednego gatunku, jak i między rozmaitymi gatunkami. Końce N i C łańcucha polipeptydowego każdej podjednostki położone są zewnątrzkomórkowo. Wszystkie te podjednostki mają cztery segmenty transbłonowe (M1–M4), których struktura drugorzędowa nie została jak dotychczas jednoznacznie określona. Na ogół przyjmuje się, że mają one budowę α-helikalną, lecz poważne argumenty teoretyczne przemawiają również za strukturą β (*rys. 1*).

W przypadku receptora nikotynowego, każda z podjednostek α ma miejsce wiążące acetylocholinę (ACh), a więc do jednego receptora przyłączają się dwie cząsteczki ACh. Wyjaśnia to zaobserwowany dodat-

Tabela 1. Kanały jonowe bramkowane ligandem

Rodzina receptora nikotynowego	nAChR	
	$GABA_A$	
	$GABA_C$	
	Glicynowy	
	$5\text{-}HT_3$	
Rodzina receptorów glutaminianowych	GluR1–GluR4	(receptory AMPA)
	GluR6	(receptory kainowe)
	NMDAR	

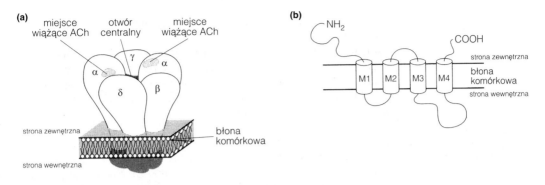

Rys. 1. Rodzina receptora nikotynowego: (a) pentameryczne ułożenie podjednostek; (b) schemat struktury drugorzędowej pojedynczej podjednostki

ni efekt kooperatywny, polegający na tym, że przyłączenie jednej cząsteczki ACh ułatwia wiązanie drugiej. Właściwość ta określana jest jako **efekt allosteryczny** i cechuje również wiele enzymów (dalsze informacje na ten temat można znaleźć w książce *Krótkie wykłady. Biochemia*). Mechanizm otwierania kanału jonowego po przyłączniu ACh do receptora nie został dotychczas szczegółowo wyjaśniony. Kanał ten jest nieselektywnym kanałem kationowym, umożliwiającym przepływ jonów Na^+ i K^+. Ponieważ potencjał odwrócenia obserwowanych prądów jest bliski 0 mV, aktywacja nAChR wywołuje depolaryzację błony, a więc działanie ACh na receptory nikotynowe wywiera efekt pobudzający.

Receptory $GABA_A$ mają wiele wspólnych cech z receptorami nikotynowymi. Są to również pentameryczne heterooligomery, zbudowane z rozmaitych kombinacji podjednostek określanych jako α, β, γ, δ i ρ, których nie należy mylić z podobnie nazwanymi podjednostkami receptora nikotynowego. Ogólna budowa podjednostki receptora $GABA_A$ jest taka sama jak podjednostki nAChR, z którą łączy ją znaczna homologia. Podobnie jak w przypadku nAChR, przyłączenie dwóch cząsteczek neuroprzekaźnika jest konieczne do otwarcia kanału jonowego, a wiązanie to cechuje dodatni efekt kooperatywny. Nawet miejsce wiążące GABA wykazuje pewną homologię z miejscem wiążącym acetylocholinę.

W przypadku receptorów $GABA_A$ sytuacja jest jednak bardziej skomplikowana. Po pierwsze, każda z podjednostek występuje w postaci różnych **izoform**, które w 75% są homologiczne między sobą. Tak więc, na przykład, istnieje sześć form podjednostki α (α1–α6), każda kodowana przez osobny gen. Dlatego też spotyka się dużą liczbę odmiennych receptorów $GABA_A$. Po drugie, receptor $GABA_A$ ma miejsca wiążące leki należące do kilku ważnych grup. **Benzodiazepiny** (np. diazepam) są allosterycznymi modulatorami receptora, ponieważ wiążą się z innym miejscem niż GABA. Przyłączenie benzodiazepiny powoduje zwiększenie powinowactwa receptora wobec GABA, a w efekcie — zwiększenie częstotliwości otwierania kanału jonowego. Ostatecznie, w wyniku oddziaływania benzodiazepin dochodzi do wzmocnienia hamującego efektu wiązania GABA przez receptor, bez przedłużenia czasu trwania tego efektu. Uważa się, że na tym polega przeciwlękowe i przeciwdrgawkowe działanie benzodiazepin. W oddziaływanie z benzodiazepinami zaangażowane są zarówno podjednostki α, jak i β.

Barbiturany oraz **anestetyki steroidowe** również wywierają wpływ allosteryczny na receptor GABA$_A$, lecz efekt ich działania polega na przedłużeniu czasu otwarcia kanału chlorkowego, co jest przyczyną przedłużenia efektu hamującego. Miejsce interakcji tych związków z receptorem GABA$_A$ nie jest dobrze określone.

Receptory AMPA/kainowe

Jonotropowe receptory glutaminianowe (iGluR) wykazują odległą homologię z innymi typami bramkowanych ligandem kanałów jonowych, takimi jak rodzina receptorów nikotynowych. Na podstawie powinowactwa do selektywnych związków agonistycznych wyróżniono dwie grupy receptorów iGluR: **receptory AMPA/kainowe** i **receptory NMDA**. Wszystkie są, najprawdopodobniej, heterooligomerami o pentamerycznej strukturze czwartorzędowej, na którą składa się pięć podjednostek otaczających centralny otwór.

Sklonowano i zbadano sekwencję sześciu podjednostek, należących do populacji receptorów AMPA/kainowych (GluR1–GluR6). Najbardziej prawdopodobny schemat budowy tych podjednostek przedstawia *rysunek 2*. W porównaniu z receptorem nikotynowym, zewnątrzkomórkowy koniec N jest znacznie większy, a ponadto ulega on glikozylacji. Koniec C znajduje się po stronie wewnątrzkomórkowej i zawiera sekwencje, które mogą ulegać fosforylacji przez różne kinazy białkowe. Analiza profilu hydropatycznego sugeruje obecność trzech segmentów transbłonowych (TM) oraz pętli (TMII), która jest zanurzona w błonę komórkową. Fragment zaczynający się segmentem TMI i kończący TMIII wykazuje uderzające podobieństwo do fragmentu S5-H5-S6 kanału potasowego, jest jednak zanurzony w błonę na odwrót. Być może, domena TMI–TMIII powstała w trakcie rozwoju ewolucyjnego z pierwotnej formy kanału potasowego. Pętla TMII stanowi, najprawdopodobniej, fragment cząsteczki tworzący otwór kanału jonowego receptora iGluR.

Profil farmakologiczny każdej z podjednostek receptora iGluR został zbadany z zastosowaniem metody ekspresji odpowiednich genów w oocytach *Xenopus*. Podjednotki GluR1–GluR4 reagują silniej na AMPA niż na kwas kainowy, natomiast GluR6 jest „czystym" receptorem kwasu kainowego. GluR5 jest słabo aktywowana przez glutaminian, natomiast nie reaguje na inne związki agonistyczne. Aby wydedukować, jaka jest struktura natywnych receptorów AMPA/kainowych, przeprowadzano

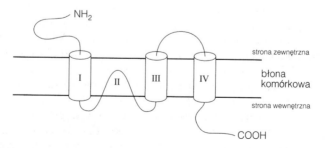

Rys. 2. Budowa podjednostki jonotropowego receptora glutaminianowego

badania **koekspresji** różnych kombinacji podjednostek w oocytach *Xenopus*. Badania te okazały się bardzo owocne. Po pierwsze wykazano, że podjednostki GluR6 nigdy nie tworzą kanałów wspólnie z podjednostkami z grupy GluR1–GluR4. Świadczy to o tym, że receptory kainowe i receptory AMPA stanowią dwie odmienne grupy receptorów. Podjednostki GluR1 i GluR3, oddzielnie lub wspólnie, tworzą kanały przepuszczalne dla jonów Ca^{2+}. W przeciwieństwie do tego, koekspresja podjednostki GluR2 łącznie z GluR1 lub GluR3 prowadzi do powstania kanałów przepuszczalnych wyłącznie dla Na^+ i K^+, dokładnie tak jak w przypadku receptorów AMPA/kainowych występujących w neuronach piramidalnych kory mózgowej. Różnica w przepuszczalności jest związana z pojedynczym aminokwasem, znajdującym się we fragmencie TMII, tworzącym otwór kanału jonowego. W podjednostce GluR2 jest to arginina, podczas gdy w innych podjednostkach w miejscu tym występuje glutamina. Zmutowane podjednostki, mające w tym miejscu „nieprawidłowy" aminokwas, tworzą kanały o „nieprawidłowej" przepuszczalności.

Receptory NMDA Nazwa receptora NMDA pochodzi od jego selektywnego agonisty, **kwasu *N*-metylo-D-asparaginowego**. Duże znaczenie tego typu receptora wynika z jego roli w tak kluczowych aspektach funkcjonowania mózgu, jak rozwój oraz uczenie się i pamięć, a także z udziału w procesach patologicznych, np. udarach mózgu i padaczce. Na receptor NMDA oddziałują liczne związki farmakologiczne, do których należą środki znieczulenia ogólnego (ketamina), raczej zmieniające stan świadomości niż powodujące jej utratę, a także halucynogeny, jak fencyklidyna („angel dust").

Receptory NMDA cechuje kilka interesujących właściwości:

- Są one bramkowane zarówno przez ligand, jak i przez napięcie. Przy wartościach potencjału błonowego bliskich potencjałowi spoczynkowemu glutaminian wiąże się co prawda z receptorem, lecz mimo to jego kanał jonowy pozostaje zablokowany przez jony Mg^{2+}. Blokada ta jest usuwana jedynie przez silną depolaryzację wnętrza komórki. Innymi słowy, kanał jonowy otwiera się tylko wtedy, gdy do receptora przyłączy się glutaminian, a błona neuronu zostanie jednocześnie zdepolaryzowana.
- Kanał jonowy jest przepuszczalny dla jonów Ca^{2+}, Na^+ i K^+. W określonych warunkach napływ jonów wapniowych poprzez receptory NMDA może stanowić istotny czynnik zwiększający wewnątrzkomórkowe stężenie Ca^{2+}.
- Glicyna, będąca normalnie neuroprzekaźnikiem hamującym, działającym na receptory podobne do receptorów $GABA_A$, jest również **koagonistą** receptora NMDA. Allosteryczne działanie glicyny w sposób zasadniczy wzmacnia efekt oddziaływania glutaminianu na receptor NMDA. W warunkach *in vivo* stężenie glicyny jest na tyle duże, że wywołuje maksymalny efekt wzmacniający.
- Receptory NMDA w skomplikowany sposób ulegają modulacji przez jony Zn^{2+} oraz poliaminy, np. sperminę. Na ogół, *in vivo*, cynk hamuje, a spermina wzmacnia efekty oddziaływania glutaminianu na receptor NMDA.

Stopień skomplikowania budowy receptora NMDA odpowiada złożoności jego funkcji. Podobnie jak inne receptory jonotropowe, ma on budowę pentameryczną. Podjednostki budujące receptor NMDA są dość podobne do podjednostek receptorów AMPA/kainowych. Spośród pięciu genów, kodujących podjednostki receptora NMDA, gen *nmdar1* koduje podjednostkę NMDAR1. Z podjednostek tych mogą być utworzone kanały homomeryczne, wykazujące wszystkie właściwości receptorów natywnych. Pozostałe cztery geny kodują podjednostki NMDAR2 od A do D. Podjednostki te nie mogą samodzielnie tworzyć funkcjonalnych kanałów, mogą natomiast to czynić w połączeniu z podjednostkami NMDAR1. Istnienie rozmaitych kombinacji podjednostek R2 i R1 stanowi częściowo podłoże różnorodności receptorów NMDA, obserwowanej *in vivo*. Dodatkowo, w wyniku występowania zjawiska alternatywnego składania RNA, istnieje siedem wariantów podjednostki NMDAR1 (patrz: *Krótkie wykłady. Biologia molekularna*). Z tych powodów liczba możliwych odmian receptorów NMDA jest ogromna. Znaczenie tej różnorodności, podobnie jak w przypadku receptorów GABA$_A$, nie jest jasne.

Receptory związane z białkami G

Receptory związane z białkami G tworzą dużą nadrodzinę. Należą do niej receptory neuroprzekaźników związanych z wolnym przekaźnictwem synaptycznym, receptory wielu hormonów, cząsteczek odpowiedzialnych za transdukcję bodźców świetlnych w fotoreceptorach siatkówki, a także receptory związane ze zmysłami chemicznymi: zapachu i smaku. Na podstawie badań metodą ugięcia promieni Roentgena, którym poddano jednego z przedstawicieli receptorów tej rodziny, ustalono jego budowę. Opierając się na homologii sekwencji aminokwasowych uważa się, że budowa innych receptorów jest podobna. Ilustruje ją *rysunek 3*.

Najbardziej charakterystycznym elementem struktury tych receptorów jest siedem segmentów (I–VII) przechodzących przez błonę komórkową. Z tego powodu grupę tę określa się również jako receptory 7TM

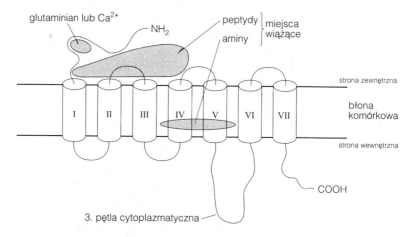

Rys. 3. Receptory związane z białkami G: schemat ukazuje segmenty transbłonowe oraz miejsca wiązania ligandów. Cyfry rzymskie oznaczają segmenty transbłonowe

(ang. 7 transmembrane receptors). Mają one zewnątrzkomórkowy koniec N, który ulega glikozylacji, a pomiędzy segmentami TM V i TM VI znajduje się pętla cytoplazmatyczna o różnej długości. Ukierunkowana mutageneza wykazała, że ta trzecia pętla cytoplazmatyczna jest regionem, który oddziałuje z białkiem G. Mimo że metabotropowe receptory glutaminianowe należą do grupy receptorów 7TM, wykazują one jedynie niewielką homologię z innymi receptorami. Mają one bardzo długi koniec N, który przyłącza glutaminian. W receptorach peptydów domeny wiążące ligand są zlokalizowane w kilku okolicach zewnątrzkomórkowych, natomiast w receptorach drobnocząsteczkowych amin, miejsca wiążące znajdują się w przechodzących przez błonę fragmentach, głęboko „zanurzone" w błonę komórkową.

C5 Uwalnianie neuroprzekaźnika

Hasła

Uwalnianie pęcherzykowe	Uwolnienie neuroprzekaźnika zachodzi na ogół w wyniku zależnej od wapnia egzocytozy z pęcherzyków synaptycznych, w odpowiedzi na pobudzenie zakończenia aksonu przez potencjał czynnościowy. W określonych warunkach może dochodzić do pozapęcherzykowego, niezależnego od wapnia, uwalniania kwasu glutaminowego i GABA.
Kwantowy charakter uwalniania neuroprzekaźnika	Neuroprzekaźnik jest uwalniany w postaci oddzielnych pakietów, noszących nazwę kwantów, z których każdy odpowiada zawartości pojedynczego pęcherzyka synaptycznego. Spontaniczne, przypadkowe uwolnienie pojedynczego kwantu neuroprzekaźnika powoduje powstanie miniaturowego potencjału płytki końcowej (w synapsie nerwowo-mięśniowej) lub miniaturowego potencjału postsynaptycznego (w synapsach OUN). Normalnie, potencjały postsynaptyczne powstają w wyniku uwolnienia kilku kwantów równocześnie. Potencjał czynnościowy może, lecz nie zawsze musi, wywołać egzocytozę, a więc uwalnianie neuroprzekaźnika ma charakter probabilistyczny. Proces ten można modelować matematycznie, stosując rozkład Poissona albo rozkład binominalny. W złączu nerwowo-mięśniowym występuje nadmiar receptorów postsynaptycznych, dlatego też wielkość odpowiedzi postsynaptycznej stanowi miarę ilości uwolnionego neuroprzekaźnika. W synapsach OUN, w pojedynczej strefie aktywnej tylko jeden pęcherzyk może ulec egzocytozie. Ponadto liczba receptorów postsynaptycznych jest niewielka i dlatego wielkość odpowiedzi stanowi miarę liczby receptorów.
Rola wapnia	Badania poziomu jonów Ca^{2+} metodami obrazowania (ang. calcium imaging) w czasie realnym wykazują, jak Ca^{2+} przemieszcza się w przestrzeni i czasie poprzez komórki. Wykazano, że w wyniku pobudzenia zakończenia nerwowego wpływanie jonów wapnia jest ograniczone jedynie do niewielkiego obszaru, w którym ich stężenie może osiągnąć wartość 200 mM. Wystarcza to, aby bardzo szybko uruchomić mechanizm egzocytozy małych pęcherzyków synaptycznych, charakteryzujący się małym powinowactwem do jonów Ca^{2+}.
Egzocytoza z dużych pęcherzyków o gęstym rdzeniu	Uwalnianie amin i peptydów następuje w efekcie zastosowania stymulacji o wysokiej częstotliwości, z dużym opóźnieniem, ponieważ duże pęcherzyki o gęstym rdzeniu (ang. large dense-core vesicles, LDCV) gromadzą się w stosunkowo dużej odległości od strefy aktywnej uwalniania. Mechanizm egzocytozy dużych pęcherzyków cechuje duże powinowactwo do Ca^{2+}.

Biochemia procesu egzocytozy	Na proces egzocytozy składa się kilka etapów. Rekrutacja polega na przesunięciu pęcherzyków z puli rezerwowej do puli podlegającej uwalnianiu. Interakcja białek błony pęcherzyka synaptycznego z białkami błony komórkowej prowadzi do zadokowania pęcherzyka w strefie aktywnej, w bliskim sąsiedztwie napięciowozależnych kanałów wapniowych (VDCC). Częściowa fuzja pęcherzyka z błoną zachodzi w wyniku aktywacji, przebiegającej kosztem rozkładu adenozyno-5'-trifosforanu (ATP) oraz powstania złożonego kompleksu makromolekularnego. Końcowe, szybkie stadium egzocytozy występuje wtedy, gdy w wyniku pobudzenia dochodzi do napływu jonów Ca^{2+}. Dokończenie fuzji pęcherzyka z błoną komórkową jest uzależnione od wiązania wapnia przez białko synaptotagminę.
Endocytoza	Pęcherzyki synaptyczne są odnawiane (ang. recycling). Fragment błony presynaptycznej jest pokrywany białkiem klatryną (ang. clathrin), dzięki któremu następuje jej wpuklanie. Sygnałem do zamknięcia tak powstałego wpuklonego pęcherzyka opłaszczonego (ang. coated vesicle) jest hydroliza GTP związanego z dynaminą. W cytoplazmie pęcherzyk traci płaszcz klatryny.
Napełnianie	Napełnianie pęcherzyków klasycznymi neuroprzekaźnikami zachodzi w wyniku wymiany z protonami, dzięki działaniu specyficznych transporterów błonowych. Gradient protonowy jest wytwarzany przez pęcherzykową ATPazę protonową. Napełnianie pęcherzyków peptydami zachodzi w obrębie aparatu Golgiego, z którego pęcherzyki odrywają się i są następnie transportowane do zakończeń aksonów. W zakończeniach aksonów nie zachodzi biosynteza białka.
Tematy pokrewne	Budowa synaps chemicznych (A3) Napięciowozależne kanały wapniowe (C6) Autoreceptory (C8) Mięśnie szkieletowe i sprzężenie elektromechaniczne (K1)

Uwalnianie pęcherzykowe

Neuroprzekaźnik na ogół jest uwalniany z pęcherzyków synaptycznych, które ulegają fuzji z błoną presynaptyczną, w wyniku czego zawartość pęcherzyka jest wyrzucana do szczeliny synaptycznej. Zjawisko to jest przykładem **egzocytozy**. Jest ona wywoływana przez potencjał czynnościowy, docierający do zakończenia nerwowego, który powoduje krótkotrwały i lokalny napływ jonów Ca^{2+} do wnętrza zakończenia. Podwyższenie poziomu jonów Ca^{2+} stanowi warunek konieczny do wystąpienia kilku kolejnych etapów egzocytozy. Związek pomiędzy pobudzeniem zakończenia nerwowego a uwolnieniem neuroprzekaźnika jest przykładem **sprzężenia pobudzeniowo-wydzielniczego**. Po uwolnieniu neuroprzekaźnika błona pęcherzykowa jest pobierana z błony presynaptycznej w procesie **endocytozy**, prowadzącej do powstania nowych pęcherzyków. Następnie pęcherzyki napełniają się neuroprzekaźnikiem, dzięki aktywności mechanizmów transportujących w ich błonie.

W określonych warunkach można zaobserwować pozapęcherzykowe uwalnianie neuroprzekaźnika, niezależne od jonów Ca^{2+}. Dotyczy to szczególnie GABA i kwasu glutaminowego. Prawdopodobnie u podłoża tego zjawiska leży odwrócenie kierunku działania mechanizmu transportowego, w normalnych warunkach pobierającego uwolniony neuroprzekaźnik ze szczeliny synaptycznej do wnętrza zakończenia nerwowego (temat C7).

Kwantowy charakter uwalniania neuroprzekaźnika

W procesie uwalniania pęcherzykowego neuroprzekaźnik jest wydzielany w postaci pakietów, noszących nazwę **kwantów**. Każdy kwant reprezentuje zawartość pojedynczego pęcherzyka synaptycznego, na którą składa się około 4000 cząsteczek neuroprzekaźnika. W **złączu nerwowo-mięśniowym**, dość nietypowej synapsie łączącej motoneuron i włókno mięśnia szkieletowego, acetylocholina (ACh) uwolniona z pojedynczego pęcherzyka dyfunduje poprzez szczelinę synaptyczną w czasie około 2 μs, osiągając stężenie około 1 mM i aktywując 1000–2000 cholinergicznych receptorów nikotynowych (nAChR), co prowadzi do miejscowej depolaryzacji błony włókna mięśniowego o około 0,5 mV. W warunkach spoczynkowych zjawiska takie występują przypadkowo i spontanicznie, a określa się je mianem **miniaturowych potencjałów płytki końcowej** (ang. miniature endplate potential, MEPP). **Potencjał płytki końcowej**, wywoływany przez potencjał czynnościowy docierający do zakończenia motoneuronu, jest efektem sumowania około 300 kwantów neuroprzekaźnika uwalnianych jednocześnie z około 1000 stref aktywnych.

Amplitudę MEPP określa się nazwą **wielkości kwantowej**, q. Mimo że MEPP powstaje w efekcie aktywacji receptorów postsynaptycznych, z powodu dużego nadmiaru tych receptorów w złączu nerwowo-mięśniowym, wielkość kwantowa jest określona przez ilość ACh uwalnianej z pojedynczego pęcherzyka.

W synapsach ośrodkowego układu nerwowego występują **miniaturowe potencjały postsynaptyczne** (MPSP), które stanowią odpowiednik MEPP synaps nerwowo-mięśniowych. W zależności od rodzaju neuroprzekaźnika MPSP mogą być pobudzające albo hamujące. Wielkość kwantowa MPSP jest bardzo zróżnicowana i wynosi od 100 do 400 μV. Zależy to od liczby receptorów postsynaptycznych, które mogą zareagować na uwolnienie neuroprzekaźnika. Z tego powodu w synapsach OUN wartość parametru q dostarcza informacji na temat ilości i wydajności receptorów postsynaptycznych. W ośrodkowych synapsach glutaminianergicznych i GABAergicznych pojedynczy kwant neuroprzekaźnika zawiera nadmiar cząsteczek neuroprzekaźnika w stosunku do 30–100 receptorów. Receptory te znajdują się w błonie postsynaptycznej naprzeciwko **strefy aktywnej**, będącej tym rejonem błony presynaptycznej, w którym zachodzi dokowanie pęcherzyków i skąd uwalniany jest neuroprzekaźnik. Pobudzające i hamujące potencjały postsynaptyczne stanowią efekt sumowania wielu pojedynczych potencjałów miniaturowych. Do sumowania MPSP dochodzi w efekcie równoczesnego pobudzenia kilku stref aktywnych, ponieważ pojedyncze aksony rozgałęziają się, tworząc kilka zakończeń. Niekiedy również pojedyncze zakończenie może mieć kilka stref aktywnych.

Uwalnianie neuroprzekaźnika jest procesem przypadkowym, który można opisać za pomocą rachunku prawdopodobieństwa. **Standardowy model Katza**, oparty na badaniach złącza nerwowo-mięśniowego żaby, zakłada, że dane zakończenie nerwowe zawiera n pęcherzyków, które potencjalnie mogą uwolnić neuroprzekaźnik. Za każdym razem, gdy do zakończenia dociera potencjał czynnościowy, w stosunku do pojedynczego kwantu neuroprzekaźnika istnieją dwie możliwości: albo ulega on uwolnieniu, albo nie. Efekt tego zjawiska można opisać za pomocą modelu binominalnego, podobnie jak efekt rzutu monetą. Istnieje określone prawdopodobieństwo, p, że kwant neuroprzekaźnika zostanie uwolniony po wystąpieniu pojedynczego potencjału czynnościowego. Wartość tego prawdopodobieństwa jest niezmienna dla wszystkich kwantów w danym zakończeniu nerwowym. Średnia liczba kwantów uwalnianych przez pojedynczy potencjał czynnościowy nosi nazwę **zawartości kwantowej** (m) i określa ją równanie:

$$m = np$$

Niestety, opis procesu uwalniania neuroprzekaźnika z zastosowaniem modelu binominalnego wymaga doświadczalnego wyznaczenia wartości parametrów n i p, co nie jest proste. Jednakże w warunkach niskiego poziomu uwalniania neuroprzekaźnika (np. przy zmniejszonym stężeniu jonów Ca^{2+}) wartość p, w porównaniu z n, ulega znacznemu obniżeniu. W takich warunkach rozkład binominalny można aproksymować poprzez rozkład Poissona, którego określenie wymaga jedynie znajomości wartości parametru m. Parametr ten można określić doświadczalnie, korzystając z zależności:

$$m = \log_e N/n_0$$

gdzie N oznacza liczbę potencjałów czynnościowych, a n_0 — liczbę potencjałów, które nie wywołały odpowiedzi synaptycznej (liczbę tzw. braków uwolnienia pęcherzyka). Uwalnianie neuroprzekaźnika w złączu nerwowo-mięśniowym można więc modelować stosując rozkład Poissona, a parametr m może być używany jako miara wydajności procesu uwalniania.

Do synaps OUN nie można stosować standardowego modelu Katza. Wydaje się, że strefa aktywna wielu synaps ośrodkowych ma tylko jedno miejsce uwalniania neuroprzekaźnika. Ich zachowanie opisuje **hipoteza jednego pęcherzyka**, znana również pod nazwą **hipotezy jednego kwantu**. Według tej hipotezy pojedyncze strefy aktywne działają zgodnie z regułą „wszystko albo nic", ponieważ potencjał czynnościowy albo spowoduje uwolnienie pojedynczego kwantu, albo nie. Proporcja przypadków, w których wystąpiło uwolnienie, do wszystkich przypadków jest odzwierciedleniem prawdopodobieństwa uwolnienia. Jednakże, w synapsach OUN, wartość prawdopodobieństwa w różnych miejscach uwalniania jest odmienna. W niektórych synapsach wartość p zmienia się w czasie i zależy od bezpośredniej „historii" synapsy.

Rola wapnia   Dotarcie potencjału czynnościowego do zakończenia nerwowego uruchamia dokomórkowy napływ jonów Ca^{2+} poprzez kanały wapniowe (patrz temat C6). Bezpośredniego dowodu na temat roli jonów wapnia dostarczyły badania z zastosowaniem metody obrazowania (ang. calcium imaging), dzięki której można obserwować, jak sygnał wapniowy rozchodzi się w czasie i przestrzeni poprzez komórki. W metodzie tej stosuje się barwniki fluorescencyjne, które w formie związanej z jonami Ca^{2+} absorbują promieniowanie ultrafioletowe (UV) o innej długości fali niż w formie niezwiązanej. Po „napełnieniu" neuronu barwnikiem bada się emisję światła przez barwnik, w odpowiedzi na wzbudzenie przy dwóch długościach fali w zakresie UV. Porównanie absorpcji umożliwia pomiar zmian stężenia jonów Ca^{2+} we wnętrzu neuronu w czasie rzeczywistym.

Zastosowanie tej metody pozwoliło stwierdzić, że reakcja kanałów wapniowych, znajdujących się w strefie aktywnej, na potencjał czynnościowy zajmuje około 300 μs. Z powodu istnienia dużego gradientu stężeń siła napędowa dla jonów wapniowych jest ogromna. Stężenie wolnych jonów Ca^{2+} wewnątrz zakończenia nerwowego wynosi około 100 nM, podczas gdy stężenie zewnętrzne sięga około 1 mM. Pomimo tak dużej różnicy obecność barier dyfuzyjnych i buforów wapniowych wewnątrz zakończenia powoduje, że wzrost stężenia Ca^{2+} jest ograniczony jedynie do strefy o rozmiarach nie przekraczających 50 nm, znajdującej się w pobliżu otworu kanału wapniowego. Strefę tę określa się jako **mikrodomenę wapniową**. Stężenie Ca^{2+} w obszarze ograniczonym do 10 nm od otworu kanału wzrasta do 100–200 μM, osiągając wartości zbliżoną do stężenia, w którym uwalnianie glutaminianu osiąga połowę wartości maksymalnej, wynoszącego 194 μM. W uwolnieniu pojedynczego pęcherzyka synaptycznego współuczestniczy szereg sąsiednich, zachodzących na siebie mikrodomen.

Egzocytoza z dużych pęcherzyków o gęstym rdzeniu

W przeciwieństwie do małych pęcherzyków synaptycznych mechanizm uwalniania z dużych pęcherzyków o gęstym rdzeniu (ang. large dense-core vesicle, LDCV) cechuje duże powinowactwo do Ca^{2+}. Stężenie Ca^{2+}, w którym uwalnienie osiąga połowę wartości maksymalnej, wynosi 0,4 μM. LDCV są jednak zlokalizowane w znacznej odległości od stref aktywnych. Musi zatem upłynąć pewien czas, aby jony Ca^{2+} nawet w niewielkiej ilości dotarły w ich pobliże. Egzocytoza amin i peptydów zachodzi z tego powodu z opóźnieniem sięgającym 50 ms i to jedynie w efekcie wysokoczęstotliwościowej stymulacji neuronu, wywołującej bardzo silny napływ jonów wapnia do jego wnętrza.

Biochemia procesu egzocytozy

Egzocytoza z małych, przejrzystych pęcherzyków synaptycznych składa się z kolejnych etapów, z których większość wymaga obecności jonów Ca^{2+}. Zakończenia nerwowe zawierają dwie pule pęcherzyków synaptycznych. Pierwsza z nich, **pula, z której może zostać uwolniony neuroprzekaźnik**, znajduje się w pobliżu strefy aktywnej. Może ona uczestniczyć w powtarzalnych cyklach egzocytozy i endocytozy przy niskiej częstotliwości aktywności neuronu. Natomiast druga, **pula rezerwowa**, składa się z pęcherzyków związanych z białkami cytoszkieletu. Mogą one pod wpływem powtarzalnej stymulacji ulec mobilizacji i włączyć się do puli pierwszej. Zjawisko to nosi nazwę **rekrutacji**. Odłączenie pęcherzyka od cytoszkieletu zachodzi w efekcie zależnej od Ca^{2+} fosforylacji **synapsyny I**, białka, które łączy pęcherzyk synaptyczny z filamentami aktynowymi.

Pęcherzyki układają się w szczególnych miejscach strefy aktywnej w wyniku zjawiska zwanego **dokowaniem**, w którym uczestniczą białka o nazwie **SNARE** (*rys. 1*). Związane z pęcherzykiem synaptycznym białko **synaptobrewina** (ang. synaptobrevin, v-SNARE, VAMP) z dużym powinowactwem wiąże się z białkiem błony presynaptycznej, **syntaksyną** (ang. syntaxin, t-SNARE). Syntaksyna jest ściśle połączona z napięciowozależnym kanałem wapniowym, co zapewnia optymalne umiejscowienie pęcherzyka synaptycznego w stosunku do miejsca, w którym wystąpi sygnał wapniowy. Synaptobrewina i syntaksyna, wraz z trzecim białkiem grającym główną rolę w etapie dokowania, o nazwie **SNAP-25**, stanowią cel dla **toksyn botulizmu** i **tężca**, będących endopeptydazami cynkowymi i silnymi inhibitorami procesu uwalniania neuroprzekaźnika.

Kolejnym etapem, następującym po dokowaniu, jest **aktywacja** (ang. priming), również zależna od obecności wapnia. W trakcie aktywacji kilka rozpuszczalnych białek cytoplazmatycznych tworzy przejściowo kompleks z białkami SNARE, co prowadzi do częściowej fuzji błony pęcherzyka z błoną presynaptyczną. Etap ten zachodzi z udziałem hydrolizy ATP.

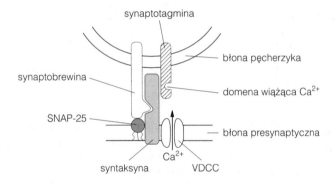

Rys. 1. Białka biorące udział w dokowaniu pęcherzyków synaptycznych. VDCC, napięciowozależny kanał wapniowy

Zaktywowane pęcherzyki pozostają w stanie gotowości do uwolnienia swojej zawartości, oczekując jedynie na silny impuls wapniowy, niezbędny do dokończenia fuzji pęcherzyka z błoną presynaptyczną. W jej trakcie dochodzi do utworzenia **poru (otworu) fuzyjnego** (ang. fusion pore), poprzez który zachodzi egzocytoza. Zlokalizowane w błonie pęcherzyka białko wiążące wapń, **synaptotagmina**, jest czujnikiem, wrażliwym na jony Ca^{2+}. Uważa się, że związanie Ca^{2+} przez synaptotagminę stanowi ostatni etap, umożliwiający zakończenie procesu fuzji pęcherzyka z błoną presynaptyczną. Gdy wapń jest nieobecny, synaptotagmina blokuje dokończenie fuzji, natomiast zmiana konformacji tego białka pod wpływem przyłączenia Ca^{2+} prowadzi do kontynuacji procesu. Ten ostatni etap egzocytozy neuroprzekaźnika jest szybki, zachodzi bowiem w czasie 200 μs.

Endocytoza

Po zakończeniu egzocytozy, w czasie 30–60 s dochodzi do endocytozy, zamykającej cykl odnowy pęcherzyka synaptycznego. Pierwszym krokiem endocytozy jest okrycie fragmentu błony „płaszczem", zbudowanym z białka **klatryny**, co wywołuje odkształcenie i wpuklenie tego fragmentu błony do wnętrza zakończenia nerwowego. Następnie białko wiążące GTP, **dynamina**, wytwarza „kołnierz" wokół wpuklenia. Dynaminę cechuje wewnętrzna aktywność GTPazowa. W wyniku rozkładu związanego GTP dochodzi do odszczepienia pęcherzyka opłaszczonego od błony presynaptycznej. Związana z GTP forma dynaminy wymaga obecności jonów Ca^{2+}. Z tego powodu wzrost stężenia Ca^{2+} w zakończeniu nerwowym, odpowiedzialny za egzocytozę neuroprzekaźnika, uruchamia jednocześnie endocytozę. Po odłączeniu od błony presynaptycznej pęcherzyk traci „płaszcz" klatrynowy (*rys. 2*).

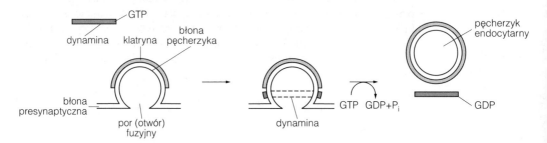

Rys. 2. Endocytoza pęcherzyka. Przedruk z: P.A. Revest, A. Longstaff (1998) Molecular Neuroscience. BIOS Scientific Publishers Ltd, Oxford

Napełnianie

Małe pęcherzyki synaptyczne są napełniane neuroprzekaźnikiem w zakończeniach nerwowych. Najpierw pęcherzyki ulegają zakwaszeniu w wyniku aktywacji ATPazy protonowej. Transport neuroprzekaźnika do wnętrza pęcherzyków ma charakter wtórny, a energii do niego dostarcza wypływanie protonów na zewnątrz (*rys. 3*). Jak dotychczas, zidentyfikowano niektóre białka transportujące takie neuroprzekaźniki jak kwas glutaminowy, ACh oraz aminy katecholowe, lecz nie określono białka transportującego GABA. Zidentyfikowane białka to duże glikoproteiny, mające 12 segmentów transbłonowych. Jest interesujące, że nie są one podobne do tych transporterów neuroprzekaźników, które występują

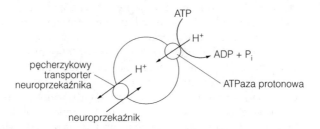

Rys. 3. Napełnianie pęcherzyków neuroprzekaźnikiem. Przedruk z: P.A. Revest, A. Longstaff (1998) Molecular Neuroscience. BIOS Scientific Publishers Ltd, Oxford

w błonach komórkowych neuronów czy komórek glejowych (temat C7). Cząsteczki neuroprzekaźników peptydowych, po zsyntetyzowaniu na rybosomach w obrębie ciała komórkowego, są umieszczane wewnątrz systemu szorstkiej siateczki śródplazmatycznej, a następnie przesyłane do aparatu Golgiego, z którego odszczepiane są pęcherzyki wypełnione neuroprzekaźnikiem. Pęcherzyki te są następnie transportowane do zakończeń nerwowych przez system szybkiego transportu aksonalnego. Jest to konieczne, ponieważ w obrębie zakończeń nerwowych nie występują rybosomy, odpowiedzialne za syntezę białka.

C6 NAPIĘCIOWOZALEŻNE KANAŁY WAPNIOWE

Hasła

Charakterystyka kanału

Kanały wapniowe są odpowiedzialne za sprzężenie pobudzeniowo-wydzielnicze w neuronach, dendrytyczne potencjały czynnościowe oraz sprzężenie elektromechaniczne w mięśniach. Istnieje kilka typów kanałów wapniowych, które można wyróżnić na podstawie ich właściwości elektrofizjologicznych (napięcia aktywacji, przewodności, przebiegu czasowego inaktywacji), właściwości farmakologicznych oraz lokalizacji.

Typy kanałów

Większość kanałów wapniowych aktywuje się pod wpływem silnej depolaryzacji. Kanały typu L są odpowiedzialne za sprzężenie elektromechaniczne w mięśniach. Znane są związki antagonistyczne, selektywnie blokujące te kanały. W uwalnianie neuroprzekaźników zaangażowane są kanały typów N, P i Q. Każdy z nich może być wybiórczo zablokowany przez określone toksyny. W niektórych synapsach kanały te mogą występować łącznie, umożliwiając egzocytozę. Kanały typu T są aktywowane już przy niewielkiej depolaryzacji. Ta właściwość leży u podłoża rytmicznej aktywności wielu komórek nerwowych.

Biologia molekularna napięciowo- zależnych kanałów wapniowych

Funkcjonalny kanał wapniowy składa się z podjednostki $\alpha 1$, która przypomina swoją budową napięciowozależny kanał sodowy, oraz podjednostek pomocniczych, modyfikujących właściwości kanału. Istnienie licznych izoform podjednostki $\alpha 1$ jest przyczyną występowania dużej różnorodności typów kanałów wapniowych.

Tematy pokrewne

Charakterystyka kanału

Napięciowozależne kanały wapniowe kontrolują wpływanie jonów wapnia do wnętrza komórki, sprzęgając proces pobudzenia neuronu z uwalnianiem neuroprzekaźnika. Są one również odpowiedzialne za wapniowe potencjały czynnościowe w dendrytach (patrz temat D1) oraz sprzężenie elektromechaniczne w mięśniach szkieletowych, gładkich i mięśniu sercowym. Istnieje kilka typów kanałów wapniowych. Wszystkie z nich są wybiórcze w stosunku do jonów Ca^{2+} i aktywowane przez depolaryzację błony. Można je natomiast zróżnicować wykorzystując właściwości elektrofizjologiczne, farmakologiczne oraz rozmieszczenie i funkcję w obrębie układu nerwowego. Właściwości elektrofizjologiczne, którymi się różnią to:

- Wielkość depolaryzacji, konieczna do aktywacji kanału. Kanały aktywowane wysokim napięciem (ang. high voltage activated, HVA) wymagają silnej depolaryzacji, a kanały aktywowane niskim napięciem (ang. low voltage activated, LVA) — niewielkiej depolaryzacji.
- Przewodność kanału.
- Przebieg czasowy inaktywacji.

Typy kanałów   Przegląd kanałów wapniowych zawiera *tabela 1*. **Kanały typu L** ulegają aktywacji przy silnej depolaryzacji błony, do około –20 mV. Kanały typu L są zlokalizowane w proksymalnych częściach dendrytów neuronów piramidalnych i biorą udział w ich pobudliwości, nie są natomiast zaangażowane w proces uwalniania neuroprzekaźnika. Kanały te grają kluczową rolę w procesie sprzężenia elektromechanicznego. Stanowią one, jak dotychczas, jedyny typ kanałów wapniowych, wobec których używa się w celach terapeutycznych związków farmakologicznych (tzw. antagonistów kanałów wapniowych). Są one stosowane przede wszystkim w chorobach sercowo-naczyniowych, lecz mogą być również używane w leczeniu udarów mózgu, ze względu na ich działanie obniżające pobudliwość neuronów.

Trzy typy kanałów HVA, aktywowanych przy silnej depolaryzacji, biorą udział w uwalnianiu neuroprzekaźnika. Ich rolę wykazano z zastosowaniem wybiórczych toksyn. **Kanały typu N**, występujące w wielu rodzajach komórek nerwowych, można blokować za pomocą ω-konotoksyny, pochodzącej ze ślimaka *Conus geographus*. Biorą one udział przede wszystkim w uwalnianiu GABA, lecz także kwasu glutaminowego. Na

Tabela 1. Rodzaje kanałów wapniowych

Typ	Pochodzenie nazwy	Elektrofizjologia	Lokalizacja
L	długotrwały (ang. long-lasting)	HVA (–20 mV) powoli inaktywujący się	komórki piramidalne mięśnie szkieletowe, gładkie i mięsień sercowy komórki wewnątrzwydzielnicze
T	krótkotrwały (ang. transient)	LVA (–65 mV) bardzo szybko inaktywujący się	mięsień sercowy neurony (np. wzgórzowe) komórki wewnątrzwydzielnicze
N	neuronalny	HVA (–20 mV) średnia szybkość inaktywacji	neurony
P	komórki Purkinjego	HVA (–50 mV) nie inaktywujący się	komórki Purkinjego móżdżku płytka nerwowo-mięśniowa ssaków
Q	Q następuje po P	HVA	komórki Purkinjego móżdżku
R	pozostałe (ang. remaining)	HVA i LVA	

kanały typu P działają toksyny pająka *Agenelopsis aperta*. Kanały te odpowiadają za uwalnianie GABA przez komórki Purkinjego móżdżku (stąd też pochodzi ich nazwa) oraz acetylocholiny w płytce nerwowo-mięśniowej ssaków. Uwalnianie kwasu glutaminowego z komórek ziarnistych móżdżku odbywa się z udziałem **kanałów typu Q**. Kanały P oraz Q występują w zakończeniach aksonów komórek piramidalnych i współuczestniczą w uwalnianiu z nich neuroprzekaźnika.

Kanały wapniowe typu T aktywują się przy niewielkiej depolaryzacji (LVA), już przy około –65 mV, i charakteryzuje je dość szybka inaktywacja. Właściwości te umożliwiają komórkom pobudliwym wytwarzanie powtarzalnych serii potencjałów czynnościowych. Kanały te są bardzo istotne dla funkcji wzgórza (patrz tematy O5 i R2).

Biologia molekularna napięciowozależnych kanałów wapniowych

Kanały wapniowe są kompleksami makromolekularnymi, składającymi się z pięciu różnych podjednostek. Spośród nich, podjednostka α1, stanowiąca właściwy kanał jonowy, przypomina swoją budową napięciowozależny kanał sodowy. Inne podjednostki spełniają funkcje pomocnicze, modyfikując właściwości kanału jonowego. Ponieważ istnieje sześć genów kodujących podjednostkę α1, a RNA będący ich produktem ulega alternatywnemu składaniu (patrz: *Krótkie wykłady. Biochemia* oraz *Krótkie wykłady. Biologia molekularna*), występuje wiele odmiennych podjednostek α1, a co za tym idzie — także duża różnorodność kanałów wapniowych.

C7   INAKTYWACJA NEUROPRZEKAŹNIKA

Hasła

Konieczność występowania inaktywacji

Modulacja sygnałów przekazywanych przez synapsy zachodzi bardzo szybko i z tego powodu uwolniony neuroprzekaźnik musi ulegać inaktywacji. Dochodzi do niej na drodze rozkładu enzymatycznego, pobierania ze szczeliny synaptycznej do neuronów i komórek glejowych oraz dyfuzji poza obręb synapsy.

Rozkład enzymatyczny

Spośród neuroprzekaźników w warunkach fizjologicznych istotną rolę odgrywa jedynie hydroliza acetylocholiny (ACh) przez acetylocholinesterazę (AChE). Produkt rozkładu ACh, cholina, jest pobierana zwrotnie do zakończenia nerwowego przez kotransporter zależny od Na^+, o dużym powinowactwie. ACh jest syntetyzowana z choliny i acetylokoenzymu A przez enzym acetylotransferazę cholinową.

Transport

Pobieranie zwrotne ze szczeliny synaptycznej przez neurony oraz — w przypadku neuroprzekaźników aminokwasowych — przez komórki glejowe, jest podstawowym mechanizmem inaktywacji neuroprzekaźników klasycznych. Istnieją dwie główne „rodziny" transporterów. Cząsteczki te nie są spokrewnione z transporterami występującymi w błonach pęcherzyków synaptycznych. Na niektóre transportery oddziałują leki przeciwdepresyjne.

Dyfuzja

Dyfuzja uwolnionego neuroprzekaźnika poza szczelinę synaptyczną jest podstawowym sposobem inaktywacji neuroprzekaźników peptydowych i ma prawdopodobnie również znaczenie w przypadku kwasu glutaminowego i γ-aminomasłowego (GABA). Z powodu znacznych rozmiarów cząsteczki, dyfuzja peptydów poza synapsę jest powolna i dlatego czas ich działania jest długi.

Tematy pokrewne   Wolne przekaźnictwo synaptyczne (C3)   Przekaźnictwo
Mięśnie szkieletowe i sprzężenie   dopaminergiczne
elektromechaniczne (K1)   (N1)

Konieczność występowania inaktywacji

Inaktywacja neuroprzekaźnika umożliwia reakcję połączenia synaptycznego na gwałtowne zmiany częstotliwości generowania potencjałów czynnościowych przez neuron presynaptyczny. Gdyby inaktywacja nie występowała, nie byłaby możliwa odpowiednio szybka zmiana odpowiedzi komórki postsynaptycznej na zmieniający się sygnał presynaptyczny. Ponadto, wiele receptorów neuroprzekaźników poddawanych ciągłemu działaniu ligandów, lub ich agonistów, w czasie kilku sekund ulega desensytyzacji (odwrażliwieniu). Zjawisko to w istotny sposób zmniejsza wrażliwość synapsy na przekaźnik. Istnieją trzy, nie wykluczające się wzajemnie, sposoby inaktywacji neuroprzekaźnika: rozkład enzymatyczny, transport poza szczelinę synaptyczną do komórek nerwowych lub glejowych oraz bierna dyfuzja poza synapsę.

Rozkład enzymatyczny

Katabolizm neuroprzekaźników, zarówno klasycznych, jak i peptydowych, jest związany z funkcją licznych enzymów. Oddziaływanie farmakologiczne, powodujące np. zahamowanie aktywności tych enzymów, wywiera wpływ na przekaźnictwo synaptyczne. Jednakże, w warunkach fizjologicznych, istotną rolę odgrywa jedynie rozkład enzymatyczny acetylocholiny. Hydrolizę ACh przeprowadza enzym **acetylocholinesteraza** (AChE), która rozkłada cząsteczkę ACh na cholinę i octan. Cholina jest pobierana z powrotem do zakończenia nerwowego przez transporter zależny od jonów Na^+. Acetylocholinesterazę cechuje niezwykle duża aktywność katalityczna. W złączu nerwowo-mięśniowym, natychmiast po uwolnieniu neuroprzekaźnika, w czasie 1 ms enzym ten może zmniejszyć stężenie ACh z około 1 mM praktycznie do zera. AChE występuje w postaci licznych izoform. Niektóre z nich (tzw. formy G) są rozpuszczalne i wydzielane do szczeliny synaptycznej. Inne (tzw. formy A) mają fragmenty kolagenowe, za pomocą których są połączone z błoną komórkową, a ich domena katalityczna jest wyeksponowana do szczeliny synaptycznej.

Enzym acetylotransferaza cholinowa (ChAT) ponownie syntetyzuje ACh z choliny i acetylokoenzymu A (pochodzącego z pirogronianu). Następnie, wybiórczy transporter upakowuje ACh w pęcherzykach synaptycznych (patrz *rys. 3*, temat C5). Co ciekawe, transporter ACh znajdujący się w błonie pęcherzyka jest kodowany przez fragment genu acetylotransferazy cholinowej. Z tego powodu synteza transportera i enzymu podlega działaniu wspólnego mechanizmu regulacyjnego.

Transport

Liczne klasyczne neuroprzekaźniki ulegają inaktywacji przez usunięcie ze szczeliny synaptycznej za pośrednictwem mechanizmu aktywnego transportu, który cechuje duże powinowactwo oraz możliwość wysycenia. Neuroprzekaźniki aminokwasowe mogą być transportowane zarówno do neuronów, jak i komórek glejowych, natomiast aminy są transportowane wyłącznie do neuronów. Zidentyfikowano dwie rodziny transporterów, pełniących te funkcje:

1. **Grupa kotransporterów Na^+/K^+**, składająca się z transporterów glutaminianu (i asparaginianu). Jak dotychczas odkryto trzech jej przedstawicieli, z których dwa występują w komórkach glejowych (astrocytach), a pozostały — w neuronach. Transport glutaminianu ma charakter elektrogenny, co oznacza, że powoduje on powstanie określonej różnicy potencjałów po obu stronach błony, przy czym wnętrze przyjmuje ładunek dodatni (*rys. 1*). Ze względu na to nadmierna depolaryzacja błony neuronu jest w stanie doprowadzić do odwrócenia kierunku transportu, powodując wypływanie glutaminianu do szczeliny synaptycznej. Zjawisko to może mieć bardzo niekorzystne konsekwencje. Transportery glutaminianowe sklonowano i okre-

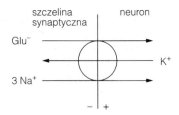

szczelina   neuron
synaptyczna

Glu⁻

K⁺

3 Na⁺

Rys. 1. Transport glutaminianu przez kotransporter Na⁺/K⁺

ślono ich sekwencję. Nie ma pewności co do ich budowy drugorzędowej, lecz przypuszcza się, że mogą mieć 8 segmentów transbłonowych (TM).

2. **Grupa kotransporterów Na⁺/Cl⁻** (*rys. 2*). Ta duża rodzina obejmuje trzy transportery GABA, transportery noradrenaliny i adrenaliny, dopaminy, serotoniny, glicyny i transporter choliny o dużym powinowactwie (patrz akapit: Rozkład enzymatyczny). Trzy transportery GABA występują zarówno w komórkach nerwowych, jak i glejowych, jednakże za pomocą eksperymentów farmakologicznych można odróżnić pobieranie GABA przez neurony od pobierania przez glej. Najprawdopodobniej istnieje jeszcze więcej transporterów GABA. Związki farmakologiczne, trójcykliczne leki przeciwdepresyjne, oddziałują na transportery noradrenaliny i serotoniny. Niedawno opracowane leki działające wybiórczo na transporter serotoniny, selektywne inhibitory pobierania zwrotnego serotoniny takie jak fluoksetyna (Prozac), również są stosowane w leczeniu depresji, ponieważ wykazują mniej objawów ubocznych niż trójcykliczne leki przeciwdepresyjne. Na transporter dopaminowy działa kokaina. Hamując wychwyt zwrotny dopaminy, kokaina zaburza prawidłowe przekaźnictwo dopaminergiczne w obrębie „układu nagrody" mózgu, co stanowi przyczynę uzależnienia (temat O1). Określono sekwencję licznych przedstawicieli tej rodziny transporterów. Są to duże glikoproteiny, zawierające 12 segmentów transbłonowych, nie wykazujące jednak homologii z transporterami pęcherzykowymi z grupy 12TM.

Dyfuzja

Mimo działania mechanizmów transportujących, również bierna dyfuzja może odgrywać rolę w inaktywacji glutaminianu i GABA w synapsach kory mózgowej. Nie istnieje mechanizm wychwytu zwrotnego peptydów. Mimo że neurony mogą internalizować peptydy na drodze endocytozy z udziałem odpowiednich receptorów, a następnie rozkładać je

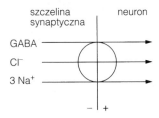

szczelina   neuron
synaptyczna

GABA

Cl⁻

3 Na⁺

Rys. 2. Transport GABA przez kotransporter Na⁺/Cl⁻

dzięki niespecyficznym peptydazom, mechanizm ten nie odgrywa najprawdopodobniej istotnej roli w inaktywacji neuroprzekaźników peptydowych. Z tego powodu głównym sposobem zakończenia działania peptydów w obrębie synapsy jest ich dyfuzja. Peptydy są jednakże o wiele
większe niż niewielkie cząsteczki klasycznych neuroprzekaźników, co
wytwarza znaczne bariery dyfuzyjne. Dlatego też dyfuzja neuroprzekaźników petydowych poza synapsę jest powolna, czym można tłumaczyć
długi czas ich oddziaływania na komórki.

C8 AUTORECEPTORY

Hasła

Funkcja autoreceptorów	Autoreceptory reagują na neuroprzekaźnik uwalniany przez neuron, na którym się znajdują. Występują w obrębie zakończeń presynaptycznych, perikarionu i dendrytów. Uczestniczą, na ogół w sposób homeostatyczny, w regulacji uwalniania neuroprzekaźnika, jego syntezy, a także w modulacji częstotliwości generowania potencjałów czynnościowych.
Regulacja uwalniania neuroprzekaźnika	Większość autoreceptorów zmniejsza uwalnianie neuroprzekaźnika, redukując napływ jonów Ca^{2+} do wnętrza zakończenia nerwowego. W nielicznych przypadkach aktywacja autoreceptora nasila uwalnianie neuroprzekaźnika.
Regulacja syntezy neuroprzekaźnika	Autoreceptory, występujące na komórkach katecholaminergicznych i serotoninergicznych, osłabiają syntezę odpowiedniego neuroprzekaźnika. W przypadku dopaminy efekt ten zachodzi za pośrednictwem receptora D2 i redukcji poziomu cyklicznego adenozynomonofosforanu (cAMP), co powoduje osłabienie aktywności hydroksylazy tyrozynowej.
Heteroreceptory	Receptory presynaptyczne, nie reagujące na neuroprzekaźnik uwalniany przez neuron, na którym się znajdują, noszą nazwę heteroreceptorów. Ich funkcja polega na regulacji uwalniania neuroprzekaźnika.

Tematy pokrewne Wolne przekaźnictwo synaptyczne (C3)   Przekaźnictwo
Uwalnianie neuroprzekaźnika (C5)   dopaminergiczne (N1)

Funkcja autoreceptorów

Występowanie receptorów neuroprzekaźników nie jest ograniczone wyłącznie do błony postsynaptycznej. Znajdują się one również w błonie presynaptycznej i wtedy noszą nazwę **receptorów presynaptycznych**, a także na dużych obszarach błony perikarionu komórki i jej dendrytów. Jeżeli ligandem tych receptorów jest neuroprzekaźnik uwalniany przez neuron, na powierzchni którego się znajdują, to określa się je jako **autoreceptory**. Autoreceptory pełnią kilka funkcji, których znaczenie ma w normalnych warunkach charakter homeostatyczny. Receptory znajdujące się na błonie presynaptycznej biorą udział w regulacji uwalniania neuroprzekaźnika. W neuronach katecholaminergicznych i serotoninergicznych autoreceptory presynaptyczne regulują syntezę neuroprzekaźnika, a autoreceptory somatodendrytyczne regulują tempo generowania potencjałów czynnościowych. Autoreceptory są zawsze receptorami metabotropowymi.

Regulacja uwalniania neuroprzekaźnika

Autoreceptory presynaptyczne, po aktywacji, zazwyczaj oddziałują hamująco na uwalnianie neuroprzekaźnika. Działa tu mechanizm ujemnego sprzężenia zwrotnego, ograniczający uwalnianie w celu zapobieżenia nadmiernemu pobudzeniu albo w celu zmniejszenia stopnia desensytyzacji (odwrażliwienia) receptorów postsynaptycznych, która może ograniczać czułość synapsy. Autoreceptory presynaptyczne ograniczają uwalnianie neuroprzekaźnika, zmniejszając napływ jonów wapnia do zakończeń presynaptycznych. Na przykład, w ośrodkowych synapsach GABAergicznych, autoreceptorami są receptory $GABA_B$, które aktywują białka G_o. Białko G_o ma dwojakie działanie:

1. Wiążąc się z napięciowozależnymi kanałami potasowymi w błonie presynaptycznej, powoduje ich otwarcie. Nasilony wypływ jonów K^+ zmniejsza możliwość aktywacji kanałów wapniowych typu N przez potencjał czynnościowy, docierający do zakończenia synaptycznego.
2. Wiąże się bezpośrednio z kanałem wapniowym, osłabiając napływ jonów Ca^{2+} do wnętrza zakończenia.

Oba efekty prowadzą wspólnie do zmniejszenia uwalniania GABA (*rys. 1*).

Niekiedy aktywacja autoreceptorów presynaptycznych wywołuje nasilenie uwalniania neuroprzekaźnika. Na przykład wydzielanie noradrenaliny znajduje się pod kontrolą dwóch populacji autoreceptorów: receptorów α2, osłabiających uwalnianie, i receptorów β, które nasilają uwalnianie neuroprzekaźnika.

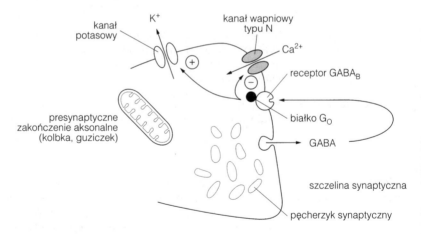

Rys. 1. Efekty pobudzenia autoreceptorów $GABA_B$

Regulacja syntezy neuroprzekaźnika

Synteza amin katecholowych i serotoniny ulega osłabieniu pod wpływem aktywacji autoreceptorów w odpowiednich neuronach. Na przykład niektóre neurony dopaminergiczne mają autoreceptory należące do rodziny receptorów dopaminowych D2, sprzężone z białkami G_i. Jednym z efektów aktywacji tych białek jest osłabienie napływu jonów Ca^{2+}, co powoduje ograniczenie uwalniania dopaminy. Jednakże, białka G_i hamują również cyklazę adenylanową, obniżając poziom cAMP. Enzymem katalizującym kluczową reakcję w szlaku metabolicznym prowadzącym do syntezy dopaminy jest hydroksylaza tyrozynowa. Aktywna forma tego enzymu ulega fosforylacji przez kinazę białkową A. Obniżenie poziomu cAMP, spowodowane aktywacją autoreceptorów, prowadzi więc do zmniejszenia aktywności hydroksylazy tyrozynowej i zredukowania tempa syntezy dopaminy.

Heteroreceptory Niektóre receptory presynaptyczne są receptorami neuroprzekaźnika, uwalnianego przez inną komórkę niż neuron, na którego powierzchni się znajdują. Noszą one nazwę **heteroreceptorów**. Tego typu receptory regulują uwalnianie neuroprzekaźnika. Na przykład presynaptyczne receptory $GABA_B$ występują w synapsach glutaminianergicznych, gdzie osłabiają uwalnianie glutaminianu. Uważa się, że ulegają one aktywacji przez cząsteczki GABA, który dyfunduje z blisko położonych synaps GABAergicznych.

D1 WŁAŚCIWOŚCI NEURYTÓW

Hasła

Potencjały elektrotoniczne	Potencjały synaptyczne rozprzestrzeniają się po błonie neuronu w sposób bierny (elektrotonicznie). W trakcie oddalania się od miejsca ich powstania potencjały synaptyczne zmniejszają się w miarę upływu czasu i zwiększania się odległości. Właściwości te można modelować stosując równanie kablowe i zakładając, że neuron jest zbudowany z szeregowo ułożonych walców. Właściwości kablowe neuronów określają, w jaki sposób dochodzi do sumowania efektów pobudzenia.
Obwód ekwiwalentny	Każdy walcowy fragment modelowego neuronu można opisać jako prosty obwód elektryczny (tzw. ekwiwalentny), który charakteryzują następujące parametry: oporność błony, oporność osiowa rdzenia neurytu oraz pojemność błony. Jeżeli prąd synaptyczny ma stałą wartość, to oporność błony określa prawo Ohma. W przypadku krótkotrwałych zmian prądu synaptycznego zmiana napięcia jest opóźniona o czas potrzebny do naładowania kondensatora błonowego.
Model matematyczny właściwości kablowych	W warunkach stabilnych napięcie obniża się wykładniczo ze zwiększaniem się odległości od miejsca, w którym prąd wpływa do komórki. Odległość, przy której następuje spadek potencjału do 0,37 pierwotnej wielkości, nosi nazwę stałej długości (ang. length constant). Wartość tego parametru zależy od oporności błony, oporności osiowej i średnicy włókna. Stosunek całkowitej długości neurytu do stałej jego długości nosi nazwę długości elektrotonicznej i jest miarą osłabienia potencjału synaptycznego w trakcie jego rozprzestrzeniania się wzdłuż neurytu. Wielkość potencjałów synaptycznych zmienia się w czasie. Czas, jaki upływa, zanim napięcie synaptyczne obniży się do 0,37 pierwotnej wielkości, nosi nazwę stałej czasu (ang. time constant). Stała czasu zależy od oporności błony i jej pojemności. Prędkość, z jaką rozprzestrzeniają się biernie potencjały w neuronach, jest 10–100 razy mniejsza od prędkości rozprzestrzeniania się potencjałów czynnościowych.
Elektrotoniczne właściwości potencjałów synaptycznych	Stopień osłabienia potencjału synaptycznego zależy od tego, czy jest to sygnał długotrwały, czy krótki, a także od kierunku jego rozprzestrzeniania się. Krótkotrwałe potencjały postsynaptyczne (PSP) ulegają znacznie większemu osłabieniu niż długotrwałe. PSP ulegają osłabieniu w większej mierze, jeżeli przepływają od cienkich, odległych dendrytów w kierunku grubszych lub do perykarionu komórki, niż odwrotnie. Dowody doświadczalne wskazują, że w miejscach rozgałęzienia neurytów właściwości fizyczne głównej gałązki i jej odgałęzień są podobne, co zapobiega znaczniejszym zakłóceniom przewodzonego sygnału.

| Aktywne właściwości dendrytów | Wypustki dendrytyczne mają napięciowozależne kanały jonowe, a więc mogą generować i przewodzić potencjały czynnościowe. Wzmacniając zarówno amplitudę, jak i szybkość przewodzenia potencjałów postsynaptycznych, dendrytyczne kanały jonowe powiększają efektywność wejść synaptycznych. Potencjały czynnościowe mogą się rozprzestrzeniać wstecznie, od wzgórka aksonowego, pobudzając perikarion neuronu i jego dendryty. W ten sposób niektóre dendryty mogą uwalniać neuroprzekaźnik. |

Tematy pokrewne   Potencjał czynnościowy (B2)   Drogi węchowe (J2)
                        Sumowanie czasowe   Padaczka (R2)
                          i przestrzenne (D2)

Potencjały elektrotoniczne

Potencjały czynnościowe, w trakcie rozprzestrzeniania się, ulegają aktywnej regeneracji dzięki otwieraniu się napięciowozależnych kanałów jonowych w kolejnych miejscach błony aksonu niezmielinizowanego lub, w aksonie zmielinizowanym, w kolejnych przewężeniach Ranviera. Z tego powodu amplituda potencjałów czynnościowych nie ulega zmianie w trakcie przewodzenia. Większość jednak potencjałów synaptycznych wytwarzanych na powierzchni neuronu jest podprogowa. Potencjały te rozprzestrzeniają się biernie, **elektrotonicznie**, w sposób, zdeterminowany właściwościami fizycznymi komórki. Potencjały synaptyczne ulegają osłabieniu w miarę upływu czasu i zwiększania się odległości. W fizyce znane jest **równanie kablowe**, które opisuje rozprzestrzenianie się prądu w czasie i przestrzeni wzdłuż kabla elektrycznego. Ponieważ neurony można rozpatrywać jako szereg kolejno ułożonych przedziałów o kształcie walca, równanie kablowe można zastosować do modelowania elektrotonicznego rozprzestrzeniania się potencjałów. **Właściwości kablowe** neuronów mają duże znaczenie, ponieważ określają one sposób, w jaki komórki nerwowe integrują docierające do nich wejścia synaptyczne, co z kolei determinuje ich możliwości obliczeniowe.

Obwód ekwiwalentny

Każdy cylindryczny przedział neuronu można rozpatrywać jako prosty obwód elektryczny, tzw. **obwód ekwiwalentny** (*rys. 1a*).

Prąd wpływający do wnętrza neuronu będzie początkowo zmieniał ilość ładunku zgromadzonego na błonie. Błona działa jak **kondensator**, ponieważ jest ona izolatorem (podwójną warstwą lipidową), oddzielającym dwa przewodniki (roztwór elektrolitów cytoplazmy i płyn zewnątrzkomórkowy). Jeżeli płynący prąd jest stały (gdy warunki są stabilne), zmianę napięcia spowodowaną tym prądem można obliczyć z prawa Ohma, $V = IR$. Oporność, R, ma dwie składowe: **oporność osiową** lub **wewnętrzną**, charakteryzującą walec cytoplazmy o jednostkowej długości, r_w, oraz oporność błonową walca cytoplazmy o jednostkowej długości, r_m. W miarę rozprzestrzeniania się prądu wzdłuż dendrytu lub aksonu, o oporności r_w, część prądu przepływa z powrotem poprzez oporność błonową, r_m. W konsekwencji, w miarę zwiększania się odległości od miejsca wpływania, prąd, a także spowodowana nim zmiana napięcia, stają się coraz mniejsze. Zjawisko to stanowi przyczynę zmniejszania się potencjałów synaptycznych w miarę zwiększania się odległości od synapsy. Gdy prąd jest wyłączany, następuje ponowna zmiana potencjału. W idealnym obwodzie elektrycznym, pozbawionym pojemności, zmiana jest natychmiastowa, a jej wielkość określa prawo Ohma. Ponieważ jednak rzeczywiste neurony cechuje określona pojemność elektryczna, to zmiana napięcia jest pomniejszana o zmianę ładunku zgromadzonego na błonie. W efekcie napięcie zmienia się w czasie wykładniczo (*rys. 1b*).

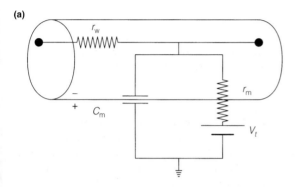
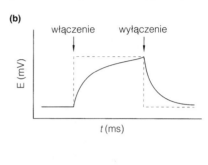

Rys. 1. (a) Obwód ekwiwalentny dla fragmentu neuronu o długości jednostkowej: r_w — oporność wewnętrzna lub osiowa ($\Omega \cdot cm^{-1}$), r_m — oporność błony ($\Omega \cdot cm$), c_m — pojemność błony ($F \cdot cm^{-1}$). Oporność środowiska zewnętrznego jest zaniedbywalna. (b) Efekt wystąpienia krótkotrwałego prądu dokomórkowego w neurycie. Istnienie określonej pojemności błony stanowi przyczynę opóźnienia wzrostu i spadku napięcia. Linia przerywana pokazuje, jak zmieniałoby się napięcie, gdyby pojemność wynosiła zero

Model matematyczny właściwości kablowych

Równanie kablowe ma rozwiązanie w warunkach stabilnych, kiedy można ignorować pojemność. Wykładniczy spadek napięcia V_0 w neurycie opisuje równanie:

$$V_x = V_0 e^{-x/\lambda}$$

gdzie V_x – napięcie w odległości x, V_0 – napięcie w punkcie $x = 0$ (w miejscu generowania potencjału synaptycznego), a λ – **stała długości** (ang. length constant, określana również jako stała przestrzenna, ang. space constant, lub długość charakterystyczna, ang. characteristic length).

Gdy $x = \lambda$:

$$V_x = V_0 e^{-1} = 0{,}37 V_0$$

Wartość λ oznacza odległość, jaką przebywa sygnał napięciowy, zanim jego wielkość zmniejszy się do 37% wartości pierwotnej, a więc jest miarą tego, jak daleko prąd może się biernie rozprzestrzeniać wzdłuż neurytu. Inaczej mówiąc, wartość λ jest miarą spadku napięcia ze zwiększaniem się odległości (*rys. 2*).

Z równania kablowego wynika, że wartość stałej długości wynosi:

$$\lambda = \left(\frac{a R_m}{2 R_w} \right)^{1/2}$$

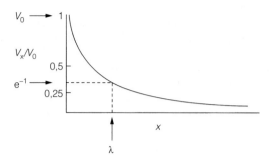

Rys. 2. Spadek napięcia, V_x, w zależności od odległości, x. Stała długości, λ, oznacza odległość, po której przebyciu wystąpił spadek napięcia do $1/e$ wartości początkowej

gdzie: a — promień neurytu, R_m — oporność charakterystyczna błony, R_w — wewnętrzna oporność charakterystyczna. Przymiotnik „charakterystyczna" oznacza, że wartości odpowiednich parametrów odnoszą się do określonego neuronu. Zarówno R_m, jak i R_w można zmierzyć doświadczalnie. Wartość R_m waha się bardzo znacznie w różnych typach neuronów, w różnych częściach tego samego neuronu, a nawet w tej samej części neuronu — w czasie, między 10^3–10^5 $\Omega \cdot cm^2$. Ta 100-krotna różnica wywołuje jednakże jedynie 10-krotną zmianę λ, ponieważ λ zmienia się proporcjonalnie do pierwiastka kwadratowego oporności błony. Chociaż R_w waha się tylko między 50–200 $\Omega \cdot cm$, wywiera jednak znaczny wpływ na wartość λ. Stała długości jest ponadto uzależniona od promienia neurytu.

Średnica neurytu wynosi od $0{,}01$ do 10 μm, co oznacza około 30-krotną różnicę λ, która przyjmuje niewielkie wartości dla cienkich wypustek, a duże — w przypadku grubych. **Długość elektrotoniczna**, L, określa zależność między rzeczywistą długością neurytu a jego stałą długości, a więc stanowi miarę osłabienia sygnału na całej długości neurytu:

$$L = x / \lambda$$

W długich aksonach wielu neuronów projekcyjnych sygnały elektrotoniczne praktycznie zanikają. Podkreśla to decydujące znaczenie potencjałów czynnościowych w przenoszeniu sygnałów. W przeciwieństwie do tego, w wielu interneuronach mających bardzo krótkie aksony, w których $\lambda \geq L$, znaczenie potencjałów czynnościowych jest stosunkowo niewielkie.

W przypadku sygnałów szybkozmiennych nie można ignorować wpływu pojemności błony, ponieważ określa ona czas narastania i opadania sygnału (rys. 2b).

Równanie kablowe wskazuje, że w pierwszym przybliżeniu spadek potencjału w miarę upływu czasu ma charakter wykładniczy i opisuje go zależność:

$$V_t = V_0 e^{-t/\tau}$$

gdzie: V_t — potencjał w czasie t, V_0 — potencjał w czasie $t = 0$, τ — **stała czasu**. Stała czasu jest miarą tego, jak szybko prądy biernie narastają lub opadają w trakcie rozprzestrzeniania się w neuronach (*rys. 3*). Wartość τ określa równanie:

$$\tau = R_m C_m$$

gdzie: C_m – charakterystyczna pojemność błonowa. A więc τ nie zależy od promienia neuronu. Ponadto, ponieważ charakterystyczna pojemność błony jest w zasadzie niezmienna i wynosi 0,75 $\mu F \cdot cm^{-2}$, stała czasu zasadniczo zależy jedynie od wartości R_m, która z kolei jest określona przez liczbę otwartych kanałów jonowych i ich przewodnictwo.

Należy podkreślić, że wartości stałej długości i stałej czasu nie są ustalone dla danego neuronu, lecz zmieniają się w czasie. Ponieważ wartości obu parametrów są uzależnione od oporności błony, zmieniają się one za każdym razem, gdy dochodzi do otwarcia lub zamknięcia kanałów jonowych. Podobnie zmienia się w czasie długość elektrotoniczna dendrytów (która jest uzależniona od λ).

Równanie kablowe pokazuje, że szybkość elektrotonicznego przewodzenia potencjałów synaptycznych, θ, wynosi:

$$\theta = 2\lambda/\tau$$

Szybkość przewodzenia elektrotonicznego jest 10–100 razy mniejsza niż szybkość przewodzenia potencjału czynnościowego w danym neuronie.

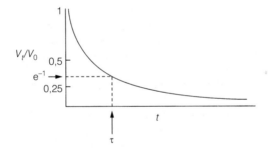

Rys. 3. Spadek napięcia, V_t, w zależności od czasu, t. τ oznacza stałą czasu spadku napięcia

Elektrotoniczne właściwości potencjałów synaptycznych

W warunkach ustabilizowanych (np. w przypadku długo trwających potencjałów postsynaptycznych) odległość elektrotoniczna między synapsą a wzgórkiem aksonowym stanowi dobrą miarę wydajności, z jaką dana synapsa może pobudzić komórkę do wygenerowania potencjału czynnościowego. Dla określonej wielkości potencjału synaptycznego odległe synapsy są mniej efektywne niż bliskie. Ponieważ dla wielu rodzajów neuronów wartość L wynosi od 0,3 do 1,5, osłabienie potencjałów postsynaptycznych, nawet tych, które pochodzą z odległych synaps, nie jest duże. Oprócz tego w niektórych neuronach, jak np. w motoneuronach rdzenia kręgowego, zmniejszenie amplitudy sygnałów jest kompensowane przez zwiększone przewodnictwo synaptyczne w odległych synapsach.

W przypadku odpowiedzi szybkozmiennych (szybkich EPSP i IPSP), czyli gdy zarówno stała czasu, jak i stała długości wpływają na sygnał, sytuacja jest odmienna. Krótkie odpowiedzi zanikają w znacznie większym stopniu niż długie, ponieważ większa ich część jest zużywana na ładowanie kondensatora błonowego.

Duże znaczenie w określaniu amplitudy i przebiegu czasowego potencjału postsynaptycznego ma kierunek, w którym jest on przewodzony. Osłabienie jest o wiele silniejsze, jeżeli potencjał jest przewodzony w kierunku perikarionu komórki, od odległych dendrytów ku bliskim, niż w kierunku przeciwnym. Efekt ten jest znacznie silniejszy w przypadku szybkich EPSP oraz IPSP niż wolnych. Gdy prąd postsynaptyczny przepływa od cienkiego dendrytu dystalnego, o dużej oporności osiowej, do dużych dendrytów proksymalnych, napotyka na znaczny spadek oporności osiowej, zwany **ładunkiem pojemnościowym**. Zgodnie z prawem Ohma powoduje to zmniejszenie zmiany napięcia wywołanej przepływającym prądem. Ponadto, jeżeli prąd jest krótkotrwały, w trakcie jego przepływu od dendrytu dystalnego w kierunku pozostałej części drzewka dendrytycznego, znaczna jego część zostanie zużyta na ładowanie kondensatora błonowego, co powoduje dodatkowe opóźnienie. Wynika stąd, że potencjał postsynaptyczny, przepływając biernie od dystalnej części drzewka dendrytycznego w kierunku perikarionu poprzez coraz grubsze dendryty, jest coraz mniejszy i coraz bardziej opóźniony.

Aktywne właściwości dendrytów

W błonach dendrytów występują napięciowozależne kanały jonowe, które w określonych warunkach mogą wytwarzać i przewodzić potencjały czynnościowe. Występowanie zjawiska pobudliwości dendrytów znacznie zwiększa stopień złożoności i wierności przetwarzania informacji przez komórki nerwowe.

Szybkie potencjały synaptyczne, powstające w synapsach położonych w odległych częściach drzewka dendrytycznego, są osłabiane i spowalniane, gdy rozprzestrzeniają się jedynie w sposób bierny. Potencjały elektrotoniczne mogą ulec znacznemu wzmocnieniu i przyspieszeniu w efekcie aktywacji napięciowozależnych kanałów Na^+ i Ca^{2+}. W ten sposób aktywne dendryty zwiększają wydajność wejść synaptycznych.

W licznych typach neuronów potencjały czynnościowe, powstające w obrębie segmentu początkowego aksonu, są przewodzone nie tylko „w dół" aksonu, lecz rozprzestrzeniają się także „w górę" — w obrębie perikarionu i dendrytów. Potencjały czynnościowe przewodzone „pod górę" określa się jako **potencjały antydromowe**, a ich przewodzenie nosi nazwę **przewodzenia wstecznego** (ang. backpropagation). Ponieważ gęstość kanałów sodowych w dendrytach jest zbyt mała, aby umożliwić przewodzenie sodowych potencjałów czynnościowych, w dendrytach neuronów piramidalnych wstecznie przewodzone potencjały czynnościowe przybierają postać dużych i długo trwających iglic wapniowych. Potencjały wapniowe wyzwalają z kolei serie aksonalnych sodowych potencjałów czynnościowych, które są elementem normalnych przejawów aktywności komórek piramidalnych. Wstecznie przewodzone potencjały czynnościowe mogą również niekiedy powodować uwolnienie neuroprzekaźnika z dendrytów. Zjawisko to występuje np. w obrębie opuszki węchowej (temat J2). Wzajemne synapsy zwrotne, utworzone przez komórki mitralne i ziarniste, stanowią w istocie dwie synapsy położone obok siebie. Jedna z nich jest synapsą akso-dendrytyczną, zaś w przypadku drugiej – pęcherzyki synaptyczne znajdują się wewnątrz dendrytu, a akson jest elementem postsynaptycznym (*rys. 4*). Potencjał czynnościowy przewodzony wstecznie przez dendryt komórki ziarnistej wywołuje uwolnienie GABA, który hamuje komórkę mitralną.

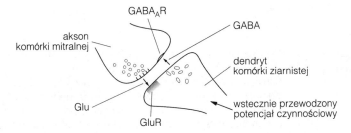

Rys. 4. Zwrotna synapsa wzajemna między komórką mitralną a komórką ziarnistą w opuszce węchowej

D2 SUMOWANIE CZASOWE I PRZESTRZENNE

Hasła

Neurony jako integratory

Wytwarzane w komórce nerwowej potencjały postsynaptyczne (PSP), zarówno pobudzające, jak i hamujące, mogą się sumować (dodawać). Jeżeli, w rezultacie sumowania, potencjał błonowy w segmencie początkowym aksonu przekroczy próg pobudliwości, to komórka nerwowa wygeneruje potencjał czynnościowy. Powstanie potencjału czynnościowego zależy od chwilowej liczby aktywnych synaps pobudzających i hamujących oraz ich lokalizacji. Zachodząca w ten sposób integracja wejść synaptycznych umożliwia funkcjonowanie neuronu jako urządzenia obliczeniowego.

Sumowanie czasowe

Sumowanie potencjałów postsynaptycznych powstałych w nieco różnym czasie jest sumowaniem czasowym. Zakres sumowania czasowego jest uzależniony od stałej czasu: im jest ona większa, tym większe jest sumowanie. Wolne potencjały ulegają sumowaniu czasowemu z większym prawdopodobieństwem niż szybkie. Sumowanie czasowe jest nieliniowe: kolejne PSP wywierają coraz mniejszy efekt.

Sumowanie przestrzenne

Sumowanie potencjałów powstających w różnych częściach komórki to sumowanie przestrzenne. Zależy ono od stałej długości oraz, dla szybkich PSP, od stałej czasu. W przypadku odległych miejsc sumowanie jest liniowe, jednakże jeżeli miejsca wytwarzania potencjałów synaptycznych są położone blisko siebie, to efekt sumowania jest mniejszy niż oczekiwany w efekcie prostego dodawania.

Tematy pokrewne Właściwości neurytów (D1)

Neurony jako integratory

Na powierzchni pojedynczej komórki nerwowej znajduje się kilka tysięcy synaps, zarówno pobudzających, jak i hamujących. W danym momencie pewna ich część jest aktywna i wytwarza EPSP oraz IPSP. Szczególną właściwością tych stopniowanych potencjałów jest to, że mogą się one wzajemnie **sumować**. Wygenerowanie potencjału czynnościowego nastąpi wtedy, gdy określona liczba potencjałów pobudzających, w wyniku sumowania, spowoduje depolaryzację błony w obrębie segmentu początkowego aksonu powyżej wartości progowej. Znaczenie tego fragmentu błony neuronu jest decydujące, ponieważ występuje tam największe zagęszczenie napięciowozależnych kanałów sodowych i w związku z tym próg dla generacji potencjału czynnościowego jest najniższy. Jeżeli aktywna jest niewystarczająca liczba synaps pobudzających albo efekt aktywności dużej liczby synaps pobudzających jest zmniejszony przez aktywność synaps hamujących, to potencjał progowy wzgórka aksonowego nie zostanie przekroczony i komórka nie wytworzy potencjału czynnościowego. Dlatego można powiedzieć, że neurony są urządzeniami podejmującymi decyzje. Decyzja: czy wytworzyć potencjał czynnościowy, czy nie, jest podejmowana w obrębie segmentu początkowego aksonu na podstawie tego, czy suma wszystkich EPSP i IPSP powoduje przekroczenie przez potencjał błonowy wartości progu pobudliwości. Operacja ta stanowi podłoże przetwarzania informacji przez komórkę nerwową. Mówiąc językiem technicznym, synapsa przetwarza sygnał cyfrowy w analogowy. Natomiast neuron integruje wszystkie docierające do niego sygnały analogowe występujące w danym czasie i porównuje wynik tej operacji z określoną wartością progową, aby zadecydować, czy wygenerować potencjał czynnościowy. Jeżeli do tego dojdzie, to mamy do czynienia z sygnałem cyfrowym (0 albo 1).

Doświadczenia na komórkach piramidalnych wskazują, że około 100 synaps pobudzających musi być jednocześnie aktywnych, aby wyzwolić potencjał czynnościowy. Jednakże efektywność, z jaką synapsy wpływają na wytwarzanie potencjałów czynnościowych, jest uzależniona od ich położenia. Ponieważ potencjały postsynaptyczne ulegają osłabieniu w miarę ich przewodzenia w kierunku wzgórka aksonowego, wpływ synapsy położonej w dużej odległości na dendrycie dystalnym jest słabszy niż tej, która znajduje się w pobliżu perikarionu. Warto zwrócić uwagę, że na powierzchni pojedynczej komórki piramidalnej znajduje się tylko około 250 synaps hamujących, położonych w obrębie perykarionu, zaś akso-dendrytycznych synaps pobudzających jest około 10 000. Względna siła synapsy, określająca jej udział w wyjściowej aktywności neuronu, określana jest jako **waga synaptyczna**. Jej wartość nie jest stała, lecz może się zmieniać w czasie.

Sumowanie czasowe

Jeżeli neuron aferentny wytwarza serię bardzo szybko następujących po sobie potencjałów czynnościowych, to zanim najwcześniej powstały potencjał postsynaptyczny zaniknie, zostanie wygenerowany następny PSP. Z tego powodu kolejne PSP dodają się w czasie. Zjawisko to określa się jako **sumowanie czasowe**, a jego właściwości są następujące:

- Zakres sumowania czasowego jest uzależniony od stałej czasu komórki postsynaptycznej. Im wartość τ jest mniejsza, tym szybciej obniża się PSP i tym wyższa jest częstotliwość potencjałów iglicowych komórki presynaptycznej niezbędna do tego, aby osiągnąć określony stopień napięcia na błonie postsynaptycznej. Wolne potencjały postsynaptyczne ułatwiają sumowanie czasowe.
- Sumowanie czasowe ma charakter nieliniowy. Kolejne PSP są nieco mniejsze od poprzednich, ponieważ wcześniejsze PSP redukują jonową siłę napędową późniejszych PSP.
- Wystarczająco duże sumowanie czasowe spowoduje osiągnięcie progu pobudliwości przez komórkę postsynaptyczną.

Sumowanie
przestrzenne

Dodawanie potencjałów postsynaptycznych, generowanych w różnych miejscach na powierzchni neuronu, nosi nazwę **sumowania przestrzennego** (*rys. 1*).

Właściwości sumowania przestrzennego są następujące:

- Zakres sumowania przestrzennego jest określony przez właściwości kablowe neuronu. Rozprzestrzenianie się wolnych PSP, wywoływanych oddziaływaniem neuroprzekaźników na receptory metabotropowe, może w przybliżeniu odpowiadać warunkom stabilnym, natomiast przewodzenie szybkich PSP zależy zarówno od τ, jak i λ.
- W przypadku wejść synaptycznych, położonych na powierzchni komórki w dużej odległości od siebie, sumowanie jest liniowe. Wielkość zmiany potencjału jest prostą sumą algebraiczną wszystkich PSP. W przeciwieństwie do tego, jeżeli wejścia synaptyczne znajdują się blisko siebie, to efekt jest mniejszy, niż byłby spodziewany w wyniku dodania składowych potencjałów postsynaptycznych, co oznacza, że sumowanie jest nieliniowe.
- W efekcie sumowania przestrzennego komórka może wygenerować potencjał czynnościowy.

Mimo że sumowanie czasowe i sumowanie przestrzenne są traktowane jako osobne zjawiska, w trakcie pobudzania neuronu występują one jednocześnie, a ich łączny efekt decyduje o tym, czy komórka wygeneruje potencjał czynnościowy. Częstotliwość potencjałów czynnościowych i czas, w jakim potencjały te są generowane, są określone, odpowiednio, przez amplitudę i czas trwania depolaryzacji wzgórka aksonowego.

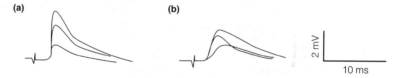

(a)   (b)   2 mV
                                                                                                    10 ms

Rys. 1. Sumowanie przestrzenne. W każdym z pokazanych przypadków, najwyższa krzywa obrazuje odpowiedź sumaryczną, powstałą w efekcie dodawania dwóch PSP narysowanych niżej, które powstały w synapsach położonych: (a) daleko od siebie, (b) blisko siebie

E1 BUDOWA OBWODOWEGO UKŁADU NERWOWEGO

Hasła

Główny podział układu nerwowego

Mózg i rdzeń kręgowy tworzą ośrodkowy układ nerwowy. Pozostałe natomiast elementy tkanki nerwowej organizmu składają się na obwodowy układ nerwowy, podzielony na część somatyczną, autonomiczną i jelitową.

Somatyczny układ nerwowy

Trzydzieści jeden par nerwów wychodzących z rdzenia kręgowego i dwanaście par nerwów czaszkowych wychodzący z mózgu tworzy somatyczny układ nerwowy. Wszystkie nerwy rdzeniowe są nerwami mieszanymi, zawierającymi zarówno włókna neuronów czuciowych, jak i neuronów ruchowych. Spośród nerwów czaszkowych tylko cztery są nerwami mieszanymi, pozostałe są wyłącznie czuciowymi bądź ruchowymi. Każdy segment rdzenia kręgowego jest źródłem pary nerwów rdzeniowych, z których każdy składa się z korzeni grzbietowych zawierających włókna czuciowe i korzeni brzusznych zawierających włókna ruchowe. Ciała neuronów dające początek włóknom czuciowym leżą poza rdzeniem kręgowym, tworząc zwoje korzeni grzbietowych.

Nerwy obwodowe składają się z włókien nerwowych (aksony wraz z towarzyszącymi im komórkami Schwanna) uporządkowanych w tzw. pęczki (łac. *fasciculi*) otoczone sąsiadującymi tkankami. Nerwy obwodowe dzieli się na klasy uwzględniając ich średnicę oraz szybkość przewodzenia.

Autonomiczny układ nerwowy (AUN)

Autonomiczny układ nerwowy (zamiast „trzewny" – jak jest w oryginale. Nazwa ta jest bardziej stosowna do oddania czynności tego układu niż zamiennik „wegetatywny" lub „trzewny"; *przyp. tłum.*) zaczyna się w ciałach komórek nerwowych położonych w pniu mózgu i rdzeniu kręgowym. Zmielinizowane aksony tych komórek tworzą włókna przedzwojowe, wydzielające na swych zakończeniach acetylocholinę (ACh). Tworzą one synapsy na pozazwojowych bezmielinowych włóknach zwojów autonomicznych. AUN dzieli się na układ współczulny (sympatyczny) i układ przywspółczulny (parasympatyczny). Układ współczulny zaczyna się w segmentach piersiowych i lędźwiowych rdzenia kręgowego, jego zwoje autonomiczne leżą w pobliżu rdzenia tworząc pień współczulny, a długie włókna pozazwojowe wydzielają na zakończeniach noradrenalinę. Regulacja wydzielania do krwiobiegu adrenaliny przez rdzeń nadnerczy odbywa się pod wpływem przedzwojowego unerwienia współczulnego. Układ przywspółczulny zaczyna się w pniu mózgu i odcinku krzyżowym rdzenia kręgowego. Jego zwoje autonomiczne są położone na lub w pobliżu narządów, które unerwia. Krótkie włókna pozazwojowe wydzielają ACh.

| Jelitowy układ nerwowy (ENS, ang. enteric nervous system) | Układ nerwowy jelit tworzą dwie ściśle połączone cylindryczne warstwy neuronów zagłębione w ścianie jelita nazywane splotem podśluzowym (lub jelitowym) i splotem błony mięśniowej. Jelitowy układ nerwowy reguluje działanie jelit niezależnie, chociaż jego aktywność jest modyfikowana przez AUN. |

Tematy pokrewne   Budowa ośrodkowego układu
         nerwowego (E2)
         Drogi sznurów tylnych
         przewodzące czucie dotyku
         (G2)
         Oko i układ wzrokowy (H2)

         Mięśnie szkieletowe i sprzężenie
         elektromechaniczne (K1)
         Funkcje autonomicznego układu
         nerwowego (M6)
         Wczesne kształtowanie się
         układu nerwowego (P1)

Główny podział układu nerwowego

Układ nerwowy składa się z **ośrodkowego układu nerwowego** (OUN) i **obwodowego układu nerwowego** (ang. peripheral nervous system, PNS). Oba układy są sobie bliskie zarówno anatomicznie, jak i funkcjonalnie. W skład OUN wchodzi mózg i rdzeń kręgowy. PNS stanowi cała pozostała tkanka nerwowa, w tym włókna nerwowe biegnące pomiędzy OUN i pozostałą częścią ciała oraz komórki nerwowe i glejowe położone w organach peryferyjnych organizmu. Obwodowy układ nerwowy dzieli się na trzy części: somatyczny, autonomiczny i jelitowy układ nerwowy.

Somatyczny układ nerwowy

Budowa somatycznego układu nerwowego odzwierciedla zarówno dwustronną symetrię ciała kręgowców, jak i jego metameryczną strukturę. Składa się on z 31 par **nerwów rdzeniowych**, z których każda wychodzi z pojedynczego segmentu rdzenia kręgowego, oraz 12 par **nerwów czaszkowych**, które mają początek w określonych okolicach mózgu. W nerwach czaszkowych i rdzeniowych aksony przebiegają w dwu kierunkach. Te dochodzące do mózgu nazywane są **włóknami doprowadzającymi** (aferentnymi, centropetalnymi), a wychodzące z CNS – **włóknami odprowadzającymi** (eferentnymi, centrofugalnymi). Włókna doprowadzające dostarczają informację czuciową ze skóry, mięśni, stawów i trzewi. Większość włókien aferentnych jest odprowadzeniami **mechanoreceptorów**, informujących układ ośrodkowy o siłach mechanicznych działających na organizm z zewnątrz lub też generowanych przez nasze ciało. Część z nich to odprowadzenia **receptorów bólowych** (nocyceptywnych), odpowiadających na bodźce związane z uszkodzeniem tkanek. Pozostałe włókna aferentne są połączone z **termoreceptorami** obecnymi w skórze, które reagują na zmiany temperatury. Włókna odprowadzające to aksony neuronów ruchowych, które unerwiają mięśnie szkieletowe. Synapsy, jakie aksony neuronów ruchowych tworzą na włóknach mięśniowych, nazywane są **złączem nerwowo-mięśniowym**.

Wszystkie nerwy rdzeniowe są **nerwami mieszanymi**, to znaczy, że zawierają one włókna czuciowe i włókna ruchowe. Spośród nerwów czaszkowych tylko cztery są nerwami mieszanymi (por. *tab. 1*). Nerwy węchowe, wzrokowe i przedsionkowo-ślimakowe to nerwy wyłącznie czuciowe, natomiast nerwy okoruchowe, bloczkowe, odwodzące, dodatkowe i podjęzykowe to nerwy wyłącznie ruchowe. Nerw wzrokowy

Tabela 1. Nerwy obwodowe

Nerw	Rodzaj	Miejsce pochodzenia lub przeznaczenia w OUN	Czynność
Nerwy czaszkowe			
I nerw węchowy	zmysłowy	opuszka węchowa	powonienie
II nerw wzrokowy	zmysłowy	ciało kolankowate boczne wzgórza, wzgórek czworaczy górny śródmózgowia	widzenie, odruchy wzrokowe
III nerw okoruchowy	ruchowy[a]	śródmózgowie	kontrola ruchu mięśni zewnętrznych gałek ocznych w sposób niezależny od mięśni wewnętrznych
IV nerw bloczkowy	ruchowy	śródmózgowie	kontrola ruchu skośnych górnych mięśni wewnętrznych oka
V nerw trójdzielny	mieszany	śródmózgowie i tyłomózgowie	czucie z głowy i okolic twarzy, kontrola ruchu mięśni żuchwy
VI nerw odwodzący	ruchowy	tyłomózgowie	kontrola ruchu prostych bocznych mięśni zewnętrznych oka
VII nerw twarzowy	mieszany[a]	brzuszno-boczne wzgórze (czuciowy), tyłomózgowie (ruchowy)	czucie z języka i podniebienia, smak, kontrola ruchów mięśni twarzy, przywspółczulna regulacja wydzielania podszczękowych i podżuchwowych gruczołów ślinowych oraz gruczołów łzowych,
VIII nerw przedsionkowo- -ślimakowy	zmysłowy	ciało kolankowate przyśrodkowe (część słuchowa), tyłomózgowie (część przedsionkowa)	czucie z ucha wewnętrznego (słyszenie i utrzymanie równowagi)
IX nerw językowo- -gardłowy	mieszany[a]	tyłomózgowie	czucie z języka (smak), kontrola ruchu mięśni gardła, przywspółczulna regulacja wydzielania przyusznego gruczołu ślinowego
X nerw błędny	mieszany[b]	tyłomózgowie	czucie z organów trzewnych, somatyczna kontrola ruchu mięśni krtani i gardła, przywspółczulne unerwienie trzewi
XI nerw dodatkowy	ruchowy	rdzeń przedłużony, rdzeń kręgowy C1–C5	kontrola ruchu mięśni podniebienia i szyi
XII nerw podjęzykowy	ruchowy	rdzeń przedłużony	kontrola ruchu mięśni języka
Nerwy rdzeniowe			
C1–C8	mieszane		
T1–T12	mieszane (włączając autonomiczne nerwy współczulne T1–T12)		
L1–L5	mieszane (włączając autonomiczne nerwy współczulne L1, 2)		
S1–S5	mieszane (włączając autonomiczne nerwy współczulne S2, 3)		
Cx1	mieszane		

[a] włączając nerwy autonomiczne
[b] znaczny komponent autonomiczny

różni się od innych nerwów czaszkowych tym, że wyrasta wprost z mózgu, w związku z czym wraz z siatkówką mógłby być uważany za część ośrodkowego układu nerwowego. Wszystkie pozostałe składniki PNS pochodzą w rozwoju z grzebienia nerwowego (por. temat P1).

Każdy nerw rdzeniowy wywodzi się z **korzenia grzbietowego** zawierającego włókna czuciowe i z **korzenia brzusznego** zawierającego włókna ruchowe. Ciała komórkowe pierwszorzędowych neuronów aferentnych leżą w **zwojach korzeni grzbietowych** (ang. dorsal root ganglia, DRG), położonych tuż obok rdzenia kręgowego. Każdemu segmentowi rdzenia towarzyszy para zwojów korzeni grzbietowych. Ciała komórkowe neuronów aferentnych leżą wewnątrz rdzenia kręgowego (*rys. 1*).

Wszystkie nerwy obwodowe mają podobną budowę ogólną. **Włókno nerwowe** składa się z aksonu, któremu towarzyszą komórki Schwanna. Wiele bezmielinowych aksonów otoczonych jest pojedynczą komórką glejową, która tworzy tzw. **neurolemę**. We włóknach zmielinizowanych tym terminem określa się najbardziej zewnętrzną, bogatą w cytoplazmę i zawierającą jądro, część komórki Schwanna. Włókna nerwowe są zebrane w **pęczki** (łac. *fasciculi*) otoczone warstwą sąsiadującej tkanki, czyli **onerwiem** (łac. *perineurium*).Wewnątrz pęczka każde pojedyncze włókno jest podtrzymywane przez siateczkę otaczającej tkanki zwaną **śródnerwiem** (łac. *endoneurium*), która przechodzi w onerwie. Nerw może zawierać jeden lub kilka pęczków, wszystkie związane przez otaczającą tkankę, czyli **nanerwie** (łac. *epineurium*).

Używa się powszechnie dwóch typów klasyfikacji PNS. Opierają się one na takich parametrach jak średnica włókien i prędkość przewodzenia. Przedstawiono je w *tabeli 2*.

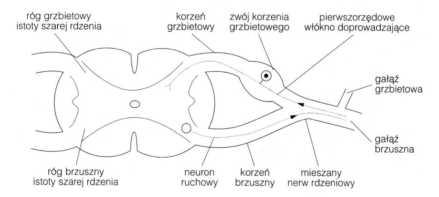

Rys. 1. Schematyczna ilustracja wychodzenia nerwu rdzeniowego z pojedynczego segmentu rdzenia

Autonomiczny układ nerwowy (AUN)

Autonomiczny układ nerwowy jest układem ruchowym narządów trzewnych. Z definicji, nie zawiera on żadnych komponentów czuciowych. Jednak jego aktywność jest modyfikowana przez wejścia czuciowe pochodzące z układu somatycznego lub z OUN. Tkankami docelowymi projekcji AUN są mięśnie gładkie, mięsień sercowy, gruczoły endo- i egzokrynne, wątroba, aparat przykłębuszkowy nerek i tkanka tłusz-

Tabela 2. Klasyfikacja obwodowych włókien nerwowych

Włókna (rodzaj/grupa)	Średnia wielkość średnicy (μm)	Średnia θ $(m \cdot s^{-1})$	Czynność (przykład)
Klasyfikacja wg Erlangera/Glassera (rodzaj)			
Aα	15	100	motoneurony
Aβ	8	50	aferenty czuciowe skóry
Aγ	5	20	wrzeciona ruchowo-mięśniowe
Aδ	4	15	aferenty termoreceptorów skóry
B	3	7	bezmielinowe aferenty receptorów bólu
C	1	1	pozazwojowe neurony autonomiczne
Klasyfikacja wg Lyoyda/Hunta (grupa)			
I	13	75	pierwszorzędowe aferenty wrzecion mięśniowych
II	9	55	aferenty czucia w skórze
III	3	11	aferenty napięcia mięśniowego
IV	1	1	bezmielinowe aferenty receptorów bólu

czowa. Synapsy układu autonomicznego, wraz z komórkami docelowymi, na których powstają, tworzą **złącza neuroefektorowe.**

Ciała komórkowe neuronów przedzwojowych AUN są położone w jądrach ruchowych nerwów czaszkowych w śródmózgowiu lub rdzeniu przedłużonym (patrz poniżej), lub rogach środkowo-bocznych w odcinkach piersiowym, lędźwiowym i krzyżowym rdzenia kręgowego. Aksony tych komórek to zmielinizowane włókna B wydzielające acetylocholinę. Aksony przedzwojowe tworzą synapsy na neuronach pozazwojowych, leżących w **zwojach autonomicznych.** Aksony neuronów pozazwojowych to bezmielinowe włókna C. Układ autonomiczny dzieli się na układ **współczulny** i **przywspółczulny.** Najważniejsze różnice między nimi przedstawiono w *tabeli 3.*

Najogólniej, **aksony przedzwojowe** w części współczulnej AUN są krótkie, a aksony pozazwojowe są długie. Włókna przedzwojowe są krótkie, ponieważ **zwoje współczulne** leżą blisko rdzenia kręgowego w dwu miejscach:

1. W **parzystych pniach** zwojów współczulnych położonych blisko kręgosłupa, biegnących równolegle do niego w kierunku dogłowowym i w dół poprzez klatkę piersiową i część brzuszną.
2. W **zwojach dodatkowych** splotów układu autonomicznego usytuowanych w linii środkowej i przyległych do głównych naczyń krwionośnych.

Przebieg aksonów współczulnych ilustruje *rysunek 2.*

Przedzwojowe włókna współczulne opuszczające kanał kręgowy kończą się w większości przypadków w zwojach pnia współczulnego, przy czym jest to z reguły kilka zwojów pnia współczulnego, a nie tylko zwój leżący na wysokości ich odejścia. Przedzwojowe włókna współczulne mogą modyfikować aktywność ponad 100 komórek pozazwojowych. Zjawisko to nazywamy **dywergencją** w układzie nerwowym. Służy ono

Tabela 3. Podział autonomicznego układu nerwowego

Anatomia	Fizjologia	Neuroprzekaźnik w komórkach pozazwojowych
Czaszkowo-krzyżowy przedzwojowe aksony nerwów czaszkowych III, VII, IX, X i nerwy krzyżowe S2, S3	przywspółczulny *parasymp.*	acetylocholina aktywny peptyd jelitowy działający na naczynia
Piersiowo-lędźwiowy przedzwojowe aksony nerwów rdzeniowych T1–T12, L1, L2	współczulny *sympatyczny*	noradrenalina (w niektórych złączach neuroefektorowych acetylocholina) ATP, neuropeptyd Y

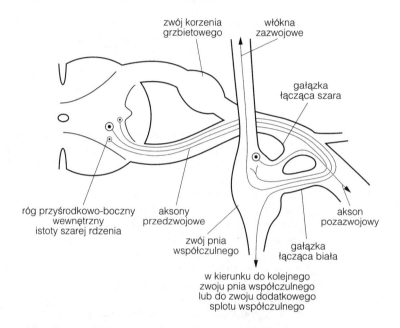

Rys. 2. Drogi współczulne wychodzące z rdzenia kręgowego

rozszerzeniu i wzmocnieniu aktywności neuronów. W układzie współczulnym dywergencja może być osiągana przez bezpośrednie połączenie synaptyczne lub poprzez interneurony albo lokalną dyfuzję neuroprzekaźnika. Przypuszczalnie wszystkie nerwy obwodowe zawierają pozazwojowe włókna współczulne, ponieważ zaopatrują one mięśniówkę gładką naczyń krwionośnych. Rdzeń nadnerczy jest gruczołem endokrynnym wydzielającym adrenalinę wprost do krwiobiegu w odpowiedzi na pobudzenie z unerwiających go przedzwojowych włókien współczulnych. Dlatego rdzeń nadnerczy uważany jest za część układu współczulnego.

Wszystkie przywspółczulne zwoje autonomiczne są zwojami dodatkowymi zlokalizowanymi w pobliżu narządów, które unerwiają. Z tego powodu w części przywspółczulnej układu autonomicznego włókna przedzwojowe są długie, włókna pozazwojowe krótkie. Mimo iż niemal wszystkie organy wewnętrzne, z wyjątkiem wątroby, mają unerwienie przywspółczulne, ta część układu autonomicznego nie jest tak szeroko rozgałęziona jak część współczulna. Jedną z przyczyn jest to, iż tylko niewiele wyspecjalizowanych naczyń krwionośnych ma unerwienie przywspółczulne. Ponadto dywergencja w układzie przywspółczulnym jest znacznie mniejsza. Czynność AUN została omówiona w temacie M6.

Jelitowy układ nerwowy (ENS)

Liczba ponad 10^8 połączonych ze sobą neuronów stanowi sieć unerwiającą jelita. Są one uporządkowane w dwie cienkie, cylindryczne warstwy biegnące wzdłuż całej długości jelit. **Splot błony mięśniowej** (Auerbacha), ciągnący się wzdłuż całych jelit, leży między warstwą podłużną i okrężną mięśniówki gładkiej, zawiera liczne komórki zwojowe i jest ośrodkiem ruchów robaczkowych jelita. **Splot podśluzowy** (Meissnera), ciągnący się od odźwiernika żołądka aż do odbytu, leży w tkance podśluzowej i zawiera liczne komórki zwojowe sterowane ruchami blaszki mięśniowej błony śluzowej i kosmków. Pomiędzy oboma splotami występują liczne wzajemne połączenia. Neuroprzekaźnikami w tym układzie są noradrenalina, ACh, serotonina, neuromodulatory białkowe oraz tlenek azotu. ENS działa w dużej mierze samodzielnie w celu koordynacji ruchu i czynności wydzielniczych jelit, jednak jego aktywność jest modyfikowana przez obie składowe układu autonomicznego.

E2 BUDOWA OŚRODKOWEGO UKŁADU NERWOWEGO

Hasła

Rdzeń kręgowy

Rdzeń kręgowy u ludzi zawiera około 100 milionów neuronów. Położoną na obwodzie istotę białą oraz położoną wewnątrz istotę szarą można zobaczyć gołym okiem. Istota szara rdzenia kręgowego zawiera ciała neuronów. Włókna neuronów czuciowych wchodzą do rogów grzbietowych istoty szarej w uporządkowany sposób. Włókna o większej średnicy przechodzą bardziej pośrodku i wnikają głębiej niż włókna o mniejszej średnicy. Ciała komórkowe neuronów ruchowych leżą w rogach brzusznych istoty szarej. Morfologicznie istota szara rdzenia jest podzielona na dziesięć kolumn, które na przekrojach poprzecznych są widoczne jako blaszki Rexeda. Każda z blaszek ma odrębne wejścia i wyjścia dróg nerwowych. Istota biała zawiera grupy aksonów wstępujących lub zstępujących wzdłuż rdzenia. Drogi nerwowe rdzenia są nazywane w zależności od ich miejsca pochodzenia lub przeznaczenia.

Mózg

Mózg składa się z trzech elementów strukturalnych. Istota biała zawiera drogi i szlaki utworzone z włókien nerwowych. W niej zanurzone są jądra mózgowe, zawierające grupy komórek nerwowych. Dwie główne struktury mózgowia – mózg (łac. *cerebrum*) i móżdżek (łac. *cerebellum*) okryte są cienką warstwą substancji szarej gęsto wypełnionej komórkami nerwowymi, którą nazywa się korą mózgu i móżdżku.

Mózg dzieli się na trzy podstawowe części anatomiczne: tyłomózgowie, śródmózgowie i przodomózgowie. Środek mózgu zajmują komory mózgu wypełnione płynem mózgowo-rdzeniowym (ang. cerebrospinal fluid, CSF). Tyłomózgowie składa się z mostu, rdzenia przedłużonego i móżdżku. Śródmózgowie dzieli się na brzuszną – nakrywkę i grzbietową – pokrywę. Tyłomózgowie i śródmózgowie tworzą wspólnie pień mózgu, z którego odchodzi większość nerwów czaszkowych. Z wyjątkiem móżdżku, który jest zaangażowany przede wszystkim w kontrolę wyższych czynności ruchowych, pień mózgu związany jest głównie z funkcjami życiowymi oraz z funkcjami wymagającymi aktywności dużych obszarów całego mózgu, takimi, jak na przykład czuwanie.

Przodomózgowie składa się z międzymózgowia i kresomózgowia. Międzymózgowie zawiera wzgórze (strukturę zmysłową) położone w części grzbietowej oraz podwzgórze położone w części brzusznej i zaangażowane w regulację temperatury, funkcji endokrynnych i łaknienia. Kresomózgowie składa się z dwu półkul mózgowych ściśle połączonych ze sobą w linii środkowej. Powierzchnia półkul pokryta jest korą mózgową, która dzieli się na pola Brodmanna związane z czynnościami ruchowymi, spostrzeżeniowymi i poznawczymi. Rdzeń kresomózgowia wypełniają jądra mózgowe, które tworzą dwa układy neuronalne. Jądra podkorowe (podstawne) tworzą ruchowy układ pozapiramidowy mózgu, natomiast ciało migdałowate wchodzi w skład układu limbicznego mózgu, zaangażowanego w kontrolę emocji i procesu uczenia się.

Tematy pokrewne   Budowa obwodowego układu   Wczesne kształtowanie się
                       nerwowego (E1)   układu nerwowego (P1)
                       Opony mózgowia i płyn
                       mózgowo-rdzeniowy (E5)

Rdzeń kręgowy   Rdzeń kręgowy u człowieka zawiera około 10^8 komórek nerwowych. Tworzy go 31 segmentów, z których każdy jest miejscem wychodzenia pary nerwów rdzeniowych. Rdzeń kończy się na poziomie pierwszego kręgu lędźwiowego. Korzenie nerwów lędźwiowo-krzyżowych schodzą niżej kanałem kręgowym jako **ogon koński** (łac. *cauda equina*), dzięki czemu opuszczają one kręgosłup na właściwym dla nich poziomie.

Na przekroju poprzecznym **istota szara** kształtem przypomina motyla lub literę H. Wyróżnia się w niej ciała komórek nerwowych, **neuropil** (dendryty i krótkie odcinki aksonów) oraz komórki glejowe. **Istota biała** otacza istotę szarą i składa się głównie z aksonów dróg wstępujących i zstępujących. Swój kolor zawdzięcza bardzo dużej zawartości mieliny. Centralnie wewnątrz rdzenia znajduje się **kanał środkowy**, który jest kontynuacją **układu komorowego** mózgu i, podobnie jak on, wypełniony płynem mózgowo-rdzeniowym. U ludzi starszych ilość płynu w kanale środkowym jest często znacznie zmniejszona w porównaniu z dorosłymi młodymi osobami.

Włókna czuciowe wchodzą do rdzenia kręgowego przez korzenie grzbietowe i tworzą synapsy przede wszystkim na komórkach w **rogach grzbietowych** istoty szarej rdzenia. Wstępujące włókna nerwowe wchodzą do rdzenia w sposób uporządkowany. Włókna o większej średnicy wchodzą bardziej centralnie i wnikają głębiej do rogów grzbietowych. Ciała komórkowe neuronów ruchowych leżą w **rogach brzusznych** istoty szarej rdzenia, a ich aksony wychodzą poza obręb rdzenia przez korzenie brzuszne. Zasada rozdziału włókien nerwowych, według której włókna wstępujące wchodzą do korzeni grzbietowych, a włókna zstępujących wychodzą z korzeni brzusznych, nazywana jest **prawem Bella–Magendiego**. Niezależnie jednak od tej zasady, niektóre wstępujące włókna trzewne wchodzą do rdzenia poprzez korzenie brzuszne.

Na podstawie morfologii w istocie szarej rdzenia można wyróżnić dziesięć odrębnych pól cytoarchitektonicznych zwanych **blaszkami Rexeda**. Każde z tych pól jest zbiorem neuronów ciągnących się w postaci słupów (kolumn) przez całą długość rdzenia (*rys. 1*).

Każda z blaszek charakteryzuje się swoistą zależnością dróg wchodzących i wychodzących w jej obrębie, co odzwierciedla ich dużą specjalizację czynnościową. Doprowadzenia z receptorów bólowych kończą się na **neuronach rogów grzbietowych** (ang. dorsal horn cells, DHC) w bla-

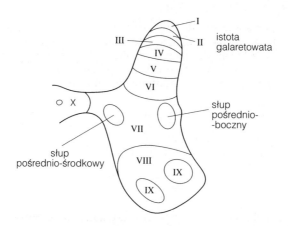

Rys. 1. Blaszki Rexeda. Blaszka VI obecna jest tylko w tych segmentach rdzenia, które dają unerwienie kończynom

szce II. Mechanoreceptory skórne doprowadzają swoje włókna wstępujące do blaszek położonych głębiej w rogach grzbietowych. Blaszka VI występuje tylko w segmentach rdzenia związanych z unerwieniem kończyn i otrzymuje wejścia czuciowe z mięśni i stawów, informujące o położeniu i ruchu kończyn w przestrzeni. Blaszka VII zawiera ciała komórkowe przedzwojowych neuronów autonomicznych. W blaszce IX leżą zarówno neurony ruchowe α, jak i β, których aksony wędrują do mięśni szkieletowych.

Istota biała tworzy drogi nerwowe nazywane **sznurami**, które wyodrębnia się na podstawie ich pochodzenia (miejsca początkowego projekcji; drogi zstępujące) lub przeznaczenia (miejsca końcowego projekcji; drogi wstępujące) w mózgu. Na przykład droga biegnąca w dół rdzenia z kory mózgowej nosi nazwę drogi korowo-rdzeniowej, natomiast droga wstępująca, kończąca się we wzgórzu to droga rdzeniowo-wzgórzowa. *Rysunek* 2 przedstawia główne drogi rdzeniowe i stanowi odniesienie do wszelkich wzmianek na ten temat w całym tekście.

Mózg

Mózg składa się z trzech głównych elementów strukturalnych:

1. **Szlaki** lub **drogi nerwowe**, wstępujące lub zstępujące, przenikają tkankę mózgu na różnych poziomach i wraz z wewnętrznymi drogami łączącymi różne okolice mózgu stanowią tzw. istotę białą.
2. **Jądra mózgowe** zanurzone w istocie białej są skupiskami ciał komórek nerwowych i związanego z nimi neuropilu. Niektóre ze struktur mózgowych są grupami kilku jąder. Taką strukturą jest wzgórze, które składa się z 30 jąder. Większość z nich pełni funkcje zmysłowe.
3. Mózg i móżdżek pokryte są cienkim płaszczem gęsto upakowanych neuronów zwanym **korą mózgu**. W dużym uproszczeniu, kora mózgu jest obwodem połączonych ze sobą pięciu różnych rodzajów neuronów powielonym miliony razy.

Kora mózgowa i jądra mózgu stanowią istotę szarą mózgu. Układy neronowe składają się z połączonych ze sobą jąder podkorowych i okolic

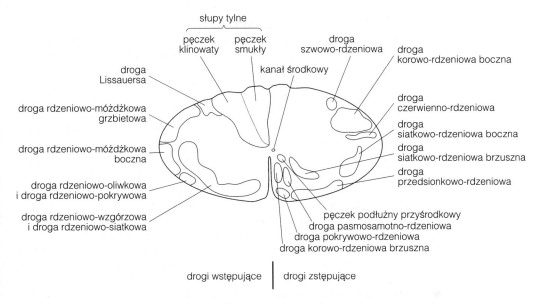

Rys. 2. Drogi nerwowe w istocie białej rdzenia kręgowego

kory, mających wspólne funkcje. Układ wzrokowy, na przykład, obejmuje siatkówkę, jądra wzgórza oraz korę wzrokową i wraz z połączeniami pomiędzy nimi służy postrzeganiu i przetwarzaniu bodźców wzrokowych.

W zarodku ludzkim pod koniec czwartego tygodnia rozwoju układ nerwowy jest pustą rurką zwaną **cewą nerwową** (*rys. 3*). W cewie nerwowej wykształca się szersza **część przednia** (rostralna) będąca zawiązkiem mózgowia i węższa **część tylna** (kaudalna), będąca zawiązkiem rdzenia kręgowego. Część przednia cewy nerwowej dzieli się na **trzy pęcherzyki mózgowe**, tzw. pierwotne, położone jeden za drugim w kolejności: **przodomózgowie, śródmózgowie i tyłomózgowie**. Z kolei przewężenia pojawiające się na przodomózgowiu i tyłomózgowiu powodują przekształcanie się trzech pierwotnych pęcherzyków w pięć, z których cztery

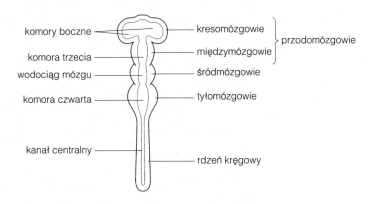

Rys. 3. Cewa nerwowa zarodka ludzkiego w 28 dniu ciąży

to tzw. pęcherzyki wtórne: **kresomózgowie** (łac. *telencephalon*); **między-mózgowie** (łac. *diencephalon*) powstałe z podziału przodomózgowia, gdyż śródmózgowie nie dzieli się; **tyłomózgowie wtórne** (łac. *rhombence-phalon*) i **rdzeniomózgowie** (łac. *myelencephalon*) powstałe z podziału tyłomózgowia. Ze ścian bocznych kresomózgowia powstają **półkule (**łac. *hemispheria***) mózgu**, ze ścian bocznych międzymózgowia pęcherzyki oczne, ze ściany górnej śródmózgowia blaszka pokrywy, a ze ściany dolnej konary mózgu. Natomiast jamy pęcherzyków nerwowych prze-kształcają się w komory i wodociąg mózgu wypełnione płynem mózgo-wo-rdzeniowym. W półkulach są to komory boczne, w międzymózgo-wiu komora trzecia, w tyłomózgowiu komora czwarta.

Zawiązek rdzenia kręgowego zachowuje kształt cewy nerwowej, któ-rej ściany zaczynają się rozrastać, przy czym ściany boczne rosną szybciej niż ściana grzbietowa i brzuszna, które przekształcają się w blaszkę grzbietową i brzuszną. Na powierzchni wewnętrznej każdej ze ścian bocznych, od strony światła zawiązka, pojawia się bruzda graniczna, dzieląca zawiązek rdzenia na część brzuszną i grzbietową, co znajdzie swoje odzwierciedlenie w organizacji czynności czuciowych i rucho-wych. Wskutek dalszego rozrastania się cewy nerwowej blaszka grzbie-towa i brzuszna dostają się na dno bruzd: bruzdy pośrodkowej tylnej i szczeliny pośrodkowej przedniej.

Tyłomózgowie stopniowo rozwija się w położony ku tyłowi **rdzeń przedłużony** oraz w leżący ku przodowi **most** i (od ok. 12 miesiąca ciąży) w położony grzbietowo **móżdżek**. Śródmózgowie, które u dorosłego osobnika jest najmniejszą częścią mózgu, przekształca się w **nakrywkę** brzuszną zawierającą komórki dopaminergiczne, będące częścią układu **motywacyjnego**, oraz w **pokrywę** grzbietową, zaangażowaną w kon-trolę odruchów wzrokowych i słuchowych. Śródmózgowie wraz z tyło-mózgowiem nazywane bywa pniem mózgu. Z wyłączeniem móżdżku, który związany jest z wysokim poziomem organizacji czynności rucho-wych, w tym uczenia motorycznego, pień mózgu zajmuje się kontrolą czynności podtrzymujących życie. Jest to, między innymi, autonomiczna regulacja układu sercowo-naczyniowego i generowanie rytmicznej aktyw-ności układu oddechowego. Ponadto w pniu mózgu znajdują się jądra większości nerwów czaszkowych. Rdzeń pnia mózgu stanowią ściśle ze sobą połączone jądra tworzące tzw. **twór siatkowaty**. Większość jego neuronów wydziela przekaźniki aminowe. Układ siatkowaty czuwa nad integracją czynności angażujących cały mózg, takich jak: procesy uwagi, wzbudzenie, sen, czuwanie i w związku z tym ma bardzo silne połącze-nia z przodomózgowiem.

W miarę rozwoju z międzymózgowia wykształca się wzgórze, będące przede wszystkim strukturą czuciową oraz położone brzusznie **pod-wzgórze**, które kontroluje czynność układu wydzielniczego, termoregu-lację oraz zachowania celowe, takie jak jedzenie, picie i popęd płciowy.

Najważniejszą częścią kresomózgowia są **półkule mózgowe** połączo-ne ze sobą w linii środkowej gęstą masą włókien (ok. 10^6 aksonów) sta-nowiących **ciało modzelowate**. Półkule mózgowe są szczególnie mocno rozwinięte u ludzi. Każda z półkul dzieli się na cztery płaty noszące nazwy od przylegających do nich kości czaszki (*rys. 4*). Procesowi roz-woju kory i podziału na płaty towarzyszy pofałdowanie kory w **zakręty**

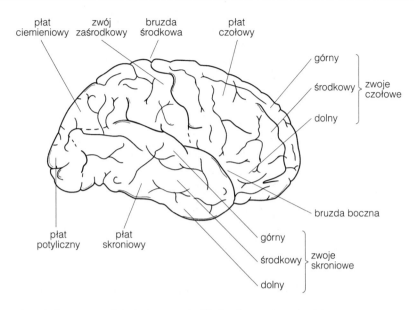

płat ciemieniowy   zwój zaśrodkowy   bruzda środkowa   płat czołowy

górny
środkowy | zwoje czołowe
dolny

bruzda boczna

płat potyliczny   płat skroniowy

górny
środkowy | zwoje skroniowe
dolny

Rys. 4. Boczna powierzchnia prawej półkuli mózgowej u człowieka

i **bruzdy** (gyryfikacja). Biorąc pod uwagę cytoarchitektonikę kory mózgu można wyróżnić w niej szereg pól o odrębnej budowie. Istnieje kilka podziałów kory na pola. Jednym z najbardziej popularnych jest **podział Brodmanna**, w którym podział morfologiczny bardzo dobrze koresponduje z podziałem czynnościowym.

Większą część kory mózgu stanowi **kora nowa** (ang. neocortex), która składa się z sześciu warstw komórek nerwowych ponumerowanych od 1, warstwa najbliżej powierzchni mózgu, do 6, warstwa położona najgłębiej (*rys. 5*). Niekiedy zamiast numeracji arabskiej używa się cyfr rzymskich, jednak porządek jest taki sam. Poszczególne warstwy kory różni proporcja zawartych w nich dwóch dominujących rodzajów komórek nerwowych. Są to neurony piramidalne, będące źródłem sygnałów wychodzących z kory, oraz neurony gwiaździste, które jako interneurony są źródłem sygnałów wewnątrzkorowych. Warstwa I zawiera głównie aksony biegnące równolegle do powierzchni kory. W warstwie II i III leżą małe komórki piramidalne, które wysyłają projekcję do innych pól korowych. Warstwa IV wyróżnia się dużą liczbą interneuronów i jest miejscem zakończeń projekcji dochodzącej ze wzgórza. W warstwie V leżą duże komórki piramidalne wysyłające projekcję do struktur podkorowych, pnia mózgu i rdzenia kręgowego. Komórki piramidalne położone w warstwie VI wysyłają swoje aksony do tych samych jąder wzgórza, z których otrzymują pobudzenie. W korze znajdują się także komórki glejowe. Drogi aksonalne przebiegają stycznie i promieniście poprzez korę. Szerokość poszczególnych warstw korowych jest różna w różnych okolicach kory i ma związek z czynnością, jaką pełni dane pole korowe. Na przykład kora czuciowa ma bardzo grubą warstwę IV z powodu dużej ilości dochodzących do niej połączeń ze wzgórza, podczas gdy w korze ruchowej najgrubsza jest warstwa V, w której leżą

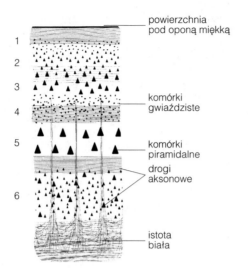

powierzchnia
pod oponą miękką

1
2
3
4
5
6

komórki
gwiaździste

komórki
piramidalne

drogi
aksonowe

istota
biała

Rys. 5. Przekrój przez warstwy kory nowej (płat ciemieniowy)

komórki wysyłające projekcję do struktur pnia mózgu i rdzenia kręgowego związanych z aktywnością ruchową. Zasadniczo kora mózgu jest
związana z wszystkimi czynnościami mózgu, jednak przede wszystkim
bierze udział w planowaniu i egzekwowaniu ruchów zamierzonych,
w percepcji czuciowej i w procesach poznawczych.

W obrębie każdej z półkul leżą grupy jąder będące głównymi składnikami dwóch układów neuronowych, **pozapiramidowego układu ruchowego** i układu brzeżnego (rąbkowego) zwanego też układem limbicznym (*rys. 6*). Układ pozapiramidowy zapewnia tworzenie automatyz-
mów ruchowych oraz reguluje postawę ciała i napięcie mięśniowe. Tworzy go grupa jąder nazywanych **jądrami podstawy**. Zalicza się nich: **ciało**

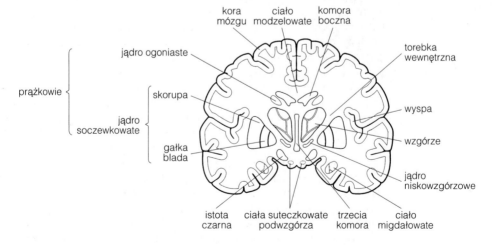

kora ciało komora
mózgu modzelowate boczna

torebka
wewnętrzna

jądro ogoniaste

prążkowie

skorupa

wyspa

jądro
soczewkowate

wzgórze

gałka
blada

jądro
niskowzgórzowe

istota ciała suteczkowate trzecia ciało
czarna podwzgórza komora migdałowate

Rys. 6. Przekrój czołowy przez mózgowie człowieka na poziomie tylnego podwzgórza

prążkowane, jądro niskowzgórzowe, istotę czarną i **jądro czerwienne.** Ciało prążkowane dzieli się na dwie części: **jądro ogoniaste** i **jądro soczewkowate**, które z kolei dzieli się na **skorupę** i **gałkę bladą.** Młodsze filogenetycznie jądro ogoniaste i skorupa są określane wspólną nazwą **prążkowia.** Prążkowie ma bardzo liczne połączenia z jądrem niskowzgórzowym i istotą czarną.

u. limbiczny Układem brzeżnym nazywamy struktury kresomózgowia położone na powierzchni przyśrodkowej mózgu i otaczające międzymózgowie (*rys. 7*). Tworzy go bardzo wiele struktur mózgowych silnie wzajemnie połączonych. Można do niego zaliczyć następujące struktury: zakręt obręczy, cieśń zakrętu obręczy, zakręt hipokampa, nawleczka szara, zakręt tasiemeczkowy, przegroda przezroczysta, sklepienie, ciało migdałowate, ciała suteczkowate, hipokamp i podpora. Hipokamp jest **starą korą mózgu** (łac. *archaecortex*), w której można wyróżnić tylko trzy warstwy neuronów. Podpora jest filogenetycznie korą przejściową, w której można wyróżnić obszary od cztero-, pięcio- do sześciowarstwowych obserwowanych na granicy z korą nową. Wszystkie włókna eferentne hipokampa i wiele jego włókien aferentnych przebiega poprzez sklepienie mózgu. Układ brzeżny odgrywa dużą rolę w koordynacji czynności układu somatycznego i autonomicznego oraz w powstawaniu stanów emocjonalnych. Hipokamp, z kolei, uczestniczy w określonych typach uczenia.

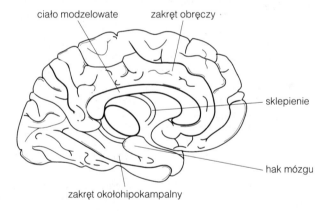

ciało modzelowate   zakręt obręczy

sklepienie

hak mózgu

zakręt okołohipokampalny

Rys. 7. Powierzchnia przyśrodkowa lewej półkuli mózgowej u człowieka

E3 NEUROANATOMICZNE TECHNIKI BADAWCZE

Hasła

Histologia	Wybarwianie tkanki znacznikami zasadowymi, które wiążą się z kwasami nukleinowymi, pozwala pokazać ciała komórek nerwowych. Barwienie srebrem umożliwia pokazanie neurytów.
Fluorescencja tkankowa	Ekspozycja skrawków mózgu w oparach formaldehydu i naświetlenie ich światłem UV pozwala obserwować drogi nerwowe, w których neuroprzekaźnikami są katecholaminy lub dopamina.
Dopasowanie funkcji i morfologii	Wstrzyknięcie znacznika fluorescencyjnego do pojedynczej komórki, z której odbieramy w doświadczeniu zapis jej aktywności, umożliwia połączenie cech morfologicznych neuronu z jego właściwościami elektrofizjologicznymi.
Histochemia	Opisywanie położenia neuronu lub jego zakończeń w tkance nerwowej *in situ* jest możliwe dzięki podawaniu specjalnych markerów, które są pobierane przez komórki. Zastosowanie specjalnie opracowanych procedur, w których wykorzystuje się aktywność enzymatyczną składników reakcji, umożliwia wykrywanie zastosowanych znaczników. Niektóre substancje znakujące są pobierane przez ciała komórek nerwowych i transportowane do zakończeń aksonowych, co pozwala zobrazować lokalizację tych znaczników w układzie nerwowym. Inne znaczniki są z kolei pobierane przez zakończenia aksonowe i przenoszone wstecznym transportem aksonowym do wnętrza komórki, dzięki czemu możemy poznać lokalizację ciał neuronów.
Znakowanie immunohisto-chemiczne	Lokalizacja białek w układzie nerwowym jest możliwa dzięki ekspozycji skrawków tkanki nerwowej na specyficzne przeciwciała skierowane przeciw tym białkom. Reakcje immunohistochemiczne są zwykle wielostopniowe. Kompleks białko–pierwsze przeciwciało jest wykrywany przez drugie przeciwciało, immunoglobulinę (np. IgG) skierowaną przeciw pierwszemu przeciwciału. W kolejnym etapie przeprowadza się barwienie produktu tej reakcji, enzymatyczne lub fluorescencyjne, w celu wizualizacji badanego białka w strukturach układu nerwowego.
Autoradiografia	W wielu badaniach, szczególnie tych zajmujących się mapowaniem dróg neuroprzekaźników, używa się znaczników radioaktywnych. Autoradiografia umożliwia wykrycie w skrawkach mózgowych miejsc lokalizacji radioaktywnego sygnału. Wyznakowane skrawki pokrywa się błoną z emulsją fotograficzną i przez pewien czas inkubuje w ciemni, co prowadzi do zaczernienia kliszy

w napromieniowanych miejscach. Stosując odpowiednie metody, tkankę można obserwować bądź w mikroskopie świetlnym, bądź elektronowym.

Tematy pokrewne Budowa neuronu (A1) Przetwarzanie równoległe w układzie
Budowa synaps chemicznych   wzrokowym (H7)
(A3)   Budowa anatomiczna jąder
Początkowe etapy   podstawnych (L5)
przetwarzania   Przekaźnictwo dopaminergiczne (N1)
wzrokowego (H6)

Histologia

W klasycznych metodach histologicznych wykorzystuje się **znaczniki zasadowe** lub **srebro**. Barwniki zasadowe, takie jak **fiolet krezylu** lub **błękit toluidyny**, łączą się z ujemnie naładowanymi grupami fosforanowymi kwasów nukleinowych w jądrze, jąderku i ciałkach Nissla, dzięki czemu dobrze wyznakowują ciało komórki. W **metodzie Golgiego** (i pokrewnych), w której azotan srebra wiąże się z tkanką i jest redukowany do srebra, cały neuron zostaje wyznakowany jednolicie ciemnym zabarwieniem. Dzięki temu, iż w metodzie tej znakuje się nie więcej niż 1% neuronów, możemy bardzo dokładnie obserwować morfologię dendrytów i aksonów wyznakowanych pojedynczych neuronów. Aby pokazać drogę projekcji włókien zmielinizowanych, używa się licznych metod, w których znaczniki wiążą się specyficznie z mieliną.

Fluorescencja tkankowa

Drogi nerwowe, w których neuroprzekaźnikami są katecholaminy lub serotonina, można pokazać wzbudzając świecenie tkanki. W tym celu zamrożone i wysuszone skrawki tkanki nerwowej poddaje się działaniu kwasu mrówkowego lub oparów formaldehydu w temperaturze 60°C. Powoduje to przekształcenie przekaźników w izochinoliny, które świecą po wzbudzeniu światłem UV o określonej długości fali. Katecholaminy świecą w kolorze zielonym, a serotonina w kolorze żółtozielonym.

Dopasowanie funkcji i morfologii

Aby połączyć właściwości elektrofizjologiczne komórki z jej cechami morfologicznymi, zwykle pod koniec doświadczenia, w którym rejestruje się jej aktywność bioelektryczną, podaje się znacznik fluorescencyjny (np. żółcień lucyferową) poprzez mikroelektrodę umieszczoną we wnętrzu komórki. Barwnik dyfunduje do wszystkich neurytów komórki wyznakowując je. Wybarwione w ten sposób neurony możemy obserwować na skrawkach w mikroskopie fluorescencyjnym.

Histochemia

Położenie oraz połączenia neuronów możemy wyznakować podając liczne substancje, które są pobierane przez komórki nerwowe i następnie transportowane przez aksony. Część z tych substancji pobierana jest przez ciała komórkowe i transportowana **postępującym transportem** aksonowym do zakończeń aksonów danej komórki. Jednym z takich znaczników jest leukoaglutynina, lecytyna otrzymywana z zielonego groszku (łac. *Phaseolus vulgaris*). Wstrzyknięcie leukoaglutyniny w obszarze, w którym leżą ciała neuronów, pozwala zobaczyć, dokąd docierają ich zakończenia aksonowe. Inne substancje, najczęściej znaczniki fluorescencyjne (np. żółcień diamidyny), są pobierane przez zakończenia aksonowe i transportowane do ciała komórki wstecznym transportem aksonowym. Dzięki temu możemy poznać miejsce położenie neuronów wysyłających daną projekcję. Istnieje też sporo znaczników transportowanych w obu kierunkach. Należą do nich znakowane radioaktywnie aminokwasy, enzym **peroksydaza chrzanowa** (ang. horseradish peroxidase, HRP) lub **karbocyjanina**, lipofilny znacznik fluorescencyjny.

W typowych badaniach dana substancja jest podawana do określonego miejsca w układzie nerwowym. Po kilku dniach od operacji zwierzęta poddawane są głębokiej anestezji i perfundowane w celu utrwalenia tkanki. Mózg wyjmowany jest z czaszki i krojony w mikrotomie lub kriostacie na cienkie skrawki, które układane są na szkiełkach mikroskopowych. Znaczniki fluorescencyjne można obserwować już na tym etapie w mikroskopie fluorescencyjnym. Natomiast wykrywanie znaczników radioaktywnych wymaga zastosowania autoradiografii. Ujawnienie HRP w tkance odbywa się dzięki poddaniu skrawków kilkuetapowej reakcji histochemicznej, w której wykorzystuje się zdolność peroksydazy do rozkładania wody utlenionej. HRP jest używana głównie do wykrywania położenia ciał neuronów, których zakończenia aksonowe znajdują się w znanym nam miejscu iniekcji znacznika. Specjalnie modyfikowana HRP może być transportowana anterogradnie i wówczas wybarwia ona cały neuron ujawniając jego morfologię.

Znakowanie immunohistochemiczne

Immunohistochemia umożliwia lokalizację badanego białka (antygenu) dzięki reakcji ze specyficznym przeciwciałem (tzw. przeciwciałem I-rzędowym) oraz kolejnym reakcjom, w których przeciwciało II-rzędowe sprzężone z markerami służy do wykrywania interesującego nas białka. W badaniach używane są wysoce specyficzne przeciwciała monoklonalne, pozwalające wykrywać określone izoformy poszukiwanych białek lub przeciwciała poliklonalne. Do detekcji używane jest II-rzędowe przeciwciało wytwarzane u innego gatunku niż I-rzędowe, będące immunoglobuliną IgG związaną często z biotyną. Kolejnym reagentem jest streptawidyna koniugowana z peroksydazą (*rys. 1*), wykorzystująca niezwykle duże powinowactwo awidyny do biotyny. Substratem dla peroksydazy jest DAB (ang. diaminobenzidine tetrahydrochloride), a reakcja zachodzi w środowisku H_2O_2 i daje brązowe zabarwienie. Wiązania zachodzące z biotynylowanym przeciwciałem II-rzędowym są bardzo specyficzne i nieodwracalne, a intensywność barwnej reakcji informuje o poziomie obecności badanych białek. Przeciwciało II-rzędowe może być także koniugowane z innymi substancjami, np. ze znacznikami radioaktywnymi, z enzymami takimi jak HRP lub alkaliczna fosfataza oraz wieloma barwnikami fluorescencyjnymi, które wykrywa się odpowiednimi technikami.

Autoradiografia

Technika autoradiografii polega na wykrywaniu w tkance związków znakowanych radioaktywnym izotopem. Zwierzętom podaje się mikrochirurgicznie do mózgu znakowane substancje. Po koniecznym okresie inkubacji tkanka mózgowa jest utrwalana, cięta na skrawki (3–5 μm do mikroskopii świetlnej lub 90 nm do mikroskopii elektronowej) i przykry-

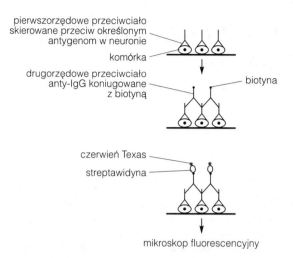

pierwszorzędowe przeciwciało
skierowane przeciw określonym
antygenom w neuronie

komórka

drugorzędowe przeciwciało
anty-IgG koniugowane
z biotyną

biotyna

czerwień Texas

streptawidyna

mikroskop fluorescencyjny

Rys. 1. Znakowanie immunohistochemiczne. Powszechnie używana procedura biotyna–streptawidyna–czerwień Texas. Biotyna koniugowana jest z II-rzędowym przeciwciałem poprzez wiązania kowalencyjne. Streptawidyna ma bardzo duże powinowactwo wiązania z biotyną. Czerwień Texas jest znacznikiem fluorescencyjnym, połączonym ze streptawidyną

wana błoną fotograficzną, która pod wpływem radioaktywnego znacznika ulega zaczernieniu w miejscach jego obecności w tkance. Po wywołaniu klisz, które odwzorowują obraz tkanki, można je analizować w mikroskopie świetlnym lub elektronowym, mierząc parametry morfologiczne i densytometryczne interesujących nas struktur mózgu. Technika ta jest bardzo szeroko stosowana, jednak najczęściej używa się jej do mapowania specyficznych dróg neuroprzekaźnictwa. Zakończenia aksonowe, które wydzielają klasyczne neuroprzekaźniki, pobierają podawany z zewnątrz radioaktywny przekaźnik lub jego analog, który działa odtąd jako marker analizowanych zakończeń. Ponadto, do tkanki nerwowej można podawać również znakowane radioaktywnie substancje, które wiążą się z dużym powinowactwem z receptorami neuroprzekaźników.

E4 TECHNIKI OBRAZOWANIA MÓZGOWIA

Hasła

Tomografia komputerowa (CAT)	Skanowanie czaszki z wykorzystaniem tomografii komputerowej (ang. computer assisted tomography) pozwala uzyskać serię obrazów rentgenowskich, po jednym dla każdego przekroju, obrazujących mózg w sposób nieinwazyjny. Technika ta opiera się na zasadzie, iż różne tkanki mają różną zdolność przepuszczania promieni X. Pozwala to rozróżnić obszary mózgu z dokładnością do 1% różnicy w przepuszczalności tkanki. Jej rozdzielczość przestrzenna wynosi około 0,5 mm. Wykorzystywana jest głównie do diagnozowania chorób neurologicznych o podłożu anatomicznym.
Emisyjna tomografia pozytronowa (PET)	Pozytronowa tomografia emisyjna (ang. positron emission tomography), w której skanowanie czaszki ujawnia dystrybucję izotopu emitującego pozytony, służy do nieinwazyjnego obrazowania zarówno anatomii, jak i czynności mózgu. Jej rozdzielczość przestrzenna wynosi od 4 do 8 mm. Używając znakowanego radioaktywnie analogu glukozy, jako markera aktywności neuronów, można pokazać, które obszary mózgu związane są z daną czynnością, zarówno u zdrowych osobników, jak i w stanach chorobowych. W technice tej używa się także znakowanych radioaktywnie (emitujących pozytony) neuroprzekaźników lub substancji wiążących się z ich receptorami, w celu pokazania przebiegu danego rodzaju dróg transmisji w żyjącym mózgu.
Czynnościowe obrazowanie metodą jądrowego rezonansu magnetycznego (fMRI)	Obrazowanie metodą czynnościowego jądrowego rezonansu magnetycznego (ang. functional magnetic resonance imaging) opiera się na zasadzie, że niektóre jądra atomów (np. wodoru) przechodzą na różne poziomy energetyczne w odpowiedzi na impuls fal radiowych w zależności od tego, w jakim środowisku chemicznym się znajdują. Pobudzone jądra powracają do stanu wyjściowego z charakterystycznym dla nich czasem relaksacji, emitując energię o określonej amplitudzie i częstotliwości. Na podstawie tych sygnałów można ocenić stężenie danej substancji i jej rozmieszczenie w mózgu oraz scharakteryzować jej środowisko chemiczne (np. zawartość wody). Technika MRI jest niezwykle użyteczna w diagnostyce medycznej.

| **Tematy pokrewne** | Przetwarzanie równoległe w układzie wzrokowym (H7) Korowe sterowanie ruchami dowolnymi (K6) | Udary i toksyczność pobudzeniowa (R1) Choroba Parkinsona (R3) |

Tomografia komputerowa (CAT)

CAT jest pierwszą nieinwazyjną techniką pozwalającą obrazować żywy mózg. Podczas badania głowę osoby badanej umieszcza się pomiędzy urządzeniem emitującym wąską wiązkę promieni rentgenowskich a detektorem promieni X (*rys. 1*). W badaniu zbiera się serię pomiarów rejestrujących przepuszczalność promieni X. Zarówno źródło promieniowania, jak i detektor obracają się równocześnie o niewielki kąt i za każdym razem dokonuje się kolejnej serii pomiarów, tak długo, póki wielkość obrotu nie osiągnie 180°. Na podstawie zebranych danych o przepuszczalności promieni X przechodzących w danym obszarze czaszki obliczana jest gęstość radiologiczna tego regionu. Wyniki są przetwarzane na obraz graficzny, pokazujący pojedynczy przekrój przez tkankę o znanej orientacji. Zasadniczym elementem tej metody jest algorytm programu komputerowego, który liczy gęstość radiologiczną każdego punktu na przekroju mózgu. Ta analiza to właśnie **tomografia komputerowa**. Procedurę tę powtarza się, póki cały mózg nie zostanie zeskanowany.

Używając tej metody można wyróżnić tkanki, w których różnice pochłaniania promieni rentgenowskich są większe niż 1% (im mniejsza gęstość, tym ciemniejszy obraz na kliszy), co daje rozdzielczość przestrzenną 0,5 mm. Również naczynia krwionośne mogą być obrazowane metodą CAT. Aby zwiększyć dokładność badania, do krwiobiegu wstrzykuje się barwniki nieprzezroczyste dla promieni X. W ten sposób można ujawnić choroby naczyń krwionośnych oraz guzy nowotworowe i ropnie o patologicznym unaczynieniu.

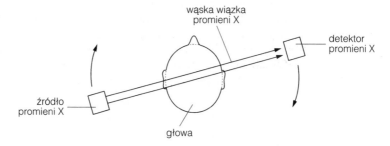

Rys. 1. Tomografia komputerowa (CAT). Strzałki pokazują kierunek rotacji skanera

Emisyjna tomografia pozytronowa (PET)

Techniki radioizotopowe, a wśród nich emisyjna tomografia pozytronowa, należą do podstawowych metod pozwalających na badanie nie tylko anatomii, ale także badanie czynnościowe układu nerwowego. PET wykorzystuje zasadę tomografii komputerowej. W tej metodzie obracający się wokół głowy detektor wykrywa promieniowanie gamma, natomiast źródłem sygnału są związki emitujące pozytony (promieniowanie cząsteczkowe β) podawane do mózgu poprzez iniekcje lub w formie inhalacji (*ryc. 2*).

W technice PET wybrany związek chemiczny, którym mogą być neuroprzekaźniki lub ich analogi wiążące się z receptorami oraz analogi glukozy, znakowany jest radioizotopem i stanowi swoisty marker przemian biochemicznych w żywym organizmie. W badaniach używa się związków naturalnie występujących w organizmie, znakowanych najczęściej

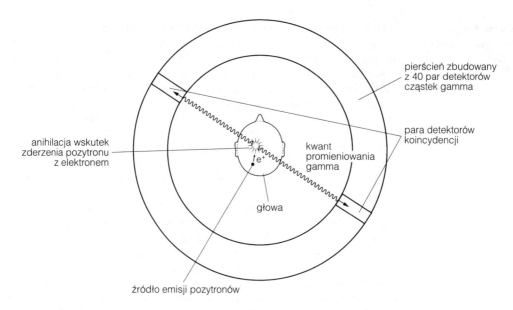

pierścień zbudowany
z 40 par detektorów
cząstek gamma

para detektorów
koincydencji

anihilacja wskutek
zderzenia pozytronu
z elektronem

kwant
promieniowania
gamma

e^+

głowa

źródło emisji pozytronów

Rys. 2. Emisyjna tomografia pozytronowa (PET)

radioizotopami węgla $^{11}_{6}C$, azotu $^{13}_{7}N$, tlenu $^{15}_{8}O$ lub fluoru $^{18}_{9}F$, który podstawia atomy wodoru. Radioizotopy stosowane w badaniach pozytronowych to pierwiastki o krótkim okresie półtrwania, które ulegają rozpadowi do elementów o liczbie atomowej mniejszej o jeden. Dzieje się tak, gdy proton (p^+) wewnątrz jądra ulega rozpadowi do neutronu (n), emitując pozyton (e^+, β) – cząstkę o takich samych właściwościach fizycznych jak elektron, różniącą się jedynie ładunkiem elektrycznym (pozytony mają ładunek dodatni). Na przykład:

$$^{13}_{7}N \rightarrow {}^{13}_{6}C + e^+$$

$$p^+ \rightarrow n + e^+$$

Pozytony ulegają kolizji z napotkanymi elektronami po przebyciu niewielkiej odległości. Wynikiem tego jest zjawisko anihilacji, to znaczy zamiany elektronu i pozytonu na dwa kwanty promieniowania gamma rozchodzące się z miejsca kolizji w przeciwnych kierunkach. Wykrywane są one równocześnie (detekcja koincydentna) przez detektory położone naprzeciwlegle w odległości kątowej 180°. Taki sposób pomiarów pozwala zlokalizować źródła emisji pozytonów odległe o 2 do 8 mm, w zależności od użytego izotopu. Oznacza to, że stopień rozdzielczości w metodzie PET nie jest tak wysoki jak w CAT. W zamian za to jednak metoda ta pozwala śledzić zdarzenia metaboliczne w mózgu zachodzące w czasie.

Przydatność metody PET w badaniach czynnościowych mózgu ilustruje dobrze użycie analogu glukozy, **2-deoksyglukozy** (2-DG), jako markera aktywności metabolicznej. 2-DG jest transportowana przez barierę krew–mózg, a następnie ulega fosforylacji do deoksy-6-fosforanu. Metabolit ten nie ulega dalszym przemianom i gromadzi się w komórkach nerwowych proporcjonalnie do poziomu procesów metabolicznych dla glukozy (zarówno w przemianach tlenowych, jak i beztlenowych). Znając przebieg krzywej zaniku radioaktywności we krwi, stężenie glukozy we krwi i radioaktywność w badanej strukturze mózgu można określić zużycie glukozy w procesach metabolicznych. Wykorzystanie PET do badania aktywności neuronalnej związanej z różnymi stanami funkcjonalnymi opiera się na ocenie regionalnego metabolizmu glukozy podczas wykonywania przez człowieka różnorodnych operacji percepcyjnych, ruchowych lub intelektualnych. Zwiększenie zużycia glukozy w określonych rejonach mózgu wskazuje na szczególną aktywność tych rejonów w wykonywanych operacjach. Podobne badania pokazały, że podczas przejściowej aktywacji neuronów lokalny wzrost zużycia tlenu ($^{15}_{8}$O PET) nie koreluje z poziomem zużycia glukozy (2-DG PET). Sugeruje to, że tylko przez bardzo krótki okres aktywność mózgu jest zaopatrywana energetycznie przez proces glikolizy.

Czynnościowe obrazowanie metodą jądrowego rezonansu magnetycznego (fMRI)

Podobnie jak PET, MRI dostarcza informacji zarówno o anatomii, jak i czynności mózgu. Metoda ta łączy tomografię komputerową z **jądrowym rezonansem magnetycznym** (ang. nuclear magnetic resonance, NMR). Jądra atomowe o nieparzystej liczbie masowej, takich pierwiastków jak na przykład $^{1}_{1}$H lub $^{13}_{6}$C, mają niezrównoważony wynikowy moment pędu i wytwarzają pole magnetyczne wzdłuż osi spinu. Jądra wodoru (protony) umieszczone w silnym zewnętrznym polu magnetycznym ulegają uporządkowaniu i ustawiają się w jednej z dwu orientacji: równoległej lub antyrównoległej w stosunku do lini zewnętrznego pola magnetycznego. Równoległy stan uporządkowania (zgodnie z kierunkiem pola) charakteryzuje się nieco mniejszą energią, dlatego zwykle istnieje pewien nadmiar jąder będących w tym stanie w stosunku do liczby jąder uporządkowanych antyrównolegle (*rys. 3*).

Podanie krótkiego impulsu promieniowania elektromagnetycznego o właściwej częstotliwości radiowej powoduje pochłonięcie energii przez

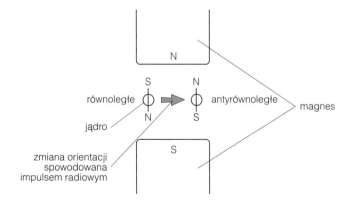

Rys. 3. Zasada jądrowego rezonansu magnetycznego (NMR). Impuls o częstotliwości radiowej wzbudza jądra atomów, powodując zmianę orientacji jąder z równoległej na przeciwrównoległą o większej energii. Relaksacja jąder z powrotem do stanu o mniejszej energii generuje sygnał wykrywany w obrazowaniu metodą jądrowego rezonansu magnetycznego (MRI)

niektóre jądra, odwrócenie spinu i przejście do wyższego energetycznie stanu o orientacji antyrównoległej. Zjawisko to nazywamy **rezonansem** magnetycznym. Ilość zaabsorbowanej energii zależy od stężenia jąder atomowych. Właściwa wartość częstotliwości impulsu potrzebna do wywołania tego stanu zależy nie tylko od rodzaju wzbudzanej substancji (protony potrzebują 60 MHz, natomiast $^{13}_{6}C$ – 24 MHz), ale także od środowiska, w jakim się ona znajduje; częstotliwość rezonansowa zmienia się pod wpływem pola magnetycznego innych jąder będących w pobliżu. Zmieniając częstotliwość możemy uzyskać informację o molekularnym sąsiedztwie jąder badanej substancji. W praktyce bardzo trudno jest zmieniać częstotliwość w sposób ciągły. Można jednak uzyskać taką samą informację, utrzymując stałą wartość częstotliwości radiowej impulsu i zmieniając jedynie zewnętrzne pole magnetyczne.

Jądra atomowe nie utrzymują się w stanie o wysokim poziomie energetycznym i powracają do stanu o małej energii. Amplituda i częstotliwość sygnału wyemitowanego w czasie tego przejścia stanowią dane dostarczające istotnych informacji w obrazowaniu metodą jądrowego rezonansu magnetycznego (MRI). Zdarzenia te zachodzą w tzw. **czasie relaksacji** (T) charakterystycznym dla danego jądra i jego otoczenia. Na przykład T protonów w związkach lipidowych jest znacznie krótszy niż protonów zawartych w wodzie. Obrazy mózgu generowane przez skaner MRI odwzorowują rozkład stężenia lub czasu relaksacji w analizowanym przekroju mózgu.

Zastosowanie zmieniającego się natężenia pola magnetycznego wzdłuż wybranego kierunku pozwala uzyskać obraz skanowanego przekroju mózgu. Ponieważ częstotliwość sygnału emitowanego przez jądra jest tym większa, im wyższe jest natężenie pola magnetycznego, to wartość częstotliwości sygnału może wskazywać, z jakiego regionu mózgu on pochodzi. Zmieniając kierunek linii pola magnetycznego można zbierać obrazy przekrojów mózgu w różnych orientacjach.

Czynnościowe obrazowanie metodą jądrowego rezonansu magnetycznego ma bardzo liczne zastosowania kliniczne. Należą do nich mapowanie naczyń krwionośnych w mózgu, wykrywanie zmian w przestrzeni pozakomórkowej towarzyszących urazom i stanom zapalnym, diagnozowanie i śledzenie postępu wielu chorób (np. stwardnienia rozsianego) oraz dokładna lokalizacja obszarów mózgu dotkniętych udarem lub rozwojem guzów nowotworowych.

E5 OPONY MÓZGOWIA I PŁYN MÓZGOWO-RDZENIOWY

Hasła

Opony mózgowia

Mózg i rdzeń kręgowy są otoczone trzema łącznotkankowymi błonami noszącymi nazwę opon. Są to, idąc od strony zewnętrznej: opona twarda (łac. *dura mater*), pajęczynówka (łac. *arachnoidea*) i opona miękka (łac. *pia mater*). Między dwiema oponami bliższymi mózgu znajduje się przestrzeń zwana jamą podpajęczynówkową wypełniona płynem mózgowo-rdzeniowym (ang. cerebrospinal fluid, CSF) poprzez którą przebiegają naczynia krwionośne. Ich odgałęzienia wnikają do mózgu. Bierna wymiana wody i rozpuszczonych związków poprzez oponę miękką zapewnia utrzymanie równowagi między płynem istoty międzykomórkowej mózgu a płynem mózgowo-rdzeniowym. Najbardziej zewnętrzna opona twarda zawiera zatoki żylne. W pajęczynówce mózgowia występują grzybowate zgrubienia, zwane ziarnistościami (lub kosmkami) pajęczynówki wnikające do niektórych zatok żylnych. Poprzez ziarnistości pajęczynówki płyn mózgowo-rdzeniowy przepływa z jamy podpajęczynówkowej do krwiobiegu. Potencjalna przestrzeń między pajęczynówką i oponą twardą nazywa się jamą podtwardówkową. Urazowe przerwanie naczyń żylnych przebiegających od mózgu poprzez tę przestrzeń do zatok żylnych powoduje krwawienie podtwardówkowe. Między oponą twardą a kośćmi czaszki znajduje się jama nadtwardówkowa, poprzez którą przebiegają główne naczynia tętnicze. Urazowe przerwanie tych naczyń prowadzi do krwawienia nadtwardówkowego.

Wydzielanie i krążenie płynu mózgowo- -rdzeniowego

Płyn mózgowo-rdzeniowy jest aktywnie wydzielany przez splot naczyniówkowy wyściełający komory mózgu. Przepływ CSF odbywa się od komór bocznych, poprzez komorę trzecią do komory czwartej, z której przenika on do przestrzeni podpajęczynówkowej. Ostatecznie dociera on do zatok żylnych. Zablokowanie przepływu CSF powoduje wodogłowie. W ciągu doby układ nerwowy wydziela około 500 cm^3 CSF do przestrzeni o rozmiarach od 100 do 150 cm^3. Nabłonek splotu naczyniówkowego zaopatrzony jest w kilka systemów aktywnego transportu, dzięki czemu do CSF wydzielany jest sód, chlor i wodorowęglan. Natomiast resorpcji z CSF podlegają potas, glukoza, mocznik i wiele metabolitów neuroprzekaźników. Stężenie białek w CSF jest wielokrotnie mniejsze niż w osoczu krwi.

Funkcja płynu mózgowo-rdzenio- wego i opon mózgowia

Płyn mózgowo-rdzeniowy działa jak zbiornik metabolitów, które w razie konieczności są wyrzucane do krwi poprzez ziarnistości pajęczynówki lub splot naczyniówkowy. Mechaniczną funkcją CSF i opon jest względne zmniejszanie masy mózgu wewnątrz czaszki, buforowanie zmian ciśnienia wewnątrzczaszkowego spowodowanych zmiennym przepływem krwi oraz ochrona mózgu przed uszkodzeniami wskutek gwałtownych ruchów głowy.

Tematy pokrewne	Bariera krew–mózg (A5)	Budowa ośrodkowego układu nerwowego (E2)

Opony mózgowia

Mózgowie i rdzeń kręgowy są otoczone łącznotkankowymi błonami noszącymi miano opon (*rys. 1*).

Opona miękka i pajęczynówka ze względu na podobną budowę są wspólnie określane jako *leptomeninx* (łac.). W jamie podpajęczynówkowej oddzielającej obie opony przebiegają powierzchniowe naczynia krwionośne. Naczynia i nerwy tędy przechodzące są osłonięte na pewnym odcinku przez cienką osłonkę utworzoną przez blaszkę wewnętrzną opony miękkiej i podtrzymywane w przestrzeni przez beleczki wytworzone przez blaszkę zewnętrzną. Jamę podpajęczynówkową wypełnia płyn mózgowo-rdzeniowy. Odgałęzienia naczyń podpajęczynówkowych wnikają do mózgu otoczone przez oponę miękką, która rozciąga się aż do końca naczyń włosowatych. Przestrzeń okołonaczyniowa między ścianą naczyń i oponą miękką, nazywana **przestrzenią Robina–Virchowa**, rozciąga się aż do jamy podpajęczynówkowej. Tutaj odbywa się bierna wymiana wody i rozpuszczonych substancji poprzez oponę miękką, co zapewnia równowagę między płynem mózgowo-rdzeniowym i płynem przestrzeni zewnątrzkomórkowej mózgu. Dystalne odcinki naczyń włosowatych nie są już pokryte przez oponę miękką, a pojedyncza warstwa komórek nabłonkowych wraz z ich błoną podstawną jest osłonięta przez komórki glejowe (por. temat A5). W niektórych miejscach, gdzie obie opony oddzielają się od siebie, wykształca się układ różnokształtnych przestrzeni zwanych zbiornikami podpajęczynówkowymi. Jeden z nich, zbiornik lędźwiowy, jest miejscem pobierania płynu mózgowo-rdzeniowego (**punkcja lędźwiowa**) do analizy. W tym miejscu ryzyko uszkodzenia rdzenia kręgowego jest najmniejsze.

Opona twarda jest grubą zewnętrzną oponą mózgowia zawierającą na całej przestrzeni liczne **zatoki żylne**. Małe grzybkowate zgrubienia pajęczynówki zwane **ziarnistościami** (lub kosmkami) **pajęczynówki** wnikają do zatok żylnych. Zawierają one beleczki łącznotkankowe, poprzez które od krwi przenika przeważająca część CSF. Kosmki podpajęczynówkowe

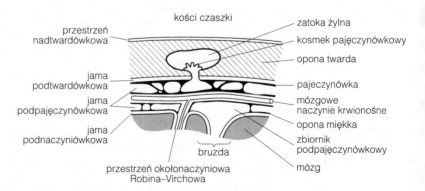

Rys. 1. Opony mózgowia

działają jak jednokierunkowe zastawki, które zamykają się, gdy ciśnienie wewnątrz zatok żylnych wzrośnie ponad wartość ciśnienia w jamie podpajęczynowkowej, co chroni przed napływem krwi do płynu mózgowo--rdzeniowego.

Między oponą twardą a pajęczynówką znajduje się przestrzeń zwana **jamą podtwardówkową**. Przecinają ją mózgowe naczynia żylne wchodzące do zatok żylnych opony twardej. Urazowe przerwanie tych naczyń powoduje **krwawienie podtwardówkowe**, które może się pojawić nie tylko w momencie urazu, ale trwać jeszcze przez wiele miesięcy po uszkodzeniu. Stanowi to poważny problem kliniczny. Uraz większości naczyń przebiegających od opony twardej do kości czaszki powoduje **krwawienie nadtwardówkowe** i wymaga szybkiej pomocy chirurgicznej w celu ratowania życia. W oponie twardej rdzenia kręgowego obie jej blaszki przebiegają oddzielnie, tworząc jamę nadtwardówkową (łac. *cavum epidurale*). Blaszka zewnętrzna pełni funkcje okostnej wyścielającej kanał kręgowy. Iniekcje miejscowo znieczulających substancji do tej przestrzeni powodują **nadtwardówkową blokadę nerwów**.

Wydzielanie i krążenie płynu mózgowo--rdzeniowego

Płyn mózgowo-rdzeniowy jest czynnie wydzielany przez splot naczyniówkowy wyścielający komory mózgu boczne oraz trzecią i czwartą (*rys. 2*). Przepływ CSF odbywa się od komór bocznych przez **otwór międzykomorowy Munro** do trzeciej komory i dalej poprzez **wodociąg śródmózgowia** do komory czwartej. Następnie poprzez trzy wyloty, pośrodkowy **otwór Magendiego** i dwa **boczne otwory Luschki** przepływa do jamy podpajęczynówkowej. Tutaj w przestrzeni okołonaczyniowej ustanawiana jest równowaga fizykochemiczna między CSF i płynem wypełniającym przestrzeń zewnątrzkomórkową. Ostatecznie przechodzi on do zatok żylnych poprzez ziarnistości pajęczynówkowe.

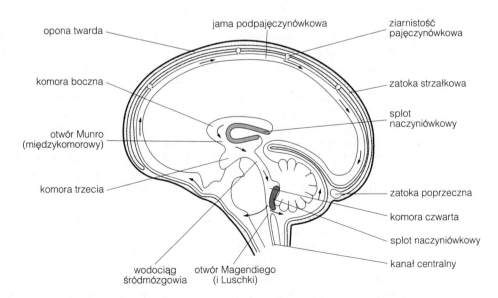

Rys. 2. Krążenie płynu mózgowo-rdzeniowego (strzałki pokazują główny kierunek przepływu)

Zablokowanie przepływu płynu mózgowo-rdzeniowego jest przyczyną **wodogłowia**, czyli gromadzenia się płynu wewnątrz czaszki. Może to zwiększać ciśnienie CSF, co powoduje rozdęcie komór mózgowych i uszkodzenie otaczającej je tkanki nerwowej. Zator układu komorowego jest przyczyną **wodogłowia wewnętrznego**. Mogą go powodować wrodzone wady budowy, zbliznowacenia po uszkodzeniach lub guzy mózgu. **Wodogłowie zewnętrzne** spowodowane jest uszkodzeniem przepływu CSF na poziomie ziarnistości pajęczynówki. Zdarza się ono wówczas, gdy stężenie białek w CSF jest większe niż w normie. Zachodzi w przypadku guzów rdzenia kręgowego, krwawień podpajęczynówkowych, zapalenia opon mózgowych oraz ostrej neuropatii obwodowej.

Wydzielanie CSF

Każdy **splot naczyniówkowy** jest zbudowany z prostopadłościennego nabłonka pochodzącego z **wyściółki** pokrywającej komory i kanał środkowy rdzenia kręgowego oraz blaszkę wewnętrzną silnie unaczynionej opony miękkiej. Organizm dorosłego człowieka wytwarza około 500 cm^3 płynu mózgowo-rdzeniowego na dobę. Ogólna jego objętość w jamie podpajęczynówkowej i w komorach wynosi 100–150 cm^3, z czego tylko 30 cm^3 jest w komorach. Całkowita wymiana CSF trwa od 5 do 7 godzin.

Splot naczyniówkowy wydziela pewne substancje oraz pochłania inne wybiórczo z wykorzystaniem mechanizmów aktywnego transportu. Stąd wyściółka wraz z neuroglejem stanowią w komorach **barierę tkanka nerwowa–płyn mózgowo-rdzeniowy**, zapewniającą selektywną wymianę substancji między CSF i istotą międzykomórkową tkanki nerwowej. W rezultacie tego stężenie jonów Na$^+$, Cl$^-$ i HCO$_3$$^-$ w CSF jest nieco większe, a stężenie potasu, glukozy, mocznika i aminokwasów mniejsze niż w filtracie osocza krwi. Mimo iż stężenie białek w CSF jest 1000 razy mniejsze niż w osoczu krwi, oba płyny mają podobną osmolarność.

Niektóre z mechanizmów związanych z aktywnym transportem poprzez barierę krew–CSF są pokazane na *rysunku 3*. Na$^+$, K$^+$-ATPaza obecna w błonie w pobliżu części wierzchołkowej komórek nabłonkowych pompuje jony sodu do płynu mózgowo-rdzeniowego. Prowadzi to do powstania gradientu sodowego, który napędza dwa wtórne mechanizmy aktywnego transportu przenoszące jony Na$^+$ przez błonę w części podstawno-bocznej komórek nabłonkowych: wymiana jonów Na$^+$–H$^+$ i współprąd jonów Na$^+$–Cl$^-$. Napływ jonów Cl$^-$ z kolei uruchamia przeciwny prąd jonów Cl$^-$ i HCO$_3$$^-$. Jony wodorowęglanowe przenoszone tą drogą do wnętrza komórki uzupełniają pulę powstającą w wyniku uwodnienia dwutlenku węgla. Reakcję tę bardzo przyspiesza wysoki poziom **anhydrazy węglanowej** obecnej w splocie naczyniówkowym. Jony wodorowęglanowe dyfundują przez transporter anionów w części wierzchołkowej komórki nabłonkowej do płynu mózgowo-rdzeniowego.

Z powodu zdolności splotu naczyniówkowego do absorpcji substancji z płynu mózgowo-rdzeniowego sugeruje się, że jest on organem wydzielniczym mózgu. Ma on zdolność wymiatania metabolitów choliny, dopaminy i serotoniny, mocznika, kreatyniny oraz jonów K$^+$ poprzez przekazywanie ich do krwi.

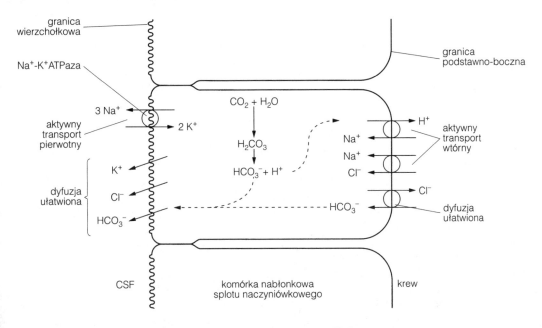

Rys. 3. Elementy mechanizmu transportu jonów przez splot naczyniówkowy

Funkcje płynu mózgowo-rdzeniowego i opon mózgowia

Płyn mózgowo-rdzeniowy służy jako mechaniczna ochrona dla ośrodkowego układu nerwowego. Pełni on także funkcje odżywcze i usuwa produkty metabolizmu neuronalnego do krwi poprzez ziarnistości pajęczynówki i komórki splotu naczyniówkowego.

Z funkcji mechanicznych CSF najważniejsze są trzy:

1. Ponieważ jama podpajęczynówkowa jest przedziałem wypełnionym płynem, w którym mózg jest zanurzony, to względna masa mózgu wynosi zaledwie 50 g, wobec jego masy rzeczywistej wynoszącej około 1350 g.
2. Regulacyjne działanie CSF i opon mózgowych chroni przed zmianami ciśnienia wewnątrzczaszkowego, mogącymi wynikać z zaburzeń w przepływie krwi. Jeżeli wzrasta mózgowy przepływ krwi, to CSF zostaje wyciśnięty z komór do jamy podpajęczynówkowej wokół rdzenia kręgowego. W tym miejscu opona twarda jest bardziej elastyczna i rozciąga się rekompensując wzrost objętości. Długotrwały wzrost ciśnienia wewnątrzczaszkowego może być wyrównany poprzez zwiększenie przepływu CSF przez ziarnistości pajęczynówki do zatok żylnych.
3. Opony mózgowe podtrzymują mózg, a płyn mózgowo-rdzeniowy redukuje siłę, z jaką mózg uderza o wnętrze czaszki podczas ruchów głowy.

F1 NEURONALNA REPREZENTACJA INFORMACJI

Hasła

Kodowanie informacji	Częstość, z jaką pracuje neuron czuciowy, niesie informację o charakterystyce czasowej oraz o intensywności bodźca. Sposób połączeń neuronu czuciowego koduje informację o lokalizacji bodźca, a także o jego jakości (modalności). W podobny sposób kodowane są funkcje ruchowe. Często zdarza się, że informacja jest reprezentowana w postaci skoordynowanej aktywności dużej liczby komórek; zjawisko to nosi nazwę kodowania populacyjnego.
Ochrona przed błędami	Możliwość wystąpienia błędów w przesyłanej informacji jest w układzie nerwowym zminimalizowana, ponieważ potencjały czynnościowe mają charakter sygnałów cyfrowych, które z zasady są mniej podatne na zakłócenia niż inne sposoby transmisji danych. Poza tym informacja jest kodowana w postaci średniej częstości potencjałów czynnościowych, a występowanie kodowania populacyjnego oznacza istnienie redundancji systemów neuronalnych.
Rejestracja zewnątrz-komórkowa	Rejestracja zewnątrzkomórkowa, technika odbioru sygnału z pojedynczych komórek lub ich grup w rozmaitych układach *in vitro* i *in vivo*, polega na wzmacnianiu potencjałów, które powstają pomiędzy elektrodą znajdującą się w pobliżu neuronu (neuronów) a odległą elektrodą odniesienia.

Tematy pokrewne Kodowanie intensywności i synchronizacja (F2) Korowe sterowanie ruchami dowolnymi (K6) Uczenie się z udziałem hipokampa (Q4)

Kodowanie informacji

Komórki nerwowe kodują informację na dwa sposoby. Po pierwsze, częstość generowania potencjałów czynnościowych przez neuron czuciowy niesie informację o **czasie trwania** bodźca oraz jego **intensywności** i zmianach tej intensywności w czasie. Podobnie, częstość potencjałów czynnościowych w neuronie ruchowym stanowi kod zawierający informację o czasie i sile skurczu określonej populacji włókien mięśniowych. Po drugie, **adres** neuronu aferentnego, to znaczy ogół jego połączeń wejściowych i wyjściowych, koduje informację o **przestrzennej lokalizacji** bodźca oraz o jego naturze jakościowej, czyli **modalności**. Adres neuronu ruchowego determinuje rodzaj wykonywanego ruchu i jego kierunek.

Zarówno w układach czuciowych, jak i ruchowych precyzyjne zakodo-
wanie określonej właściwości, jak na przykład temperatury skóry albo
kierunku ruchu kończyny, często jest uzależnione od aktywności dużego
zespołu komórek. Zjawisko to określa się jako **kodowanie populacyjne**.

**Ochrona przed
błędami**

Dokładność kodowania czuciowego i ruchowego jest uzależniona od
wierności przenoszenia informacji przez potencjały czynnościowe. Wierność przenoszenia umożliwiają trzy czynniki:

1. To, że potencjały czynnościowe powstają i rozprzestrzeniają się na
zasadzie „wszystko albo nic" oznacza, że mają one charakter **dwójko-
wych (binarnych)** sygnałów **cyfrowych**. W danym momencie akson
neuronu albo przewodzi potencjał czynnościowy, albo nie. Binarne
kodowanie cyfrowe jest mniej podatne na błędy mogące powstać
w efekcie zniekształcenia sygnału przez szumy, niż inne sposoby
kodowania informacji, ponieważ jest związane z koniecznością rozróżniania jedynie pomiędzy dwoma stanami.
2. Modulacja częstości generowania potencjałów czynnościowych przez
neuron powoduje, że przypadkowy brak albo dodanie pojedynczego
potencjału czynnościowego nie zmienia w sposób istotny średniej
częstości serii potencjałów, jeśli nie jest ona zbyt krótka.
3. Większość bodźców jest odbierana, a sygnał ruchowy jest wytwarzany przez duże populacje neuronów działające w sposób skoordynowany. Oznacza to istnienie **redundancji**. Błędy w aktywności kilku
komórek są kompensowane przez prawidłową aktywność większości
z nich. Nawet jeśli liczba błędnie działających neuronów jest znaczna,
to cały układ nie zawodzi całkowicie, lecz przenoszona informacja
jest tylko mniej precyzyjna.

**Rejestracja
zewnątrz-
komórkowa**

Aktywność pojedynczej komórki lub grupy komórek nerwowych, występującą w odpowiedzi na działanie bodźców fizjologicznych u żywych
zwierząt, można zarejestrować metodą zewnątrzkomórkową. Polega ona
na zastosowaniu dwóch cienkich elektrod metalowych, zazwyczaj wyko-
nanych z wolframu albo stali nierdzewnej. Jedna z nich, **elektroda rejestrująca** (lokalna), jest umieszczana w bezpośrednim pobliżu powierzchni komórki nerwowej w taki sposób, aby nie doprowadzić do jej uszkodzenia. Druga, **elektroda odniesienia**, jest umieszczana w dużej odległości od badanego neuronu. Aktywność neuronu powoduje przepływ
prądów pomiędzy obydwoma elektrodami. Prądy te są wzmacniane
i przekazywane do oscyloskopu katodowego lub do przetwornika analo-
gowo-cyfrowego, połączonego z komputerem wyposażonym w program
do odbierania, zapisywania i analizy tego rodzaju danych. Przyjmuje się,
że jeśli elektroda rejestrująca odbiera sygnał o polaryzacji dodatniej
w stosunku do elektrody odniesienia, to na oscyloskopie obserwuje się
wychylenie do góry. Polaryzacja, kształt, amplituda i czas wystąpienia
odbieranej fali, powstającej w efekcie aktywności neuronowej, zależą od
lokalizacji elektrod. Im bliżej neuronu znajduje się elektroda rejestrująca,
tym silniejszy jest mierzony sygnał. Zmiana odległości między elektrodami lub zmiana ich względnej pozycji powoduje modyfikacje wszystkich wymienionych parametrów. Z tego powodu rejestracje uzyskane

metodą zewnątrzkomórkową są niekiedy dość trudne do interpretacji. Technika ta jest stosowana w rejestracjach z izolowanych skrawków mózgu i innych preparatów *in vitro*, a także z mózgu zwierząt uśpionych lub mających **elektrody implantowane chronicznie**. W ostatnim przypadku mikroelektrody są precyzyjnie umieszczane w mózgu zwierzęcia uśpionego i mocowane do kości czaszki, co pozwala na późniejszy, długotrwały odbiór sygnałów z określonych struktur mózgu zwierzęcia czuwającego.

F2 KODOWANIE INTENSYWNOŚCI I SYNCHRONIZACJA

Hasła

Kodowanie statyczne i dynamiczne

Intensywność (siła) bodźca jest kodowana poprzez częstość potencjałów czynnościowych generowanych przez komórkę nerwową. Wzorzec aktywności neuronu czuciowego jest określony przez rodzaj jego receptora czuciowego oraz czasowo-przestrzenną charakterystykę bodźca. Włókna aferentne receptorów wolno adaptujących się generują potencjały czynnościowe z określoną częstością, która stanowi odzwierciedlenie siły długo działającego bodźca. Reakcję taką określa się jako odpowiedź statyczną (toniczną). W przypadku receptorów adaptujących się szybko, w miarę przedłużania się działania bodźca, częstość potencjałów czynnościowych spada. Tego typu włókna aferentne reagują na zmiany intensywności bodźca, zaś ich reakcja nosi nazwę odpowiedzi dynamicznej (fazowej).

Intensywność bodźca

Związek między intensywnością (siłą) bodźca a częstością generowania potencjałów czynnościowych przez neuron czuciowy może być liniowa lub też bardziej skomplikowana. Wiele włókien aferentnych przejawia aktywność, której częstość jest proporcjonalna do logarytmu ($\log_{10}$) intensywności bodźca. Umożliwia to sygnalizowanie przez te włókna bardzo szerokiego zakresu intensywności bodźców w postaci stosunkowo niewielkich zmian częstości generowanych potencjałów czynnościowych, do której zdolne są komórki nerwowe.

Synchronizacja

Synchronizacja (kodowanie czasowe) umożliwia komórkom nerwowym precyzyjne sygnalizowanie zależności czasowych pomiędzy zdarzeniami w sposób, którego nie może zastąpić kodowanie częstotliwościowe. Wymaga ona wytworzenia potencjału czynnościowego przez neuron tylko w odpowiedzi na bodźce występujące w tym samym czasie. Wydaje się, że ten sposób kodowania jest szczególnie istotny dla postrzegania (percepcji).

Tematy pokrewne

Skórne receptory czuciowe (G1)
Czucie równowagi (G4)
Właściwości wzroku (H1)
Siatkówka (H3)

Przetwarzanie równoległe w układzie wzrokowym (H7)
Budowa anatomiczna i fizjologia narządu słuchu (I2)
Przetwarzanie informacji słuchowej w ośrodkowym układzie nerwowym (I4)

**Kodowanie
statyczne
i dynamiczne**

Intensywność bodźca jest kodowana w postaci średniej częstości potencjałów czynnościowych, generowanych przez komórkę nerwową. Ten sposób kodowania określa się jako **modulację częstości** (ang. frequency modulated, FM). Najogólniej mówiąc, w zależności od rodzaju receptora czuciowego, włókna aferentne można podzielić na dwie kategorie. **Receptory wolno adaptujące się** odpowiadają na działanie długotrwałego bodźca aż do momentu jego zakończenia, co powoduje powtarzalne wytwarzanie potencjałów czynnościowych przez neuron czuciowy, z częstością stanowiącą odzwierciedlenie siły bodźca. Reagując na działanie długotrwałego bodźca, neurony te przejawiają **odpowiedź statyczną (toniczną)**. W przeciwieństwie do tego, **receptory szybko adaptujące się** odpowiadają na działanie długotrwałego bodźca jedynie przejściowo, ponieważ szybko stają się niewrażliwe, czyli adaptują się. Receptory tego rodzaju najlepiej odpowiadają na zmiany intensywności bodźca, a ich włókna aferentne wykazują **odpowiedzi dynamiczne (fazowe)**. Dla licznych włókien charakterystyczne jest występowanie odpowiedzi o cechach zarówno dynamicznych, jak i statycznych.

Przykłady odpowiedzi statycznych i dynamicznych ilustruje *rysunek 1*, który porównuje trzy rodzaje włókien aferentnych w skórze, połączonych z trzema typami mechanoreceptorów. **Ciałko Ruffiniego** jest receptorem wolno adaptującym się, a więc częstość generowania potencjałów czynnościowych przez jego włókno aferentne, *f*, jest wprost proporcjonalna do stopnia ugięcia skóry ponad receptorem przez oddziałującą na niego siłę mechaniczną. **Ciałko Meissnera** jest receptorem szybko adaptującym się, a jego włókno aferentne wytwarza potencjały czynnościowe tylko wtedy, gdy odkształcenie skóry zmienia się w czasie. Koduje ono szybkość odkształcenia. **Ciałko Paciniego** adaptuje

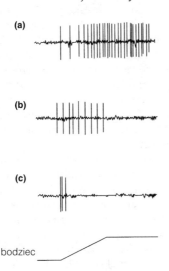

Rys. 1. Statyczne i dynamiczne odpowiedzi neuronów aferentnych na bodźce odkształcające powierzchnię skóry: (a) odpowiedź statyczna włókna aferentnego ciałka Ruffiniego; (b) odpowiedź dynamiczna ciałka Meissnera na szybkość przesuwania się bodźca; (c) odpowiedź dynamiczna ciałka Paciniego na przyspieszenie

się tak szybko, że jego włókna aferentne odpowiadają na przyspieszenie bodźca. Trzy włókna aferentne kodują więc szeroki zakres informacji o dynamice bodźca.

Początek i koniec oddziaływania bodźca są sygnalizowane poprzez zmianę częstości potencjałów czynnościowych wolno adaptujących się włókien aferentnych, a także poprzez krótkie serie we włóknach szybko adaptujących się. W ten sposób zakodowaniu ulega czas trwania bodźca.

Intensywność bodźca

Związek między intensywnością bodźca a odpowiedzią, w przypadku komórek statycznych, może być w najprostszym przypadku liniowy, tak jak na przykład we włóknach aferentnych termoreceptorów. Najczęściej jednakże zależność ta jest bardziej skomplikowana. Na przykład w wielu włóknach mechanoreceptorów i fotoreceptorów częstość potencjałów czynnościowych jest proporcjonalna do logarytmu ($\log_{10}$) intensywności bodźca. Ten rodzaj zależności umożliwia kodowanie bardzo szerokiego zakresu intensywności bodźców w postaci niewielkich zmian częstości. Wadą tego mechanizmu jest zmniejszenie zdolności rozróżniania intensywności bodźców, gdy są one bardzo silne.

Synchronizacja

Kodowanie siły bodźca za pomocą metody modulacji częstości (FM) wymaga wystąpienia serii kilku potencjałów czynnościowych w określonym czasie. Z tego powodu kodowanie FM nie nadaje się do przenoszenia informacji o zależnościach czasowych pomiędzy zdarzeniami. Aby tego dokonać, komórki nerwowe muszą działać jako **wykrywacze koincydencji** (równoczesnego wystąpienia dwóch zdarzeń). Oznacza to, że wytwarzają one potencjał czynnościowy tylko wtedy, gdy sygnały na dwóch wejściach wystąpią równocześnie, co dokładnie sygnalizuje czas ich pojawienia się. Zjawisko to określa się jako **synchronizację** (w oryginale: kodowanie czasowe, przyp. red.). Niezbędnym elementem tego zjawiska jest sumowanie czasowe pobudzeń (temat D2), powodujące wygenerowanie potencjału czynnościowego przez komórkę postsynaptyczną. Aby sygnał czasu był dokładny, te równoczesne sygnały wejściowe nie mogą się sumować z pobudzeniami wcześniejszymi ani późniejszymi. Taka sytuacja może się zdarzyć jedynie wtedy, gdy stała czasu (temat D1) jest bardzo krótka, rzędu 1 milisekundy. Zachodzi to w przypadku cienkich dendrytów, a także neuronów „bombardowanych" przez hamujące potencjały postsynaptyczne.

Synchronizacja umożliwia precyzyjne określenie czasu wystąpienia określonych zjawisk. Na przykład źródło dźwięku może zostać zlokalizowane dzięki zmierzeniu opóźnienia między dźwiękiem odbieranym przez lewe i przez prawe ucho (temat I4). Uważa się również, że synchronizacja ma zasadnicze znaczenie dla postrzegania (percepcji). Odmienne aspekty bodźca (np. kolor, kształt i ruch danego obiektu) są przetwarzane przez oddzielne układy neuronalne, położone w odległych od siebie okolicach mózgu (tematy H1 i H7). W jaki sposób na podstawie oddzielnych fragmentów informacji powstaje w mózgu jednostkowe postrzeganie całości obiektu? Pytanie to znane jest jako **problem scalania** (ang. binding problem). Jedną z możliwości rozwiązania tego problemu jest założenie istnienia mechanizmu „scalania" fragmentarycznych informacji o danym bodźcu przez równoczesną aktywność wszystkich neuronów reprezentujących te informacje. Wymaga to precyzyjnej synchronizacji ich aktywności w czasie. Uważa się, że oscylacje częstości potencjałów czynnościowych neuronów wzgórza (i kory mózgu, przyp. red.) mogą stanowić sygnały niezbędne do takiej synchronizacji.

F3 LOKALIZACJA BODŹCA

Hasła

Pola recepcyjne

Obszar powierzchni zmysłowej (czuciowej), którego pobudzenie wywołuje odpowiedź neuronu, nosi nazwę pola recepcyjnego tego neuronu. W układach zmysłowych komórki położone bardziej ośrodkowo (proksymalnie) mają większe pola recepcyjne, niż neurony położone bardziej obwodowo (dystalnie), w efekcie występowania konwergencji wejść z wielu neuronów dystalnych na komórkach proksymalnych. Ponadto, pola recepcyjne neuronów proksymalnych są bardziej złożone, ponieważ mogą one otrzymywać wejścia z wielu odmiennych źródeł. Wiele pól recepcyjnych cechuje występowanie zjawiska hamowania obocznego, w którym do pobudzenia komórki dochodzi wtedy, gdy bodziec działa na środek pola, natomiast do hamowania komórki — gdy bodziec oddziałuje na otoczkę pola recepcyjnego, lub na odwrót. Hamowanie oboczne nasila kontrast na granicach oddziaływania bodźca.

Mapy topograficzne

Organizacja anatomiczna szlaków czuciowych umożliwia przenoszenie informacji o lokalizacji bodźca w obrębie przestrzeni zmysłowej. W efekcie, liczne struktury mózgu zawierają uporządkowane mapy przestrzeni zmysłowej. Istnieją trzy grupy tych map. Mapy całościowe (lub punktowe, ang. discrete) stanowią dokładne anatomiczne odwzorowania przestrzeni zmysłowej, chociaż na ogół zniekształcone, i stanowią odzwierciedlenie przede wszystkim oddziaływań lokalnych. Mapy nieciągłe (ang. patchy) zawierają nieciągłości, zniekształcające stosunki anatomiczne, i reprezentują interakcje odległych części ciała. Mapy rozproszone (ang. diffuse) nie są uporządkowane przez żadną szczególną właściwość doznania.

Tematy pokrewne

Drogi sznurów tylnych przewodzące czucie dotyku (G2)
Przetwarzanie informacji w siatkówce (H5)

Początkowe etapy przetwarzania wzrokowego (H6)
Przetwarzanie informacji słuchowej w ośrodkowym układzie nerwowym (I4)
Drogi węchowe (J2)

Pola recepcyjne

Lokalizacja przestrzenna bodźca na powierzchni recepcyjnej (skóry, siatkówki itp.) jest określana przez to, które konkretne komórki nerwowe reagują na ten bodziec. **Pole recepcyjne** (ang. receptive field, RF) neuronu jest to taki obszar powierzchni recepcyjnej, którego stymulacja wywołuje zmianę częstości generowania potencjałów czynnościowych przez ten neuron. Pierwszorzędowe włókna aferentne mają na ogół niewielkie pola recepcyjne. Ich rozmiar jest określony przez układ receptorów zmysłowych (czuciowych), które mają połączenia z danym włóknem. Pola recepcyjne sąsiadujących ze sobą neuronów, które odpowiadają na ten sam typ bodźca, wykazują tendencję do zachodzenia na siebie.

Neurony, stanowiące wyższe piętra dróg czuciowych (proksymalne), mają złożone pola recepcyjne, które powstają wskutek kombinacji pól recepcyjnych komórek położonych bardziej obwodowo (dystalnie). Wynikają z tego dwa efekty:

1. Ogólnie, neurony położone proksymalnie mają większe pola recepcyjne na skutek występowania zjawiska **konwergencji**, oznaczającego, że kilka włókien aferentnych tworzy połączenia synaptyczne z pojedynczym neuronem proksymalnym. W tych systemach, w których istotna jest duża **rozdzielczość przestrzenna**, czyli zdolność do odróżnienia dwóch bodźców oddziałujących w niewielkiej odległości od siebie, tak jak np. w połączeniach pomiędzy czopkami i komórkami dwubiegunowymi w siatkówce, stopień konwergencji jest niewielki. W przeciwieństwie do tego, duża konwergencja występuje w przypadku połączeń pręcików i komórek dwubiegunowych w siatkówce. Układ ten służy integracji słabych sygnałów z dużej liczby receptorów, co umożliwia osiągnięcie znacznej czułości, a zatem widzenie w warunkach słabego oświetlenia (temat H5).

2. Im bardziej proksymalnie położona jest dana komórka, tym bardziej złożone jest jej pole recepcyjne. Dzieje się tak dlatego, że neurony proksymalne otrzymują wejścia ze znacznie większej liczby źródeł, niż neurony położone dystalnie. Wynika to z faktu występowania silnego przetworzenia informacji w obrębie układów zmysłowych. Większy stopień złożoności RF jest również efektem powszechnego, w obrębie dróg zmysłowych, występowania zjawiska **hamowania obocznego**. W najprostszym przypadku pole recepcyjne ma dwie strefy: strefę centralną oraz jej otoczkę, których stymulacja wywołuje przeciwstawne i antagonistyczne efekty w aktywności komórki. Takie pola recepcyjne można znaleźć w drogach somatosensorycznych, wzrokowych i słuchowych. *Rysunek 1* ilustruje przykład pola recepcyjnego komórki somatosensorycznej. Pobudzenie centrum RF po-

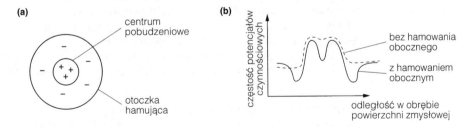

Rys. 1. Hamowanie oboczne. (a) Pole recepcyjne neuronu zmysłowego typu włączeniowego (ang. on-center) wykazującego hamowanie oboczne. Pole recepcyjne komórki typu wyłączeniowego (ang. off-center) miałoby centrum, którego stymulacja wywoływałaby hamowanie aktywności komórki i otoczkę wywołującą pobudzenie. (b) Wzmocnienie kontrastu w obecności i pod nieobecność hamowania obocznego

woduje zwiększenie częstości potencjałów czynnościowych, co oznacza, że centrum pola recepcyjnego ma charakter pobudzeniowy. Stymulacja otoczki zmniejsza częstość potencjałów czynnościowych, co jest skutkiem oddziaływań hamujących. Komórkę mającą tego typu RF określa się jako **komórkę włączeniową** (ang. on-center). Powszechnie występują również komórki **wyłączeniowe** (ang. off-center). Komórka włączeniowa osiągnie maksymalną aktywność, jeżeli bodziec będzie oddziaływał dokładnie na całą powierzchnię centrum pola recepcyjnego. Jeżeli będzie oddziaływał na większą powierzchnię, zachodząc również na otoczkę, to jego efektywność będzie mniejsza, ponieważ zostanie uruchomione również hamowanie. W ten sposób hamowanie oboczne wyostrza rozdzielczość przestrzenną i wzmacnia kontrast na granicach między bodźcami.

W przypadku mechanoreceptorów skórnych hamowanie oboczne ułatwia rozróżnianie dwóch bodźców oddziałujących w pobliżu siebie. Podobnie, kontrast światło – ciemność jest nasilany w obrębie siatkówki, a rozróżnianie dźwięków jest wyostrzone w ośrodkowych neuronach słuchowych. Na ogół, hamowanie oboczne występuje pomiędzy neuronami kodującymi ten sam typ wrażeń. Z drugiej strony, widzenie barw jest uzależnione od występowania hamowania obocznego między komórkami reagującymi na różne długości fali (patrz temat H6).

Mapy topograficzne

W większości dróg zmysłowych pierwszorzędowe włókna aferentne tworzą połączenia z określonymi grupami neuronów położonych bardziej ośrodkowo w sposób ściśle uporządkowany, zachowujący relacje między sąsiadującymi ze sobą receptorami. Oznacza to, że informacja o lokalizacji bodźca nie jest tracona w proksymalnych częściach drogi nerwowej. Układ taki określa się jako **mapowanie topograficzne** (lub **projekcyjne**; przyp. red.). W takich strukturach mózgu, jak wzgórze czy kora mózgowa, pola recepcyjne neuronów tworzą uporządkowane mapy. Mapy te stanowią reprezentacje neuronalne powierzchni czuciowej albo określonej właściwości czy też wrażenia. Na przykład: mapy somatotopowe stanowią reprezentacje powierzchni skóry, mapy retinotopowe — pól wzrokowych, a mapy tonotopowe — wysokości dźwięków. Istnieją oprócz tego mapy ruchowe, występujące przede wszystkim w obrębie kory mózgowej i kory móżdżku, zawierające systematyczne reprezentacje ruchów. Mapowanie ruchowe jest zachowane również w obrębie dróg zstępujących, a więc układ połączeń z motoneuronami zapewnia precyzyjne wykonanie mapowanego ruchu.

Rozróżnia się trzy typy map. Uważa się, że ich organizację określa zakres połączeń między komórkami nerwowymi zaangażowanymi w tworzenie danej mapy:

1. **Mapy całościowe (punktowe)**, takie jak mapy somatotopowe i retinotopowe, stanowią dokładne anatomicznie i kompletne reprezentacje powierzchni zmysłowej. Są one zazwyczaj zniekształcone, tak że poszczególne części mapowanej powierzchni są reprezentowane w zmienionych proporcjach. W mapach somatotopowych palce rąk i wargi zajmują znacznie większą powierzchnię kory, niż można by się spodziewać, gdyby czuciowa reprezentacja skóry była proporcjo-

nalna. Mapy całościowe powstają w efekcie istnienia połączeń komórek nerwowych przede wszystkim z ich najbliższymi sąsiadami, co umożliwia **lokalne oddziaływania** pomiędzy neuronami. Inaczej mówiąc, większość porównań, jakie ośrodkowy układ nerwowy wykonuje analizując np. obraz, zachodzi między sąsiadującymi ze sobą punktami siatkówki.

2. **Mapy nieciągłe** składają się z kilku domen, w obrębie których ciało jest reprezentowane w sposób dokładny. Jednakże blisko siebie położone domeny nie stanowią map obszarów położonych blisko siebie w sensie anatomicznym. Domeny te bywają również zorientowane w różnych kierunkach. W móżdżku występują tego typu mapy ruchowe, o których mówi się, że wykazują **somatotopię rozerwaną**. Występowanie map nieciągłych jest z jednej strony efektem istnienia lokalnych oddziaływań pomiędzy niektórymi grupami neuronów, z drugiej zaś — połączeń innych neuronów danego obszaru z komórkami położonymi w znacznej odległości, co umożliwia występowanie **oddziaływań globalnych**. Jest to niezbędne do wykonania np. serwisu w czasie gry w tenisa, co wymaga precyzyjnej koordynacji ruchów różnych, odległych od siebie części ciała.

3. **Mapy rozproszone** nie wykazują organizacji topograficznej. Rozmaite zapachy są reprezentowane w określonych miejscach opuszki węchowej w sposób nieuporządkowany. Właściwości zapachów nie są w sposób systematyczny reprezentowane w mózgu.

F4 JAKOŚĆ BODŹCA

Hasła

Receptory zmysłowe

Receptory zmysłowe mogą być podzielone na kilka sposobów, na przykład na podstawie ich położenia w obrębie ciała albo rodzaju bodźca, który je pobudza.

Kanał zmysłowy

Drogę neuronalną, która otrzymuje wejście z receptorów zmysłowych określonego typu, można określić jako kanał zmysłowy. Umożliwia on powstawanie wrażenia jednego typu. Pojedyncze receptory w obrębie określonej klasy cechuje zmienność progu i zakresu dynamiki. Intensywność bodźca jest częściowo odzwierciedlona w postaci liczby pobudzonych neuronów. Złożone wrażenia powstają wskutek równoczesnej aktywacji kilku kanałów zmysłowych.

Modalność

Modalność jest zbiorem wszystkich podobnych jakościowo wrażeń, wytwarzanych przez określony narząd zmysłu. Jakość bodźca jest najprawdopodobniej określana poprzez narząd zmysłu.

Tematy pokrewne Skórne receptory czuciowe (G1) Siatkówka (H3)
Zmysł równowagi (G4) Budowa anatomiczna i fizjologia
narządu słuchu (I2)

Receptory zmysłowe

Receptory zmysłowe można zaklasyfikować na liczne sposoby. Ich posumowanie przedstawiają *tabele 1, 2 i 3*.

Kanał zmysłowy

Drogę neuronalną, która ma połączenia z receptorami zmysłowymi (czuciowymi) określonego rodzaju, i która, po pobudzeniu, wywołuje powstanie dającego się określić wrażenia, można określić jako **kanał zmysłowy** (aferentny). Związek między rodzajem receptora a rodzajem powstającego wrażenia jest spowodowany powstawaniem odpowiedzi w receptorze tylko w efekcie oddziaływania określonego typu bodźca, jak np. fotonów albo ucisku mechanicznego. Na przykład istnieje kanał do ogrzewania skóry, który funkcjonuje dzięki temu, że termoreceptory ciepła reagują optymalnie na podwyższenie temperatury skóry. Receptory określonego rodzaju mogą się różnić właściwościami, np. wartością **bodźca progowego**, czyli bodźca o takiej intensywności, która powoduje powstanie potencjału czynnościowego we włóknie aferentnym w 50% przypadków podania bodźca. Poszczególne receptory ciepła odpowiadają w odmiennych zakresach temperatur, co oznacza, że różnią się one **zakresem dynamiki** działania. Wrażenie powstające w wyniku aktywności kanału zmysłowego jest oparte na pobudzeniu populacji włókien afe-

Tabela 1. Podział receptorów zmysłowych ze względu na położenie

Położenie	Narząd/receptor	Zmysł
Eksteroreceptory		
wyspecjalizowane	siatkówka	wzrok
	ślimak	słuch
	nabłonek węchowy	zapach
	nabłonek smakowy	smak
	narząd przedsionkowy	równowaga
powierzchniowe	skórne mechano-, termo- i nocyceptory	dotyk, temperatura i ból
Proprioreceptory		
głębokie	mechanoreceptory mięśni i stawów	pozycja ciała i ruch
Interoreceptory		
trzewne	mechanoreceptory trzewne	czucie trzewne

Tabela 2. Podział receptorów zmysłowych ze względu na rodzaj bodźca

Receptor	Bodziec	Zmysł
Fotoreceptory	światło	wzrok
Mechanoreceptory	siły mechaniczne	słuch, równowaga, dotyk, propriorecepcja, rozciągnięcie trzewi
Termoreceptory	ciepło	temperatura
Chemoreceptory	różnorodne cząsteczki	węch, smak

rentnych. W ten sposób kodowanie populacyjne uczestniczy w określeniu intensywności wrażenia zmysłowego. Wiele spośród map topograficznych to pojedyncze lub kilka blisko spokrewnionych kanałów zmysłowych. Niektóre mapy topograficzne to w rzeczywistości zespół „podmap", z których każda jest reprezentacją określonego kanału zmysłowego.

Wiele postrzeganych wrażeń nie odpowiada temu, co powstaje w wyniku aktywacji pojedynczego kanału zmysłowego. Tego rodzaju **wrażenia złożone** powstają na skutek aktywacji kilku typów receptorów przez pojedynczy bodziec. W ten sposób umożliwione jest powstawanie bogactwa wrażeń zmysłowych wyższego rzędu, jak np. czucie tekstury (struktury) powierzchni lub jej wilgotności.

Modalność

Pojęcie modalności jest słabo zdefiniowane w literaturze dotyczącej badania mózgu. Niektórzy autorzy uważają, że jest to wrażenie powstające na skutek pobudzenia receptorów jednego rodzaju. Z definicji tej wynika, że istnieje tyle typów modalności, ile rodzajów receptorów, a kanał zmysłowy jest drogą przypisaną do określonej modalności. Według alternatywnej definicji modalność to zespół jakościowo podobnych wrażeń odbieranych przez określony narząd zmysłu. Definicja ta rozróżnia submodalności w odniesieniu do specyficznej percepcji. Niektóre submodalności odpowiadają określonemu rodzajowi receptorów, inne zaś są związane z kilkoma rodzajami receptorów. Odpowiedni przykład ilustruje *tabela 3*. Niedawno wykonane badania wskazują, że jakość bodźca jest określana przez narząd zmysłu. Zmiana przebiegu dróg wzrokowych i skierowanie ich do kory słuchowej, w efekcie zabiegu chirurgicznego, powoduje taką zmianę w zachowaniu operowanych zwierząt, która sugeruje, że interpretują one wejście docierające poprzez drogi wzrokowe do kory słuchowej jako światło, a nie dźwięk. Doświadczenie to sugeruje ponadto, że kora zmysłowa jest „urządzeniem" uniwersalnym, dysponującym ogromnymi możliwościami adaptacyjnymi.

Tabela 3. Klasyfikacja jakości wrażenia

Narząd	Modalność	Submodalność
Siatkówka	wzrok	jasność skali szarości kolor
Ślimak	słuch	dźwięk
Nabłonek węchowy	zapach	brak zgody co do pierwszorzędowych jakości
Nabłonek języka	smak	słony, słodki, kwaśny, gorzki
Narząd przedsionkowy	równowaga	kierunek pola grawitacyjnego przyspieszenie kątowe głowy
Mechanoreceptory mięśni i stawów	propriorecepcja	
Mechanoreceptory trzewne	rozciągnięcie trzewi	
Mechanoreceptory skórne	dotyk	lekki dotyk, ucisk, wibracja/drżenie
Skórne termoreceptory ciepła	ciepło	
Skórne termoreceptory zimna	zimno	
Nocyceptory skórne i trzewne	ból	
Receptory świądu	świąd	

G1 Skórne receptory czuciowe

Hasła

Potencjały receptorowe

Receptory czuciowe odpowiadają na bodziec zmianą potencjału błony zwanego potencjałem receptorowym. We wszystkich receptorach kręgowców zmiana ta polega na depolaryzacji, z wyjątkiem fotoreceptorów, w których bodziec wywołuje hiperpolaryzację, i komórek włoskowatych ucha wewnętrznego, w których występują zmiany napięcia błonowego w obu kierunkach. Skórny receptor czuciowy jest częścią pierwszorzędowej komórki aferentnej. W innych układach sensorycznych receptor jest oddzielną komórką. Potencjały receptorowe są biernie przewodzonymi potencjałami analogowymi o małej amplitudzie, zanikającymi w funkcji czasu i odległości (por. potencjały synaptyczne). Receptory adaptują się do działania stałego bodźca w ten sposób, że ich odpowiedź maleje z czasem. Dostatecznie duże potencjały receptorowe wywołują w drogach zmysłowych potencjały czynnościowe; potencjały receptorowe wyzwalające bezpośrednio iglice nazywane są potencjałami generatorowymi.

Mechanoreceptory skórne

Mechanoreceptory skórne odpowiadają na działanie sił mechanicznych. Wyróżnia się dwie grupy receptorów: wolno i szybko adaptujące się, a w każdej z tych grup istnieją dwa typy receptorów. Receptory typu I mają małe pole recepcyjne (RF) z wyraźnymi granicami i są związane z czuciem kształtu i tekstury (faktury powierzchni). Receptory typu II mają duże RF z niewyraźnymi (rozmazanymi) granicami. Gęstość receptorów nie jest jednorodna. Największa występuje na opuszkach palców i wargach. Obszary skórne o dużej gęstości receptorów odpowiadają większym obszarom na mapach somatotopowych struktur mózgu niż obszary o mniejszej gęstości receptorów.

Termoreceptory skórne

Termoreceptory są receptorami wolno adaptującymi się. Receptory ciepła zwiększają częstotliwość wyładowań w odpowiedzi na wzrost temperatury skóry, podczas gdy receptory zimna odpowiadają na obniżenie temperatury. Termoreceptory w małym stopniu są zdolne do określania wartości bezwzględnej lub powolnych zmian temperatury.

Receptory bólowe (nocyreceptory)

Włókna aferentne mechanicznych receptorów bólowych to włókna Aδ odpowiedzialne za czucie ostrego, kłującego bólu. Ulegają one sensytyzacji (wykazują zwiększoną odpowiedź z upływem czasu) na długotrwałe działanie gorąca. Polimodalne włókna aferentne nocyreceptorów należących do grupy C są pobudzane w wyniku działania dużych sił mechanicznych, gorąca i licznych związków chemicznych uwalnianych w czasie uszkodzenia tkanki. Ich pobudzenie daje wrażenie niedokładnie zlokalizowanego, palącego bólu.

Tematy pokrewne	Drogi sznurów tylnych przewodzące czucie dotyku (G2)	Układ przednio-boczny i ośrodkowa kontrola bólu (G3) Lokalizacja bodźca (F3) Jakość bodźca (F4)

Potencjały receptorowe

Pod wpływem działania właściwego bodźca w receptorach czuciowych następuje zmiana potencjału błony komórkowej poprzez zwiększenie jej przepuszczalności dla jednego lub kilku rodzajów jonów. Proces taki nazywa się **przetwarzaniem** (transdukcją) i jest różny w różnych receptorach. W układach somatosensorycznych receptor jest zmodyfikowanym zakończeniem aksonu neuronu pierwszorzędowego, który jest depolaryzowany bezpośrednio przez bodziec. W pozostałych układach zmysłowych receptor jest wyspecjalizowaną komórką, która ma synaptyczne połączenie z pierwszorzędowym neuronem aferentnym. W takich komórkach zmiany potencjału błony są przetwarzane na odpowiednią ilość uwalnianego neuroprzekaźnika, który odpowiednio oddziałuje na pierwszorzędowe włókna aferentne. U kręgowców prawie wszystkie receptory ulegają depolaryzacji na skutek działania bodźca. Wyjątek stanowią fotoreceptory, które ulegają hiperpolaryzacji w wyniku działania światła, i komórki włoskowate w uchu wewnętrznym odpowiedzialne za równowagę i słyszenie, które zależnie od bodźca ulegają depolaryzacji lub hiperpolaryzacji.

Zmiany potencjału błony receptora wywołane przez bodziec zwane są **potencjałem receptorowym**. W niektórych układach zmysłowych, jak np. w układzie czuciowym, dostatecznie silny bodziec wywołuje potencjał czynnościowy. Potencjał receptorowy, który bezpośrednio wywołuje potencjał czynnościowy, jest często nazywany **potencjałem generatorowym**.

Potencjały receptorowe mają wiele cech wspólnych z potencjałami synaptycznymi (*rys. 1*). Charakteryzują się małą amplitudą, zależną od siły bodźca, są elektrotonowo (pasywnie) przewodzone po powierzchni komórki receptorowej lub wzdłuż neurytów, co w konsekwencji powoduje, że zmniejszają się w funkcji czasu i odległości zgodnie z przewodzącymi właściwościami komórki. Potencjał generatorowy będzie wyzwalał potencjały czynnościowe tak długo, jak długo jego wartość będzie przekraczała próg pobudliwości, a częstotliwość wyładowań będzie tym większa, im większa jest jego amplituda. Wszystkie potencjały receptorowe ostatecznie powodują zmienne wyładowania neuronów czuciowych. W rozumieniu technicznym wszystkie bodźce są zamieniane na sygnały **analogowe**, a układy czuciowe działają jako **przetworniki analogowo-cyfrowe**. Ma to istotne znaczenie, bo choć sygnały analogowe mogą być sumowane i taka integracja wzmacnia efekty słabych bodźców, są one bardziej wrażliwe na zakłócenia niż potencjały czynnościowe (patrz temat F1).

Receptory mają właściwości **adaptacyjne**, tzn. ich odpowiedź na działania bodźca o stałej wartości zmniejsza się z upływem czasu. Rozróżnia się receptory **wolno** (ang. slowly adapting, SA) i **szybko** (ang. rapidly adapting, RA) **adaptujące się**.

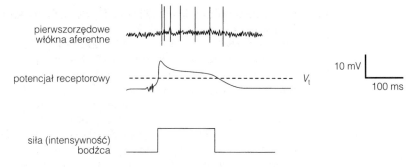

Rys. 1. Potencjał receptorowy (generatorowy) (wykres środkowy) i wyładowania (wykres górny) wolno adaptujących się mechanoreceptorów skórnych w odpowiedzi na trwające 150 ms naciągnięcie skóry (wykres dolny). V_t, potencjał progowy

Receptory skórne dzieli się na mechanoreceptory, termoreceptory i receptory bólu (nocyreceptory). Ich właściwości są przedstawione w *tabeli 1*.

Mechanorece- ptory skórne

Mechanoreceptory dzieli się na wolno i szybko adaptujące się i każdy z nich może być typu I lub II zależnie od ich lokalizacji i pola recepcyjnego (RF). Receptory typu I to receptory powierzchniowe leżące na granicy naskórka i skóry, o małym polu recepcyjnym, z wyraźnie zaznaczonymi granicami. Zaliczamy do nich **ciałka Meissnera** (dotykowe) (*rys. 2a*) i **łąkotki (krążki) dotykowe Merkela** (*rys. 2b*). Receptory typu II znajdują się głęboko w skórze i mają duże pola recepcyjne ze słabo

Tabela 1. Receptory skórne

Receptor	Szybkość adaptacji i submodalność	Typ włókien	Wrażenie
Mechanoreceptory			
Ciałko Meissnera	RA1 prędkość	Aβ	dotknięcie, drżenie,
Ciałko Paciniego	RA2 przyspieszenie	Aβ	rozciąganie
Łąkotki dotykowe Merkela	SA1 prędkość	Aβ	wibracje
Ciałka Ruffiniego	i przemieszczenie		dotknięcie, ciśnienie
Zakończenie lancowate[a]	SA2 przemieszczenie	Aβ	rozciąganie
Zakończenie Pilo-Ruffiniego[a]	RA1 prędkość	Aα	ruchy włosa
Receptor mieszka włosowego[a]	SA2 przemieszczenie	Aβ	ruchy włosa
	RA1 przemieszczenie	Aβ	ruchy włosa
Termoreceptory			
Ciepła, gołe zakończenia nerwowe	SA	C	↑ temperatura skóry
Zimna, gołe zakończenia nerwowe	SA	Aδ	↓ temperatura skóry
Receptory bólu			
Mechaniczne – gołe zakończenia nerwowe	nie adaptujące się	Aδ	ostry ból
Polimodalne gołe zakończenia nerwowe	nie adaptujące się	C	palący ból

[a] Tylko skóra owłosiona
RA – szybko adaptujące się
SA – wolno adaptujące się

zaznaczonymi granicami. Zalicza się do nich **ciałka Ruffiniego** (*rys. 2c*) i **Paciniego** zwane też blaszkowatymi (*rys. 2d*).

Receptory typu I są bardziej związane z percepcją kształtu i rodzaju powierzchni niż receptory typu II. Gęstość receptorów typu I nie jest jednorodna na powierzchni ciała i jest największa na opuszkach palców, ustach i języku, a najmniejsza na tułowiu. Obszary z większą gęstością receptorów mają proporcjonalnie większe reprezentacje na mapach somatotopowych. Kowergencja receptorów zależy od typu receptora. Na przykład w przypadku łąkotek dotykowych Merkela włókno aferentne otrzymuje wejście z dwu do siedmiu receptorów, a dla ciałek Paciniego stosunek receptorów do włókien wynosi jeden do jednego.

Sygnały z ciałka Meissnera mają istotne znaczenie w regulacji siły ucisku, ponieważ są bardzo czułe na małe ruchy, jakie na przykład wykonuje po powierzchni skóry przedmiot trzymany w dłoni. Ludzka skóra jest czuła na wibracje o szerokim zakresie częstotliwości (5–500 Hz). Dla częstotliwości poniżej 40 Hz używa się pojęcia drżenie. Odczucie to jest głównie związane z ciałkami Meissnera. Wyższe częstotliwości są wykrywane przez ciałka Paciniego. Ciałka te pobudzane bodźcem o sile zmieniającej się sinusoidalnie powodują wyzwolenie jednego potencjału czynnościowego w ciągu jednego okresu. Optymalna czułość tego receptora wynosi około 200 Hz. Bodźce o tej częstości mogą być wykryte nawet na powierzchni skóry mniejszej niż 1 μm^2.

Zjawisko przetwarzania było najszerzej badane na ciałkach Paciniego. Siła uginająca skórę jest przenoszona przez ciałko i powoduje deformację neurytu znajdującego się wewnątrz. Powoduje to otwarcie niewrażliwych na tetradotoksynę kanałów Na$^+$ w błonie i szybką depolaryzację. Potencjał błony wraca do wartości spoczynkowej niezwykle szybko, ponieważ receptor ulega adaptacji. Adaptacja dokonuje się wewnątrz

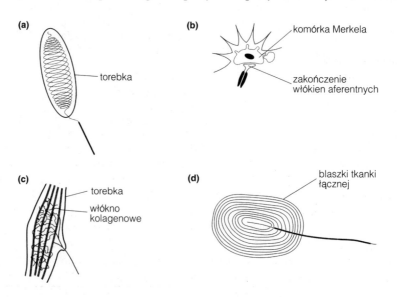

Rys. 2. Morfologia mechanoreceptorów nieowłosionej skóry: (a) ciałko Meissnera; (b) łąkotki dotykowe Merkela; (c) ciałko Ruffiniego; (d) ciałko Paciniego

ciałka, które składa się z koncentrycznych warstw tkanki łącznej. Przyłożona siła jest przenoszona tylko chwilowo, zanim zostanie rozproszona przez warstwy ślizgające się względem siebie.

Ludzka skóra może być owłosiona albo nieowłosiona. Unerwienie skóry owłosionej różni się mniejszą gęstością rozmieszczenia tarczek Merkela i występowaniem specjalnych mechanoreceptowów ściśle związanych z włosami.

Termoreceptory skórne

Termoreceptory są wolno adaptującymi się receptorami, sygnalizującymi prędkość zmian temperatury. Częstość wyładowań receptorów ciepła rośnie wraz ze wzrostem temperatury skóry, podczas gdy receptorów zimna – wraz ze spadkiem temperatury. Termoreceptory są znacznie bardziej wrażliwe na szybkie zmiany temperatury niż na wolne i są złymi wskaźnikami temperatury bezwzględnej. Maksymalna częstość wyładowań dla receptora ciepła występuje przy wyższej temperaturze niż dla receptora zimna (*rys. 3*). Włókna aferentne termoreceptorów otrzymują wejścia z trzech do czterech receptorów i mają bardzo małe pole recepcyjne (średnicy ok. 1 mm w nieowłosionej skórze). Stwierdzono, że promieniowanie podczerwone jest bardzo niedokładnie lokalizowane na skórze.

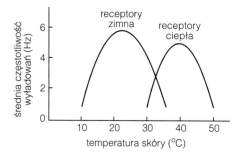

Rys. 3. *Zależność częstości wytworzonych potencjałów czynnościowych w populacji skórnych receptorów ciepła i zimna od temperatury skóry*

Receptory bólu (nocyreceptory)

Istnieją dwie odrębne populacje receptorów bólu. Mechaniczny receptor bólu to gołe zakończenie nerwowe; jedno z pięciu do 20 bocznic zmielinizowanego aksonu typu Aδ. Włókna aferentne tych nocyreceptorów mają szeroki zakres prędkości przewodzenia (7–30 m · s^{-1}). Ich pola recepcyjne są złożone z małych obszarów o średnicy 2–3 mm, z których każdy jest związany z odrębnym receptorem. Mechaniczne receptory bólu mają wysoki próg pobudliwości na krótkotrwałe ogrzanie skóry, ale cechuje je **sensytyzacja** (uwrażliwienie), czyli obniżenie progu w wyniku długotrwałego ogrzania. Receptory te są odpowiedzialne za percepcję ostrego, kłującego, dobrze zlokalizowanego bólu. Jest to pierwsze odczucie bólowe następujące po urazie mechanicznym.

Nocyreceptory polimodalne odpowiadają na ukłucia skóry, temperaturę powyżej 46°C i wiele związków chemicznych uwolnionych po uszkodzeniu tkanki, włączając w to jony K$^+$, H$^+$, bradykininę i histaminę. Zależność między siłą bodźca i odpowiedzią w ich niemielinizowanych włóknach typu C jest liniowa. Ze względu na małą prędkość przewodzenia włókien typu C, wytwarzane przez nie uczucie bólu jest najpóźniejszym wrażeniem występującym po uszkodzeniu mechanicznym. Polimodalne receptory bólu wytwarzają niedokładnie zlokalizowane uczucie palącego, źle tolerowanego bólu. Podobne wrażenie daje ból trzewny. Uwolnienie bradykininy i prostaglandyny E_2 z uszkodzonej tkanki obniża próg pobudliwości nocyreceptorów na działanie bodźców mechanicznych i termicznych, co powoduje, że obszar uszkodzenia staje się bardziej wrażliwy na bolesne bodźce. Nawet nieszkodliwe bodźce mogą wywołać wówczas ból. Zjawisko to nazywa się **przeczulicą pierwotną**.

G2 DROGI SZNURÓW TYLNYCH PRZEWODZĄCE CZUCIE DOTYKU

Hasła

Droga sznury tylne–wstęga przyśrodkowa (DCML)

Do każdego korzenia tylnego (korzonka grzbietowego) rdzenia kręgowego dochodzi informacja z dermatomów skórnych. Włókna aferentne mechanoreceptorów i proprioreceptorów wchodzą do korzeni tylnych i tworzą synapsy z interneuronami zaangażowanymi w odruchy rdzeniowe w rogach tylnych. Odgałęzienie od każdego włókna aferentnego idzie sznurami tylnymi w górę rdzenia kręgowego i łączy się z neuronami w jądrach sznurów tylnych (ang. dorsal column nuclei, DCN) w rdzeniu przedłużonym. W jądrach tych występuje hamowanie oboczne. Aksony z DCN przecinają linie środkową rdzenia i idą do góry we wstędze przyśrodkowej (ang. medial lemniscus) do brzuszno-bocznej części wzgórza. Stąd idzie projekcja do pierwszorzędowej kory czuciowej (SI). Somatotopowa organizacja na każdym etapie połączeń pozwala na zachowanie lokalizacji bodźca (kora czuciowa ma kilka map somatotopowych na swojej powierzchni, z których każda odpowiada innej klasie receptorów), a dynamiczne właściwości bodźców przetworzone przez receptory są przesyłane wiernie prosto do kory. Kora czuciowa jest zorganizowana w promieniście ułożone kolumny, z których każda otrzymuje informacje z jednego typu receptora znajdującego się w danym miejscu na skórze. Sąsiednim obszarom skóry odpowiadają sąsiednie kolumny. Kora SI jest związana z dyskryminacją dotykową i stereognozą (postrzeganiem przestrzennym) – zdolnością do wykrywania kształtu przedmiotu przez dotyk. Drugorzędowa kora czuciowa (SII) otrzymuje informację z obu stron ciała i jest zaangażowana w kierowanie ruchem na podstawie informacji czuciowej.

Połączenia zstępujące

Zwrotne połączenia między korą czuciową i zespołem jąder DCML (ang. dorsal column-medial lemniscal) mają tę samą organizację somatotopową co drogi wstępujące. Wydaje się, że połączenia zstępujące filtrują wejściową informację czuciową.

Tematy pokrewne   Lokalizacja bodźca (F3)   Skórne receptory czuciowe (G1)
                        Jakość bodźca (F4)   Układ przednio-boczny i ośrodkowa
                                                            kontrola bólu (G3)

Droga sznury tylne–wstęga przyśrodkowa (DCML)

Obszar skóry unerwiany przez jeden korzeń tylny nazywa się dermatomem. Aksony pierwszorzędowych aferentów z mechanoreceptorów skórnych przewodzące sygnały z mechanoreceptorów i proprioreceptorów wchodzą do rdzenia kręgowego poprzez korzenie tylne i tworzą synapsy z interneuronami, **komórkami rogów tylnych (**ang. dorsal horn cells, DHC) leżących w głębokich blaszkach Rexeda. Neurony te uczestniczą w odruchach rdzeniowych lub modyfikują je. Każde z włókien aferentnych wysyła bocznice (kolaterale) idące wzdłuż sznurów tylnych, które tworzą synapsy z neuronami znajdującymi się w **jądrach sznurów tylnych** (DCN) w rdzeniu przedłużonym. **Jądro klinowate** otrzymuje informację z korzeni C1–8 i T1–6, a **jądro smukłe** — z korzeni T7–12 i L1–5. W jądrach sznurów tylnych występuje hamowanie obuoczne (*rys. 1*).

Aksony neuronów znajdujących się w jądrach kolumn grzbietowych przecinają linię środkową i idą do góry po przeciwnej stronie rdzenia kręgowego jako **wstęga przyśrodkowa,** dochodząc do **brzuszno-tylno--bocznej** (ang. ventroposterolateral, VPL) części brzusznej podstawnej wzgórza (*rys. 2*). Komórki nerwowe z VPL wysyłają aksony wzgórzowo--korowe dochodzące do **pierwszorzędowej kory czuciowej** SI (pola 1, 2, 3a i 3b wg Brodmanna) usytuowanej na zawoju zacentralnym. Neurony z SI dają z kolei projekcje do SII (drugorzędowej kory czuciowej) (*rys. 3a*).

Główne właściwości układu DCML to:

- Duża siła pobudzeniowych połączeń synaptycznych.
- Właściwości neuronów tego układu są dostosowane do zasilających je receptorów, tak że dynamiczne właściwości bodźców, przetworzone przez receptor są przesyłane z dużą dokładnością (wiernością) przez cały układ.
- Somatotopowe odwzorowanie zachowuje lokalizacje na każdym poziomie. Mapy ciała znajdują się w sznurach tylnych, VPL i korze czuciowej. Każdy z czterech pól w SI ma odrębną mapę. Wejście skórne odzwierciedla mapę ciała w warstwach wewnętrznych VPL i potem w polach 1 i 3b, podczas gdy wejścia propriceptywne wytwa-

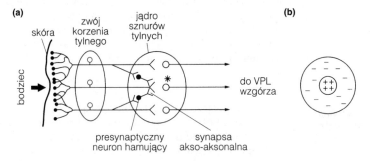

Rys. 1. Hamowanie oboczne w jądrze sznurów tylnych: (a) układ połączeń, neuron w sznurze tylnym zaznaczony gwiazdką ma pole recepcyjne otoczone pierścieniem hamującym, ponieważ ilość uwalnianego neuroprzekaźnika z jego pierwszorzędowego włókna aferentnego jest zmniejszana przez presynaptyczne neurony hamujące pobudzane przez włókna aferentne pochodzące z otaczającej skóry; (b) pole recepcyjne zaznaczonej komórki

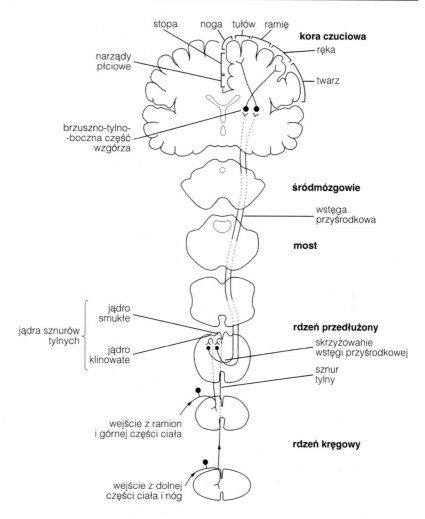

stopa   noga   tułów   ramię

kora czuciowa
ręka

narządy
płciowe

twarz

brzuszno-tylno-
-boczna część
wzgórza

śródmózgowie

wstęga
przyśrodkowa

most

jądro
smukłe

jądra sznurów
tylnych

rdzeń przedłużony

skrzyżowanie
wstęgi przyśrodkowej

jądro
klinowate

sznur
tylny

wejście z ramion
i górnej części ciała

rdzeń kręgowy

wejście z dolnej
części ciała i nóg

Rys. 2. Układ sznury tylne–wstęga przyśrodkowa. Wszystkie pokazane neurony są pobudzające

rzają mapy w bardziej obwodowych obszarach VPL wzgórza i potem w polach 2 i 3a (*rys. 3b*).

Neurony w SI są zorganizowane w promieniście ułożonych **kolumnach**. Każda kolumna otrzymuje informację tylko z jednego typu receptora, ze ściśle określonego obszaru. Sąsiednie obszary są reprezentowane w sąsiednich kolumnach zgodnie z organizacją somatotopową. Wewnątrz kolumn występują bogate połączenia neuronalne, w przeciwieństwie do połączeń między kolumnami, których jest mało.

Pierwszy etap opracowania sygnałów czuciowych następuje w korze w polu 3b, gdzie dochodzi główna projekcja z neuronów VPL wzgórza. Z kolei komórki pola 3b dają projekcje do warstwy IV pól 1 i 2. Pola recepcyjne neuronów w polu 3b są stosunkowo proste, natomiast w polach 1 i 2 są bardziej złożone. Badania z wykorzystaniem uszkodzeń

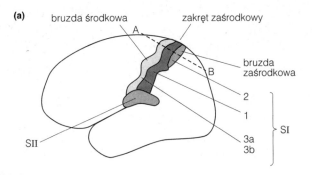

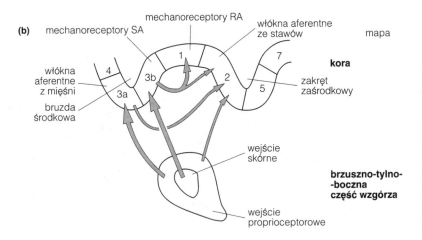

*Rys. 3. Kora czuciowa: (a) lokalizacja kory czuciowej pierwszorzędowej (SI)
i drugorzędowej (SII) w lewej półkuli mózgowej, widok z boku. Numery oznaczają
pola wg Brodmanna; (b) połączenia wzgórza i kory czuciowej w przekroju wg linii
A–B zaznaczonej w części (a) ryciny*

układu nerwowego pokazały, że pole 3b ma istotne znaczenie w rozróż-
nieniu czucia dotyku, pole 1 jest związane z analizą rodzaju (tekstury)
powierzchni, a pole 2 — z **postrzeganiem przestrzennym (stereognozą)**
– zdolnością do rozpoznawania trójwymiarowych kształtów na podstawie dotyku. Poza informacją z receptorów skórnych do pola 2 dochodzi
informacja z proprioreceptorów (bezpośrednio i z pola 3a). Obszar ten
ma również wzajemne połączenia z korą ruchową. Powyższe połączenia
nie są zaangażowane w modyfikację wykonywanego ruchu, ale mogą
informować korę ruchową o konsekwencjach, jakie ten ruch wywołuje
w układzie czuciowym.

Drugorzędowa kora czuciowa (SII) otrzymuje informację bezpośrednio z brzusznej podstawnej części wzgórza i z kory SI. Wiele neuronów
w korze SII ma bilateralne pola recepcyjne, tzn. bodźce z odpowiadających sobie obszarów po obu stronach ciała wywołują ich odpowiedź.
Wejścia z przeciwstronnej powierzchni ciała są bezpośrednią konsek-

wencją **skrzyżowania** (przejścia na drugą stronę) wstęgi przyśrodkowej. Wejścia z tożstronnej powierzchni ciała wchodzą do kory SII przeciwstronnej półkuli poprzez ciało modzelowate. Integracja informacji z obu stron ciała odbywająca się w korze SII jest pierwszym etapem, w którym kształtuje się jednolite postrzeganie całego ciała. Dzięki temu rozróżnianie dotykowe wyuczone z użyciem jednej ręki może być łatwo przeniesione na drugą — jest to tzw. międzypółkulowy transfer rozróżniania dotykowego.

Kora SII ma istotne znaczenie w sterowaniu ruchem ze względu na jej połączenia z korą ruchową, którymi przekazywana jest informacja czuciowa. Ponadto z kory SII wychodzą włókna do kory limbicznej, a przez to do hipokampa i ciała migdałowatego. Droga ta uczestniczy w uczeniu z udziałem zmysłu dotyku.

Połączenia zstępujące

Kora czuciowa ma wzajemne połączenia ze wszystkimi strukturami podkorowymi, przekazującymi do niej informację czuciową: VPL wzgórza, jądrami sznurów tylnych i komórkami rogów tylnych (DHC). Droga zstępująca jest utworzona przez drogę korowo-rdzeniową (piramidową) bądź bezpośrednio, bądź poprzez połączenia z jądrami tworu siatkowatego w pniu mózgu. Te połączenia zwrotne odtwarzają mapę somatotopową zgodną z wstępującą drogą DCML. Prawdopodobnie za ich pośrednictwem może być selekcjonowana informacja czuciowa, co jest istotą mechanizmu uwagi.

G3 UKŁAD PRZEDNIO-BOCZNY I OŚRODKOWA KONTROLA BÓLU

Hasła

Drogi przednio-boczne	Włókna aferentne o małej średnicy przenoszące informację o temperaturze i bólu razem z niewielka liczbą aferentnych włókien mechanoreceptorów wchodzą do rogów tylnych i dochodzą do neuronów drogi przednio-bocznej, którą przesyłana jest informacja o temperaturze, bólu i niedokładnie zlokalizowanym (zgrubnym) wrażeniem dotyku. Większość aksonów tych neuronów przekracza linię środkową na przestrzeni jednego lub dwu segmentów rdzeniowych i idzie w górę sznurami przednio-bocznymi. Istnieją trzy drogi przednio-boczne. Największa to droga rdzeniowo-wzgórzowa, która kończy się w części brzuszno-tylno-bocznej (VPL) wzgórza i jest odpowiedzialna za świadome odczuwanie bólu. Droga rdzeniowo-siatkowa jest częściowo tożstronna i poprzez połączenia ze środkowym jądrem warstwowym wzgórza jest związana ze wzbudzeniem w odpowiedzi na ból. Droga rdzeniowo-śródmózgowiowa kończy się strukturach śródmózgowiowych regulujących przepływ informacji bólowej do ośrodkowego układu nerwowego (OUN).
Drogi grzbietowe	Cześć informacji z nocyreceptorów nie idzie drogami w sznurach przednio-bocznych, a inną drogą poprzez komórki rogów tylnych i sznury tylne i dalej do bocznego jądra szyjnego lub do jąder sznurów tylnych. Droga ta kończy się w VPL wzgórza.
Rola kory w odczuwaniu bólu	Chociaż neurony znajdujące się we wzgórzu dają projekcję do kory czuciowej i jej komórki odpowiadają na pobudzenie bólowe, usunięcie tej kory nie ma wpływu na percepcję bólu, gdyż to kora obręczy jest związana z emocjonalną odpowiedzią na ból.
Ośrodkowa kontrola bólu	Kontrola informacji idącej z nocyreceptorów do OUN odbywa się na dwóch poziomach. W rdzeniu kręgowym wejście z pierwszorzędowych cienkich włókien aferentów do drogi rdzeniowo-wzgórzowej jest hamowane przez równoczesną aktywność w grubych włóknach aferentów mechanoreceptorów za pośrednictwem interneouronów enkefalinergicznych znajdujących się w istocie galaretowatej. Drogi zstępujące z mózgu, zawierające takie neuroprzekaźniki jak enkefaliny, serotoninę i noradrenalinę hamują transmisję rdzeniowo-wzgórzową. Leki opioidowe wywierają skutek przeciwbólowy prawdopodobnie częściowo poprzez działanie agonistyczne na receptory opioidowe w pniu mózgu i rdzeniu kręgowym.

Zespoły bólowe	Ból pochodzący z organów wewnętrznych jest często odczuwany jako ból na powierzchni ciała, ponieważ wejścia z nocyreceptorów pochodzące z różnych źródeł ulegają konwergencji w rdzeniu kręgowym. Zmiana organizacji połączeń w OUN może być odpowiedzialna za bóle fantomowe występujące po amputacji kończyn. Ból może być wywołany przez aktywność neuronów układu sympatycznego lub poprzez uszkodzenia ośrodkowych dróg bólowych.
Tematy pokrewne	Lokalizacja bodźca (F3) Skórne receptory czuciowe (G1) Jakość bodźca (F4) Drogi sznurów tylnych przewodzące czucie dotyku (G2)

Drogi przednio-boczne

Pierwszorzędowe włókna aferentne dróg przednio-bocznych są aksonami małych komórek znajdujących się w zwojach rdzeniowych (korzeni tylnych) (DRG) pobudzanych przez termoreceptory lub nocyreceptory lub aksonami komórek zwojowych DRG, o dużych polach recepcyjnych (RF) pobudzanych przez mechanoreceptory. W związku z tym układ przednio-boczny jest odpowiedzialny za odczucie temperatury, bólu i niedokładnie zlokalizowanego (zgrubnego) czucia dotyku (*rys. 1*).

Aksony pierwszorzędowych włókien aferentnych biegną w bocznej części korzeni tylnych. Stąd wchodzą do **drogi grzbietowo-bocznej** (**droga Lissauera**) i dzielą się na odgałęzienia wstępujące i zstępujące, dając bocznice wchodzące do rogów tylnych zazwyczaj na przestrzeni jednego lub dwóch segmentów. Dalej dochodzą do blaszek I i II oraz V-VIII istoty szarej rdzenia, gdzie synaptycznie łączą się ze znajdującymi się w tym samym segmencie neuronami rdzeniowymi drogi przednio--bocznej. Projekcja włókien aferentnych z nocyreceptorów pokazana jest na *rysunku 1*. Większość aksonów tych neuronów przekracza linię środkową na przestrzeni jednego lub dwu segmentów i idzie w górę w sznurach przednio-bocznych. Istnieją trzy różne drogi.

1. Większość aksonów układu przednio-bocznego tworzy **drogę rdzeniowo-wzgórzową** (ang. spinothalamic tract, STT). Droga ta zaczyna się w blaszkach I i V-VII i kończy we wzgórzu. Około 10% aksonów drogi STT z blaszek I i V idzie do VPL wzgórza w dokładnym somatotopowym odwzorowaniu. Te neurony **nowej drogi rdzeniowo--wzgórzowej** mają małe pole recepcyjne i wybiórczo przesyłają informacje albo z nocyreceptorów, albo z termoreceptorów, albo z mechanoreceptorów o szerokiej dynamice. Pojęcie „szerokiej dynamiki" oznacza, że neuron odpowiada na bodźce o dużym zakresie intensywności, a więc musi otrzymywać informację z receptorów zarówno o niskim, jak i wysokim progu pobudliwości. Aksony drogi STT kończą się w VPL razem z aksonami drogi przyśrodkowej z odpowiadających sobie obszarów. Chociaż te dwa układy dochodzą do różnych komórek znajdujących się w VPL, informacja dochodząca drogą sznury tylne–wstęga przyśrodkowa (DCML) do VPL może mieć znaczenie w lokalizacji ostrego bólu, która odbywa się na podstawie informacji przenoszonej przez STT.

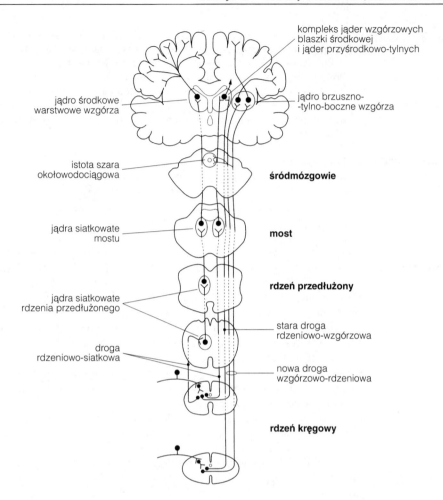

Rys.1. Drogi przednio-boczne. Szczegóły dotyczące poszczególnych dróg omówiono w tekście

Większość aksonów drogi STT kończy się w przyśrodkowym jądrze kompleksu tylnego (ang. medial nucleus of the posterior complex, POM) lub środkowym jądrze warstwowym wzgórza (ang. central laminar, CL). Te neurony **starej drogi rdzeniowo-wzgórzowej** zaczynającej się w blaszce VI–VII mają duże pola recepcyjne i nie są dobrze zorganizowane somatotopowo. Chociaż duża liczba neuronów w POM i CL jest optymalnie sterowana przez wejście z nocyreceptorów i jest zaangażowana w świadome odczuwanie niedokładnie zlokalizowanego, palącego bólu, to jądra te są odpowiedzialne za wytwarzanie wzbudzenia w odpowiedzi na szeroką gamę bodźców czuciowych.

2. Część przednio-bocznych neuronów związanych z przesyłaniem informacji bólowej, szczególnie pochodzących z blaszki VII i VIII szyjnych segmentów rdzenia, tworzy synapsy z neuronami układu siatkowatego rdzenia przedłużonego i mostu. Tworzą one drogę rdzeniowo-siatkową. W przeciwieństwie do drogi STT wiele aksonów

drogi rdzeniowo-siatkowej nie przecina linii środkowej i kieruje się do góry tożstronnie. Ponieważ układ siatkowaty ma bogate połączenia z jądrem CL, droga rdzeniowo-siatkowa jest odpowiedzialna za wzbudzenie w odpowiedzi na ból.

3. Droga **rdzeniowo-śródmózgowiowa** zaczyna się w blaszce I i V (głównie jako bocznice wyłącznie włókien bólowych starej drogi rdzeniowo-wzgórzowej) i kończy we wzgórkach górnych (włókna **rdzeniowo-czworacze**) lub w istocie szarej okołowodociągowej (PAG) śródmózgowia. Droga ta kontroluje drogi zstępujące, które hamują intensywność informacji bólowej na poziomie rdzenia (patrz niżej).

Drogi grzbietowe Poza opisanymi wyżej, istnieją jeszcze dwie inne drogi przenoszące informację bólową i nie znajdujące się w sznurach porzednio-tylnych. To dzięki nim po **uszkodzeniu przednio-bocznym** (procedura chirurgiczna polegająca na przecięciu sznurów przednio-bocznych na określonym poziomie w celu likwidacji trudnych do uśmierzenia bólów) często występuje częściowy powrót czucia bólu. Te inne drogi zaczynają się w komórkach rogów tylnych (DHC) i poprzez sznury tylne dają projekcje albo do bocznego jądra szyjnego, albo do jąder sznurów tylnych. Aksony komórek znajdujących się w tych jądrach biegną we wstędze przyśrodkowej do VPL we wzgórzu.

Rola kory w odczuwaniu bólu Rola kory czuciowej w percepcji bólu jest trudna do określenia. U małp neurony odpowiedzialne za przesyłanie informacji bólowej ze wzgórza dają projekcję do neuronów w korze czuciowej. Te neurony korowe odpowiadają na podrażnienie nocyreceptorów (wejścia nocyceptywne), jednakże nie mają czystego odwzorowania somatotopowego. O ile tomografia pozytronowa wykazuje aktywność w korze SI i SII w odpowiedzi na bolesne pobudzenie termiczne, to kliniczne usunięcie dużych obszarów kory czuciowej nie daje wyraźnych zmian w percepcji bólu. Obrazowanie ludzkiego mózgu pokazuje, że aktywność w korze obręczy wzrasta w czasie odczuwania bólu. Środkowe jądro warstwowe wzgórza otrzymuje projekcję z neuronów układu przednio-bocznego i ma połączenia z korą obręczy. Ten obszar kory jest częścią układu limbicznego związanego z emocjami, jest więc prawdopodobnie zaangażowany w emocjonalne konsekwencje bólu.

Ośrodkowa kontrola bólu Pobudzenie drogi rdzeniowo-wzgórzowej wywołane przez nocyreceptory może być zmniejszone przez jednoczesne pobudzenie w grubych (Aα i Aβ) włóknach aferentnych z mechanoreceptorów. Przypuszczalny mechanizm, **teoria bramkowania**, jest zilustrowany na *rysunku 2*.

Stymulacja bólowych włókien C powoduje długotrwałe pobudzenie komórek rogów grzbietowych w blaszce V, co jest wynikiem uwolnienia pobudzeniowego przekaźnika peptydowego — **substancji P**. Jednoczesna stymulacja grubych włókien, po początkowym pobudzeniu, powoduje hamowanie poprzez interneurony znajdujące się w **istocie galaretowatej** (blaszka II i III). Tak więc poziom informacji bólowej dochodzącej do STT (drogi rdzeniowo-wzgórzowej) zależy od aktywności grubych włókien. Mechanizm bramkowania wyjaśnia zmniejszenie czucia bólu

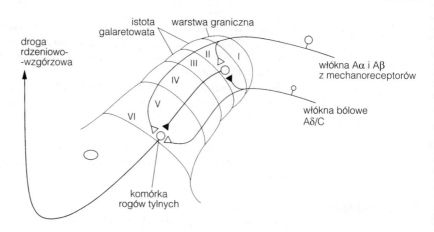

Rys. 2. Schemat sieci nerwowej objaśniający teorię bramkowania. Zakończenia hamujące są pokazane jako czarne trójkąty

w wyniku takich zabiegów jak masowanie okolic rany, **elektryczne drażnienie nerwu poprzez skórę** i **akupunktura**.

Pobudzenie z nocyreceptorów jest hamowane przez drogi zstępujące wychodzące z pnia mózgu (*rys. 3*). Głównym elementem tego układu jest **istota szara okołowodociągowa** (ang. periaqueductal grey, PAG), która jest małym obszarem istoty szarej okalającej wodociąg Sylwiusza w śródmózgowiu. Drażnienie elektryczne tego obszaru u czuwających zwierząt i ludzi powoduje całkowitą analgezję (znieczulenie), bez utraty informacji z innych zmysłów, zjawisko zwane **analgezją po bodźcu**. Istota szara okołowodociągowa jest obszarem bogatym w neurony zawierające enkefaliny. To one pobudzają pośrednio poprzez hamowanie hamujących neuronów γ-aminomasłowych (GABAergicznych) **przeciwbólowe** drogi zstępujące. Jest to przykład **znoszenia hamowania**. Przeciwbólowe neurony znajdujące się w PAG pobudzają seretoninergiczne i enkefalinergiczne komórki w **wielkim jądrze szwu** (ang. nucleus raphe magnus, NRM), znajdującym się w linii środkowej rdzenia przedłużonego, oraz komórki noradrenergiczne w **jądrze bocznym nakrywki**.

Neuroprzekaźniki te hamują komórki rogów grzbietowych w wyniku działania różnych mechanizmów:

1. **Bezpośrednie hamowanie** odbywa się przez akso-dendrytyczne synapsy na neuronach drogi rdzeniowo-wzgórzowej znajdujących się w rogach grzbietowych. Serotonina, enkefalina i norepinefryna (noradrenalina) oddziałuje przez receptory sprzężone z białkiem G [odpowiednio serotoninowy (5-HT$_1$), μ-opioidowy i α2 adrenoreceptor] hiperpolaryzując neurony drogi rdzeniowo-wzgórzowej w wyniku otwarcia kanałów potasowych.

2. **Hamowanie presynaptyczne** uwalniania neuroprzekaźnika z zakończeń włókien aferentów nocyreceptorów przez zstępujące aksony serotoninergiczne i noradrenergiczne, które tworzą połączenia akso-aksonalne z zakończeniami włókien aferentnych nocyreceptorów. Uwolniona serotonina i noradrenalina oddziaływają na receptory

związane z białkiem G, co powoduje zamknięcie kanałów Ca^{2+} w zakończeniach włókien nocyreceptorów. W wyniku tego procesu skraca się czas trwania każdego potencjału czynnościowego dochodzącego do zakończeń aferentnych, zmniejszając ilość uwalnianego neuroprzekaźnika. Hamowanie presynaptyczne występuje powszechnie w rdzeniu kręgowym.

3. **Hamowanie pośrednie** jest wywoływane przez interneurony enkefalinergiczne znajdujące się w istocie galaretowatej. Są one aktywowane przez zstępujące aksony serotonergiczne i noradrenergiczne. Neurony enkefaliergiczne działają zarówno postsynaptycznie na neurony drogi rdzeniowo-wzgórzowej (STT) otwierając kanały K^+, jak i presynaptycznie na zakończenia pierwszorzędowych aferentów nocyreceptorów zamykając kanały Ca^{2+}. W obu tych sytuacjach enkefaliny działają głównie przez receptory μ-opioidowe. Substancje **opioidowe** takie jak morfina, heroina czy petydina prawdopodobnie wywołują analgezję częściowo poprzez agonistyczne działania na receptory opioidowe w pniu mózgu i rdzeniu. Niemniej, główna składowa analgezji opioidowej wynika ze zmian w emocjonalnej reakcji na ból, prawdopodobnie poprzez receptory opioidowe w korze czołowej.

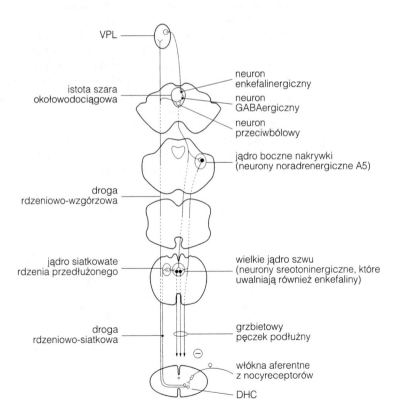

Rys. 3. Drogi zstępujące hamujące informacje bólową oraz uwalniane neuroprzekaźniki. DHC, komórki rogów tylnych; VPL, jądro brzuszne tylno-boczne wzgórza

Nie wiadomo dotychczas, jak są aktywowane drogi przeciwbólowe, ale:

- Zarówno istota szara okołowodociągowa, jak i wielkie jądro szwu są pobudzane przez neurony drogi rdzeniowo-wzgórzowej, to drugie poprzez jądro siatkowate rdzenia przedłużonego (patrz *rys. 3*), stąd układ może podlegać ujemnemu sprzężeniu zwrotnemu; silna informacja z nocyreceptorów aktywuje drogę przeciwbólową.
- **Nagła analgezja** jest opisywana u ludzi z poważnymi ranami i silnym wzbudzeniem, jak na przykład w przypadku urazów sportowych czy walk na polu bitwy. Ma ona gwałtowny początek, trwa tylko kilka godzin, jest specyficznie ograniczona do obszaru rany (a więc jest związana ze zstępującą somatotopową organizacją neuronów) i nie upośledza ani odruchów rdzeniowych, ani autonomicznych. To odróżnia ją od analgezji stresowej, w której znieczulenie jest ogólne.

Zespoły bólowe   Zwykle pobudzenie nocyreceptorów w trzewiach wywołuje ból odczuwany na powierzchni ciała. Ten **ból oddalony** powstaje wówczas, gdy nocyreceptory skórne i trzewne mają połączenie z tym samym neuronem rogów tylnych (*rys. 4*). Mózg nie potrafi odróżnić źródła sygnału, a występujące połączenia neuronalne powodują, że wyładowania w tym neuronie są interpretowane jako pochodzące z powierzchni ciała. Ból oddalony jest użyteczny w diagnostyce.

Uszkodzenie włókien aferentnych dochodzących do rdzenia kręgowego może powodować nienormalne wrażenia, często bólowe, zwane **bólem deaferentacyjnym**. Występuje on w wyniku urazu, po którym korzenie tylne są odłączone od rdzenia, lub po amputacji kończyny czy narządu (np. macica, pierś). Ból taki jest zwany **bólem fantomowym** (nazywany tak, ponieważ jest związany z uczuciem, że amputowana część ciała dalej istnieje). Ból fantomowy jest przypisywany wyładowaniom komórek rogów tylnych powstającym w wyniku braku proprioceptywnego sprzężenia zwrotnego. Istnieją też dowody na to, że w wyniku deaferentacji, która powoduje powstanie zjawiska bólu fantomowego,

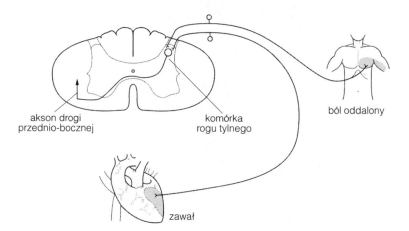

akson drogi   komórka   ból oddalony
przednio-bocznej   rogu tylnego

zawał

Rys. 4. Ból oddalony. Typowy ból spowodowany zawałem serca jest powiązany z bólem w klatce piersiowej i lewym ramieniu

następuje przeorganizowanie połączeń kory czuciowej. Na przykład po utracie ręki obszar kory SI, który poprzednio otrzymywał projekcję sensoryczną z dłoni, może zostać unerwiony przez projekcję pochodzącą z sąsiednich obszarów kory SI, które są związane z czuciem twarzy. W wyniku takiego bocznego unerwienia dotykowe drażnienie twarzy może wywołać fantomowe czucie utraconej kończyny.

Aktywność układu sympatycznego może również powodować ból zwany **kauzalgią** (piekący ból), prawdopodobnie powodowany przez przesłuchy między zazwojowymi włóknami układu sympatycznego i włóknami aferentnymi typu C nocyreceptorów. Oba typy włókien są niemielinizowane. **Ośrodkowy zespół bólowy** może występować jako wynik uszkodzenia (np. naczyń krwionośnych) w obszarze, w którym występują drogi nocyceptywne (np. brzuszna podstawna część wzgórza).

G4 CZUCIE RÓWNOWAGI

Hasła

Funkcje przedsionkowe	Receptory w uchu wewnętrznym wykrywają pozycję i ruchy głowy w przestrzeni. Ta informacja jest wykorzystywana do utrzymania postawy ciała i przeciwdziałania różnym siłom próbującym ją zaburzyć. Dodatkowo, przy udziale odruchów przedsionkowo-wzrokowych umożliwiają one kontrolę punktu fiksacji wzroku niezależnie od ruchów głowy.
Błędnik przedsionkowy	Ucho wewnętrzne znajduje się w błędniku kostnym. Wewnątrz niego leży nabłonkowy błędnik błoniasty, którego część przedsionkowa składa się z łagiewki, woreczka (narządy otolitowe) i trzech wzajemnie prostopadłych przewodów półkolistych. Organy otolitowe wykrywają przyspieszenie liniowe, łagiewka reaguje na odchylenia od linii horyzontalnej, a woreczek — na przyspieszenia związane z siłami grawitacji. Przewody półkoliste wykrywają kątowe przyspieszenia głowy.
Płyny przedsionkowe	Błędnik jest wypełniony śródchłonką (endolimfą), a przestrzeń między błędnikiem kostnym i błoniastym zawiera przychłonkę (perylimfę). Aktywny transport jonów potasu do śródchłonki wytwarza różnicę potencjałów między śródchłonką i przychłonką wynoszącą +80 mV. Ma to istotne znaczenie w przetwarzaniu wrażeń czuciowych przez komórki włoskowate.
Przetwarzanie w narządach otolitowych	Plamka jest strukturą czuciową narządów otolitowych. Składa się ona z warstwy nabłonka z czuciowymi komórkami włoskowatymi, przykrytymi galaretowatą warstwą zwaną błoną otolitową, zawierającą kryształy węglanu wapnia (otolity). Komórki włoskowate mają pojedyncze kinetocylium i kilka stereocyliów, których końce są umocowane w błonie otolitowej. W wyniku działania siły powodującej przemieszczenie błony otolitowej w stosunku do komórek włoskowatych następuje zginanie kinetocyliów i stereocyliów. To, zależnie od kierunku działającej siły, albo otwiera, albo zamyka kanały K^+ w komórkach włoskowatych, powodując odpowiednio depolaryzację lub hiperpolaryzację błony komórki. Zmiany potencjału błonowego komórki włoskowatej powodują zmiany ilości uwalnianego neuroprzekaźnika, zmieniając w ten sposób częstotliwość wyładowań w pierwszorzędowym neuronie aferentnym.
Przetwarzanie w przewodach półkolistych	Na jednym z końców przewodu półkolistego znajduje się grzebień bańkowy, którego komórki włoskowate mają swoje stereocylia umocowane w warstwie galaretowatej zwanej osklepkiem. Obrót głowy w płaszczyźnie przewodu powoduje odkształcenie osklepka, ponieważ w wyniku bezwładności śródchłonka pozostaje z tyłu

w stosunku do otoczenia. Odkształcenie osklepka stymuluje komórki włoskowate, w których mechanizm przetwarzający jest identyczny do tego, jaki występuje w komórkach włoskowatych narządu otolitowego.

Zespół Meniera

Nienormalny wzrost objętości śródchłonki jest uważany za przyczynę powstania zespołu Meniera, który charakteryzuje postępująca utrata słuchu, tinnitus (dzwonienie w uszach) i zawroty głowy.

**Połączenia przedsionkowo-
-mózgowe**

Pierwszorzędowe włókna aferentne przedsionkowe znajdują się w zwojach przedsionkowych. Wysyłają one swe aksony poprzez ósmy nerw czaszkowy do neuronów znajdujących się w czterech jądrach przedsionkowych. Jądro wewnętrzne wysyła projekcję wstępującą do przeciwstronnej brzusznej tylnej części wzgórza, a stąd do obszaru kory czołowej blisko kory SI. Droga ta jest odpowiedzialna za świadomą percepcję równowagi.

Tematy pokrewne Budowa anatomiczna i fizjologia   Odruchy posturalne pnia
            narządu słuchu (I2)   mózgowia (K5)
                                            Kontrola ruchów oczu (L7)

Funkcje przedsionkowe

Czucie równowagi występuje dzięki receptorom wykrywającym położenie i ruch głowy w przestrzeni. Receptory znajdują się w wydrążonym **przedsionku** i trzech półkolistych kanałach wewnątrz skalistej części kości skroniowej, które są częścią **ucha wewnętrznego (błędnika)**. W normalnych warunkach świadoma percepcja równowagi nie jest odczuwana (z wyjątkiem sytuacji, gdy przyspieszenie ruchu głowy jest duże), ponieważ nakładają się na nią sygnały wzrokowe i proprioceptywne o położeniu i ruchu głowy w przestrzeni. Sygnały przedsionkowe są wykorzystywane do utrzymania postawy ciała i przeciwdziałania siłom, które przesuwają środek masy powodując bujanie do przodu i do tyłu, bujanie na boki lub obracanie ciała wokół jego długiej osi, poprzez wytworzenie odpowiedniego pobudzenia mięśni antygrawitacyjnych (patrz temat L7).

Sygnały przedsionkowe umożliwiają również wykonywanie ruchów oczu niezależnie od ruchów głowy. Te odruchy przedsionkowo-wzrokowe tworzą jeden z kilku mechanizmów odpowiedzialnych za utrzymywanie punktu fiksacji wzroku.

Błędnik przedsionkowy

Wewnątrz **błędnika kostnego**, który zawiera wszystkie struktury ucha wewnętrznego, leży **błędnik błoniasty**, czuciowy nabłonek związany ze słyszeniem i równowagą (*rys. 1*). Błędnik przedsionkowy, związany z czuciem równowagi, składa się z dwu **narządów otolitowych– łagiewki** i **woreczka** oraz trzech **przewodów półkolistych**. Struktura czuciowa narządów otolitowych zwana **plamką**, która wykrywa przyspieszenie liniowe, jest umieszczona horyzontalnie w łagiewce i pionowo w woreczku u osoby stojącej w pozycji wyprostowanej. W wyniku tego łagiewka

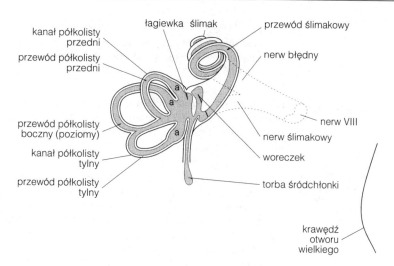

Rys. 1. *Widok z góry lewego błędnika przedsionkowego. Błędnik błoniasty jest zacieniowany. a, bańka przewodu półkolistego*

jest wrażliwa na nachylenia głowy (do przodu, do tyłu i na boki), podczas gdy woreczek jest wrażliwy na siły działające pionowo, takie jak przyspieszenia związane z grawitacją. Trzy przewody półkoliste są wzajemnie prawie prostopadłe. Każdy z nich zawiera strukturę czuciową — **grzebień bańkowy**, wykrywający przyspieszenie kątowe w płaszczyźnie, w której leży przewód. Na podstawie sygnałów przychodzących z sześciu przewodów półkolistych mózg określa wartość i kierunek przyspieszenia kątowego głowy.

Płyny przedsionkowe

Błędnik przedsionkowy jest wypełniony **śródchłonką** (endolimfą), która ma stężenie potasu wynoszące około 160 mM, stężenie sodu około 2 mM i skład podobny do płynu wewnątrzkomórkowego. Płyn ten jest wydzielany przez specjalizowany nabłonek zwany **prążkiem naczyniowym** wyściełającym wewnętrzną ścianę **przewodu ślimakowego** i odprowadzany do zatoki żylnej opony poprzez **torbę śródchłonki**. Przestrzeń między błędnikiem kostnym i błoniastym jest wypełniona płynem podobnym do płynu mózgowo-rdzeniowego zwanym **przychłonką** (perylimfą), który jest wydzielany przez tętniczki okostnej (warstwa tkanki łącznej pokrywająca kość), a następnie odprowadzany do przestrzeni podpajęczynówkowej poprzez **przewód przychłonkowy**. Duże stężenie potasu w śródchłonce jest spowodowane przez komórki warstwy granicznej prążka naczyniowego. Dzięki działaniu ATPazy Na, K na granicy podstawno-bocznej magazynują one jony potasu, które mogą być następnie wydzielane do śródchłonki (*rys. 2*). W wyniku transportu jonów K^+ śródchłonka ma różnicę potencjałów równą +80 mV. Ponieważ potencjał spoczynkowy komórek włoskowatych wynosi około –60 mV, wypadkowy potencjał w poprzek granicy apikalnej wynosi 140 mV. Ten znaczny gradient elektryczny i chemiczny przyspiesza dyfuzję jonów K^+ przez komórkę włoskowatą i jest przyczyną wyjątkowo dużej czułości tych komórek.

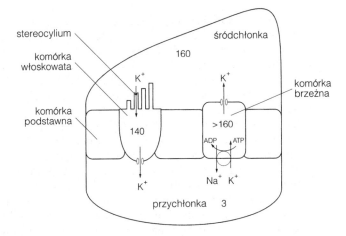

Rys. 2. Uproszczony model transportu jonów K⁺ w uchu wewnętrznym. Liczby przedstawiają przybliżone stężenie jonów K⁺ (w mM)

Przetwarzanie w narządach otolitowych

Plamki składają się z nabłonkowej warstwy **komórek podstawnych** (podporowych), wśród których umieszczone są szeregi **komórek włoskowatych** — czuciowych komórek nabłonka. Każda komórka włoskowata jest unerwiona przez jedno włókno dochodzące — przedsionkowe i jedno wychodzące. Apikalna część komórki włoskowatej ma pojedynczy ruchliwy włos — kinetocylium i 40–100 stereocyliów, które są tym krótsze, im znajdują się dalej od rzęski (*rys. 3*). To definiuje **oś polaryzacji** komórki włoskowatej, która jest ukierunkowana od najmniejszego stereocylia do kinetocylium. Stereocylia leżące wzdłuż tej osi mają połączone końce, natomiast prostopadłe do niej są wolne.

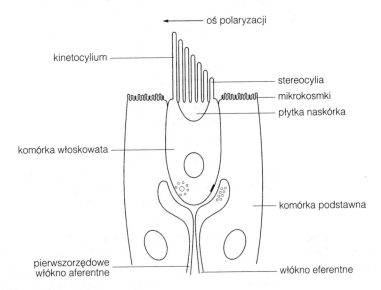

Rys. 3. Komórka włoskowata narządu otolitowego otoczona przez komórki podstawne nabłonka zmysłowego

Kinetocylium i stereocylia są osadzone w galaretowatej warstwie zwanej błoną otolitową, w której znajdują się kryształy węglanu wapnia – **otolity (kamyczki błędnikowe)**. Gdy na błonę otolitową nie działa żadna siła, która mogłaby odchylić stereocylia, komórka włoskowata jest w spoczynku. W takim stanie napięcie łączników (*rys. 4*) łączących sąsiednie stereocylia jest mała i tylko około 10% kanałów jonów potasu sterowanych przez te połączenia jest otwartych, powodując małą depolaryzację. Jest to wartość wystarczająca do podtrzymania tonicznego uwalniania przekaźnika pobudzającego, prawdopodobnie glutaminianu, co utrzymuje aktywność spontaniczną pierwszorzędowego włókna aferentnego. Nachylenie głowy w kierunku osi polaryzacji powoduje, że błona otolitowa pociąga stereocylia, wywołując ich ugięcie i zwiększenie napięcia łączników. Dzięki temu otwierają się kanały K+ na końcach stereocyliów, pozwalając na wstrzyknięcie jonów K+ i wywołując depolaryzację komórki włoskowatej oraz zwiększenie ilości uwalnianego neuroprzekaźnika i w efekcie zwiększenie aktywności we włóknach aferentnych. Nachylenie w przeciwnym kierunku powoduje zmniejszenie napięcia w łącznikach i przez to hiperpolaryzacje komórki włoskowatej, co z kolei zmniejsza częstotliwość wyładowań we włóknach aferentnych. Nachylenie, które jest prostopadłe do osi polaryzacji, nie wywołuje żadnego efektu, ponieważ stereocylia nie są połączone w tym kierunku. Nachylenia w pośrednich kierunkach wywołuje odpowiednio stopniowany potencjał receptorowy. Odpowiedź pojedynczych aferentnych włókien otolitowych jest proporcjonalna do kąta nachylenia i ulega adaptacji tylko przy przedłużonej stymulacji.

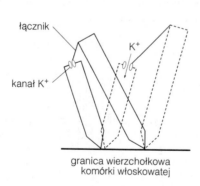

Rys. 4. Przetwarzanie przez otolitową komórkę włoskowatą. Pokazano dwa stereocylia z łącznikiem. Ugięcie w prawo (linie kropkowane) powoduje napięcie łącznika i otwarcie kanałów K+ oraz napływ jonów K+

Przetwarzanie w przewodach półkolistych

Prędkość jest wielkością wektorową, tzn. ma wartość (szybkość) i kierunek. W ruchach obrotowych, takich jak obrót głowy, nawet jeśli prędkość kątowa jest stała, kierunek, w jakim działa wektor prędkości, stale się zmienia. Tak więc obrót głowy oznacza przyspieszenie kątowe.

Oba końce każdego z kanałów półkolistych wchodzą do łagiewki. Wewnątrz kanału znajduje się przewód półkolisty wypełniony śródchłonką. Na jednym z końców przewodu znajduje się rozszerzenie zwane **bańką**, w której umieszczony jest grzebień bańkowy. Przedsionkowe komórki włoskowate mają stereocylia znajdujące się w warstwie galaretowatej zwanej **osklepkiem**, który rozciąga się od grzebienia do podstawy bańki. Obrót głowy maksymalnie pobudza komórki włoskowate w kanale leżącym w tej samej płaszczyźnie co płaszczyzna obrotu. Ruch śródbłonka jest opóźniony w stosunku do obrotu głowy ze względu na bezwładność, przez co śródchłonka wywołuje nacisk powodujący odkształcenie osklepka, co z kolei powoduje ugięcie stereocyliów. Mechanizm przetwarzania jest identyczny do tego, jaki zachodzi w komórkach włoskowatych w narządach otolitowych. Ponieważ osklepek nie jest idealnym przetwornikiem ciśnienia, sygnał przesyłany przez włókna aferentne przewodów pozwala na pomiar przyspieszenia kątowego przy wolnych i szybkich obrotach, ale przetwarzają prędkość przy pośrednich prędkościach obrotu. Przewody półkoliste leżące w tej samej płaszczyźnie działają w parach. Obrót głowy, który powoduje depolaryzację komórek włoskowatych w poziomym przewodzie lewego ucha, wywołuje hiperpolaryzację komórek włoskowatych w poziomym przewodzie ucha prawego. Ponieważ przedni przewód po jednej stronie leży w przybliżeniu w tej samej płaszczyźnie co kanał tylny po drugiej stronie, tworzą one dwie następne pary.

Zespół Meniera

Choroba ta charakteryzuje się postępującą utratą słuchu, **tinnitusem** (dzwonieniem w uszach) w jednym uchu, epizodami **zawrotów głowy** (utrata równowagi często związana z nudnościami i wymiotami). Objawy te są wynikiem zwiększenia objętości śródchłonki, powodującego uwypuklenia się i przerwania błędnika błoniastego. Nadmiar płynu może być wywołany infekcją wirusową ucha, która uszkadza mechanizm reabsorpcji śródchłonki. Przecięcie nerwu przedsionkowego lub zniszczenie błędnika może zapobiec zawrotom głowy, ale nie ma wpływu na pozostałe objawy.

**Połączenia przedsionkowo-
-mózgowe**

Przedsionkowe pierwszorzędowe włókna aferentne (około 20 000 po każdej stronie) są wypustkami komórek pseudodwubiegunowych, których ciała znajdują się w **zwoju przedsionkowym (Scarpa)**. Aksony te biegną w nerwie przedsionkowo-ślimakowym (VIII n. czaszkowy) i wchodzą do jąder przedsionkowych znajdujących się w bocznej części rdzenia przedłużonego i mostu. Istnieją cztery jądra przedsionkowe. Ich rola w odruchach posturalnych i odruchach przedsionkowo-wzrokowych jest omówiona, odpowiednio, w tematach K5 i L7.

Drogę odpowiedzialną za świadomą percepcję równowagi tworzą aksony dolnego jądra przedsionkowego, które przechodzą na stronę przeciwną, idą do góry blisko wstęgi przyśrodkowej i kończą się w brzuszno-tylnej części wzgórza. Korowa reprezantacja znajduje się w bocznej części kory ciemieniowej, w sąsiedztwie reprezantacji głowy w korze SI. Jest prawdopodobne, że dodatkowe reprezentacje mogą występować w górnej części kory skroniowej w pobliżu kory słuchowej.

H1 WŁAŚCIWOŚCI WZROKU

Hasła

Percepcja wzrokowa

Z dwuwymiarowego odwzorowania na siatkówce mózg konstruuje trójwymiarowy obraz, dzięki któremu może zidentyfikować, co i gdzie znajduje się w otoczeniu. Różne aspekty obrazu wzrokowego (kolor, kształt, ruch i percepcja głębi) są przetwarzane równolegle w oddzielnych kanałach neuronalnych. Percepcja wzrokowa zachodzi dzięki temu, że mózg posiada wewnętrzne reprezentacje, które porównuje z obrazami na siatkówce, tworząc hipotezy służące identyfikacji widzianych obiektów. Pozwala to na rozpoznanie obiektów z różnej perspektywy oraz wtedy, gdy obraz jest złej jakości. Rozpoznawanie obiektów jest ułatwione dzięki stałości percepcyjnej, która zachowuje rozmaite atrybuty bodźców wzrokowych; takie jak rozmiar i kolor w bardzo różniących się warunkach widzenia. Niektóre wzorce wewnętrzne są programowane w trakcie rozwoju, ale większość jest wyuczona.

Czułość

Ludzkie oko reaguje na światło w przedziale długości fali od 400 do 700 nm i w ogromnym zakresie intensywności; stosunek najsłabszego do najsilniejszego postrzeganego bodźca wynosi 10^{11}. Rozdzielczość wzrokowa pogarsza się przy wyższym poziomie oświetlenia.

Ostrość

Zdolność widzenia drobnych detali jest największa w centrum siatkówki, w dołku środkowym. W idealnych warunkach dwa punkty są postrzegane jako oddzielne, jeśli ich odległość na siatkówce wynosi jedną minutę kątową. Ostrość wzroku (rozdzielczość) maleje wraz ze zmniejszeniem intensywności oświetlenia.

Percepcja głębi

Percepcja odległości jest możliwa dzięki informacji pochodzącej z jednego oka dla odległych obiektów i z obu oczu dla bliskich obiektów. Wskazówki jednooczne obejmują paralaksę, perspektywę i cienie. Dwuoczne widzenie stereoskopowe powstaje dzięki temu, że obraz świata docierający do każdego oka trochę się różni, zatem obraz obiektu jest odwzorowany w innym miejscu na każdej siatkówce. Gdy różnica położenia obrazów obiektu na siatkówkach (przesunięcie) jest niewielka, mózg konstruuje pojedynczy percept i, na podstawie tego przesunięcia, wyznacza odległość od obiektu.

Widzenie barwne

Widzenie koloru pozwala na postrzeganie granic obiektów na podstawie odmiennego składu widmowego światła odbitego od tych obiektów. Proces ten wymaga minimum dwu typów receptorów odpowiadających w różnym zakresie widma, tak aby każdemu fragmentowi obrazu mogły być przypisane dwie wartości jasności. Już taka informacja pozwala na podstawową percepcję koloru. Dwubarwnym widzeniem charakteryzuje się większość ssaków. Wiele naczelnych, włączając człowieka, jest zdolnych do widzenia trójbarwnego dzięki trzem typom receptorów — co pozwala na przypisanie każdemu obiektowi trzech wartości jasności. Mózg porównując te wartości tworzy percepcję koloru.

Tematy pokrewne   Siatkówka (H3)   Przetwarzanie równoległe
Początkowe etapy przetwarzania   w układzie wzrokowym (H7)
wzrokowego (H6)

Percepcja wzrokowa

Widzenie można zdefiniować jako proces wydobywania z obrazu na siatkówce obecności obiektów i ich lokalizacji w otoczeniu. Wymaga to od mózgu wykorzystania informacji z obu siatkówek o dwuwymiarowym wzorze intensywności światła w celu stworzenia reprezentacji kształtu obiektu, jego koloru, ruchu i pozycji w trójwymiarowej przestrzeni. Dobrze wiadomo, że każdy z atrybutów bodźca wzrokowego (kolor, kształt, ruch i odległość) jest przetwarzany jednocześnie przez rozdzielne (ale wzajemnie zależne) drogi neuronalne. Proces ten nazywany jest **przetwarzaniem równoległym**. Przetwarzanie równoległe różni się od przetwarzania sekwencyjnego, w którym zadanie jest dzielone na kilka mniejszych wykonywanych kolejno, jedno po drugim. Zaletą przetwarzania równoległego jest szybkość. Końcową reprezentację wzrokową bodźca stanowi jednolity percept (spójne wrażenie wzrokowe), na który składają się wszystkie niezależnie przetwarzane atrybuty bodźca zespolone w całość. Sposób, w jaki mózg to osiąga, rozważany jest jako problem scalania i dotyczy nie tylko wzroku, ale również innych modalności zmysłowych.

Percepcja wzrokowa powstaje dzięki takiemu przetworzeniu obrazu z siatkówki, które wyłania jego głowne cechy. Układ wzrokowy jest bardziej wrażliwy na te obszary pola widzenia, które zmieniają się w czasie (ruch) i przestrzeni (kontrast) niż na te, w których nie zachodzą żadne zmiany. Powszechnie uważa się, że percepcja wymaga istnienia wewnętrznych reprezentacji widzianego świata, dzięki którym mózg tworzy hipotezy na temat obrazu siatkówkowego. Dzięki takim reprezentacjom układ wzrokowy jest w stanie wygenerować wrażenie wzrokowe obiektu (percept) nawet wtedy, gdy surowe dane zmysłowe są niekompletne lub zakłócone przez szum, a także rozpoznać obiekt na podstawie jednej z jego licznych reprezentacji (generalizacja). Reprezentacje wewnętrzne są prawdopodobnie kodowane w postaci wzorca aktywności zespołów neuronowych. Pewne reprezentacje neuronowe są nabywane w trakcie rozwoju, inne są wrodzone, ale większość najprawdopodobniej zależy od doświadczenia wzrokowego (uczenia) w początkowym okresie życia. Uważa się, że mentalne obrazy obiektów są przejawem ich wewnętrznych reprezentacji i większość ludzi potrafi nimi manipulować w przewidywalny sposób. Gdy pomiędzy wejściem zmysłowym a wewnętrzną reprezentacją zachodzi nierozwiązywalna niezgodność, powstaje **iluzja wzrokowa.**[*]

---

[*]   Według bardziej popularnej hipotezy iluzje powstają z chwilą, gdy zmieniony obraz bodźca ulega generalizacji z inną reprezentacją wewnętrzną (*przyp. tłum.*).

Stałość percepcyjna jest kluczową cechą widzenia. Percepcja wzrokowa jest niezmienna pomimo sporych różnic w obrazie, jaki jest tworzony na siatkówce. W przypadku **stałości rozmiaru** znajome obiekty nie zmniejszają rozmiarów proporcjonalnie do redukcji wielkości obrazu na siatkówce, ale są postrzegane jako większe niż powinny. **Stałość koloru** zachowuje kolor obiektu pomimo zmian w składzie widmowym oświetlającego go światła. Stałość percepcyjna pozwala na prawidłowe rozpoznanie obiektu w szerokim zakresie zmienności jego atrybutów.

Czułość

Ludzkie oko jest czułe na spektrum fal elektromagnetycznych o długościach od 400 nm (fiolet) do 700 nm (czerwień). Zakres intensywności światła, na którą jesteśmy eksponowani, jest ogromny (stosunek największej do najmniejszej wynosi 10^{11}). Chociaż ludzkie oko jest w stanie zareagować na pojedynczy foton światła, to wymagane jest 5–8 fotonów w ciągu krótkiego czasu, aby wywołać wrażenie błysku światła w warunkach adaptacji do ciemności. Ponieważ intensywność światła jest kodowana przez układ wzrokowy logarytmicznie, trudno jest dostrzec różnice intensywności przy silnym oświetleniu.

Ostrość

Ostrość wzroku (rozdzielczość) określa zdolność widzenia szczegółów. Ostrość jest największa w centralnej części siatkówki, w **dołku środkowym**, i zależy od oświetlenia otoczenia. W sprzyjających warunkach dwa punkty światła mogą być postrzegane jako rozdzielne, jeśli odległość ich obrazów mierzona kątem o wierzchołku w soczewce wynosi jedną minutę. W przypadku prążków ostrość jest dużo lepsza: linie są postrzegane jako rozdzielne, jeśli są odległe o kilka sekund kątowych.

Utrata ostrości w przyćmionym oświetleniu jest związana z niewystarczającą ilością fotonów padających na siatkówkę. Powstanie obrazu na siatkówce wymaga bowiem określonej ilości energii sumowanej w krótkim czasie w receptorach.

Percepcja głębi

Obraz na siatkówce jest dwuwymiarowy, ale układ wzrokowy jest w stanie odtworzyć z niego trójwymiarową strukturę świata. Istnieją zarówno jedno-, jak i obuoczne wskazówki służące percepcji głębi. Wskazówki jednooczne są ważniejsze w przypadku odległych obiektów, wtedy wskazówki dwuoczne przestają tu być istotne. Do wskazówek jednoocznych należą:

- **Paralaksa.** Ruch głowy powoduje pozorny ruch bliskich obiektów w stosunku do odległych. Im bliższy jest obiekt, tym większy jest zakres pozornego ruchu.
- **Perspektywa.** Linie równoległe wydają się zbiegać z odległością. Artyści od początku XV wieku używali w malarstwie perspektywy jako najważniejszej wskazówki umożliwiającej oddanie głębi.
- Względne rozmiary obiektów o znanych wymiarach.
- **Przesłanianie.** Bardziej odległe obiekty są częściowo przysłonięte przez bliższe.
- Cienie.

Obuoczny mechanizm percepcji głębi umożliwiający widzenie przestrzenne nazywany jest **stereoskopią**. Stereoskopia zachodzi jedynie w tym obszarze pola wzrokowego, w którym pola widzenia obu oczu pokrywają się. Ze względu na odległość między oczami wynoszącą około 6,3 cm, każde oko patrzy na świat pod trochę innym kątem i obraz bliskiego obiektu znajduje się w innym miejscu osi horyzontalnej na lewej i prawej siatkówce. Zjawisko to nazywane jest **(dwuocznym) przesunięciem siatkówkowym**. Można się o tym przekonać zasłaniając na zmianę raz jedno, raz drugie oko, co powoduje, iż wydaje się, że bliskie obiekty zmieniają pozycję (**paralaksa dwuoczna**). Kiedy staramy się skupić wzrok na jakimś bliskim punkcie, obrazy tego punktu tworzą się w dołku środkowym obu siatkówek i są postrzegane jako pojedynczy punkt. Inne punkty są postrzegane jako pojedyncze tylko wtedy, gdy ich obrazy powstają w opowiadającym sobie położeniu na lewej i prawej siatkówce. Wszystkie pozostałe punkty w przestrzeni leżącej bliżej lub dalej od tych, których obrazy tworzą się w odpowiadającym sobie położeniu, będą generowały przesunięcie dwuoczne (*rys. 1*). Przy małych przesunięciach obrazy tych punktów również zleją się w pojedynczy percept. Mózg jest zdolny do określenia głębi z przesunięcia przez porównanie położenia tego samego wzoru na lewej i prawej siatkówce. Mechanizm widzenia przestrzennego nie wymaga, aby obiekt miał określony kształt, kolor, czy też poruszał się. Gdy przesunięcie dwuoczne jest zbyt duże (> 0,6 mm lub 2° kątowych), do fuzji nie dochodzi i widziane są dwa obrazy (**widzenie podwójne**, diplopia).

Widzenie barwne Percepcja koloru umożliwia widzenie granicy pomiędzy obszarami o równej jasności, gdy widmo fal świetlnych odbijanych od ich powierzchni różni się. Widmo światła odbijanego od obiektu zależy od udziału

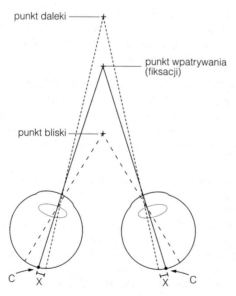

Rys. 1. Widzenie przestrzenne. Obserwowany punkt tworzy obrazy w opowiednich położeniach na obu siatkówkach (c), co powoduje fuzję tych obrazów. Obrazy odległych punktów są przesunięte od punktu c o odległość x, dając przesunięcie dwuoczne = 2x. Podobnie jest w przypadku obrazów bliższych punktów

fal o różnej długości w świetle podającym i od zdolności odbijających powierzchni obiektu, ale widzenie koloru nie polega na mierzeniu intensywności różnej długości fal tego widma.

Percepcja barw wymaga przynajmiej dwu typów receptorów, wrażliwych na różny zakres długości fal świetlnych. Taki dwubarwny mechanizm widzenia koloru występuje u wszystkich ssaków oprócz małp Starego Świata, człekokształtnych i ludzi*. Układ wzrokowy z dwoma receptorami fal świetlnych o różnej długości może przypisać dwie wartości jasności dla każdego obiektu. Poprzez porównanie tych wartości możliwa jest percepcja kolorów. Na przykład, jeśli obiekt odbija więcej krótkich fal świetlnych, będzie się on wydawał jaśniejszy dla receptorów czułych na krótkie fale niż dla receptorów czułych na długie fale, i będzie widziany jako niebieski. Jeśli obiekt odbija więcej długich fal świetlnych, będzie widziany jako czerwony. W przypadku gdy obiekt odbija równą ilość krótkich i długich fal świetlnych, będzie postrzegany jako jednobarwny, biały lub w odcieniach szarości, zależnie od intensywności światła.

Widzenie koloru przez ludzi jest trójbarwne i opiera się na pobudzaniu przez światło trzech rodzajów receptorów (czopków), które są wrażliwe na różne (ale szerokie i pokrywające się z innymi) zakresy długości fal. Trzy typy czopków posiadają maksimum absorpcji odpowiadające w przybliżeniu światłu fioletowemu, zielonemu i żółtemu. Długość fali światła nie wpływa na charakter odpowiedzi czopków: dany czopek ma po prostu większe prawdopodobieństwo absorpcji fotonu, którego długość fali jest zbliżona do długości fali odpowiadającej maksimum czułości czopka. Oznacza to, że układ wzrokowy nie jest w stanie określić bezwzględnie, jaki jest skład widmowy jakiegokolwiek światła. Trójbarwny system wzrokowy wyznacza trzy wartości jasności dla danego obiektu, a określenie koloru zachodzi poprzez porównanie tych wartości.

Percepcja barw ma kilka istotnych cech; włączając:

- **Stałość koloru**. Obiekt może być widziany w oświetleniu pochodzącym z różnorodnych źródeł o różnym składzie widmowym (np. światło neonowe, światło słoneczne lub światło emitowane przez włókno wolframowe żarówki) i jego kolor jest postrzegany tak samo, nawet jeśli długość fali światła, które odbija, w każdym przypadku będzie zupełnie inna.

- **Znoszenie percepcyjne**. Podczas gdy pewne kolory w tym samym miejscu mieszają się tworząc inne (np. mieszanka niebieskiego i zielonego daje specyficzny kolor cyjanitu), to kolory dopełniające nie mieszają się; czerwonozielone kolory nie są spotykane.

- **Jednoczesny kontrast koloru**. Jest to percepcyjna facylitacja kolorów dopełniających, która występuje na granicy obszarów różniących się barwą. Na przykład, szary dysk na czerwonym tle wygląda troszeczkę zielono, podczas gdy szary dysk na zielonym tle wydaje się czerwonawy.

Każda z tych cech ma swoje wyjaśnienie w fizjologii układu wzrokowego (temat H7).

---

* Widzenie trójbarwne posiadają również niektóre osobniki płci żeńskiej należące do małp Nowego Świata (*przyp. tłum.*).

H2 OKO I UKŁAD WZROKOWY

Hasła

Budowa oka

Oko jest zbudowane z trzech warstw. Sztywna zewnętrzna — twardówka utrzymuje kształt oka i służy jako miejsce przyłączenia mięśni gałki ocznej. Naczyniówka zawiera barwnik zapobiegający odbijaniu się światła we wnętrzu gałki ocznej. Wewnętrzna warstwa to czuła na światło siatkówka. Z przodu twardówka przechodzi w przezroczystą rogówkę odpowiedzialną w dominującej części za załamanie (refrakcję) promieni świetlnych wchodzących do oka. Z przedniej części naczyniówki uformowane jest ciało rzęskowe i tęczówka. Dwuwypukła soczewka łączy się z ciałem rzęskowym więzadłem soczewki. Tęczówka jest błoną otaczającą źrenicę i zawiera mięśnie gładkie, które działają jako zwieracz źrenicy i mięsień rozszerzający źrenicę. Przednia komora oka leży do przodu od soczewki i zawiera ciecz wodnistą, która determinuje ciśnienie w gałce ocznej. Za soczewką znajduje się ośrodek refrakcyjny — ciało szkliste.

Budowa anatomiczna drogi wzrokowej

Nerwy wzrokowe spotykają się w skrzyżowaniu wzrokowym, gdzie włókna komórek z nosowej połowy obu siatkówek przechodzą na drugą stronę. Poza tym punktem włókna siatkówkowe tworzą pasmo wzrokowe. Niewielka liczba włókien zmierza do pola przedpokrywowego, które kontroluje odruch źrenic na światło i odruch akomodacyjny; część włókien podąża do wzgórka górnego pokrywy, odpowiadającego za wiele odruchów wzrokowych; większość włókien z siatkówki kieruje się natomiast do ciała kolankowatego bocznego wzgórza. Z tego jądra włókna zmierzają promistością wzrokową do pierwszorzędowej kory wzrokowej położonej w płacie ciemieniowym. Droga kolankowato-korowa jest odpowiedzialna za percepcję wzrokową.

Odruchy wzrokowe

Ilość światła przechodzącego przez źrenicę może być zmieniana 30-krotnie wskutek zmian jej rozmiaru. Odruch źrenic na światło powoduje zwężenie źrenicy w bardzo jasnym świetle. Błysk światła skierowany do jednego oka wywołuje odruch źreniczny w obu oczach. Łuk tego odruchu biegnie poprzez włókna nerwu wzrokowego do pola przedpokrywowego, a stąd do przedzwojowych neuronów przywspółczulnych w jądrze przywspółczulnym (Westphala–Edingera) nerwu okoruchowego. Zwieracz źrenicy jest unerwiany przez aksony komórek leżących w zwoju rzęskowym. Światło wywołuje skurcz mięśnia zwieracza źrenicy. Bliższe obiekty do uzyskania ostrego obrazu wymagają większej refrakcji. Służy temu odruch na akomodację (odruch na nastawność); skurcz ciała rzęskowego znosi napięcie więzadła soczewki pozwalając soczewce na przybranie bardziej kulistego kształtu. W odruchu na nastawność uczestniczy układ przywspółczulny unerwiający mięsień rzęskowy.

Kiedy obserwujemy bliskie obiekty, oczy wykonują ruch zbieżny (konwergencja, odruch na zbieżność), tak aby umożliwić fiksację wzroku (wpatrywanie), źrenice zwężają się powodując zwiększenie zakresu postrzegania głębi i ostrości widzenia.

Tematy pokrewne   Właściwości wzroku (H1)   Funkcje autonomicznego układu
                       Kontrola ruchów oczu (L7)   nerwowego (M6)

Budowa oka   Oko tworzą trzy warstwy obejmujące jego zawartość: twardówka, naczy-
                 niówka i siatkówka (*rys. 1*). **Twardówka** jest grubą i sztywną zewnętrzną
                 warstwą oka, utworzoną przez tkankę łączną. Z przodu przechodzi w ro-
                 gówkę. Z tyłu tworzy oponę twardą okrywającą nerw wzrokowy. Funk-
                 cją twardówki jest utrzymanie kształtu gałki ocznej, umożliwia ona też
                 przyłączenie mięśni zewnętrznych gałki ocznej. **Rogówka** jest zakrzy-
                 wioną kuliście, przezroczystą warstwą z przodu oka. Jej zewnętrzna
                 część przechodzi w **spojówkę**, warstwę nabłonka pokrywającą od przo-
                 du gałkę oczną. Zdolność skupiająca oka zależy przede wszystkim od
                 refrakcji (ugięcia) światła na rogówce. **Naczyniówka** jest cienką, dobrze
                 unaczynioną warstwą, ciemnobrązowego koloru ze względu na obec-
                 ność komórek zawierających barwnik. Absorpcja światła przez naczy-
                 niówkę zapobiega odbiciu i rozproszeniu światła w obrębie gałki ocznej.
                 Z przodu naczyniówka przechodzi w **ciało rzęskowe** i **tęczówkę**. Cia-
                 ło rzęskowe daje początek licznym, cienkim **włóknom obwódki
                 rzęskowej**, które łączą się z torebką soczewki tworząc **więzadło soczew-
                 ki**. Wewnątrz ciała rzęskowego znajduje się mięsień rzęskowy utwo-
                 rzony z gładkich włókien mięśniowych ułożonych zarówno promieni-
                 ście, jak i okrężnie.

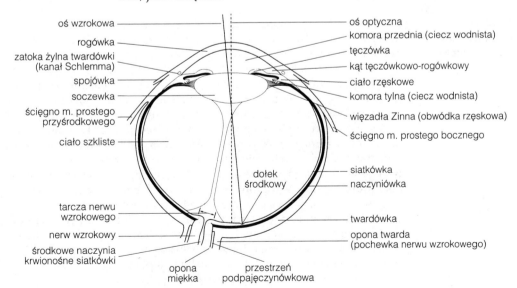

Rys. 1. Przekrój poziomy przez prawe oko człowieka

Tęczówka jest w istocie błoną otaczającą centralny otwór — źrenicę. Tęczówka zawiera dwa wewnątrzoczne mięśnie, które wspólnie działając kontrolują rozmiar źrenicy. Wewnętrzny mięsień, **zwieracz źrenicy**, jest płaskim pierścieniem okrężnie ułożonych włókien mięśni gładkich. Zwieracz otacza cienka warstwa promieniście rozmieszczonych komórek mięśniowo–nabłonkowych, które tworzą **mięsień rozszerzający źrenicę**.

Najbardziej wewnętrznie położona warstwa oka to czuła na światło **siatkówka**. Struktura i funkcja siatkówki są omówione w tematach H3, H4 i H5.

Soczewka dzieli oko na dwie części. Z przodu, komory przednia i tylna zawierają przezroczysty płyn (ciecz wodnistą), a za soczewką znajduje się galaretowaty twór (ciało szkliste). Ciecz wodnista wydzielana jest aktywnie do tylnej komory przez nabłonek ciała rzęskowego, skąd przesącza się ona przez źrenicę do przedniej komory, a następnie jest odprowadzana do układu żylnego **kanałem Schlemma** położonym w **kącie tęczówkowo–rogówkowym**. Ciśnienie cieczy wodnistej determinuje ciśnienie panujące w gałce ocznej. Normalnie jest ono niższe niż 3 kPa. Zatamowanie właściwego odprowadzania cieczy wodnistej powoduje wzrost ciśnienia śródgałkowego. Schorzenie to nazywane **jaskrą** może spowodować ślepotę wskutek upośledzenia przepływu krwi przez siatkówkę. Ciecz wodnista jest medium dla odżywczych metabolitów (np. glukozy, aminokwasów, askorbinianu) dla siatkówki i rogówki, które nie są zaopatrywane przez krew. **Ciało szkliste** jest galaretowatym tworem utworzonym z substancji pozakomórkowej, która powoduje załamanie promieni świetlnych, tak aby zostały zogniskowane na siatkówce.

Dwuwypukła **soczewka** oka ludzkiego ma średnicę 9 mm. Jest otoczona elastyczną błoną utworzoną przez tkankę łączną połączoną z więzadłem soczewki.

Budowa anatomiczna drogi wzrokowej

Nerwy wzrokowe spotykają się na lini środkowej w **skrzyżowaniu wzrokowym** (*rys.* 2). Tutaj 53% włókien nerwu wzrokowego, tych z nosowej połowy siatkówki, przechodzi na przeciwległą stronę. Aksony ze skroniowej połowy siatkówki pozostają po tej samej stronie. Aksony siatkówki opuszczając skrzyżowanie wzrokowe tworzą **pasmo wzrokowe**, którym podążają do trzech miejsc. Niewielka część zmierza do **pola przedpokrywowego** w śródmózgowiu, które kontroluje odruch źrenic na światło i odruch na akomodację (patrz niżej). Część aksonów podąża do **wzgórka górnego pokrywy** śródmózgowia, który odpowiada za kilka odruchów wzrokowych. Większość aksonów zmierza do **ciała kolankowatego bocznego** (ang. lateral geniculate nucleus, LGN) we wzgórzu. Stąd **promienistość wzrokowa** zatacza łuk w kierunku przyśrodkowego bieguna kory potylicznej. Większość aksonów zmierza do warstwy IV pola 17 Brodmanna, tzw. **kory prążkowej** lub **pierwszorzędowej kory wzrokowej** (V1, od ang. visual — wzrokowa). Droga siatkówkowo--kolankowato-korowa jest odpowiedzialna za percepcję wzrokową. Zweryfikowane klinicznie ubytki widzenia mogą pomóc w ustaleniu miejsca uszkodzenia w obrębie układu wzrokowego (*rys.* 3).

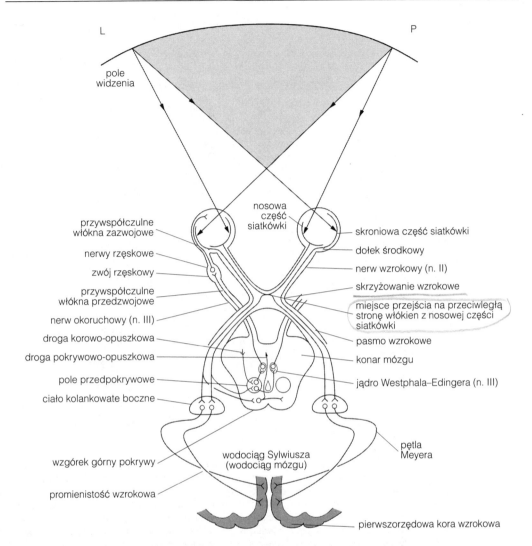

Rys. 2. *Drogi wzrokowe oraz odruchy wzrokowe. Łuki odruchów pokazane są w pełni jedynie po lewej stronie. Strzałki wskazują kierunek promieni świetlnych padających z lewej i prawej połowy pola widzenia na siatkówkę obu oczu. Zauważ, że światło biegnące z lewej strony pola widzenia pada na prawą stronę każdej z siatkówek (na nosową część siatkówki lewego oka i skroniową część siatkówki prawego oka), a światło z prawej strony pola widzenia pada na lewą stronę siatkówek. Widzenie obuoczne możliwe jest jedynie w obszarze zacieniowanym*

Odruchy wzrokowe

Odruch źrenic na światło kontroluje ilość światła wchodzącego do oka poprzez zmianę rozmiaru źrenicy. Jej średnica waha się w zakresie od 1,5 do 8 mm, przyjmując wartość maksymalną w zupełnej ciemności. Chociaż pozwala to jedynie na 30-krotne zmiany ilości wchodzącego światła (nieznaczne w porównaniu z zakresem intensywności światła, z jakim ma do czynienia układ wzrokowy), to użyteczność odruchu związana jest z tym, że funkcjonuje on przy poziomie oświetlenia typowo występu-

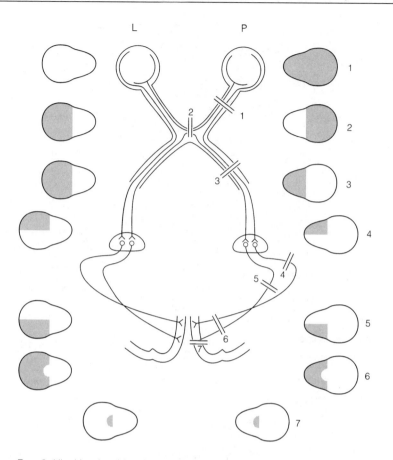

*Rys. 3. Ubytki pola widzenia po uszkodzeniach drogi wzrokowej. Uszkodzenie
w miejscu oznaczonym numerem 2 zwykle jest wywołane uciskiem guza przysadki
na środkową część skrzyżowania wzrokowego. Uszkodzenia pasma wzrokowego
(3) zdarzają się rzadko. Uszkodzenia promienistości wzrokowej związane są zwykle
z zawałem lub guzem w płacie skroniowym (4) lub ciemieniowym (5). Uszkodzenie
w miejscu oznaczonym numerem 6 zwykle jest spowodowane przez zator tętnicy
tylnej mózgu. Obszar posiadający reprezentację dołka środkowego pozostaje
nienaruszony, ponieważ jest zaopatrywany w krew przez tętnicę środkową mózgu.
Zniszczenie jednego bieguna płata potylicznego zwykle jest spowodowane przez
mechaniczny uraz mózgu i, ze wzgędu na to, że reprezentacja dołka środkowego
obejmuje stosunkowo duży obszar, na ogół dochodzi do selektywnej utraty
widzenia centralnego (7)*

jącym w ciągu dnia. Błysk światła skierowany do jednego oka wywołuje
zwężenie źrenicy tego samego oka (odruch **bezpośredni**), a także oka
przeciwstronnego (odruch **pośredni, skrzyżowany, konsensualny**) dzięki istnieniu obustronnych połączeń w śródmózgowiu. Łuk odruchu
pokazano na *rysunku 2*. Aksony nerwu wzrokowego tworzą połączenia
synaptyczne w polu przedpokrywowym, skąd informacja jest przesyłana
do **jądra przywspółczulnego (Westphala–Edingera) nerwu okoruchowego**. Z jądra Westphala–Edingera włókna układu autonomicznego
wędrują nerwem okoruchowym do zwoju rzęskowego leżącego w oczo-

dole. Stąd włókna zazwojowe zmierzają do zwieracza źrenicy. Stymulacja światłem włókien nerwu wzrokowego wywołuje pobudzenie zakończeń włókien przywspółczulnych i związane z tym wydzielenie acetylocholiny, w wyniku czego dochodzi do skurczu zwieracza. Latencja tego odruchu wynosi około 200 ms. Uszkodzenie nerwów wzrokowych i okoruchowych lub śródmózgowia może być zdiagnozowane badaniem zaburzeń odruchu źrenic na światło (*rys. 4*).

W przypadku bliskich obiektów promienie światła są rozbieżne, gdy docierają do oka, a zatem wymagane jest większe załamanie, aby zogniskować je na siatkówce. Służy temu **odruch na akomodację** (odruch na nastawność). Skurcz mięśni rzęskowych poprzez przyciągnięcie ciała rzęskowego znosi napięcie więzadła soczewki i torebki soczewki, pozwalając na przyjęcie przez soczewkę bardziej sferycznego kształtu i redukując jej ogniskową. Bodźcem dla odruchu na akomodację jest rozmazany obraz na siatkówce. Jest to monitorowane przez korę wzrokową, która wysyła projekcję do pola przedpokrywowego poprzez drogę korowo-opuszkową. Przez połączenia pomiędzy polem przedpokrywowym a jądrem Westphala–Edingera dochodzi do aktywacji włókien przywspółczulnych, co powoduje skurcz mięśni rzęskowych. Akomodacja zachodzi w obu oczach w równym stopniu, czas reakcji wynosi prawie 1 sekundę.

Obserwowanie bliskich obiektów, oprócz akomodacji, powoduje zbieganie się osi optycznych obu oczu (**odruch na zbieżność**, konwergencję). Umożliwia to obu oczom skupienie (zafiksowanie) spojrzenia na obiekcie. W dodatku, stopień zbieżności jest wskazówką dla widzenia przestrzennego, ponieważ im bliższy obiekt, tym większa musi być zbieżność. Odruch na zbieżność może zostać zapoczątkowany przez rozmyty obraz na siatkówce lub przez uważne wpatrywanie w zbliżający się

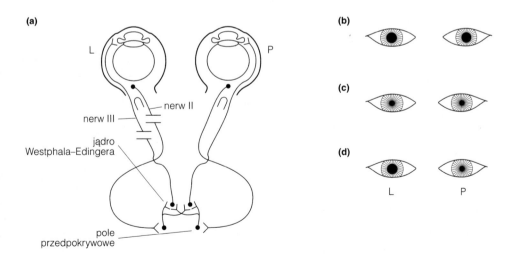

Rys. 4. Nieprawidłowe odruchy źrenic w następstwie uszkodzenia nerwu wzrokowego (n. II) lub okoruchowego (n. III) po lewej stronie: (a) droga odruchu; (b) uszkodzenie nerwu wzrokowego, stymulacja lewego oka; c) uszkodzenie nerwu wzrokowego, stymulacja prawego oka; (d) uszkodzenie nerwu okoruchowego, stymulacja lewego lub prawego oka

punkt. Łuk tego odruchu wiedzie z kory wzrokowej do okolicy kory czołowej związanej z planowaniem i wykonywaniem ruchu oczu (patrz temat L7).

Zarówno akomodacji, jak i zbieżności oczu towarzyszy zwężenie źrenic, co ma dwie konsekwencje. Po pierwsze, następuje zwiększenie głębi ostrości. Po drugie, zachodzi redukcja aberracji sferycznej (wady soczewek polegającej na tym, że równoległe promienie światła nie są ogniskowane w tym samym punkcie), co poprawia ostrość widzenia podczas obserwacji bliskich obiektów. W zwężeniu źrenic, w tym przypadku, pośredniczy droga z pierwszorzędowej kory wzrokowej do pola przedpokrywowego. Z **objawem Argylla–Robertsona** mamy do czynienia, gdy źrenica nie zwęża się w odpowiedzi na światło, ale zwęzi się podczas odruchu akomodacyjno-konwergencyjnego. Jest to wynikiem uszkodzenia drogi odruchu na światło w obszarze pokrywy śródmózgowia lub wodociągu Sylwiusza.

H3 SIATKÓWKA

Hasła

Budowa siatkówki

Czuła na światło siatkówka ma pięć podstawowych rodzajów neuronów rozmieszczonych w siedmiu warstwach. Warstwa ziarnista zewnętrzna zawiera ciała komórek fotoreceptorowych, a warstwa ziarnista wewnętrzna — ciała komórkowe interneuronów siatkówkowych: komórek dwubiegunowych, poziomych i amakrynowych. Leżąca najbardziej wewnętrznie warstwa komórek zwojowych zawiera komórki wyjściowe siatkówki, które wysyłają aksony do nerwu wzrokowego. Liczba aksonów komórek zwojowych jest 100-krotnie mniejsza niż liczba fotoreceptorów, co wskazuje, że spora część przetwarzania wzrokowego odbywa się w siatkówce. Tylko komórki zwojowe mają zdolność generowania potencjału czynnościowego, pozostałe neurony siatkówki przesyłają sygnały generując potencjały elektrotoniczne. Centralny obszar siatkówki o średnicy 1,5 mm to dołek środkowy, w obszarze tym ostrość wzroku jest najlepsza. Tarcza nerwu wzrokowego, miejsce gdzie nerw wzrokowy i naczynia krwionośne przechodzą przez siatkówkę, nazywana jest plamką ślepą, gdyż w obszarze tym nie ma receptorów.

Pręciki i czopki

Komórki fotoreceptorowe – pręciki, rozmieszczone na całym obszarze siatkówki z wyjątkiem dołka środkowego i tarczy nerwu wzrokowego, są niezwykle wrażliwe na światło i biorą udział w widzeniu przy słabym oświetleniu. W świetle dziennym komórki pręcików ulegają nasyceniu i przestają reagować. Widzenie pręcikowe cechuje słaba ostrość, ponieważ sygnały z wielu komórek pręcików sumują się, co powoduje większy błąd lokalizacji obiektu, ale jednocześnie bardzo zwiększa czułość na światło. Komórki czopków znajdują się w dołku środkowym. Są one 1000-krotnie mniej czułe na światło niż pręciki, zawodzą w słabych warunkach oświetlenia, a funkcjonują bardzo dobrze przy normalnym dziennym oświetleniu (nasycają się dopiero w bardzo jasnym świetle). Widzenie dzienne cechuje bardzo dobra ostrość ze względu na małą konwergencję sygnału pochodzącego z czopków. Istnieją trzy rodzaje czopków, wyróżnione na podstawie zakresu długości fali światła, na które są czułe. Czopki reagujące na krótkie fale światlne (tzw. czopki niebieskie) stanowią jedynie kilka procent wszystkich czopków i nie ma ich w centrum dołka środkowego. Czopki wrażliwe na fale średnie (zielone) i długie (czerwone) są skupione w przypadkowo ułożonych grupach, co powoduje, że sam kolor jest słabą wskazówką w postrzeganiu szczegółów[*]. Maksimum czułości oka ludzkiego

---

[*] Czopki o różnej wrażliwości widmowej zapoczątkowują jednocześnie drobnokomórkowy kanał wzrokowy – o dużej rozdzielczości w domenie intensywności oświetlenia – temat H5 (*przyp. red.*).

przypada na światło żółte, ale czułość ta przesuwa się w kierunku zieleni w warunkach słabego oświetlenia, kiedy zaczynają być aktywne komórki pręcikowe. Przejście z jasnego do przyćmionego oświetlenia powoduje ogromny wzrost czułości siatkówki, tzw. adaptację do ciemności, co zajmuje około 30 minut.

Ślepota kolorów

Wady rozpoznawania barw (daltonizm) są, w ogromnej większości, uwarunkowane genetycznie i spowodowane utratą czopków lub ich nieprawidłowym rozwojem. Trichromaci anomalni mają wszystkie rodzaje czopków, ale czopki jednego rodzaju mają defekt. Dichromatom brakuje jednego rodzaju czopków, podczas gdy monochromatom — dwu albo wszystkich trzech typów czopków. Monochromaci nie są zdolni do widzenia kolorów. Ze względu na to, że geny kodujące barwniki czopków czułych na średnie i długie fale znajdują się w chromosomie X, defekt któregokolwiek z tych genów, powodując ślepotę na barwę czerwoną lub zieloną (jako cecha recesywna sprzężona z tym chromosomem), dotyczy przeważnie osobników rodzaju męskiego.

Tematy pokrewne   Właściwości wzroku (H1)   Przetwarzanie informacji
                                                        w siatkówce (H5)

Budowa siatkówki

Siatkówka jest czułą na światło, najbardziej wewnętrzną warstwą oka. Zawiera pięć różnych typów neuronów, łączących się w obwody, które są powtarzane miliony razy. Jak widać pod mikroskopem świetlnym, siatkówka jest zbudowana z kilku warstw (*rys. 1*).

Najbliżej naczyniówki znajduje się pojedyncza warstwa komórek nabłonka barwnikowego. Zawierają one melaninę i pochłaniają światło niezaabsorbowane przez siatkówkę, aby nie było ono odbijane z powrotem, co mogłoby pogarszać jakość obrazu. Warstwa ziarnista zewnętrzna zawiera ciała komórek fotoreceptorów. Warstwa ziarnista wewnętrzna składa się z ciał komórkowych interneuronów siatkówkowych, komórek dwubiegunowych, komórek poziomych i amakrynowych. Warstwa zwojowa zawiera ciała komórek zwojowych, których aksony skupione w nerw wzrokowy przekazują wyjściową informację z siatkówki. Aksony te są zmielinizowane dopiero od poziomu tarczy nerwu wzrokowego (patrz niżej). Dwie warstwy splotowate są miejscem połączeń między komórkami siatkówki. Światło musi przejść przez całą grubość siatkówki zanim dotrze do fotoreceptorów. Dotarcie światła do fotoreceptorów jest możliwe dzięki temu, że siatkówka jest przezroczysta. Siatkówka oka człowieka ma około 10^8 fotoreceptorów, ale nerw wzrokowy zawiera jedynie około 10^6 aksonów. Ta ogromna konwergencja wskazuje, jak znaczące przetwarzanie sygnału wejściowego przeprowadzane jest przez siatkówkę.

Chociaż wszystkie komórki siatkówki (z wyjątkiem komórek nabłonka barwnikowego) są neuronami, jedynie komórki zwojowe są zdolne do generowania potencjału czynnościowego. Fotoreceptory i interneurony

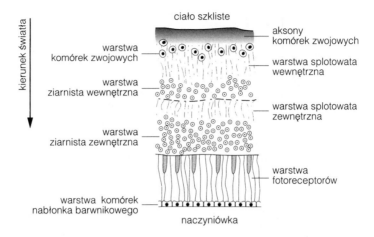

Rys. 1. Przekrój przez siatkówkę oka człowieka; pod mikroskopem świetlnym (× 1500)

siatkówkowe przesyłają sygnały za pośrednictwaem potencjałów elektrotoniczych*.

Oko jest zwykle nakierowane tak, aby obraz został zogniskowany w dołku środkowym. Ten obszar siatkówki o średnicy 1,5 mm cechuje najostrzejsze widzenie powodowane m.in.:

- dużą gęstością fotoreceptorów,
- przemieszczeniem wewnętrznych warstw siatkówki na boki, tak aby światło padało bezpośrednio na fotoreceptory,
- brakiem naczyń krwionośnych,
- położeniem dołka środkowego na osi optycznej oka, co minimalizuje zniekształcenie obrazu przez zjawiska optyczne, takie jak np. aberracja sferyczna i chromatyczna.

W odległości około 4 mm od dołka środkowego w kierunku nosa leży **tarcza nerwu wzrokowego**, miejsce, w którym aksony komórek zwojowych i siatkówkowe naczynia krwionośne przechodzą przez siatkówkę. Obszar ten jest pozbawiony fotoreceptorów, co jest przyczyną obecności **ślepej plamki** w polu widzenia.

W wyniku urazu głowy może nastąpić odwarstwienie siatkówki. Do rozdzielenia dochodzi między warstwą komórek nabłonka barwnikowego i warstwą fotoreceptorów.

Pręciki i czopki Wyróżniono dwa rodzaje fotoreceptorów — pręciki i czopki. Jedynie około 10% światła wchodzącego do oka pobudza fotoreceptory, reszta ulega rozproszeniu lub absorpcji.

Komórki pręcikowe są 20-krotnie bardziej liczne niż czopkowe i są rozmieszczone na obszarze całej siatkówki z wyjątkiem dołka środkowego i tarczy nerwu wzrokowego (*rys.* 2). Pręciki są około 1000 razy bar-

---

* Komórki amakrynowe, jeśli depolaryzacja wywołana włączeniem lub wyłączeniem bodźca jest wystarczająco duża, też generują potencjały czynnościowe (*przyp. tłum.*).

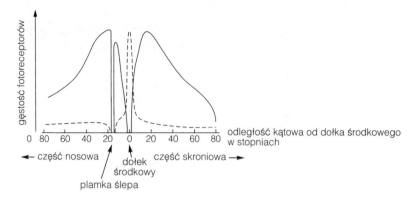

Rys. 2. Rozkład czopków (– – –) i pręcików (——) w siatkówce oka człowieka

dziej czułe na światło niż czopki i są wykorzystywane przy słabym oświetleniu, czyli w tzw. **widzeniu skotopowym.** Przy intensywnym oświetleniu komórki pręcikowe nasycają się i przestają być reaktywne. Duża czułość pręcików bierze się częściowo z integracji (sumowania) odpowiedzi na docierające fotony w ciągu długiego czasu (w przybliżeniu 100 ms). Ujemną stroną tego mechanizmu jest niezdolność rozróżnienia szybko migającego światła, gdy częstość błysków przekracza około 12 Hz. Drugą cechą wpływającą na czułość pręcików jest ich zdolność do znacznego wzmocnienia efektu absorpcji fotonów. Widzenie skotopowe cechuje niewielka **ostrość** z dwóch powodów. Po pierwsze, obraz, jaki tworzy się w peryferycznej części siatkówki, jest dość zniekształcony. Po drugie, wiele pręcików przekazuje sygnał do pojedynczej komórki dwubiegunowej. Chociaż maksymalizuje to szansę komórki dwubiegunowej do odpowiedzi na słaby sygnał świetlny, ponieważ może ona zebrać sygnały świetlne z dużego obszaru siatkówki, to informacja o lokalizacji bodźca staje się tym samym mniej precyzyjna.

Gęstość czopków jest największa w obszarze dołka środkowego, a ich liczba maleje gwałtownie w miarę oddalania się od centrum siatkówki. W odległości pięciu stopni od dołka środkowego gęstość czopków jest już bardzo mała. Czopki mają niską czułość na światło i nie ulegają nasyceniu, z wyjątkiem ekspozycji na bardzo intensywne światło, tak więc są używane w tzw. **widzeniu fotopowym,** przy dziennym oświetleniu. Widzenie fotopowe cechuje dobra ostrość ze względu na małą konwergencję lub pojedyncze połączenia między czopkami a komórkami dwubiegunowymi. Komórki czopkowe integrują reakcje na poszczególne fotony przez stosunkowo krótki czas, przez co są zdolne to rozróżnienia częstości migania aż do około 55 Hz. Wyróżniamy trzy typy czopków, które różną się czułością widmową (*rys. 3*). Chociaż prawidłowo powinny być nazywane czopkami czułymi na krótkie (czopki S, ang. short), średnie (czopki M, ang. medium) i długie (czopki L, ang. long) fale świetlne, są one często określane jako, odpowiednio, czopki niebieskie, zielone i czerwone, mimo że maksima ich czułości nie odpowiadają najlepiej tym barwom. Dolna granica czułości czopków S odpowiada długości fali 315 nm, jednakże właściwie funkcjonujące oko nie widzi fal o długo-

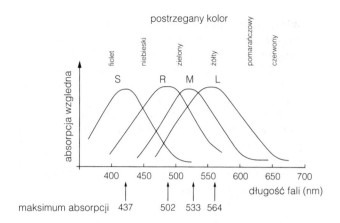

Ryc 3. Czułość widmowa fotoreceptorów; S, czopki wrażliwe na krótkie fale świetlne; R, pręciki; M, czopki wrażliwe na średnie fale świetlne; L, czopki wrażliwe na długie fale świetlne

ści krótszej niż 400 nm, ponieważ są one absorbowane przez soczewkę. Absorpcja promieniowania ultrafioletowego jest istotną przyczyną powstawania **zaćmy** (katarakty), schorzenia, które powoduje zmętnienie soczewki i jest szczególnie rozpowszechnione w krajach położonych blisko równika, gdzie światło słoneczne jest bardzo intensywne.

Widzenie koloru wymaga porównywania względnej siły wyjść z czopków S, M i L. Czopki S stanowią jedynie około 5–10% całkowitej ich liczby i nie występują w centralnej części dołka środkowego. Jest to spowodowane próbą uniknięcia aberracji chromatycznej, przy której promienie światła o krótkiej długości fal nie są ogniskowane w tym samym punkcie co światło o dłuższych falach, powodując lekkie rozmycie obrazu. Takie rozmycie musiałoby pogorszyć ostrość widzenia w dołku środkowym. W konsekwencji w centralnej części dołka środkowego widzimy tylko dwubarwnie. Co więcej, czopki M i L są rozmieszczone w przypadkowo usytuowanych skupiskach, w których występuje tylko jeden rodzaj czopków. Sprawia to, że widzenie kolorów jest gruboziarniste i nie pozwala na rozróżnienie szczegółów. Widzenie skotopowe jest całkowicie achromatyczne, ponieważ wszystkie komórki pręcikowe mają taką samą czułość widmową. Komórki te nie są więc zdolne do rozróżnienia światła o długości fal odpowiadającej dwu punktom na rosnącym i opadającym zboczu krzywej czułości widmowej. Promienie światła o takich dwu barwach pobudzają komórkę w tym samym stopniu.

Podczas widzenia skotopowego czułość widmowa oka jest zdeterminowna przez funkcjonowanie pręcików i osiąga maksimum przy około 500 nm. W warunkach oświetlenia fotopowego czułość widmowa jest określona przez czopki i osiąga maksimum przy długości fali 555 nm. To przesunięcie w czułości widmowej między widzeniem skotopowym a fotopowym nazywane jest **przesunięciem Purkinjego**. Dzięki niemu ostatnie kolorowe wrażenia, jakie tracimy, gdy zapada zmierzch, to niebieskości i zielenie.

Kiedy zmieniamy oświetlenie od jasnego do bardzo słabego, czułość siatkówki na światło wzrasta milion razy w ciągu około 30 minut. Tę właściwość fotoreceptorów określa się mianem adaptacji do ciemności. **Adaptacja do ciemności** przebiega w dwóch fazach (*rys. 4*). Pierwsza faza zależna jest od komórek czopków, których czułość wzrosta około 100-krotnie, druga, dłuższa faza zależy od komórek pręcików.

Komórki pręcików są 50 do 100-krotnie mniej wrażliwe na światło czerwone niż czopki L w stanie adaptacji do ciemności (zauważ duży odstęp między krzywymi widmowymi na *rys. 3*). Słabe czerwone światło może więc być używane do zadań wymagających widzenia fotopowego przez osoby, które muszą pracować w warunkach bardzo słabego oświetlenia (np. przez astronomów). **Adaptacja do światła** zachodzi, kiedy przechodzimy z przyćmionego do jasnego oświetlenia i jest dużo szybsza niż adaptacja do ciemności.

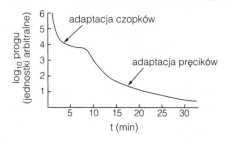

Rys. 4. Przebieg czasowy adaptacji do ciemności

Ślepota kolorów   Prawie każda **ślepota kolorów** jest uwarunkowana genetycznie[*] i spowodowana utratą czopków czopków określonego rodzaju lub ich wadami. Trichromaci anomalni posiadają wszystkie trzy typy czopków, ale mają defekty opsyn (pigmentów wzrokowych) w czopkach S, M lub L — najbardziej powszychnie opsyny M. Dichromaci mają tylko dwa rodzaje czopków i ich wada jest bardziej poważna niż w przypadku trichromatów. Dichromatyzm może występować w postaci protanopii (ślepota na barwę czerwoną, brak czopków L), deuteranopii (ślepota na barwę zieloną, brak czopków M) i tritanopii (ślepota na barwę niebieską, brak czopków S). Najbardziej upośledzeni (choć nieliczni) są monochromaci, którzy, ze względu na brak dwóch lub trzech rodzajów czopków, pozbawieni są całkowicie widzenia kolorów. Ci z nich, którzy nie posiadają w ogóle czopków, pozbawieni są rownież widzenia fotopowego i są praktycznie ślepi w świetle dziennym.

Defekt opsyny S lub brak czopków S jest dość rzadki i osoby z tą wadą mogą być niezdolne do odróżniania kolorów obiektów odbijających światło ze składową któtkofalową (fiolet, niebieski) od tych, które odbijają światło bez tej składowej (żółty); oba wydają się im szare. Gen kodujący opsynę S znajduje się w chromosomie 7, zaburzenia rozpoznawania barw związane z czopkami S są dziedziczone jako autosomalna cecha dominująca. Wada widzenia barw związana z czopkami M lub L

---

[*]   Rzadko występuje nabyta ślepota na barwy pochodzenia siatkówkowego, pozostałe wynikają z uszkodzenia korowej okolicy V4 odpowiedzialnej za powstawanie wrażeń barwnych (*przyp. tłum.*).

powoduje niemożność odróżnienia koloru czerwonego od zielonego lub któregokolwiek z nich od szarego. Geny kodujące opsyny M i L leżą w chromosomie X, zatem ślepota kolorów czerwonego-zielonego jest cechą recesywną sprzężoną z tym chromosomem. Nic dziwnego, że jest ona znacznie bardziej powszechna wśród mężczyzn (4–8% w Europie, w zależności od pochodzenia etnicznego) niż wśród kobiet (ok. 0,4%).

Opisano również utratę funkcji pręcików. Osoby z tą wadą mają jedynie wąskie, centralne pole widzenia i, z powodu braku widzenia skotopowego, przestają widzieć z chwilą, gdy tylko poziom oświetlenia spada poniżej progu pobudzenia czopków.

H4 FOTOTRANSDUKCJA

Hasła

Budowa fotoreceptora	Fotoreceptor jest zbudowany z segmentu wewnętrznego (zawierającego jądro) mającego zakończenie synaptyczne oraz z segmentu zewnętrznego, który tworzy błona plazmatyczna pofałdowana w głębokie zakładki tworzące dyski. Z błoną dysku są związane barwniki wzrokowe, tj. rodopsyna w pręcikach oraz opsyny w czopkach. Fotoreceptory nie mają zdolności do podziału, ale ich zwnętrzne odcinki są ciągle odnawiane.
Transdukcja fotoreceptorowa	Napięcie na błonie komórkowej fotoreceptora w ciemności jest dość niskie (błona jest zdepolaryzowana) z powodu napływu jonów sodu i wapnia przez kanały jonowe bramkowane cyklicznym nukleotydem, znajdujące się w błonie plazmatycznej segmentu zewnętrznego. Światło powoduje hiperpolaryzację błony receptorów przez zamknięcie tych kanałów. Transdukcja w komórkach pręcików rozpoczyna się, kiedy fotony zostają zaabsorbowane przez prostetyczną grupę rodopsyny — retinal, ulegający fotoizomeryzacji. Proces ten prowadzi do aktywacji rodopsyny, a w konsekwencji połączenia jej z białkiem G, zwanym transducyną. Transducyna stymuluje fosfodiesterazę, która hydrolizuje cykliczny 3′,5′-guanozynomonofosforan (cGMP) zmniejszając jego stężenie, i tym samym zamykając kanały bramkowane cyklicznym nukleotydem. Następnie retinal przekształcony w wyniku fotoizomeryzacji dysocjuje od rodopsyny, pozostawiając barwnik w stanie nieaktywnym. Regeneracja rodopsyny zachodzi w czasie adaptacji do ciemności.

Tematy pokrewne Wolne przekaźnictwo   Biologia molekularna receptorów (C4)
synaptyczne (C3)   Siatkówka (H3)

Budowa fotoreceptora

Fotoreceptorowe komórki pręcikowe i czopkowe mają podobną budowę (*rys. 1*). Średnica fotoreceptorów waha się od 1 do 4 µm, przyjmując najmniejsze wartości w obszarze dołka środkowego, co jest czynnikiem wpływającym na lepszą ostrość widzenia tej okolicy. Segment wewnętrzny zawiera jądro, liczne mitochondria oraz wypustkę dośrodkową z charakterystycznym zakończeniem synaptycznym, zwanym **buławką końcową** w komórkach pręcikowych i **stópką końcową** w komórkach czopkowych. Segment wewnętrzny łączy się z segmentem zewnętrznym cienkim przewężeniem, rzęską. Błona plazmatyczna segmentu zewnętrznego czopków jest pofałdowana tworząc liczne, gęsto upakowane równoległe zakładki w formie dysków. W pręcikach dyski są zlokalizowane wewnątrzkomórkowo, błona dysków nie tworzy ciągłości z błoną

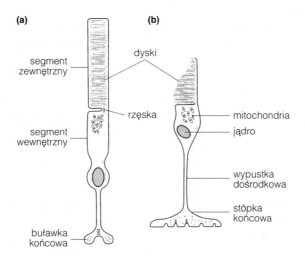

Rys. 1. Fotoreceptory: (a) komórka pręcikowa; (b) komórka czopkowa

komórkową. W błonie dysków znajduje się gęsto upakowany **barwnik wzrokowy** (fotopigment). W czopkach barwnikiem wzrokowym jest **rodopsyna**, zwana też czerwienią wzrokową, ponieważ absorbuje większość światła niebieskiego i zielonego. Każdy rodzaj czopków zawiera właściwą sobie **opsynę**. Segment zewnętrzny jest nieustannie odbudowywany od podstawy, podczas gdy jego szczytowy odcinek jest fagocytowany przez komórki nabłonka barwnikowego z prędkością trzech do czterech dysków na godzinę. Defekty mechanizmu fagocytozy mogą leżeć u podstaw pewnych form **barwnikowego zwyrodnienia siatkówki**, schorzenia sprzężonego z chromosomem X. Fotoreceptory są komórkami neuroektodermalnymi i nie są zdolne do podziałów mitotycznych.

Transdukcja fotoreceptorowa

Potencjał spoczynkowy błony plazmatycznej fotoreceptora w ciemności jest dość niski, około –40 mV. Włączenie światła powoduje zwiększenie potencjału receptora (hiperpolaryzację) w stopniu zależnym od intensywności światła (*rys. 2*).

Hiperpolaryzacja jest spowodowana, wywołanym przez światło, zamknięciem – bramkowanych cyklicznym nukleotydem – kanałów kationowych, które są otwarte w ciemności. Normalny stan fotoreceptora,

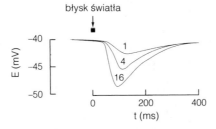

Rys. 2. Zmiany potencjału czopka w odpowiedzi na błyski światła o rosnącej *względnej intensywności (1, 4, 16)*

w którym jest on w niewielkim stopniu zdepolaryzowany, jest spowodowany przepływem tzw. **prądu ciemnościowego**, jak pokazano na *rysunku 3*.

Kanał kationowy bramkowany cyklicznym nukleotydem jest w ciemności przepuszczalny dla jonów Na^+ i Ca^{2+}, pozwalając na ich napływ do zewnętrznego segmentu fotoreceptora. Jony Na^+ są aktywnie wypychane przez Na^+-K^+ ATPazę z segmentu wewnętrznego. W usuwaniu jonów Ca^{2+} uczestniczy cząsteczka transportująca $Na^+-K^+-Ca^{2+}$. Foton światła padający na odcinek zewnętrzny inicjuje kaskadę procesów biologicznych, w wyniku których dochodzi do zamknięcia kanałów kationowych, zmniejszenia natężenia prądu ciemnościowego i hiperpolaryzacji fotoreceptora. Proces transdukcji zachodzący w komórkach pręcikowych jest dobrze poznany. Rodopsyna z siedmioma segmentami transbłonowymi należy do wielkiej rodziny receptorów sprzężonych z białkiem G. W skład rodopsyny wchodzi białko — **opsyna** i grupa prostetyczna, **retinal**. Retinal jest aldehydową pochodną **retinolu (witaminy A)**, z którego jest syntetyzowany przez dehydrogenazę retinolu. Retinol nie może być syntetyzowany *de novo* przez ssaki i dlatego też musi być dostarczany z pożywieniem. Brak witaminy A w diecie jest przyczyną ślepoty nocnej i jeśli stan awitaminozy przedłuża się, powoduje nieodwracalne uszkodzenie komórek pręcikowych.

W ciemności, retinal występuje w postaci izomeru *11–cis*. Światło powoduje fotoizomeryzację retinalu do formy *trans*. Izomeryzacja zachodzi w ciągu kilku pikosekund. W tym czasie foton jest absorbowany i wyzwala serię zmian konformacyjnych rodopsyny do postaci wzbudzonej (R^*). Wzbudzona rodopsyna łączy się z białkiem G, **transducyną** (oznaczaną w skrócie T lub, ze względu na to, że jest ona białkiem G, G_t), w sposób zupełnie analogiczny do tego, w jaki dochodzi do połączenia białka G z receptorem metabotropowym (co zostało opisane w temacie C3). Towarzyszy temu wymiana 5'-guanozynodifosforanu (GDP) na 5'-guanozynotrifosforan (GTP). Związana z GTP forma podjednostki alfa transducyny aktywuje fosfodiesterazę (PDE), która katalizuje hydrolizę cGMP do 5'-GMP. Powoduje to zmniejszenie stężenia cGMP w fotoreceptorze i w rezultacie zamknięcie kanałów kationowych, normalnie utrzy-

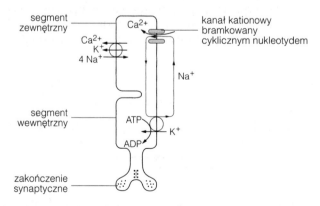

Rys. 3. Przepływ jonów przez błonę komórkową pręcika w ciemności

mywanych przez cykliczny nukleotyd w stanie otwartym. Każdy kanał kationowy umożliwia przepływ bardzo małego prądu (~3 fA), tak że całkowity prąd płynący przez błonę czopka w ciemności wynosi jedynie około 20 pA. Otwarcie każdego kanału wymaga kooperacji trzech cząsteczek cGMP. Oznacza to, że niewielkie zmiany stężenia cGMP wpływają znacząco na liczbę otwartych kanałów. Ta sekwencja wydarzeń przedstawiona jest schematycznie na *rysunku 4*.

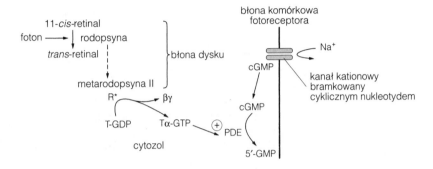

Rys. 4. Funkcja transducyny w procesie transdukcji w fotoreceptorze.
T, transducyna, PDE, fosfodiesteraza

Kaskada procesów indukowana przez wtórny przekaźnik ma ogromne wzmocnienie. Pojedynczy foton aktywuje około 500 cząsteczek transducyny, zamyka setki kanałów kationowych, blokując przepływ 10^6 jonów Na^+ i w efekcie powoduje hiperpolaryzację rzędu 1 mV.

Kilka następujących kolejno po sobie mechanizmów powoduje zakończenie tego lawinowego procesu.

- Podobnie jak inne białka G, transducyna ma swoją własną GTPazę, która hydrolizuje GTP do GDP, zatrzymując aktywację PDE.
- Wzbudzona światłem rodopsyna jest fosforylowana przez **kinazę rodopsyny**, a następnie wiąże białko arrestynę, które z kolei blokuje możliwość wiązania rodopsyny z transducyną.
- W ciągu kilku sekund wiązanie retinalu z opsyną we wzbudzonej rodopsynie ulega spontanicznej hydrolizie, powodując oderwanie *trans*-retinalu od opsyny. Przy intensywnym oświetleniu większość rodopsyny jest zdysocjowana i znajduje się w stanie nieaktywnym, a pręciki — w stanie nasycenia. Regeneracja rodopsyny zachodzi w ciemności: izomeraza retinalu katalizuje izomeryzację formy *trans* do formy 11-*cis*-retinalu, która następnie łączy się z opsyną. Proces ten leży u podstaw adaptacji do ciemności.

Przywrócenie fotoreceptora do stanu, jaki istnieje w ciemności, wymaga dodatkowo syntezy cGMP. Proces ten jest katalizowany przez cyklazę guanylanową.

Adaptacja do światła, zmniejszając wrażliwość fotoreceptorów w warunkach stałej ekspozycji na światło, umożliwia ich reakcję w dużym zakresie oświetlenia różniącym się aż o cztery rzędy wielkości (*rys. 5*). Wywołane przez światło zamknięcie kanałów kationowych redukuje

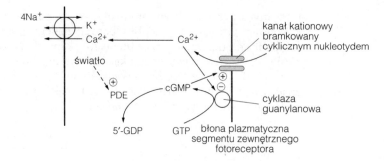

Rys. 5. Funkcja Ca²⁺ w adaptacji fotoreceptora do światła

napływ jonów Ca^{2+} i stężenie Ca^{2+} w segmencie zewnętrznym pręcika zmniejsza się. Ponieważ Ca^{2+} hamuje cyklazę guanylanową niezbędną do syntezy cGMP, zmniejszenie stężenia Ca^{2+} zwiększa wytwarzanie cGMP, wyrównując stratę spowodowaną jego destrukcją przez światło.

H5 PRZETWARZANIE INFORMACJI W SIATKÓWCE

Hasła

Komórki dwubiegunowe i kanały włączeniowe i wyłączeniowe

Fotoreceptory tworzą synapsy albo z wgłobiającymi komórkami dwubiegunowymi ulegającymi depolaryzacji w odpowiedzi na światło, albo płaskimi komórkami dwubiegunowymi ulegającymi hiperpolaryzacji pod wpływem stymulacji świetlnej. Karłowate komórki dwubiegunowe, które otrzymują wejście z czopków, są obu rodzajów (wgłobiające i płaskie) i tworzą synapsy bezpośrednio z komórkami zwojowymi. Zarówno karłowate komórki dwubiegunowe, jak i kontaktujące się z nimi komórki zwojowe odpowiadają na światło w podobny sposób; komórki typu włączeniowego (ang. on cells) ulegają depolaryzacji, która w komórkach zwojowych powoduje zwiększenie częstości generacji potencjałów czynnościowych pod wpływem światła, podczas gdy komórki typu wyłączeniowego (ang. off cells) ulegają hiperpolaryzacji i zmniejszają aktywność na świetle. Tak więc siatkówka ma kanały włączeniowe, utworzone z czopków – komórek dwubiegunowych ulegających depolaryzacji i komórek zwojowych typu włączeniowego oraz kanały wyłączeniowe wiodące przez czopki — komórki dwubiegunowe ulegające hiperpolaryzacji do komórek zwojowych typu wyłączeniowego. Neuroprzekaźnikiem uwalnianym przez wszystkie fotoreceptory jest glutaminian, a przeciwny typ odpowiedzi dwu rodzajów komórek dwubie-gunowych jest spowodowany tym, że mają one różne receptory dla glutaminianu. Kanał włączeniowy sygnalizuje obecność jasnych plamek, a kanał wyłączeniowy – ciemnych plamek w polu widzenia.

Komórki poziome i hamowanie oboczne

Pola recepcyjne komórek dwubiegunowych i zwojowych mają kształt koła o koncentrycznej organizacji, złożonego z centrum i otoczki. Stymulacja swietłem ma inny wpływ na komórkę w zależności od tego, czy światło pada na centrum czy na otoczkę. Jest to spowodowane hamowaniem obocznym, które powoduje wzmocnienie kontrastu na różniących się jasnością krawędziach bodźca. W hamowaniu tym pośredniczą GABAergiczne komórki poziome, które tworzą połączenia z leżącymi w pobliżu fotoreceptorami. Ponieważ komórki poziome tworzą wiele wzajemnych połączeń, generowany przez nie sygnał reprezentuje intensywność światła uśrednioną dla danego obszaru siatkówki.

Komórki zwojowe

Wyróżnia się dwa rodzaje komórek zwojowych. Komórki zwojowe P są małe, wolno przewodzą potencjały czynnościowe, otrzymują wejście z jednego rodzaju czopków, są wrażliwe na określoną długość fali światła i wykazują toniczną (długotrwałą) odpowiedź. Są one zaangazowane w analizę kształtu i koloru. Reakcje komórek zwojowych P cechuje tzw. przeciwstawność kolorów, rodzaj hamowania obocznego, w którym komórki P są pobudzane przez jeden rodzaj czopków, a hamowane przez jeden lub dwa inne rodzaje czopków. Komórki zwojowe M, natomiast, są duże, szybko przewodzą potencjały czynnościowe, otrzymują wejście zarówno z czopków wrażliwych na średnie fale swietlne, jak i z czopków wrażliwych na długie fale i odpowiadają krótkim pobudzeniem (fazowo) na bodziec. Komórki zwojowe M wykrywają kontrast jasności (ale nie kontrast koloru) oraz ruch.

Przekazywanie sygnałów przez preciki

Przy oświetleniu dziennym funkcjonują jedynie te kanały wzrokowe, które rozpoczynają się na czopkach. W półmroku wrażliwe na światło stają się komórki pręcikowe, przekazują one wytworzony sygnał komórkom czopkowym poprzez złącza szczelinowe synaps elektrycznych. Pręciki wspomagają w ten sposób funkcje czopków, aby utrzymać widzenie z dużą ostrością oraz percepcję barw. W całkowitej ciemności komórki czopkowe przestają funkcjonować, a komórki pręcików przesyłają informacje wyłącznie własną drogą, pobudzając pręcikowe komórki dwubiegunowe ulegające depolaryzacji i komórki amakrynowe.

Komórki amakrynowe

Komórki amakrynowe są interneuronami z neurytami mającymi właściwości zarówno aksonów, jak i dendrytów i tworzą wyjątkowo różnorodną grupę. Różne rodzaje tych komórek są związane z drogą precikową, hamowaniem obocznym i z sygnalizacją kierunku ruchu bodźca.

Tematy pokrewne

Przegląd mechanizmów synaptycznych (C1)	Właściwości neurytów (D1)
Wolne przekaźnictwo synaptyczne (C3)	Lokalizacja bodźca (F3)
Inaktywacja neuroprzekaźnika (C7)	Siatkówka (H3)

Komórki dwubiegunowe i kanały włączeniowe i wyłączeniowe

Fotoreceptory tworzą połączenia synaptyczne z komórkami dwubiegunowymi. Na podstawie cech morfologicznych oraz reakcji fizjologicznych wyróżniono dwa rodzaje komórek dwubiegunowych. **Wgłobiające komórki dwubiegunowe** ulegają depolaryzacji w odpowiedzi na światło padające na fotoreceptor. Ich wypustki dendrytyczne zagłębione w zakończenie synaptyczne fotoreceptora tworzą charakterystyczne struktury zwane **wstęgowatymi triadami** synaptycznymi *(rys. 1)*. Nazwa triad bierze się stąd, że synapsy te mają trzy elementy postsynaptyczne: dendryt komórki dwubiegunowej i dendryty dwu komórek poziomych. **Płaskie komórki dwubiegunowe** tworzą natomiast synapsy o płaskiej powierzchni kontaktu z fotoreceptorami. Komórki te ulegają hiperpolaryzacji w odpowiedzi na światło padające na fotoreceptor.

Komórki czopkowe tworzą synapsy z **karłowatymi komórkami dwubiegunowymi** (zwanymi tak ze względu na ich rozmiar) jednego z dwóch typów: albo ulegającymi depolaryzacji, albo hiperpolaryzacji w odpowiedzi na światło. Karłowate komórki dwubiegunowe tworzą synapsy bezpośrednio z **komórkami zwojowymi**, które odpowiadają na

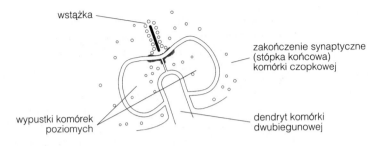

Rys. 1. Wstęgowata (wgłobiająca) triada synaptyczna

światło w ten sam sposób, jak kontaktujące się z nimi komórki dwubiegunowe. Taka organizacja warunkuje istnienie dwu dróg: **kanały włączeniowe** składające się z czopków, komórek dwubiegunowych ulegających depolaryzacji i komórek zwojowych typu włączeniowego; **kanały
wyłączeniowe** przechodzące przez czopki, komórki dwubiegunowe ulegające hiperpolaryzacji i komórki zwojowe typu wyłączeniowego. Komórki zwojowe typu włączeniowego są depolaryzowane i zwiększają
częstość generowania potencjałów czynnościowych w odpowiedzi na
zwiększenie intensywności światła. Komórki zwojowe typu wyłączeniowego pod wpływem światła zmniejszają aktywność w wyniku hiperpolaryzacji (*rys. 2*).

Wszystkie fotoreceptory wykorzystują glutaminian jako neuroprzekaźnik. Przeciwny typ reakcji na światło wgłobiających i płaskich komórek dwubiegunowych bierze się stąd, że mają one inne receptory dla glutaminianu. Toniczne uwolnienie glutaminianu przez fotoreceptor
w ciemności, w przypadku wgłobiających komórek dwubiegunowych,
ma wpływ hamujący. Kiedy światło hiperpolaryzuje fotoreceptor, uwalnianie glutaminianu jest zablokowane, hamowanie zniesione, co w konsekwencji prowadzi do depolaryzacji komórek dwubiegunowych.
Płaskie komórki dwubiegunowe odpowiadają pobudzeniem na toniczne
uwalnianie glutaminianu, a światło, redukując to pobudzenie, powoduje
hiperpolaryzację komórki dwubiegunowej.

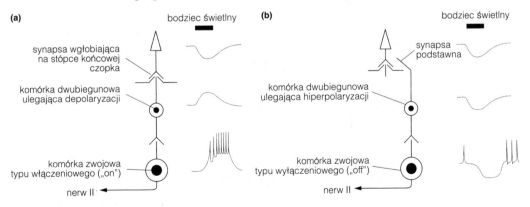

Rys. 2. (a) Kanał włączeniowy i (b) kanał wyłączeniowy w siatkówce. Wewnątrzkomórkowo rejestrowana
odpowiedź na stymulację świetlną każdej z komórek pokazana jest z prawej strony. Wszystkie
przedstawione komórki wykorzystują glutaminian jako neuroprzekaźnik

Kanał włączeniowy (poczynając od komórek zwojowych) odpowiada zwiększeniem częstości generowania potencjałów czynnościowych na poziom oświetlenia wyższy od lokalnej średniej. Kanał wyłączeniowy wykazuje wzrastającą częstość generowania potencjałów czynnościowych w odpowiedzi na ciemne plamy (tzn. tam, gdzie poziom oświetlenia jest niższy niż lokalna średnia). W ten sposób istnienie rozdzielnych kanałów włączeniowych i wyłączeniowych tworzy podstawy mechanizmu podkreślającego granice pomiędzy obszarami, które odbijają różną ilość światła. Jest to jeden z kilku mechanizmów, dzięki którym układ wzrokowy jest przystosowany do intensywniejszej odpowiedzi na zmiany bodźca w przeciwieństwie do stałej stymulacji.

Komórki poziome i hamowanie oboczne

Ważnym mechanizmem zwiększania kontrastu w siatkówce jest hamowanie oboczne, w którym pośredniczą **komórki poziome**. Hamowanie oboczne można zaobserwować w reakcjach zarówno komórek dwubiegunowych, jak i zwojowych. Pola recepcyjne tych komórek mają organizację w postaci współśrodkowych kół i można w nich wyróżnić część centralną i zewnętrzną otoczkę. Stymulacja każdego z tych dwóch obszarów oddzielnie oddziałuje na komórkę w odmienny sposób. Na przykład, w przypadku komórki zwojowej typu włączeniowego (zobacz *rys. 3*), częstość generacji potencjałów czynnościowych znacząco wzrasta przy oświetleniu centrum, maleje, natomiast, gdy światło pada na otoczkę. Gdy oświetlone jest całe pole recepcyjne, czynność komórki zmienia się nieznacznie w stosunku do aktywności spontanicznej. Komórki zwojowe typu wyłączeniowego reagują w odwrotny sposób, oświetlenie centrum wywołuje hamowanie, a oświetlenie otoczki — pobudzenie aktywności.

Powstanie hamowania obocznego jest uwarunkowane istnieniem specyficznych połączeń, które istnieją między komórkami poziomymi i fotoreceptorami. Komórki poziome tworzą, poprzez triady, wzajemne

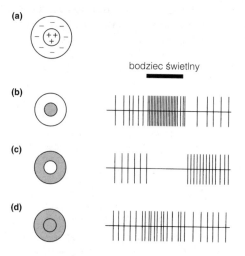

Rys. 3. Rejestracja zewnątrzkomórkowa z komórki zwojowej typu włączeniowego: (a) organizacja pola recepcyjnego; (b) oświetlenie centrum; (c) oświetlenie otoczki; (d) rozlane oświetlenie całego pola recepcyjnego

połączenia synaptyczne między sąsiednimi fotoreceptorami. W ciemności, komórki poziome są pobudzane przez glutaminian uwalniany przez fotoreceptory, same natomiast uwalniają GABA, który wywiera hamujący wpływ na fotoreceptory. Światło padające na otoczkę pola recepcyjnego hiperpolaryzując fotoreceptory powoduje, że wydzielają one mniej glutaminianu, co w konsekwencji prowadzi do redukcji pobudzenia komórek poziomych. Oznacza to, że wydzielanie GABA przez komórki poziome jest zmniejszone, co z kolei pozwala na depolaryzację czopka znajdującego się w centrum pola recepcyjnego, w takim stopniu, że wydziela on więcej glutaminianu (patrz *rys. 4*). Efekt końcowy jest uzależniony od rodzaju komórki dwubiegunowej, z którą centralny czopek tworzy synapsę. Jeśli jest to komórka dwubiegunowa typu włączeniowego ulegająca depolaryzacji pod wpływem światła, zwiększony poziom glutaminianu spowoduje jej hiperpolaryzację, ponieważ glutaminian wywiera wpływ hamujący poprzez wgłobiające synapsy. Jeśli jest to komórka dwubiegunowa typu wyłączeniowego ulegająca hiperpolaryzacji pod wpływem światła, podwyższony poziom glutaminianu spowoduje jej depolaryzację. Zauważ, że w każdym przypadku odpowiedź komórki dwubiegunowej (a zatem także komórki zwojowej, z którą tworzy ona synapsę) jest przeciwna przy oświetlaniu otoczki w porównaniu z odpowiedzią uzyskaną przy oświetleniu centrum (*rys. 4*).

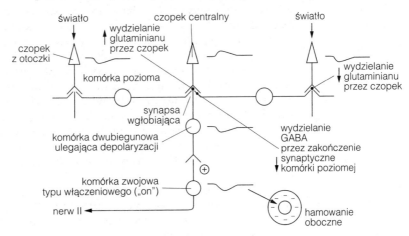

Rys. 4. Mechanizm hamowania obocznego z udziałem komórek poziomych

Komórki poziome łączą się wzajemne poprzez synapsy elektryczne tworząc sieć, która osnuwa powierzchnię siatkówki. Sieć ta jest określana jako **przestrzeń S**. Komórki poziome przestrzeni S generują sygnał warunkujący istnienie hamowania obocznego. Uważa się, że wielkość tego sygnału jest miarą średniego oświetlenia dość dużego obszaru siatkówki.

Komórki zwojowe

Komórki zwojowe są komórkami wyjściowymi (odprowadzającymi informację) z siatkówki. Aksony komórek zwojowych są zmielinizowane od poziomu tarczy nerwu wzrokowego. Włókna opuszczające gałkę oczną tworzą nerw wzrokowy (drugi nerw czaszkowy). Komórki zwojowe są jedynymi komórkami siatkówki zdolnymi do generowania potencjałów czynnościowych[*]. Makak, małpa Starego Świata, której układ wzrokowy jest bardzo podobny do ludzkiego, ma dwa podstawowe rodzaje komórek zwojowych.

Komórki zwojowe drobnokomórkowe (Pβ, ang. parvocellular, P) są małe i najbardziej liczne. Jest ich około jednego miliona w każdej siatkówce. **Komórki zwojowe wielkokomórkowe** (Pα, ang. magnocellular, M) są duże. W każdej siatkówce znajduje się ich około 100 000.

Te dwie grupy komórek różną się kilkoma ważnymi cechami:

- Komórki P mają mniejsze pola recepcyjne niż komórki M.
- Ze względu na mniejszą średnicę aksonu, komórki P cechuje mniejsza szybkość przewodzenia niż komórki M.
- Komórki P odpowiadają na bodziec wzrokowy tonicznie, komórki M, natomiast, fazowo.
- Komórki P są zwykle wrażliwe na określoną długość fali świetlnej, podczas gdy komórki M nie wykazują tej właściwości.
- W porównaniu z komórkami P komórki M są dużo bardziej czułe na bodźce o słabym kontraście.

Z różnic tych można wnioskować, że komórki P muszą otrzymywać wejście z pojedynczych czopków lub też z kilku czopków wrażliwych na tę samą długość fali świetlnej (S, M, lub L). Komórki M, przeciwnie, otrzymują wejście z czopków M i L łącznie (ale nie otrzymują wejścia z czopków S) oraz z pręcików. Zatem komórki P, nie zaś M, odpowiadają za widzenie barwne. Cechująca komórki M wysoka wrażliwość przy słabym kontraście wskazuje, że są one istotne dla widzenia skotopowego, a ich szybkie, fazowe odpowiedzi czynią je dobrymi detektorami ruchu. Małe pola recepcyjne komórek P i ich toniczne reakcje są odpowiednie dla rozróżniania drobnych szczegółów bodźców wzrokowych. Komórki zwojowe M i P różniące się właściwościami funkcjonalnymi stanowią początek kanałów przetwarzania równoległego w układzie wzrokowym.

Większość komórek zwojowych ma pola recepcyjne, które ujawniają istnienie hamowania obocznego (patrz *rys. 3*). Ponieważ komórki M otrzymują wejście z dwu rodzajów czopków, nazywane są komórkami **szerokopasmowymi**, a ich pola recepcyjne kodują jedynie kontrast jasności. Czynność komórek P zależy od koloru padającego światła; ich pola recepcyjne są pobudzane przez jeden typ czopków, a hamowane przez inny (komórki wrażliwe na **przeciwstawność kolorów**). Wyróżnia się dwa rodzaje komórek P na podstawie organizacji ich pól recepcyjnych (*rys. 5*). Najbardziej rozpowszechnione są komórki o polach recepcyjnych pojedynczo przeciwstawnych dla kolorów czerwony/zielony z koncentryczną organizacją centrum/otoczka, które porównują wejścia z czopków M i L. Komórki o współmiernych, pojedynczo przeciwstawnych polach recepcyjnych, które nie mają organizacji centrum/otoczka, są

---

[*]   Również komórki amakrynowe, jeśli depolaryzacja wywołana włączeniem lub wyłączeniem bodźca jest wystarczajaco duża, generują potencjały czynnościowe (*przyp. tłum.*).

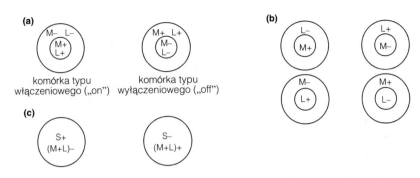

Rys. 5. Organizacja pól recepcyjnych komórek zwojowych siatkówki: (a) komórki zwojowe M.; (b) komórki P o czynności pojedynczo przeciwstawnej dla kolorów czerwony/zielony o koncentrycznych polach recepcyjnych; (c) komórki P o czynności pojedynczo przeciwstawnej dla kolorów niebieski/żółty o współmiernych polach recepcyjnych

pobudzane przez czopki S i hamowane przez sumaryczny sygnał z czopków M i L, albo odwrotnie – hamowane przez czopki S, a pobudzane przez M i L. Nazywa się je również komórkami kodujacymi kontrast dla kolorów niebieski/żółty, ponieważ łączne wejście z czopków M i L daje wrażenie barwy żółtej.

Komórki o koncentrycznych, pojedynczo przeciwstawnych polach recepcyjnych z organizacją centrum/otoczka odpowiadają odmiennie na małe i duże plamy światła. Na przykład, komórka typu włączeniowego dla koloru zielonego w centrum i wyłączeniowego dla czerwonego w otoczce będzie w tym samym stopniu pobudzana przez małą plamkę światła zielonego bądź białego pokrywającą centrum pola recepcyjnego, ponieważ białe światło zawiera fale, które pobudzają „zielone" czopki. Ta sama komórka będzie pobudzana przez dużą zieloną plamę, ale duża biała plama nie będzie jej pobudzać, ponieważ białe światło zawiera fale „czerwone", które stymulują hamowanie oboczne z otoczki. Duża czerwona plama spowoduje spadek aktywności komórki. Zazwyczaj komórki o koncentrycznych pojedynczo przeciwstawnych polach recepcyjnych wymagają odpowiedniej wielkości bodźca, by dokonać detekcji fali świetlnej o określonej długości. Ich odpowiedź jest bardziej precyzyjna, gdy bodziec jest duży, niż gdy jest mały. W przypadku małych bodźców komórki te nie są w stanie odróżnić światła czerwonego lub zielonego od białego i sygnalizują raczej jasność bodźca.

Przekazywanie sygnałów przez pręciki

Przesyłanie sygnałów przez pręciki zależy od intensywności światła. W jasnym świetle pręciki są nasycone i funkcjonują jedynie czopkowe kanały włączeniowe i wyłączeniowe. Gdy oko jest częściowo zaadaptowane do ciemności (np. o zmierzchu), komórki pręcikowe włączają się w proces widzenia, ale przesyłają sygnały poprzez synapsy elektryczne do sąsiadujących z nimi czopków. Wzmacnia to efektywnie funkcjonowanie komórek czopkowych, sprzyjając utrzymaniu dobrej ostrości widzenia i dobrej percepcji barw przy niższym poziomie oświetlenia. Jednakże, kiedy jest bardzo ciemno (np. w bezksiężycową noc), komórki czopkowe przestają funkcjonować pomimo wspomagania ze strony pręcików. W ciemności zwiększa się napływ jonów Ca^{2+} do komórek pręcikowych (tzw. prąd ciemnościowy). Jednym z rezultatów wzrostu stężenia Ca^{2+} jest zamknięcie złącz szczelinowych synaps elektrycznych między komórkami pręcikowymi i czopkowymi. Pręciki przesyłają wtedy sygnały przez pręcikowe komórki dwubiegunowe ulegające depolaryzacji, które tworzą synapsy z grupą komórek amakrynowych. Rezultatem tego procesu jest wzrost wrażliwości na kontrast kosztem ostrości widzenia i percepcji barw.

Komórki amakrynowe

Komórki amakrynowe nie mają aksonów, ale ich szeroko rozgłęzione neuryty mają właściwości zarówno aksonów, jak i dendrytów. Komórki amakrynowe tworzą pod względem morfologicznym bardzo różnorodną grupę. Blisko 30 odmian tych komórek wykorzystuje większość neuroprzekaźników zidentyfikowanych w układzie nerwowym.

Komórki amakrynowe są włączone w proces przekazywania sygnału przez pręciki, uczestniczą również w hamowaniu obocznym. Przypisuje się im także udział w detekcji kierunku ruchu obiektu w polu widzenia. Dopaminergiczne komórki amakrynowe stanowią jedynie około 1% wszystkich komórek amakrynowych. Ich długie dendryty tworzą sieć łącząc się wzajemnie, prawdopodobnie poprzez synapsy elektryczne. Komórki te otrzymują wejście z czopkowych komórek dwubiegunowych. Ich sieć może więc sygnalizować uśrednione oświetlenie, co jest wykorzystywane do generowania rozlanego hamowania regulującego poziom wzmocnienia siatkówkowego. Gdy oko jest zaadaptowane do ciemności, komórki zwojowe stają się dużo bardziej czułe na światło z tego powodu, że hamowanie dopaminowe generowane przez komórki amakrynowe jest wyłączone. Pewne komórki zwojowe są czułe na kierunek ruchu bodźca. Kluczową rolę w generowaniu czułości kierunkowej komórek zwojowych odgrywają połączenia z komórkami amakrynowymi.

H6 POCZĄTKOWE ETAPY PRZETWARZANIA WZROKOWEGO

Hasła

Ciało kolankowate boczne	Sortowanie aksonów komórek zwojowych w skrzyżowaniu wzrokowym prowadzi do utworzenia odwzorowania prawej strony pola widzenia w lewym ciele kolankowatym bocznym (ang. lateral geniculate nucleus, LGN). Jądro grzbietowe LGN naczelnych jest zbudowane z sześciu warstw. Dwie warstwy wielkokomórkowe (M) otrzymujące wejście z wielkokomórkowych komórek zwojowych M siatkówki zawierają komórki czułe na ruch. Cztery warstwy drobnokomórkowe (P) są unerwiane przez komórki zwojowe P. Komórki tych warstw są wrażliwe na określoną długość fali światła. Każda warstwa otrzymuje sprecyzowane retinotopowe wejście z jednego oka. Właściwości komórek LGN są podobne do właściwości komórek zwojowych dostarczających im informację wzrokową. Podobnie jak komórki zwojowe mają one koncentryczne pola recepcyjne z hamowaniem obocznym. LGN wysyła projekcję do pierwszorzędowej kory wzrokowej i otrzymuje z niej bagate połączenia zwrotne. Funkcja projekcji zwrotnej z kory do LGN jest prawdopodobnie związana z uwagą wzrokową.
Pierwszorzędowa kora wzrokowa	Kora prążkowa zlokalizowana w płacie potylicznym jest pierwszorzędową korą wzrokową (V1, od ang. visual). Okolica ta otrzymuje retinotopową projekcję z LGN. Odwzorowanie dołka środkowego w pierwszorzędowej korze wzrokowej zajmuje nieproporcjonalnie duży obszar. Komórki M i P LGN wysyłają projekcję do różnych podwarstw warstwy 4C (i do warstwy 6, *przyp. tłum.*), dając początek rozdzielnym strumieniom przepływu informacji przez korę. Wiekszość komórek w V1 ma wydłużone pola recepcyjne i odpowiada lepiej na bodźce w kształcie pałeczek niż na plamki. Reakcja komórek prostych zależy od lokalizacji bodźca w obrębie pola recepcyjnego. Komórki złożone są mniej czułe na lokalizację bodźca w obrębie pola recepcyjnego w porównaniu z komórkami prostymi. Wiele z tych komórek odpowiada najintensywniej na pałeczki poruszające się pod kątem prostym do dłuższej osi ich pola recepcyjnego.
Kolumny orientacji przestrzennej	Neurony czułe na orientację bodźca w polu widzenia tworzą w V1 pionowe kolumny rozciągające się przez całą grubość kory. Wszystkie komórki leżące w obrębie danej kolumny odpowiadają na pałeczki o tej samej, w przybliżeniu, orientacji. Wszystkie orientacje mają swoją reprezentację dla każdego punktu siatkówki. Kolumny orientacji przestrzennej są uporządkowane w taki sposób, że orientacja jednej kolumny przechodzi stopniowo w orientację innej. Istnieje łagodny gradient orientacji, a orientacje sąsiednich kolumn

różnią się nieznacznie. Kolumny o tej samej orientacji tworzą prążki biegnące wzdłuż kory.

Komórki obuoczne

Wiele komórek w V1 otrzymuje wyjście z obu oczu, ale większość wykazuje dominację oczną, to znaczy reagują intensywniej na informację docierającą z jednego oka. Komórki te układają się w kolumny dominacji ocznej. Tworzą one, biegnące przez korę, prążki o naprzemiennej dominacji oka tożstronnego i oka przeciwstronnego. Komórki obuoczne otrzymują wejścia z odpowiadających sobie miejsc na dwu siatkówkach. Kodują one przesunięcie siatkówkowe, z którego układ wzrokowy wyznacza położenie obiektu w trójwymiarowej przestrzeni (głębię).

Hiperkolumny

Obszar kory, w którym każda z orientacji ma reprezentację dla odpowiadających sobie miejsc obu siatkówek, nazywany jest hiperkolumną. Hiperkolumna składa się z pełnego zbioru kolumn orientacji przestrzennej i dominacji ocznej dla pojedynczego piksela (punktu) pola wzrokowego, może zatem być uważana za podstawową jednostkę funkcjonalną V1.

Tematy pokrewne

Budowa ośrodkowego układu
nerwowego (E2)
Właściwości wzroku (H1)

Oko i układ wzrokowy (H2)
Przetwarzanie równoległe
w układzie wzrokowym (H7)

Ciało kolankowate boczne

Drogę dla percepcji wzrokowej rozpoczynają włókna siatkówkowo--kolankowate, aksony komórek zwojowych mające zakończenia synaptyczne w LGN. Ze względu na sposób, w jaki włókna są sortowane w skrzyżowaniu wzrokowym, lewe pasmo wzrokowe i lewy LGN przejmują aksony z lewej strony obu siatkówek. Zatem lewy LGN ma reprezentację prawej strony pola widzenia (patrz *rys. 1*, temat H2).

LGN naczelnych zbudowany jest z sześciu warstw (*rys. 1*). Dwie położone najbardziej brzusznie to **warstwy wielkokomórkowe**, które otrzymują wejście z komórek zwojowych M. Grzbietowo w stosunku do nich znajdują się cztery **warstwy drobnokomórkowe** unerwiane przez zwojowe komórki P. Pomiędzy tymi głównymi warstwami znajdują się **warstwy pyłkokomórkowe** zawierające komórki bardzo małych rozmiarów[*]. Otrzymują one projekcję z małych, wolno przewodzących komórek zwojowych siatkówki o dużych drzewkach dendrytycznych i dużych polach recepcyjnych kodujących uśrednione oświetlenie. Komórki M i P ciała kolankowatego bocznego mają koncentryczne pola recepcyjne i, podobnie jak komórki zwojowe siatkówki, odpowiadają przeciwstawnie na oświetlenie centrum i otoczki pola recepcyjnego. Dzięki temu komórki LGN reagują słabo (M), lub zupełnie nie odpowiadają (P) na rozproszone światło oświetlające całe pole recepcyjne. Każda warstwa LGN dostaje wejście tylko z jednego oka. Komórki odpowiadające na stymulację jednego i drugiego oka są dopiero w korze wzrokowej, gdzie dochodzi do integracji informacji docierającej z obu siatkówek. Odpowiedzi komórek

---

[*] Oznacza się je literą K od ang. koniocellular (*przyp. tłum.*).

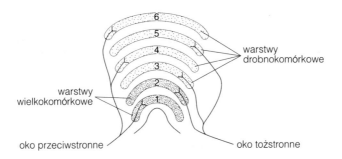

Rys. 1. Budowa i połączenia ciała kolankowatego bocznego z siatkówką

LGN są bardzo podobne do odpowiedzi komórek siatkówki, które dostarczają do LGN informację wzrokową, tak więc kanały włączeniowe i wyłączeniowe pozostają niezależne, a komórki P wykazują dokładnie te same właściwości przeciwstawności kolorów co komórki siatkówki. W każdej z warstw LGN istnieje bardzo precyzyjna topograficzna mapa siatkówki (retinotopia). Reprezentacja dołka środkowego zajmuje około połowy jądra. Mapa siatkówki w dowolnej warstwie LGN pokrywa się precyzyjnie z mapami innych warstw, tak że dowolna pionowa oś poprowadzona przez LGN przechodzi przez komórki, których pola recepcyjne reprezentują to samo miejsce w przestrzeni.

LGN zawiera dwie populacje neuronów. Te, które wysyłają projekcję do kory wzrokowej, nazywane są **neuronami kolankowato-korowymi**. Dodatkowo w LGN znajduje się pokaźna grupa mniejszych komórek, interneuronów, których funkcja nie została dokładnie poznana*. Co więcej, jedynie około 20% połączeń synaptycznych na neuronach kolankowato-korowych to połączenia z komórkami zwojowymi siatkówki. Resztę synaps tworzą głównie połączenia zwrotne z kory wzrokowej i projekcja z tworu siatkowatego. Prawdopodobnie połączenia te odgrywają istotną rolę w uwadze wzrokowej, modyfikując odpowiedzi neuronów kolankowato–korowych, w taki sposób, że jedynie wybrana część informacji z siatkówki przekazywana jest do kory wzrokowej.

Pierwszo-rzędowa kora wzrokowa

Włókna promienistości wzrokowej tworzą zakończenia w **korze prążkowej** zlokalizowanej na przyśrodkowej powierzchni biegunowej części płata potylicznego (pole 17). Obszar ten to pierwszorzędowa kora wzrokowa (V1). Również w V1 utrzymane jest precyzyjne mapowanie retinotopowe z nieproporcjonalnie rozległą reprezentacją dołka środkowego.

Przynajmniej trzy równoległe strumienie informacji wzrokowej docierają do pierwszorzędowej kory wzrokowej. Czułe na ruch komórki M z LGN tworzą zakończenia w warstwie $4C_\alpha$. Komórki P z LGN, wrażliwe na określoną długość fali świetlnej, docierają do warstwy $4C_\beta$, podczas gdy pyłkokomórkowe warstwy LGN wysyłają projekcję do warstw 2 i 3 kory wzrokowej. Strumienie te pozostają prawie niezależne na całej drodze przekazu informacji w układzie wzrokowym. Połączenia pierwszorzędowej kory wzrokowej naczelnych zilustrowane są na *rysunku 2*.

---

* Wiadomo, że m.in. realizują one mechanizm hamowania obocznego w LGN, który jest modulowany przez korę i twór siatkowaty (*przyp. red.*).

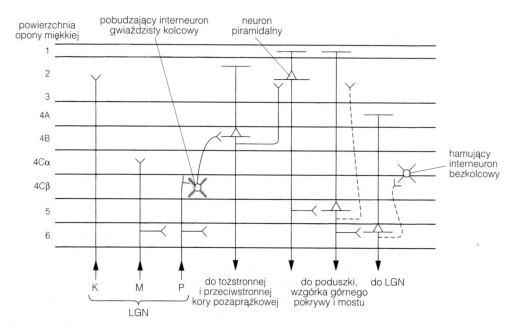

Rys. 2. Obwody kanoniczne w pierwszorzędowej korze wzrokowej zilustrowane dla wejścia drobno-komórkowego (P) z LGN. Obwody wielkokomórkowe (M) (nie pokazane) mają wejścia z LGN do warstwy 4Cα. Komórki gwiaździste kolcowe wysyłają aksony do komórek piramidalnych w warstwie 4B, a te wysyłają kolaterale bezpośrednio do komórek piramidalnych warstw 5 i 6. Alternatywne połączenie wiedzie również poprzez warstwy powierzchniowe. Wejście pyłkokomórkowe (K) kończy się bezpośrednio na komórkach piramidalnych w plamkach warstw 2+3. Linią przerywaną zaznaczono kolaterale dające połączenia zwrotne

Większość komórek w V1 ma podłużne pola recepcyjne z obszarami zarówno typu pobudzeniowego, jak i hamulcowego. Odpowiadają one lepiej na pałeczki, szczeliny, krawędzie i naroża niż na bodźce w postaci plamek. Większość komórek należy do jednej z dwóch kategorii wyróżnionych na podstawie właściwości ich pól recepcyjnych. Jedną grupę tworzą komórki proste, a drugą — komórki złożone. Komórki obu grup wykazują selektywność orientacji przestrzennej bodźca, to znaczy odpowiadają na pałeczki jedynie w wąskim zakresie orientacji.

1. **Komórki proste** to komórki piramidalne[*] zlokalizowane przeważnie w warstwach 4 i 6. Komórki te są bardzo czułe na położenie bodźca na siatkówce. Mają one małe, wydłużone pola recepcyjne i odpowiadają przeciwstawnie na bodziec znajdujący się w centrum i w otoczce (*rys. 3*). Komórki proste otrzymują wejście z liniowo ustawionych komórek LGN o takich samych właściwościach, zatem pola recepcyjne komórek prostych powstają ze złożenia pól recepcyjnych komórek LGN.

2. **Komórki złożone** są najbardziej liczne w warstwach 2 + 3 i 5. Ich pola recepcyjne są większe niż pola komórek prostych. Ze względu na brak wyróżnionych obszarów typu hamulcowego lub pobudzeniowego, bodziec o właściwej orientacji wywołuje odpowiedź w dowol-

---

[*]   U naczelnych (*przyp. red.*).

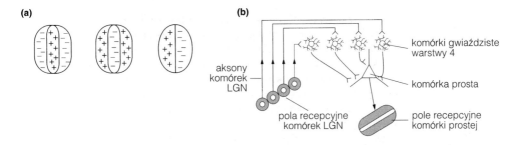

Rys. 3. (a) Przykładowe pola recepcyjne trzech komórek prostych; (b) diagram przedstawiający, w jaki sposób komórki ciała kolankowatego bocznego (LGN) współtworzą pole recepcyjne komórki prostej; cztery komórki LGN typu włączeniowego („on") współtworzą pole recepcyjne komórki prostej, centralna część pola recepcyjnego tej komórki zawiera obszar typu włączeniowego

nym miejscu ich pola recepcyjnego. Stąd też komórki złożone są znacznie mniej czułe na położenie bodźca niż komórki proste. Wiele komórek złożonych wykazuje preferencję dla ruchu w kierunku prostopadłym do dłuższej osi ich pola recepcyjnego. Brak jest zgodności co do wejścia do komórek złożonych, wciąż trwa dyskusja na ten temat. Według pierwotnego, **hierarchicznego modelu** organizacji kory wzrokowej, komórki złożone otrzymują wejście z komórek prostych. Ostatnie doniesienia sugerują, że część komórek złożonych dostaje wejście bezpośrednio z LGN.

Kolumny orientacji przestrzennej

Podobnie jak inne okolice kory zmysłowej, pierwszorzędowa kora wzrokowa podzielona jest na pionowe kolumny o szerokości 30–100 μm. W każdej z kolumn wszystkie komórki odpowiadają preferując określoną orientację linii. Kolumny te nazywane są **kolumnami orientacji przestrzennej**. Sąsiednie kolumny preferują orientacje różniące się jedynie o około 15°. Kolumny zawierające komórki preferujące określoną orientację bodźca tworzą biegnące przez korę paski. Oczywista konkluzja, że selektywność orientacji jest sposobem, w jaki system wzrokowy reprezentuje odcinki linii prostych składające się na kształt obiektu, nie musi być prawdą. Modelowanie komputerowe pokazuje, że selektywność orientacji jest również właściwością takich sieci neuronalnych, które uczą się rozpoznawania krzywizn powierzchni dzięki rzucanym przez nie cieniom. Zatem selektywność orientacji, na przekór intuicji, może być raczej związana z odwzorowaniem krzywizn niż linii prostych.

Komórki obuoczne

V1 jest pierwszym obszarem, w którym informacja z obu oczu łączy się*. Wiele komórek, szczególnie w warstwach 4B i 2+3 pierwszorzędowej kory wzrokowej, wykazuje obuoczne odpowiedzi, to znaczy, że reagują one na stymulację zarówno jednego, jak i drugiego oka. Obuoczne odpowiedzi są warunkiem koniecznym widzenia przestrzennego (stereoskopowego). Większość **komórek obuocznych** wykazuje preferencję jedne-

---

* Kolaterale włókien kolankowato-korowych przesyłających informację z obu oczu sumują się również na GABAergicznych neuronach tworu siatkowatego, które wywierają hamowanie zwrotne na komórki LGN (*przyp. tłum.*).

go oka (tzn. reaguje intensywniej na pobudzenie docierające z tego oka). Zjawisko to jest określane jako **dominacja oczna**.

Komórki obuoczne pod względem organizacji pól recepcyjnych mogą być komórkami prostymi lub złożonymi. Pola recepcyjne tych komórek są zlokalizowane w odpowiadających sobie miejscach dwu siatkówek, mają podobny rozkład obszarów typu pobudzeniowego i hamulcowego oraz mają identyczne właściwości dotyczące preferencji orientacji przestrzennej bodźca.

Do percepcji rozległego obrazu uzyskanego dzięki zlaniu informacji z obu siatkówek wymagane jest podobne wejście z obu oczu na szereg komórek obuocznych. Ze względu na to, że wejścia z obu oczu różnią się, komórki obuoczne wyznaczają odległość między tymi samymi elementami obrazów z obu siatkówek. Odległość ta nazywana jest **przesunię-ciem siatkówkowym**. Na podstawie wartości przesunięcia wyznaczane jest położenie obiektu w przestrzeni trójwymiarowej (głębia). Komórki wrażliwe na określone przesunięcie siatkówkowe zostały znalezione w korze wzrokowej naczelnych (włączając V1). Są one odpowiedzialne za widzenie stereoskopowe (patrz temat H1).

Komórki, które mają tę samą dominację oczną (na przykład takie, które preferują stymulację oka tożstronnego), okupują **kolumny domi-**

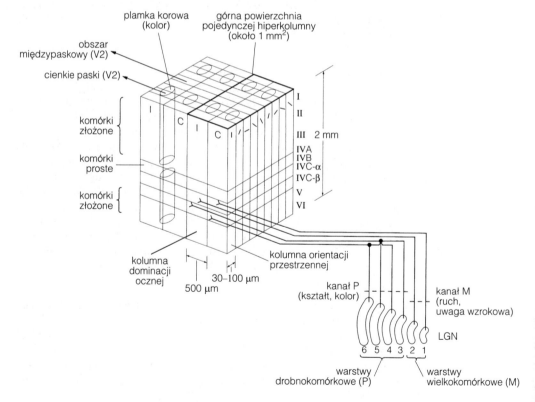

Rys. 4. Modułowa budowa pierwszorzędowej kory wzrokowej. Warstwy korowe oznaczono numerami rzymskimi. I, kolumna otrzymująca projekcję z oka tożstronnego; C, kolumna otrzymująca projekcję z oka przeciwstronnego. Plamki opisano w temacie H7

nacji ocznej znajdujące się w długich prążkach o szerokości około 500 μm. Kolumny reprezentujące tożstronne i przeciwstronne wejście są położone naprzemiennie. Na poziomie warstwy 4C kolumny dominacji ocznej tworzą regularny wzór wyglądający jak paski na zebrze.

Hiperkolumny   Wielu autorów uważa, że podstawowe jednostki strukturalne, jakimi są **hiperkolumny**, reprezentują moduły wyższego rzędu w organizacji pierwszorzędowej kory wzrokowej (*rys. 4*). Hiperkolumna zawiera odwzorowanie odpowiadających sobie miejsc na obu siatkówkach oraz wszystkich orientacji przestrzennych bodźca. Pojedynczą hiperkolumnę tworzy blok o górnej powierzchni około 1 mm², rozciągający się przez całą grubość kory i zawierający pełen zestaw kolumn orientacji przestrzennej dla tożstronnej oraz przeciwstronnej dominacji ocznej. Właściwością mapy retinotopowej w V1 jest ciągłość odwzorowania; sąsiednie punkty siatkówki są reprezentowane w sąsiadujących ze sobą hiperkolumnach.

H7 PRZETWARZANIE RÓWNOLEGŁE W UKŁADZIE WZROKOWYM

Hasła

Przetwarzanie równoległe w V1	W przetwarzaniu informacji w układzie wzrokowym uczestniczą trzy względnie niezależne kanały wzrokowe. Kanał wielkokomórkowy (ang. magnocellular, M) otrzymuje wejście z komórek M ciała kolankowatego bocznego (LGN), których aksony tworzą synapsy z neuronami warstwy 4Ca. Kanał M nie wykazuje wrażliwości na kolor, jest natomiast zaangażowany w analizę ruchu bodźców, kontrolę kierunku spojrzenia (ruchu gałek ocznych) i widzenie przestrzenne. Kanał drobnokomórkowy (ang. parvocellular, P) otrzymuje wejście z komórek P w LGN, które tworzą synapsy z komórkami warstwy 4Cb pierwszorzędowej kory wzrokowej. Wyróżnia się dwa strumienie kanału P. Kanał drobnokomórkowy międzyplamkowy jest zaangażowany w percepcję kształtu. Komórki należące do tego kanału są obuoczne i reagują wybiórczo na określoną orientację bodźca. Kanał drobnokomórkowy plamkowy pośredniczy w percepcji koloru. Komórki tego kanału reagują wybiórczo na określoną długość fali świetlnej, a ich pola recepcyjne są podwójnie przeciwstawne. Część centralna pola podwójnie przeciwstawnego jest pobudzana przez pewną grupę czopków, a hamowana przez inną, odwrotnie dzieje się w otoczce. Podwójnie przeciwstawne reakcje komórek kory wzrokowej tłumaczą trzy cechy percepcji koloru — stałość koloru, znoszenie percepcyjne i jednoczesny kontrast koloru.
Pozaprążkowa kora wzrokowa	Wszystkie okolice korowe zaangażowane w percepcję wzrokową, poza V1, są określane łącznie jako pozaprążkowa kora wzrokowa. Włączona jest w to znaczna część kory potylicznej oraz część kory ciemieniowej i skroniowej. Drugorzędowa kora wzrokowa (V2) otrzymuje wejście z V1, a następnie wysyła projekcję do innych obszarów kory pozaprążkowej. Trzy strumienie informacji wzrokowej pozostają rozdzielone w V2 (co ujawniają paski w barwieniu na oksydazę cytochromową), jak i w całej pozostałej części pozaprążkowej kory wzrokowej. Kanał M wiedzie poprzez grube paski w V2 do V3, a następnie do V5. Zniszczenie okolicy V5 u człowieka powoduje utratę zdolności widzenia obiektów w ruchu. Droga drobnokomórkowa międzyplamkowa wiedzie poprzez obszary międzypaskowe w V2 do V3 i V4, podczas gdy droga drobnokomórkowa plamkowa biegnie z cienkich pasków w V2 do V4, okolicy, której komórki wykazują stałość koloru. Zniszczenie V4 u człowieka powoduje utratę widzenia barwnego.
Strumienie „gdzie" i „co"	Od V5 i V4 informacja biegnie dalej dwoma strumieniami. Strumień grzbietowy biegnący z V5 do kory skroniowej przyśrodkowo-górnej i kory ciemieniowej tylnej zajmuje się lokalizacją obiektów. Strumień

brzuszny biegnący z V4 do dolnej części kory skroniowej zaangażowany jest w rozpoznawanie obiektów. Te dwa strumienie nazywane są odpowiednio strumieniami „gdzie" i „co".

Tematy pokrewne Właściwości wzroku (H1)   Początkowe etapy przetwarzania
Przetwarzanie informacji   wzrokowego (H6)
w siatkówce (H5)   Kontrola ruchów oczu (L7)

Przetwarzanie równoległe w V1

W pierwszorzędowej korze wzrokowej można wyróżnić trzy względnie niezależne kanały, które przetwarzają różne aspekty informacji wzrokowej równolegle, w niemal autonomiczny sposób.

Kanał wielkokomórkowy (ang. magnocellular, M) biegnąc z komórek zwojowych M (Pa) przez komórki M LGNu dociera do kolcowych komórek gwiaździstych warstwy $4C_\alpha$. Te pobudzające interneurony tworzą synapsy z komórkami piramidalnymi warstwy 4B, które cechuje selektywna reakcja na orientację i kierunek ruchu bodźca. Neurony piramidalne warstwy 4B wysyłają kolaterale do komórek piramidalnych warstw 5 i 6. Komórki warstwy 5 wysyłają projekcję do obszarów podkorowych: poduszki (jądra wzgórza zaangażowanego w procesy uwagi wzrokowej), wzgórka górnego pokrywy i mostu. Komórki piramidalne warstwy 6 wysyłają projekcję do kory pozaprążkowej. Kanał M jest wyspecjalizowany w analizie ruchu. Jego wyjścia poprzez warstwę 5 pełnią funkcje związane z uwagą wzrokową i odruchami kierowania spojrzenia. Część komórek kanału M jest obuoczna i uczestniczy w widzeniu przestrzennym (streoskopowym). Ze względu na to, że kanał M rozpoczyna się na komórkach zwojowych, które sumują wejścia z dwu klas czopków, komórki wchodzące w skład tego kanału nie wykazują wrażliwości na długość fali świetlnej — są „ślepe" na kolory.

Wyróżniono dwa strumienie **kanału drobnokomórkowego** (ang. parvocellular, P). Oba rozpoczynają się na komórkach zwojowych P (P_β) i biegną przez komórki P w LGN, które tworzą synapsy z kolcowymi komórkami gwiaździstymi w $4C_\beta$. Podobnie jak w przypadku kanału M, te pobudzające interneurony tworzą połączenia z komórkami piramidalnymi w 4B. Jednakże w przypadku kanałów drobnokomórkowych, komórki warstwy 4B (komórki proste reagujące selektywnie na orientację) tworzą synapsy z komórkami piramidalnymi warstw 2 + 3, które następnie przekazują informację do komórk piramidalnych w dolnej części warstwy 5 (patrz *rys.* 2, temat H6). W warstwach 2 + 3 następuje rozdzielenie kanału drobnokomórkowego na dwa strumienie. Barwienie na enzym mitochondrialny, **oksydazę cytochromową**, ujawnia występowanie w warstwach 2 + 3 obszarów o dużej aktywności — **plamek** (patrz *rys.* 4, rozdział H6). Plamki znajdują się w środku każdej kolumny dominacji ocznej. Między plamkami leżą **obszary międzyplamkowe**. W obszarach tych znajdują się obuoczne komórki złożone reagujące selektywnie na orientację przestrzenną bodźca. Komórki te nie reagują selektywnie ani na długość fali świetlnej, ani na ruch. Tworzą one część kanału **drobnokomórkowego międzyplamkowego** (ang. parvocellular–interblob, PI), który z dużą rozdzielczością dokonuje analizy kształtów obiektów wzrokowych. Komórki w plamkach, natomiast, są wrażliwe na długość fali światła, słabo reagują na orientację przestrzenną bodźca i odpowiadają na stymulacje tylko jednego oka. Kanał **drobnokomórkowy plamkowy** (ang. parvocellular–blob, PB) bierze udział w widzeniu barwnym. Komórki piramidalne położone w plamkach otrzymują bezpośrednie wejście z pyłkokomórkowych warstw LGN. Funkcja tego wejścia nie została jeszcze poznana.

Komórki plamek reagujące wybiórczo na długość fali światła mają **podwójnie przeciwstawne** pola recepcyjne, których właściwości są uwarunkowane wejściem pojedynczo przeciwstawnych komórek LGN należących do kanału drobnokomórkowego. Komórki pobudzane w sposób podwójnie przeciwstawny charakteryzują się antagonistyczną organizacją pola recepcyjnego złożonego z centrum i otoczki, sygnalizują kontrast koloru i dzielą się na cztery klasy wyróżnione ze względu na preferowany bodziec. Komórka z lewej strony *rysunku 1* jest pobudzana przez czopki L w centrum pola recepcyjnego, a hamowana przez czopki L w otoczce. Dodatkowo jest ona hamowana przez czopki M w centrum i pobudzana przez czopki M w otoczce. Bodźcem preferowanym przez tę komórkę jest czerwona plamka na zielonym tle. Komórka ta daje odpowiedź wyłączeniową w reakcji na zieloną plamkę na czerwonym tle (*rys. 2*, kontrast następczy).

W przeciwieństwie do komórek o pojedynczo przeciwstawnej czynności pobudzanych przez małe plamki białego koloru, komórki o podwójnie przeciwstawnej czynności są niewrażliwe na białe bodźce jakichkolwiek rozmiarów, zatem są one bardziej czułymi detektorami kontrastu koloru. Organizacja pól recepcyjnych komórek o podwójnie przeciwstawnej czynności wyjaśnia pewne właściwości widzenia barwnego, takie jak stałość koloru, znoszenie percepcyjne i jednoczesny lub następczy kontrast kolorów (patrz temat H1).

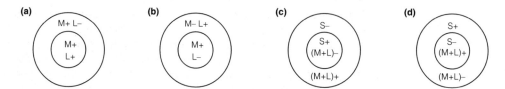

Rys. 1. Podwójnie przeciwstawne pola recepcyjne komórek zlokalizowanych w plamkach okolicy V1. Bodźce optymalne: (a) czerwona plamka, zielony pierścień; (b) zielona plamka, czerwony pierścień; (c) niebieska plamka, żółty pierścień; (d) żółta plamka, niebieski pierścień. S, M, L – wejście z czopków wrażliwych na krótkie (S), średnie (M) i długie (L) fale świetlne. + i – oznaczają wejścia pobudzające i hamujące

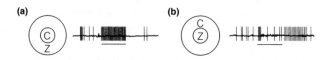

Rys. 2. Odpowiedzi komórek podwójnie przeciwstawnych, których organizację pól recepcyjnych pokazano na rys. 1 (a): (a), bodziec preferowany, (b) odpowiedź wyłączeniowa, która może wyjaśniać następczy kontrast koloru (patrz tekst). C, Z – czerwony i zielony kolor bodźców świetlnych w centrum i otoczce pola recepcyjnego

Istotnym atrybutem percepcji wzrokowej jest **stałość koloru**; właściwość ta nie została zrozumiana w szczegółach, ale częściowo może być wytłumaczona zachowaniem się komórek podwójnie przeciwstawnych. Przesunięcie składu widmowego światła (np. przy przejściu z oświetlenia słonecznego do pomieszczenia ze światłem jarzeniowym) powoduje równoważne, ale przeciwstawne efekty w odpowiedziach centrum i otoczki komórek o podwójnie przeciwstawnej czynności. Biorąc pod uwagę całe pole recepcyjne komórki, globalny efekt będzie niewielki i komórka zasygnalizuje ten sam kolor. W skali całego pola widzenia stałość koloru jest związana z porównywaniem jasności sygnalizowanej przez komórki przeciwstawnie reagujące na te pary kolorów czerwony/zielony i niebieski/żółty z całkowitą jasnością (sumaryczne wyjście z czopków S, M i L) wyznaczaną dla dużych obszarów siatkówki[*].

Znoszenie percepcyjne może być wyjaśnione na podstawie organizacji przeciwstawności kolorów w polach recepcyjnych, zgodnie z którą kolor czerwony (C) jest przeciwstawiany zielonemu (Z), a żółty (C+Z) niebieskiemu. Ze względu na istnienie wzajemnego antagonizmu pomiędzy czerwonym i zielonym oraz pomiędzy żółtym i niebieskim, w danym momencie tylko jeden kolor z każdej pary może być widziany w pojedynczym punkcie siatkówki.

Właściwości komórek podwójnie przeciwstawnych mogą również wyjaśniać efekt określany jako **jednoczesny kontrast koloru**. Na przykład, komórka na *rysunku 2* nie jest w stanie odróżnić zielonego bodźca w otoczce pola recepcyjnego od czerwonego w centrum; odpowiedź na każdy z tych bodźców będzie taka sama. Dlatego też szary dysk na zielonym tle postrzegany jest jako czerwony. Podobny mechanizm leży u podstaw **następczego kontrastu koloru** powodującego ukazywanie się powidoków w następstwie wpatrywania sie w jednorodną barwną plamę. Kolor powidoków jest komplementarny w stosunku do koloru bodźca (*rys. 2b*).

Pozaprążkowa kora wzrokowa

Segregacja informacji wzrokowej na ruch, kształt i kolor w V1 jest utrzymana w pozaprążkowej korze wzrokowej. Określenie to stosuje się do całej kory wzrokowej poza V1. Pozaprążkowa kora naczelnych zawiera około 30 okolic, które wyróżniono na podstawie cytoarchitektoniki, połączeń i właściwości fizjologicznych. Większość z nich posiada mapę retinotopową pewnego fragmentu pola wzrokowego. Kora pozaprążkowa zawiera nie tylko pola 18 i 19 kory potylicznej, ale także okolice kory ciemieniowej i skroniowej. Szacuje się, że prawie połowa kory mózgu u człowieka zaangażowana jest w widzenie, jest to największy obszar kory poświęcony pojedynczej funkcji. Wynika stąd, że widzenie jest najbardziej złożonym zadaniem, jakie mózg wykonuje. Terminologia zaadaptowana dla kory pozaprążkowej opiera się na badaniach makaka. Uważa się, że większość obszarów kory mózgu tej małpy ma swoje odpowiedniki u człowieka. Lokalizację i połączenia najważniejszych okolic kory wzrokowej wskazano na *rysunku 3a* i *3b*.

---

[*] Dlatego też inna koncepcja głosi, że stałość koloru jest wynikiem działania komórek w V4 o dużych polach recepcyjnych (*przyp. red.*).

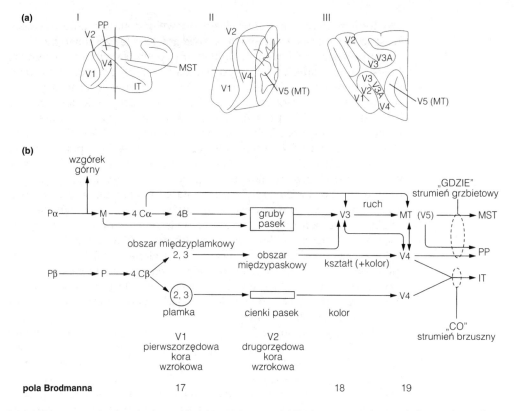

Rys. 3. Przetwarzanie równoległe w układzie wzrokowym. (a) Budowa anatomiczna okolic wzrokowych
makaka: (I) lewa półkula mózgowa, (II) przekrój poprzeczny przez tylną jedną trzecią półkuli, (III) przekrój
wzdłużny. Zmodyfikowane z Kandel, Schwartz, Jessel (red.) (1991) Principles of Neural Science, 3rd wyd.
(b) Przebieg kanałów M i P w układzie wzrokowym naczelnych: IT, dolna część kory skroniowej; MST, kora
skroniowa przyśrodkowo-górna; MT, kora skroniowa przyśrodkowa; PP, kora ciemieniowa tylna

Większość aksonów opuszczających V1 zmierza do V2 — **drugorzędowej kory wzrokowej**, która okupuje część pola 18. V2 ujawnia charakterystyczny wzór barwienia na oksydazę cytochromową — naprzemienne grube i cienkie paski biegnące pod kątem prostym do granicy
V1/V2. Badania elektrofizjologiczne oraz z zastosowaniem metod transportu aksonalnego ujawniają projekcję kanału wielkokomórkowego
i drobnokomórkowego do V2 i poza V2.

Komórki w grubych paskach V2 są czułe na ruch, obuoczne i reagują
wybiórczo na preferowane przesunięcie siatkówkowe. Grube paski
otrzymują wejście z warstwy 4 obszarów międzyplamkowych V1
i większą część wyjścia kierują, przez V3, do kory skroniowej przyśrodkowej (ang. medial temporal, MT) nazywanej wzrokowym polem V5.
Uszkodzenie pola V5 u człowieka powoduje utratę zdolności postrzegania ruchu (**akinetopsja**). Zatem strumień biegnący przez gruby pasek V2
do V3 i V5 (MT) stanowi przedłużenie kanału wielkokomórkowego i jest
zaangażowany w percepcję ruchu i głębi.

Obszar międzypaskowy V2 otrzymuje wejście z obszaru międzyplamkowego V1 (z warstw 2 + 3) i wysyła projekcję do V3, a następnie (lub

bezpośrednio) do V4. Wiele komórek w V3 oraz część w V4 reaguje wybiórczo na orientację przestrzenną bodźca. Tworzą one kontynuację kanału drobnokomórkowego międzyplamkowego (PI). Droga ta jest zaangażowana przede wszystkim w percepcję kształtu.

Plamki w V1 wysyłają projekcję do cienkich pasków w V2, a te z kolei do pola wzrokowego V4. Komórki cienkich pasków V2 i niektóre komórki V4 reagują wybiórczo na długość fali świetlnej oraz wykazują stałość koloru, zatem droga plamka V1—cienki pasek V2—V4 jest przedłużeniem kanału drobnokomórkowego plamkowego (PB) związanego z widzeniem barwnym. Potwierdza to utrata zdolności percepcji barw (**achromatopsja**), a nawet niezdolność do przypomnienia sobie kolorów, co zdarza się u pacjentów z uszkodzeniem V4.

Chociaż kanały wielkokomórkowy (M) oraz drobnokomórkowe (P): międzyplamkowy (PI) i plamkowy (PB) funkcjonują równolegle, nie są zupełnie niezależne. Między V3 i V4, a także V5 i V4 istnieją wzajemne połączenia, które przepuszczalnie umożliwiają interakcję pomiędzy dwoma kanałami M i PI uczestniczącymi w widzeniu przestrzennym. Interakcja między kanałami zaangażowanymi w proces analizy ruchu i kształtu jest prawdopodobnie niezbędna do identyfikacji poruszających się obiektów. Nie stwierdzono jednakże istnienia jakiegokolwiek przepływu informacji pomiędzy kanałami M i PB. Kanał M jest niewrażliwy na kolor i dla bodźców o równej jasności (różniących się kolorem, ale nie jasnością powierzchniową), które mogą być rozpoznawane przez kanał PB, percepcja ruchu jest zaburzona. Kanał PI otrzymuje zapewne informację z komórek V4, czułych na długość fali świetlnej, ponieważ wykorzystuje on kontrast koloru do lokalizacji krawędzi, co jest częścią jego funkcji w procesie analizy kształtu. Informacja dotycząca kształtu wydaje się jednakże niedostępna dla kanału PB. Kiedy patrzymy na kolorowe plamy o jednakowej jasności powierzchniowej, wydają się „zmieniać pozycje", ponieważ system PB nie jest zdolny do lokalizacji granic.

Sakady są szybkimi stereotypowymi ruchami gałek ocznych, które służą przeniesieniu obiektu z peryferycznej części pola widzenia do dołka środkowego (temat L7). Podczas ruchu sakadycznego czarne i białe prążki postrzegane jedynie przez system M znikają, podczas gdy bodźce o jednakowej jasności postrzegane przez kanał drobnokomórkowy pozostają widoczne; tak więc to system M, w przeciwieństwie do systemu P, jest hamowany podczas sakady. Hamowanie to oznacza, że system M odpowiedzialny za percepcję ruchu nie jest dezorientowany przez szybki ruch oczu. Reakcja komórek systemu P jest na tyle powolna (długa latencja odpowiedzi), że nie dochodzi do jej zaburzenia przez przesuwający się obraz.

Strumienie „gdzie" i „co"

Równoległe przetwarzanie informacji wzrokowej poza V5 i V4 odbywa się w dwu strumieniach. Strumień grzbietowy, rozpoczynający się głównie na MT, biegnie do kory skroniowej przyśrodkowo-górnej (ang. medial superior temporal, MST) i kory ciemieniowej tylnej (ang. posterior parietal, PP). Komórki w okolicy PP mają duże pola recepcyjne, wykazują selektywną reakcję na rozmiar i orientację przestrzenną obiektów wzrokowych oraz są aktywne w czasie, gdy małpa wykonuje ruch ręki sięgając po przedmiot. Wiele komórek wykazuje reakcję zależną od kierunku spojrzenia, to znaczy, że ich aktywność zależy od tego, gdzie zwierzę się patrzy. Uszkodzenia okolic MST i PP u naczelnych wywołują **ataksję wzrokową**, która objawia się poważnym zaburzeniem wykonania zadań wzrokowo-przestrzennych, ale bez żadnego efektu na zdolność zwierząt do rozpoznawania obiektów.

Strumień brzuszny natomiast, biegnący od V4 do dolnej części kory skroniowej (ang. inferotemporal cortex IT), jest istotny dla rozpoznawania obiektów. Komórki okolicy IT mają wyjątkowo duże pola recepcyjne, zwykle obejmujące obie połowy pola widzenia, są czułe na kształt i kolor, ale stosunkowo niewrażliwe na rozmiar obiektu, jego lokalizację na siatkówce oraz na orientację przestrzenną. Wiele tych komórek odpowiada selektywnie na specyficzne obiekty, takie jak ręce czy twarze. Okolica IT nie posiada mapy retinotopowej, co jest niezwykłe dla kory wzrokowej. Uszkodzenie kory IT powoduje **agnozję wzrokową**. Dotknięte nią zwierzęta nie są w stanie wykonać i nauczyć się zadań, które wymagają rozpoznawania obiektów. Wykonywanie zadań wzrokowo-przestrzennych pozostaje niezaburzone.

Odmienne funkcje strumienia grzbietowego i brzusznego zostały wyrażone odpowiednio w ich potocznych nazwach: „**gdzie**" i „**co**".

Dane kliniczne sugerują istnienie podobnej dychotomii u ludzi. Ataksja wzrokowa pojawia się po uszkodzeniu kory ciemieniowej tylnej. Pacjenci nie mają żadnych trudności z rozpoznawaniem obiektów, ale nie są w stanie ani po nie sięgnąć, ani ich uchwycić. Pacjenci z uszkodzeniem kory potyliczno-skroniowej, przeciwnie, nie potrafią rozpoznawać powszechnie spotykanych obiektów. Niektórzy z nich mają trudności z rozpoznawaniem znajomych twarzy (**prozopagnozja**). Osoby dotknięte agnozją wzrokową nie mają żadnych trudności w pojmowaniu, gdzie obiekty są zlokalizowane w przestrzeni, jak po nie sięgnąć, lub jak ich uniknąć.

Obustronne zniszczenie V1 powoduje utratę świadomej percepcji wzrokowej. Istnieją jednakże przypadki naczelnych i ludzi z takim uszkodzeniem, którzy są w stanie poruszać się w przestrzeni unikając przeszkód z dużo większą niż przypadkowa częstotliwością. Zjawisko to nazywane jest **ślepowidzeniem**. Posiadający tę zdolność ludzie twierdzą, że są całkowicie nieświadomi widzialnego świata i sami nie rozumieją, w jaki sposób są w stanie nawigować w przestrzeni. W ślepowidzeniu pośredniczy kanał biegnący bezpośrednio z warstw wielkokomórkowych LGN do grubych prążków V2. Droga ta dostarcza informację do systemu „gdzie"[*].

---

[*] Ślepowidzenie występuje też przy całkowitym zniszczeniu kory wzrokowej, co wskazuje na istotne znaczenie struktur podkorowych (w szczególności wzgórków górnych pokrywy w wykonywaniu zadań wzrokowo-przestrzennych (*przyp. tłum.*).

I1 AKUSTYKA I ZMYSŁ SŁUCHU

Hasła

Fale dźwiękowe

Dźwięk jest podłużną falą ciśnienia rozchodzącą się w ośrodku. Dla fali sinusoidalnej $f = c/\lambda$, gdzie f jest częstotliwością, c jest prędkością (331 m × s^{-1} dla dźwięku w powietrzu), a λ — długością fali. Wysokość odbieranego dźwięku zależy od częstotliwości fali akustycznej.

Amplituda ciśnienia dźwięku

Zmianę ciśnienia wywołaną przez falę akustyczną określa amplituda ciśnienia dźwięku (P). Przez porównanie amplitudy ciśnienia dźwięku z amplitudą referencyjną odpowiadającą progowi słyszalności u ludzi można wyznaczyć poziom ciśnienia dźwięku (ang. sound pressure level, SPL). Jednostką poziomu ciśnienia dźwięku jest decybel. Różnice w poziomie ciśnienia dźwięku są odbierane jako różnice w głośności dźwięku. Jednostką głośności jest fon. Głośność mierzy się poziomem ciśnienia dźwięku, którym jest ton o częstotliwości 1000 Hz.

Czułość słuchu

U młodych osób ucho jest w stanie odbierać dźwięki w zakresie częstotliwości od 20 Hz do 20 kHz. Czyste tony, które różnią się tylko o 2–6 Hz, mogą być rozróżniane, jeśli następują bezpośrednio po sobie. Jednakże, jeśli czyste tony są odtwarzane jednocześnie, rozdzielczość spada do około jednej trzeciej oktawy.

Tematy pokrewne

Budowa anatomiczna i fizjologia narządu słuchu (I2)
Obwodowe przetwarzanie informacji słuchowej (I3)

Przetwarzanie informacji słuchowej w ośrodkowym układzie nerwowym (I4)

Fale dźwiękowe

Dźwięk jest drganiem mechanicznym, oscylacją cząsteczek ośrodka. Energia oscylacji jest przenoszona w postaci fali podłużnej, która wywołuje następujące po sobie zagęszczanie i rozrzedzanie ośrodka. Z rozchodzeniem się fali podłużnej są związane okresowe oscylacje ciśnienia ośrodka (*rys. 1*).

Okres T fali sinusoidalnej jest czasem trwania jednego pełnego cyklu. Częstotliwość fali — odbierana **wysokość** dźwięku jest odwrotnością okresu:

$$f = 1/T$$

Długość fali[*] opisuje równanie:

$$\lambda = c/f$$

---

[*] czyli drogę, jaką przebywa fala w ciągu jednego okresu T (*przyp. tłum.*)

(a)

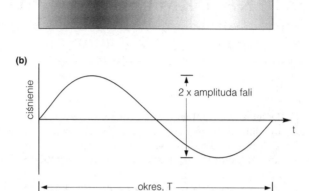

(b)

Rys. 1. Fale dźwiękowe: (a) gęstość cząsteczek powietrza podczas propagacji podłużnej fali ciśnienia; (b) fala sinusoidalna opisująca zmiany ciśnienienia

Gdzie c jest prędkością, z jaką fala przemieszcza się w ośrodku. $C = 331$ m·s^{-1} dla dźwięku rozchodzącego się w powietrzu.

Zakres częstotliwości mowy ludzkiej znajduje się pomiędzy 250 a 4000 Hz, co odpowiada ściśle największej wrażliwości ucha ludzkiego.

Amplituda ciśnienia dźwięku

Podwójna amplituda fali dźwiękowej (odległość między grzbietem fali a doliną) określa całkowitą zmianę ciśnienia w ośrodku, do której dochodzi podczas jednego cyklu. Ze względu na to, że amplituda ciśnienia fali dźwiękowej P ma ogromny zakres zmienności, wyrażana jest w skali logarytmicznej jako wielokrotność ciśnienia referencyjnego, P_{ref}.

Poziom ciśnienia dźwięku (SPL) $= 20 \log_{10} P/P_{ref}$

P_{ref} wynosi 2×10^{-5} Pa. Jest to ciśnienie dźwięku, które odpowiada progowi słyszalności ucha ludzkiego. Próg słyszalności został wyznaczony na podstawie tego, że 50% populacji jest w stanie słyszeć ten dźwięk, gdy jego częstotliwość odpowiada maksimum czułości ucha (3000 Hz). Jednostką SPL jest decybel (dB).

Każdy 10-krotny wzrost ciśnienia dźwięku jest równoważny wzrostowi SPL o 20 dB.

Na przykład, jeśli $P = 2 \times 10^{-4}$ Pa, to znaczy jest 10-krotnie większe niż P_{ref}, wtedy:

$$SPL = 20 \log_{10} 10 = 20 \text{ dB}.$$

Poziom ciśnienia dźwięku przekraczający 100 dB może spowodować uszkodzenie słuchu, a przy 120 dB dźwięk wywołuje uczucie bólu.

Różnice w poziomie ciśnienia dźwięku (SPL) są odbierane jako różnice w **głośności** dźwięku. Głośność odbieranych dźwięków o tym samym poziomie ciśnienia dźwięku (SPL) zależy od częstotliwości tonów tworzących ten dźwięk. **Tony** są to dźwięki o pojedynczej częstotliwości. Głośność dźwięku definiowana jest jako poziom ciśnienia tonu o częstotliwości f równej 1000 Hz, który jest słyszany tak samo głośno jak dany dźwięk. Jednostką głośności jest **fon**. Z definicji ton o $f = 1000$ Hz będzie miał identyczną wartość w decybelach i w fonach. Dla równoważnych poziomów ciśnienia dźwięku, ton o częstotliwości $f = 4000$ odbierany jest jako najgłośniejszy; głośność maleje gwałtownie powyżej tej wartości, oraz poniżej 250 Hz. Przy częstotliwości 4000 Hz (dla SPL > 30 dB) zależność pomiędzy poziomem ciśnienia dźwięku (SPL) a głośnością jest taka, że 10-krotny wzrost SPL jest odbierany jako 4-krotny wzrost głośności.

Czułość słuchu Ludzkie ucho odbiera optymalnie częstotliwość dźwięku w zakresie od 20 Hz do 20 kHz. Zakres ten ulega gwałtownemu zawężeniu z wiekiem, przy czym największa strata dotyczy wyższych częstotliwości. W wieku około 50 lat górna granica słyszalności wynosi średnio około 12 kHz. Czułość słuchu waha się w zależności od częstotliwości. Największa czułość i zarazem **ostrość słuchu** (rozdzielczość) odpowiada częstotliwości dźwięku w zakresie 1000–4000 Hz. W tym paśmie częstotliwości ludzie mogą rozróżniać czyste tony różniące się częstotliwością jedynie o 2–6 Hz, jeśli słyszą je kolejno po sobie.

W tym samym paśmie częstotliwości, najmniejszy interwał w muzyce klasycznej kultury zachodniej, półton, odpowiada różnicy częstości 62–234 Hz. Taka sama rozdzielczość jednakże nie stosuje się do czystych tonów odtwarzanych jednocześnie, które, aby mogły zostać rozróżnione, muszą różnić się o około jedną trzecią oktawy (**zakres krytyczny**). Prawie żadne naturalnie występujące dźwięki łącznie z nutami nie są czystymi tonami, ale mają składowe harmoniczne, które obejmują wiele oktaw i dzięki temu możliwe jest ich rozróżnienie nawet wtedy, gdy słyszane są równocześnie.

12 BUDOWA ANATOMICZNA I FIZJOLOGIA NARZĄDU SŁUCHU

Hasła

Ucho środkowe

W uchu środkowym dochodzi do konwersji ciśnienia fal rozchodzących się w powietrzu w wibracje przychłonki znajdującej się w uchu wewnętrznym. Fale dźwiękowe padając na błonę bębenkową wprawiają ją w drgania. Wibracje błony bębenkowej są przenoszone przez trzy, połączone ze sobą za pomocą stawów, kosteczki ucha środkowego — młoteczek, kowadełko i strzemiączko — na owalne okienko przedsionka, a zatem pośrednio i na przychłonkę. Ponieważ przychłonka jest nieściśliwa, drgania okienka przedsionka powodują wprawienie jej w ruch *en masse*, z przeniesieniem ciśnienia na okrągłe okienko ślimaka. Powierzchnia okienka przedsionka jest 20 razy mniejsza niż powierzchnia błony bębenkowej, zatem także i ciśnienie wywierane na okienko przedsionka jest odpowiednio większe. W rezultacie w uchu środkowym następuje czterokrotne wzmocnienie dźwięku. Dwa mięśnie ucha środkowego, w czasie skurczu, oddziałują na kosteczki ucha środkowego redukując transmisję dźwięku. Mięśnie aktywowane są przez odruch bębenkowy, który pełni rolę ochronną przed zbyt głośnym dźwiękiem.

Ucho wewnętrzne

Ucho wewnętrzne jest utworzone przez kanał kostny w kształcie zwoju, nazywany ślimakiem. W jego obrębie leży przewód ślimakowy stanowiący część błędnika błoniastego. Przewód ślimakowy dzieli ślimak w przekroju poprzecznym na trzy komory. Komora znajdująca się w przewodzie ślimakowym to schody środkowe zawierające śródchłonkę. Po obu stronach schodów środkowych leżą, zawierające przychłonkę, schody przedsionka i schody bębenka. Łączą się one w wierzchołku ślimaka. Drgania okienka przedsionka są przenoszone poprzez schody przedsionka na schody bębenka, a następnie na okienko ślimaka.

Fale ciśnienia, rozchodząc się przez przychłonkę, wywołują oscylacje błony podstawnej oddzielającej schody bębenka od schodów środkowych. Na błonie podstawnej opiera się narząd Cortiego, płaszcz nabłonka biegnący wzdłuż przewodu ślimakowego. Stereocilia znajdujące się na komórkach włoskowatych narządu Cortiego są znurzone w galaretowatym tworze — błonie pokrywowej. Drgania błony podstawnej wywołują jej przemieszczenia w stosunku do błony pokrywowej, powodując przechylenia stereocilii tam i z powrotem. Rezultatem tego jest naprzemienna depolaryzacja i hiperpolaryzacja komórek włoskowatych, z udziałem takiego samego mechanizmu transdukcji, jaki funkcjonuje w komórkach włoskowatych przedsionka. Periodyczne zmiany w uwalnianiu neuroprzekaźnika z komórek włoskowatych determinują zmiany aktywności połączonych z nimi synaptycznie pierwszorzędowych aferentów słuchowych.

Ponieważ szerokość, masa i sztywność błony podstawnej zmieniają się z odległością od podstawy ślimaka, różne częstotliwości dźwięku wywołują maksymalną wibrację w różnych miejscach błony. Mechanizm ten stanowi podstawę rozróżniania wysokości dźwięku.

Tematy pokrewne Czucie równowagi (G4)   Akustyka i zmysł słuchu (I1)

Ucho środkowe Funkcją ucha środkowego jest konwersja rozchodzących się w powietrzu fal ciśnienia na drgania przychłonki w uchu wewnętrznym. Fale dźwiękowe przemieszczają się wzdłuż **przewodu słuchowego zewnętrznego** i uderzając w **błonę bębenkową** wywołują jej oscylacje. Drgania błony bębenkowej są silnie tłumione i gasną natychmiast, gdy dźwięk zanika. Dźwięk odpowiadający progowi słyszalności wywołuje oscylacyjne wychylenia błony, których amplituda wynosi około 0,01 nm, co stanowi jedną dziesiątą średnicy atomu wodoru! Wychylenia błony bębenkowej przenoszone są z około 30% efektywnością na płyn w uchu wewnętrznym przez system dźwigni, który tworzą trzy **kosteczki słuchowe** leżące w **jamie bębenkowej** (ucho środkowe) (*rys. 1*).

Młoteczek jest przymocowany cieńszym końcem, rękojeścią, do błony bębenkowej. Jego grubsze zakończenie, głowa, łączy się siodełkowatym stawem z trzonem **kowadełka**. Odnoga długa kowadełka tworzy staw kulisty z głową **strzemiączka**. Podstawa strzemiączka jest zamocowana w **owalnym okienku przedsionka** za pomocą więzadła pierścieniowatego. Młoteczek drga razem z błoną bębenkową. Ruch młoteczka do wewnątrz jamy bębenkowej blokuje staw między młoteczkiem a kowadełkiem i, przemieszczając odnogę długą kowadełka w stronę wnętrza,

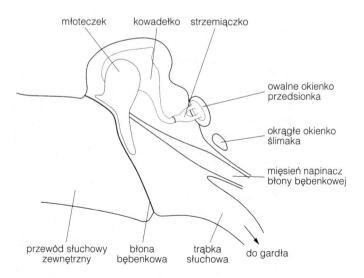

Rys. 1. Anatomia ucha środkowego

popycha w tym samym kierunku strzemiączko i wywiera ciśnienie na przychłonkę znajdującą się za owalnym okienkiem przedsionka. Fala ciśnienia rozchodzi się w przychłonce, powodując kompensacyjne wybrzuszenie **okienka okrągłego** (okienka ślimaka). Ruch błony bębenkowej na zewnątrz zmienia kierunek ruchu kosteczek słuchowych na przeciwny. Ponieważ powierzchnia okienka przedsionka jest 20 razy mniejsza niż powierzchnia błony bębenkowej, ciśnienie (siła wywierana na jednostkę powierzchni okienka przedsionka) jest proporcjonalnie większe. Przychłonka jest nieściśliwa, tak więc musi być wprawiona w drgania *en masse*. Wymaga to więcej siły niż potrzeba do transmisji fali dźwiękowej w powietrzu. Efektem zwiększenia ciśnienia wywieranego na okienko przedsionka w stosunku do ciśnienia, jakie wywiera fala akustyczna na błonę bębenkową, jest wzmocnienie dźwięku w uchu środkowym o około 20 dB, co odpowiada 4-krotnemu wzrostowi głośności.

W uchu środkowym znajdują się dwa mięśnie kosteczek słuchowych: **mięsień napinacz błony bębenkowej** i **mięsień strzemiączkowy**. W momencie skurczu obu mięśni rękojeść młoteczka i błona bębenkowa są wciągane w kierunku jamy bębenkowej, a podstawa strzemiączka jest odciągana od okienka przedsionka. Powoduje to redukcję transmisji dźwięku o 20 dB, szczególnie w paśmie niskich częstotliwości. Odruchowy skurcz mięśni w odpowiedzi na głośny hałas może zapobiec uszkodzeniu ucha wewnętrznego, jednakże, ze względu na czas reakcji wynoszący 40–60 ms, **odruch bębenkowy** nie stanowi zabezpieczenia przeciwko nagłym głośnym dźwiękom. **Trąbka słuchowa** łączy ucho środkowe z gardłem, umożliwiając wyrównanie ciśnienia powietrza w uchu środkowym z ciśnieniem zewnętrznym. Jest to istotne, gdy wznosimy się na dużą wysokość. Uszkodzenie funkcji ucha środkowego prowadzi do niedosłuchu przewodzeniowego. Najczęstszą przyczyną jest **otoskleroza**, choroba kości, która powoduje zrośnięcie strzemiączka z okienkiem przedsionka. Schorzenie to można korygować chirurgicznie.

Ucho wewnętrzne

Funkcje słuchowe w uchu wewnętrznym pełni **ślimak**, kanał kostny o długości 3,5 cm, który zawija się spiralnie dwa i trzy czwarte raza wokół centralnie położonego wyrostka stawowego, **wrzecionka**. W obrębie ślimaka leży rurowate wydłużenie błędnika błoniastego, **przewód ślimakowy** przyczepiony do wrzecionka i ściany zewnętrznej ślimaka. Przewód ślimakowy dzieli ślimak na trzy komory. Wewnątrz przewodu ślimakowego znajdują się, zawierające śródchłonkę, **schody środkowe**, a na zewnątrz — **schody przedsionka** i **schody bębenka**.

Schody środkowe zawierają śródchłonkę, dwie ostatnie komory zawierają przychłonkę. Schody przedsionka przechodzą w schody bębenka poprzez mały otworek znany jako **szpara osklepka** usytuowany u wierzchołka ślimaka — w miejscu ślepego zakończenia przewodu ślimakowego (*rys. 2*). Fale ciśnienia generowane w przychłonce przez drgania owalnego okienka przedsionka rozchodzą się przez schody przedsionka do schodów bębenka i do okrągłego okienka ślimaka, gdzie energia ulega rozproszeniu. Podczas propagacji fale ciśnienia wywołują oscylacje **błony podstawnej**, podstawy schodów środkowych, na której spoczywa aparat sensoryczny, **narząd spiralny Cortiego** (*rys. 3*).

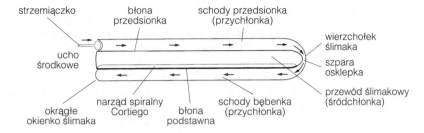

Rys. 2. Rozwinięty ślimak. Strzałki pokazują kierunek rozchodzenia się fal dźwiękowych przez przychłonkę

Narząd spiralny jest utworzony przez cienki płaszcz nabłonka pryzmatycznego rozciągający się wzdłuż przewodu ślimakowego. Nabłonek tworzą filarowe komórki podporowe, komórki Hensena oraz włoskowate komórki receptorowe przypominające te, które znajdują się w błędniku przedsionkowym (zobacz temat G5). Pojedynczy rząd 3500 **komórek włoskowatych wewnętrznych** tworzy **synapsy wstążkowe** ze zmielinizowanymi wypustkami doprowadzającymi dużych komórek dwubiegunowych (typu I), które znajdują się w **zwoju spiralnym ślimaka.** Każda komórka włoskowata wewnętrzna przekazuje sygnał do około 10 komórek typu I, co oznacza duży stopień dywergencji. Blisko 12 000 **komórek włoskowatych zewnętrznych** ułożonych jest w trzy rzędy. Są one unerwiane przez niezmielinizowane wypustki doprowadzające małych komórek dwubiegunowych (typu II) położonych w zwoju spiralnym ślimaka. Każda z tych komórek tworzy synapsy z 10 komórkami włoskowatymi, reprezentując znaczną konwergencję sygnałów wejściowych na tej drodze.

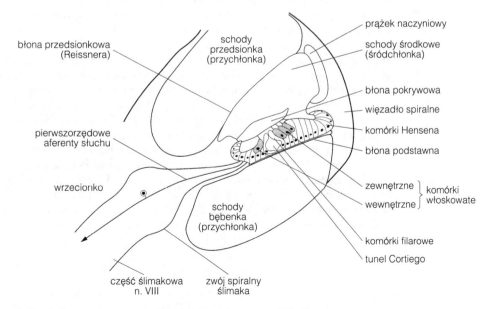

Rys. 3. Przekrój poprzeczny przez ślimak, pokazujący narząd Cortiego

Komórki włoskowate ślimaka tracą kinetocilia podczas rozwoju. Czubki najdłuższych stereocilii są zanużone w okrywającej je **błonie pokrywowej**, utworzonej przez (zewnątrzkomórkową) macierz glikozoaminoglikanową i białka. Oscylacje błony podstawnej w odpowiedzi na bodźce dźwiękowe powodują jej przemieszczenie w stosunku do błony pokrywowej, wywołując ugięcia stereociliów najpierw w jedną, a potem w drugą stronę. Efektem tego ruchu jest naprzemienna depolaryzacja i hiperpolaryzacja komórki włoskowatej wywołująca cykliczną modulację tonicznego wydzielania glutaminianu. Mechanizm transdukcji w komórkach włoskowatych ślimaka podobny jest do tego, jaki funkcjonuje w komórkach włoskowatych przedsionka (patrz temat G5).

Bodziec dźwiękowy powoduje powstanie fali, podobnej do tej, jaka jest generowana przez szarpanie wolnego końca sznura, którego drugi koniec jest sztywno umocowany, przemieszczającej się od podstawy ślimaka do jego wierzchołka. Wysokie częstotliwości powodują wibracje błony bliżej podstawy, podczas gdy niskie częstotliwości — bliżej wierzchołka. Takie sortowanie częstotliwości jest rezultatem ciągłej zmiany szerokości, masy i **sztywności** błony podstawnej wzdłuż jej długości. Błona podstawna jest wąska (50 µm) i sztywna w części przypodstawnej ślimaka, szersza (500 µm) i bardziej giętka w części przywierzchołkowej. Istnieje logarytmiczna zależność między częstotliwością a miejscem drgań błony. Dla danej częstotliwości wraz ze wzrostem poziomu ciśnienia dźwięku wzrasta amplituda przemieszczenia i długość drgającego odcinka błony podstawnej.

Komórki włoskowate zewnętrzne kurczą się w sposób zależny od napięcia. Depolaryzacja powoduje ich skrócenie. Szybkość, z jaką zmieniają one długość, jest tak duża, że są one w stanie nadążyć za zmianami napięcia o wysokiej częstotliwości, wywołanymi przez bodźce dźwiękowe. W ten sposób komórki włoskowate zewnętrzne zwiększają drgania błony podstawnej, proces ten nazywany jest **wzmocnieniem ślimakowym**. Wzmocnienie ślimakowe prawdopodobnie ma swój udział w wysokiej czułości i precyzyjnym dostrajaniu do częstotliwości, jakie cechują błonę podstawną, ponieważ właściwości te zostają utracone w wyniku selektywnego zniszczenia komórek włoskowatych zewnętrznych przez antybiotyki z grupy **aminoglikozydów**, takie jak streptomycyna. Wzmocnienie ślimakowe powoduje drgania przychłonki, przenoszone na okienko przedsionka i poprzez ucho środkowe na błonę bębenkową, która w tej sytuacji działa jako głośnik wywołując tzw. **uszne emisje akustyczne**. Mogą one występować spontanicznie lub być wywołane przez dźwięk. Są to zwykle czyste tony, nie są słyszalne i nie powodują patologicznego dzwonienia w uszach (tinnitusa), którego pochodzenie jest nieznane*. Uszne emisje akustyczne nie są warunkiem niezbędnym prawidłowego słyszenia, ale umożliwiają wgląd w funkcjonowanie ucha i dlatego stanowią podstawę badań klinicznych.

---

* być może ma on etiologię ośrodkową (*przyp. red.*)

I3 OBWODOWE PRZETWARZANIE INFORMACJI SŁUCHOWEJ

Hasła

Pierwszorzędowe aferenty słuchu

Ciała pierwszorzędowych aferentów słuchu tworzących połączenia synaptyczne z komórkami włoskowatymi położone są w zwoju spiralnym ślimaka. Dośrodkowe aksony tych neuronów biegną nerwem czaszkowym VIII do mostu. Czynność spontaniczna aferentów wzrasta w odpowiedzi na bodziec dźwiękowy. Większość z nich jest precyzyjnie strojona, to znaczy, że dla niskiego ciśnienia dźwięku najwyższa wrażliwość występuje w wąskim zakresie częstotliwości.

Kodowanie częstotliwości dźwięku

Częstotliwość dźwięku jest kodowana na dwa sposoby. Zazwyczaj dla częstotliwości powyżej 3000 Hz odpowiedź częstotliwościowa pierwszorzędowych aferentów słuchu zależy od miejsca wzdłuż błony podstawnej, w którym tworzą one synapsy z komórkami włoskowatymi. Ten sposób kodowania nazywany jest kodowaniem przestrzennym (punktowym), w szczególności odwzorowanie częstotliwości na lokalizację przestrzenną na błonie określane jest jako mapowanie tonotopowe. W przypadku niższych częstotliwości aferenty* słuchu generują potencjały czynnościowe podczas określonej fazy fali dźwiękowej, co nazywane jest synchronizacją fazową. Ponieważ w kodowanie częstotliwości zaangażowana jest duża populacja aferentów otrzymujących projekcję ze ślimaka, pojedyncza komórka nie musi generować impulsów przez cały czas trwania odpowiedniej fazy. Ten sposób kodowania jest przykładem kodowania czasowego.

Kodowanie głośności dźwięku

Aferenty słuchu odpowiadają jedynie w ograniczonym zakresie poziomów ciśnienia akustycznego (ang. sound presure level, SPL). Pełen zakres kodowany jest przez neurony o różnej charakterystyce dynamicznej. Komórki o najwyższej czynności spontanicznej są zarazem najbardziej czułe. Włókna eferentne z zespołu jąder górnych oliwki tworzą synapsy z komórkami włoskowatymi, powodując zmniejszenie czułości aferentów słuchu. Pozwala to tym komórkom odpowiadać na dźwięki o wysokim poziomie głośności.

Tematy pokrewne
Kodowanie intensywności i synchronizacja (F2)
Akustyka i zmysł słuchu (I1)

Przetwarzanie informacji słuchowej w ośrodkowym układzie nerwowym (I4)

---

* w znaczeniu neurony (ciała + wypustki) (*przyp. tłum.*).

Pierwszorzędo-we aferenty słuchu

Ciała pierwszorzędowych aferentów słuchu tworzących połączenia synaptyczne z komórkami włoskowatymi położone są w **zwoju spiralnym ślimaka** umiejscowionym we wrzecionku. Ich dośrodkowo skierowane aksony biegną nerwem przedsionkowo-ślimakowym (n. VIII), aby utworzyć zakończenia synaptyczne w jądrach ślimakowych w dolnej części mostu. U ludzi około 30 000 aferentów typu I odbierających informację z komórek włoskowatych wewnętrznych stanowi znaczącą część wyjścia ze ślimaka. Trzy czwarte komórek włoskowatych (komórki włoskowate zewnętrzne) przekazuje informację do jedynie około 3 000 aferentów typu II. Sposób przekazywania informacji słuchowej poprzez komórki dwubiegunowe typu II nie został poznany. Aferenty słuchu posiadają pewną czynność spontaniczną, tzn. generują potencjały czynnościowe w stanie spoczynku (bez bodźca akustycznego).

W odpowiedzi na ton, aferenty typu I zwiększają swą aktywność, która następnie ulega adaptacji. Kiedy dźwięk zanika, czynność iglicowa komórek na krótki czas ustaje. Zatem, neurony te wykazują reakcje zarówno dynamiczne, jak i statyczne (*rys. 1*). Odpowiedzi aferentów typu I przedstawione w postaci **krzywej czułości** (*rys. 2*) pokazują, że neurony te przy niskim poziomie ciśnienie akustycznego są wrażliwe na bodźce dźwiękowe w wąskim pasmie częstotliwości. Częstotliwość dźwięku, na którą komórka jest najbardziej czuła, to **częstotliwość charakterystyczna** (ang. characteristic frequency, CF). Przy wyższym poziomie ciśnienia dźwięku (SPL) pierwszorzędowe aferenty słuchu odpowiadają w dużo szerszym zakresie częstotliwości.

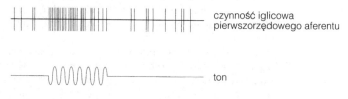

czynność iglicowa
pierwszorzędowego aferentu

ton

Rys. 1 Aktywność pierwszorzędowego aferentu słuchu (górny przebieg) w odpowiedzi na ton (dolny przebieg)

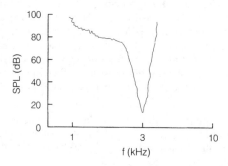

Rys. 2. Funkcja czułości ślimakowego aferentu typu I. Wykres pokazuje minimalny poziom ciśnienia dźwięku (SPL) wymagany do wywołania odpowiedzi w danym przedziale częstotliwości

Kodowanie częstotliwości dźwięku

Układ nerwowy koduje częstotliwość dźwięku na dwa sposoby, jeden to **kodowanie przestrzenne**, drugi — **kodowanie czasowe**. Kodowanie przestrzenne jest możliwe dzięki temu, że częstotliwość charakterystyczna (CF) aferentów jest zdeterminowana przez lokalizację ich zakończeń na błonie podstawnej ślimaka. Zakończenia włókien o niższej częstotliwości charakterystycznej znajdują się bliżej wierzchołka ślimaka. Oznacza to, że czułość błony podstawnej pokrywa się z czułością aferentów. To odwzorowanie częstotliwości na lokalizację przestrzenną znane jest jako **mapowanie tonotopowe** i zachowane jest wzdłuż całej ośrodkowej drogi słuchowej. Kodowanie przestrzenne ma największe znaczenie dla częstotliwości powyżej 1–3 kHz. W przypadku niższych częstotliwości bardziej istotne jest kodowanie czasowe, oparte na mechanizmie zwiększonego generowania potencjałów czynnościowych podczas określonej fazy fali dźwiękowej (**synchronizacja fazowa)**. Jeśli w reakcję na bodziec akustyczny zaangażowana jest grupa komórek, wystarczy, aby pojedynczy neuron generował impulsy tylko podczas niektórych cykli fali akustycznej. Jeśli różne grupy komórek synchronizują aktywność z różnymi fazami cyklu, wtedy cała pula komórek działając wspólnie może kodować częstotliwość.

Kodowanie głośności dźwięku

Pierwszorzędowe aferenty słuchu mają **zakres dynamiczny** wynoszący około 30 dB, poza którym dalszy wzrost poziomu ciśnienia dźwięku (SPL) nie wywołuje żadnego dodatkowego efektu. Pełny zakres poziomu ciśnienia dźwięku (0–100 dB) kodowany jest przez aferenty o różnej czułości. Komórki, które cechuje ta sama częstotliwość charakterystyczna (CF), mogą się różnić wartością progową SPL o 70 dB.

Czułość aferentów może być modyfikowana przez neurony eferentne, których ciała komórkowe znajdują się w **zespole jąder górnych oliwki**. Neurony jądra okołooliwkowego, których aksony biegną pęczkiem oliwkowo-ślimakowym i tworzą synapsy z komórkami włoskowatymi zewnętrznymi, poprzez uwalnianie acetylocholiny, powodują hiperpolaryzację komórek włoskowatych, redukując w ten sposób wzmocnienie ślimakowe. Tak więc w odpowiedzi na aktywność neuronów jądra okołooliwkowego czułość błony podstawnej, a więc także aferentów typu I zostaje zredukowana. Umożliwia to reakcję tych komórek na dźwięki o wyższym poziomie głośności. W samej rzeczy, czynność neuronów jądra okołooliwkowego jest wyższa, gdy dźwięk jest głośny. Gdy dźwięk jest cichy, neurony te generują potencjały czynnościowe z niską częstotliwością, zatem wzmocnienie ślimakowe jest wysokie i czułość pierwszorzędowych neuronów zmysłowych słuchu typu I osiąga maksimum. Podsumowując, funkcją projekcji eferentnej jest modulacja poziomu wzmocnienia ślimakowego.

14 Przetwarzanie informacji słuchowej w ośrodkowym układzie nerwowym

Hasła

Drogi słuchowe w ośrodkowym układzie nerwowym

Pierwszorzędowe aferenty słuchu tworzą zakończenia w jądrach ślimakowych w moście. Aksony jądra ślimakowego brzusznego biegną do jąder górnych oliwki po obu stronach mózgu. Zespół jąder górnych oliwki wysyłający projekcję do jąder wstęgi bocznej zaangażowany jest przede wszystkim w lokalizację kierunku źródła dźwięku. Jądro ślimakowe grzbietowe wysyła projekcję bezpośrednio do przeciwległego jądra wstęgi bocznej. Jądro wstęgi bocznej natomiast wysyła aksony do wzgórka dolnego pokrywy śródmózgowia, które z kolei wysyła projekcję do ciała kolankowatego przyśrodkowego (ang. medial geniculate nucleus, MGN). Promienistość słuchowa, która bierze swój początek z MGN, biegnie do pierwszorzędowej kory słuchowej. Droga ta jest odpowiedzialna za świadomą percepcję słuchową. Chociaż dominująca część drogi słuchowej biegnie przeciwstronnie, rozległe połączenia przekraczające linię środkową zapewniają istnienie interakcji pomiędzy ośrodkami słuchowymi obu półkul.

Jądra ślimakowe

Różne rodzaje komórek w obrębie jąder ślimakowych są odpowiedzialne za przetwarzanie różnych cech bodźca akustycznego. Komórki krzaczaste sygnalizują dokładny czas dojścia informacji do jądra górnego przyśrodkowego oliwki, które poprzez porównanie wejścia z obu uszu zdolne jest do lokalizacji dźwięku. Komórki gwiaździste są przystosowane do sygnalizowania poziomu głośności dźwięku. Aktywność wielu komórek jest precyzyjnie dostrojona do określonych częstotliwości, a hamowanie oboczne dodatkowo poprawia czułość strojenia.

Mapowanie tonotopowe

Mapy, które zawierają systematyczną reprezentację częstotliwości dźwięku, występują we wszystkich strukturach słuchowych. U ludzi wszystkie częstotliwości mają w przybliżeniu porównywalną reprezentację neuronalną. Kolumny izoczęstotliwościowe (o tej samej częstotliwości) w pierwszorzędowej korze słuchowej są zlokalizowane prostopadle do powierzchni kory. Są one ułożone w pasma, które tworzą uporządkowaną mapę tonotopową.

Poziom głośności dźwięku

Komórki odpowiadające na różnice w poziomie głośności dźwięku znaleziono w różnych strukturach układu słuchowego. Niektóre z nich są precyzyjnie dostrojone do określonej głośności. Ludzie nie posiadają map poziomu głośności dźwięku.

<table>
<tr><td>

Lokalizacja dźwięku

</td><td>

Lokalizację źródła dźwięku można określić podając jego położenie w płaszczyźnie pionowej (elewacja) i w płaszczyźnie poziomej (azymut). Elewacja jest sygnalizowana przez opóźnienie spowodowane odbiciem fali dźwiękowej od małżowiny usznej (ucho zewnętrzne). Azymut źródła dźwięku wyznaczany jest dwoma sposobami. Dla wyższych częstotliwości, różnice w poziomie głośności dźwięku pomiędzy uchem bliższym i dalszym są wyznaczane przez neurony jądra górnego bocznego oliwki. Jądro to wysyła projekcję do pokrywy śródmózgowia, która sprawuje kontrolę nad odruchami oczu i głowy w odpowiedzi na dźwięk. Dla niższych częstotliwości, komórki w jądrze górnym przyśrodkowym oliwki wyznaczają przesunięcie fazowe biorące się stąd, że dźwięk dociera do ucha dalszego od źródła dźwięku z niewielkim opóźnieniem. Te różnice czasowe mapowane są topograficznie w jądrze górnym przyśrodkowym oliwki. W korze słuchowej większość komórek odpowiada preferując wejście z ucha przeciwstronnego, natomiast wejście z ucha tożstronnego wywołuje albo pobudzenie, albo hamowanie aktywności komórki.

</td></tr>
</table>

Tematy pokrewne   Początkowe etapy przetwarzania   Obwodowe przetwarzanie
                       wzrokowego (H6)   informacji słuchowej (I3)
                       Akustyka i zmysł słuchu (I1)

Drogi słuchowe w ośrodkowym układzie nerwowym

Aksony dośrodkowe pierwszorzędowych aferentów słuchu rozwidlają się, aby utworzyć zakończenia w **jądrach ślimakowych** — brzusznym oraz grzbietowym. Aksony z jądra ślimakowego brzusznego biegną do zespołu jąder górnych oliwki (ang. superior olivary complex, SOC) po obu stronach mózgu i do przecistronnego **wzgórka dolnego pokrywy** (ang. inferior colliculus, IC). Włókna słuchowe przechodzące przez most tworzą **ciało czworoboczne** (ang. trapezoid body, TB). Część aksonów z TB przyłącza się do nerwu trójdzielnego i twarzowego, tworząc część motoryczną odruchu bębenkowego. SOC porównuje wejście z obu uszu, aby wyznaczyć położenie źródła dźwięku. Projekcja z zespołu jąder górnych oliwki dociera do **jąder wstęgi bocznej**. Jądro ślimakowe grzbietowe wysyła aksony bezpośrednio do jądra wstęgi bocznej leżącego po przeciwległej stronie mózgu (*rys. 1*).

Jądro wstęgi bocznej wysyła projekcję do IC, a IC, z kolei, do **ciała kolankowatego przyśrodkowego** (MGN) wzgórza. MGN wysyła projekcję poprzez **promienistość słuchową** do **pierwszorzędowej kory słuchowej**, A1 (pola 41 i 42 wg Brodmanna), położonej w zakręcie skroniowym górnym. Droga pomiędzy MGN i korą słuchową pośredniczy w świadomej percepcji słuchowej. Dominująca część drogi słuchowej biegnie po stronie przeciwległej do ucha odbierającego informację słuchową, jednakże połączenia wzajemne pomiędzy jądrami wstęgi bocznej (poprzez **spoidło Probsta**) oraz pomiędzy wzgórkami dolnymi pokrywy (poprzez **spoidło wzgórków dolnych**) zapewnia istnienie silnych interakcji pomiędzy wejściem z obu uszu. Oprócz dróg wstępujących istnieją również projekcje zstępujące. Kora słuchowa wysyła

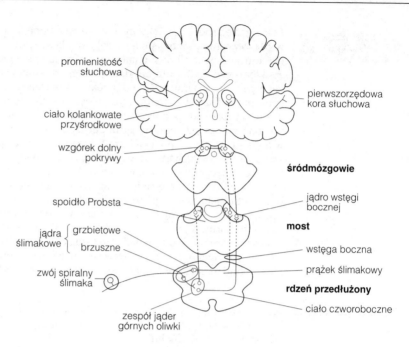

Rys. 1. Drogi słuchowe w ośrodkowym układzie nerwowym

aksony zwrotnie zarówno do MGN, jak i do IC, a IC z kolei wysyła projekcję do SOC i do jąder ślimakowych. SOC wysyła włókna eferentne do narządu spiralnego Cortiego, które modyfikują wyjście z komórek włoskowatych ślimaka (patrz temat I3).

Jądra ślimakowe Ośrodkowe drogi słuchowe przetwarzają równolegle trzy atrybuty dźwięku: skład tonowy, poziom głośności oraz aspekty czasowe. Z dwu ostatnich mózg wyznacza lokalizację dźwięku w przestrzeni. Przetwarzanie równoległe rozpoczyna się w jądrach ślimakowych.

W jądrach ślimakowych znajduje się kilka typów neuronów, które można rozróżnić na podstawie zarówno ich cech morfologicznych, jak i odpowiedzi. W jądrze brzusznym powszechnie występują komórki **krzaczaste**, które reprodukują z dużą wiernością wzór wyładowań pierwszorzędowych neuronów zmysłowych słuchu uwzględniając synchronizację fazową. Aksony komórek krzaczastych kierują się do jądra górnego przyśrodkowego oliwki (ang. medial superior olivary nucleus, MSO). Ponieważ wyjście komórek krzaczastych sygnalizuje precyzyjnie czasowe aspekty dźwięku, jądro to jest w stanie wyznaczyć lokalizację źródła dźwięku porównując wejścia z obu uszu. Chociaż aktywność komórek **gwiaździstych** jądra ślimakowego brzusznego nie jest dobrze zsynchronizowana z fazą fali akustycznej, komórki te mają za to dużo większy zakres dynamiczny niż komórki krzaczaste, co umożliwia im dobrą sygnalizację poziomu głośności dźwięku. Wskazuje to na równoległe przetwarzanie czasowych aspektów dźwięku oraz poziomu jego głośności w układzie słuchowym.

Pola recepcyjne neuronów słuchowych jąder ślimakowych nazywane są **mapami odpowiedzi** i przedstawiane w ten sam sposób jak krzywe czułości pierwszorzędowych aferentów słuchu. W jądrach ślimakowych można wyróżnić pięć klas komórek na podstawie właściwości ich pól recepcyjnych. Komórki typu I posiadają wyłącznie pobudzeniowe pola recepcyjne, które odzwierciedlają precyzyjnie krzywe czułości pierwszorzędowych aferentów. Wszystkie pozostałe typy komórek charakteryzują odpowiedzi hamujące na działanie bodźców dźwiękowych, co jest wynikiem hamowania obocznego. Z tego względu komórki te cechuje precyzyjne strojenie w odpowiedziach częstotliwościowych, czyli wąski zakres czułości w domenie częstotliwości dźwięku. Aksony komórek typu IV stanowią główne wyjście z jądra ślimakowego grzbietowego. *Rysunek 2* przedstawia typowe pole recepcyjne komórki należącej do tej klasy.

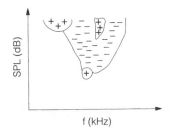

Rys. 2. Mapa odpowiedzi komórek typu IV w jądrze ślimakowym grzbietowym. Obszar pobudzeniowy +; obszar hamujący –

Mapowanie tonotopowe

Mapy tonotopowe (mapy zawierające reprezentacje częstotliwości dźwięku) znaleziono w jądrach ślimakowych, zespole jąder górnych oliwki, wzgórku dolnym pokrywy i w korze słuchowej. Niektóre struktury posiadają po kilka map. Jądro ślimakowe jest podzielone na **pasma izoczęstotliwościowe** (o tej samej częstotliwości). Każde z pasm zawiera komórki, które cechuje podobna częstość charakterystyczna. Pasma reprezentujące coraz wyższe częstotliwości są zlokalizowane postępująco coraz bardziej ku tyłowi. W A1, **kolumny izoczęstotliwościowe** są ułożone prostopadle do powierzchni kory, przechodząc przez wszystkie sześć warstw. Tworzą one uporządkowane pasma izoczęstotliwościowe biegnące poprzez A1 od linii środkowej w kierunku skroniowym, przy czym niskie częstotliwości są reprezentowane w przedniej, a wysokie częstotliwości w tylnej części A1 (*rys. 3*). W korze słuchowej znaleziono przynajmniej trzy inne mapy tonotopowe. Sąsiadujące ze sobą mapy są zawsze swoim odbiciem zwierciadlanym. Ludzie nie mają nadmiernej reprezentacji żadnej określonej częstotliwości.

Niektóre obszary kory słuchowej (np. **drugorzędowa kora słuchowa**) mają znacznie mniej precyzyjną organizację tonotopową i zawierają komórki, które odpowiadają w szerokim zakresie częstotliwości.

Poziom głośności dźwięku

Wszystkie komórki w układzie słuchowym reagują na różnice w poziomie głośności dźwięku. Można je z grubsza podzielić na dwie klasy. Komórki **monotoniczne** charakteryzuje esowaty wykres częstotliwości

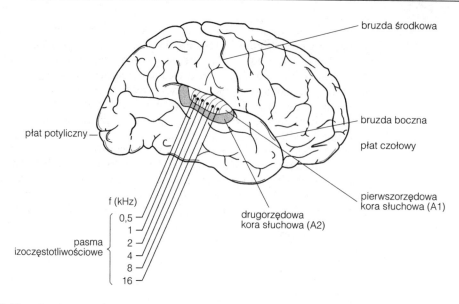

Rys. 3. Mapa tonotopowa pierwszorzędowej kory słuchowej człowieka (patrz przypis tłumacza s. 229)

generowania potencjałów czynnościowych w funkcji poziomu głośności dźwięku. Komórki niemonotoniczne cechuje bardziej precyzyjne strojenie, z maksimum częstotliwości impulsacji, które odpowiada określonemu poziomowi głośności. Nietoperze mają zdolność mapowania poziomu głośności dźwięku, zwaną **echolokacją**, jednakże podobnych właściwości nie stwierdzono u innych gatunków, włączając człowieka.

Lokalizacja dźwięku

Zdolność do lokalizacji źródła dźwięku w przestrzeni jest bardzo ważna, ze względu na możliwość uniknięcia niebezpieczeństwa. Współrzędne źródła dźwięku w płaszczyźnie pionowej i poziomej to, odpowiednio, **elewacja** i **azymut**. W określenie tych dwu współrzędnych są zaangażowane różne mechanizmy.

W określaniu elewacji istotną rolę pełni **małżowina uszna.** Fale dźwiękowe docierają do ucha dwiema drogami: pierwsza jest bezpośrednia, druga — wyznaczona przez falę obitą od małżowiny usznej – powoduje, że dźwięk dociera do błony bębenkowej z niewielkim opóźnieniem. Dźwięk dochodzący z różnych kierunków w płaszczyźnie pionowej będzie w różny sposób odbijany od małżowiny ze względu na jej kształt, a zatem będzie miał różne opóźnienia (*rys. 4*). System słuchowy wykorzystuje to opóźnienie do wyznaczenia pozycji źródła dźwięku w płaszczyźnie pionowej. Chociaż małżowina uszna człowieka jest mała i nie porusza się, pełni bardzo ważną funkcję w lokalizacji źródła dźwięku.

Neurony jąder górnych oliwki wykorzystują dwie metody do lokalizacji dźwięków w płaszczyźnie poziomej. W obu metodach porównywane jest wejście z obu uszu, co stanowi podstawę **dwuusznej lokalizacji dźwięków**. Użycie metod opartych na porównywaniu wejść z obu uszu pozwala na precyzyjne wyznaczenie azymutu z dokładnością do jednego stopnia kątowego.

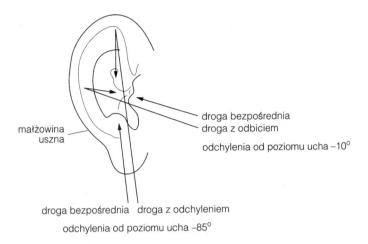

Rys. 4. Rola małżowiny usznej w lokalizacji kierunku dźwięku w pionie

Międzyuszna różnica poziomu głośności dźwięku

Jeśli orientacja głowy jest taka, że jedno ucho jest bliżej źródła dźwięku, wtedy głowa stanowi przeszkodę, która zmniejsza poziom głośności dźwięku docierającego do drugiego ucha. Wykorzystanie międzyusznej różnicy poziomu głośności dźwięku (ang. interaural level difference, ILD) do znalezienia azymutu daje większą dokładność w przypadku wysokich częstotliwości. Mózg potrafi określić azymut używając ILD rzędu 1 dB.

Neurony **jądra górnego bocznego oliwki** (ang. lateral superior olivary nucleus, LSO) posiadają tonotopową mapę ograniczoną do wysokich częstotliwości dźwięku. Neurony LSO otrzymują wejście z tożstronnych i przeciwstronnych jąder ślimakowych. W drodze biegnącej po stronie przeciwległej do ucha odbierającego dźwięk pośredniczą glicynergiczne neurony hamujące. Jednakowy poziom głośności dźwięku docierającego do obu uszu powoduje hamowanie neuronów LSO, a wzrost poziomu głośności dźwięku docierającego tylko do przeciwstronnego ucha wywołuje wzrost hamowania. Wzrost poziomu głośności dźwięku docierającego do ucha tożstronnego powoduje natomiast, że neurony LSO zaczynają generować potencjały czynnościowe. Maksimum częstotliwości impulsacji obserwowane jest, gdy ILD wynosi 2 dB lub więcej. Neurony w leżącym po przeciwnej stronie mózgu LSO wykazują odwrotną odpowiedź na ten sam dźwięk. LSO wysyła projekcję do części wzgórka dolnego pokrywy (IC). IC ma rozległe połączenia z głębokimi warstwami **wzgórka górnego pokrywy**, tworząc **mapę przestrzeni słuchowej** zgodną z mapą retinotopową (temat H2). Stąd też wzgórek czworaczy górny jest zaangażowany w odruchy słuchowe związane z kierowaniem spojrzenia i rotacją głowy w kierunku źródła dźwięku.

Międzyuszna różnica czasu

Fala dźwiękowa dociera do ucha położonego bliżej źródła dźwięku nieznacznie wcześniej niż do drugiego. W przypadku niskich częstotliwości (poniżej 3 kHz) wywołuje to powstanie przesunięcia fazowego, w którym opóźnienie czasowe jest mniejsze niż długość jednego cyklu fali akustycznej. Powstanie przesunięcia fazowego może zostać zanalizowane przez neurony zdolne do synchronizacji z fazą. Przy wyższych częstotliwościach fala dźwiękowa docierająca do dalszego ucha jest opóźniona więcej niż o jeden cykl, co powoduje, że synchronizacja fazowa nie dostarcza jednoznacznej wskazówki, na kórej można się oprzeć, aby wyznaczyć międzyuszną różnicę czasu (ang. interaural time difference, ITD) pozwalającą na lokalizację dźwięku. Układ słuchowy wykrywa ITD wynoszące nawet 20 μs.

System neuronalny pomiaru ITD jest oparty na komórkach **jądra górnego przyśrodkowego oliwki** działających jako detektory koincydencji. MSO dostaje wejście z komórek krzaczastych obu jąder ślimakowych (tożstronnego i przeciwstronnego). Komórki te mają zdolność synchronizacji fazowej z bodźcem akustycznym o niskiej częstotliwości. Jeśli między falą dźwiękową docierającą do obu uszu istnieje przesunięcie fazowe, to komórki krzaczaste odpowiadające dalszemu uchu będą generowały impulsy troszeczkę później. Aktywność komórek MSO osiągnie maksimum, gdy sygnał tożstronny i przeciwstronny dotrze do nich dokładnie w tym samym czasie. Obwody neuronalne MSO są tak zorganizowane, że taka sytuacja występuje dla określonego przesunięcia czasowego tylko dla jednej grupy komórek.

Jeśli informacja z tożstronnego i przeciwstronnego ucha dotrze w tym samym czasie, komórka C (*rys. 5*) wygeneruje maksymalną odpowiedź. Jeśli sygnał tożstronny byłby opóźniony (odpowiada to dźwiękowi dochodzącemu ze strony przeciwległej), komórka A lub B miałaby największą czynność. Opóźnienie sygnału ze strony przeciwległej (dźwięk tożstronny), natomiast, wywoła największą odpowiedź komórki D lub E. W rzeczywistym układzie słuchowym droga przeciwstronna jest faktycznie dłuższa, zatem komórką o najintensywniejszej odpowiedzi na zerową wartość ITD byłaby nie komórka C, ale któraś bliższa E. Dźwięk

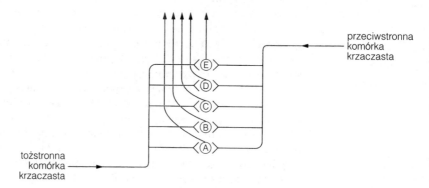

Rys. 5. Obwody neuronalne w jądrze górnym przyśrodkowym oliwki (MSO) mierzące miedzyuszne różnice czasu. Każda komórka MSO działa jako detektor koincydencji i generuje potencjały czynnościowe, kiedy otrzymuje jednocześnie wejście tożstronne i przeciwstronne. Określona komórka MSO będzie pobudzona wtedy, gdy międzyuszne różnice czasu zostaną zrównoważone przez różnice w długości dróg neuronalnych od tożstronnego i przeciwstronnego ucha do MSO. Dalsze objaśnienia w tekście

zlokalizowany przeciwstronnie pobudzi którąś z komórek bliższą komórce A. Asymetria ta jest istotna, ponieważ bez niej oba jądra MSO generowałyby identyczne sygnały dla wszystkich kierunków dźwięku. W wyniku tej asymetrii natomiast, każde jądro MSO najlepiej sygnalizuje źródło dźwięku znajdujące się po przeciwległej stronie.

Większość komórek w A1 to komórki obuuszne, to znaczy, odpowiadające na informację dochodzącą z obu uszu. Większość komórek jednakże reaguje z preferencją ucha przeciwstronnego. Komórki te dzielą się na dwie kategorie i są zlokalizowane w rozdzielnych grupach kolumn korowych zależnie od tego, czy wejście tożstronne jest pobudzające (kolumny sumacji) czy hamujące (kolumny tłumienia). Kolumny sumacji i tłumienia ułożone są naprzemienie jedna za drugą i prostopadle w stosunku do pasków reprezentujących tę samą częstotliwość (porównaj z kolumnami dominacji ocznej, temat H6). Neurony znajdujące się w kolumnach sumacji mają duże pola recepcyjne, podczas gdy komórki w kolumnach tłumienia są strojone bardziej precyzyjnie i odpowiadają jedynie w wąskim zakresie wartości azymutu (*rys. 6*).

W korze słuchowej nie odkryto żadnej mapy lokalizacji przestrzennej dźwięku, ale stwierdzono, że uszkodzenie okolicy A1 (u kota) osłabia lokalizację dźwięku po stronie przeciwległej[*].

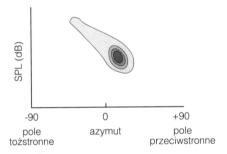

Rys. 6. Mapa odpowiedzi neuronu w kolumnie tłumienia w korze słuchowej, kodującego lokalizację dźwięku. Większe zaciemnienie odpowiada wyższej częstotliwości impulsacji neuronu

---

[*]   Badania z wykorzystaniem fMRI wskazują, że u człowieka reprezentacja wysokich częstotliwości w korze słuchowej jest zlokalizowana bardziej tylnie i przyśrodkowo w stosunku do reprezentacji niskiej częstotliwości (*przyp. tłum.*).

J1 NEURONY RECEPTOROWE WĘCHU

Hasła

Nabłonek węchowy

Dwubiegunowe neurony receptorowe węchu znajdują się w warstwie nabłonkowej górnej części jamy nosowej. Ich dendryty przenikają do powierzchni warstwy nabłonkowej, gdzie tworzą zgrubienia zakończone pęczkiem rzęsek węchowych. Aksony tych neuronów formują pierwszy nerw czaszkowy i tworzą synapsy z neuronami w opuszce węchowej.

Transdukcja węchowa

Cząsteczki substancji zapachowych są wychwytywane przez receptory znajdujące się na rzęskach węchowych. Receptory te należą do rodziny obejmującej około 1000 receptorów sprzężonych z białkiem G. Receptory substancji zapachowych są związane z białkami G_{olf}, pochodnymi białek G_s stymulującymi cyklazę adenylanową. Większość tych receptorów jest dodatnio sprzężona z systemem wtórnego przekaźnika, cyklicznego adenozynomonofosforanu (cAMP). Wzrost stężenia cAMP wywołany związaniem przez receptor cząsteczki substancji zapachowej powoduje otwarcie kanałów kationowych, a w rezultacie powstanie depolaryzującego potencjału generatorowego, którego amplituda zależy od stężenia substancji zapachowej. W każdym neuronie receptorowym węchu ekspresji ulega tylko jeden rodzaj receptorów substancji zapachowych, a każdy receptor ma zdolność wiązania, z różnym powinowactwem, kilku spokrewnionych substancji zapachowych.

Tematy pokrewne   Wolne przekaźnictwo synaptyczne (C3)   Smak (J3)

Nabłonek węchowy

Zmysł węchu odgrywa u człowieka istotną rolę w procesie pobierania pokarmu, a prawdopodobnie także w zachowaniach seksualnych. Nabłonek węchowy położony jest w górnej części jamy nosowej. Tworzą go dwubiegunowe **neurony receptorowe węchu** i komórki podporowe. Dendryt komórki receptorowej rozciąga się od jednego bieguna neuronu w kierunku powierzchni warstwy nabłonkowej. Tworzy tam guzek (kolbkę węchową), z którego wyrasta pęczek od 6 do 12 nieruchomych **rzęsek węchowych** leżących w warstwie śluzu wydzielanego przez komórki podporowe. Niezmielinizowane aksony węchowych neuronów receptorowych biegną do mózgu nerwem węchowym (pierwszy nerw czaszkowy) przez blaszkę dziurkowaną kości sitowej. Ich zakończenia tworzą synapsy z komórkami **opuszki węchowej**. Nabłonek węchowy człowieka zawiera 10^8 neuronów receptorowych węchu. Śluz jest medium absorbującym unoszące się w powietrzu cząsteczki substancji zapachowych, które po zaabsorbowaniu docierają do powierzchni rzęsek węchowych tworzących gęstą sieć w warstwie śluzu.

Transdukcja węchowa

Cząsteczki substancji zapachowych są zwykle małe ($M_r < 200$ Da), rozpuszczalne w tłuszczach i lotne. W jamie nosowej wiążą się one z obecnymi w śluzie **białkami wiążącymi substancję zapachową**, których zadaniem jest prawdopodobnie koncentracja cząsteczek substancji zapachowej w sąsiedztwie rzęsek. Cząsteczki substancji zapachowej są rozpoznawane przez specyficzne receptory znajdujące się w błonie plazmatycznej rzęsek. Są to receptory sprzężone z białkiem G, należące do ogromnej rodziny receptorów, których około 1000 zostało zidentyfikowanych u ssaków. Każdy **receptor substancji zapachowej**, odmiennie niż sprzężone z białkiem G receptory dla neuroprzekaźników, wiąże się z różnym powinowactwem z cząsteczkami kilku, podobnych pod względem chemicznym, substancji zapachowych. Każda substancja zapachowa może wejść w interakcję z kilkoma typami (od 2 do 6) receptorów. W każdym neuronie receptorowym węchu ekspresji ulega prawdopodobnie tylko jeden typ receptorów substancji zapachowej. Ponieważ receptory substancji zapachowej są stosunkowo niespecyficzne, pojedyncze neurony receptorowe węchu reagują na pewną ilość zapachów, które łącznie są określane jako ich **cząsteczkowy zakres recepcyjny**. Układ nerwowy ssaków zdolny jest do rozróżniania blisko 10 000 zapachów, przypuszczalnie na podstawie dokładnej informacji, które receptory substancji zapachowych (a zatem, które neurony czuciowe) są aktywowane i z jaką względną intensywnością.

Receptory substancji zapachowych są sprzężone z białkami G (blisko spokrewnionymi z białkami G_s stymulującymi cyklazę adenylanową) określanymi skrótem G_{olf} (ang. olfactory — węchowy). Większość receptorów substancji zapachowych jest związana z systemem wtórnego przekaźnika cAMP (patrz temat C3). Związanie cząsteczki substancji zapachowej z receptorem powoduje wzrost stężenia cAMP w ciągu około 50 ms, co z kolei prowadzi do otwarcia niespecyficznych kanałów kationowych bramkowanych cyklicznym nukleotydem, umożliwiając przepływ jonów Na^+, K^+ i Ca^{2+} (*rys. 1*). Napływ jonów powoduje depolaryzację kolbki węchowej na dendrycie neuronu receptorowego węchu. Depo-

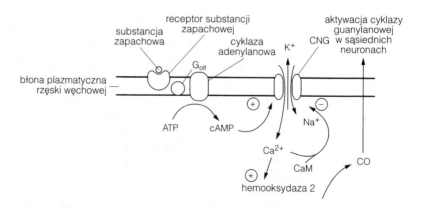

Rys. 1. Transdukcja w neuronie receptorowym węchu, w której pośredniczy receptor sprzężony z systemem wtórnego przekaźnika cyklicznego AMP. CaM, kalmodulina; CNG, kanał bramkowany cyklicznym nukleotydem

laryzacja ta rozprzestrzenia się elektrotonicznie przez ciało komórki i wyzwala potencjał czynnościowy na wzgórku aksonowym. Amplituda potencjału generatorowego jest zależna od stężenia cząsteczek substancji zapachowej. Jednakże maksymalna odpowiedź jest generowana przy otwarciu już niewielkiej frakcji (3–4%) wszystkich dostępnych kanałów. Zakres stężenia, które może być sygnalizowane przez aktywność neuronów receptorowych węchu, jest wąski i obejmuje około 10-krotną różnicę stężeń.

Duże stężenie substancji zapachowej lub przedłużająca się ekspozycja pozwala na napływ przez kanały dużej ilości jonów Ca^{2+}. Jon Ca^{2+} wywiera szereg modulacyjnych efektów na neurony receptorowe węchu. Przede wszystkim aktywuje on hemooksydazę 2, enzym syntetyzujący tlenek węgla (CO), który z kolei aktywuje **cyklazę guanylanową**, jak pokazano na *rysunku 1*. Ponieważ Ca^{2+} równocześnie hamuje cyklazę guanylanową, nie dochodzi do całkowitej aktywacji cyklazy w docelowym neuronie receptorowym węchu. Jednakże, ze względu na to, że CO łatwo dyfunduje w otoczeniu, może aktywować także cyklazę guanylanową w sąsiednim neuronie receptorowym, który nie jest bezpośrednio stymulowany przez substancję zapachową. Wywołuje to w sąsiedztwie pobudzonego neuronu wytwarzanie cyklicznego guanozynomonofosforanu (cGMP), który wiąże się z kanałami powodując ich otwarcie. W ten sposób pobudzenie substancją zapachową rozprzestrzenia się na szereg neuronów receptorowych węchu. Ponieważ sąsiednie neurony receptorowe odpowiadają na ogół na ten sam zapach, nie przyczynia się to do istotnej utraty czułości. Neurony receptorowe węchu ulegają **adaptacji** przy przydłużającej się stymulacji. Jony Ca^{2+} wiążą się z kalmoduliną, która następnie wiąże się z kanałem, zmniejszając efektywność jego otwierania przez cykliczne nukleotydy. W efekcie jony Ca^{2+} powodują zmniejszenie amplitudy potencjału generatorowego.

J2 DROGI WĘCHOWE

Hasła

Opuszka węchowa	Neurony receptorowe węchu tworzą synapsy z komórkami mitralnymi lub komórkami pędzelkowatymi oraz z komórkami okołokłębuszkowymi w obrębie kłębuszków, w opuszce węchowej. Kłębuszki są pobudzane przez specyficzne substancje zapachowe; pojedynczy kłębuszek otrzymuje zakończenia tych neuronów receptorowych, które odpowiadają na ten sam zestaw zapachów. Hamowanie oboczne wzmacnia kontrast pomiędzy kłębuszkami, które odpowiadają na podobne zapachy, a pobudzające połączenia zwrotne zwiększają sygnał w kłębuszku. Połączenia z pniem mózgu modulują reaktywność komórek mitralnych i pędzelkowatych w zależności od kontekstu behawioralnego (np. stanu głodu lub nasycenia).
Ośrodkowa organizacja połączeń układu węchowego	Komórki mitralne i pędzelkowate wysyłają projekcję do kory węchowej poprzez pasmo węchowe. Kora węchowa jest trójwarstwową korą dawną (prakorą), jedyną korą, która otrzymuje wejście sensoryczne bezpośrednio, a nie poprzez wzgórze. Projekcja kory węchowej do podwzgórza i ciała migdałowatego jest ważna dla przetwarzania emocjonalnych i motywacyjnych aspektów zapachów, droga do hipokampa jest związana z pamięcią bodźców zapachowych, a wyjście przez wzgórze do zakrętów oczodołowych płata czołowego pośredniczy w świadomej percepcji zapachów.

Tematy pokrewne Właściwości neurytów (D1)

Opuszka węchowa

Aksony neuronów receptorowych węchu docierają nerwem węchowym do opuszki węchowej i tam tworzą pobudzające synapsy w obrębie **kłębuszków węchowych** na dendrytach **komórek mitralnych** (M) lub **pędzelkowatych** (T) oraz krótkoaksonowych komórek okołokłębuszkowych. Aksony komórek M/T tworzą pasmo węchowe. Oprócz komórek mitralnych i pędzelkowatych w opuszce węchowej znajdują się interneurony hamujące — komórki okołokłębuszkowe oraz komórki ziarniste. Kłębuszki węchowe są kulistymi strukturami o średnicy około 150 μm, w obrębie których tworzy się wiele połączeń synaptycznych. Opuszka węchowa zawiera około 2000 kłębuszków. Do każdego kłębuszka docierają zakończenia aksonów z 25 000 neuronów receptorowych węchu odpowiadających na te same zapachy. Zatem kłębuszki węchowe pełnią rolę jednostek funkcjonalnych w przetwarzaniu informacji węchowej (*rys. 1*). Małe stężenie cząsteczek określonej substancji zapachowej aktywuje komórki w jednym kłębuszku, który otrzymuje wejście z neuronów posiadających receptory o najwyższym powinowactwie dla tych cząste-

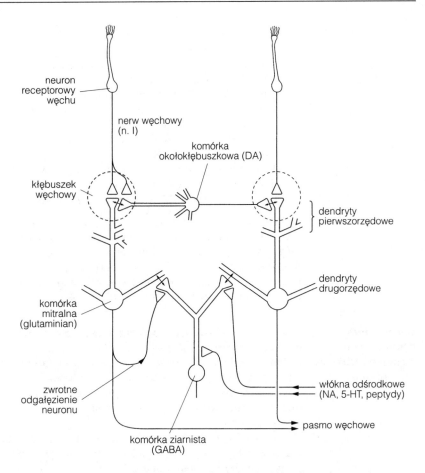

Rys. 1. Obwody w opuszce węchowej. Synapsy dwukierunkowe (synapsy, w których informacja przekazywana jest w obie strony) oznaczone są przez ↔. Nazwy neuroprzekaźników używanych przez poszczególne typy komórek umieszczone są w nawiasach: DA, dopamina; GABA, kwas γ-aminomasłowy; 5-HT, serotonina; NA, noradrenalina

czek. Przy większych stężeniach substancji zapachowej aktywowane są również komórki innych kłębuszków, gdy w unerwiających je neuronach receptorowych dochodzi do wiązania cząsteczek tej substancji z miejscami receptorowymi o niskim powinowactwie. W każdym kłębuszku znajdują się dendryty 75 komórek M/T. Przepuszczalnie komórki M/T sumują słabe wejścia z dużej liczby neuronów receptorowych węchu, aby uzyskać wystarczająco silny sygnał.

Sieci neuronalne opuszki węchowej realizują przynajmiej dwa rodzaje aktywności:

1. Przetwarzanie wewnątrzkłębuszkowe zwiększa kontrast pomiędzy sąsiednimi kłębuszkami. Poprzez przytłumienie odpowiedzi z kłębuszków o nieco innej czułości węchowej zdolność rozróżniania zapachów zwiększa się. Proces ten zachodzi dzięki hamowaniu obocz-

nemu, które jest realizowane przez sieć wzajemnych dendro-dendry-tycznych połączeń synaptycznych między komórkami M/T a komór-kami ziarnistymi. Poprzez te połączenia, komórki M/T pobudzają komórki ziarniste, które następnie hamują te same oraz sąsiadujące komórki M/T. Pobudzenie komórek ziarnistych przez komórki M/T zachodzi z udziałem propagacji zwrotnej potencjałów czynnościo-wych (patrz temat D3) przemieszczających się wzdłuż drugorzędo-wych dendrytów komórek M/T do synaps dendro-dendrytycznych z komórkami ziarnistymi.

2. W przetwarzanie wewnątrzkłębuszkowe włączona jest pętla dodat-niego sprzężenia zwrotnego, której zadaniem jest wzmocnienie syg-nału w komórkach M/T w obrębie kłębuszka.

Projekcja włókien biegnących nerwem węchowym do opuszki węcho-wej ma organizację topograficzną. Cienkie paski nabłonka węchowego biegnące od przodu ku tyłowi wysyłają projekcję do sąsiadujących kłę-buszków. Dany zapach pobudza określony rząd kłębuszków w opuszce węchowej, tworząc **reprezentację zapachu**. Im większe jest stężenie cząsteczek substancji zapachowej, tym większy obszar zostaje pobudzony.

Ośrodkowa organizacja połączeń układu węchowego

Komórki mitralne i pędzelkowate wysyłają aksony **pasmem węchowym** do **kory węchowej**. Kora ta różni się od innych okolic korowych pod dwoma względami. Po pierwsze, jest to **kora dawna** (prakora), struktural-nie przypominająca korę przodomózgowia niższych kręgowców i posia-dająca tylko trzy warstwy. Po drugie, jest to jedyna okolica korowa, która otrzymuje bezpośrednie wejście sensoryczne, a nie drogą wiodącą po-przez wzgórze.

Aksony biegnące pasmem węchowym tworzą zakończenia w pięciu obszarach kory węchowej, które różnią się pod względem funkcjonal-nym i mają inny system połączeń anatomicznych. Część aksonów kończy się w **jądrze węchowym przednim**. Aksony neuronów jądra węchowego przedniego przecinają linię środkową w **spoidle przednim**, kierując się do, leżącej po przeciwległej stronie, opuszki węchowej (*rys. 2*). **Istota dziurkowana przednia**, nazywana **guzkiem węchowym** u niższych ssa-ków, wysyła projekcję do tylnej części podwzgórza. Droga ta, łącznie z drogą wiodącą przez **jądro korowe przyśrodkowe ciała migdałowa-tego**, wysyłające projekcję do przyśrodkowej części podwzgórza, związa-na jest z popędowo-emocjonalnym oddziaływaniem wrażeń węchowych na zachowania pokarmowe i seksualne. Projekcja do kory śródwęchowej, która z kolei przekazuje całą informację do hipokampa, przepuszczalnie uczestniczy w kodowaniu zapachowej składowej pamięci epizodycznej (patrz temat Q1).

Kora gruszkowa obejmuje dużą część kory węchowej. Funkcja tego obszaru jest związana z rozróżnianiem zapachów. Aksony z kory grusz-kowej tworzą zakończenia w **jądrze przyśrodkowym grzbietowym wzgórza**, które z kolei wysyła projekcję do **zakrętów oczodołowych płata czołowego**. Kora ta uczestniczy w świadomej percepcji wrażeń węchowych.

Przetwarzanie informacji węchowej podlega znaczącym wpływom modulacyjnym. Opuszka węchowa otrzymuje projekcję z noradrener-

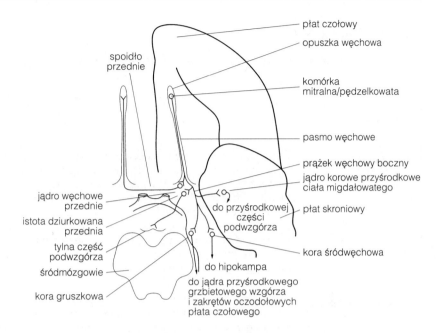

Rys. 2. Połączenia lewej kory węchowej widziane od spodu

gicznych i serotoninergicznych neuronów pnia mózgu oraz z cholinergicznych neuronów przodomózgowia. Dodatkowo istota dziurkowana przednia (guzek węchowy) otrzymuje projekcję z systemu dopaminergicznego pnia mózgu. Te różnorodne wejścia włączone są w modyfikację informacji węchowej w zależności od stanu behawioralnego (funkcjonalnego) zwierzęcia oraz w trakcie uczenia, w które zaangażowany jest zmysł węchu. Uważa się, że jest to szczególnie istotne w procesach spożywania pokarmu i w znajdowaniu partnera. U szczurów, na przykład, odpowiedź komórek mitralnych na zapachy pokarmów zależna jest od tego, czy zwierzę jest głodne czy syte.

J3 SMAK

Hasła

Zmysł smaku

Dzięki zmysłowi smaku możemy uniknąć spożycia szkodliwego pożywienia wybierając pokarm, który jest dla nas właściwy. Klasycznie wyróżnia się cztery rodzaje smaków: słony, słodki, kwaśny i gorzki, ale ostatnio do tej grupy dołączono piąty — smak glutaminianu. Zmysł smaku należy do kilku zmysłów (do tej grupy należy też węch) zaangażowanych w doświadczenie czuciowe wywołane pożywieniem znajdującym się w jamie ustnej. Wrażenia smakowe pomagają w regulacji odpowiedzi układu autonomicznego na spożywanie pokarmu.

Kubki smakowe

Kubki smakowe są skupiskami neuropodobnych komórek nabłonkowych zwanych komórkami receptorowymi smaku. Mikrokosmki pokrywające górną powierzchnię komórek receptorowych smaku kontaktują się ze śliną znajdującą się w jamie ustnej poprzez otwory smakowe. Komórki receptorowe tworzą połączenia synaptyczne z pierwszorzędowymi aferentami smaku, których aksony biegną w nerwach czaszkowych VII, IX oraz X. Kubki smakowe znaleziono nie tylko na powierzchni języka, ale także w gardle i w górnej części przełyku.

Transdukcja w komórkach receptorowych smaku

Słony bodziec smakowy wywołuje depolaryzację komórki receptorowej poprzez otwarcie kanałów sodowych wrażliwych na amylorid. W przypadku smaku kwaśnego, jony wodoru powodują depolaryzację komórki receptorowej poprzez blokowanie zależnych od napięcia kanałów potasowych K^+. Wrażenie słodyczy związane jest z połączeniem cząsteczek substancji smakowej z receptorem związanym z białkiem G. Receptor ten sprzężony jest (zwykle) z układem wtórnego przekaźnika, którym jest cykliczny adenozynomonofosforan (cAMP). Związanie substancji smakowej z receptorem wywołuje depolaryzację komórki receptorowej poprzez zamknięcie kanałów potasowych. Istnieje wiele dróg transdukcji dla smaku gorzkiego. Efektem każdej z nich jest depolaryzacja komórki receptorowej. W transdukcji smaku glutaminianu pośredniczą receptory metabotropowe dla glutaminianu (mGluR4).

Tematy pokrewne Wolne przekaźnictwo synaptyczne (C3)   Siatkówka (H3)

Zmysł smaku Dzięki **zmysłowi smaku** jesteśmy w stanie uniknąć potencjalnie szkodliwego pożywienia, natomiast wybrać do spożycia żywność o dużej zawartości energii. Klasycznie wyróżnia się cztery rodzaje smaku: słony, kwaśny, słodki i gorzki, na podstawie tego, że nie zachodzi pomiędzy nimi adaptacja krzyżowa. Ostatnio uznaje się istnienie piątego smaku, umami, wywoływanego przez glutaminian sodu. Alkaloidy roślinne, których część jest toksyczna w dużym stężeniu, są niezwykle gorzkie. Kwaśny smak może sygnalizować, że pokarm uległ rozkładowi przez florę mikrobiologiczną. Natomiast słodkie pożywienie ze względu na znaczną zawartość cukrów jest doskonałym źródłem energii metabolicznej. Wrażenie zmysłowe wywołane przez żywność znajdującą się w ustach określane jest jako „bukiet smakowy" (ang. flavor perception) i obejmuje ono nie tylko zapach i smak, ale kompleks wrażeń kilku modalności sensorycznych. Informacja o strukturze i konsystencji pokarmu jest dostarczana przez mechanoreceptory i proprioreceptory jamy ustnej i szczęki unerwiane przez neurony czuciowe zwoju trójdzielnego. Wrażenia smakowe są ważne dla wyzwalania lub modyfikacji odpowiedzi układu autonomicznego związanych ze spożywaniem pokarmu (np. ślinienie się, wydzielanie żołądkowe, perystaltyka jelit).

Kubki smakowe Komórki receptorowe smaku są komórkani nabłonkowymi, ale mają wiele cech komórek nerwowych. Występują w małych skupiskach zwanych **kubkami smakowymi**, które zawierają 50–150 komórek receptorowych oraz komórki podporowe (*rys. 1*). Podobnie jak inne komórki nabłonkowe, komórki receptorowe smaku są wciąż zastępowane (co około 10 dni) przez różnicujące się komórki podstawne. Mikrokosmki znajdujące się na powierzchni każdej komórki receptorowej są wystawione ku górze przez **otwory smakowe**, wpuklenia w nabłonku smakowym, umożliwiając kontakt komórek receptorowych z zawartością jamy ustnej. Proces transdukcji dla smaku przebiega w mikrokosmkach.

Komórki receptorowe tworzą połączenia synaptyczne z pierwszorzędowymi aferentami smaku. Każdy aferent rozgałęzia się, aby utworzyć synapsy z komórkami receptorowymi kilku kubków smakowych. Aksony pierwszorzędowych aferentów smaku biegną nerwem twarzowym (n. VII), nerwem językowo-gardłowym (n. IX) oraz nerwem błędnym (n. X).

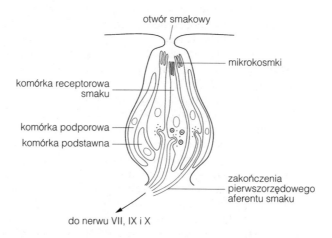

Rys. 1. Kubek smakowy

Kubki smakowe są rozmieszczone w nabłonku języka, podniebienia, gardła, nagłośni i górnej części przełyku. Na języku kubki smakowe znajdują się w małych wybrzuszeniach, **brodawkach**. Wyróżnia się trzy rodzaje brodawek. Brodawki okolone i liściaste, zlokalizowane w tylnej części języka, są zaopatrywane przez n. IX. Każda z tych brodawek zawiera tysiące kubków smakowych. Brodawki grzybowate, rozproszone wokół krawędzi przedniej części języka, zaopatrywane są przez n. VII. Każda z nich zawiera jedynie kilka kubków smakowych. Kilka kubków smakowych znajduje się w nagłośni i przełyku. Są one unerwiane przez n. X.

Transdukcja w komórkach receptorowych smaku

Wiele jonów lub cząsteczek odpowiedzialnych za wrażenia smakowe ma właściwości hydrofilowe i może swobodnie dyfundować w otoczeniu. Te, które są hydrofobowe, włączając alkaloidy roślinne, mogą się wiązać z białkami występującymi w ślinie, odpowiednikami białek wiążących substancje zapachowe, w celu prezentacji komórkom receptorowym smaku. Efektem transdukcji są zmiany przewodności błony, które powodują powstanie potencjału generatorowego, wyzwolenie potencjału czynnościowego, napływ wapnia i wydzielenie neuroprzekaźnika. Komórki receptorowe smaku mają zależne od napięcia kanały sodowe Na^+, potasowe K^+ i wapniowe Ca^{2+}, i są pobudliwe.

Smak słony wywołany jest przez jony Na^+. Transdukcja dla smaku słonego (*rys. 2a*) zachodzi dzięki napływowi jonów Na^+ poprzez kanały sodowe wrażliwe na amylorid. Napływ jonów sodu powoduje depolaryzację komórki receptorowej (tj. powstanie potencjału generatorowego) i wyzwolenie potencjału czynnościowego.

Jony H^+ odpowiedzialne za kwaśny (cierpki) smak wywołują powstanie potencjału generatorowego poprzez blokowanie zależnych od napięcia kanałów K^+ w błonie szczytowej części komórki, przez które w stanie spoczynku płynie na zewnątrz prąd hiperpolaryzujący. Do powstania potencjału czynnościowego może się przyczyniać blokowanie przez protony także innych kanałów. Amplituda potencjału gereratorowego jest proporcjonalna do stężenia jonów H^+.

Cukry, niektóre aminokwasy i pewne białka wywołują wrażenie słodkości poprzez wchodzenie w interakcję ze związanymi z białkami G receptorami metabotropowymi sprzężonymi z wtórnymi przekaźnikami. Cukry aktywują cyklazę adenylanową. Wywołany tym wzrost stężenia cAMP powoduje depolaryzację komórki receptorowej smaku poprzez zamknięcie kanałów K^+.

W transdukcji smaku gorzkiego pośredniczy wiele dróg. Odzwierciedla to ogromną różnorodność substancji chemicznych, które odbieramy jako gorzkie w smaku: dwuwartościowe sole, alkaloidy, niektóre aminokwasy i pewne białka. Dwuwartościowe sole i chinina blokują kanały potasowe i wywołują depolaryzację komórki receptorowej przez zredukowanie, płynącego na zewnątrz, prądu potasowego. W mechanizmie mającym ścisłą analogię z fototransdukcją, niektóre smakujące gorzko substancje wiążą receptory metabotropowe sprzężone z transducyną (G_t), która aktywuje fosfodiesterazę (*rys. 2b*). Enzym ten powoduje rozpad cAMP, zmniejszając jego stężenie w cytoplazmie komórki receptorowej smaku. W konsekwencji dochodzi do dysocjacji cAMP z kanałem

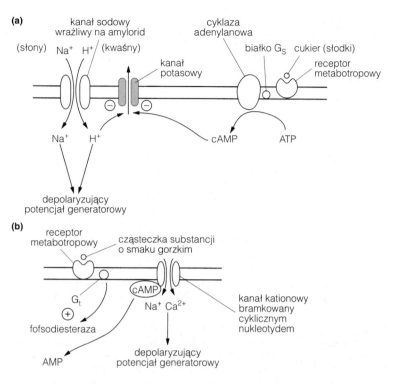

Rys. 2. *Transdukcja dla smaku: (a) mechanizmy transdukcji dla smaku słonego, kwaśnego i słodkiego; zauważ, że kanały sodowe czułe na amylorid włączone są zarówno w przewodzenie dla smaku słonego, jak i kwaśnego; (b) jeden z kilku mechanizmów przewodzenia dla smaku gorzkiego*

kationowym bramkowanym cyklicznym nukleotydem, co umożliwia napływ jonów Na^+ i Ca^{2+}, i w efekcie wywołuje depolaryzację komórki receptorowej. Niektóre gorzkie bodźce aktywują sprzężone z białkami G receptory, które z kolei aktywują fosfolipazę C.

Smak umami wywołany przez L-glutaminian angażuje metabotropowe receptory dla glutaminianu podtypu mGluR4.

J4 DROGI SMAKOWE

Hasła

Organizacja anatomiczna drogi smakowej	Ciała komórkowe pierwszorzędowych aferentów smaku są położone w zwojach nerwów czaszkowych VII, IX lub X. Dośrodkowo skierowane aksony tych neuronów kończą się w jądrze pasma samotnego (NST) w rdzeniu. Część komórek jądra pasma samotnego wysyła projekcję do bocznej części podwzgórza regulując odpowiedź układu autonomicznego na spożywanie pokarmu, inna grupa komórek wysyła projekcję do tożstronnego jądra brzusznego tylno-przyśrodkowego wzgórza. Komórki tego jądra wysyłają aksony do tożstronnej kory smakowej I, znajdującej się w sąsiedztwie reprezentacji języka w korze somatosensorycznej, w zakręcie zaśrodkowym. Droga ta pośredniczy w świadomej percepcji smaku.
Kodowanie informacji smakowej	Aferenty smaku charakteryzują się szerokim spektrum wrażliwości. Te, które biegną nerwem twarzowym, najlepiej reagują na bodźce słone i słodkie, biegnące nerwem językowo-gardłowym preferują bodźce kwaśne i gorzkie, a te, które znajdują się w nerwie błędnym, kodują różnicę stężenia jonów w jamie ustnej i w płynie zewnątrzkomórkowym. Klasyczne grupy wrażeń smakowych nie są przetwarzane przez rozdzielne zespoły komórek, ani też nie mają reprezentacji topograficznej w mózgu.

Tematy pokrewne Smak (J3)

Organizacja anatomiczna drogi smakowej

Ciała komórkowe pierwszorzędowych aferentów smaku biegnących nerwami czaszkowymi VII, IX i X są położone w zwojach tych nerwów: **twarzowego (zwój kolanka), językowo-gardłowego (zwój dolny),** i **błędnego (zwój dolny)**. Dośrodkowo skierowane aksony tych neuronów mają zakończenia w przedniej części **jądra pasma samotnego** (ang. nucleus of the solitary tract, NST) znajdującego się w grzbietowej części rdzenia (*rys. 1*). Pierwszorzędowe aferenty smaku wydzielają glutaminian i substancję P.

Część komórek NST wysyła projekcję do bocznej części podwzgórza, która uczestniczy w odpowiedzi układu autonomicznego na spożywanie pokarmu. Neurony smakowe w jądrze pasma samotnego wysyłają projekcję drogą środkową nakrywki do tożstronnego **jądra brzusznego tylno-przyśrodkowego** (ang. ventral posterior medial nucleus, VPM) wzgórza, tworząc zakończenia na drobnych komórkach różniących się od tych, które otrzymują wejście somatosensoryczne z języka i z gardła. Komórki te wysyłają aksony do tożstronnej kory mózgu. Tak więc, odmiennie niż w przypadku większości dróg czuciowych, droga smakowa nie jest

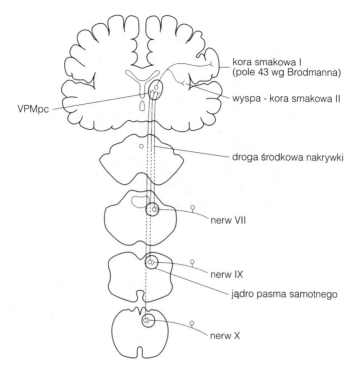

kora smakowa I
(pole 43 wg Brodmanna)

wyspa - kora smakowa II

VPMpc

droga środkowa nakrywki

nerw VII

nerw IX

jądro pasma samotnego

nerw X

Rys. 1. Drogi smakowe w ośrodkowym układzie nerwowym. VPMpc — część drobnokomórkowa jądra brzusznego tylno-przyśrodkowego wzgórza

skrzyżowana. Kora smakowa I (pole 43 wg klasyfikacji Brodmanna) znajduje się na ścianie grzbietowej bruzdy bocznej (patrz *rys. 4 i 6*, temat E2) przy połączeniu z wyspą, w sąsiedztwie mapy somatotopowej (pierwszorzędowej reprezentacji czuciowej) języka. Uważa się, że kora ta jest związana ze świadomą percepcją smaku. Kora smakowa II znajduje się w wyspie, obszarze kory ukrytym głęboko w bruździe bocznej. Ta okolica korowa prawdopodobnie jest związana z emocjonalnymi aspektami smaku.

Kodowanie informacji smakowej

Pierwszorzędowe aferenty smaku biegnące nerwem VII wykazują zwykle preferencję dla bodźców słonych lub słodkich, podczas gdy te unerwiające tylną część języka, biegnące nerwem IX, są czułe na kwaśne (cierpkie) lub gorzkie bodźce. Wyniki te potwierdzają obserwacje u ludzi wskazując, że przednia część języka jest najbardziej wrażliwa na smak słony i słodki, podczas gdy tylna część języka jest bardziej czuła na smak kwaśny i gorzki[*]. Aferenty biegnące nerwem błędnym (n. X) reagują na szerokie spektrum smaków, jednakże wykazują największą wrażliwość na jony sodu (Na^+) i wodoru (H^+). Wiele komórek reaguje na wodę destylowaną. Neurony te mają najniższą aktywność przy stężeniu chlorku sodu (NaCl) równym 154 mM, a częstość generowanych potencjałów

---

[*]   Nowsze badania zaprzeczają istnieniu mapy smaków na powierzchni języka (*przyp. tłum.*).

czynnościowych wzrasta zarówno gdy stężenie soli wzrasta, jak i gdy maleje poniżej tej wartości. Komórki te, jak się wydaje, mierzą, w jakim stopniu stężenie jonów w jamie ustnej różni się od ich stężenia w płynie zewnątrzkomórkowym.

Fakt, że neurony smakowe są przeważnie dość niespecyficzne, skłania do wyciągnięcia wniosku, że nie istnieją specyficzne szlaki neuronalne przyporządkowane określonym grupom wrażeń smakowych. Co więcej, w drodze smakowej nie ma organizacji topograficznej. Charakterystyczne wrażenia smakowe powstają dzięki temu, że neurony z przeciwstawnymi polami recepcyjnymi porównują docierającą do nich informację z populacji komórek o różnych preferencjach, podobnie jak w przypadku percepcji barw opartej na przetwarzaniu przeciwstawnym, gdy porównywane są impulsy z trzech rodzajów czopków (patrz temat H5).

K1 MIĘŚNIE SZKIELETOWE I SPRZĘŻENIE ELEKTROMECHANICZNE

Hasła

Budowa mięśnia	Mięśnie szkieletowe składają się z pęczków prążkowanych włókien mięśniowych, które są wielojądrowymi komórkami powstałymi w wyniku połączenia wielu zarodków komórek mięśniowych (mioblastów). Pojedyncze włókno mięśniowe zawiera kilka równoległych włókienek, podzielonych na sarkomery, podstawowe elementy kurczliwe. Sarkomery zawierają cienkie i grube filamenty. Cienkie filamenty, zawierające aktynę, są przymocowane do końców sarkomerów, skąd kierują się do ich środków, gdzie łączą się naprzemiennie z grubymi filamentami miozynowymi. W odpowiedzi na wzrost stężenia jonów Ca^{2+} wewnątrz włókna mięśniowego, cienkie filamenty przesuwają się po filamentach grubych, skracając sarkomery.
Fizjologia skurczu mięśnia	Siła skurczu mięśnia zależy od długości mięśnia, gdyż długość określa stopień zachodzenia na siebie cienkich i grubych filamentów, oraz od napięcia wywołanego przez jego elastyczne składniki. W normalnym zakresie pracy mięśnia zależność między wytwarzaną siłą i jego długością nie jest liniowa. W związku z tym układy neuronów regulujące skurcz mięśni muszą kompensować tę nieliniowość, tak aby siła skurczu była odpowiednio dobrana do danego obciążenia. Skurcz mięśnia jest izometryczny, gdy jego długość pozostaje stała, a siła rośnie aż zostanie dopasowana do podtrzymywanego ciężaru, lub izotoniczny, gdy wytwarzana siła jest stała, a mięsień ulega skróceniu i powoduje przesunięcie ciężaru.
Złącze nerwowo--mięśniowe	Złącze nerwowo-mięśniowe (ang. neuromuscular junction, nmj) jest to synapsa znajdująca się pomiędzy motoneuronem (neuronem ruchowym) i włóknem mięśniowym. Acetylocholina (ACh) uwalniana z zakończeń nerwowych pobudza cholinergiczne receptory nikotynowe (nAChR) w błonie postsynaptycznej zwanej płytką końcową, powodując jej depolaryzację. Wydzielenie acetylocholiny z pojedynczego pęcherzyka powoduje niewielką, miniaturową zmianę potencjału płytki końcowej (ang. miniature endplate potential, MEPP), równą 0,4 mV. Potencjał czynnościowy dochodzący do zakończenia nerwowego powoduje wydzielenie ACh z wielu pęcherzyków, co w wyniku sumowania wielu MEPP powoduje depolaryzację płytki końcowej wystarczającą do wywołania potencjałów czynnościowych włókna mięśniowego.
Sprzężenie elektromechaniczne	Potencjały czynnościowe dochodzą do wgłębień błony plazmatycznej włókna mięśniowego i powodują jej depolaryzację. Ta depolaryzacja powoduje uwolnienie jonów Ca^{2+} z siateczki sarkoplazmatycznej

(SR), struktury komórkowej pełniącej rolę wewnętrznego magazynu wapnia. Gwałtowny wzrost wewnątrzkomórkowego stężenia jonów Ca^{2+} wywołuje skurcz mięśnia. Związek między zjawiskami błonowymi i skurczem wywołanym wapniem nazwany jest sprzężeniem elektromechanicznym. W wyniku działania aktywnego transportu, Ca^{2+} jest z powrotem kierowany do siateczki sarkoplazmatycznej, co umożliwia rozkurcz mięśnia.

Środki blokujące połączenie nerwowo--mięśniowe

Środki farmakologiczne zmniejszające napięcie mięśniowe w wyniku blokowania przekaźnictwa nerwowo-mięśniowego są stosowane do porażenia mięśni szkieletowych w czasie operacji chirurgicznej. Dzielą się one na dwie kategorie: niedepolaryzujące i depolaryzujące. Środki niedepolaryzujące są kompetytywnymi antagonistami nikotynowych receptorów cholinegicznych i ich działanie może być odwrócone przez inhibitory esterazy acetylocholinowej (AChE), zwiększającej stężenie acetylocholiny w szczelinie synaptycznej. Środki depolaryzujące są agonistami nikotynowych receptorów cholinergicznych i powodują blokadę połączenia, przerywając funkcjonalnie sprzężenie elektromechaniczne.

Tematy pokrewne Szybkie przekaźnictwo   Podstawowe odruchy rdzeniowe (K3)
                     synaptyczne (C2)

Budowa mięśnia Ruchy zamierzone są efektem aktywności **mięśni szkieletowych**, tzn. mięśni przymocowanych do szkieletu za pomocą ścięgien. Mięśnie szkieletowe stanowią około 40% masy ciała człowieka. Składają się one z włókien **prążkowanych**, nazwanych tak ze względu na ich prążkowany wygląd w mikroskopie świetlnym, powodowany przez regularne ułożenie znajdujących się w nich białek.

Włókna mięśni szkieletowych powstają w wyniku fuzji (połączenia się) licznych **mioblastów** (zarodkowych komórek mięśniowych), a więc każde włókno stanowi **zespólnię** — wielojądrową strukturę, która występuje jako pojedyncza jednostka. Średnica włókien wynosi od 10 do 100 μm, a ich długość może osiągać kilkadziesiąt centymetrów w dużych mięśniach, jednak zazwyczaj nie przekraczają one długości całego mięśnia. Włókna mięśniowe są zgrupowane w pęczki zwane **wiązkami** i otoczone warstwą tkanki łącznej zwanej **omięsną**. Włókna wewnątrz wiązki są podtrzymywane przez otaczającą je luźną tkankę łączną właściwą noszącą nazwę **śródmięsnej**. Połączone w wiązki i otoczone **namięsną** tworzą mięsień.

Aparat kurczliwy każdego włókna mięśniowego jest utworzony przez liczne równoległe **włókienka mięśniowe**, których średnica wynosi około 1 μm. Włókienka mięśniowe rozciągają się na całej długości włókna i są zbudowane z powtarzających się, połączonych w szereg, segmentów zwanych **sarkomerami** (*rys. 1*), które tworzą naprzemiennie ciemne (**ani-zotropowe**, A) i jasne (**izotropowe**, I) prążki wzdłuż jego osi. Każdy prążek I jest przedzielony cienką błoną graniczną Z zwaną **linią Z**.

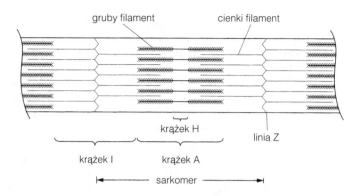

Rys. 1. Ułożenie filamentów białkowych w sakomerze włókienka mięśniowego

Wewnątrz sarkomerów występują dwa typy filamentów białkowych. **Filamenty cienkie** są zakotwiczone do **krążka Z** (odpowiadającego linii Z) na każdym końcu sarkomera i rozciągają się do jego środka. **Filamenty grube** występują pomiędzy cienkimi i są ułożone równolegle do nich. Filamenty cienkie są zbudowane z **aktyny**, **tropomiozyny** i trimerowego białka – **troponiny**, której jedną z podjednostek jest białko o budowie podobnej do kalmoduliny (temat C3), przyłączające wapń. Połączenie jonów Ca^{2+} z troponiną powoduje zmianę konformacji cienkich filamentów w taki sposób, że oddziałują na białko grubych filamentów — **miozynę**. W wyniku tej interakcji, zasilanej przez hydrolizę adenozyno--5'-trifosforanu (ATP), cienkie filamenty są wciągane do środka. Powoduje to skrócenie sarkomera i skurcz mięśnia. Mechanizm ten stanowi istotę skurczu mięśnia (szczegółowy opis zjawisk biochemicznych można znaleźć w *Krótkie wykłady. Biochemia*, wyd. 2).

Fizjologia skurczu mięśnia

Siła skurczu zależy od długości mięśnia. Zależy ona od dwóch czynników, po pierwsze od zachodzenia na siebie grubych i cienkich filamentów w sakomerze i po drugie od stopnia naciągnięcia elementów elastycznych w mięśniu. Zależność między długością i siłą może być w uproszczeniu przedstawiona na modelu, w którym mięsień zastąpimy sprężyną. Sprężyna ma długość spoczynkową L_0, przy której nie ulega skróceniu. Jeśli zostanie rozciągnięta i przekroczy długość spoczynkową, wówczas powstanie naprężenie (siła spowodowana rozciągnięciem). W przypadku idealnej sprężyny, siła naprężenia F jest proporcjonalna do zmiany długości, a więc

$$F \propto \Delta L$$
$$\text{lub } F = k\,\Delta L$$

Ponieważ zmiana długości ΔL równa się długości po rozciągnięciu L pomniejszona o długość spoczynkową L_0:

$$F = k(L - L_0)$$

Współczynnik $k = F/(L - L_0)$ jest współczynnikiem sztywności sprężyny, czyli miarą określającą wielkość ciężaru, który musi być przyłożony, aby rozciągnąć sprężynę do danej długości.

Mięśnie szkieletowe, tak jak sprężyny, mają długość spoczynkową L_0, przy której elastyczna siła rozkurczowa wynosi zero. Długość ta w przybliżeniu odpowiada długości, przy której uzyskuje się maksymalną siłę skurczu, a jest to związane z optymalnym zachodzeniem na siebie cienkich i grubych filamentów. *In vivo* w spoczynku długość mięśni utrzymywana jest blisko tej wartości, dzięki czemu mięśnie pracują w optymalnych warunkach. Jednakże w pobliżu długości spoczynkowej mięśnie nie zachowują się tak jak idealne sprężyny. Ich sztywność nie jest stała, ale zmienia się z długością według skomplikowanej zależności.

Dokładne sterowanie skurczem mięśnia wymaga neuronowego sprzężenia zwrotnego, które skompensuje nieliniowe zmiany sztywności mięśnia występujące w zakresie jego normalnej pracy. Służą do tego odruchy związane z wrzecionami mięśniowymi i receptorami Golgiego (temat K2). Ich ścisła współpraca gwarantuje, że wielkość skurczu mięśnia jest dopasowana zarówno do obciążenia działającego na mięsień, jak i do wymaganego ruchu.

Skurcz mięśnia służy dwóm celom. Umożliwia nieruchome utrzymanie ciężaru: w tym wypadku długość mięśnia pozostaje stała i siła wytworzona przez mięsień musi się równać obciążeniu. Jeśli obciążenie się zwiększa, wówczas żeby utrzymać tę samą długość, mięsień musi wytworzyć większą siłę poprzez zwiększenie naprężenia. Taki skurcz nazywa się skurczem **izometrycznym** i jest typowy dla mięśni posturalnych. Dla odmiany, miesień kurcząc się może wykonać zewnętrzną pracę przesuwając ciężar na pewną odległość: w takim **izotonicznym** skurczu mięsień wytwarza stałą siłę i ulega skróceniu do wartości potrzebnej do przesunięcia ciężaru.

Złącze nerwowo-
-mięśniowe
Na powierzchni włókna mięśniowego akson motoneuronu dzieli się na liczne rozgałęzienia. Każde rozgałęzienie jest zakończone kolbką i tworzy z włóknem mięśniowym synapsę zwaną **złączem nerowowo-mięśniowym** (nmj). Szerokość szczeliny złącza (*rys. 2*) wynosi około 50 nm. Błona postsynaptyczna zwana **płytką końcową,** wciśnięta w fałdy synaptyczne w pobliżu obszarów aktywnych, z których uwalniana jest acetylocholina, ma niezwykle dużą gęstość cholinergicznych receptorów nikotynowych (nAChR).

Płytka końcowa jest pokryta błoną kolagenową (**błona podstawna**), z którą wiąże się acetylocholina. Do szczeliny synaptycznej są również wydzielane rozpuszczalne formy tego enzymu.

Cholinergiczne receptory nikotynowe (nAChR) należą do rodziny receptorów, których kanały jonowe są otwierane ligandami i biorą udział w szybkim przekaźnictwie cholinergicznym (temat C4). Każda z dwu podjednostek α przyłącza cząsteczkę ACh, co powoduje otwarcie kanału kationowego i napływ jonów Na^+ oraz wypływ jonów K^+. Ponieważ potencjał odwrócenia (patrz temat C2) prądu płynącego przez cholinergiczny receptor nikotynowy (nAChR) jest bliski 0 mV, ich aktywacja powoduje depolaryzację.

Spontaniczne uwolnienie jednego kwantu (porcji jednostkowej) ACh w nmj powoduje depolaryzację na płytce końcowej, zwaną **potencjałem miniaturowym płytki końcowej** (MEPP) wynoszącą 0,4 mV. Pojawienie się potencjału czynnościowego na zakończeniu motoneuronu uwalnia

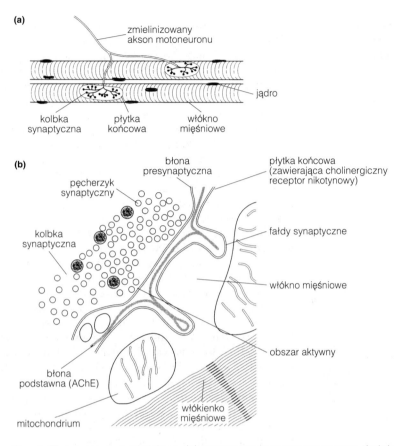

(a)

zmielinizowany
akson motoneuronu

jądro

kolbka
synaptyczna

płytka
końcowa

włókno
mięśniowe

(b)

pęcherzyk
synaptyczny

błona
presynaptyczna

płytka końcowa
(zawierająca cholinergiczny
receptor nikotynowy)

kolbka
synaptyczna

fałdy synaptyczne

włókno mięśniowe

obszar aktywny

błona
podstawna (AChE)

mitochondrium

włókienko
mięśniowe

Rys. 2. Złącze nerwowo-mięśniowe: (a) motoneuron tworzący synapsy na dwóch włóknach mięśniowych (×150); (b) rysunek złącza nerwowo-mięśniowego na podstawie obrazu uzyskanego w mikroskopie elektronowym

200–300 kwantów, co powoduje masywną depolaryzację około –20 mV (efekt sumacyjny wszystkich pojedynczych MEPP) zwaną **potencjałem płytki końcowej** (ang. endplate potential, EPP). Wartość ta znacznie przekracza próg aktywacji napięciowozależnych kanałów sodowych w błonie mięśniowej. Tak więc efektem EPP jest wywołanie potencjału czynnościowego, który rozchodzi się po błonie włókna mięśniowego. Końcowa płytka motoryczna jest wśród synaps kręgowców synapsą wyjątkową, ponieważ wyładowanie w motoneuronie prawie zawsze powoduje wyzwolenie potencjału czynnościowego mięśnia (por. z zachowaniem typowej synapsy, temat D2).

W ciągu około 200 µs po pojawieniu się potencjału czynnościowego w zakończeniu synaptycznym motoneuronu stężenie ACh w złączu nerwowo-mięśniowym osiąga wartość 1 mM, ale w ciągu milisekund zmniejsza się do wartości początkowej w wyniku dużej aktywności AChE (ang. acetylocholinesterase, esteraza acetylocholinowa) znajdującej się w szczelinie (patrz temat C7). Enzym ten powoduje hydrolizę ACh do choliny i octanu. Cholina jest pobierana przez transporter zależny od jonów Na$^+$ i przenoszona z powrotem do zakończenia synaptycznego.

**Sprzężenie
elektro-
mechaniczne**

Wapń jest absolutnie niezbędny do wywołania skurczu mięśnia szkieletowego. Wapń dołączając się do troponiny powoduje zmiany konformacji w cienkim filamencie, pozwalając na interakcję pomiędzy aktyną i miozyną, co jest istotą mechanizmu skurczu. Sekwencja procesów, w wyniku których potencjał czynnościowy mięśnia mobilizuje jony Ca^{2+} do wywołania skurczu, jest zwana **sprzężeniem elektromechanicznym**.

Błona plazmatyczna włókna mięśniowego (sarkolema) ma głębokie zagłębienia zwane **cewkami poprzecznymi (T)** (*rys. 3*), które występują równolegle z krążkami Z włókienek mięśniowych. Do każdej cewki T przylega para zbiorników brzeżnych. Są to części **siateczki sarkoplazmatycznej (SR)**, wyspecjalizowanej wewnątrzkomórkowej struktury włókna mięśniowego, przekształconej z gładkiej siateczki endoplazmatycznej. Zespół, w skład którego wchodzą dwa zbiorniki i cewka T, nazywa się triadą. SR zawiera jony Ca^{2+} o dużym stężeniu. W mikroskopie elektronowym stwierdzono, że błona zbiorniczków i kanalik T są połączone licznymi **stopkami końcowymi**.

Potencjał czynnościowy rozchodzący się po mięśniowej błonie plazmatycznej dociera do cewek T, które w ciągu milisekundy przekazują depolaryzację do wszystkich włókienek mięśniowych w mięśniu. To powoduje aktywację populacji zmodyfikowanych kanałów Ca^{2+} typu L występujących w cewkach. Kanały te są nietypowe, ponieważ zmiany konformacyjne, jakim ulegają pod wpływem depolaryzacji, powodują, że prawdopodobieństwo ich otwarcia jest małe i napływ jonów Ca^{2+} z zewnątrz jest niewielki. Jednakże one same powodują otwarcie innych kanałów Ca^{2+} występujących w zbiornikach brzeżnych zwanych **receptorami rianodynowymi**. Otwarcie tych kanałów pozwala na gwałtowny przepływ jonów Ca^{2+} z SR do cytoplazmy, w której stężenie Ca^{2+} w spoczynku jest bardzo małe (około 10^{-8} M). Tak więc źródłem jonów wapnia powodujących skurcz mięśni szkieletowych jest wewnętrzny magazyn w SR. Receptor rianodynowy jest to duże transbłonowe białko błony SR, tworzące wspominane już stopki końcowe. Składa się ono z czterech identycznych podjednostek otaczających centralny kanał Ca^{2+}, a przepływający przez niego prąd jonowy jest około 10 razy większy niż prąd kanału Ca^{2+} typu L. Nazwa tego receptora bierze się stąd, że przyłącza alkaloid, **rianodynę** otrzymywaną z rośliny *Ryania speciosa*. Struktura receptora rianodynowego ma znaczne podobieństwo do receptora inozytolotrifosforanowego (p. temat C3), który spełnia podobne funkcje.

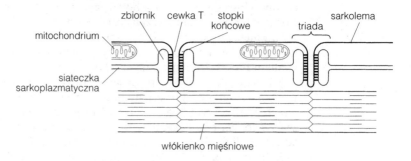

Rys. 3. Funkcjonalne zależności między składnikami triady i miofibrylami we włóknie mięśniowym. Zauważ stopki końcowe między zbiornikami i cewkami T

Stężenie Ca^{2+} w cytoplazmie włókna mięśniowego bardzo szybko osiąga wartość około 10 μM wyzwalając skurcz. Stężenie to maleje również gwałtownie, ponieważ Ca^{2+} są aktywnie pompowane z powrotem do SR z udziałem ATPazy, co umożliwia rozkurcz mięśnia.

Związki blokujące złącze nerwowo- -mięśniowe

Środki farmakologiczne blokujące przekaźnictwo w złączu nerwowo- -mięśniowym są stosowane w chirurgii do spowodowania zwiotczenia mięśni szkieletowych. Są one skuteczne już w minutę po podaniu. Dzielą się na dwie kategorie zależnie od sposobu działania, ale wszystkie mają budowę podobną do ACh.

Leki **niedepolaryzujące**, takie jak **tubokuraryna**, są kompetytywnymi antagonistami nAChR (cholinergicznego receptora nikotynowego). Okres działania tych leków wynosi od 15 do 60 min. Ich działanie może być odwrócone natychmiast przez inhibitory AChE, takie jak **neostygmina**, które powodują wzrost stężenia ACh i jej kompetycyjność z lekiem w dostępie do receptora nikotynowego.

Leki **depolaryzujące**, z których jedynie **chlorek suksametonium** jest wykorzystywany w praktyce klinicznej, są agonistami nAChR. Początkowo związanie agonisty otwiera kanał receptora nikotynowego wywołując długotrwałą depolaryzację płytki końcowej. To początkowe działanie powoduje totalny i chaotyczny skurcz mięśnia zwany **fascykulacją**, po czym następuje **porażenie wiotkie**, gdy kanały wapniowe Ca^{2+} w cewkach T zostaną zamknięte przerywając sprzężenie elektromechaniczne. Ten wczesny etap działania leków depolaryzujących (zwany **fazą I** bloku) powstaje w wyniku depolaryzacji podobnej do tej powodowanej przez ACh, a więc jest raczej wzmacniany niż odwracany przez inhibitory AChE. W dalszym etapie tego procesu pojawia się **faza II** bloku, w której następuje albo zmniejszenie wrażliwości receptorów AchR, albo zamknięcie kanału przez lek. Blok fazy II może być odwrócony przez inhibitory AChE. Chlorek suksametonium ulega gwałtownej hydrolizie w obecności cyklicznych esteraz, więc jego działanie trwa tylko około 5 minut.

K2 JEDNOSTKI MOTORYCZNE I POLA MOTORYCZNE

Hasła

Jednostki motoryczne

Jednostka motoryczna (ruchowa) składa się z motoneuronu i z włókien mięśniowych unerwianych przez jego akson. Liczba tych włókien może wynosić od 6 do kilku tysięcy. U ssaków każde włókno mięśniowe jest unerwiane tylko przez jeden motoneuron. Potencjał czynnościowy motoneuronu powoduje skurcz wszystkich włókien mięśniowych, na których znajdują się jego zakończenia synaptyczne. Pojedyncze skurcze sumują się i, w przypadku serii potencjałów czynnościowych występujących w krótkim czasie, powodują skurcz tężcowy – długotrwały maksymalny skurcz. Istnieją trzy typy jednostek motorycznych. Jednostki wolne (ang. slow, S) składające się z włókien mięśniowych typu 1, w których występuje metabolizm aerobowy (tlenowy), są zdolne do wytworzenia niezbyt dużych sił przez długi czas. Jednostki takie dominują w mięśniach posturalnych. Jednostki szybkie [dzielące się na szybkie, odporne na zmęczenie (ang. fatigue resistant, FR) i szybkie męczliwe (ang. fast fatigue, FF)] zawierają włókna mięśniowe typu 2 i mogą wytwarzać szybko duże siły, ale tylko w ciągu krótkiego czasu.

Pola motoryczne

Pole motoryczne (ruchowe) jest to zbiór motoneuronów unerwiających pojedynczy mięsień. Siła skurczu mięśnia zależy od częstotliwości potencjałów czynnościowych pojedynczego motoneuronu i od liczby pobudzonych motoneuronów danego pola. Duże siły są wytwarzane przez rekrutację rosnącej liczby jednostek motorycznych. Na ogół (choć nie zawsze) rekrutacja następuje zgodnie z zasadą wielkości, według której mniejsze motoneurony są pobudzane wcześniej niż większe. Daje to kolejność S–FR–FF.

Choroby jednostek motorycznych

Miastenie są to choroby, w których upośledzone jest przekaźnictwo w złączu nerwowo-mięśniowym (nmj). Najczęściej występuje *miastenia gravis*, w której wytwarzane są autoprzeciwciała przeciw nikotynowym receptorom cholinergicznym (nAChR). Wynikiem ich działania jest zmniejszenie wrażliwość płytki końcowej na acetylocholinę. Dystrofie mięśniowe są to choroby, w których włókna mięśniowe zanikają i są zastępowane przez nowe z nienormalnie dużą szybkością. Najczęściej występuje, sprzężona z chromosomem X, recesywna dystrofia Duchenne'a. Uszkodzenie aksonów motoneuronów α powoduje porażenie wiotkie odizolowanego mięśnia.

Tematy pokrewne
Mięśnie szkieletowe i sprzężenie elektromechaniczne (K1)

Podstawowe odruchy rdzeniowe (K3)
Synaptogeneza i plastyczność rozwojowa (P5)

**Jednostki
motoryczne**

Końcowym funkcjonalnym składnikiem dróg ruchowych jest **jednostka motoryczna**. Składa się ona z motoneuronu i włókien mięśniowych unerwianych przez ten motoneuron. U ssaków każde włókno mięśniowe jest zasilane tylko przez jeden motoneuron. Jeden motoneuron może unerwiać od 6 do kilku tysięcy włókien mięśniowych. Liczba unerwianych włókien przez jeden motoneuron nazywana jest **współczynnikiem unerwienia**. Wielkość jednostek motorycznych jest związana z precyzją, z jaką ma być sterowany dany mięsień. Mięśnie, które muszą być sterowane bardzo precyzyjne (np. mięśnie okoruchowe), mają małe jednostki motoryczne, mięśnie mniej precyzyjnie mają większe jednostki. Włókna mięśniowe pojedynczej jednostki motorycznej są rozproszone w mięśniu, tak że każda część mięśnia jest sterowana przez kilka motoneuronów.

Pojedynczy potencjał czynnościowy motoneuronu powoduje skurcz wszystkich unerwianych przez ten motoneuron włókien mięśniowych (*rys. 1a*). Skurcz i rozkurcz włókna mięśniowego są znacznie dłuższe niż czas trwania potencjału czynnościowego, wynoszący około 3 ms. Składają się na to stosunkowo powolne procesy, w których jony Ca^{2+} uruchamiają mechanizm skurczu, a następnie są wpompowywane z powrotem do siateczki sarkoplazmatycznej. Salwa potencjałów czynnościowych o tak dużej częstotliwości, że miesień nie ma czasu na całkowity rozkurcz pomiędzy kolejnymi wyładowaniami, powoduje sumowanie się pojedynczych skurczów i wzrost siły, która oscyluje w pobliżu wartości maksymalnej. Taki skurcz jest nazwany **skurczem tężcowym niezupełnym** (*rys. 1b*). Jeśli częstotliwość wyładowań jest na tyle duża, że mięsień nie zaczyna się rozkurczać pomiędzy kolejnymi wyładowaniami, wówczas siła osiąga maksimum, jej wykres jest zbliżony do linii prostej i skurcz nazywa się **skurczem tężcowym zupełnym** (*rys. 1c*).

Zależnie od częstotliwości wyładowań motoneuronów i właściwości włókien mięśniowych wyróżnia się trzy typy jednostek ruchowych.

Najliczniej występują **wolne jednostki motoryczne (S)**, które mogą rozwinąć maksymalną siłę w ciągu 50 ms i siła zmniejsza się nieznacznie nawet po godzinnej stymulacji. Aksony motoneuronów jednostek S mają małą prędkość przewodzenia i stosunkowo długi czas refrakcji, ponieważ mają dużą gęstość kanałów K^+ aktywowanych przez jony Ca^{2+}, co powoduje długotrwałą hiperpolaryzację następczą. To ogranicza maksymalną częstotliwość wyładowań do dość niskiego poziomu, a skurcz tężcowy zupełny również występuje przy dość małych częstotliwościach (15–20 Hz). Włókna mięśniowe jednostek S, zwane są włóknami **typu 1**. Charakteryzuje je duża liczba mitochondriów i wysoka aktywność enzy-

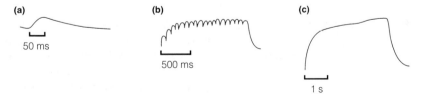

Rys.1. Siła skurczu włókna mięśniowego (a) pojedynczy skurcz; (b) skurcz tężcowy niezupełny (częstotliwość wyładowań 12 Hz); (c) skurcz tężcowy zupełny (30 Hz). Zauważ zwiększanie się siły skurczu od wykresu (a) do (c)

mów cyklu Krebsa (dzięki czemu mogą być selektywnie wyznaczane metodami histologicznymi), co jest przejawem aktywnych procesów aerobowych. Włókna mięśniowe typu 1 występują głównie w środkowej, najbardziej ukrwionej części mięśni. Włókna S są zdolne do wytwarzania stosunkowo niewielkich sił przez długi czas. Głównie z tych włókien składają się mięśnie antygrawitacyjne i posturalne tułowia i nóg. Mięśnie te są nazywane **czerwonymi**, ze względu na dużą zawartość mioglobiny.

W przeciwieństwie do jednostek S, jednostki FR i FF są jednostkami szybkimi osiągającymi skurcz maksymalny w ciągu 5–10 ms. Przy powtarzalnej stymulacji, jednostki **odporne na zmęczenie** (FR) mogą wytworzyć średnią siłę przez około 5 minut, po czym następuje powolne zmniejszenie siły mogące trwać wiele minut. **Szybkie męczliwe** (FF) jednostki motoryczne mogą wytworzyć największą siłę, ale przy powtarzalnej stymulacji siła ta maleje gwałtownie po około 30 s. Motoneurony zarówno jednostek FR, jak i FF są duże, a ich aksony mają dużą prędkość przewodzenia. Mogą wyładowywać się z dużą częstotliwością przez krótki czas, ale serie ich potencjałów czynnościowych są krótkie, szczególnie w jednostkach FF. Jednostki szybkie zawierają włókna mięśniowe **typu 2**, wymagające częstotliwości około 40–60 Hz do uzyskania tężcowego skurczu zupełnego. Włókna typu 2 występują w dwóch odmianach różniących się od siebie matabolizmem. Włókna **typu 2b** występujące w jednostkach motorycznych FF są anaerobowe i z tego powodu ulegają tak szybkiemu zmęczeniu. Włókna **typu 2a**, występujące w jednostkach FR, ze względu na metabolizm są włóknami pośrednimi pomiędzy typem 1 i typem 2b. Oba typy jednostek FR i FF są przystosowane do szybkiego wytwarzania dużych sił, a więc występują w mięśniach biorących udział w wykonywaniu szybkich ruchów. Mięśnie, w których dominują jednostki szybkie, są zwane **mięśniami białymi**, ponieważ niski poziom zawartej w nich mioglobiny powoduje, że są jaśniejsze niż mięśnie czerwone.

Optymalną wydajność w jednostkach motorycznych zapewnia to, że właściwości włókien mięśniowych i motoneuronów są do siebie dopasowane. To dopasowanie jest uzyskiwane dzięki temu, że właściwości włókna mięśniowego są kształtowane przez motoneuron, który je unerwia. Jeśli włóka mięśniowe typu 1 zostaną odnerwione, po czym ponownie unerwione przez bocznice aksonów jednostek FF, wówczas nabiorą one właściwości włókien mięśniowych typu 2b. Trening sportowy może wpływać na przeobrażenie jednostek motorycznych i powodować, że udział poszczególnych ich typów w mięśniach będzie dostosowany do natury uprawianej dziedziny sportu.

Pola motoryczne Motoneurony unerwiające ten sam miesień tworzą **pole motoryczne**. Pole to jest zlokalizowane w jądrach ruchowych pnia mózgu lub rdzenia kręgowego. Jądra ruchowe rdzenia rozciągają się na przestrzeni kilku segmentów. Aksony motoneuronów wychodzą z rogów przednich rdzenia kręgowego i idą w nerwie rdzeniowym tego samego segmentu. Rozdział włókien kierujących się do tego samego mięśnia następuje w **splotach nerwowych**. Bocznice aksonów motoneuronów idą w górę i w dół kilka segmentów, wpływając na zachowanie innych motoneuronów tego samego pola.

Siła skurczu mięśnia jest kontrolowana przez pole motoryczne na dwa sposoby: przez zmianę częstotliwości wyładowań pojedynczego motoneuronu i zmianę liczby pobudzonych motoneuronów. Małe zwiększenie siły skurczu jest najczęściej wynikiem zwiększenia częstotliwości wyładowań, ale większe siły skurczu powstają w wyniku zwiększenia liczby aktywnych motoneuronów. Proces ten nazywa się **rekrutacją** i odbywa się w sposób uporządkowany. W zasadzie najwcześniej są rekrutowane jednostki S, potem FR, a na końcu FF, a więc w kolejności zgodnej z **zasadą rozmiaru**. Decydują o tym dwa czynniki. Pierwszy z nich to wewnętrzne właściwości przewodzenia motoneuronów, a drugi to organizacja dochodzących do nich wejść synaptycznych.

Właściwości przewodzenia komórki zależą od jej rozmiaru i mniejsze komórki mają większą oporność (zwaną **opornością wejściową**, R_{we}) dla wpływającego prądu niż komórki duże. Według prawa Ohma, zależność między napięciem błony V i prądem wpływającym do komórki można przedstawić wzorem

$$V = IR_{we}$$

z którego wynika, że

$$R_{we} = V/I$$

Tak wiec prąd o tej samej wartości wytworzy większą zmianę potencjału błony w małych komórkach (mających dużą oporność wejściową) niż w dużych (mających małą oporność). Neurony należące do tego samego pola motorycznego są pobudzane przez wspólne wejścia. Przy danej wielkości synaptycznego prądu wejściowego do komórek tego samego pola motorycznego, małe ciała komórkowe motoneuronów S osiągają większy postsynaptyczny potencjał pobudzeniowy niż większe ciała komórek jednostek szybkich, ponieważ komórki S mają większą oporność wejściową (*rys. 2*). Oznacza to, że najmniejsze sygnały wejściowe najpierw rekrutują jednostki powolne, ponieważ mają one najniższy próg pobudzenia synaptycznego. Gdy sygnał wejściowy pola recepcyjnego stopniowo rośnie, wówczas kolejno pobudzane są motoneurony jednostek innych typów.

Drugi czynnik decydujący o kolejności pobudzenia poszczególnych typów jednostek jest związany z połączeniami synaptycznych dochodzących do nich neuronów wejściowych, które są zorganizowane w ten sposób, że przy wzroście pobudzenia motoneurony są rekrutowane w sekwencji S–FR–FF. Rekrutacja nie zawsze odbywa się jednak zgodnie z tą zasadą. W pewnych przypadkach wejścia synaptyczne są rozłożone w taki sposób, że duże motoneurony są wcześniej pobudzane, niż małe. Na przykład u ludzi włókna aferentów skórnych w sposób uprzywilejowany pobudzają wysokoprogowe szybkie jednostki, jak również w mięśniach wewnętrznych dłoni szybkie jednostki są pobudzane jako pierwsze.

Choroby jednostek motorycznych

W normalnych warunkach potencjał płytki końcowej (EPP) wytwarzany przez wyładowanie motoneuronu znacznie przekracza próg powstania potencjałów czynnościowych włókien mięśniowych. Różnica między amplitudą EPP i progiem pobudliwości włókna mięśniowego nazywa się

marginesem bezpieczeństwa transmisji złącza nerwowo-mięśniowego. Transmisja ta jest zaburzona w **miasteniach** albo presynaptycznie, w wyniku zmniejszonej ilości uwalnianej ACh, albo postsynaptycznie, w wyniku defektów nAChR (cholinergicznego receptora nikotynowego) lub AChE (esterazy nikotynowej). W **miastenii Lamberta–Eatona** wytwarzane są autoprzeciwciała przeciw napięciowozależnym kanałom Ca^{2+}, znacznie zmniejszające ich liczbę w obszarze aktywnym, co ogranicza ilość uwalnianej acetylocholiny. **Miastenia gravis** jest przykładem schorzenia postsynaptycznego, w którym powstałe autoprzeciwciała są skierowane przeciw receptorom nAChR. Powoduje to przyspieszenie endocytozy i rozpadu receptorów, przez co włókna mięśniowe są mniej wrażliwe na działanie ACh.

Dystrofie mięśniowe są grupą chorób charakteryzujących się zwiększonymi zmianami we włóknach mięśniowych. Najpopularniejszą dystrofią jest **dystrofia Duchenne'a**, choroba związana z recesywnym chromosomem X, w której duże białko cytoszkieletu – **dystrofina** ulega zniekształceniu lub całkowitemu zanikowi. Zaatakowane przez tę chorobę włókna mięśniowe są słabe i ulegają uszkodzeniu przy normalnie działających siłach. Towarzyszy temu szybka produkcja nowych włókien z miocytów, ale przypominają one włókna mięśniowe płodu. Są małe i nie przewodzą wydajnie potencjałów czynnościowych. W dystrofiach liczba jednostek motorycznych i ich rekrutacja nie odbiega od normy.

Uszkodzenia nerwów obwodowych zawierających aksony motoneuronów powodują trwałe **porażenie wiotkie** i zanik odruchu na roz-

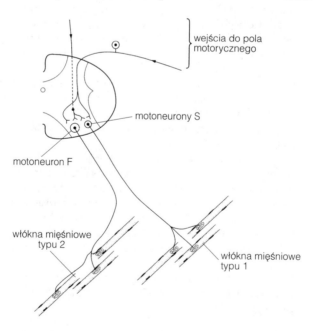

Rys. 2. Zasada rozmiaru w rekrutacji. Mniejsze motoneurony wolnych (S) jednostek ruchowych są rekrutowane przed motoneuronami szybkich (F) jednostek ruchowych, ponieważ mają większy postsynaptyczny potencjał pobudzeniowy w odpowiedzi na sygnał wejściowy o tej samej wartości

ciąganie (patrz temat K3) danego mięśnia. W konsekwencji prowadzi to do atrofii wynikającej z nieużywania mięśnia. Odnerwione włókna mięśniowe syntetyzują dużą liczbę receptorów nAChR, które są umieszczane na przestrzeni całej błony plazmatycznej, zamiast znajdować się wyłącznie na płytce końcowej. Te **pozazłączowe receptory** powodują, że włókna mięśniowe stają się niezwykle czułe na ACh (**nadczułość odnerwieniowa**) i pojawiają się w nich niewielkie skurcze, drżenie włókienkowe wywoływane nawet małą ilości krążącej wolnej ACh. Chirurgiczna naprawa nerwu, wykonana z dostateczną precyzją, może prowadzić do odzyskania utraconych funkcji mięśnia, ponieważ aksony obwodowe odrastają parę milimetrów dziennie i może nastąpić reinerwacja włókien mięśniowych.

K3 PODSTAWOWE ODRUCHY RDZENIOWE

Hasła

Właściwości odruchów	Odruchy są stereotypowymi reakcjami na pobudzenie czuciowe, zachodzącymi w tzw. łukach odruchowych, które na ogół zawierają neuron czuciowy, motoneuron i jeden lub więcej interneuronów. Odruchy mogą być monosynaptyczne, dwusynaptyczne lub polisynaptyczne (in. wielosynaptyczne) zależnie od tego, czy obwód zawiera jedną, dwie lub więcej synaps ośrodkowych. Czas, jaki upływa między zadziałaniem bodźca a odpowiedzią (reakcją) zwany czasem odruchu, zależy od prędkości przewodzenia aksonów i liczby synaps w odpowiednim obwodzie neuronowym. Odruchy cechuje torowanie, czyli większa odpowiedź na działanie wielu sygnałów wejściowych, niżby to wynikało z sumy działania pojedynczych bodźców, a to dzięki temu, że połączenia neuronów sensorycznych częściowo pokrywają się na interneuronach. Doświadczenie powoduje różnego rodzaju modyfikacje odruchów, takie jak habituacja, sensytyzacja i warunkowanie.
Odruchy z wrzecion mięśniowych	Odruchy na rozciąganie (tzn. miotatyczne) są odruchami monosynaptycznymi, w których skurcz mięśni następuje na skutek uprzedniego ich rozciągnięcia. Odruchy te kontrolują długość mięśnia na drodze ujemnego sprzężenia zwrotnego. Elementem czuciowym tego odruchu jest wrzeciono mięśniowe, zawierające małe włókna intrafuzalne (śródwrzecionowe) leżące równolegle do włókien ekstrafuzalnych (zewnątrzwrzecionowych) mięśnia. Rozróżniamy dwa typy włókien intrafuzalnych. Włókna z torebką jąder informują o długości mięśnia oraz o prędkości, z jaką ta długość się zmienia w czasie rozciągania mięśnia. Włókna z łańcuszkiem jąder informują o długości mięśnia. Neurony czuciowe (typu Ia i II) z włókien intrafuzalnych tworzą synapsy z motoneuronami dochodzącymi do tego samego mięśnia i do mięśni synergistycznych. Odruch na rozciąganie ma dwie składowe: szybką, która może być wywołana przez lekkie uderzenia (puknięcie) ścięgna, i następującą po niej składową powolną. W klinice składowa szybka jest nazywana odruchem ścięgnistym. Włókna intrafuzalne są unerwiane przez motoneurony γ. Pobudzenie motoneuronów γ powoduje skurcz tych włókien, dzięki czemu są one napięte w całym zakresie zmian długości mięśnia. W efekcie wrzeciona są wrażliwe na rozciąganie, niezależnie od długości mięśnia. W czasie wykonywania ruchu mięśnie ulegają skróceniu. Jest to możliwe, gdyż odruch z wrzecion mięśniowych zostaje zniesiony w wyniku koaktywacji, czyli równoczesnego pobudzenia motoneuronów α i γ. To powoduje, że włókna intrafuzalne i ekstrafuzalne kurczą się razem.

Odwrócony odruch miotatyczny	Odwrócony odruch miotatyczny kontroluje napięcie mięśniowe poprzez ujemne sprzężenie zwrotne. Narządy ścięgniste Golgiego, ulokowane w ścięgnach, mierzą napięcie mięśnia. Odchodzą od nich neurony czuciowe Ib, które poprzez wyspecjalizowane interneurony hamujące Ib łączą się z motoneuronami α tego samego mięśnia i mięśni synergistycznych. Wzrost naprężenia mięśnia powoduje hamowanie motoneuronu α, co zmniejsza skurcz mięśnia, a przez to i jego naprężenie.
Kontrola sztywności mięśniowej	W wielu normalnych sytuacjach nie jest możliwe jednoczesne utrzymanie stałej długość i stałego naprężenia mięśnia. W związku z tym ośrodkowy układ nerwowy (OUN) zamiast niezależnie kontrolować długość i naprężenie mięśnia prawdopodobnie kontroluje jego sztywność.

Tematy pokrewne

Kodowanie intensywności i synchronizacja (F2)
Mięśnie szkieletowe i sprzężenie elektromechaniczne (K1)

Jednostki motoryczne i pola motoryczne (K2)

Właściwości odruchów

Najprostszą operacją, jaką może wykonać układ nerwowy, jest **odruch**, który sprzęga wejście czuciowe z wyjściem motorycznym. Odruch jest stereotypową reakcją na odpowiedni bodziec. Jeśli dotyczy autonomicznego układu nerwowego, nazywa się **odruchem autonomicznym**, jeśli występuje w somatycznym układzie nerwowym, nazywa się **odruchem ruchowym**. Odruchy są wykonywane za pośrednictwem specjalnego układu połączeń neuronów, czasami zwanego **łukiem odruchowym** (*rys. 1*), składającego się z neuronu czuciowego, motoneuronu i zazwyczaj ze wstawionych między nie inteuneuronów pobudzających bądź hamujących.

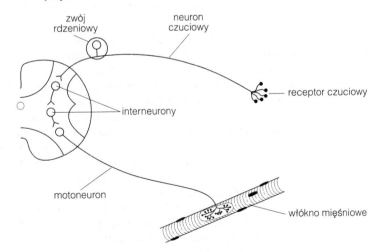

Rys. 1. Łuk polisynaptycznego odruchu rdzeniowego

U człowieka wszystkie, poza jednym, łuki odruchowe zawierają inter-neurony, a więc mają kilka ośrodkowych synaps (trzy na *rys. 1*) i są nazy-wane **polisynaptycznymi** (lub **wielosynaptycznymi**). W przypadku, gdy łuk odruchowy ma tylko jeden interneuron, nazywa się **dwusynaptycz-nym**. Jedynym przykładem odruchu **monosynaptycznego**, w którym nie bierze udziału żaden interneuron, jest odruch na rozciąganie (patrz niżej).

Neuron czuciowy ma synapsy łączące go z kilkoma interneuronami (lub motoneuronami w przypadku odruchu monosynaptycznego). Za-zwyczaj w wyniku pobudzenia czuciowego w kilku neuronach powstaje duży, a w większej liczbie neuronów średni postsynaptyczny potencjał pobudzeniowy (EPSP), zależnie od liczby aktywnych zakończeń synap-tycznych. Połączenia, jakie tworzy kilka neuronów czuciowych z inter-neuronami, częściowo się pokrywa i to umożliwia integrację. **Torowanie** występuje wtedy, gdy pewna liczba aktywnych wejść pobudza w tym samym czasie komórkę postsynaptyczną i połączony efekt ich działania przekracza zsumowany efekt każdego z tych wejść działających oddziel-nie. **Torowanie przestrzenne** występuje, gdy pobudzenie kilku aferen-tów (in. włókien dośrodkowych) jest sumowane przestrzennie na ko-mórce postsynaptycznej. Czasami pobudzenie kilku aferentów w tym samym czasie daje odpowiedź odruchową mniejszą niż suma odpowie-dzi na pobudzenie poszczególnych aferentów oddzielnie. Zjawisko to nazywa się **okluzją** i ono występuje, gdy sygnał z jednego wejścia jest wystarczający do pobudzenia prawie całej grupy neuronów, a więc dochodzący do tej samej grupy sygnał z innych wejść wywoła niewielki dodatkowy efekt. **Torowanie czasowe** jest wynikiem pobudzenia aferen-tów z częstotliwością wystarczająco dużą do wystąpienia sumowania czasowego.

Czas, jaki upływa między zadziałaniem bodźca a reakcją (odpowie-dzią), jest nazwany **latencją odruchu** lub **czasem odruchu**. Wielkość latencji wynika głównie z czasu trwania przewodzenia wzdłuż włókien aferentnego i eferentnego, ale w jego skład wchodzi również czas potrzebny na proces transdukcji w receptorze i na aktywację efektora (sprzężenie elektromechaniczne lub pobudzeniowo-wydzielnicze). Sto-sunkowo mały udział w latencji ma **opóźnienie synaptyczne**, zazwyczaj wynoszące od 0,5 do 1 ms. Jeżeli wszystkie składowe opóźnienia w łukach odruchowych są podobne, różnice latencji tych odruchów będą wskazywały na liczbę zaangażowanych synaps ośrodkowych.

Czas odruchu ulega skróceniu przy wzroście intensywności bodźca, co jest efektem procesu sumowania. Wzrost częstotliwości wyładowań we włóknie aferentnym wywołuje większą depolaryzację w interneuro-nach. Dla bodźców nadprogowych, im większa jest depolaryzacja (w ramach fizjologicznego zakresu), tym krótszy jest czas potrzebny do wyładowania komórki. Zwiększanie intensywności bodźca zmieni am-plitudę odruchu (np. zasięg ruchu kończyny), ale może również zmienić rodzaj odruchu w wyniku rekrutacji dodatkowych mięśni – wywołując zjawisko zwane **promieniowaniem**. Dokładna forma odpowiedzi odru-chowej zależy od tego, jakie włókna aferentne zostały pobudzone, a więc – gdzie został przyłożony bodziec. Nazywa się to **objawem lokalnym**.

Prawdopodobnie wszystkie odruchy cechuje plastyczność, tzn. mogą być modyfikowane przez doświadczenie. Zmniejszanie się odruchu w wyniku powtarzającego się stałego, nieszkodliwego bodźca nazywa się **habituacją**. Powstaje ona na skutek zmniejszenia czułości synaptycznej. Każda zmiana bodźca (np. jego intensywności) powoduje **dyshabituację**, w której wielkość odruchu powraca do poziomu pierwotnego. Przeciwnie, powtarzalne pobudzanie bodźcem bólowym powoduje wzrost odruchu, któremu może towarzyszyć zmniejszenie latencji, zwiększenie amplitudy i promieniowanie. Zjawisko to nazywa się **sensytyzacją** (uwrażliwieniem) i jest wynikiem (przynajmniej u kręgowców) zwiększonego uwalniania neuroprzekaźnika. Zarówno habituacja, jak i sensytyzacja są przykładami nieasocjacyjnego uczenia się, ponieważ występuje w nim tylko jeden bodziec. W niektórych odruchach zachodzi bardziej skomplikowany proces uczenia się asocjacyjnego, w którym odpowiedź następuje wówczas, gdy dwa bodźce są skoordynowane w czasie. Są to **odruchy warunkowe**. Mechanizmy komórkowe zaangażowane w plastyczność odruchów są omówione w temacie Q2.

Odruchy z wrzecion mięśniowych

Podstawowa modulacja pracy jednostki ruchowej odbywa się pod wpływem informacji czuciowej z **wrzecion mięśniowych**, mierzących aktualną długość mięśnia i prędkość, z jaką się ona zmienia. Każda próba szybkiego rozciągnięcia mięśnia, np. przez nagłe zwiększenie obciążenia, wywołuje jego skurcz. Jest to tzw. **odruch z wrzecion mięśniowych** (inaczej **odruch na rozciąganie** lub **odruch miotatyczny**), w którym zaangażowany jest mechanizm sprzężenia zwrotnego, utrzymujący stałą długość mięśnia w odpowiedzi na działania sił zewnętrznych próbujących ją zmienić. Odruch na rozciąganie może być wywołany w każdym mięśniu szkieletowym na skutek puknięcia samego mięśnia lub jego ścięgna. Spowodowane w ten sposób rozciągnięcie mięśnia wywołuje jego skurcz. Odruch na rozciąganie najłatwiej wywołać pukając w więzadło rzepki, między jej przyczepem do piszczeli a rzepką (nakolannikiem), powodując skurcz mięśnia czworogłowego uda (grupę silnych mięśni prostowników znajdujących się z przodu uda). Podstawowy schemat połączeń tego **odruchu kolanowego** pokazano na *rysunku 2*.

Część czuciowa odruchu na rozciąganie składa się z **wrzecion mięśniowych** i ich włókien aferentnych. Wrzeciona mięśniowe są ułożone równolegle do normalnych **włókien ekstrafuzalnych**, a więc każda siła działająca na cały mięsień działa tak samo również na wrzeciona. Każde wrzeciono mięśniowe jest to kapsuła z tkanki łącznej wypełnionej płynem, o długości 4–10 mm i średnicy 100 μm (*rys. 3*). Włókna intrafuzalne mają kurczliwe zakończenia, ale ich cześć środkowa jest niekurczliwa. Rozróżnia się dwa typy włókien intrafuzalnych: z torebką jąder i łańcuszkiem jąder.

Włókna intrafuzalne z torebką jąder (ang. nuclear bag, b) są rozdęte w części środkowej, w której zgrupowane są jądra. Są one unerwione przez pierwszorzędowe (Ia) mielinizowane włókna aferentne o dużej średnicy (~16 μm). Zakończenia tych aferentów są spiralnie owinięte wokół środkowej części włókna mięśniowego. Występują dwa typy włókien z torebką jąder, które można rozróżnić na podstawie typu unerwiających je aferentów. Te, które są wyłącznie unerwiane przez aferenty

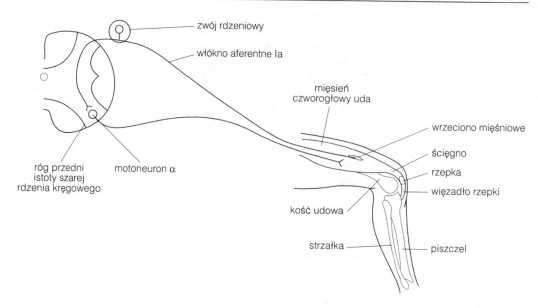

zwój rdzeniowy

włókno aferentne Ia

mięsień
czworogłowy uda

wrzeciono mięśniowe

ścięgno

rzepka

więzadło rzepki

róg przedni
istoty szarej
rdzenia kręgowego

motoneuron α

kość udowa

strzałka

piszczel

Rys. 2. Podstawowe połączenia w odruchu na rozciąganie. Uderzenie w więzadło rzepki pobudza kilkaset włókien aferentnych Ia

pierwszorzędowe, nazywane są **dynamicznymi** (b₁), natomiast te, które poza aferentami pierwszorzędowymi są również unerwiane przez aferenty drugorzędowe grupy II o średnicy około 8 μm, są nazywane **statycznymi** (b₂). Aferenty pierwszorzędowe odpowiadają na bodźce dynamiczne (temat F2), a więc na tempo (prędkość) zmian długości wrzecionka. Wynika to z właściwości dynamicznych włókien z torebką jąder. Gdy następuje rozciągnięcie wrzecionka, środkowy obszar włókna wydłuża się jako pierwszy, powodując serię wyładowań we włóknach aferentnych Ia. Po pewnym czasie, wskutek wydłużania się końców we włóknach, które rozciągają się wolniej, część środkowa ulega skróceniu. W konsekwencji powoduje to zmniejszenie częstotliwości wyładowań we włóknie aferentnym Ia. Aferentne włókna pierwszorzędowe odpowiadają również na bodźce statyczne, sygnalizując długość mięśnia, ponieważ unerwiają one także statyczne (b₂) włókna z torebką jąder, które są sztywniejsze niż włókna dynamiczne i w związku z tym rozciągają się proporcjonalnie do rozciągnięcia mięśnia.

Włókna intrafuzalne z łańcuszkiem jąder (ang. nuclear chain fibers, c) mają jednakową średnicę na całej długości, która jest o połowę mniejsza od średnicy włókien b, a w ich części środkowej znajdują się szeregowo (łańcuchowo) ułożone jądra. Ponieważ włókna te są sztywne (jak włókna b₂), to wychodzące z nich pierwszorzędowe i drugorzędowe aferenty przewodzą informację o długości mięśnia. Typowe wrzeciono zawiera jedno włókno b₁, jedno włókno b₂ i trzy do pięciu włókien c.

Większość rdzeniowych aferentów Ia tworzy synapsy na **jednoimiennych** motoneuronach (tj. takich, które unerwiają ten sam mięsień). Jednakże około 40% tworzy synapsy z motoneuronami idącymi do mięśni synergistycznych. Na przykład, mięsień czworogłowy uda składa się

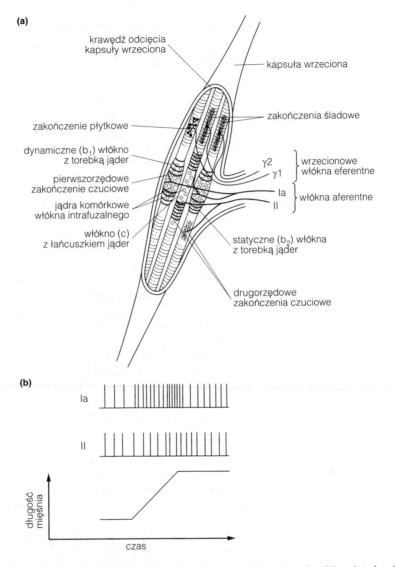

Rys. 3. Wrzeciono mięśniowe: (a) otwarte wrzeciono pokazuje włókna intrafuzalne i ich unerwienie. Wrzeciono normalnie zawiera jedno włókno b_1, jedno włókno b_2 i kilka włókien c; (b) odpowiedź włókien aferentnych Ia i II na rozciągnięcie mięśnia

z czterech mięśni działających synergistycznie (wszystkie są prostownikami kolana). Aferenty z wrzecion jednego z nich (np. m. udowego prostego) dochodzą do pola motorycznego mięśnia udowego prostego i do pól motorycznych innych prostowników tworzących mięsień czworogłowy udowy.

Odruch na rozciąganie ma dwie składowe. Składową **fazową**, która powstaje po puknięciu ścięgna mięśnia: pojawia się gwałtownie, trwa krótko i powstaje w wyniku dynamicznej aktywności włókien aferentnych Ia. Składowa **toniczna** jest skurczem znacznie dłuższym i powstaje na skutek statycznego działania włókien aferentnych Ia i drugorzędowych włókien aferentnych grupy II. Składowa ta jest szczególnie istotna w utrzymaniu postawy. Na przykład, żeby utrzymać równowagę w poruszającym się pojeździe, mięśnie nóg i tułowia rozciągnięte w wyniku kołysania są kurczone, tak aby utrzymać ciało w pozycji pionowej. Oczywiście gwałtowny wstrząs wywoła również składową fazową.

Wrzeciona mięśniowe są unerwiane przez motoneurony. Pole motoryczne jest dwumodalne ze względu na rozmiar komórek. Neurony, które pobudzają włókna ekstrafuzalne, należą do klasy Aα (patrz *tab.* 2, temat E2), w której średnia grubość ciała komórki wynosi 80 μm i są zazwyczaj nazywane **motoneuronami α**. Poza tym istnieje populacja mniejszych komórek należących do grupy Aβ i Aγ. Grupa Aγ zwana **motoneuronami γ** wysyła swoje ruchowe włókna eferentne (in. odśrodkowe) do wrzecion mięśniowych. Kurczące się końce wszystkich włókien intrafuzalnych są unerwiane przez motoneurony γ. Skurcz końców włókien intrafuzalnych powoduje naprężenie części środkowej, która może reagować na rozciągnięcie mięśnia. Tak więc jednym z zadań włókien eferentnych γ jest utrzymanie odpowiedniej czułości wrzecion mięśniowych w całym zakresie zmian ich długości. Bez tego mechanizmu, w wyniku skurczu mięśnia włókna intrafuzalne stałyby się obwisłe i nie odpowiadałyby na naciągnięcie mięśnia. Układ ten przyrównuje się do układu nadążnego, wspomaganego przez włókna eferentne γ.

Istnieją dwa typy motoneuronów γ: γ1 (dynamiczne) unerwiające włókna b1 poprzez **zakończenia płytkowe**, γ2 (statyczne) unerwiające włókna b2 i c poprzez **zakończenia śladowe**. Oba te typy motoneuronów mogą być pobudzane niezależnie przez układ ruchowy OUN. Pobudzenie włókien γ1 zwiększa czułość włókien b1, przez co częstotliwość wyładowań pierwszorzędowych włókien aferentnych jest większa w odpowiedzi na gwałtowne rozciągnięcie. Pobudzenie włókien γ2 zwiększa wyładowania drugorzędowych włókien aferentnych w odpowiedzi na stałe rozciągnięcie. W obu przypadkach włókna eferentne γ zwiększają **wzmocnienie** wrzecion. Częstotliwość wyładowań włókien eferentnych γ wzrasta w sytuacji, gdy wykonywane ruchy są szczególnie skomplikowane.

Wykonanie ruchu wymaga wyłączenia odruchu na rozciąganie, ponieważ mięśnie muszą też kurczyć się izotonicznie i skracać. Osiąga się to przez jednoczesne pobudzenie motoneuronów α i γ przez zstępujące drogi ruchowe. Zjawisko to nazywa się **koaktywacją**. Powoduje ona, że włókna intrafuzalne i ekstrafuzalne skracają się razem, tak aby włókna intrafuzalne były zawsze napięte w takim stopniu, żeby rozciągnięcie mięśnia wywołało odpowiedź.

W klinice, odruchy na rozciąganie są raczej mylnie nazywane **odruchami ścięgnistymi**. Badania neurologiczne polegają na wywołaniu odruchu na rozciąganie w wielu grupach mięśniowych na całym ciele, ponieważ upośledzony lub całkowity brak określonego odruchu może ujawnić poziom uszkodzenia układu nerwowego. Brak odruchu może wskazywać na uszkodzenie w dowolnym miejscu łuku odruchowego: neuronów czuciowych, motoneuronów lub OUN. Odruch na rozciąganie można badać pobudzając elektrycznie nerw zaopatrujący mięsień i rejestrując elektryczną aktywność mięśnia za pomocą elektrod umieszczonych na skórze leżącej nad mięśniem lub elektrod igłowych wkłuwanych do mięśnia. Rejestrowanie aktywności mięśniowej w taki sposób nazywa się **elektromiografią** (**EMG**). Najłatwiej jest badać ten odruch stymulując **nerw piszczelowy** na nodze po drugiej stronie kolana (w dole podkolanowym) i rejestrując aktywność mięśni **brzuchatego** i **płaszczkowatego łydki**. Spośród wszystkich włókien najmniejszy próg pobudzeniowy mają włókna Ia, a więc drażnienie nerwu z małym natężeniem wywołuje odruch na rozciąganie, który widać w zapisie EMG jako falę H (Hoffmana) pojawiającą się z opóźnieniem około 30 ms po bodźcu. Jest to opóźnienie (latencja) odruchu. Zwiększenie siły bodźca do odpowiedniej wartości doprowadzi do pobudzenia motoneuronów α, przy równoczesnym pobudzaniu włókien aferentnych Ia i pojawienie się fali M (motoneuron) z opóźnieniem tylko około 5–10 ms. W klinice procedura ta pozwala na rozróżnienie, czy powodem zaniku odruchu jest utrata funkcji czuciowych, czy ruchowych.

Odwrócony odruch miotatyczny

Narządy ścięgniste Golgiego (ang. Golgi tendon organs, GTO) są ulokowane w ścięgnach, w szereg z mięśniem i służą do pomiaru napięcia mięśnia. Wzrost napięcia mięśnia powoduje uaktywnienie odruchu ujemnego sprzężenia zwrotnego, zwanego **odwróconym odruchem miotatycznym** (**odruchem z narządu Golgiego**), polegającego na przeciwstawianiu się wzrostowi naprężenia mięśnia. Odruch ten jest wynikiem pobudzenia przez sygnały z GTO interneuronów hamujących, tworzących połączenia synaptyczne z motoneuronami α unerwiającymi ten mięsień (*rys. 4*).

GTO jest zbudowany z włókien kolagenowych, łączących włókna mięśniowe ze ścięgnami. Włókna kolagenowe GTO są przetykane rozgałęzieniami aksonów należących do włókien aferentnych grupy Ib. Wzrost naprężenia, jaki towarzyszy skurczowi mięśnia, naciąga włókna kolagenowe, podrażniając zakończenia włókien aferentnych Ib, które w odpowiedzi wytwarzają potencjały czynnościowe. Pojedyncze włókna aferentne Ib odpowiadają statycznie, odzwierciedlając poziom naprężenia, na pobudzenie pojedynczej jednostki motorycznej. GTO nie mierzy średniego naprężenia mięśnia, a tylko naprężenia wywołane przez włókna mięśniowe połączone z danym obszarem ścięgna. Ponadto mniej niż 1% włókien mięśniowych jednostek motorycznych oddziałuje na

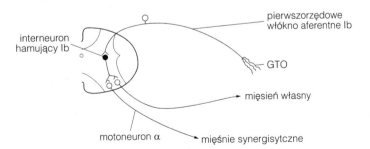

Rys. 4. Schemat połączeń odwróconego odruchu miotatycznego. Zwiększenie naprężenia mięśnia powoduje, że włókna aferentne Ib wychodzące z narządu ścięgnistego Golgiego (GTO) wyładowują się z większą częstotliwością

GTO. Ponieważ do GTO nie dochodzą żadne motoneurony, ich czułość nie może być zmieniana w czasie skurczu. Włókna Ib wchodzą do rdzenia kręgowego i łączą się synaptycznie z interneuronami hamującymi znajdującymi się w obszarze pośrednim (blaszka VI–VIII) istoty szarej rdzenia kręgowego. Te interneurony dochodzą do motoneuronów mięśni jednoimiennych (własnych) i synergistycznych. Interneurony hamujące są specyficzne dla drogi odruchu bisynaptycznego, są więc oznaczone jako **neurony hamujące Ib** (ang. Ib inhibitory neurons, IbIN). Hamowanie mięśni własnych i synergistycznych przez odwrócony odruch miotatyczny jest nazywane **hamowaniem autogenicznym** (samorodnym). Hamowanie autogeniczne jest wzmacniane przez wejścia do IbIN z włókien aferentnych wrzecion mięśniowych Ia, włókien aferentnych receptorów stawowych i skórnych mechanoreceptorów. Znaczenie funkcjonalne tych połączeń nie jest znane. Zstępujące drogi ruchowe mogą albo pobudzać, albo hamować IbIN.

Kontrola sztywności mięśniowej

Odruch z wrzecion mięśniowych utrzymujący długość mięśnia i odruch z GTO utrzymujący stałe naprężenia często przeciwdziałają sobie. Jeśli obciążenie mięśnia ulega zmianie, wówczas albo miesień zostaje rozciągnięty, albo musi skurczyć się izometrycznie, aby utrzymać stałą długość, co powoduje wzrost naprężenia mięśnia. Nie jest możliwe jednoczesne utrzymanie stałej wartości długości i naprężenia. To sugeruje, że układ ruchowy zamiast kontrolować niezależnie długość i naprężenie mięśnia, kontroluje jego sztywność (patrz temat K1). Zaletą takiej kontroli jest prostsza organizacja nadrdzeniowego układu ruchowego, ponieważ nieliniowa zmiana sztywności w normalnym zakresie pracy mięśnia może być kompensowana przez działanie tych odruchów.

K4 FUNKCJE RUCHOWE RDZENIA KRĘGOWEGO

Hasła

Elementy funkcji ruchowych rdzenia kręgowego

Większość neuronów znajdujących się w rdzeniu kręgowym to interneurony, co sugeruje, że sygnały czuciowe są przetwarzane w rdzeniu zanim pobudzą neurony wyjściowe — motoneurony. Połączenia w rdzeniu kręgowym są zaangażowane przede wszystkim w wykonywaniu odruchów albo w ośrodkowych generatorach wzorca lokomocyjnego, wytwarzających cykle aktywności mięśniowej podczas lokomocji. Istotną rolę w funkcjonowaniu rdzenia kręgowego odgrywają trzy typy hamowania.

Hamowanie wzajemne

Hamowanie wzajemne występuje między motoneuronami mięśni antagonistycznych. Neurony czuciowe Ia z wrzecion mięśniowych tworzą synapsy na interneuronach hamujących Ia dochodzących do motoneuronów mięśni antagonistycznych. Ten układ połączeń pozwala na rozkurcz mięśni antagonistycznych w czasie skurczu mięśni agonistycznych. Hamowanie wzajemne ma istotne znaczenie w wykonywaniu ruchów, w których występuje naprzemienna aktywność mięśni agonistycznych i antagonistycznych.

Hamowanie presynaptyczne

Pierwszorzędowe włókna aferentne hamują zakończenia innych pierwszorzędowych włókien aferentnych za pośrednictwem hamujących interneuronów GABAergicznych tworzących z hamowanymi włóknami połączenia akso-aksonalne. Efektem działania GABA jest depolaryzacja zakończeń włókien aferentnych, która hamuje wydzielanie neuroprzekaźnika wywołane przychodzącymi potencjałami czynnościowymi. Hamowanie presynaptyczne jest tak zorganizowane, że włókna aferentne mięśni zginaczy hamują włókna aferentne mięśni prostowników i na odwrót. Hamowanie to jest modyfikowane przez drogi zstępujące układów ruchowych.

Hamowanie zwrotne

Glicynergiczne komórki Renshawa znajdujące się w rogu przednim rdzenia kręgowego, aktywowane przez motoneurony α, hamują motoneurony α sąsiednich mięśni synergistycznych. To hamowanie zwrotne powoduje, że ruchy są wykonywane płynniej i dokładniej.

Odruchy zginania

Włókna aferentne odruchu zginania (ang. flexor reflex afferents, FRA) wywołują odruchy zginania w kończynach tożstronnych i inne odruchy w kończynach przeciwstronnych. Sieć neuronalna uczestnicząca w tych odruchach jest angażowana w normalnych ruchach kończyny i modyfikuje je w sposób ciągły na podstawie obwodowej informacji czuciowej. Odruchy zginania wywoływane bodźcami bólowymi powodują wycofanie kończyny od bodźca bólowego, zaburzając wykonywane ruchy.

Ośrodkowe generatory wzorca lokomocyjnego

Lokomocja — przemieszczanie się z miejsca na miejsce – jest wynikiem naprzemiennego zginania i prostowania kończyn. Różnica faz ruchów poszczególnych kończyn zależy od rodzaju lokomocji (np. chód lub bieg). Podstawowe rytmy lokomocji są wytwarzane przez ośrodkowe generatory wzorca lokomocyjnego (ang. central pattern generator, CPG), czyli sieć interneuronów rdzenia kręgowego. Każdy CPG działa jak oscylator sterujący kończyną w taki sposób, że zgina się ona i prostuje naprzemiennie. Aktywność CPG jest modulowana przez śródmózgowiowy obszar lokomocyjny, który drogą siatkowo-rdzeniową przesyła informację do rdzenia kręgowego.

Tematy pokrewne   Szybkie przekaźnictwo synaptyczne (C2)   Odruchy posturalne
                        Podstawowe odruchy rdzeniowe (K3)   pnia mózgowia (K5)

Elementy funkcji ruchowych rdzenia kręgowego

Lędźwiowe segmenty rdzenia kręgowego u psa zawierają około 375 000 ciał komórek nerwowych, z których zdecydowana większość to komórki małe (o średnicy mniejszej niż 34 μm). Każdy korzeń tylny ma około 12 000 włókien czuciowych, z których połowa to niemielinizowane włókna C o średnicy 1 μm lub mniejszej. Wszystkie włókna czuciowe tworzą połączenia w istocie szarej rdzenia kręgowego i wysyłają bocznice drogami wstępującymi do struktur nadrdzeniowych. Każdy korzeń przedni ma 6000 włókien eferentnych, z których dwie trzecie to wypustki motoneuronów α i β, a pozostałe — motoneurony γ. Ponieważ większość neuronów w rdzeniu kręgowym stanowią interneurony, oznacza to, że zanim sygnał czuciowy dojdzie do motoneuronów ulega intensywnej obróbce.

Dwa zjawiska mają istotne znaczenia dla organizacji ruchu w rdzeniu kręgowym – odruchy i aktywność lokomocyjna. Liczne odruchy, wliczając w to odruch miotatyczny i odwrócony odruch miotatyczny (temat K3), odbywają się na poziomie rdzenia kręgowego. Odruchy rdzeniowe są elementami większej całości funkcjonalnej. Dzięki nim sterowanie pracą mięśni ze struktur nadrdzeniowych jest w sposób ciągły modyfikowana przez informację pochodzącą z proprioreceptorów mięśni i stawów oraz receptorów skórnych. Z wyjątkiem kilku odruchów obronnych, takich jak odruch cofania służący do wycofania kończyny z obszaru działania bodźca bólowego, w normalnych warunkach odruchy nie występują jako elementy odizolowane, ale działają w sposób skoordynowany, co pozwala na płynne wykonywanie ruchów.

Lokomocja powstaje w wyniku cyklicznej aktywności neuronów powodującej sekwencyjne, ściśle określone w czasie, skurcze odpowiednich grup mięśni. Wytworzenie takich cyklicznych sygnałów następuje w sieciach neuronów. Sieci te, nazywane **ośrodkowymi generatorami wzorca lokomocyjnego** (CPG), uważane są za samodzielne, ale mogą być modyfikowane przez odruchy i aktywowane przez wpływy nadrdzeniowe. Istnienie CPG zostało doświadczalnie stwierdzone u wielu kręgowców, uwzględniając naczelne i człowieka, a także w modelach z zastosowaniem symulacji komputerowej. Jednakże do tej pory nie udało się zidentyfikować interneuronów wchodzących w skład CGP ssaków.

Trzy rodzaje hamowania wpływają na funkcje rdzenia kręgowego: hamowanie wzajemne, presynaptyczne i zwrotne.

Hamowanie wzajemne

Bocznice aksonów włókien aferentnych Ia idących z wrzecion mięśniowych tworzą w blaszce VII połączenia synaptyczne z **interneuronami hamującymi Ia** (IaIN), których neuroprzekaźnikiem jest glicyna. Interneurony te łączą się z motoneuronami mięśni antagonistycznych. To dwusynaptyczne połączenie umożliwia rozkurcz mięśni antagonistycznych, w czasie skurczu mięśni agonistycznych (*rys. 1*). Hamowanie motoneuronów mięśni wzajemnie antagonistycznych jest nazywane **hamowaniem wzajemnym**.

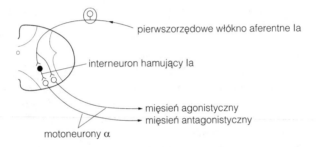

pierwszorzędowe włókno aferentne Ia

interneuron hamujący Ia

mięsień agonistyczny
mięsień antagonistyczny

motoneurony α

Rys. 1. Odruch dwusynaptyczny hamowania wzajemnego mięśni antagonistycznych

Aktywność interneuronów IaIN uczestniczących w hamowaniu wzajemnym jest modulowana przez zstępujące drogi ruchowe (korowo-rdzeniową, czerwienno-rdzeniową i przedsionkowo-rdzeniową) i sieć wytwarzającą ruchy lokomocyjne w rdzeniu kręgowym.

Są ku temu dwa powody:

- Ułatwianie szybkich ruchów. Ponieważ skurcz mięśni trwa stosunkowo długo, mięśnie mogą nadążać jedynie za powolnymi zmianami sygnałów doprowadzanych przez neurony. Szybkie zmiany wyładowań motoneuronów nie mogą być przekładane na odpowiednie zmiany napięcia mięśniowego. Aby wytworzyć szybkie zmiany napięcia mięśni, układ ruchowy powoduje naprzemienne skurcze mięśni agonistycznych i antagonistycznych. Proces ten jest wspomagany przez hamowanie wzajemne (*rys. 2*).
- Odpowiednie dostosowanie sztywności mięśni do obciążenia. Sztywność stawu można zwiększyć przez jednoczesny skurcz mięśni działających przeciwstawnie na ten staw. Na przykład jednoczesny skurcz mięśni dwugłowego i trójgłowego ramienia zwiększa sztywność łokcia. Jeśli jeden z mięśni skurczy się z większą siłą niż drugi, spowoduje to ruch w tym stawie. Jednoczesny skurcz mięśni antagonistycznych

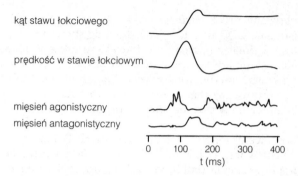

kąt stawu łokciowego

prędkość w stawie łokciowym

mięsień agonistyczny
mięsień antagonistyczny

0   100   200   300   400
t (ms)

*Rys. 2. Wzorzec pobudzenia mięśnia agonistycznego (m. dwugłowy ramienia)
i mięśnia antagonistycznego (m. trójgłowy ramienia) przyspieszający szybki ruch
(zgięcie łokcia)*

stabilizuje staw i umożliwia lepszą kontrolę, w sytuacji gdy obciążenie zmienia się gwałtownie. Usztywnienie stawu spowoduje, że różnica między przewidywanym a aktualnym obciążeniem będzie miała mniejszy wpływ na trajektorię ruchu kończyny.

Hamowanie presynaptyczne

Odruchy zależne od sygnałów wejściowych z włókien aferentnych Ia, Ib i II mogą być modyfikowane przez hamowanie presynaptyczne z GABA-ergicznych interneuronów hamujących rdzenia kręgowego. Interneurony te tworzą akso-aksonalne synapsy na zakończeniach włókien aferentnych. GABA wydzielany w tych synapsach działa na receptory $GABA_A$ powodując depolaryzację błony, ponieważ w tych neuronach czuciowych potencjał błonowy jest bardziej ujemny niż potencjał odwrócenia prądu chlorowego płynącego przez kanały receptora $GABA_A$ (zob. *rys. 4*, temat C2). Efektem tej **depolaryzacji pierwszorzędowych włókien aferentnych** (ang. primary afferent depolarization, PAD) jest hamowanie, ponieważ amplituda potencjału czynnościowego dochodzącego do zakończenia nerwowego ulegnie zmniejszeniu. Spowoduje to mniejszy napływ jonów Ca^{2+} i w efekcie mniejszą ilość uwalnianego neuroprzekaźnika[*].

Hamowanie presynaptyczne w zakończeniach włókien Ia jest zorganizowane na zasadzie wzajemności, w której włókna aferentne mięśni zginaczy hamują włókna aferentne mięśni prostowników i na odwrót. U ludzi hamowanie presynaptyczne powoduje przedłużone wzajemne hamowanie pomiędzy mięśniami antagonistycznymi. Może być ono modyfikowane przez zstępujące drogi ruchowe, dające projekcję do jednych lub drugich interneuronów całej sieci. Normalnie, na początku ruchu, hamowanie presynaptyczne zakończeń włókien Ia idących do motoneuronów mięśni agonistycznych jest zmniejszone, podczas gdy hamowanie antagonistycznych zakończeń Ia jest zwiększone. W efekcie aktywność wrzecion mięśniowych mięśni agonistycznych wzmacnia ich skurcz, podczas gdy w mięśniach antagonistycznych odruch miotatyczny jest stłumiony.

---

[*]   Istnieje też inna hipoteza wiążąca mechanizm hamowania presynaptycznego z hiperpolaryzacją zakończeń aferentnych (*przyp. red.*).

　　　Podobna, ale odrębna sieć neuronów bierze udział w hamowaniu presynaptycznym włókien aferentnych Ib i II umożliwiając kontrolę sygnałów informujących o napięciu i długości tonicznej mięśnia niezależnie od sygnałów informujących o długości fazowej.

Hamowanie zwrotne　　Grupa interneuronów znajdujących się w rogach przednich, zwana **komórkami Renshawa**, jest pobudzana przez bocznice aksonów motoneuronów α i daje projekcję do motoneuronów α mięśnia własnego i sąsiednich mięśni synergistycznych Komórki te wytwarzają paczki potencjałów czynnościowych o dużej częstotliwości, wywołując szybkie postsynaptyczne potencjały hamujące (IPSP) o dużej wartości. Efektem tego hamowania jest całkowity zanik aktywności słabo pobudzonych, wyładowujących się z małą częstotliwością, motoneuronów i zmniejszenie częstotliwości wyładowań w motoneuronach silnie pobudzonych. Jest to rodzaj hamowania obocznego. Wzmacnia ono kontrast, co powoduje, że ruchy są bardziej ekonomiczne. Komórki Renshawa są glicynergiczne i blokada receptorów glicynergicznych (zawierających bramkowane ligandami kanały jonowe selektywne dla jonów Cl⁻ i mające pewne analogie z receptorami GABA$_A$) za pomocą strychniny powoduje drgawki wywołane zablokowaniem hamowania zwrotnego.

Odruchy zginania　　Różne włókna aferentne, wliczając w to włókna aferentne mięśniowe grupy II i III, stawowe, z mechanoreceptorów skórnych i nocyreceptorów wywołują odruchy zginania w kończynie tożstronnej i z tego powodu są nazywane **włóknami aferentnymi odruchu zginania** (FRA). Te same włókna aferentne wywołują wyprostowanie kończyny przeciwstronnej, zwane **skrzyżowanym odruchem wyprostnym**, lub pobudzają drogi odruchów alternatywnych. Ponieważ różne typy włókien FRA dochodzą do różnych podsieci interneuronów, wywoływane przez nie odruchy różnią się formą i zależnościami czasowymi. Wiele typowych ruchów kończyny składa się albo ze zginania, albo z naprzemiennego zginania i prostowania. Uważa się, że ruchy te powstają w wyniku działania nadrdzeniowych układów ruchowych na interneurony, do których dochodzą aferenty odruchu zginania. W jednym z modeli wspierającym tę hipotezę interneurony te zorganizowane są w grupach zwanych **centrami połówkowymi**, między którymi występuje wzajemne hamowanie. Centrum połówkowe zginaczy otrzymuje informację z tożstronnych włókien FRA i pobudza motoneurony mm. zginaczy, podczas gdy centrum połówkowe prostowników są pobudzane przez przeciwstronne włókna FRA pobudzające motoneurony mm. prostowników (*rys. 3*) lub przez włókna wchodzące w skład innych odruchów.

　　　Wykonanie danego ruchu następuje w wyniku pobudzenia zstępujących aksonów układów ruchowych, które dają projekcję do odpowiedniego układu interneuronów FRA związanych z tym ruchem. Połączenia wzajemne gwarantują, że układ alternatywny jest zahamowany. W czasie dalszego przebiegu ruchu informacja doprowadzona poprzez włókna FRA z mięśni, stawów i skóry wzmacnia ruch i zwiększa jego precyzję.

　　　Choć odruchy zginania występują zazwyczaj jako elementy zwyczajnego ruchu, odruch cofania, wywołany przez włókna Aδ i C (grupa IV) receptorów bólowych (nocyreceptorów), ma całkiem inny charakter.

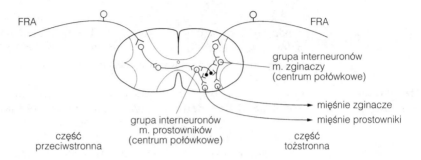

Rys. 3. Organizacja interneuronów w odruchu zginania. Kółka białe reprezentują
ciała komórkowe neuronów pobudzających, a kółka czarne — ciała komórkowe
interneuronów hamujących

Zaburza on wykonywany ruch, pobudza zginacze całej kończyny, przez
co odpowiedź jest gwałtowna i długotrwała. Odruch ten spełnia funkcje
obronne.

**Ośrodkowe
generatory
wzorca
lokomocyjnego**

Lokomocja jest ruchem służącym przemieszczaniu się z miejsca na miejsce. Istnieje wiele typów lokomocji (np. chodzenie, pływanie, fruwanie),
ale wszystkie są wynikiem cyklicznej aktywności mięśni, naprzemiennego zginania i prostowania każdej kończyny, aczkolwiek typ lokomocji
(np. chodzenie lub bieganie) zależy od prędkości. Przeważnie wybierany
jest taki typ lokomocji, w którym przy danej prędkości wydatkowana
energia jest najmniejsza.

W chodzie człowieka każda noga ma **fazę podporu**, w której najbardziej aktywne są mięśnie prostowniki, i **fazę przeniesienia**, w której najbardziej aktywne są mięśnie zginacze. Ta sama sekwencja, ale w przeciwnej fazie występuje w drugiej kończynie. W czasie stępa występuje krótkie zachodzenie na siebie faz podporu obu kończyn. Przy wzroście prędkości fazy podporu ulegają skróceniu, aż przestają zachodzić na siebie
i następuje przejście do biegu.

Podstawowe rytmy aktywności lokomocyjnej są wytwarzane w **ośrodkowych generatorach wzorca lokomocyjnego** (CPG), sieciach neuronów
znajdujących się w rdzeniu kręgowym, które mogą wytwarzać precyzyjnie określone w czasie sekwencje pobudzenia motoneuronów α nawet
przy braku informacji czuciowej.

Każdej kończynie odpowiada zespół ośrodkowych generatorów wzorca lokomocyjnego. Każdy CPG jest oscylatorem (generatorem) z dwoma
wzajemnie połączonymi ze sobą centrami połówkowymi, jednym pobudzającym mm. zginacze, drugim — mm. prostowniki. Każde centrum
połówkowe wytwarza rytmiczne paczki potencjałów czynnościowych,
których sposób i czas wyłączania jest określony przez wewnętrzne włas-
ności pobudzeniowe tworzących je neuronów. Zanik wyładowań w jednym centrum połówkowym powoduje zanik hamowanie drugiego centrum i powstanie w nim paczki potencjałów czynnościowych. W ten sposób paczki wyładowań występują naprzemiennie w obu centrach połów-
kowych. Należy zwrócić uwagę, że grupy interneuronów odpowiedzialnych za sterowanie naprzemiennego zginania i prostowania kończyn
w czasie ruchu (*rys. 3*, powyżej) też są centrami połówkowymi.

Występujące duże oscylacje są wynikiem depolaryzacji komórek CPG, która uaktywnia receptory kwasu N-metylo-D-asparginowego (NMDA), powodując przedłużoną depolaryzację i wyzwolenie szybkich wyładowań. Napływ wapnia przez receptory NMDA otwiera kanały K_{Ca}, umożliwiając wypływ jonów K^+ i hiperpolaryzację, która powoduje zakończenie paczki wyładowań. Dodatkowo, depolaryzacja NMDA pobudza neurony (oznaczone literą L na *rys. 4*), które hamują neurony typu I odpowiedzialne za wzajemne hamowanie. To zniesienie hamowania umożliwia depolaryzację przeciwnego centrum połówkowego i powstanie paczki wyładowań. CPG jest głównie badany na minogu, prymitywnym kręgowcu, ale jest prawdopodobne, że CPG ssaków działa na podobnych zasadach. Aktywność lokomotoryczna jest zapoczątkowana przez pobudzenie występujące w **śródmózgowiowym obszarze lokomocyjnym** (ang. mesencephalic locomotor region, MLR), który daje projekcję do jąder siatkowatych w rdzeniu przedłużonym (*rys. 4*). Wychodzące stąd aksony idą drogą **siatkowo-rdzeniową** do rdzenia kręgowego (patrz też temat K5). Te jądra siatkowate są jądrami pobudzeniowymi, uwalniającymi glutaminian, który powoduje silną depolaryzację neuronów CPG i powstanie oscylacji na ich wyjściu trwające tak długo, jak długo trwa pobudzenie z MLR. Ośrodkowe generatory wzorca są ze sobą wzajemnie połączone, więc kolejność czasowa zdarzeń we wszystkich kończynach jest skoordynowana. Podstawowe rytmy lokomocyjne wytwarzane przez CPG są silnie modyfikowane przez nadrdzeniowe struktury ruchowe.

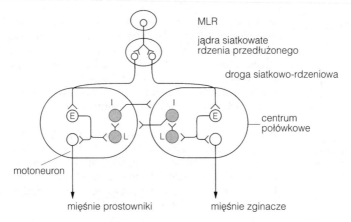

Rys. 4. Uproszczony, hipotetyczny model ośrodkowego generatora wzorca lokomocyjnego (CPG) opracowany na podstawie badań minoga. Każdy symbol neuronu reprezentuje kilka komórek. Komórki pobudzeniowe (E) są glutaminergiczne i wytwarzają wyładowania paczkowe w wyniku pobudzenia ze struktur nadrdzeniowych. Komórki hamujące (zacienione kółka) są glicynergiczne; interneurony (I) dające projekcję na drugą stronę hamują przeciwne centrum połówkowe; L, interneurony boczne. MLR, śródmózgowiowy obszar lokomocyjny

K5 ODRUCHY POSTURALNE PNIA MÓZGOWIA

Hasła

Odruchy posturalne	Odruchy posturalne utrzymują postawę ciała przeciwdziałając siłom przesuwającym środek ciężkości, wliczając w to ruchy kończyn. Postawa ciała jest utrzymywana głównie dzięki działaniu mięśni antygrawitacyjnych, w skład których wchodzą mm. prostowniki pleców i nóg (oraz u ludzi mm. zginacze rąk). Odruchy posturalne są kontrolowane przez pień mózgu w odpowiedzi na informację przedsionkową, proprioceptywną i wzrokową. Szczegółowa forma korekcji postawy zależy od kontekstu, a więc pozycji ciała oraz wartości i kierunku działania niezrównoważonej siły.
Odruchy przedsionkowe (błędnikowe)	Sygnały przedsionkowe są wykorzystywane do określenia położenia głowy w przestrzeni, które zmienia się w wyniku nachylenia lub obrotu głowy i ciała jako całości. Umożliwiają to odruchy przedsionkowe oddziałując na mięśnie szyjne (odruchy przedsionkowo-czworacze) i mięśnie kończyn (odruchy przedsionkowo-rdzeniowe)
Odruchy szyjne	W sytuacji, gdy głowa porusza się w stosunku do ciała, naciąga mięśnie szyjne, wytwarzając odruchowy skurcz mięśni szyjnych (odruchy szyjno-czworacze), i mięśnie kończyn (odruchy szyjno-rdzeniowe). Odruchy przedsionkowo-czworacze i szyjno-czworacze współdziałają ze sobą, odruchy szyjno-rdzeniowe i przedsionkowo-rdzeniowe są antagonistyczne w pewnych sytuacjach i synergistyczne w innych.
Odruchy prostowania	Odruchy, które umożliwiają zwierzęciu odzyskanie normalnej postawy ciała, nazywają się odruchami prostowania. W ich skład wchodzą odruchy szyjne, przedsionkowe i inne odruchy pnia mózgu, do których dochodzi informacja wzrokowa i somatosensoryczna. Odruchy te pozwalają (na przykład) kotu wylądować na czterech łapach po upadku z wysokości.
Reakcje umieszczania kończyny	Reakcje, w których zwierzę tak umieszcza stopy, aby utrzymać stabilnie postawę ciała — reakcje umieszczania kończyny, wymagają informacji wzrokowej i somatosensorycznej oraz udziału kory mózgu.
Drogi odruchów posturalnych	Jądra przedsionkowe i siatkowate integrują informację przedsionkową i informację z proprioreceptorów (tj. z wrzecion mięśniowych) i kontrolują odruchy posturalne za pośrednictwem dróg przedsionkowo-rdzeniowych i siatkowo-rdzeniowych przyśrodkowego układu ruchowego. Ponieważ jądra siatkowate otrzymują również informację z kory przedruchowej, mogą one modyfikować odruchy posturalne (i rdzeniowe rytmy lokomocyjne)

zależnie od potrzeb lokomotorycznych. Ponadto przyśrodkowe drogi ruchowe, dzięki połączeniom z móżdżkiem i korą mózgową, umożliwiają przyjęcie odpowiedniej postawy poprzedzające planowany ruch dowolny.

Tematy pokrewne Czucie równowagi (G4)   Korowe sterowanie ruchami
Funkcje ruchowe rdzenia kręgowego   dowolnymi (K6)
(K4)

Odruchy posturalne

Rolą odruchów posturalnych jest utrzymanie stabilnej pozycji ciała i przeciwdziałanie siłom, wliczając w to siły grawitacji, które mogą przesunąć środek ciężkości ciała. Odruchy posturalne pomagają również utrzymać odpowiednie położenie środka ciężkości w czasie ruchu kończyn. Mięśnie w czasie skurczu albo przeciwdziałają, albo wspomagają siły grawitacji; te, które działają przeciwnie do sił grawitacji, nazywane są **mięśniami antygrawitacyjnymi**. Wiele mięśni antygrawitacyjnych, takich jak mm. prostowniki nóg i krótkie głębokie mięśnie grzbietu (mięśnie osiowe), bierze udział w utrzymaniu postawy. U ludzi mm. zginacze ręki są również mięśniami antygrawitacyjnymi. Ponieważ mięśnie antygrawitacyjne są zasadniczo silniejsze niż mięśnie wspomagane przez grawitację, w kończynach człowieka najsilniejszymi mięśniami są mm. prostowniki nóg i mm. zginacze rąk.

Odruchy posturalne są zawiadywane przez pień mózgu. Trzy źródła, z których neuronowa sieć odruchowa otrzymuje informację czuciową, to:

- Przedsionkowe z narządów otolitowych.
- Proprioceptywne z wrzecion mięśniowych, narządów ścięgnistych Golgiego i receptorów stawowych.
- Wzrokowe ze wzgórków górnych.

Informacja ze wszystkich wejść jest silnie integrowana, co pozwala na uruchomienie odpowiedniej sekwencji skurczów mięśni kompensującej nieprzewidziane zaburzenia pozycji ciała i ruchu. W trakcie przetwarzania wykorzystywany jest mechanizm neuronowy, zwany ujemnym sprzężeniem zwrotnym (*rys. 1*).

U ludzi, istota wykonanej korekcji postawy zależy od kontekstu, to znaczy pozycji początkowej ciała oraz wielkości i kierunku działania siły destabilizującej. Pochylenie spowodowane przez nagłe przesunięcie podłoża, na którym stoi człowiek, pobudza zespół mięśni zależny od kie-

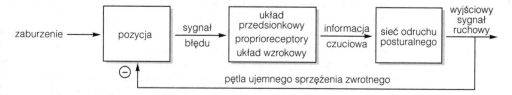

Rys. 1. Ujemne sprzężenie zwrotne odruchu posturalnego. Sieć neuronowa wytwarza wyjściowy sygnał ruchowy, który zmniejsza niedopasowanie między pożądanym a aktualnym położeniem ciała. Układ czuciowy wykrywa błąd i wysyła informację do odruchowej sieci neuronowej

runku pochylenia, ale zasadniczo mięśnie dystalne są pobudzone wcześniej niż proksymalne, a największy ruch jest wykonany w stawie skokowym. Natomiast obrót lub pochylenie podłoża powoduje zgięcie w biodrach.

Kilka różnych odruchów posturalnych można zaobserwować u zwierząt po chirurgicznym przecięciu pnia mózgu (**odmóżdżenie**) i u ludzi, u których nastąpiło poważne uszkodzenie mózgu. Odruchów tych nie można łatwo wywołać w sposób izolowany u ludzi zdrowych, ponieważ funkcje ruchowe są w normalnych warunkach silnie integrowane. Można je natomiast zaobserwować u nowo narodzonych niemowląt, u których układy ruchowe nie są w pełni rozwinięte.

Odruchy przedsionkowe (błędnikowe)

Odruchy przedsionkowe (błędnikowe) stabilizują położenie głowy w przestrzeni. Każde pochylenie lub obrót głowy razem z resztą ciała pobudza motoneurony mięśni, które utrzymują głowę pionowo w stosunku do sił grawitacji. Te, głównie toniczne odruchy, sterowane przez sygnały z narządów otolitowych i przewodów półkolistych, mają opóźnienie około 40–200 ms i sterują mięśniami szyi i kończyn.

Odruchy przedsionkowo-czworacze działają na mięśnie szyjne i ich zadaniem jest utrzymanie głowy w pozycji pionowej. Jeśli ciało przechyla się do przodu, mm. prostowniki szyi kurczą się podnosząc głowę do góry. Jeśli ciało odchyla się do tyłu, pobudzane są mięśnie zginacze szyi. Odruchy przedsionkowo-czworacze są skuteczne w szerokim zakresie częstotliwości oscylacji głowy (0,025–5 Hz) i ich zadaniem jest skompensowanie zmian położenia głowy wynikających z jej bezwładności przez wytworzenie pobudzenia mięśni o odpowiedniej amplitudzie i we właściwym czasie. W jaki sposób sieć neuronowa realizuje to zadanie, nie jest wiadome.

Odruchy przedsionkowo-rdzeniowe działają na mięśnie kończyn. Wywołują one skurcz mięśni prostowników rąk i mięśni zginaczy nóg w czasie upadku, w celu zmniejszenia uderzenia w momencie zetknięcia z podłożem. Przechylenie na boki powoduje wyprost kończyn tożstronnych, co ma na celu przeciwdziałanie dalszemu przechylaniu się w tym kierunku. Informacja z narządów otolitowych jest istotna w kołysaniu o niskiej częstotliwości, ale powyżej 1 Hz większe znaczenie ma informacja z przewodów półkolistych.

Odruchy szyjne

Obrót głowy w stosunku do reszty ciała pobudza wrzeciona mięśni szyjnych i włókna aferentne z szyjnych stawów kręgowych, które wywołują odruchowy skurcz mięśni szyjnych (**odruchy szyjno-czworacze**) i mięśni kończyn (**odruchy szyjno-rdzeniowe**). Odruchy szyjno-czworacze powodują skurcz rozciągniętych mięśni, a więc przywracają właściwe położenie głowy w stosunku do ciała. Odruchy szyjno-czworacze i przedsionkowo-czworacze są synergistyczne. Odruchy szyjno-rdzeniowe (czasami nazywane **tonicznymi odruchami szyjnymi**) powodują skurcz mięśni kończyn w odpowiedzi na ruch głowy; czasami mogą one być antagonistyczne w stosunku do odruchów przedsionkowo-rdzeniowych. U ludzi w pozycji stojącej, siły powodujące szarpnięcie głowy do tyłu w stosunku do tułowia pobudzają mm. prostowniki wszystkich kończyn, natomiast siły powodujące szarpnięcie do przodu pobudzają mm. zginacze wszystkich kończyn. Przechylenie głowy na bok powoduje wyprost kończyny tożstronnej i zgięcie kończyny przeciwstronnej – podobnie jak odruch przedsionkowo-rdzeniowy. Zadaniem tych odruchów jest utrzymanie środka ciężkości w takiej pozycji, w której nie nastąpi upadek lub takie ustawienie kończyn, które zapobiegnie upadkowi. U czworonogów, takich jak kot, odruchy posturalne są zorganizowane nieco inaczej. Na przykład odruch szyjno-rdzeniowy wywołany uniesieniem głowy powoduje zwiększenie napięcia mięśniowego w mm. prostownikach kończyn przednich i zmniejszenie tego napięcia w mm. prostownikach kończyn tylnych. Natomiast w odpowiedzi na obrócenie głowy na bok następuje zgięcie tożstronnej kończyny przedniej (w przeciwieństwie do przesionkowo-rdzeniowej odpowiedzi u ludzi).

Odruchy prostowania

Jeśli umieści się zwierzę w nienaturalnej pozycji, wówczas szybko wstaje i odzyskuje normalną postawę. Odruchy związane z tym zjawiskiem są nazywane **odruchami prostowania** i uczestniczą w nich przedsionkowe i szyjne odruchy prostowania. Dodatkowo działają **wzrokowe odruchy prostowania**, w których informacja idąca z kory wzrokowej do wzgórków górnych powoduje obrót głowy, a także kontrolowane przez pień mózgu **odruchy prostowania ciała**. W odruchach tych informacja z mechanoreceptorów znajdujących się na bocznej części ciała i pobudzonych, gdy zwierzę leży na boku, powoduje uniesienie głowy do góry. Odruchy prostowania mogą być bardzo szybkie. Kot spadający do góry nogami, w wyniku działania wzrokowych, przedsionkowych i szyjnych odruchów prostowania obraca się w ciągu 150 ms i ląduje na czterech łapach.

Reakcje umieszczania kończyny

Odpowiedź, która pozwala zwierzęciu umieścić odpowiednio stopę, tak żeby utrzymać równowagę ciała, nazywa się **reakcją umieszczania kończyny**. Jest ona częścią repertuaru zachowania posturalnego i choć bierze w nim udział pień mózgu, to pierwotnie za jego organizację odpowiedzialna jest kora mózgowa.

We **wzrokowej reakcji umieszczania kończyny**, stopy są stawiane na widzianej powierzchni i odpowiedź ta wymaga zaangażowania kory wzrokowej. W **dotykowej reakcji umieszczania kończyny** informacja somatosensoryczna z głowy, wibryssów (długie, sztywne włosy czuciowe, *przyp. red.*), przedniej części stopy dotykającej przeszkody powoduje właściwe postawienie stopy i wyprost kończyn w celu utrzymania zwierzęcia. Jeśli ciało stojącego zwierzęcia zostanie popchnięte poziomo i jego środek ciężkości przesunięty, wywołuje to **odruch skakania**, w którym kończyna jest szybko uniesiona i przestawiona w kierunku przemieszczenia, co pozwala odzyskać stabilność. Bodźcem wywołującym odruch skakania jest naciągnięcie mięśni, ale nie odbywa się on za pośrednictwem rdzeniowego odruchu miotatycznego, lecz z udziałem kory ruchowej.

Drogi odruchów posturalnych

Drogi, którymi odbywa się zstępująca nadrdzeniowa kontrola ruchu, dzielą się na dwie grupy. Te, które uczestniczą w odruchach posturalnych, idące z pnia mózgu do rdzenia kręgowego, noszą wspólną nazwę **przyśrodkowych dróg ruchowych**, w odróżnieniu od **bocznych dróg ruchowych** (patrz temat K6) uczestniczących w ruchach dowolnych.

Przyśrodkowy układ ruchowy otrzymuje informacje z móżdżku i z kory mózgowej i w dużym zakresie modyfikuje odruchy posturalne. Pozwala to na wcześniejsze przygotowanie postawy ciała do wykonania ruchu dowolnego. Jest to typ kontroli postawy zwany sprzężeniem do przodu, w którym kora móżdżkowa i mózgowa wytwarzają tzw. **zestaw posturalny**, stan przygotowawczy występujący przed rozpoczęciem ruchu, niezbędny do utrzymania postawy w czasie jego wykonywania.

Przyśrodkowy układ ruchowy zaangażowany w odruchach posturalnych zawiera drogi przedsionkowo-rdzeniową (*rys. 2*) i siatkowo-rdzeniową (*rys. 3*) kończące się w pośredniej i brzusznej części istoty szarej rdzenia kręgowego. Informacja z błędnika do motoneuronów mięśni szyjnych jest przesyłana do neuronów w **przyśrodkowym** i **dolnym jądrze przedsionkowym**, z których wychodzi obustronna **droga przedsionkowo-rdzeniowa przyśrodkowa**. W drodze tej znajdują się zarówno neurony pobudzające, jak i hamujące, z których wiele tworzy monosynaptyczne połączenia z motoneuronami mięśni szyjnych. W zasadzie tożstronne motoneurony są pobudzane, podczas gdy przeciwstronne hamowane. Droga ta uczestniczy również w pewnych odruchach przedsionkowo-czworaczych.

Włókna aferentne przedsionkowe idące do **jądra przedsionkowego bocznego** (**Deitersa**) uczestniczą w kontroli mięśni kończyn. Boczne jądro przedsionkowe, poprzez nieskrzyżowaną **drogę przedsionkowo-rdzeniową boczną**, daje projekcje do wszystkich segmentów rdzenia kręgowego. Neurony tej drogi pobudzają motoneurony mm. prostowni-

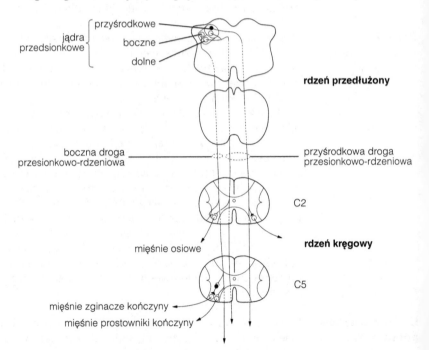

Rys. 2. Drogi przedsionkowo-rdzeniowe. Kółka zaczernione i trójkąty oznaczają odpowiednio ciała komórkowe i zakończenia aksonalne neuronów hamujących

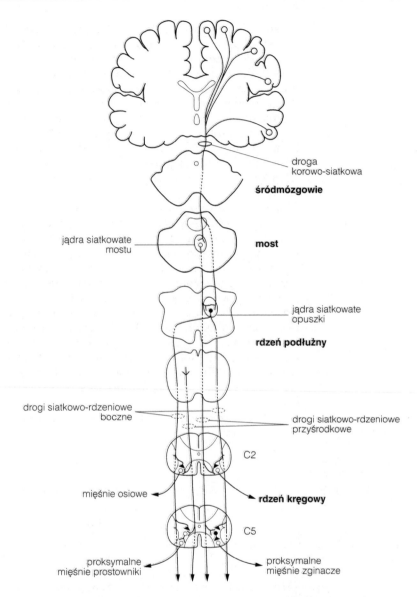

Rys. 3. Drogi siatkowo-rdzeniowe. Cała droga siatkowo-rdzeniowa przyśrodkowa jest pokazana tylko po jednej stronie. Dla przejrzystości rysunku, oddziaływanie dróg na mięśnie prostowniki i zginacze jest pokazane na drugiej stronie. Zaczernione kółka i trójkąty oznaczają odpowiednio ciała komórkowe i zakończenia aksonalne neuronów hamujących

ków i hamują motoneurony mm. zginaczy. Droga ta uczestniczy w pewnych odruchach przedsionkowo-rdzeniowych. Informacja z wrzecion mięśni szyjnych i receptorów stawów kręgowych jest przesyłana przez bocznice włókien aferentnych proprioreceptorów do jąder przedsionkowych, gdzie następuje integracja informacji przedsionkowej i propriocepytwnej.

Istnieją dwie drogi siatkowo-rdzeniowe. **Droga siatkowo-rdzeniowa przyśrodkowa** zaczyna się w **jądrach siatkowatych mostu** i jest tożstronna. Jej neurony pobudzają motoneurony mm. osiowych i mm. prostowników kończyn, ale hamują, poprzez połączenia polisynaptyczne, mm. zginacze kończyn. **Jądra siatkowate opuszki** stanowią początek **drogi siatkowo-rdzeniowej bocznej**, która jest obustronna i monosynaptycznie hamuje motoneurony mięśni szyjnych i osiowych, polisynaptycznie hamuje proksymalne mięśnie prostowniki kończyn, a pobudza proksymalne mięśnie zginacze kończyn. Jądra siatkowate opuszki otrzymują informację z śródmózgowego obszaru lokomocyjnego, a dają projekcje do interneuronów tworzących ośrodkowe generatory wzorca lokomocyjnego.

Jądra siatkowate otrzymują informacje zarówno z proprioreceptorów wrzecion mięśniowych, jak i receptorów stawowych kręgów i z przedsionka, a więc drogi siatkowo-rdzeniowe uczestniczą w odruchach szyjnych i przedsionkowych. W rzeczywistości sygnały z narządów otolitowych wywołane ruchami głowy do przodu i do tyłu, wchodzące w skład odruchów przedsionkowo-czworaczych, nie są przesyłane drogami przedsionkowo-rdzeniowymi, ale prawdopodobnie drogami siatkowo-rdzeniowymi. Dodatkowo jądra siatkowate otrzymują informacje z kory przedruchowej, która modyfikuje odruchy posturalne i tryb pracy ośrodkowych generatorów wzorca lokomocyjnego, zależnie od okoliczności (np. gdy biegnący kot wdrapuje się na ścianę). Uszkodzenie jąder siatkowatych opuszki u kota powoduje zaburzenie przewidywanych korekcji i zwierzę chwilowo traci równowagę, gdy usiłuje ruszyć kończyną przednią.

W *tabeli 1* zestawiono efekty działania zstępujących dróg ruchowych na motoneurony.

Tabela 1. Zestawienie głównych właściwości dróg ruchowych zstępujących[a]

Układ ruchowy	Droga	Rozmieszczenie	Główny wpływ na motoneurony	
			Pobudzenie	Hamowanie
Przyśrodkowy	Przedsionkowo-rdzeniowa boczna	Tożstronne	Osiowe i proksymalne mięśnie prostowniki kończyn	Osiowe i proksymalne mięśnie zginacze kończyn
	Przedsionkowo-rdzeniowa przyśrodkowa	Obustronne	Osiowe tożstronne	Osiowe przeciwstronne
	Siatkowo-rdzeniowa przyśrodkowa (mostowa)	Tożstronne	Osiowe i proksymalne mięśnie prostowniki kończyn	Proksymalne mięśnie zginacze kończyn
	Siatkowo-rdzeniowa boczna (opuszkowa)	Obustronne	Proksymalne mięśnie zginacze kończyn	Osiowe i proksymalne mięśnie prostowniki kończyn
Boczny	Korowo-rdzeniowy	Głównie przeciwstronny	Dystalne mięśnie zginacze kończyn	Dystalne mięśnie prostowniki kończyn
	Czerwienno-rdzeniowy	Dwustronne	Dystalne mięśnie zginacze kończyn	Dystalne mięśnie prostowniki kończyn

[a] Boczny układ ruchowy jest opisany w temacie K6.

K6 KOROWE STEROWANIE RUCHAMI DOWOLNYMI

Hasła

Ruchy zamierzone

Ruchy dowolne są to ruchy wykonywane w sposób zamierzony. W warunkach normalnych są one naprowadzane na podstawie informacji zmysłowej (np. wzrokowej). Ruchy zamierzone są zaplanowane i następnie wykonywane na komendy ruchowe, które określają odpowiednie sekwencje pobudzenia mięśni. Zmysłowe sprzężenie zwrotne może optymalizować wykonanie ruchu.

Boczne drogi ruchowe

W korze ruchowej biorą początek dwie drogi boczne, które umożliwiają wykonanie ruchów zamierzonych. Droga korowo--rdzeniowa (piramidowa) i droga korowo-czerwienno-rdzeniowa. Drogę korowo-rdzeniową tworzą aksony komórek piramidalnych znajdujących się w warstwie V kory. Włókna te idą przez torebkę wewnętrzną do pnia mózgu, gdzie większość z nich przekracza linię środkową, a następnie rozdziela się tworząc albo drogę korowo--jądrową, idącą do jąder ruchowych nerwów czaszkowych, i albo boczną drogę korowo-rdzeniową. Neurony drogi korowo-rdzeniowej są typu pobudzającego i tworzą monosynaptyczne połączenia z motoneuronami α dystalnych mięśni kończyn i polisynaptyczne połączenia z motoneuronami α mięśni proksymalnych i osiowych. Motoneurony wrzecion mięśniowych (γ) są koaktywowane polisynaptycznie. Droga korowo-rdzeniowa w zasadzie pobudza mm. zginacze i hamuje (przez interneurony hamujące Ia) mm. prostowniki. Droga czerwienno-rdzeniowa idzie z jądra czerwiennego w sąsiedztwie drogi korowo-rdzeniowej, ale ma mniejsze znaczenie u ludzi w porównaniu z innymi ssakami.

Kora ruchowa

Kora ruchowa jest podzielona na trzy wzajemnie połączone obszary, pierwszorzędową korę ruchową (ang. primary motor cortex, MI), dodatkową korę ruchową (ang. supplementary motor area, SMA) i korę przedruchową (ang. premotor area, PM). SMA i PM stanowią wspólnie drugorzędową korę ruchową (MII). SMA tworzy pętlę ruchową z jądrami podstawy, a MI tworzy pętlę ruchową z móżdżkiem. Za pośrednictwem tych połączeń kora uruchamia i koordynuje odpowiednie programy ruchowe. Kora ruchowa ma kilka map somatotopowych. Największy obszar na mapie w korze MI zajmuje reprezentacja rąk i twarzy, gdzie różnorodność i skomplikowanie ruchów jest największe. Kora MI otrzymuje projekcję somatotopową z kory czuciowej. Część tej projekcji pochodzi z wrzecion mięśniowych i stanowi część czuciową pętli korowej odruchu na rozciąganie. Aktywność neuronów w korze MI może korelować z różnego rodzaju parametrami ruchu (np. siłą, prędkością, kierunkiem), a wyładowania w pojedynczej komórce są zazwyczaj związane z więcej niż jednym parametrem. Kierunek ruchu kończyny nie jest kodowany przez aktywność pojedynczej komórki, ale przez uśrednione pobudzenie populacji komórek rozproszonych w całej korze.

Drugorzędowa kora ruchowa jest zaangażowana w planowanie ruchu i należące do niej neurony mogą być pobudzone setki milisekund przed rozpoczęciem ruchu. SMA posiada obustronną mapę somatotopową i ma istotne znaczenie w realizowaniu skomplikowanych zadań, w które zaangażowane są obie strony ciała, takich jak np. czynności wykonywane obiema rękami. Kora przedruchowa jest związana szczególnie z planowaniem ruchów wymagających informacji czuciowej.

| Jądro czerwienne |

Jądro czerwienne posiada mapę ruchową. Podobnie jak w przypadku drogi korowo-rdzeniowej, pobudzenie neuronów drogi czerwienno-rdzeniowej jest skorelowane z parametrami ruchu; ich projekcja do poszczególnych grup motoneuronów jest również podobna. Świadczy to o tym, że drogi czerwienno-rdzeniowa i korowo-rdzeniowa są do siebie podobne. Jednakże droga czerwienno-rdzeniowa bierze udział w wykonaniu wyuczonych, automatycznych ruchów, podczas gdy droga korowo-rdzeniowa jest aktywna w trakcie uczenia się nowych zadań ruchowych. Droga obejmująca móżdżek może mieć wpływ na to, która z tych dwóch dróg będzie aktywna, zależnie od błędów pojawiających się w czasie wykonania zadania.

Tematy pokrewne

Podstawowe odruchy rdzeniowe (K3)	Budowa anatomiczna jąder podstawnych (L5)
Funkcje móżdżku (L4)	Funkcje jąder podstawnych (L6)

Ruchy zamierzone

Ruchy dowolne są wykonywane w sposób zamierzony i ich zadaniem jest osiągnięcie pewnego celu lub sięgnięcie po przedmiot. Wykonanie zamierzonego ruchu angażuje kilka niezależnych procesów. Informacja zmysłowa może je wywołać i naprowadzać. Na przykład obiekt, który ma zostać schwycony, może być zlokalizowany wzrokowo. Pobudzenie wielu neuronów układu ruchowego następuje setki milisekund przed pojawieniem się jakiegokolwiek skurczu mięśni, co świadczy o tym, że ruch został wcześniej zaplanowany. Jest to konieczne, ponieważ zależnie od kontekstu to samo zadanie ruchowe może być wykonane różnymi sposobami, które nazywa się **równoważnikami ruchu**. Na przykład prowadzenie dużej ciężarówki wymaga innej strategii ruchowej niż prowadzenie małego samochodu osobowego. Ponadto, planowanie jest niezbędne do tego, żeby precyzyjnie przewidzieć i zdecydować, który zestaw przygotowań posturalnych powinien być wybrany na początku i w czasie wykonywania ruchu. Ruch jest wykonywany przez wysyłanie **rozkazów ruchowych**, które stanowią odpowiednią sekwencję czasowych pobudzeń mięśni. Wreszcie, sprzężenie czuciowe w czasie ruchu, szczególnie z wrzecion mięśniowych i narządów ścięgnistych Golgiego, jest wykorzystywane do precyzyjnej korekty wykonania ruchu, tak aby osiągnąć żądany cel. Planowanie ruchów dowolnych i wytwarzanie komend ruchowych potrzebnych do ich wykonania odbywa się w korze ruchowej, a przesyłane są one bocznymi drogami ruchowymi.

Boczne drogi ruchowe

Istnieją dwie boczne drogi służące zstępującej kontroli ruchów dowolnych. Obie zaczynają się w korze ruchowej, znajdującej się w płacie czołowym, tuż przed bruzdą centralną. **Droga korowo-rdzeniowa** składa się z aksonów około 1 000 000 komórek piramidalnych znajdujących się w warstwie V kory. Ponad połowa z nich pochodzi z pierwszorzędowej kory ruchowej (MI), pola 4 wg Brodmanna i **dodatkowej kory ruchowej** (SMA) lub **kory przedruchowej** (PM) w polu 6 wg Brodmanna. Dają one projekcje do rogów brzusznych rdzenia kręgowego. Około 40% aksonów drogi korowo-rdzeniowej pochodzi z kory czuciowej (pola 1, 2 i 3 wg Brodmanna) i z innych obszarów kory ciemieniowej (pola 5 i 7 wg Brodmanna). Aksony wychodzące z płata ciemieniowego kończą się w rogach tylnych rdzenia kręgowego i kontrolują informację czuciową. Większość włókien drogi korowo-rdzeniowej stanowią cienkie, mielinizowane i niemielinizowane aksony, których prędkość przewodzenia waha się od 1 do 25 m · s^{-1}. Jednakże w polu 4 znajduje się około 30 000 wyjątkowo dużych (średnica 20–80 μm) komórek piramidalnych **zwanych komórkami Betza**, posiadających duże mielinizowane aksony przewodzące z prędkością 60–120 m·s^{-1}. Aksony drogi korowo-rdzeniowej ciasno upakowane przechodzą przez torebkę wewnętrzną, leżącą między wzgórzem i jądrem soczewkowatym (*rys. 1*) i schodzą do pnia mózgu. Tutaj większość włókien przyśrodkowych oddziela się, przechodzi na drugą stronę linii środkowej i idzie do jąder [trójdzielnego (V), twarzowego (VII), podjęzykowego (XII) i dodatkowego (XI)] nerwów czaszkowych. Są to włókna **korowo-jądrowe** (**korowo-opuszkowe**) i unerwiają motoneurony mięśni twarzy, języka, gardła, krtani i mięśni mostkowo--sutkowego i czworobocznego. Pozostałe aksony idą przez rdzeń przedłużony, powodując wybrzuszenie na jego brzusznej powierzchni zwane **piramidami**; z tego powodu droga korowo-rdzeniowa jest często nazywana **drogą piramidową** (nazwa ta nie jest związana z komórkami piramidalnymi, z których bierze początek). W tylnej części rdzenia przedłużonego 85% włókien przekracza linię środkową w miejscu zwanym **skrzyżowaniem piramid** i daje początek **bocznej drodze korowo-rdzeniowej.** Pozostałe tożstronne aksony tworzą **przednią drogę korowo--rdzeniową.**

Neurony drogi korowo-rdzeniowej są pobudzające (glutaminianergiczne). Łączą się bezpośrednio z motoneuronami α dystalnych mięśni kończyn leżącymi w blaszce IX wg Rexeda, lub poprzez interneurony leżące w blaszce VII i VIII tworzą polisynaptyczne połączenia z motoneuronami α proksymalnych mięśni kończyn i mięśni osiowych. Motoneurony γ (unerwiające wrzeciona mięśniowe), które muszą być koaktywowane z motoneuronami α w celu przeciwdziałania odruchowi miotatycznemu (patrz temat K2), w czasie ruchu dowolnego są pobudzane polisynaptycznie. Stymulacja drogi korowo-rdzeniowej powoduje zasadniczo pobudzenie mm. zginaczy i hamowanie mm. prostowników. Droga korowo-rdzeniowa hamuje motoneurony dwusynaptycznie poprzez hamujące interneurony Ia.

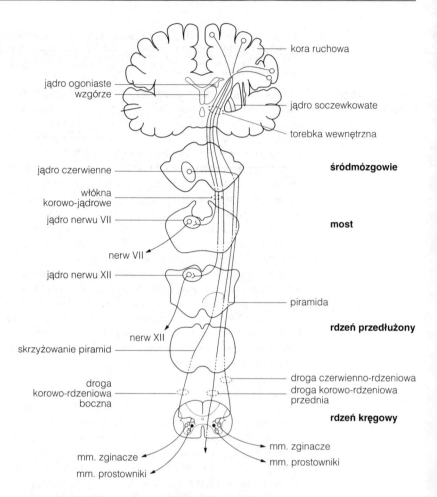

kora ruchowa

jądro ogoniaste
wzgórze

jądro soczewkowate

torebka wewnętrzna

jądro czerwienne

śródmózgowie

włókna
korowo-jądrowe

jądro nerwu VII

most

nerw VII

jądro nerwu XII

piramida

rdzeń przedłużony

nerw XII

skrzyżowanie piramid

droga
korowo-rdzeniowa
boczna

droga czerwienno-rdzeniowa
droga korowo-rdzeniowa
przednia

rdzeń kręgowy

mm. zginacze
mm. prostowniki

mm. zginacze
mm. prostowniki

Rys. 1. Boczne drogi ruchowe. Pokazano tylko włókna korowo-jądrowe w nerwach twarzowym (n. VII) i podjęzykowym (n. XII). Synapsy pomiędzy przednią (tożstronną) drogą korowo-rdzeniową i interneuronami rdzenia kręgowego nie zostały pokazane

Aksony drogi korowo-rdzeniowej zaczynające się w korze czuciowej idą do jąder czuciowych nerwów czaszkowych i rogów grzbietowych, gdzie hamują presynaptycznie zakończenia pierwszorzędowych włókien aferentnych, z wyjątkiem włókien aferentnych Ia z wrzecion.

Część komórek w warstwie V kory ruchowej wysyła swoje aksony **drogą korowo-czerwienną** do wielkokomórkowej części **jądra czerwiennego** leżącego w śródmózgowiu, do której dochodzą też bocznice z drogi korowo-rdzeniowej. Wielkokomórkowa część jądra czerwiennego daje początek **drodze czerwienno-rdzeniowej**, która jest drugą z dróg należących do bocznych dróg ruchowych. Część aksonów z tej drogi tworzy włókna czerwienno-opuszkowe i idzie do jąder nerwów czaszkowych w moście i rdzeniu przedłużonym. Droga czerwienno-rdzeniowa u makaków dochodzi najdalej do lędźwiowej części rdzenia kręgowego i kończy się w grzbietowo-bocznej części istoty szarej.

Kora ruchowa

Kora ruchowa na podstawie budowy cytoarchitektonicznej, połączeń i funkcji dzieli się na trzy obszary. Pierwszorzędowa kora ruchowa MI jest **korą bezziarnistą** w tym sensie, że warstwa IV tej kory otrzymująca informacje ze wzgórza jest bardzo rzadka, podczas gdy warstwa V jest dobrze rozwinięta i zawiera liczne komórki piramidalne. Pole 6 wg Brodmanna, w którym warstwa IV jest raczej dobrze rozwinięta, zawiera dodatkową korę ruchową i korę przedruchową. Obszary ruchowe są ze sobą wzajemnie połączone (*rys. 2*). Są one również połączone ze strukturami podkorowymi, które przesyłają informację zwrotnie do kory ruchowej poprzez wzgórze, tworząc zamkniętą pętlę. Istnieją również zwrotne połączenia z kory ruchowej do wzgórza. Nie pokazano ich na *rysunku 2*.

Dodatkowa kora ruchowa jest częścią pętli ruchowej, w skład której wchodzą jądra podstawy. Kora ta wysyła informacje do prążkowia, które daje projekcję zwrotną do SMA przez połączenia z gałką bladą i brzuszno-bocznym (VL$_O$) wzgórzem. Wiele spośród aksonów drogi korowo-rdzeniowej pochodzących z MI albo kończy się w moście, albo odchodzą tam od nich kolaterale. Tworzą one połączenia z neuronami mostu dającymi projekcję do móżdżku. Z móżdżku wychodzą połączenia do wzgórza, które z kolei daje projekcję do pierwszorzędowej kory ruchowej i kory przedruchowej zamykając pętlę ruchową. Te pętle ruchowe

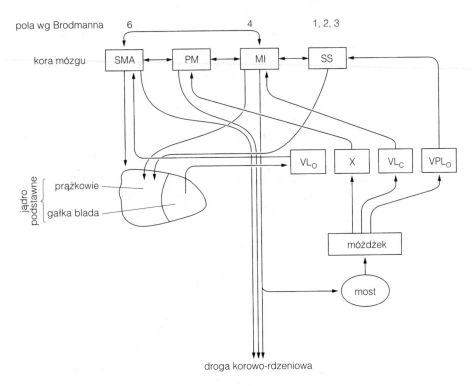

Rys. 2. Połączenia kory ruchowej tworzą pętle ruchowe z jądrami podstawnymi i móżdżkiem, w których wzgórze jest źródłem połączeń zamykających pętle. SS, kora czuciowa. Jądra wzgórzowe: VL$_C$, jądro brzuszne boczne część tylna, VL$_O$ jądro brzuszne boczne część ustna, VPL$_O$, jądro brzuszne tylne boczne część przednia, X, jądro X

z jądrami podstawnymi i móżdżkiem są niezbędne do zapoczątkowania i koordynacji specyficznych wzorców ruchowych, a ich rola w ruchach dowolnych jest omówiona w Sekcji L.

W korze ruchowej występuje kilka map somatotopowych (rys. 3). Ich topografia jest zachowana w uporządkowanej organizacji włókien drogi korowo-rdzeniowej; aksony dochodzące do motoneuronów mięśni nóg leżą bocznie, natomiast idące do motoneuronów mięśni rąk — najbardziej przyśrodkowo. Podobnie jak mapy somatosensoryczne, mapy ruchowe są istotnie zniekształcone. Znacznie większa cześć kory jest związana z twarzą, językiem i dłońmi niż z innymi obszarami ciała, ze względu na różnorodność i precyzję wykonywanych przez nie ruchów. Ruchowa kora pierwszorzędowa otrzymuje bogatą informację czuciową z kory czuciowej i wiele neuronów kory MI ma czuciowe pola recepcyjne (RF). Czuciowe pola recepcyjne tej kory są umieszczone w miejscach, w których aktywność neuronu może wywołać ruch. Oznacza to, że neurony kory MI są tak połączone, żeby odpowiadały na czuciową konsekwencję ich działania. Te w tylnej części MI odpowiadają głównie na mechanoreceptory skórne, te bardziej do przodu odpowiadają na bodźce proprioceptywne, szczególnie z wrzecion mięśniowych. Te ostatnie są częścią pętli korowej (**długiej pętli**) odruchu miotatycznego. Ta długa pętla przesyła informacje z wrzecion mięśniowych do kory MI, skąd aksony drogi korowo-rdzeniowej oddziałują na motoneurony. Długa pętla przesyła więc informację o stanie mięśni do kory ruchowej, która może dzięki temu szybko modyfikować odruch na rozciąganie w przypadku niespodziewanej zmiany obciążenia. W skali czasowej długa pętla modyfikuje skurcz mięśni wolniej niż odruch miotatyczny, ale szybciej niż ruchy dowolne.

Co reprezentują mapy somatotopowe w korze ruchowej — nie jest jasne. Nie jest to mapowanie jeden do jednego pojedynczych mięśni czy ruchów. Potwierdzono to w wielu doświadczeniach. Po pierwsze, sygnał wyjściowy z pojedynczych neuronów korowych rozdziela się na kilka pól motoneuronów. Po drugie, istnieje konwergencja sygnałów wychodzących z całkiem dużego obszaru kory MI na pola motoneuronów mięśni poruszających określoną część ciała. Na przykład komórki całego obszaru kory MI odpowiadające dłoni są aktywne w czasie ruchu jed-

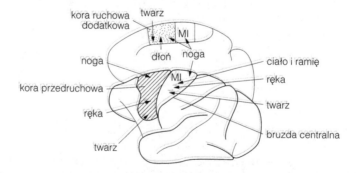

Rys. 3. Przybliżone mapy somatotopowe w korze ruchowej u makaka. MI, pierwszorzędowa kora ruchowa

nego palca. Dany mięsień jest sterowany przez obszar kory ruchowej, która częściowo pokrywa się z obszarem sterującym mięsień sąsiedni. W czasie wykonywania ruchu angażującego dany mięsień grupa pobudzonych neuronów znajdujących się w danym obszarze zależy od natury ruchu; np. jego kierunku i siły.

Rejestracja aktywności pojedynczej komórki kory ruchowej u czuwającej małpy w czasie wykonywanego ruchu zamierzonego pokazuje, że aktywność neuronu w korze MI koreluje z siłą, prędkością zmiany siły, prędkością, przyspieszeniem, kierunkiem ruchu lub położeniem stawu. Żaden z tych parametrów nie jest mapowany w sposób uporządkowany w korze. Pobudzenie komórki kory MI w czasie wykonywania zadania ruchowego jest zazwyczaj związane z dwoma lub trzema z tych zmiennych, tak więc komórki MI nie kodują wyłącznie pojedynczego parametru ruchu. Aktywność wielu komórek kory MI jest raczej luźno związana z kierunkiem ruchu, a więc pojedyncza komórka nie może bardzo dobrze kodować kierunku. Natomiast kierunek ruchu jest kodowany bardzo precyzyjnie przez wypadkowe pobudzenie kilkuset komórek. Jest to przykład kodowania populacyjnego (ang. population coding). Zbiór komórek kodujących kierunek danego ruchu nie jest zlokalizowany fizycznie w jednym miejscu, a dosyć szeroko rozproszony po całej korze.

Kora ruchowa dodatkowa i kora przedruchowa (nazywane razem **drugorzędową korą ruchową,** MII) zawierają neurony, których aktywność jest skorelowana z kierunkiem i siłą ruchu i których aksony idące drogą korowo-rdzeniową są związane z wykonaniem ruchu. SMA steruje mięśniami proksymalnymi kończyn za pośrednictwem drogi korowo-rdzeniowej, ale na mięśnie dystalne kończyn oddziałuje poprzez połączenia z korą MI.

Zarówno kora SMA, jak i PM mają organizację somatotopową. Faktycznie kora PM składa się z kilku odrębnych obszarów ruchowych reprezentowanych przez odrębne mapy. SMA posiada obustronną reprezentację ciała i ma istotne znaczenie w wykonywaniu ruchów angażujących obie strony ciała, takich jak użycie obu rąk do wykonania zadania lub koordynacja reakcji posturalnych towarzyszących ruchom kończyn. W takich zadaniach istotne znaczenie ma również pętla ruchowa obejmująca jądra podstawne. Uszkodzenie kory SMA u małp ma niewielki wpływ na wykonanie prostych zadań ruchowych, ale zwierzęta wykazują trudności w wykonywaniu bardziej skomplikowanych zadań (takich jak wyciągnięcie orzeszka ziemnego z małego otworu) lub zadań wymagających użycia obu rąk.

Kluczową rolą kory MII jest planowanie ruchu. Przemawia za tym, po pierwsze to, że neurony kory MII są aktywne na długo (nawet do 800 ms) przed początkiem ruchu dowolnego. Po drugie, pomiary mózgowego przepływu krwi u ludzi wykonujących zadania ruchowe wykazały, że prostym ruchom towarzyszy zwiększony przepływ krwi tylko w korze MI. Bardziej skomplikowane zadania ruchowe są zaś związane ze zwiększonym przepływem krwi zarówno w korze MII, jak i w korze MI, ale gdy badany został poproszony o przećwiczenie wykonywanego zadania w myślach (nie wykonując go), zwiększony przepływ krwi był ograniczony wyłącznie do kory MII.

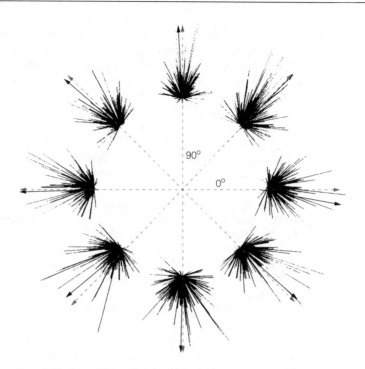

Rys. 4. Kodowanie populacyjne kierunku ruchu. Małpa została tak wytrenowana, żeby poruszać ręką w ośmiu różnych kierunkach. Każdy zbiór linii reprezentuje aktywność grupy neuronów kodujących dany kierunek. Kierunek każdej linii reprezentuje preferowany kierunek danej komórki, a długość linii jest proporcjonalna do częstotliwości jej wyładowań. Gruba strzałka jest średnim wektorem danej grupy komórek. W większości przypadków wektor ten pokrywa się z pożądanym kierunkiem. Reprodukowane z pozwoleniem z Georgopoulos, A.P. et al. (1982) J. Neurosci. 2, pp 1527–1537, Copyright 1982, The Society for Neuroscience

W obrębie drugorzędowej kory ruchowej MII, kora ruchowa dodatkowa i kora przedruchowa mają trochę inne zadania. SMA jest zaangażowana przy wykonywaniu skomplikowanej sekwencji uprzednio wyuczonych ruchów, podczas gdy kora PM planuje ruchy w odpowiedzi na sygnały zmysłowe (głównie wzrokowe).

Kora przedruchowa otrzymuje bogatą projekcję z tylnej części kory ciemieniowej (pola 5 i 7 wg Brodmanna), która z kolei otrzymuje informację wzrokową, czuciową i przedsionkową. Tylna kora ciemieniowa dostarcza więc informację potrzebną do wykonywania ruchów celowych, a niektóre z jej komórek są specyficzne dla danego kontekstu i są pobudzane tylko w czasie zachowań związanych z zadaniami nakierowanymi na jakiś cel (jak np. sięganie po pokarm), ale nie są aktywne, gdy kończyna porusza się w tym samym kierunku w czasie nieobecności obiektu. Neurony kory przedruchowej łączą się z neuronami siatkowatymi pnia mózgu idącymi do mięśni osiowych i proksymalnych mięśni kończyn, które służą do początkowego ustawienia ciała i kończyn w kierunku widzianego obiektu. Tak jak kora SMA, również kora PM oddziałuje na dystalne mięśnie kończyn poprzez połączenia z korą MI

Jądro czerwienne

Jądro czerwienne ma organizację somatotopową. Jego aktywność poprzedza ruchy zamierzone i jest skorelowana z takimi parametrami jak siła, prędkość i kierunek, podobnie jak neurony drogi korowo-rdzeniowej. Ponadto, aksony drogi czerwienno-rdzeniowej mają taką samą organizacją dotyczącą mięśni proksymalnych i dystalnych kończyn jak aksony drogi korowo-rdzeniowej, a ich aktywność wywołuje ruch pojedynczych palców. Chociaż te dwie drogi są uderzająco podobne, wydaje się, że działają one w różnych kontekstach. Droga czerwienno-rdzeniowa jest aktywna, gdy wykonywane są uprzednio wyuczone, automatyczne ruchy, natomiast droga korowo-rdzeniowa jest angażowana w procesie uczenia nowych ruchów. Oddzielna droga służy do przełączania aktywności między tymi dwoma bocznymi układami ruchowymi. Gdy nowy ruch został wyuczony z sukcesem, kontrola wykonania tego ruchu jest przekazywana z drogi korowo-rdzeniowej do drogi czerwienno-rdzeniowej. Kontrola jest przekazywana w przeciwnym kierunku, gdy ma być wyuczony jakiś nowy ruch automatyczny. Uszkodzenia drogi korowo-rdzeniowej mają dotkliwszy i bardziej długotrwały efekt niż uszkodzenie drogi czerwienno-rdzeniowej, ponieważ deficyt dotyczy wykonywania i nabywania nowych ruchów. Mogą być wówczas wykonywane jedynie stare, uprzednio wyuczone zestawy odruchów sterowanych przez drogę czerwienno-rdzeniową. Droga przekazująca kontrolę pomiędzy drogą korowo-rdzeniową a czerwienno-rdzeniową ma połączenia z jądrem dolnym oliwki i móżdżkiem, którego jedną z funkcji jest korekcja wykonywanego ruchu (patrz temat L4).

W rozwoju ewolucyjnym, od szczura poprzez mięsożerne, małpy do człowieka, droga korowo-rdzeniowa staje się coraz większa i zaczyna dominować nad drogą czerwienno-rdzeniową. O ile u naczelnych wybiórcze uszkodzenie jednej z tych dróg może być skompensowane przez drugą, o tyle u ludzi uszkodzenie drogi korowo-rdzeniowej w sposób niechybny uszkadza również drogę czerwienno-rdzeniową. Dane te mogą być wyjaśnieniem, dlaczego powrót funkcji utraconych w wyniku wylewów krwi do mózgu jest powolny i niecałkowity u ludzi, w przeciwieństwie do skutków uszkodzeń w doświadczeniach na małpach człekokształtnych.

K7 ZABURZENIA RUCHOWE

Hasła

Zespół Browna–Séquarda	Jednostronne uszkodzenie rdzenia kręgowego powoduje niedowład ruchowy oraz zniesienie czucia dotyku i czucia proprioceptywnego poniżej uszkodzenia po tej samej stronie ciała, a także utratę czucia bólu i temperatury po drugiej stronie. Jest to zespół Browna–Séquarda.
Sztywność odmóżdżeniowa	Uszkodzenie pnia mózgu między jądrem czerwiennym a jądrami przedsionkowymi powoduje wzrost napięcia w mm. prostownikach, zwany sztywnością odmóżdżeniową. Jest to spowodowane zanikiem pobudzenia motoneuronów mm. zginaczy przez drogę czerwienno-rdzeniową.
Uszkodzenia rdzeniowych dróg ruchowych	Przecięcie drogi korowo-rdzeniowej powoduje uszkodzenia tożstronne, jeśli przecięcie nastąpiło poniżej skrzyżowania piramid, i przeciwstronne, jeśli przecięcie nastąpiło powyżej. Czyste przecięcie drogi korowo-rdzeniowej u małp człekokształtnych powoduje utratę precyzyjnych ruchów w mięśniach dystalnych. Przecięcie drogi przedsionkowo-rdzeniowej i siatkowo-rdzeniowej powoduje deficyt w postawie i lokomocji.
Udar mózgowo--naczyniowy	W terminologii klinicznej dolnymi motoneuronami są te, które unerwiają mięśnie szkieletowe, górne zaś to neurony korowe drogi piramidowej. Jednakże objawy związane z uszkodzeniem górnego motoneuronu nie mogą być uważane za wynikające wyłącznie z uszkodzenia drogi korowo-rdzeniowej. Główna przyczyna uszkodzeń górnych motoneuronów to udar mózgowo-naczyniowy (ang. cerebrovascular accident, CVA, udar), z których najpowszechniejszy jest zawał torebki wewnętrznej spowodowany zablokowaniem zasilającej ją tętnicy. Długotrwałe objawy to osłabienie mięśni i spastyczność po przeciwnej stronie w stosunku do uszkodzenia. Spastyczność jest to zwiększenie napięcia mięśniowego, szczególnie w mm. prostownikach, powstające w wyniku nadwrażliwości odruchu zginania spowodowanej utratą hamowania presynaptycznego na zakończeniach Ia.

Tematy pokrewne   Drogi sznurów tylnych
przewodzące czucie
dotyku (G2)
Układ przednio-boczny
i ośrodkowa kontrola bólu
(G3)

Odruchy posturalne pnia
mózgowia (K5)
Korowe sterowanie ruchami
dowolnymi (K6)
Udary i toksyczność
pobudzeniowa (R1)

Zespół Browna–Séquarda

Zespół Browna–Séquarda stanowi klasyczny przykład ubytków czuciowych i ruchowych, występujący wówczas, gdy rdzeń kręgowy zostanie uszkodzony z jednej strony. Po stronie uszkodzenia występuje wówczas niedowład ruchowy i zniesienie czucia przesyłanego sznurami tylnymi (czucie dotyku, czucie głębokie). Po stronie przeciwnej występuje utrata czucia bólu i temperatury w kilku segmentach poniżej uszkodzenia. Jest to spowodowane przerwaniem kolumn przednio-bocznych, zawierających włókna rdzeniowo-wzgórzowe, które przeszły z drugiej strony rdzenia kręgowego (*rys. 1*).

Sztywność odmóżdżeniowa

Pacjenci, u których uraz mózgu lub guz powoduje funkcjonalne odłączenie pnia mózgu od reszty mózgu na poziomie między jądrem czerwiennym i jądrami przedsionkowymi, mają zwiększone napięcie mięśniowe mm. prostowników zwane **sztywnością odmóżdżeniową**. Jest ona wywołana przez toniczną aktywność neuronów dróg przedsionkowo-rdzeniowej i siatkowo-rdzeniowej, której nie przeciwstawia się potężne pobudzenie mm. zginaczy przez neurony drogi czerwienno-rdzeniowej (*rys. 2*). Ogólnym efektem aktywności drogi przedsionkowo-rdzeniowej jest pobudzenie mm. prostowników. Hamowanie i pobudzenie motoneu-

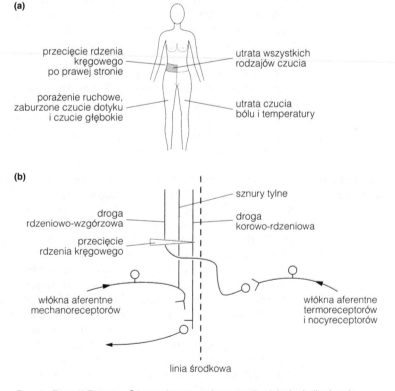

Rys. 1. Zespół Browna–Séquarda powstaje w wyniku hemisekcji rdzenia kręgowego, która odcina informację wejściową idącą w sznurach tylnych i ruchową po stronie uszkodzenia oraz informację idącą drogą rdzeniowo-wzgórzową po przeciwnej stronie. (a) Miejsca i objawy; (b) uszkodzenie

ronów mm. prostowników przez drogę siatkowo-rdzeniową ma tendencję do wzajemnego znoszenia się, ale zmniejszone hamujące oddziaływanie neuronów drogi siatkowo-rdzeniowej na interneurony sterowane przez aferenty odruchu zginania zwiększa aktywność sieci motoneuronów mięśni prostowników. Występowanie wyładowań o dużej częstotliwości w obu typach motoneuronów α i γ, wywołane przez drogi przedsionkowo-rdzeniową i siatkowo-rdzeniową, zależy również od tonicznego pobudzenia z aferentów wrzecion mięśniowych, ponieważ przecięcie korzonków grzbietowych u decerebrowanego zwierzęcia znosi sztywność odmóżdżeniową. W badaniach na zwierzętach usunięcie móżdżku zwiększa sztywność odmóżdżeniową, ponieważ powoduje usunięcie hamującego wpływu na boczne jądro przedsionkowe.

Uszkodzenia rdzeniowych dróg ruchowych

Przecięcie drogi korowo-rdzeniowej poniżej skrzyżowania piramid u naczelnych powoduje tożstronny ubytek możliwości ruchowych poniżej poziomu przecięcia (patrz powyżej zespół Browna–Séquarda). Przecięcie drogi korowo-rdzeniowej powyżej skrzyżowania piramid powoduje ubytek po przeciwnej stronie ciała. Ubytek występujący po uszkodzeniu wyłącznie drogi korowo-rdzeniowej objawia się utratą zdolności do wykonywania precyzyjnych ruchów mięśni dystalnych, na przykład niezdolnością wykonania niezależnych ruchów palców potrzebnych do wyciągnięcia przedmiotu z wąskiego otworu. Po pewnym czasie obserwuje się prawie całkowity powrót utraconych funkcji. Podobny deficyt, choć przejściowy i mniej dotkliwy, obserwuje się po wyłącznym uszkodzeniu drogi czerwienno-rdzeniowej. Jednak uszkodzenie obu bocznych dróg ruchowych powoduje trwałe uszkodzenie.

Przeciwnie, doświadczalne uszkodzenie dróg przedsionkowo-rdzeniowych i siatkowo-rdzeniowych, które kontrolują proksymalne mięśnie kończyn i mięśnie osiowe, powoduje znacznie większe zaburzenie funkcji postawy, chodzenia i wspinania się, ale nie zaburza precyzyjnego sterowania mięśniami dystalnymi.

Udar mózgowo--naczyniowy

Klinicyści rozróżniają ubytki spowodowane uszkodzeniem **motoneuronów dolnych** (neurony pnia mózgu i rdzenia kręgowego unerwiające mięśnie szkieletowe, patrz temat K2), od tych, które są spowodowane uszkodzeniem **motoneuronów górnych** (za które uważa się często neurony korowo-rdzeniowe i korowo-opuszkowe drogi piramidowej). Niestety, objawy związane z uszkodzeniem motoneuronów górnych (piramidowych) nie mogą być wyjaśnione przez wyłączne uszkodzenie neuronów dróg korowo-rdzeniowych i korowo-opuszkowych. Przykładem tego jest wylew, główna przyczyna uszkodzeń motoneuronów górnych.

Najczęściej występujący **epizod mózgowo-naczyniowy** (CVA, udar) jest powodowany zatorem skrzepowym w gałęzi środkowej tętnicy mózgu, zasilającej torebkę wewnętrzną. Zawał torebki wewnętrznej powoduje zespół, który nie przypomina objawów wywołanych eksperymentalnym przecięciem bocznych dróg ruchowych, ponieważ torebka wewnętrzna zawiera również aksony drogi korowo-siatkowej, która dochodzi do dróg siatkowo-rdzeniowych: bocznej i przyśrodkowej (patrz *rys. 2*, temat K6). Po krótkim okresie porażenia wiotkiego i braku odruchów po stronie przeciwnej uszkodzenia obserwuje się dwa zasadnicze objawy.

1. **Niedowład połowiczy**. Występujące jednostronne osłabienie mięśni ma charakterystyczny wzorzec, ponieważ w kończynie przedniej (górnej) mm. zginacze są silniejsze niż mm. prostowniki, a w kończynie tylnej (dolnej) jest odwrotnie: osłabienie jest większe w mm. prostownikach ręki i mm. zginaczach nogi. Uszkodzenie włókien drogi korowo-opuszkowej powoduje zniesienie ruchów dowolnych mięśni twarzy. Gdy osłabienie mięśni jest tak duże, że pojawia się niedowład, stosowany jest termin **hemiplegia (porażenie połowicze)**. To osłabienie mięśni jest spowodowane zanikiem pobudzenia zstępującego i pobudzeniem mniejszej liczby jednostek motorycznych.
2. **Spastyczność (kurczowość)**. Objaw polegający na tym, że w silniejszych mięśniach (antygrawitacyjnych) obserwuje się wzrost sztywności (**napięcia mięśniowego**). Jest on wynikiem zwiększenia pobudliwości monosynaptycznego odruchu na rozciąganie (odruchu miota-

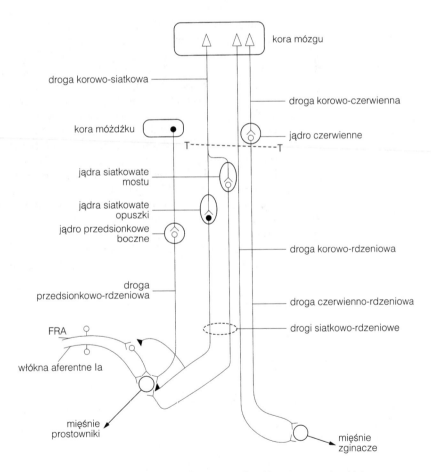

Rys. 2. Schemat głównych dróg zstępujących do pól motoneuronów. Motoneurony wrzecion mięśniowych (nie pokazane) są zasadniczo upośledzone w taki sam sposób jak motoneurony α. Przecięcie pnia mózgu na poziomie T–T powoduje sztywność odmóżdżeniową. FRA, włókna aferentne odruchu zginania

tycznego), a w szczególności jego składowej fazowej, ponieważ próba szybkiego rozciągnięcia mięśnia napotyka na znacznie większy opór, niż powolne naciąganie.

Dwie wcześniejsze hipotezy na temat spastyczności nie zostały potwierdzone. Po pierwsze, nie jest ona spowodowana zwiększoną aktywnością motoneuronów wrzecion mięśniowych, która jest nie zmieniona u ludzi ze spastycznością. Po drugie, nagły zanik odruchu miotatycznego w odpowiedzi na silną próbę rozciągnięcia mięśnia, zwany **efektem scyzorykowym**, nie jest spowodowany aktywacją odwróconego odruchu miotatycznego wywołanego stymulacją narządów ścięgnistych Golgiego, jak pierwotnie sądzono, ale pobudzeniem wysokoprogowych włókien aferentów mięśniowych, innych niż pierwotne i wtórne włókna aferentne wrzecion. Częściowo, spastyczność jest spowodowana zanikiem hamowania presynaptycznego zakończeń Ia. W warunkach normalnych hamowanie presynaptyczne jest kontrolowane pobudzeniem dróg siatkowo-rdzeniowych działających na GABAergiczne presynaptyczne interneurony hamujące Ia. Uwolniony z tych interneuronów kwas gamma-aminomasłowy (GABA) oddziałuje na receptory $GABA_A$ i $GABA_B$ w zakończeniach włókien Ia. Receptory $GABA_B$ są receptorami metabotropowymi i pobudzone działają poprzez białka G_i, zwiększając przewodność jonów potasu (K^+). Wywołana hiperpolaryzacja zmniejsza napływ jonów Ca^{2+} do zakończeń aferentów pierwszorzędowych, zmniejszając ilość uwalnianego glutaminianu do synaps na motoneuronach. W spastyczności pobudzenie idące drogą siatkowo-rdzeniową zanika, co powoduje zanik hamowania presynaptycznego i przez to nadpobudliwość odruchu na rozciąganie. Baklofen jest agonistą receptorów $GABA_B$ i podawany jest doustnie oraz dordzeniowo w leczeniu spastyczności. Ponieważ benzodiazepiny (np. diazepam) są agonistami receptorów $GABA_A$ zaangażowanych w hamowanie presynaptyczne, mogą być także stosowane w leczeniu spastyczności, ale ich ujemną stroną jest to, że przy dawkach potrzebnych do zmniejszenia napięcia mięśniowego działają również uspokajająco.

L1 BUDOWA ANATOMICZNA MÓŻDŻKU

Hasła

Funkcje móżdżku	Móżdżek kontroluje wykonywanie zamierzonych ruchów posturalnych i wielostawowych ruchów kończyn. Odbywa się to albo przez porównanie rozkazów ruchowych z informacją z receptorów czucia głębokiego, albo, przy szybkich ruchach, przez uruchamianie programów wcześniej wyuczonych sekwencji ruchowych.
Budowa anatomiczna móżdżku	Móżdżek jest podzielony na trzy płaty: przedni, tylny i kłaczkowo--grudkowy, a każdy z nich składa się z płacików. Wzdłużnie w móżdżku można wyróżnić centralnie położony robak i dwie półkule boczne. Móżdżek jest pokryty korą. Wewnątrz znajduje się istota biała, w której występują głęboko umieszczone jądra. Łącznie z jądrami przedsionkowymi stanowią one układy wyjściowe z móżdżku. Do móżdżku dochodzą połączenia z rdzenia kręgowego, układów czuciowych pnia mózgu i z jąder dolnych oliwki.
Drogi proprioceptywne	Wejście czuciowe z proprioreceptorów (receptorów czucia głębokiego) jest wykorzystywana przez móżdżek do wytworzenia sprzężenia działającego zwrotnie na wykonanie ruchu. Informacja z proprioreceptorów z górnej części ciała dochodzi do móżdżku poprzez bocznice aksonów wstępujących w sznurach tylnych i dochodzących do dodatkowego jądra klinowatego. Jądro to daje projekcję do móżdżku na drodze klinowo-móżdżkowej. Włókna aferentne proprioreceptorów z dolnej części ciała dochodzą do słupa Clarka w rogach tylnych, skąd zaczyna się tylna droga rdzeniowo--móżdżkowa. Przednia droga rdzeniowo-móżdżkowa idzie z rogów przednich i przesyła informację o stanie sieci neuronów kontrolującej lokomocję.

Tematy pokrewne Drogi sznurów tylnych przewodzące czucie dotyku (G2) Połączenia neuronalne w korze móżdżku (L2)
Funkcje ruchowe rdzenia kręgowego (K4) Funkcjonalny podział móżdżku (L3)

Funkcje móżdżku

Móżdżek odgrywa kluczową rolę w kontroli ruchów dowolnych, zarówno posturalnych, jak i ruchów kończyn, w szczególności tych, które obejmują kilka stawów. Jego działanie polega na porównywaniu rozkazów wytwarzanych przez korę mózgu i jądro czerwienne z informacją zwrotną z proprioceptorów i na korekcie różnic, jakie powstają pomiędzy zaplanowanym a wykonywanym ruchem. Sygnał błędu jest wysyłany z powrotem do kory i jądra czerwiennego, gdzie następuje precyzyjna korekta rozkazów ruchowych. Ruchy, które są zbyt szybkie, by mogły być skorygowane poprzez sprzężenie zwrotne, są wykonywane na podstawie programów i przewidywanym efekcie ich działania. Przewidywania te są oparte na doświadczeniu. Móżdżek ogrywa więc krytyczną rolę w uczeniu ruchowym, dzięki któremu nabywane są stopniowo nowe umiejętności (np. prowadzenie samochodu, gra w tenisa). Ostatnie badania wskazują, że móżdżek uczestniczy również w kontroli funkcji kognitywnych, np. mowy.

Budowa anatomiczna móżdżku

Móżdżek jest częścią tyłomózgowia. U człowieka stanowi on jedną czwartą masy mózgu i zawiera ponad 10^{11} neuronów. Dzieli się na trzy płaty: **płat przedni** i **płat tylny** rozdzielone szczeliną pierwszą oraz **płat kłaczkowo-grudkowy**, oddzielony od płata tylnego szczeliną tylnoboczną. (*rys. 1*). Płaty dzielą się na **płaciki**, które są inaczej nazwane u ludzi niż u innych ssaków. Wzdłużnie można wyróżnić centralnie leżącego **robaka** i **dwie boczne półkule.**

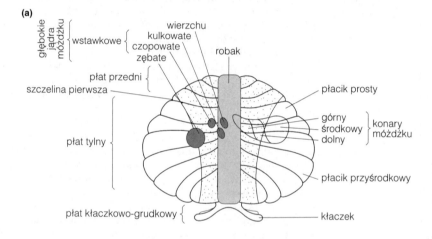

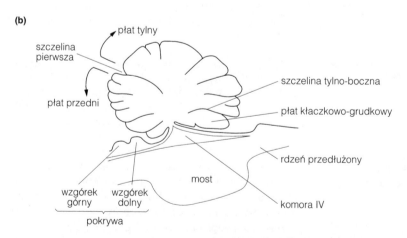

Rys. 1. Budowa móżdżku. (a) Schemat rozpostartego móżdżku, widok z góry. Położenia głębokich jąder móżdżku są pokazane po lewej stronie, a konary móżdżku po prawej. Obszar środkowy jest zacieniowany, obszar pośredni zakropkowany, a obszar boczny — biały. (b) Przekrój strzałkowy przez pień mózgu i móżdżek

Powierzchnię móżdżku pokrywa kora móżdżku, która jest pomarszczona w wieńcowe paski zwane **listkami**. Wewnątrz móżdżku znajduje się rdzeń istoty białej, zawierający **głębokie (wewnątrzmóżdżkowe) jądra**, które razem z jądrami przedsionkowymi stanowią układy wyjściowe z móżdżku. Aferentne i eferentne połączenia móżdżku przechodzą poprzez trzy pary konarów: **dolne, środkowe i górne**.

Informacja do móżdżku dochodzi z trzech głównych źródeł:

- Rdzeń kręgowy i pień mózgu, przenoszące informacje zmysłową o różnych modalnościach.
- Kora mózgu wysyłająca informacje czuciowe i ruchowe poprzez jądra mostu i bogatą drogę korowo-mostowo-móżdżkową.
- Jądro dolne oliwki poprzez drogę oliwkowo-móżdżkową.

Bliższe szczegóły o tych trzech wejściach są podane w *tabeli 1*.

Tabela 1. Główne drogi dochodzące do móżdżku

Droga	Źródło	Konar	Podział	Modalność wejścia
Przedsionkowo--móżdżkowa	Jądra przedsionkowe	Dolny	Skrzyżowane i nieskrzyżowane do płata grudkowo--kłaczkowego, kory i jądra wierzchu	Przedsionkowe
Trójdzielno-móżdżkowa	Drugorzędowe włókna aferentne jąder nerwu (n. V) trójdzielnego	Dolny	Skrzyżowane i nieskrzyżowane	Propriceptywne i skórne czuciowe ze szczęki i twarzy
Klinowo-móżdżkowa	Dodatkowe jądro klinowate	Dolny	Nieskrzyżowane	Proprioceptywne z ramienia i karku
Grzbietowa rdzeniowo--móżdżkowa	Słup Clarka	Dolny	Nieskrzyżowane	Proprioceptywne i skórne czuciowe z tułowia i nogi
Brzuszna rdzeniowo--móżdżkowa	Rogi przednie	Górny	Skrzyżowane i nieskrzyżowane	Proprioceptywne i skórne czuciowe ze wszystkich części ciała
Pokrywkowo--móżdżkowa	Wzgórki górne, wzgórki dolne	Górny	Skrzyżowane	Wzrokowe i słuchowe
Mostowo-móżdżkowa	Jądra mostu	Środkowy	Skrzyżowane	Poznawcze, ruchowe, czuciowe i wzrokowe z kory mózgu
Oliwkowo-móżdżkowa[a]	Jądro dolne oliwki	Dolny	Skrzyżowane do wszystkich głębokich jąder móżdżku	Sygnały błędu ruchowego

[a] Droga oliwkowo-móżdżkowa dochodzi do włókien pnących, wszystkie pozostałe włókna aferentne dochodzą do włókien kiciastych. Dolny, dolny konar móżdżku; Górny, górny konar móżdżku; Środkowy, środkowy konar móżdżku.

Sygnały wyjściowe z móżdżku idą zasadniczo do trzech miejsc:

- Brzuszno-podstawne wzgórze, które daje projekcję do kory mózgu i wpływa na sygnały wychodzące drogą korowo-rdzeniową do moto-neuronów.
- Jądro czerwienne, które modyfikuje zachowanie neuronów drogi czerwienno-rdzeniowej.
- Jądra przedsionkowe i siatkowate, które modulują sygnały wychodzące poprzez przyśrodkowy układ ruchowy.

Podstawowe zależności między wejściem a wyjściem są przedstawione na *rysunku* 2. Należy podkreślić, że w różnych częściach móżdżku organizacja ta może być różna.

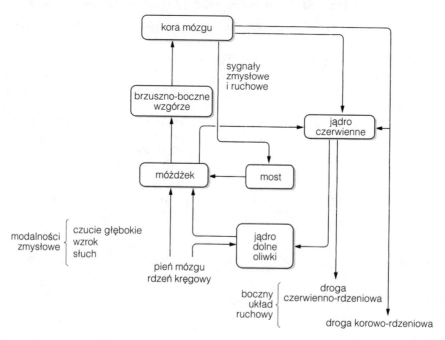

Rys. 2. Główne połączenia móżdżku. Z móżdżku wychodzą również włókna idące do przyśrodkowego układu ruchowego (nie pokazane)

Drogi proprioceptywne

Informacja z receptorów czucia głębokiego, a więc wrzecion mięśniowych, narządów ścięgnistych Golgiego i receptorów stawowych jest wykorzystywana przez móżdżek do wytworzenia sygnału zwrotnego korygującego wykonanie ruchu, a także dostarcza informacji do świadomego odczucia pozycji i ruchu ciała. Informacja z receptorów czucia głębokiego z szyi, rąk i górnej części tułowia jest przełączana w sznurach tylnych do jądra klinowatego, skąd idzie tymi samymi drogami co, pochodzące z tych samych obszarów ciała, czucie dotyku (patrz temat G2). Jest to droga świadomej propriocepcji górnej części ciała. Informacja do móżdżku dochodzi **drogą klinowo-móżdżkową** zaczynającą się w **jądrze dodatkowym klinowatym** (**zewnętrzne łukowate**). Jądro to otrzymuje bocznice aksonów dochodzących do jądra klinowatego znajdującego się po tej samej stronie.

Drogi prorioceptywne z dolnej części tułowia i nóg są inne od wychodzących z górnej części ciała. Zakończenia włókien aferentnych proprioceptorów z dolnej części ciała dochodzą do **jądra grzbietowego (słupa Clarka)**, które znajduje się w blaszce VII przyśrodkowej części rogu tylnego i rozciąga się wzdłuż rdzenia kręgowego między segmentami C8 i L3. Jądro grzbietowe zawiera neurony drugorzędowe, których aksony idą do góry po tej samej stronie, tworząc **drogę rdzeniowo-móżdżkową tylną** (ang. dorsal spinocerebellar tract, DST). Bocznice aksonów drogi DST wchodzą do **jądra Z**, które znajduje się tuż powyżej jądra smukłego (patrz temat G2) w rdzeniu przedłużonym. Neurony jądra Z wysyłają aksony do wstęgi przyśrodkowej i w ten sposób dostarczają informację o świadomej propriocepcji dolnej części ciała.

Droga rdzeniowo-móżdżkowa przednia (ang. ventral spinocerebellar tract, VST) zaczyna się w rogu brzusznym i przesyła sygnały związane ze stanem aktywności interneuronów rdzeniowych, sterowanych przez rozkazy ruchowe regulujące fazy ruchu w lokomocji. W ten sposób VST informuje móżdżek o aktualnym stanie centralnych generatorów wzorca rdzenia kręgowego.

L2 POŁĄCZENIA NEURONALNE W KORZE MÓŻDŻKU

Hasła

Wejścia do kory móżdżku

Aksony przenoszące informację ruchową z rdzenia kręgowego i pnia mózgu, zwane włóknami kiciastymi (mszatymi), wchodzą do móżdżku i dochodzą do komórek ziarnistych tworząc wielo-synaptyczne kompleksy zwane kłębuszkami móżdżkowymi. Aksony komórek ziarnistych rozdzielają się tworząc równoległe włókna, które łączą się z tysiącami, ustawionych w rzędzie, komórek Purkinjego. Każde włókno równoległe tworzy tylko jedno połączenie synaptyczne z każdą komórką Purkinjego, ale do każdej komórki Purkinjego dochodzi 200 000 włókien równoległych. Włókna równoległe pobudzając komórki Purkinjego wyzwalają pojedyncze wyładowania. Włókna pnące z jądra dolnego oliwki owijają się wokół około 10 komórek Purkinjego, tworząc z każdą silne połączenia pobudzające. Pobudzenie wywołane przez włókna pnące wyzwala w komórkach Purkinjego złożone potencjały czynnościowe.

Wyjście z kory móżdżku

Informacja wychodząca z kory jest przesyłana wyłącznie przez duże GABAergiczne komórki hamujące Purkinjego i kierowana do głębokich jąder móżdżku.

Interneurony kory móżdżku

W korze móżdżku występują trzy typy hamujących neuronów GABAergicznych. Komórki koszyczkowe i gwiaździste wytwarzają hamowanie oboczne przez hamowanie tych komórek Purkinjego, które leżą w bezpośrednim sąsiedztwie komórek pobudzanych przez włókna równoległe. Komórki Golgiego II znoszą działanie włókien równoległych na komórki Purkinjego.

Tematy pokrewne   Szybkie przekaźnictwo synaptyczne (C2)

Wejścia do kory móżdżku

Kora móżdżku ma trzy warstwy i zawiera pięć typów komórek, które są połączone według prostego schematu powtarzanego miliony razy (*rys. 1*).

Główne wejście do móżdżku stanowią **włókna kiciaste**, aksony neu-ronów drugorzędowych z rdzenia kręgowego i pnia mózgu przesyłające informację z proprioreceptorów lub z kory mózgu poprzez jądra mosto-wo-móżdżkowe przesyłające informację czuciową i ruchową. Każde włókno kiciaste dochodzi do odrębnego obszaru zawartego w pojedyn-czym płaciku. Włókna kiciaste są pobudzające (glutaminianergiczne). Ich aksony dają bocznice dochodzące do jąder głębokich móżdżku lub jąder

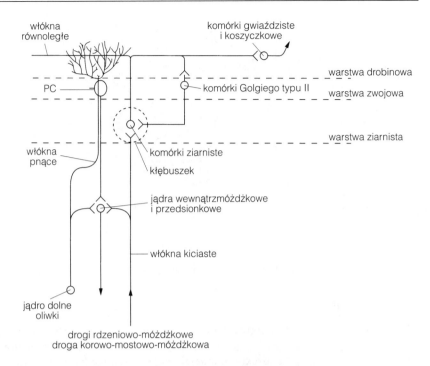

Rys. 1. Podstawowy schemat połączeń kory móżdżku. Włókna kiciaste i włókna pnące są pobudzające, tak jak i komórki ziarniste i komórki jąder wewnatrzmóżdż-kowych. Wszystkie pozostałe typy komórek są hamujące. Komórki gwiaździste i koszyczkowe hamują sąsiednie komórki Purkinjego (ang. Purkinje cell, PC)

przedsionkowych, a same tworzą połączenia synaptyczne z komórkami ziarnistymi w postaci kompleksów synaptycznych zwanych **kłębusz-kami móżdżkowymi** (*rys. 2*). Każdy kłębuszek składa się z nabrzmiałego zakończenia pojedynczego włókna kiciastego, który tworzy 15–20 synaps z otaczającymi je dendrytami czterech do pięciu komórek ziarnistych. Włókna kiciaste mają odgałęzienia, więc każde z nich może pobudzać około 30 komórek ziarnistych. Do każdej komórki ziarnistej dochodzi pięć do ośmiu włókien kiciastych. W kłębuszkach znajdują się również akso-dendrytyczne synapsy między komórkami Golgiego (patrz poniżej) i komórkami ziarnistymi.

Komórki ziarniste w **warstwie ziarnistej** są małe (5–8 μm średnicy). Ich aksony dochodzą do, leżącej najbliżej powierzchni, warstwy kory, zwanej **warstwą drobinową,** gdzie rozdwajają się tworząc włókna równoległe, które u naczelnych rozciągają się na długości około 6 mm w obu kierunkach wzdłuż długiej osi zakrętów. Włókna równoległe przecinają się ze zorientowanymi prostopadle i leżącymi w jednej płaszczyźnie drzewkami dendrytycznymi **komórek Purkinjego** (gruszkowatych). Przy takiej organizacji połączeń każde włókno równoległe pobudza ułożony wzdłużnie zespół 2000–3000 komórek Purkinjego, łącząc się tylko jedną synapsą z każdą z nich. Do każdej komórki Purkinjego dochodzi około 200 000 włókien równoległych. Włókna kiciaste i sterowane przez nie komórki ziarniste mają wysoką częstotliwość wyładowań

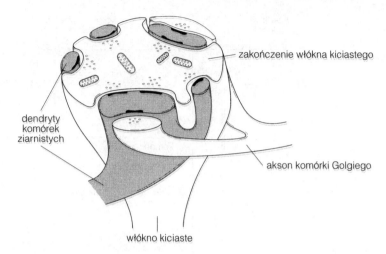

Rys. 2. Budowa kłębuszka móżdżkowego. Wszystkie synapsy są typu
akso-dendrytycznego

tła (50–100 Hz), które ulega zmianie pod wpływem informacji czuciowej
i w czasie ruchu. Efektem pobudzenia włókien równoległych są powtarzalne **proste potencjały czynnościowe** (wyładowania) komórek Purkinjego (*rys. 3a*). Częstotliwość wyładowań tła komórek Purkinjego wynosi
od 20 do 50 Hz.

Drugie wejście do móżdżku stanowią **włókna pnące**, które dochodzą
wyłącznie z **jądra dolnego oliwki** przez **drogę oliwkowo-móżdżkową**.
Każde włókno pnące, których jest około 15 mln u człowieka, łączy się
z 10 komórkami Purkinjego, a do każdej komórki Purkinjego dochodzi
tylko jedno włókno pnące, które owija się wokół ciała komórki i dendrytów i łączy się z nimi około 300 silnymi synapsami pobudzającymi (glu-
taminergicznymi). Częstotliwość wyładowań włókien pnących wynosi około 1–10 Hz, za każdym razem powodując w komórce Purkinjego powstanie **złożonego potencjału czynnościowego** (*rys. 3b*).

Trzecie, rozproszone źródło wejść do móżdżku stanowią komórki monoaminergiczne z pnia mózgu. Tworzą one rzadkie połączenia z głębokimi
jądrami móżdżku i korą i wywierają na nie modulujący wpływ.

**Wyjście z kory
móżdżku**

Jedyne wyjście z kory móżdżku prowadzi przez komórki Purkinjego,
neurony o dużym ciele komórkowym (50 μm średnicy) znajdujące się
w warstwie kory zwaną **warstwą zwojową** (tzw. komórek Purkinjego).

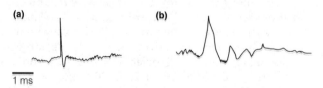

Rys. 3. Proste (a) i złożone (b) wyładowania komórek Purkinjego powstałe w wyniku
pobudzenia, odpowiednio: z włókien kiciastych i włókien pnących

Ich bogato rozbudowane dendryty są rozmieszczone w jednej płaszczyźnie i wszystkie zorientowane w jednym kierunku, pod kątem prostym do długiej osi zakrętu, w którym się znajdują. Aksony komórek Purkinjego dochodzą do głębokich jąder móżdżku. Ze względu na rodzaj występującego w nich przekaźnika — GABA, wyjście z kory móżdżku ma charakter hamujący.

Interneurony kory móżdżku

W korze móżdżku występują trzy typy GABAergicznych interneuronów hamujących. W warstwie drobinowej znajdują się **komórki koszyczkowe** i **komórki gwiaździste**, które otrzymują połączenia z włókien równoległych, a same wysyłają aksony odpowiednio do proksymalnych i dystalnych dendrytów sąsiednich komórek Purkinjego. Pobudzenie włókien kiciastych powoduje pobudzenie grupy komórek ziarnistych, które poprzez włókna równoległe stymulują zespoły komórek Purkinjego leżących **w zespole wzdłużnym**. Ponadto komórki koszyczkowe i gwiaździste hamują otaczające je komórki Purkinjego znajdujące się **poza zespołem wzdłużnym**. Jest to mechanizm hamowania obocznego, który wytwarza ogniskowanie przestrzenne informacji wychodzącej z kory móżdżku.

Komórki Golgiego II otrzymują informacje z włókien równoległych i łączą się z komórkami ziarnistymi tworząc hamujące sprzężenie zwrotne. W ten sposób komórki Golgiego wytwarzają ogniskowanie czasowe, tak że sieciowym efektem działania włókien kiciastych jest krótkotrwałe pobudzenie komórek Purkinjego.

Podsumowując, interneurony hamujące kontrolują informację wyjściową z komórek Purkinjego zarówno w czasie, jak i w przestrzeni.

L3 FUNKCJONALNY PODZIAŁ MÓŻDŻKU

Hasła

Obszary móżdżku

Móżdżek człowieka jest podzielony na trzy obszary strzałkowe, z których każdy ma inne połączenia idące do głębokich jąder i do pozostałej części ośrodkowego układu nerwowego (OUN). Obszar przyśrodkowy (robak) wysyła informację do jądra wierzchu, skąd jest ona przesyłana do jąder przedsionkowych. Obszar pośredni ma wyjście poprzez jądro wstawkowe, podczas gdy wyjście z obszaru bocznego prowadzi przez jądro zębate. Jądra wstawkowe i zębate dają projekcję do jądra czerwiennego i brzuszno-bocznego wzgórza.

Mapy somatotopowe

Wejścia do móżdżku są zorganizowane topograficznie i dają początek mapom somatotopowym występującym w korze móżdżku, głębokich jądrach móżdżku oraz w ich wyjściach do jądra czerwiennego i wzgórza. Każda mapa reprezentuje nie tylko wejścia czuciowe, ale również wyjścia ruchowe.

Część przedsionkowo--móżdżkowa

Część przedsionkowo-móżdżkową stanowi płat kłaczkowo-grud-kowy. Dochodzi do niego informacja z układu przedsionkowego. Uszkodzenie tego obszaru powoduje zaburzenia równowagi.

Część rdzeniowo--móżdżkowa

Część rdzeniowo-móżdżkowa jest podzielona na część należącą do obszaru przyśrodkowego i część należącą do obszaru pośredniego. Część przyśrodkowa steruje korektą postawy poprzez przyśrodkowy układ ruchowy, wykorzystując informację zmysłową o różnej modalności. Uszkodzenie tego obszaru powoduje, że zwierzęta nie mogą stać ani iść. Część należąca do obszaru przyśrodkowego otrzymuje wejście z proprioreceptorów i drogą korowo-mostowo--móżdżkową — wejście z kory czuciowo-ruchowej. Część ta odpowiada za sterowanie ruchami kończyn poprzez boczny układ ruchowy, a jej uszkodzenie zaburza wykonanie precyzyjnych ruchów kończyn.

Część mózgowo--móżdżkowa

Obszary boczne zawierają część mózgowo-móżdżkową, które otrzymują informację czuciową, ruchową i o charakterze poznawczym z kory mózgu. Uszkodzenie tego obszaru ma niewielki efekt na ruchy angażujące pojedyncze stawy, ale istotnie zaburza bardziej skomplikowane ruchu wielostawowe.

Tematy pokrewne   Lokalizacja bodźca (F3)   Kontrola ruchów oczu (L7)
Budowa anatomiczna móżdżku (L1)

Obszary móżdżku

Wyjście z kory móżdżku do głębokich jąder móżdżkowych i wejścia poprzez włókna pnące są zorganizowane w równoległe obszary strzałkowe rozciągające się na całej długości od przodu do tyłu móżdżku.

Dokładna liczba obszarów strzałkowych móżdżku i ich organizacja zależy od gatunku; u ludzi istnieją trzy obszary. Obszar przyśrodkowy obejmuje robaka (*rys. 1*, temat L1) i wysyła swoje aksony do **jądra wierzchu**. W móżdżku nie ma przerwy w linii środkowej i włókna równoległe rozciągają się poza środek robaka. To usprawnia koordynację ruchu obu połówek ciała. Obszar pośredni daje projekcję do **jądra wstawkowego** (które u ludzi składa się z dwóch oddzielnych jąder: **czopowatego** i **kulkowatego**), a obszar boczny daje połączenia do **jądra zębatego**. Te obszary i płat kłaczkowo-grudkowy mają całkiem dobrze rozdzielone i różne połączenia z resztą OUN; zestawiono je na *rysunku 1*.

Mapy somatotopowe

Wejścia poprzez włókna kiciaste i włókna pnące są zorganizowane topograficznie, tworząc mapy somatotopowe w korze móżdżku, które znajdują również odzwierciedlenie w głębokich jądrach móżdżku i w ich wyjściach do wzgórza i jądra czerwiennego. Kora móżdżku zawiera kilka map, w których występuje zniekształcona somatotopia (patrz temat F3). Tak więc, sąsiednie obszary mogą otrzymywać, poprzez włókna kiciaste,

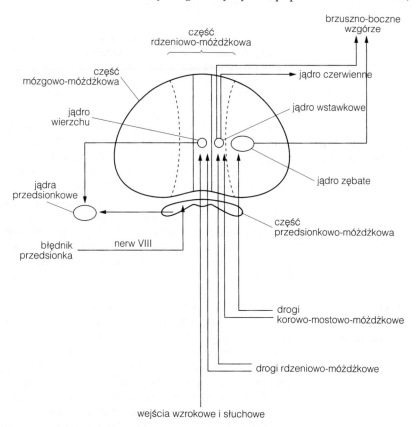

Rys. 1. Główne połączenia i podział funkcjonalny móżdżku

informacje z odległych części ciała. Natomiast reprezantacje tej samej części ciała mogą występować wielokrotnie. Reprezentacja dwustronna leży w płacie przednim, a dwie reprezentacje tożstronne leżą w płacie tylnym (patrz *rys. 2*).Obszary głowy tych dwóch map zachodzą na siebie i otrzymują informację wzrokową i słuchową z pokrywy oraz z wejść czuciowych. Każda z tych reprezentacji zawiera faktycznie trzy mapy. Jedna jest utworzona przez wejścia pochodzące z włókien kiciastych. Druga jest uformowana przez wejścia z drogi korowo-mostowej. Trzecia reprezentuje mapę wyjściową zachowującą somatotopową projekcję ruchu.

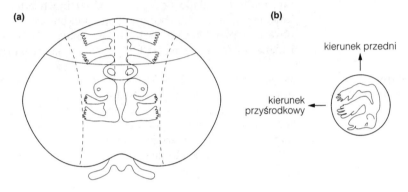

Rys. 2. Mapy somatotopowe w: (a) korze móżdżku, narysowane na podstawie poznanych wejść czuciowych oraz obserwacji klinicznych pacjentów z uszkodzeniami móżdżku, szczegółowa struktura tych map, ujawniona w szczegółowych badaniach, nie została tu pokazana; (b) głębokie jądro móżdżkowe

Część przedsionkowo--móżdżkowa

Część przedsionkowo-móżdżkowa pokrywa się z płatem kłaczkowo--grudkowym. Otrzymuje informacje z tożstronnego błędnika przedsionkowego poprzez nerw przedsionkowo-ślimakowy (n. VIII nazywany również statyczno-słuchowym) i daje projekcje bezpośrednio do jąder przedsionkowych (*rys. 3*). Uszkodzenie części przedsionkowo-móżdżkowej powoduje u naczelnych kołysanie się i **ataksję** (chwiejny chód). Jeśli uszkodzenie jest jednostronne, wywołuje przekrzywienie głowy na stronę uszkodzenia i **oczopląs**. Oczopląs jest to szybkie ruszanie oczami w płaszczyźnie poziomej tam i z powrotem. Występuje również u zdrowych osobników jako odpowiedź na szybki obrót głowy (patrz temat L7).

Część rdzeniowo--móżdżkowa

Część rdzeniowo-móżdżkowa składa się z płata przedniego i części obszarów przyśrodkowego i pośredniego płata tylnego: płacika robaka, płacika prostego i płacika przyśrodkowego.

Obszar przyśrodkowy części rdzeniowo-móżdżkowej otrzymuje wejścia zmysłowe różnej modalności z przedsionka, proprioceptorów i czuciowych receptorów skórnych z tułowia, a także wejścia wzrokowe i słuchowe. Sygnały wychodzące z przyśrodkowego obszaru części rdzeniowo-móżdżkowej idą poprzez jądro wierzchu do jąder przedsionkowych (*rys. 4*). Korygują one postawę w odpowiedzi na sygnały czuciowe, sterując mięśniami osiowymi poprzez przyśrodkowy układ ruchowy.

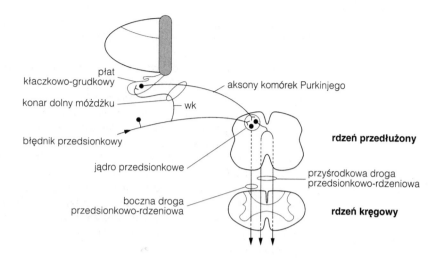

Rys. 3. Połączenia części przedsionkowo-móżdżkowej. Ciała komórkowe pokazano w postaci zaczernionych kółek, podobnie jak w pozostałych rysunkach w tym rozdziale. wk, włókno kiciaste

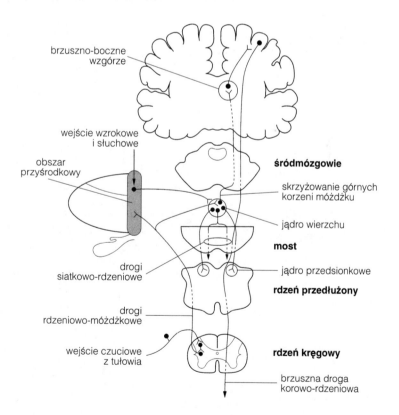

Rys. 4. Połączenia obszaru środkowego części rdzeniowo-móżdżkowej. Wyjścia z jąder przyśrodkowych pokazano na rys. 3. Jądro dolne oliwki nie zostało uwidocznione

U naczelnych zanik aktywności jądra wierzchu uniemożliwia stanie i chodzenie i zwierzęta przewracają się na tę samą stronę, w której powstało uszkodzenie.

Obszar pośredni części rdzeniowo-móżdżkowej otrzymuje informację drogą klinowo-móżdżkową i drogą rdzeniowo-móżdżkową tylną z proprioceptorów i skórnych receptorów czuciowych, oraz drogą rdzeniowo-móżdżkową brzuszną przesyłającą informację o aktywności ruchowych sieci nerwowych w rdzeniu (*rys. 5*). Ponadto dochodzą do niego połączenia z kory czuciowej i ruchowej poprzez bocznice aksonów drogi korowo-rdzeniowej łączące się z jądrami znajdującymi się w moście (**jądra mostowe**). Z tych jąder mostowych wychodzą włókna, które przecinają linię środkową i poprzez środkowy konar móżdżku wchodzą do przeciwstronnej kory móżdżku. Ta **droga korowo-mostowo-móżdżkowa**, zawierająca 20 milionów aksonów, jest jedną z największych dróg w OUN. Dochodzi ona również do części mózgowo-móżdżkowej.

Sygnały wychodzące z obszaru pośredniego części rdzeniowo-móżdżkowej idą poprzez jądro wstawkowe i dochodzą do brzuszno-bocznego wzgórza i jądra czerwiennego. Część rdzeniwo-móżdżkowa steruje tą drogą boczne drogi ruchowe idące do kończyn. Zanik aktywności jądra

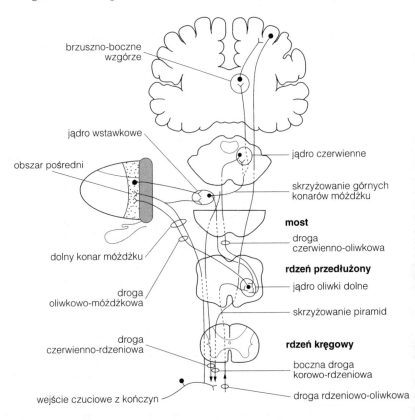

Rys. 5. Połączenia obszaru pośredniego części rdzeniowo-móżdżkowej. Droga korowo-mostowo-móżdżkowa nie została uwidoczniona

wstawkowego ma niewielki wpływ na stanie lub chodzenie, ale powoduje drżenie kończyn (tremor), o dużej amplitudzie i częstotliwości 3–5 Hz, gdy zwierzę próbuje sięgnąć po jakiś przedmiot. Zjawisko to zwane jest **drżeniem zamiarowym** i jest często obserwowane u ludzi z uszkodzonym móżdżkiem.

Część mózgowo- -móżdżkowa

Część mózgowo-móżdżkowa pokrywa się z grubsza z bocznym obszarem płata tylnego. Dochodzą do niego wejścia z czołowej, ciemieniowej i potylicznej kory mózgu poprzez drogę korowo-mostowo-móżdżkową, która przesyła informację czuciową, ruchową i wzrokową. Ponadto dochodzi do niej informacja z kory przedczołowej, dotycząca funkcji poznawczych nie związanych z ruchem. Wyjście z części korowo-móżdżkowej przez jądro zębate idzie do brzuszno-bocznego wzgórza, które z kolei daje projekcję do kory ruchowej czołowej i obszarów przedczołowych (*rys. 6*). Ponadto jądro zębate ma wzajemne połączenia z jądrem czerwiennym. Uszkodzenie kory części mózgowo-móżdżkowej lub jądra zębatego powoduje niewielkie opóźnienia i umiarkowaną nadmiarowość ruchów ograniczoną do jednego stawu. Natomiast znacznie większe zaburzenia występują w ruchach wielostawowych, a zwłaszcza w skomplikowanych ruchach manipulacyjnych.

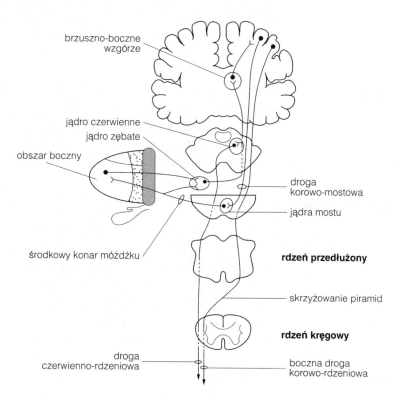

Rys. 6. Połączenia obszaru bocznego (części korowo-móżdżkowej). Połączenia dolnego jądra oliwki nie zostały uwidocznione

L4 FUNKCJE MÓŻDŻKU

Hasła

Zasady ogólne

Móżdżek koordynuje ruchy zapoczątkowane w korze mózgu, ale może również sam je inicjować i uczyć się nowych zadań ruchowych. Włókna równoległe pobudzają grupy komórek Purkinjego, które sterują mięśniami obejmującymi kilka stawów. To potwierdza hipotezę, że móżdżek pełni istotną rolę w skomplikowanych ruchach wielostawowych. Móżdżek może pracować w trybie sprzężenia zwrotnego i sprzężenia do przodu.

Sprzężenie zwrotne

W tym trybie pracy móżdżek porównuje ruch zamierzony z ruchem wykonywanym. Sygnał błędu powstający przy porównywaniu obu ruchów jest wykorzystywany do zmniejszenia występujących różnic. Sygnały te aktywują komórki Purkinjego poprzez włókna kiciaste. Komórki Purkinjego hamują głębokie jądra móżdżku, które z kolei oddziaływają na jądro czerwienne i wzgórze i w ten sposób korygują wykonanie błędnego ruchu.

Sprzężenie do przodu

W ruchach zbyt szybkich, w których nie może być wykorzystane sprzężenie zwrotne, móżdżek wysyła zaprogramowaną wcześniej sekwencję rozkazów, która ma wywołać przewidywany efekt w zachowaniu ruchowym. Sprzężenie do przodu działa zadowalająco, pod warunkiem że nic niespodziewanego się nie wydarzy w trakcie wykonywania ruchu.

Uczenie się ruchów

Większość ruchów dowolnych wykonywanych przez człowieka musi być wyuczona. W uczeniu się ruchów (lub uczeniu ruchowym), w wyniku wykonywanych błędów, móżdżek przyswaja sobie program, zawierający rozkazy potrzebne do wykonania danego ruchu. Czuciowa informacja o błędach jest zamieniana przez dolne jądro oliwki na sygnały błędów ruchowych, które poprzez włókna pnące wysyłane są do móżdżku. Sygnały te powodują, że komórki Purkinjego stają się mniej wrażliwe na przychodzącą w tym samym czasie informację z włókien kiciastych. Ponowne pojawienie się tej samej informacji wejściowej powoduje w efekcie mniejsze pobudzenie komórek Purkinjego niż przed uczeniem.

Tematy pokrewne

Funkcje ruchowe rdzenia kręgowego (K4)
Korowe sterowanie ruchami dowolnymi (K6)

Połączenia neuronalne w korze móżdżku (L2)
Uczenie się zadań ruchowych w móżdżku (Q5)

Zasady ogólne

Mimo podziałów funkcjonalnych, w całym móżdżku występują takie same połączenia między neuronami, jest więc prawdopodobne, że wszystkie jego części przetwarzają informację w taki sam sposób. Chociaż zwyczajowo uważa się, że rolą móżdżku jest koordynacja ruchów zapoczątkowanych przez korę mózgu, to część mózgowo-móżdżkowa jest związana z inicjacją ruchów, szczególnie w odpowiedzi na bodźce wzrokowe i słuchowe, ponieważ w ruchach zapoczątkowanych w ten sposób kolejność pobudzenia jest następująca: jądro zębate — kora mózgowa — jądro wstawkowe — mięśnie. Ponadto, główną funkcją móżdżku jest nabywanie nowych umiejętności ruchowych (uczenie ruchowe).

U naczelnych, włókna równoległe mają średnio 6 mm długości i pobudzają podobnej długości szereg komórek Purkinjego w móżdżku. Pobudzenie to wystarczy do objęcia całego głębokiego jądra móżdżku lub do połączenia dwu sąsiednich jąder. Na przykład, grupa komórek Purkinjego sprzęgająca oba jądra wstawkowe może zapewnić koordynację mięśni posturalnych wzdłuż osi ciała, co ma istotne znaczenie w chodzeniu. Grupa komórek Purkinjego, sterowana przez dany zestaw włókien równoległych, obejmuje mięśnie kilku stawów. Te anatomiczne połączenia potwierdzają badania wykorzystujące różne techniki rejestracyjne oraz takie, w których uszkadza się wybrane elementy OUN, pokazując, że móżdżek jest związany bardziej z ruchami obejmującymi kilka stawów niż z ruchami jednostawowymi. Uważa się, ze móżdżek, zależnie od okoliczności, działa w jednym z dwóch trybów pracy, trybie sprzężenia zwrotnego lub w trybie sprzężenia do przodu.

Sprzężenie zwrotne

W czasie wykonywania dobrze wyuczonych, niezbyt szybkich ruchów, móżdżek działa w trybie sprzężenia zwrotnego, w wyniku którego porównując ruch zamierzony z ruchem wykonywanym zmniejsza różnicę między nimi. Informacja o zamierzonym ruchu jest doprowadzana do części rdzeniowo-móżdżkowej drogą korowo-mostowo-móżdżkową. Wykonanie ruchu jest monitorowane na podstawie informacji dochodzącej z proprioreceptorów (i innych receptorów) i informacji przesyłanej brzuszną drogą rdzeniowo-móżdżkową, która przekazuje dane o aktywności neuronów sieci ruchowych w rdzeniu kręgowym i pniu mózgu. Podobnie, część mózgowo-móżdżkowa porównuje informację z dodatkowej kory ruchowej i pierwszorzędowej kory ruchowej wytwarzając sygnał błędu, który odzwierciedla różnice między ruchem planowanym a wykonywanym. W każdym wypadku, sygnał błędu jest wykorzystywany do zmniejszenia różnic.

Wydaje się, że część rdzeniowo-móżdżkowa uczestniczy w korekcie błędów występujących w ruchach kończyn, ponieważ w sytuacji, gdy na kończynę zaczyna działać niespodziewana siły, porządek, w jakim różne struktury nerwowe są pobudzane, wygląda następująco: mięśniowe włókna aferentne — jądro wstawkowe — kora ruchowa — jądro zębate.

Korekta błędu w układzie sprzężenia zwrotnego działa prawdopodobnie następująco: występowanie błędu oznacza, że aktualna pozycja kończyny nie jest taka jak zamierzona; to wytwarza nieprzewidziane naprężenie mięśnia. Dokładnie to samo dzieje się, gdy na kończynę działa niespodziewana siła. W każdym z tych przypadków naprężenie obciążonego mięśnia pobudzi włókna aferentne Ia i Ib. Sygnały z tych proprioreceptorów są przesyłane poprzez włókna kiciaste do móżdżku. Pobudzone włókna kiciaste pobudzają tonicznie jądro wewnątrzmóżdżkowe (wstawkowe) poprzez bocznice aksonów (patrz *rys. 1*, temat L2) i stymulują grupę komórek ziarnistych.

Równoległe włókna komórek ziarnistych pobudzają komórki Purkinjego ułożone w zespole wzdłużnym (*rys. 1*), które z kolei silnie hamują neurony znajdujące się w jądrze wstawkowym. W warunkach normalnych, gdy pobudzenie włókien kiciastych jest na poziomie tła, ich pobudzające działanie na neurony jądra wstawkowego dominuje nad hamującym wpływem komórek Purkinjego. W konsekwencji neurony jądra wstawkowego pobudzają jądro czerwienne i wzgórze brzuszno-boczne. Jednakże, gdy włókna kiciaste są pobudzone w czasie ruchu, komórki Purkinjego hamują neurony jądra wstawkowego i to hamowanie jest przesyłane w dół do jądra czerwiennego i wzgórza. Przeciwnie, sąsiednie grupy komórek Purkinjego, nie należące do danego zespołu wzdłużnego, są hamowane przez znajdujące się w korze GABAergiczne interneurony i w efekcie sterowane przez nie komórki w jądrze wstawkowym mają pobudzenie wyższe od tła. Tak więc wzorzec pobudzenia głębokiego jądra móżdżku stanowi negatywny obraz pobudzenia na wejściu.

W efekcie, za pośrednictwem dróg czerwienno-rdzeniowej i korowo--rdzeniowej następuje korekta błędu ruchowego, polegająca na uruchomieniu odruchów rdzeniowych, które wybierają właściwą pozycję kończyny, a odrzucają niewłaściwe. Istnieją dowody, że może się to odbywać poprzez zmianę aktywności motoneuronów dochodzących do wrzecion mięśniowych.

Wydaje się, że podczas ruchu obszar pośredni części rdzeniowo-móżdżkowej kontroluje dokładnie stosunki czasowe skurczu mięśni agonistycznych i antagonistycznych. W czasie wzajemnego pobudzenia mięśni agonistycznych i antagonistycznych komórki Purkinjego odpowiedzialne za kontrolę tych mięśni wyładowują się naprzemiennie, wywołując taka samą aktywność w neuronach jądra wstawkowego. Jednakże w czasie współskurczu komórki Purkinjego milczą. Istotna rola móżdżku

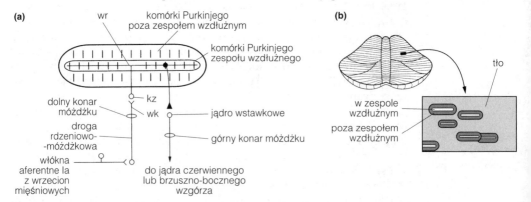

Rys. 1. Włókna kiciaste (wk) pobudzają komórki Purkinjego zespołu wzdłużnego. Każda krótka linia pionowa reprezentuje widziane z góry płaskie drzewko dendrytyczne komórek Purkinjego. Pokazano wyjście tylko z jednej komórki Purkinjego. (b) wzorzec pobudzania wytworzony przez pojedyncze włókno kiciaste. kz, komórki ziarniste; wr, włókna równoległe

w organizowaniu tego wzorca aktywności mięśni jest potwierdzona obserwacją, że drżenie zamiarowe będące wynikiem uszkodzenia jądra wstawkowego lub części pośredniej kory móżdżku jest wynikiem zdezorganizowania czasowej synchronizacji skurczów mięśni agonistycznych. U normalnego człowieka, szybki ruch nadgarstka wywołuje paczkę aktywności mięśni agonistycznych, po niej następuje seria potencjałów czynnościowych w mięśniach antagonistycznych, której celem jest zahamowanie ruchu, po czym druga paczka aktywności mięśni agonistycznych ostatecznie stabilizuje staw w zadanym położeniu końcowym (patrz *rys. 2*, temat K4, gdzie zilustrowano ten wzorzec aktywności). W drżeniu móżdżkowym początek ruchu jest normalny, ale druga paczka w mięśniach agonistycznych jest spóźniona. W konsekwencji paczka aktywności w mięśniach antagonistycznych powoduje ruch nadgarstka poza położenie końcowe i to wywołuje drżenie.

Sprzężenie do przodu

W czasie wykonywania dobrze wyuczonych, bardzo szybkich (**balistycznych**) ruchów (np. granie szybkich pasaży na instrumencie muzycznym lub serw w tenisie) jest zbyt mało czasu na korektę błędów w pętli sprzężenia zwrotnego. Przy wykonywaniu takich ruchów móżdżek działa w trybie sprzężenia do przodu, w którym wykonywany jest program o dobrze znanych i przewidywalnych konsekwencjach ruchowych. Gdy móżdżek pracuje w takim trybie, niespodziewane zakłócenie ruchu nie może być skorygowane dostatecznie szybko i ruch będzie zaburzony.

Uczenie się ruchów

Przewidywanie, nierozłącznie związane ze sprzężeniem do przodu, musi być wyuczone przez wielokrotne próby wykonania danego zadania. Nazywa się to uczeniem się ruchów i prawdopodobnie jest niezbędne do nabywania umiejętności wykonywania wszystkich dowolnych zadań ruchowych, łącznie z uczeniem się chodzenia (u ludzi).

W jednym z modeli uczenia się ruchów (**model: móżdżkowe sprzężenie zwrotne–błąd–uczenie**) móżdżek przyswaja sobie program zwany **modelem odwróconym** zadania ruchowego, który przetwarza zadaną trajektorię ruchu na rozkazy ruchowe niezbędne do jego wykonania. Model odwrócony został tak nazywany, ponieważ uruchomiony w układzie ruchowym wytwarza trajektorię ruchu podobną do zadanej (*rys. 2*). Błędy ruchowe są początkowo rozpoznawane jako błędy zmysłowe. Na przykład w czasie meczu tenisowego niewłaściwy ruch ręki będzie spostrzeżony wzrokowo na podstawie kierunku ruchu piłki, a błąd w czasie grania na instrumencie muzycznym będzie słyszany jako fałszywy ton. Błąd zmysłowy musi być przetworzony na wzorzec impulsów nerwowych odpowiadający błędowi wykonania ruchu. Operacja ta odbywa się w **jądrze dolnym oliwki**. Jądra te wysyłają wytworzone

Rys. 2. Działanie modelu odwróconego na kontrolowany układ (motoneurony i mięśnie) zamienia trajektorię zadanego ruchu na rzeczywistą. Im lepszy jest model odwrócony, tym trajektoria rzeczywista jest bliższa zadanej

sygnały błędu ruchowego drogą oliwkowo-móżdżkową zawierającą włókna pnące, do móżdżku (*rys. 3*). Błąd ruchowy jest sygnałem sprzężenia zwrotnego wytwarzanym w sytuacji nieprawidłowo wykonywanego zadania ruchowego. Tak więc móżdżek otrzymuje sygnały wejściowe, idące przez włókna kiciaste, reprezentujące zadaną trajektorię ruchu (z kory ruchowej), sygnały czuciowe (np. z kory wzrokowej lub dróg proprioceptywnych) i sygnały idące włóknami pnącymi z dolnego jądra oliwki odpowiadające błędom w wykonywanym ruchu. Połączenie sygnałów idących włóknami pnącymi i kiciastymi na pojedynczej komórce Purkinjego, po kolejnych próbach wykonania danego zadania, zmienia w taki sposób sygnał wyjściowy z komórek Purkinjego, że wykonanie ruchu ulega poprawie.

Małpa ucząca się nowego zadania ruchowego początkowo wykonuje dużo błędów. W tym czasie aktywność włókien pnących jest istotnie zwiększona, a przez to komórki Purkinjego wytwarzają dużo wyładowań złożonych, ale również dużo prostych wyładowań wywołanych pobudzeniem z włókien kiciastych. (W czasie gdy małpa wykonuje rutynowe ruchy, liczba wyładowań złożonych jest bardzo mała.) Liczba pojedynczych wyładowań maleje stopniowo wraz z polepszaniem się wykonywanego ruchu. Ostatecznie aktywność włókien pnących maleje do poziomu szumów. Okazuje się, że sygnał błędu przesyłany włóknami pnącymi powoduje zmniejszenie efektywności pobudzenia komórek Purkinjego sygnałami dochodzącymi włóknami kiciastymi. Innymi słowy, za każdym razem, gdy ten sam wzorzec sygnałów wejściowych idących włóknami pnącymi pojawi się ponownie, komórki Purkinjego wytwarzają mniej prostych wyładowań, co powoduje mniejsze hamowanie zstępujących dróg ruchowych. To koryguje wychodzące sygnały ruchowe. Ta zmienna reaktywność komórek Purkinjego na dany wzorzec sygnału przychodzącego włóknami kiciastymi jest przykładem plastyczności zwanej długotrwałym osłabieniem synaptycznym (LTD). To zjawisko komórkowe zostało opisane w temacie Q5.

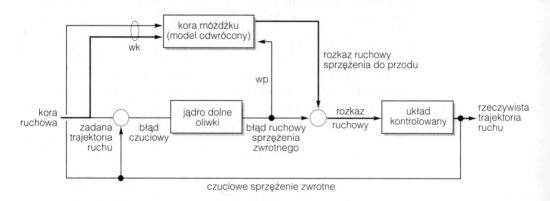

Rys. 3. Model uczenia ruchowego w móżdżku. Gdy móżdżek pracuje w trybie sprzężenia do przodu, aktywne są drogi zaznaczone grubymi liniami. wp, włókna pnące; wk, włókna kiciaste

L5 BUDOWA ANATOMICZNA JĄDER PODSTAWNYCH

Hasła

Schemat ogólny

W skład jąder podstawnych wchodzi kilka połączonych ze sobą struktur: prążkowie, gałka blada, istota czarna i niskowzgórze. Informacja idąca z kory mózgu wchodzi do jąder podstawnych przez prążkowie, natomiast sygnały z jąder podstawnych wychodzą z gałki bladej i istoty czarnej i idą do kory poprzez wzgórze. Jądra podstawne są odpowiedzialne za wytwarzanie sekwencji ruchowych w czasie ruchów dowolnych.

Prążkowie

Jądro ogoniaste i skorupa tworzą razem prążkowie. Aksony glutaminergiczne z kory mózgu i aksony dopaminergiczne z istoty czarnej (część zbita) dochodzą do średnich neuronów kolcowych które są GABAergiczne. Istnieją dwie populacje średnich neuronów kolcowych, jedna jest przez dopaminę hamowana, druga pobudzana. Wyjścia hamujące z prążkowia idą do gałki bladej i istoty czarnej.

Struktury wyjściowe jąder podstawnych

Części gałki bladej (część wewnętrzna) i istoty czarnej (część siatkowata) wysyłają aksony do określonych jąder wzgórza, które z kolei dają projekcje do pewnych obszarów kory mózgu. Poprzez te połączenia jądra podstawne sterują aktywnością mięśni kończyn, twarzy i oczu. Część zewnętrzna gałki bladej daje projekcję do jądra niskowzgórzowego.

Jądro niskowzgórzowe

Pobudzające neurony tego jądra są aktywowane przez korę ruchową, hamowane przez gałkę bladą (część zewnętrzną), a wysyłają swoje aksony do gałki bladej i istoty czarnej.

Przetwarzanie równoległe w jądrach podstawnych

Różnego typu połączenia tworzą pięć pętli między określonymi obszarami kory mózgu i jądrami podstawnymi. Wydaje się, że każde z tych połączeń spełnia funkcjonalnie inną rolę. Dwie z tych pętli są związane z funkcjami ruchowymi, a inne z pamięcią, poznaniem i emocjami.

Tematy pokrewne   Wolne przekaźnictwo synaptyczne (C3)   Przekaźnictwo
Korowe sterowanie ruchami dowolnymi   dopaminergiczne (N1)
(K6)   Motywacja (O1)

Schemat ogólny   Jądra podstawne składają się z kilku, bogato ze sobą połączonych struktur: prążkowia (jądro ogoniaste i skorupa), gałki bladej (część wewnętrzna i zewnętrzna), istoty czarnej (część zbita i część siatkowata) i jądra niskowzgórzowego. Większość wejść do jąder podstawnych pochodzi z kory mózgu i wchodzi do prążkowia. Wyjście z jąder podstawnych stanowi część wewnętrzna gałki bladej i część siatkowata istoty czarnej. Stąd informacja dochodzi do wzgórza. Wzgórze daje projekcje z powrotem do kory, zamykając pętlę. Aksony wzgórzowo-korowe powracają do tego samego obszaru, z którego wychodzi projekcja do prążkowia. (*rys. 1*).

Jądra podstawne kontrolują wykonanie zaprogramowanych wcześniej sekwencji ruchowych w czasie ruchu dowolnego i wygaszanie sekwencji zbędnych. Wyładowania wielu neuronów jąder podstawnych są skorelowane z ruchem, jednakże zaczynają się z dość dużym opóźnieniem, więc uważa się, że jądra podstawne nie są związane z rozpoczęciem ruchu. Według nomenklatury klasycznej jądra podstawne tworzą **układ pozapiramidowy**, nazywany tak, ponieważ ich uszkodzenia powodują całkiem inne objawy niż uszkodzenia drogi piramidowej (korowo-rdzeniowej). Ostatnio postawiono hipotezę, że jądra podstawne mogą pełnić również rolę w funkcjach poznawczych i emocjonalnych.

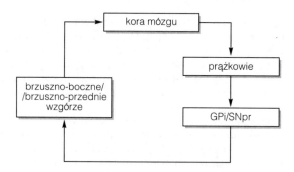

Rys. 1. Schemat blokowy połączeń jąder podstawnych i kory mózgu. GPi, część wewnętrzna gałki bladej; SNpr, cześć siatkowata istoty czarnej

Prążkowie

Jądro ogoniaste i skorupa stanowią funkcjonalnie jednolitą strukturę — grzbietowe prążkowie (prążkowie nowe), ale anatomicznie są rozdzielone torebką wewnętrzną. Chociaż grzbietowe prążkowie różni się od brzusznego, które jest częścią układu limbicznego, oba mają podobne połączenia.

Do prążkowia dochodzi pobudzenie z kory za pośrednictwem glutaminergicznej drogi korowo-prążkowiowej (*rys. 2*). Wejście to ma organizację topograficzną, więc w projekcji z kory czuciowej i ruchowej zachowana jest somatotopia. Aksony korowo-prążkowiowe dochodzą do **średnich neuronów kolcowych**, najliczniejszej grupy neuronów w prążkowiu. Stanowią one 95% wszystkich neuronów prążkowia i tworzą hamującą projekcję wychodzącą z prążkowia, a ich neuroprzekaźnikiem jest GABA. Średnie neurony kolcowe mają duże drzewka dendrytyczne i hamują się wzajemnie przez bogate bocznice aksonalne. Istnieją dwie populacje średnich komórek kolcowych, morfologicznie nie do rozróżnienia, posiadające jednak różne połączenia i skład neurochemiczny. Jedna z populacji komórek zawiera dodatkowe neuroprzekaźniki — **substancję P** (SP) i **dynorfinę** (DYN), posiada receptory dopaminergiczne D1

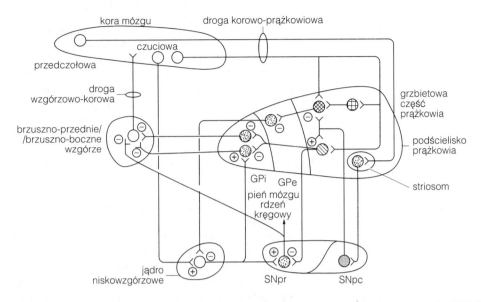

Rys. 2. Połączenia jąder podstawnych. GABAergiczne neurony w GPe dają również projekcję do GPi i SNpr (nie pokazane). GPe, gałka blada część zewnętrzna; GPi, gałka blada część wewnętrzna; SNpc, istota czarna część zbita; SNpr, istota czarna część siatkowata. ⊕, synapsa pobudzająca, ⊖, synapsa hamująca. Neurony są oznaczone według występujących w nich neuroprzekaźników: ○ glutaminian, ⊕ acetylocholina, ◉ dopamina, ⊛ GABA, ⊘ GABA/substancja P/dynorfina; ⊛ GABA/enkefalina

i daje projekcje do wewnętrznej części gałki bladej (łac. globus pallidus pars interna, GPi) i istoty czarnej. Druga populacja komórek ma dodatkowy neuroprzekaźnik — **enkefalinę** (ENK), posiada receptory dopaminergiczne D2 i wysyła połączenia do części zewnętrznej gałki bladej (łac. globus pallidus pars externa, GPe).

Do obu typów średnich neuronów kolcowych dochodzi droga czarno-prążkowiowa (nigrostriatalna) wychodząca z **części zbitej istoty czarnej** (łac. substantia nigra pars compacta, SNpc), w której neuroprzekaźnikiem jest dopamina. Ponieważ te dwa typy średnich neuronów kolcowych mają różne receptory dopaminergiczne, są one modulowane w różny sposób przez drogi dopaminergiczne. W komórkach GABA/SP/DYN pobudzenie receptorów D1 związane ze wzrostem syntezy cyklicznego 3′,5′-adenozynomonofosforanu (cAMP), neuroprzekaźnika drugiego rzędu, potęguje efekt pobudzający z kory. Przeciwnie działanie dopaminy na komórki GABA/ENK zmniejsza efekt pobudzenia korowego, ponieważ receptory D2 są sprzężone z białkami Gi, które hamują cyklazę adenylanową (patrz temat C3)

Średnie neurony kolcowe otrzymują wejścia z trzeciego źródła, jakim są duże **interneurony bezkolcowe**, stanowiące około 2% wszystkich neuronów prążkowia. Komórki te są pobudzeniowe (chlinergiczne) i są sterowane przez połączenia korowe.

Znakowanie prążkowia na acetylocholinesterazę pokazuje, że w prążkowiu można wyróżnić słabo znakowane trójwymiarowe **striosomy**, stanowiące około 10–20% masy prążkowia i pozostałe, mocno znakowane obszary **podścieliska prążkowia**. Połączenia neuronów należących do obu tych przedziałów są różne. Do podścieliska dochodzą połączenia z całej kory mózgu, a wychodzą z niej włókna do gałki bladej i **części siatkowatej istoty czarnej** (łac. *substantia nigra pars reticulata*, SNpr), podczas gdy do striosomów dochodzą połączenia wyłącznie z kory przedczołowej, a wychodzą do SNpc. Poza tym połączenia korowe pochodzą z różnych warstw kory: z zewnętrznej warstwy 5 w przypadku macierzy i z głębokiej warstwy 5 i warstwy 6 w przypadku striosomów. Różnice te mogą wskazywać, że podścielisko jest związane z funkcjami czuciowo-ruchowymi, podczas gdy striosomy związane są z układem limbicznym i mogą kontrolować drogi dopaminergiczne dochodzące z SNpc do prążkowia.

Struktury wyjściowe jąder podstawnych

Zarówno gałka blada, jak i istota czarna są podzielone na dwie części. **Część wewnętrzna gałki bladej** (GPi) u naczelnych (odpowiednik **jądra zewnątrzkonarowego** u gryzoni) i SNpr mają bardzo podobną budowę strukturalną i pełnią równorzędne funkcje. Obie dostają hamujące połączenia z GABA/SP/DYN populacji komórek prążkowia i połączenia pobudzeniowe z jądra niskowzgórzowego, obie wysyłają GABAergiczną, hamującą projekcję do wzgórza. Z kolei wzgórze daje połączenia do wybranych obszarów kory mózgu. GPi tworzy połączenia z **przednią częścią wzgórza brzuszno-bocznego** i ze **wzgórzem brzuszno-przednim**, które przekazują dalej informację do kory ruchowej. SNpr wysyła połączenia do **wzgórza przyśrodkowego brzuszno-bocznego** i **wzgórza grzbietowego przyśrodkowego**, które z kolei wysyłają swoje aksony do **czołowych pól ocznych**, obszarów kory przedczołowej odpowiedzialnych za ruchy gałek ocznych. GPi i SNpr są strukturami, z których wychodzą sygnały jąder podstawnych związane z ruchem kończyn i ruchami mimicznymi twarzy, a z części SNpr związane z ruchami oczu.

Część zewnętrzna gałki bladej (GPe) dostaje połączenia z prążkowia idące ze średnich neuronów kolcowych typu GABA/ENK. Neurony GPe są GABAergiczne i idą głównie do **jądra niskowzgórzowego**, ale stwierdzono również połączenia idące do GPi i SNpr.

Jądro niskowzgórzowe

Jądro niskowzgórzowe (SNT) leży na granicy między śródmózgowiem a międzymózgowiem i jest szczególnie dobrze rozwinięte u naczelnych. Dochodzą do niego połączenia pobudzające z kory ruchowej i hamujące (GABAergiczne) z GPe. Neurony STN są pobudzające (glutaminianergiczne) i ich aksony dochodzą głównie do GPi i SNpr.

Wierna, somatotopowa organizacja występuje we wszystkich strukturach jąder podstawnych, z wyjątkiem SNpc. Aksony wychodzące z jąder podstawnych do wzgórza tworzą tam mapy somatotopowe, które są jednak inne niż te, które powstają we wzgórzu w wyniku projekcji z móżdżku. A więc projekcje z jąder podstawnych i z móżdżku dochodzące to wzgórza są od siebie odseparowane.

Przetwarzanie równoległe w jądrach podstawnych

Uważa się, że w jądrach podstawnych istnieje równolegle pięć pętli, podobnych do pokazanej na *rysunku 1*. Do każdej z nich dochodzi połączenie korowo-prążkowiowe z kilku funkcjonalnie związanych obszarów kory i każda z nich daje projekcję zwrotną do tych samych obszarów kory za pośrednictwem specyficznych jąder wzgórza. Pętle te nazywa się pętlami **podstawno-wzgórzowo-korowymi**. Pomiędzy prążkowiem i GPi/SNpr istnieje silna konwergencja. Służy to przesłaniu informacji wejściowej idącej z dużego obszaru wyjściowego do małego obszaru kory i zapewnia możliwość skutecznej integracji informacji w jądrach podstawnych.

Z pięciu, tylko ruchowa i okoruchowa pętla spełniają funkcje, jakie pierwotnie przypisywano jądrom podstawnym. Pozostałe, grzbietowo-boczna przedczołowa, oczodołowo-czołowa i przednia obręczy są związane odpowiednio z pamięcią, poznaniem i emocjami. Pętla przednia obręczy, w przeciwieństwie do pozostałych, idzie przez brzuszne prążkowie (jądro półleżące), które jest częścią dopaminergicznego układu motywacyjnego, a nie przez jądro ogoniaste czy skorupę (patrz temat O1). Ponieważ schemat połączeń we wszystkich pętlach jest podobny, możliwe, że również podobne jest w nich opracowywanie informacji. Różne wyniki działania każdej z pętli zależą od obszarów kory, z którymi są połączone, i od kontekstu, przy jakim są aktywowane. W przeciwieństwie do innych struktur, których uszkodzenie powoduje zaburzenia ruchowe, uszkodzenie jąder podstawnych może również zaburzyć procesy myślowe. Stopień integracji lub rozseparowania tych pętli nie jest znany.

L6 FUNKCJE JĄDER PODSTAWNYCH

Hasła

Drogi bezpośrednie i pośrednie	Jądra podstawne nie rozpoczynają aktywności ruchowej, ale, jak się wydaje, biorą udział w ruchach związanych z nagrodą. W jądrach podstawnych istnieją dwie drogi działające przeciwstawnie na wyładowania w neuronach wzgórza i kory. Droga bezpośrednia pobudza neurony wzgórza i umożliwia wystąpienie sekwencji ruchowej. Droga pośrednia hamuje neurony wzgórza i wygasza ruchy niepożądane. Obie te drogi są aktywne w czasie, gdy kora inicjuje specyficzny ruch.
Modulacja dopaminergiczna	Obie z tych dróg są modulowane przez aksony dopaminergiczne idące z istoty czarnej do prążkowia. Pobudzenie tej czarno-prążkowiowej drogi wzmaga aktywność drogi bezpośredniej, a tłumi aktywność drogi pośredniej. W taki sposób projekcja dopaminergiczna umożliwia wykonanie ruchu.
Działanie jąder podstawnych	Żeby mógł być wykonany dany ruch, kora musi bezpośrednio pobudzić odpowiedni podzespół neuronów prążkowia. To powoduje zmniejszenie, wywoływanego przez neurony GPi i SNpr, hamowania tonicznego w specyficznych komórkach wzgórza. Zwiększone pobudzenie tych neuronów wzgórzowo-korowych umożliwia wykonanie ruchu.
Choroby jąder podstawnych	Choroby układu ruchowego spowodowane zaburzeniami w jądrach podstwnych są dwojakiego rodzaju. Hiperkinezje cechuje nadaktywność ruchowa i zalicza się do nich chorobę Huntingtona, schorzenie genetyczne, w którym giną GABAergiczne średnie neurony kolcowe prążkowia, kontrolujące drogę pośrednią. Hipokinezje są związane ze zmniejszoną aktywnością ruchową. Najpopularniejszą chorobą, związaną ze sztywnością, spowolnieniem ruchów i drżeniem mięśniowym jest choroba Parkinsona. Zespół zaburzeń obsesyjno-kompulsywnych charakteryzuje się obsesyjnym powtarzaniem tych samych zachowań lub myśli i niemożnością ich powstrzymania, nawet gdy chory zdaje sobie sprawę, że nie są one konieczne. Zespół ten może być spowodowany zmniejszoną aktywnością obwodu łączącego korę oczodołowo-czołową z jądrami podstawnymi.

Tematy pokrewne Budowa anatomiczna jąder podstawnych (L5)   Choroba Parkinsona (R3)

**Drogi
bezpośrednie
i pośrednie**

Istotne znaczenie dla roli, jaką pełnią jądra podstawne w zachowaniu ruchowym, ma obecność dwóch dróg idących przez jądra podstawne i wywierających przeciwny efekt na pobudzenie neuronów wzgórza, a przez to i kory (*rys. 1*). **Droga bezpośrednia** obejmuje średnie neurony kolcowe prążkowia, których przekaźnikami są GABA/substancja P (SP)/dynorfinowe (DYN) i które hamują GABAergiczne neurony wychodzące z wewnętrznej części gałki bladej i części siatkowej istoty czarnej (SNpr) do wzgórza. Korowe pobudzenie tej drogi zwiększa pobudzenie neuronów wzgórza (ponieważ hamowanie neuronów hamujących jest w efekcie równoważne pobudzeniu).

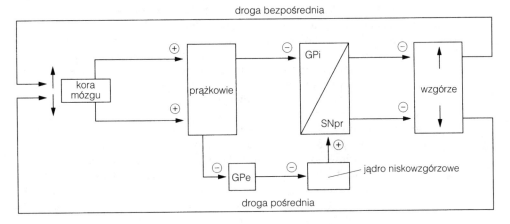

Rys. 1. Pobudzenie drogi bezpośredniej albo pośredniej powoduje odpowiednio pobudzenie (↑) lub hamowanie (↓) wyładowań neuronów wzgórza (i kory). GPe, gałka blada część zewnętrzna; GPi, gałka blada część wewnętrzna; SNpr, istota czarna cześć siatkowata

Droga pośrednia zaczyna się od średnich neuronów kolcowych z przekaźnikami GABA/enekfalina (ENK) i wychodzi przez GPe do jądra niskowzgórzowego (ang. subthalamic nucleus, STN). STN pobudza hamujące neurony w Gpi i SNpr, które idą do wzgórza. Korowo-prążkowiowe pobudzenie drogi pośredniej powoduje zmniejszenie pobudzenia neuronów wzgórza. Dzięki tym dwóm typom połączeń istnieje możliwość wywołania lub zahamowania danej sekwencji ruchowej przez pobudzenie odpowiednio drogi bezpośredniej lub pośredniej.

**Modulacja
dopaminergiczna**

W neuronach części zbitej istoty czarnej (SNpc) neuroprzekaźnikiem jest dopamina. W spoczynku pojawiają się w tych neuronach sporadyczne wyładowania o małej częstotliwości, nie skorelowane z ruchem. Częstotliwość wyładowań neuronów SNpc zmienia się w odpowiedzi na bodziec, który nagradza ruch. Modulują one odpowiedzi średnich neuronów kolcowych w prążkowiu na pobudzenie korowo-prążkowiowe, ale w różny sposób. Neurony GABA/SP/DYN stają się bardziej pobudliwe, a neurony GABA/ENK mniej pobudliwe pod działaniem wpływów z SNpc. W efekcie, połączenie czarno-prążkowiowe z SNpc wzmacnia drogę bezpośrednią, a tłumi drogę pośrednią.

Działanie jąder podstawnych

Jedną z funkcji jąder podstawnych jest umożliwienie wykonywania sekwencji ruchowych. Każda sekwencja jest reprezentowana przez grupę komórek tworzącą mikropętlę ruchową lub okoruchową w obwodzie: jądra podstawne–wzgórze–kora, która może być pobudzana lub (jeśli sekwencja jest niepotrzebna) hamowana. Część sekwencji ruchowych to ruchy stereotypowe i ich połączenia są określone genetycznie, ale wiele sekwencji jest wyuczonych i poszczególne mikropętle zaczynają działać w wyniku nabieranego doświadczenia.

Większość średnich komórek prążkowia ma niską spoczynkową częstotliwość wyładowań (0,1–1 Hz), w przeciwieństwie do neuronów GPi i SNpr, których spoczynkowa częstotliwość wyładowań jest wysoka (ok. 100 Hz). Współczesny model działania jąder podstawnych wygląda następująco: ruchy są inicjowane przez pobudzenie kory ruchowej, która pobudza prążkowie. W czasie ruchu w neuronach prążkowia wzrasta aktywność, co jest wynikiem zwiększonego oddziaływania neuronów korowo-prążkowiowych. Toniczne hamowanie wychodzące z GPi i SNpr w spoczynku (zwiększane na 50 ms przez ruchem przez pobudzenie idące z jądra niskowzgórzowego) jest wynikiem działania pętli pośredniej i w rezultacie powoduje rozległe, całkowite stłumienie sekwencji niechcianych (niepożądanych) ruchów. Wykonanie danego ruchu może nastąpić jedynie wtedy, gdy zostanie pobudzona bezpośrednia droga prążkowiowo-blada idąca do komórek GPi/SNpr należących do właściwej mikropętli. Aktywność komórek leżących w GPi/SNpr zmniejsza się, co powoduje ograniczenie hamowania komórek wzgórzowo-korowych. Dopaminergiczna projekcja czarno-prążkowiowa zwiększa prawdopodobieństwo wykonania sekwencji ruchowej.

Podobieństwo połączeń występujących w obwodzie: jądra podstawne–wzgórze–kora wskazuje, że mogą one wykonywać takie same operacje. Wydaje się prawdopodobne, że również układy zaangażowane w funkcjach poznawczych mogą działać tak, by wyselekcjonować sekwencje zachowań właściwych dla danego kontekstu. Hipoteza ta pozwala lepiej zrozumieć obserwacje, że uszkodzenie kory oczodołowo--czołowej wywołuje zachowania perseweracyjne przedłużając reakcje behawioralne znacznie dłużej niż jest to potrzebne lub właściwe.

Choroby jąder podstawnych

Upośledzenia ruchowe powstające w wyniku zaburzeń w działaniu jąder podstawnych, niezależnie czy spowodowane są chorobą, czy uszkodzeniem dokonywanym w doświadczeniach na zwierzętach, dzielą się na dwie grupy: hiperkinezje i hipokinezje.

Hiperkinezje
Są to choroby, w których występuje zwiększona aktywność ruchowa. Charakteryzują je często występujące ruchy przypadkowe, szarpane lub wijące, przypominające fragmenty ruchów normalnych. Ruchy te zwane **ruchami pląsawiczymi** są głównym objawem choroby Huntingtona (pląsawicy) i **dyskinezy** obserwowanej jako niepożądany efekt leczenia choroby Parkinsona z zastosowaniem preparatu L-DOPA (patrz niżej i temat R3) lub skutek zawału jądra niskowzgórzowego.

Choroba Huntingtona jest postępującą chorobą neurodegeneracyjną, której objawy (ubytek funkcji poznawczych i ruchowych) występują między 40 a 50 rokiem życia. Jest to choroba dziedziczona w sposób autosomalny dominujący i jest spowodowana nieprawidłowością w genie 4 chromosomu kodującym szeroko rozpowszechnione białko **huntingtynę**, którego rola nie jest znana. Nieprawidłowość polega na nadmiernych powtórzeniach trinukleotydu (CAG), który koduje serię reszt glutaminianowych w pobliżu zakończenia N tego białka. Z tego powodu cząsteczki huntingtyny tworzą skupienia (złogi) w jądrach specyficznych neuronów. Szczególnie dotknięte są średnie neurony kolcowe typu GABA/ENK w prążkowiu. Ich śmierć powoduje nienormalne hamowanie jądra niskowzgórzowego, a przez to niewłaściwą, zwiększoną aktywność neuronów wzgórzowo-korowych. Podsumowując, pląsawica polega na tym, że droga pośrednia nie jest w stanie blokować niepożądanych sekwencji ruchowych.

Zawał jądra niskowzgórzowgo (STN) występuje rzadko i powoduje bardzo zaawansowaną pląsawicę, po stronie przeciwnej do uszkodzenia, zwaną **hemibalizmem**. Uważa się, że brak pobudzenia z STN powoduje, że GABAergiczne neurony w GPi i SNpr zaczynają wyładowywać się paczkami impulsów. Nie wiadomo, dlaczego tak się dzieje, jak również nie jest jasne, na czym polega późniejsza adaptacja, powodująca zanik objawów choroby, który występuje po kilku tygodniach po uszkodzeniach STN u zwierząt i u ludzi.

Tiki są hiperkinezjami, w których występują stereotypowe i czasami bardzo złożone ruchy rąk i ruchy mimiczne twarzy. Czasami tiki są skojarzone z zaburzeniami behawioralnymi, tak jak w rzadkiej chorobie **Gillesa de la Tourette'a**, którym towarzyszy mimowolne wyrażanie seksualnych sprośności.

Hipokinezje
Są to choroby, w których aktywność ruchowa jest osłabiona. U zwierząt uszkodzenie gałki bladej powoduje nienormalny współskurcz mięśni agonistycznych i antagonistycznych w kończynie przeciwstronnej do miejsca uszkodzenia. W efekcie następuje wzrost **sztywności** stawów powodujący spowolnienie ruchów — **bradykinezję**. Uszkodzenie obustronne powoduje, że zwierzęta przyjmują nienaturalną, zgiętą postawę, której, jak się wydaje, nie mogą zmienić. To przypomina **dystonie**, obserwowane u ludzi w różnych chorobach, wliczając w to końcowy etap choroby Huntingtona, udary i uboczny efekt leczenia za pomocą substancji oddziałujących na dopaminergiczne receptory D2, takich jak metoklopramid. Typowym przykładem hipokinezji jest **choroba Parkinsona**, w której występują sztywność, bradykinezja i drżenie mięśniowe. Jej patologia i leczenie są omówione w temacie R3.

Zespół zaburzeń obsesyjno-kompulsywnych (nerwica natręctw) jest przewlekłą chorobą psychiczną, w której człowiek nie może powstrzymać się przed niekończącym się powtarzaniem tych samych działań lub myśli. Dotknięta tą chorobą osoba może spędzać każdego dnia wiele godzin na bezcelowych czynnościach, takich jak mycie rąk z powodu obsesyjnego lęku przez zakażeniem, lub wielokrotne sprawdzanie, czy drzwi frontowe są zamknięte po opuszczeniu mieszkania. Tak jak w innych neurozach również w tym zespole występują spotęgowane zachowania perseweracyjne. Badania z wykorzystaniem metod obrazo-

wania mózgu wskazują na zmniejszony przepływ krwi w korze oczodołowo-czołowej, który jest skorelowany ze stopniem zaawansowania
choroby. Uszkodzenia kory oczodołowo-czołowej u naczelnych wywołują perseweracje. To sugeruje, że powodem występowania zespołu
obsesyjno-kompulsywnego mogą być zaburzenia funkcji połączeń kory
oczodołowo-czołowej z jądrami podstawnymi.

L7 KONTROLA RUCHÓW OCZU

Hasła

Ruchy oczu	Ruchy oczu albo utrzymują wzrok skierowany (fiksują wzrok) na dany przedmiot w czasie ruchów głowy, lub przesuwają go, podążając za poruszającym się obiektem. Fiksacja wzroku odbywa się dzięki odruchowi przedsionkowo-ocznemu, który wykorzystuje informację z przewodów półkolistych, oraz odruchowi wzrokowo-kinetycznemu, który zależy od informacji wzrokowej. Ruchy gałek ocznych mogą być sakadyczne (szybkie), płynne wodzące (wolne) lub zbieżne. Ruchy zbieżne, w których oczy poruszają się w przeciwnych kierunkach, umożliwiają śledzenie zbliżającego się lub oddalającego przedmiotu.
Układ kontroli zewnętrznych mięśni oka	Działanie trzech par mięśni umożliwia obrót gałek ocznych w trzech podstawowych osiach. W czasie sprzężonych ruchów oczu, w których obie gałki poruszają się w tym samym kierunku, pobudzeniu mięśni jednego oka towarzyszy pobudzenie mięśni dopełniających w drugim oku. Mięśnie zewnętrzne oka są unerwiane przez motoneurony znajdujące się w jądrach nerwów: okoruchowego, bloczkowego i odwodzącego. Motoneurony te są z kolei sterowane przez jądra siatkowate i przyśrodkowe jądra przedsionkowe znajdujące się w pniu mózgu. Wyładowania w motoneuronach mięśni okoruchowych kodują prędkość ruchu i zmianę położenia oka.
Odruch przesionkowo-oczny	Obrót głowy, wykrywany dzięki przewodom półkolistym, powoduje odpowiednio dopasowany przeciwny ruch gałek ocznych, tak aby obraz na siatkówce pozostał nieruchomy. Przy dużych ruchach głowy, gdy oczy zostały obrócone do skrajnego położenia, następuje ich szybkie przestawienie do pozycji centralnej. To powoduje oczopląs, drgające ruchy oczu z fazami wolnymi, w których wzrok jest zafiksowany, i fazami szybkimi, w których jest przesuwany. Odruch przedsionkowo-oczny ulega adaptacji w odpowiedzi na zmiany wejścia wzrokowego. Jest to przykład uczenia się ruchu w móżdżku.
Odruch wzrokowo--kinetyczny	Powolny obrót głowy powoduje, że obraz przesuwa się po siatkówce. To wyzwala ruch oczu w przeciwnym kierunku. Duży obrót głowy wywołuje oczopląs.
Ruchy sakadyczne (skokowe)	Szybkie ruchy kierujące wzrok na nowy punkt w przestrzeni wzrokowej nazywane są ruchami sakadycznymi. Powstają w wyniku działania odruchów w odpowiedzi na bodźce wzrokowe, słuchowe i czuciowe. Jądra przedsionkowe są bezpośrednio odpowiedzialne za pobudzenie motoneuronów mięśni oczu w pniu mózgu, ale ruchy sakadyczne są wytwarzane w wyniku pobudzenia idącego ze

wzgórków górnych i kory czołowej. Wzgórki górne wytwarzają
odruchy sakadyczne. Występują w nich mapy czuciowe i ruchowe
i dzięki temu każdy punkt we wzgórku czworaczym odpowiada
punktowi w przestrzeni zmysłowej. Na tej podstawie zostają
określone ruchy sakadyczne niezbędne do skierowania spojrzenia na
zadany punkt przestrzeni. Kierunek i wielkość ruchu są określone
przez średnie wyładowanie populacji komórek wzgórka. Czołowe
pola oczne, zlokalizowane w korze czołowej, wyzwalają ruchy
sakadyczne poprzez połączenia ze wzgórkiem czworaczym i pniem
mózgu. Kora czołowa odpowiada za zamierzone ruchy sakadyczne.

| Płynne ruchy wodzenia |

Ruchy te są związane z celowym śledzeniem przedmiotu
poruszającego się w polu wzrokowym. Informacja o prędkości
poruszającego się przedmiotu jest przekazywana z korowego układu
wzrokowego „gdzie" do neuronów mostu. Tu neurony zamieniają
informacje o prędkości na rozkazy ruchowe wytwarzające płynne
ruchy wodzenia.

| Ruchy zbieżne |

Do wytworzenia ruchów zbieżnych niezbędna jest kora wzrokowa
i informacja o zamazaniu obrazu na siatkówce lub stopniu
akomodacji. Szybkie ruchy zbieżne są wykonywane w czasie ruchów
sakadycznych

Tematy pokrewne Zmysł równowagi (G4)   Funkcje móżdżku (L4)
                     Oko i układ wzrokowy (H2)   Budowa anatomiczna jąder
                     Przetwarzanie równoległe   podstawnych (L5)
                        w układzie wzrokowym (H7)   Uczenie się zadań ruchowych
                     Korowe sterowanie ruchami   w móżdżku (Q5)
                        dowolnymi (K6)

Ruchy oczu   Zadaniem ruchów oczu jest albo stabilizacja wzroku, polegająca na tym,
                  że oczy pozostają nieruchomo zafiksowane na jakimś obiekcie w czasie
                  ruchów głowy, lub przesuwanie wzroku, co umożliwia skierowanie
                  środkowej części siatkówki zwanej dołkiem na przedmiot lub śledze-
                  nie poruszającego się obiektu. Pięć typów ruchów oczu umożliwia wyko-
                  nanie tych zadań. Każdy z nich kontrolowany jest przez odrębny uk-
                  ład neuronalny.
                     Stabilizacja spojrzenia jest sterowana przez układy przedsionkowo-
                  -oczny i wzrokowo-kinetyczny. W czasie szybkich ruchów głowy decy-
                  dujący jest odruch przedsionkowo-oczny, działający na podstawie syg-
                  nałów otrzymywanych z przewodów półkolistych, natomiast odruch
                  wzrokowo-kinetyczny zależy od wejścia wzrokowego przetwarzającego
                  informację o powolnych ruchach głowy. Oba te odruchy powodują
                  sprzężone ruchy oczu w kierunku przeciwnym do obrotu głowy, tak że
                  obraz na siatkówce nie ulega przesunięciu.
                     Trzy układy ruchowe są odpowiedzialne za ruchy oczu. Układ
                  ruchów sakadycznych wytwarza niezwykle szybkie ruchy gałek ocz-
                  nych, zwane ruchami sakadycznymi, które przesuwają wzrok z jednego
                  punktu pola wzrokowego na drugi, tak żeby obraz nowego obiektu

padał na dołek środkowy. Układ wodzenia umożliwia śledzenie poruszającego się przedmiotu i takie ruchy gałek ocznych, żeby jego obraz utrzymywał się w dołku środkowym. I w końcu u zwierząt z widzeniem obuocznym, układ zbieżny powoduje ruchy gałek ocznych w przeciwnych kierunkach (ruchy rozłączne): albo obie gałki oczne zbiegają się, albo rozbiegają, tak aby wzrok był skierowany na zbliżający się lub oddalający przedmiot.

Sygnały z tych wszystkich pięciu układów ruchowych są przesyłane neuronami okoruchowymi znajdującymi się w pniu mózgu. Aksony tych neuronów idą trzema parami nerwów czaszkowych do mięśni szkieletowych poruszających gałki oczne.

Układ kontroli zewnętrznych mięśni oka

Każde oko jest poruszane przez trzy pary zewnętrznych mięśni ocznych. Dwie pary mięśni prostych (m. górny, dolny, przyśrodkowy i boczny) biorą początek ze wspólnego pierścienia ścięgnistego przytwierdzonego do tyłu oczodołu. Mięśnie te dochodzą do twardówki w przedniej półkuli gałki ocznej. Trzecia para mięśni to mięśnie skośne (górny i dolny), które dochodzą do twardówki w tylnej części gałki ocznej (*rys. 1*).

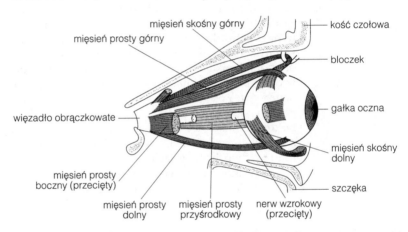

Rys. 1. Zewnętrzne mięśnie oczne prawego oczodołu

Współpraca tych mięśni umożliwia obrót oka w trzech podstawowych osiach (*rys. 2*). Działanie mięśni prostych przyśrodkowego i bocznego nie jest skomplikowane. Powodują one obrót oka wokół osi pionowej, tak że kierunek spojrzenia przesuwa się poziomo. Mięsień prosty przyśrodkowy powoduje obrót w kierunku linii środkowej (addukcja), natomiast miesień prosty boczny powoduje obrót boczny (abdukcję). Pozostałe dwie pary mięśni wytwarzają obroty, które są składowymi obrotów wokół dwu podstawowych osi, a składowe te ulegają zmianie zależnie od pozycji oka w poziomie. Ruchy te są zestawione w *tabeli 1*.

W czasie ruchów sprzężonych, w których osie wzrokowe obu gałek poruszają się równolegle, działanie mięśni obu oczu dopełnia się. Tak więc skurcz mięśnia prostego bocznego w jednym oku jest sprzężony ze skurczem mięśnia prostego przyśrodkowego w drugim oku, co powoduje poziome przesunięcie wzroku (patrz *tab. 1*).

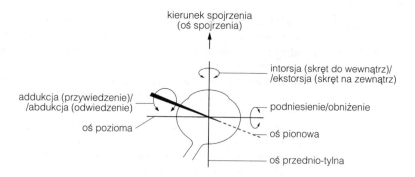

Rys. 2. Zasadnicze osie obrotu oka, pokazane dla oka prawego. U zdrowych osobników ruchy skrętne (ruchy wokół osi przednio-tylnej) są małe

Zewnętrzne mięśnie oczne są unerwiane przez motoneurony jąder nerwów czaszkowych: okoruchowego (n. III), bloczkowego (n. IV) i odwodzącego (n. VI). Neurony te tworzą wspólną wyjściową drogę pięciu układów ruchowych i są sterowane przez jądra siatkowate mostu i przyśrodkowe przedsionkowe. Aksony tych neuronów idą w **pęczku podłużnym przyśrodkowym**. Wyładowania w motoneuronach mięśni ocznych są zarówno toniczne, jak i fazowe i ich częstotliwość zależy odpowiednio od pozycji oka i prędkości poruszania. Utrzymanie oka nieruchomo w danej pozycji wymaga tonicznego wyładowania danej populacji motoneuronów. Populacja ta jest inna dla różnych pozycji oka. Każdy motoneuron wysyła impulsy z częstotliwością odpowiednią dla danego położenia oka, tak więc jego częstotliwość wyładowań jest liniowo związana z położeniem. Różnica częstotliwości wyładowań motoneuronu w dwóch pozycjach oka nazywa się **krokiem**. Dany neuron nie musi być aktywny we wszystkich położeniach oka (np. długotrwałe spojrzenie w lewo następuje w wyniku wyładowań o dużej częstotliwości

Tabela 1. Ruchy zewnętrznych mięśni oczu. Ruch mięśni poruszających oczy pionowo zależy od tego, czy oko jest w tym samym czasie przywiedzione, czy odwiedzione. Na przykład, mięsień prosty górny unosi oko, jeśli w tym samym czasie jest pobudzony mięsień prosty boczny, ale powoduje skręt oka do wewnątrz (ku nosowi), jeśli oko jest w tym samym czasie przywiedzione przez mięsień prosty przyśrodkowy

Mięsień	Unerwienie	Ruch	Mięsień dopełniający przeciwstronnego oka
Prosty boczny	n. odwodzący (VI)	Odwiedzenie	Prosty przyśrodkowy
Prosty przyśrodkowy	n. okoruchowy (III)	Przywiedzenie	Prosty boczny
Prosty górny	n. okoruchowy (III)	Podnoszenie i skręt do wewnątrz	Skośny dolny
Prosty dolny	n. okoruchowy (III)	Obniżenie i skręt na zewnątrz	Skośny górny
Skośny dolny	n. okoruchowy (III)	Skręt na zewnątrz i podnoszenie	Prosty górny
Skośny górny	n. bloczkowy (IV)	Skręt do wewnątrz i obniżenie	Prosty dolny

w motoneuronach lewego mięśnia prostego bocznego, ale w tym samym czasie lewy mięsień prosty przyśrodkowy jest antagonistą w tym ruchu, więc jego motoneurony nie są pobudzone).

Ruchy oczu są wywoływane paczkami potencjałów czynnościowych o wysokiej częstotliwości wywołanych w neuronach okoruchowych. Częstotliwość wyładowań potencjałów w paczce jest wprost proporcjonalna do prędkości ruchu. Każdy ruch oka, w którym najpierw następuje ruch, a potem oko utrzymywane jest w nowej pozycji, ma konfigurację pobudzenia **paczka-krok**. Utrzymanie oczu w nowej pozycji wymaga wytworzenia odpowiedniego pobudzenia. Uważa się, że wytworzenie pobudzenia dla nowego położenia oka powstaje w wyniku integracji sygnału o prędkości ruchu. Integracja odbywa się w części przedsionkowo-móżdżkowej i w **jądrze przyimkowym** układu siatkowatego pnia mózgu.

Odruch przedsionkowo-oczny (ang. vestibulo-ocular reflex, VOR)
Ruchy głowy wykryte przez przewody półkoliste (patrz temat G5) wywołują obrót obu oczu w tym samym zakresie, lecz o przeciwnym kierunku. Przy obrotach głowy o dużej amplitudzie oczy nie mogą się obrócić w takim samym stopniu i są ustawiane w pozycji centralnej przez szybki ruch wykonany w tym samym kierunku co obrót głowy. To zapoczątkowuje **oczopląs**, czyli ruchy oczu charakteryzujące się fazami powolnymi, w których następuje stabilizacja obrazu na siatkówce, i fazami szybkimi, w których oczy ustawiane są w pozycji centralnej. Przyjęto, że kierunek oczopląsu jest zgodny z kierunkiem fazy szybkiej (*rys. 3*).

Poziome przewody półkoliste mają bogate połączenia z mięśniami prostymi przyśrodkowym i bocznym, dzięki czemu wytwarzane są ruchy oka, które przeciwdziałają ruchom głowy (*rys. 4*).

Wzmocnienie odruchu VOR (równe kątowi obrotu oczu podzielonemu przez kąt obrotu głowy) jest bliskie jedności przy szybkich ruchach głowy. Oznacza to, że istnieje dobre dopasowanie między ruchami oczu i ruchami głowy powodujące, że obraz na siatkówce jest ustabilizowany. Odruch VOR może być modyfikowany przez doświadczenie wzrokowe. Gdy człowiek nosi szkła powiększające, oczy, aby dopasować się do ruchów głowy, powinny wykonywać większe ruchy. Rzeczywiście, w ciągu kilku dni wzmocnienie odruchu VOR odpowiednio wzrasta. Do wytworzenia tej zmiany niezbędny jest móżdżek, ale nie jest on potrzebny do jej utrzymania. Niestabilny obraz wytworzony na siatkówce wytwarza sygnał błędu, który jest przesyłany włóknami pnącymi z jądra

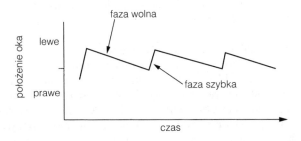

Rys. 3. Lewy oczopląs w czasie ruchu głowy

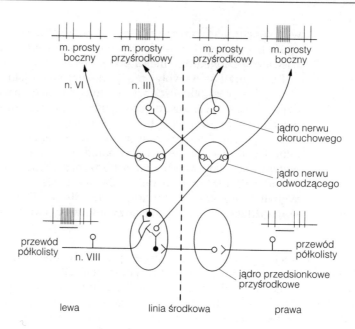

Rys. 4. Połączenia występujące w odruchu przedsionkowo-ocznym. Stymulacja poziomych przewodów półkolistych spowodowana ruchem głowy w lewo pobudza tożstronny m. prosty przyśrodkowy i przeciwstronny m. prosty boczny, a hamuje m. antagonistyczne. Neurony pobudzające, kółka białe; neurony hamujące, kółka zaczernione. Pokazano wzorzec pobudzenia neuronów nerwów czaszkowych

dolnego oliwki do móżdżku. Móżdżek uczy się, jak minimalizować błąd i koryguje sygnały wysyłane do zewnętrznych mięśni ocznych. Jest to przykład uczenia się ruchów, które jest szczegółowo opisane w temacie L4 i Q5. Uszkodzenie części przedsionkowo-móżdżkowej upośledza zdolność do utrzymania wzroku nieruchomo, wywołując niewłaściwy oczopląs.

**Odruch wzrokowo-
-kinetyczny**

Powolny obrót głowy powoduje zauważalny obrót otaczającego świata w przeciwnym kierunku zwany **poślizgiem siatkówkowym**. Jest on wykrywany przez duże, wrażliwe na ruch komórki zwojowe siatkówki. Sygnał z tych komórek służy do wytworzenia ruchu oczu, który jest równy co do wielkości, ale o przeciwnym kierunku do poślizgu siatkówkowego. Przy dużych ruchach głowy, podobnie jak w odruchu VOR, występuje oczopląs.

Ruchy sakadyczne (skokowe)

Ruchy sakadyczne (sakady) to bardzo szybkie, sprzężone ruchy gałek ocznych, które nakierowują dołek środkowy na różne punkty w polu widzenia. Układ ruchów sakadycznych wykorzystuje informację wzrokową, słuchową i czuciową do określenia obrotu gałek ocznych niezbędnego do ukierunkowania wzroku. Poziome ruchy sakadyczne są sterowane przez **przyśrodkowy mostowy twór siatkowaty**, który leży na linii środkowej w sąsiedztwie jąder nerwów czaszkowych: okoruchowego, bloczkowego i odwodzącego. Pionowe ruchy sakadyczne są kontrolowane przez **przednie śródmiąższowe jądro** pęczka przyśrodkowego podłużnego, znajdującego się w śródmózgowiu, do przodu od jądra nerwu okoruchowego (n. III). Obie te struktury zawierają neurony, które kodują zakres i kierunek ruchu oczu oraz wytwarzają ruchy sakadyczne pobudzając neurony okoruchowe. Ruchy sakadyczne są wyzwalane z dwóch źródeł, wzgórków górnych i czołowego pola ocznego. Obie te struktury mogą niezależnie generować ruchy sakadyczne. Ich zniszczenie pozbawia naczelne możliwości wykonywania ruchów sakadycznych.

Wzgórek górny leży w pokrywie śródmózgowia i jest podzielony na warstwy: powierzchniowe, pośrednie i głębokie. Warstwy powierzchniowe otrzymują informację wzrokową z siatkówki i kory wzrokowej, umożliwiającą stworzenie mapy przeciwstronnego pola wzrokowego. Warstwy głębokie otrzymują informację słuchową i czuciową, a więc posiadają dwie mapy: mapę słuchową, odzwierciedlającą położenie dźwięków w przestrzeni, i mapę czuciową, w której części ciała położone najbliżej oka mają największą reprezentację. W warstwach pośrednich znajduje się mapa ruchowa. Występujące tam neurony są nazywane **neuronami wzgórkowymi związanymi z ruchami sakadycznymi**. Ich aktywność ma charakter „paczkowy", tzn. na 20 ms przed wystąpieniem ruchów sakadycznych powstają w nich serie potencjałów czynnościowych o dużej częstotliwości. Każdy z neuronów sakadycznych ma **pole ruchowe** (odpowiednik pola recepcyjnego), ściśle związane z zakresem i kierunkiem tych ruchów. Pola ruchowe są duże w tym sensie, że komórki sakadyczne są aktywne przy wielu podobnych ruchach sakadycznych, ale osiągają one maksymalną aktywność dla jednego, preferowanego ruchu. Szeroka gama ruchów sakadycznych pobudzających komórki jednego pola oznacza, że kierunek danego ruchu jest kodowany w populacji neuronów, których wyładowania dokładnie określają jego kierunek. Dokładnie w ten sam sposób pierwszorzędowa kora ruchowa wykorzystuje kodowanie w populacji komórek do określenia kierunku ruchu. (patrz temat K6).

Kluczową rolą wzgórków górnych jest zamiana współrzędnych zmysłowych na współrzędne ruchowe. Wykorzystywane są do tego wszystkie cztery skorelowane mapy zmysłowe. Każdy punkt we wzgórku górnym odpowiada pewnemu punktowi w przestrzeni czuciowej i ruchowi sakadycznemu koniecznemu do skierowania wzroku na ten punkt. Sygnał wzrokowy dochodzący do warstw powierzchniowych nie musi wywołać wyładowań w komórkach czworaczych związanych z ruchami sakadycznymi. Dzieje się tak dlatego, że informacja z neuronów warstw powierzchniowych nie dochodzi bezpośrednio do komórek warstw pośrednich, lecz pośrednio, poprzez **poduszkę** wzgórza i korę wzrokową. To pośrednie połączenie może być konieczne do określenia rangi (**znaczenia**) danego bodźca wzrokowego i wywołania ruchu sakadycznego tylko w przypadku znacznie wyróżniających się bodźców. *Rysunek 5* przedstawia schemat struktur związanych z ruchami sakadycznymi.

Poza wytwarzaniem ruchów sakadycznych, wzgórek górny powoduje ruchy głowy, za pośrednictwem **drogi pokrywkowo-rdzeniowej** dochodzącej do motoneuronów mięśni szyi. Umożliwia to zwrócenie się w stronę bodźca, tzw. **odpowiedź orientacyjną.**

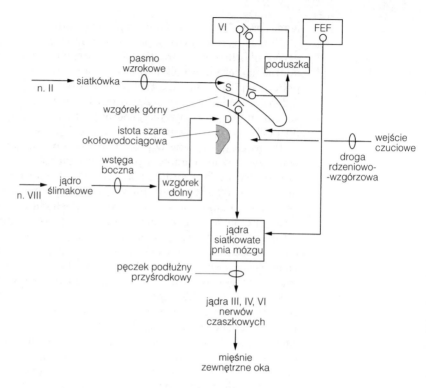

Rys. 5. Połączenia struktur związanych z ruchami sakadycznymi. We wzgórku górnym pokazano warstwy: S, powierzchniowe; I, pośrednie; D, głębokie. FEF, czołowe pola oczne; VI, pierwszorzędowa kora wzrokowa

Czołowe pole oczne (ang. frontal eye field, FEF) położone w korze czołowej wyzwala ruchy sakadyczne za pośrednictwem warstw pośrednich wzgórka górnego oraz mostowych i śródmózgowiowych jąder siatkowatych. Pole FEF bezpośrednio pobudza (wyzwalając paczki impulsów) neurony związane z ruchami sakadycznymi i znajdujące się w warstwie pośredniej wzgórków górnych. Ponadto pole FEF (i związane z nim obszary korowe) pobudzają te neurony drogą okoruchową: jądra podstawne–wzgórze–kora (temat L5), uwalniając je spod hamującego wpływu części siatkowatej istoty czarnej.

Uszkodzenie wzgórków górnych wywołuje czasowe zaburzenia w wykonaniu ruchów sakadycznych, ale po pewnym czasie następuje poprawa, ponieważ pole FEF może wywoływać ruchy sakadyczne poprzez bezpośrednie połączenie z mostem i śródmózgowiem. Zniszczenie pola FEF przejściowo uniemożliwia kierowanie wzroku w stronę przeciwną do uszkodzenia, ale odruchy sakadyczne wkrótce powracają, wytwarzane przez wzgórki górne. Jednakże utrata pola FEF uniemożliwia wykonywanie zamierzonych i antycypujących ruchów sakadycznych.

Płynne ruchy wodzenia

Zamierzone śledzenie poruszającego się obiektu w taki sposób, że obraz pozostaje w dołku środkowym, jest wykonywane przez układ płynnych ruchów wodzenia. Płynne ruchy wodzenia różnią się od odruchów wzrokowo-kinetycznych tym, że są dowolne i towarzyszą ruchom w małej części przestrzeni wzrokowej. Odruchy wzrokowo-kinetyczne są niezależne od naszej woli i odpowiadają na ruch w całym polu widzenia.

Sygnały związane z prędkością celu (tj. jej wartością i kierunkiem) powstają w przyśrodkowej korze czołowej układu wzrokowego „gdzie" (patrz temat H7), który analizuje ruch. Uszkodzenia tej części kory uniemożliwiają ruchy wodzenia. Sygnały te są wysyłane do **grzbietowo--bocznego jądra mostu** (ang. dorsolateral pontine nucleus, DLPN), które zamienia prędkość obiektu na komendy ruchowe. DLPN daje projekcje do części przedsionkowo-móżdżkowej, której neurony wyładowują się w sposób ściśle skorelowany z ruchami wodzenia. Stąd wychodzą połączenia do przyśrodkowych jąder przedsionkowych, sterujących tymi ruchami.

Ruchy zbieżne

Ruchy zbieżne są jedynymi rozłącznymi ruchami gałek ocznych. Na przykład przesuwanie wzroku na bliższy przedmiot wymaga przywiedzenia obu oczu, co jest spowodowane skurczem obu mięśni prostych przyśrodkowych. Do sygnałów wywołujących ruchy zbieżne należą zamazanie obrazu na siatkówce powstające w wyniku dużej rozbieżności siatkówek, wielkość akomodacji lub jednooczne informacje o odległości. Wszystko to wymaga zaangażowania kory wzrokowej. Szybkie ruchy zbieżne występują w czasie ruchów sakadycznych.

M1 BUDOWA ANATOMICZNA I POŁĄCZENIA PODWZGÓRZA

Hasła

Budowa anatomiczna podwzgórza

Podwzgórze, położone w obrębie międzymózgowia i składające się z licznych jąder, jest zaangażowane w regulację snu, zachowań apetytywnych, a także kontrolę czynności autonomicznych i wewnątrzwydzielniczych, za które odpowiada głównie jądro przykomorowe (łac. *nucleus paraventricularis*, PVN). PVN zawiera duże komórki nerwowe, tworzące projekcje do tylnego płata przysadki mózgowej poprzez pień przysadki, a także komórki nerwowe małe, których zakończenia znajdują się w obrębie wyniosłości przyśrodkowej, położonej bezpośrednio ponad pniem przysadki. W osi przyśrodkowo-bocznej podwzgórze można podzielić na trzy strefy, natomiast w osi przednio-tylnej — na cztery części.

Połączenia podwzgórza

Podwzgórze jest częścią układu limbicznego, odpowiedzialnego za procesy emocjonalne. Podwzgórze otrzymuje wejście z hipokampa poprzez sklepienie. Projekcja ta podąża przede wszystkim do ciał suteczkowatych, a także do innych jąder podwzgórza. Wyjście z ciał suteczkowatych prowadzi do przednich jąder wzgórza (ang. anterior thalamic nuclei, ATN). Przednia okolica wzgórza tworzy z kolei projekcje do kory zakrętu obręczy, która posiada połączenia z hipokampem, zamykające obwód neuronalny noszący nazwę kręgu Papeza. Wejścia do podwzgórza z ciała migdałowatego podążają dwiema drogami; poprzez prążek krańcowy (łac. *stria terminalis*) i drogę migdałowatą brzuszną. Pęczek przyśrodkowy przodomózgowia, zawierający włókna monoaminergiczne, przebija się przez podwzgórze tworząc jednocześnie liczne odgałęzienia i połączenia.

Przysadka mózgowa

Gruczoł przysadkowy składa się z płata tylnego, stanowiącego w zasadzie wypustkę podwzgórza, oraz płata przedniego. Przysadka jest połączona z podstawą mózgu poprzez pień. Duże komórki neurosekrecyjne podwzgórza wysyłają swoje aksony do płata tylnego przysadki i uwalniają hormony bezpośrednio w jego obrębie. W przeciwieństwie do tego, hormony uwalniane przez małe komórki podwzgórza do wyniosłości przyśrodkowej docierają do płata przedniego przysadki za pośrednictwem sieci naczyń krwionośnych.

Tematy pokrewne

Budowa ośrodkowego układu nerwowego (E2)
Funkcje tylnego płata przysadki (M2)
Neurohormonalna kontrola metabolizmu i wzrostu (M3)

Neurohormonalna kontrola rozmnażania (M4)
Kontrola pobierania pokarmu (O2)
Sen (O4)

Budowa anatomiczna podwzgórza

Podwzgórze stanowi część międzymózgowia i położone jest brzusznie w stosunku do wzgórza. Uczestniczy ono w kontroli szeregu czynności: cyklu snu i czuwania, termoregulacji, pobierania pokarmu i regulacji wydatkowania energii metabolicznej, pobierania wody i homeostazy płynów, wzrostu i rozmnażania. Niektóre z tych funkcji są realizowane przez podwzgórze za pośrednictwem autonomicznego układu nerwowego albo poprzez hormony wydzielane z przysadki mózgowej. Niniejszy rozdział dotyczy funkcji neuroendokrynnych i autonomicznych podwzgórza.

Podwzgórze zawiera liczne jądra skupione wokół trzeciej komory mózgu (*rys. 1*). Najbardziej z przodu znajduje się skrzyżowanie wzrokowe, natomiast najbardziej do tyłu położone części podwzgórza to ciała suteczkowate. Dno komory trzeciej stanowi warstwa istoty szarej, roz-

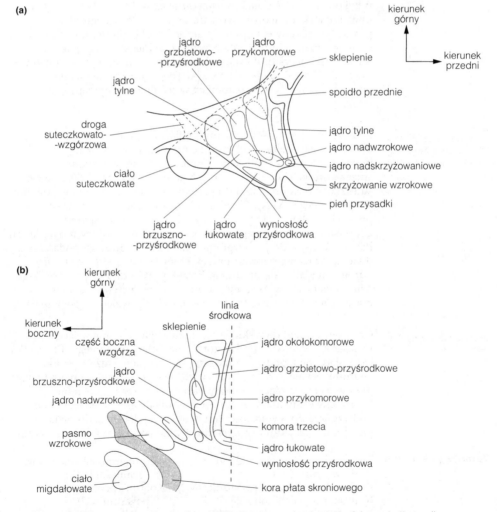

Rys. 1. Schemat budowy podwzgórza w lewej półkuli mózgowej człowieka. (a) przekrój strzałkowy, (b) przekrój czołowy

ciągająca się pomiędzy skrzyżowaniem wzrokowym a ciałami suteczko-watymi, nosząca nazwę **guza popielatego** (łac. *tuber cinereum*). Na jego przednim końcu znajduje się zgrubienie, **wyniosłość przyśrodkowa**, która tworzy projekcję do tylnego płata przysadki, noszącą nazwę pnia lejka i będącą częścią pnia przysadki. Podwzgórze dzieli się na trzy podłużne strefy: **okołokomorową** — sąsiadującą z komorą trzecią, **przy-środkową** (pośrednią) oraz **boczną**. W osi przednio-tylnej można nato-miast wyróżnić cztery części: **przedwzrokową**, **przednią**, **guzową** oraz **suteczkowatą**. Położenie ważniejszych jąder podwzgórza podaje *tabela 1*. W większości funkcji wewnątrzwydzielniczych i autonomicznych uczest-niczą jądra przykomorowe. Zawierają one liczne populacje komórek **neuroendokrynnych**, wydzielających różne peptydy, które można zali-czyć do dwóch grup. Neurony duże (ang. magnocellular — wielkoko-mórkowe) tworzą projekcje do tylnego płata przysadki, a małe (ang. par-vocellular — drobnokomórkowe) — do wyniosłości przyśrodkowej.

Tabela 1. Położenie ważniejszych jąder podwzgórza

| Część | Strefa | | |
	okołokomorowa	przyśrodkowa	boczna
Przedwzrokowa		Przyśrodkowe jądro przedwzrokowe	Boczne jądro przedwzrokowe
Przednia	Jądro nadskrzyżowaniowe Jądro przykomorowe Przednie jądro okołokomorowe	Jądro przednie	Jądro nadwzrokowe
Guzowa	Jądro łukowate	Jądro brzuszno-przyśrodkowe Jądro grzbietowo--przyśrodkowe	Boczna okolica podwzgórza
Suteczkowata	Tylne jądro podwzgórza	Przyśrodkowe jądra suteczkowate[a]	Boczna okolica podwzgórza Boczne jądra suteczkowate[a]

[a] – ciała suteczkowate

Połączenia podwzgórza

Podwzgórze ma połączenia ze strukturami układu limbicznego, które są zaangażowane w procesy emocjonalne i ich ekspresję (*rys. 2*). Otrzymuje ono wejścia z hipokampa za pośrednictwem **podkładki** (łac. *subiculum*), okolicy kory o budowie przejściowej (temat E2). Wejścia te przebiegają poprzez **zaspoidłową część sklepienia**, przede wszystkim tworzącą pro-jekcję do ciał suteczkowatych, a także za pośrednictwem **przegrody** (łac. *septum*) poprzez **przedspoidłową część sklepienia**, które ma połączenia ze wszystkimi trzema strefami podwzgórza. Wejście z ciała migdałowa-tego do podwzgórza przebiega poprzez **prążek krańcowy**, pętlę podąża-jącą do sklepienia, a także poprzez **drogę migdałowatą brzuszną**. Nato-miast wyjście z podwzgórza tworzą połączenia prowadzące z ciał sutecz-kowatych (ang. mamillary bodies, MB) poprzez **szlak suteczkowato--wzgórzowy** do **przednich jąder wzgórza** (ATN). Jądra te wysyłają połączenia do **kory zakrętu obręczy** (ang. cingulate cortex, CC), która z kolei tworzy projekcję do hipokampa, zamykając w ten sposób obwód

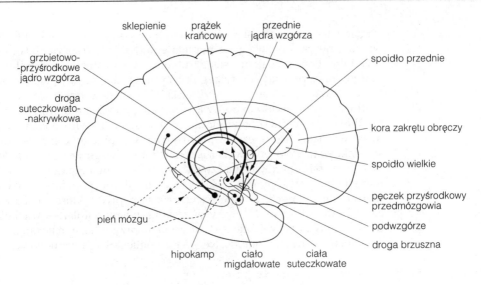

sklepienie   prążek   przednie
              krańcowy   jądra wzgórza

grzbietowo-
-przyśrodkowe
jądro wzgórza

droga
suteczkowato-
-nakrywkowa

spoidło przednie

kora zakrętu obręczy

spoidło wielkie

pęczek przyśrodkowy
przedmózgowia

podwzgórze

pień mózgu

droga brzuszna

hipokamp   ciało   ciała
            migdałowate suteczkowate

Rys. 2. Główne połączenia podwzgórza w mózgu człowieka

(MB–ATN–CC–hipokamp–podwzgórze), noszącą nazwę **pętli (kręgu) Papeza**. Autor ten zaproponował, że omówiona pętla neuronalna jest odpowiedzialna za świadome postrzeganie emocji, a także za poznawczy wpływ na emocje. Z podwzgórza wychodzi również projekcja do kory przedczołowej, a ciała suteczkowate, poprzez drogę suteczkowato--nakrywkową, mają połączenia ze śródmózgowiem.

Pęczek przyśrodkowy przodomózgowia przechodzi poprzez boczną strefę podwzgórza. Składa się on głównie z aksonów neuronów mono-aminoergicznych, których perikariony znajdują się w jądrach pnia mózgu. Liczne włókna noradrenergiczne i serotoninergiczne tworzą połączenia synaptyczne z neuronami podwzgórza. Natomiast aksony dopa-minergiczne, pochodzące z istoty czarnej i brzusznej nakrywki, prze-chodzą przez podwzgórze nie tworząc połączeń.

Część przykomorowa oraz boczna okolica podwzgórza otrzymują trzewne wejście czuciowe z jądra pasma samotnego, które pełni istotną rolę w kontroli AUN przez podwzgórze.

Przysadka mózgowa

Gruczoł przysadkowy (łac. *hypophysis*) dzieli się na część nerwową (łac. *neurohypophysis*) i nabłonkową (łac. *adenohypophysis*). Część nerwowa wyrasta bezpośrednio z podwzgórza. Składa się ona z **płata tylnego**, pnia (łodygi) lejka i wyniosłości przyśrodkowej. Część nabłonkowa składa się z **płata przedniego**, słabo rozwiniętego u człowieka płata pośred-niego oraz **części guzowej** (łac. *pars tuberalis*), wyrostka otaczającego pień lejka. Część guzową i pień lejka określa się łącznie jako **pień przysadki** (*rys. 3*).

Istnieją dwie drogi, za pośrednictwem których podwzgórze sprawuje kontrolę nad uwalnianiem hormonów przez przysadkę mózgową. Po-łączenie funkcjonalne między podwzgórzem a płatem tylnym przysadki ma charakter „neuronalny". Duże komórki neurosekrecyjne, których perikariony znajdują się w podwzgórzu, wysyłają aksony poprzez wyniosłość przyśrodkową i pień lejka do płata tylnego, tworząc **szlak guzo-wo-przysadkowy**. Hormony, uwalniane z tylnego płata przysadki, są syntetyzowane w perikarionach komórek neurosekrecyjnych i wydzielane przez zakończenia aksonów. W przeciwieństwie do tego, funkcjonalne połączenie pomiędzy podwzgórzem a przednim płatem przysadki ma charakter „naczyniowy". Tętnica przysadkowa górna tworzy w obrębie wyniosłości przyśrodkowej sieć kapilarną, przechodzącą następnie w długie żyły wrotne, podążające do płata przedniego. Naczynia te doprowadzają krew do wtórnej sieci kapilarnej, która zaopatruje w krew komórki przedniego płata przysadki. Funkcja tego szczególnego **podwzgórzowo-przysadkowego układu krążenia wrotnego** polega na dostarczaniu do płata przedniego hormonów, wydzielanych przez małe komórki nerwowe w obrębie wyniosłości przyśrodkowej.

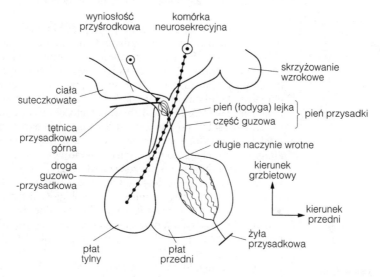

Rys. 3. Połączenia neuronalne i naczyniowe pomiędzy podwzgórzem a przysadką mózgową. U człowieka droga guzowo-przysadkowa składa się z około 100 000 włókien aksonowych

M2 FUNKCJE TYLNEGO PŁATA PRZYSADKI

Hasła

Hormony tylnego płata przysadki	Neurony położone w jądrze nadwzrokowym (ang. supraoptic nucleus, SON) i jądrze przykomorowym (ang. paraventricular nucleus, PVN) wysyłają swoje aksony do tylnego płata przysadki, gdzie uwalniają dwa hormony peptydowe: arginino-wazopresynę (ang. arginine vasopressin, AVP) i oksytocynę.
Arginino--wazopresyna	AVP jest wydzielana z tylnego płata przysadki jako reakcja na wzrost osmolarności płynu międzykomórkowego lub zmniejszenie objętości krwi. Efektem jej działania jest przywrócenie stanu prawidłowego na skutek reabsorpcji wody przez nefrony w nerkach. Zmiany osmolarności są wykrywane przez komórki nerwowe narządu okołokomorowego, które posiadają połączenia synaptyczne z neuronami PVN i SON. Zmiany objętości krwi organizm wykrywa na dwa sposoby. Po pierwsze, wahania średniego ciśnienia tętniczego są odbierane przez baroreceptory, których włókna aferentne podążają do jądra pasma samotnego (ang. nucleus of the solitary tract, NST). NST przekazuje te sygnały do PVN i SON. W efekcie, obniżenie ciśnienia tętniczego krwi prowadzi do nasilenia sekrecji AVP. Po drugie, zmniejszenie objętości krwi jest wykrywane przez nefrony, które reagują wydzielając reninę. Enzym ten uruchamia kaskadę wytwarzającą angiotensynę II (AII). AII uruchamia sekrecję AVP oraz pobudza pragnienie.
Oksytocyna	Oksytocyna, uwalniana z neuronów PVN i SON, odmiennych od komórek wydzielających AVP, pobudza skurcze mięśni gładkich. Za pośrednictwem oksytocyny, ssanie sutka stymuluje odruch wydzielania mleka. Skurcze macicy podczas porodu występują w efekcie działania oksytocyny, uwalnianej odruchowo w odpowiedzi na ucisk płodu na szyjkę macicy.
Tematy pokrewne	Bariera krew–mózg (A5) Funkcje autonomicznego układu nerwowego (M6)

Hormony tylnego płata przysadki Duże komórki neurosekrecyjne **jądra nadwzrokowego** (SON) i **jądra przykomorowego** (PVN) wysyłają aksony do tylnego płata przysadki. Neurony te wydzielają nonapeptydy: **arginino-wazopresynę** (**AVP**), określaną również jako **hormon antydiuretyczny**, oraz **oksytocynę**. Peptydy te, w postaci prohormonów, są syntetyzowane w perykarionach komórek nerwowych, a następnie upakowywane do dużych (120 nm) pęcherzyków neurosekrecyjnych, które są dostarczane do zakończeń aksonów za pośrednictwem systemu transportu aksonalnego. Prohormony są rozkładane enzymatycznie wewnątrz pęcherzyków na hormon właściwy oraz drugi produkt — **neurofizynę**.

**Arginino-
-wazopresyna**

AVP jest wydzielana z tylnego płata przysadki do krążenia obwodowego w odpowiedzi na podwyższenie osmolarności płynu pozakomórkowego lub zmniejszenie objętości krwi. AVP zwiększa przepuszczalność cewek zbiorczych nerek dla wody, co powoduje nasilenie reabsorpcji wody. W efekcie dochodzi do obniżenia osmolarności płynu pozakomórkowego i zmniejszenia wydalania moczu (efekt antydiuretyczny) oraz do przywrócenia właściwej objętości krwi. W ten sposób AVP działa jako regulator pętli ujemnego sprzężenia zwrotnego, przywracając prawidłowe wartości osmolarności oraz objętości krwi.

Zapasy AVP w obrębie tylnego płata przysadki są znaczne; wystarczające do utrzymania maksymalnego poziomu antydiurezy w ciągu kilku dni odwodnienia. Osmoreceptory, reagujące na zmiany ciśnienia osmotycznego, znajdują się w narządzie naczyniowym blaszki krońcowej (ang. vascular organ of the lamina terminalis, OVLT). OVLT jest jednym z narządów okołokomorowych mózgu, znajdujących się po stronie krwi w barierze krew — mózg (patrz *rys. 1* i temat A5), zlokalizowanym na przednim końcu podwzgórza. Wrażliwe na ciśnienie osmotyczne neurony OVLT posiadają połączenia synaptyczne z komórkami PVN i SON (*rys. 2*) i zwiększają częstotliwość, generowanych przez komórki PVN i SON, potencjałów czynnościowych wtedy, gdy ciśnienie osmotyczne podnosi się. Zależność pomiędzy osmolarnością osocza a wydzielaniem AVP ma charakter liniowy.

Zmniejszenie objętości krwi o więcej niż 10% pobudza sekrecję AVP. Zjawisko to występuje w efekcie odwodnienia, będącego wynikiem braku dostępu do wody, wymiotów lub biegunki, a także w następstwie krwotoków. Istnieją dwa mechanizmy, uruchamiające uwalnianie AVP w przypadku zmniejszenia objętości krwi (**hipowolemii**).

(1) Hipowolemia obniża średnie ciśnienie tętnicze krwi. Obniżenie to jest wykrywane przez receptory rozciągania (**baroreceptory**) znajdujące się w ścianach zatoki szyjnej i aorty. Włókna aferentne tych czujników

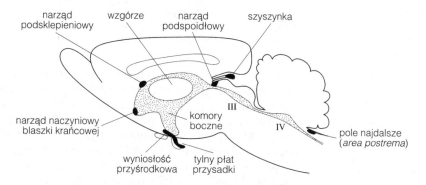

narząd podsklepieniowy   wzgórze   narząd podspoidłowy   szyszynka

narząd naczyniowy blaszki krańcowej   komory boczne   III   IV   pole najdalsze (*area postrema*)

wyniosłość przyśrodkowa   tylny płat przysadki

Rys. 1. Położenie narządów okołokomorowych (zaznaczone na czarno) w mózgu szczura (przekrój strzałkowy) w stosunku do komór mózgu (zakropkowane)

ciśnienia biegną nerwem językowo-gardłowym (IX) i nerwem błędnym (X) do jądra pasma samotnego (NST) położonego w obrębie opuszki. NST aktywuje z kolei neurony noradrenergiczne brzuszno--bocznej opuszki, które tworzą projekcje do PVN i SON, pobudzając uwalnianie AVP. Obniżone ciśnienie krwi powoduje zmniejszenie częstotliwości potencjałów czynnościowych przewodzonych przez włókna aferentne baroreceptorów, a w konsekwencji — odhamowanie obwodu wyzwalającego sekrecję AVP, jak ilustruje to *rysunek 2*.

(2) Aktywacja kaskady renina–angiotensyna (*rys. 3*). Renina jest wytwarzana przez komórki ziarniste w aparacie przykłębkowym nerki. Jest ona wydzielana w odpowiedzi na wymienione niżej zjawiska, towarzyszące zmniejszeniu objętości krwi:

- spadek ciśnienia przepływu krwi przez tętniczki doprowadzające nerki
- nasilenie stymulacji współczulnej β-receptorów na komórkach ziarnistych (patrz temat M5)
- obniżenie poziomu dostarczania jonów Na^+ do aparatu przykłębkowego

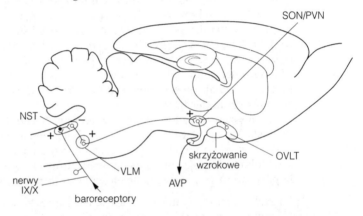

Rys. 2. Model układu kontroli neuronalnej uwalniania arginino-wazopresyny (AVP). Podwyższone ciśnienie osmotyczne, wykrywane przez narząd naczyniowy blaszki krańcowej (OVLT), stymuluje komórki jąder: nadwzrokowego (SON) i przykomorowego (PVN) do wydzielania AVP. Sygnał o obniżeniu ciśnienia tętniczego krwi jest przewodzony poprzez jądro pasma samotnego (NST), a następnie brzuszno-boczną opuszkę (VLM) do jąder SON i PVN

Renina jest enzymem proteolitycznym, hydrolizującym obecny w osoczu substrat, **angiotensynogen**, do dekapeptydu, **angiotensyny I**. Enzym przekształcający angiotensynę, który występuje w komórkach śródbłonka płucnego, odszczepia od angiotensyny I dwa aminokwasy, wytwarzając oktapeptyd, **angiotensynę II** (A II). A II stymuluje inny narząd okołokomorowy, narząd podsklepieniowy, którego neurony pobudzają sekrecję AVP. Ponadto, A II wywołuje silny skurcz naczyń i stymuluje sekrecję aldosteronu z kory nadnerczy. Natychmiastowym efektem skurczu naczyń jest podwyższenie ciśnienia krwi, natomiast działanie aldosteronu polega na nasileniu reabsorpcji Na^+ przez nefrony, co wywołuje

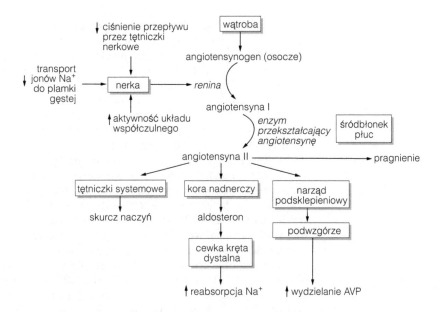

Rys. 3. Kaskada renina–angiotensyna uczestniczy w utrzymaniu prawidłowego
ciśnienia osmotycznego płynów ciała oraz objętości krwi

późniejsze zwiększenie objętości krwi. Poza tym, A II wywołuje pragnienie i stymuluje pobieranie wody. Łącznie, wszystkie efekty działania A II
mają znaczenie homeostatyczne, przywracające właściwą objętość i ciśnienie krwi.

W przypadku odwodnienia, wynikającego z braku dostępu do wody,
przywracanie prawidłowego poziomu płynu jest oparte w 70% na
mechanizmie sekrecji AVP na skutek pobudzenia osmoreceptorów. Za
pozostałą część odpowiada reakcja na obniżoną objętość krwi.

Brak lub zaburzenia wydzielania AVP, albo niezdolność do reakcji na
ten hormon, są przyczynami **moczówki prostej**. Chorobę tę charakteryzuje bardzo silne wydalanie moczu, **poliuria** (10–20 litrów dziennie),
a także nadmierne pobieranie płynów, **polidypsja**. Najczęstszą przyczyną choroby jest zniszczenie dużych komórek PVN i SON przez nowotwory albo choroby autoimmunologiczne. Mutacje genu kodującego
wazopresynę są przyczyną genetycznie uwarunkowanej moczówki prostej u ludzi, a także szczurów *Battleboro*. Nieprawidłowy receptor wazo-
presynowy (V2), o zmniejszonej reaktywności na AVP, jest przyczyną
moczówki prostej o podłożu nefrogennym. Moczówkę prostą leczy się
przez podawanie analogów AVP o przedłużonym czasie półtrwania.

Oksytocyna   Oksytocyna stymuluje skurcze mięśnia gładkiego. Efekt ten stanowi
podłoże działania hormonu w **odruchu wydzielania mleka** u kobiet
w czasie laktacji, a także podtrzymywania skurczów macicy w trakcie
porodu. Najsilniejszym bodźcem do wydzielania mleka jest ssanie sutka.
Pierwszorzędowe włókna aferentne pochodzące z brodawki i otoczki
sutka tworzą połączenia z neuronami szlaku rdzeniowo-wzgórzowego
w korzeniach grzbietowych rdzenia kręgowego. Wejście rdzeniowo-wz-

górzowe wywołuje sekrecję oksytocyny poprzez niedokładnie, jak dotychczas, określoną drogę neuronalną, biegnącą ze śródmózgowia do PVN i SON. Neurony wydzielające oksytocynę są odmienne od neuronów wydzielających AVP. Ssanie sutka wywołuje intensywną aktywność w postaci serii potencjałów czynnościowych w komórkach oksytocynergicznych. Każda z tych serii powoduje wyrzut oksytocyny.

Oksytocyna nie jest właściwie sygnałem do uruchomienia akcji porodowej. Jednakże, występujące bezpośrednio przed porodem, zmniejszenie stężenia progesteronu przy zachowaniu wysokiego poziomu estradiolu jest związane ze zwiększeniem liczby receptorów oksytocyny w mięśniówce macicy, która staje się bardzo wrażliwa na oksytocynę. Po rozpoczęciu porodu ucisk główki płodu na szyjkę macicy wywołuje sekrecję oksytocyny na drodze odruchowej, podobnej do odruchu wydzielania mleka. Oksytocyna stymuluje skurcze mięśniówki macicy. Efekt ten nosi nazwę odruchu Fergusona i opiera się na mechanizmie dodatniego sprzężenia zwrotnego, ponieważ skurcze pobudzane oksytocyną powodują coraz silniejszy ucisk płodu na szyjkę macicy. Nie jest to jednak jedyny mechanizm, leżący u podłoża skurczów porodowych, ponieważ wiadomo, że zarówno u kobiet z przerwanym rdzeniem kręgowym, jak i u chorych na moczówkę prostą, poród może przebiegać prawidłowo.

M3 Neurohormonalna kontrola metabolizmu i wzrostu

Hasła

| Oś podwzgórze– –przednia przysadka |

Podwzgórze i przedni płat przysadki, działając wspólnie, kontrolują pięć osi wewnątrzwydzielniczych uczestniczących w regulacji metabolizmu, rozmnażania, rozwoju i wzrostu. Neurony podwzgórza wydzielają hormony, które stymulują albo hamują wydzielanie hormonów tropowych przez przedni płat przysadki. Uwalniane do krwiobiegu hormony tropowe stymulują z kolei tkanki docelowe (np. nadnercza, tarczycę i gonady) do wydzielania innych hormonów. Sekrecja hormonów podwzgórzowych, a zatem i hormonów tropowych, ma charakter pulsacyjny. Zarówno wielkość, jak i okres tej pulsacji zmieniają się cyklicznie w ciągu 24 godz., a niekiedy także i w dłuższym czasie. Wydzielanie hormonów przez osie wewnątrzwydzielnicze podlega regulacji działającej na zasadzie ujemnego sprzężenia zwrotnego, utrzymującego ustalone stężenie hormonu. Zmiana ustalonej wartości stężenia umożliwia zmianę poziomu sekrecji danego hormonu.

| Oś podwzgórze– –przysadka– –nadnercza |

Oś podwzgórze–przysadka–nadnercza (ang. hypothalamic-pituitary- -adrenal, HPA) kontroluje uwalnianie glukokortykoidów przez korę nadnerczy. Neurony jądra przykomorowego podwzgórza wydzielają hormon uwalniający hormon adrenokortykotropowy (ang. corticotrophin releasing hormone, CRH), który powoduje uwolnienie hormonu adrenokortykotropowego (ACTH) do krążenia, przez grupę komórek przedniego płata przysadki. ACTH jest hormonem tropowym, stymulującym uwalnianie glukokortykoidów z nadnerczy. Wyrzut CRH, ACTH i glukokortykoidów zmienia się w zależności od pory dnia i na ogół jest największy wcześnie rano. Glukokortykoidy oddziałują na dwa typy receptorów, które należą do nadrodziny wewnątrzkomórkowych receptorów steroidowych. Steroidy z łatwością dyfundują poprzez błonę komórkową i wiążą się z receptorami steroidowymi, a następnie w postaci kompleksów ligand–receptor ulegają translokacji do jądra komórkowego, gdzie przyłączają się do swoistych sekwencji regulatorowych DNA warunkujących odpowiedź na hormon. W efekcie dochodzi do zmiany poziomu ekspresji genów. Receptory typu I, które cechuje duże powinowactwo do glukokortykoidów, znajdują się w strukturach układu limbicznego. Receptory typu II mają małe powinowactwo, a więc wiążą one glukokortykoidy tylko wtedy, gdy występują one w dużym stężeniu.

| Stres |

Stres można zdefiniować jako stan organizmu, w którym występuje przewlekły wzrost stężenia ACTH i glukokortykoidów. Glukokortykoidy nasilają biosyntezę glukozy z substratów o charakterze niewęglowodanowym (produktów metabolizmu tłuszczów i białek), a także magazynowanie glukozy w postaci glikogenu. Ta zmiana sposobu magazynowania energii, z długoterminowego na szybko dostępny, ma w stresie charakter adaptacyjny. Oś podwzgórze–przysadka–nadnercza (HPA) w stanie stresu ulega aktywacji przez neurony katecholaminergiczne, zaangażowane w reakcję wzbudzenia lub poczucie głodu i pragnienia, przez neurony cholinergiczne pnia mózgu, przekazujące wejścia wzrokowe, słuchowe i somatosensoryczne, związane z działaniem stresora, jak również przez inne neurony podwzgórzowe, przekazujące informację o sytuacji stresowej z układu limbicznego.

Oś podwzgórze– –przysadka–tarczyca

Neurony jądra przykomorowego (PVN) wydzielają hormon uwalniający hormon tyreotropowy (ang. thyrotrophin-releasing hormone, TRH), który powoduje uwalnianie hormonu tyreotropowego (ang. thyroid stimulating hormone, TSH) przez komórki przedniego płata przysadki. TSH stymuluje wzrost gruczołu tarczycy i uwalnianie hormonów tarczycy (T3 i T4). Tarczyca uwalnia hormony w rytmie dobowym, zaś poziom hormonów tarczycy jest najwyższy w ciemności. Receptory hormonów tarczycy należą do nadrodziny wewnątrzkomórkowych receptorów steroidowych, lecz w odróżnieniu od typowych receptorów steroidowych wiążą się z DNA pod nieobecność hormonu. Po związaniu T3, receptor aktywuje transkrypcję genów. Poziom hormonów tarczycy jest regulowany przez mechanizm ujemnego sprzężenia zwrotnego, zarówno pod wpływem sekrecji TRH, jak i TSH. Pod wpływem zimna dochodzi do pobudzenia neuronów w jądrze przedwzrokowym podwzgórza, które aktywują oś podwzgórze–przysadka–tarczyca (ang. hypothalamic–pituitary– –thyroid, HPT). Nasilona sekrecja hormonów tarczycy podnosi poziom metabolizmu, co ułatwia utrzymanie temperatury ciała. Hormony tarczycy są również niezbędne do prawidłowego rozwoju mózgu w okresie płodowym. Niedobór hormonów tarczycy u matki, spowodowany brakiem jodu w pokarmie, może być powodem neurologicznego kretynizmu u noworodków.

Hormon wzrostu

Hormon wzrostu (ang. growth hormone, GH), uwalniany z przedniej przysadki, stymuluje podziały komórkowe i wzrost wielu tkanek, a także wywołuje mobilizację kwasów tłuszczowych jako substratów energetycznych. Jest wydzielany w większych ilościach podczas wysiłku fizycznego, stresu i postu. Sekrecja GH jest stymulowana przez hormon uwalniający hormon wzrostu (ang. growth hormone releasing hormone, GHRH), wytwarzany w jądrze łukowatym, a hamowana przez somatostatynę pochodzącą z przedniego jądra okołokomorowego. Zarówno w podwzgórzu, jak i w przysadce, GH stymuluje wytwarzanie mediatora, insulinopodobnego czynnika wzrostu w mózgu lub w tkankach obwodowych. Insulinopodobny czynnik wzrostu wywiera zwrotny efekt ujemny na poziom uwalniania GH. Oprócz tego, sam GH stymuluje sekrecję somatostatyny, co również wywiera zwrotny efekt hamujący na uwalnianie GH. Uwalnianie GH ma charakter pulsacyjny i jest znacznie silniejsze w nocy. Uwalnianie GH jest modulowane przez kilka układów neuroprzekaźników. Szczególnie silny efekt stymulujący uwalnianie GH wywierają hormony płciowe, odpowiedzialne za skokowe nasilenie wzrostu w okresie pokwitania.

Tematy pokrewne Budowa anatomiczna i połączenia   Zegary biologiczne mózgu (O3)
                     podwzgórza (M1)   Sen (O4)
                     Neurohormonalna kontrola
                     rozmnażania (M4)

**Oś podwzgórze–
–przednia
przysadka**

Za pośrednictwem przedniego płata przysadki mózgowej podwzgórze sprawuje kontrolę nad pięcioma **osiami** wewnątrzwydzielniczymi. Układy te regulują główne procesy metabolizmu, reprodukcji, rozwoju oraz wzrostu i mają pewne wspólne właściwości. Komórki nerwowe kilku jąder podwzgórza wysyłają swoje aksony do strefy zewnętrznej wyniosłości przyśrodkowej i drogi guzowo-lejkowej. Aksony te wydzielają **hormony podwzgórzowe** do podwzgórzowo-przysadkowego układu krążenia wrotnego, które przenosi je do płata przedniego przysadki. Każdy z tych hormonów oddziałuje na inną populację komórek płata przedniego, pobudzając albo hamując sekrecję swoistego hormonu stymulującego (tropowego) przez te komórki. Spośród hormonów podwzgórzowych te, które pobudzają sekrecję, określa się jako hormony **uwalniające**, zaś te, które ją hamują — jako hormony **hamujące uwalnienie**. Hormony tropowe przedniego płata przysadki są wydzielane przez swoiste rodzaje komórek do krążenia systemowego i wywierają wpływ na tkanki docelowe, a szczególnie na gruczoły wewnątrzwydzielnicze (*tab. 1*).

Wydzielanie hormonów podwzgórzowych ma charakter pulsacyjny, o okresie: 60–180 min, co stanowi przyczynę pulsacyjnego uwalniania hormonów przez przedni płat przysadki. Amplituda i okres tych pulsów zmieniają się w rytmie okołodobowym, a niekiedy i w dłuższych przedziałach czasowych. Sekrecja w osiach wewnątrzwydzielniczych jest modulowana przez mechanizmy sprzężenia zwrotnego, oddziałującego na kilku poziomach. Mechanizm ten umożliwia utrzymanie określonego poziomu stężenia produktu końcowego (*rys. 1*).

Ujemne sprzężenie zwrotne jest bardzo powszechną zasadą homeostatyczną w biologii. Jego zadaniem jest utrzymanie wartości określonej zmiennej na stałym, ustalonym poziomie. W przykładzie pokazanym na *rysunku 1*, jeżeli stężenie produktu końcowego, hormonu, przekroczy wartość ustaloną, to więcej receptorów zostanie pobudzonych w podwzgórzu i przednim płacie przysadki. W efekcie dojdzie do zmniejszenia uwalniania hormonów przez te dwie struktury, a z pewnym opóźnieniem — do zmniejszenia stężenia hormonu, stanowiącego produkt końcowy. Jeżeli, z kolei, stężenie to zmniejszy się poniżej wartości ustalonej, to podwzgórze i przysadka uwolnią więcej hormonów, powodując nasilenie syntezy produktu końcowego. Samohamowanie zwrotne jest szczególnym przypadkiem ujemnego sprzężenia zwrotnego, w którym dana substancja hamuje własną syntezę. Istnieją mechanizmy, które zmieniają ustalone wartości układów fizjologicznych, co umożliwia regulowanie stężenia hormonu w miarę zmieniających się warunków. Na przykład,

Tabela 1. Pięć podwzgórzowo–przysadkowych osi neuroendokrynnych

Hormony wydzielane przez komórki podwzgórza		Hormony tropowe przedniego płata przysadki [typ komórki]	Tkanka docelowa hormonu tropowego	Hormon wydzielany
Hormony uwalniające	Hormony hamujące uwalnianie			
Hormon uwalniający hormon adrenokotykotropowy = kortykoliberyna (CRH)	–	Hormon adrenokortykotropowy (ACTH) [komórki kortykotropowe = kortykotropy]	Kora nadnerczy	Glukokortykoidy
Hormon uwalniający hormon tyreotropowy = tyreoliberyna (TRH)	–	Hormon tyreotropowy = tyreotropina (TSH) [komórki tyreotropowe = tyreotropy]	Tarczyca	Trijodotyronina (T3) Tyroksyna (T4)
Hormon uwalniający hormony gonadotropowe = gonadoliberyna (GnRH)	–	Hormon dojrzewania pęcherzyka Graafa = folitropina (FSH) Hormon luteinizujący = lutropina (LH) [komórki gonadotropowe = gonadotropy]	Gonady	Steroidowe hormony płciowe: estrogeny, progestageny i androgeny
Hormon uwalniający hormon wzrostu = somatokrynina (GHRH)	Hormon hamujący uwalnianie hormonu wzrostu (somatostatyna)	Hormon wzrostu = somatotropina (GH) [komórki somatotropowe = somatotropy]	Wątroba, fibroblasty, mioblasty, chondrocyty, osteoblasty i in.	Somatomedyny (insulinopodobne czynniki wzrostu)
Czynnik uwalniający prolaktynę[a]	Hormon hamujący uwalnianie prolaktyny (dopamina, działająca na receptor D2)	Prolaktyna [komórki laktotropowe = laktotropy]	Gruczoł sutkowy	

[a] Cząsteczka odpowiedzialna za stymulację uwalniania prolaktyny nie została dotąd jednoznacznie zidentyfikowana

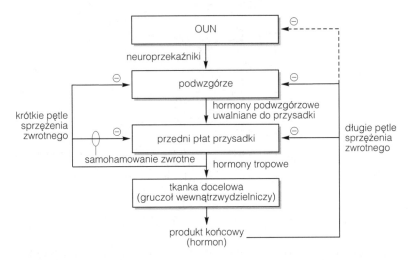

Rys. 1. Pętle ujemnego sprzężenia zwrotnego, kontrolujące uwalnianie neuroendokrynne

w wielu układach wewnątrzwydzielniczych, stężenia hormonów zmieniają się w czasie doby, ponieważ ich wartości ustalone są modyfikowane przez działanie zegarów biologicznych w mózgu (patrz niżej i temat O4).

Oś podwzgórze––przysadka––nadnercza

Oś podwzgórze–przysadka–nadnercza (ang. hypothalmic-pituitary-adrenal, HPA) eguluje syntezę i sekrecję **glukokortykoidów**, grupy hormonów steroidowych, które uczestniczą w kontroli metabolizmu substratów energetycznych. U człowieka najważniejszym glukokortykoidem jest **kortyzol**. Komórki jądra przykomorowego (PVN) podwzgórza wydzielają do przysadki hormon uwalniający hormon kortykotropowy, określany również jako kortykoliberyna (CRH). Jest to peptyd składający się z 41 reszt aminokwasowych. CRH oraz arginino-wazopresyna (AVP), działając synergistycznie, stymulują komórki kortykotropowe przysadki do uwalniania **hormonu adrenokortykotropowego** (ACTH). Powstaje on z dużej cząsteczki prekursorowej, **pro-opiomelanokortyny**, która w komórkach kortykotropowych jest rozkładana na ACTH i β-**endorfinę**. W odpowiedzi na działanie ACTH komórki kory nadnerczy syntetyzują i wydzielają glukokortykoidy. Ujemne sprzężenie zwrotne, oddziałujące na hipokamp, podwzgórze i przysadkę mózgową, reguluje sekrecję tych steroidów (*rys. 2*).

Rytm okołodobowy uwalniania glukokortykoidów jest kontrolowany przez jądro nadskrzyżowaniowe (ang. suprachiasmatic nucleus, temat O4), oddziałujące na komórki wydzielające CRH. U człowieka poziom ACTH jest najwyższy wczesnym rankiem, a następnie obniża się w ciągu dnia aż do osiągnięcia najniższej wartości około północy. Sekrecja ACTH przebiega w podobny sposób, z opóźnieniem około 30 minut. Ten rytm okołodobowy może być modyfikowany przez cykl światła i ciemności, sen oraz posiłki. Za efekty oddziaływania glukokortykoidów odpowiadają dwa odmienne receptory, kodowane przez różne geny: receptor mineralokortykoidów (MR, typ I) o dużym powinowactwie oraz receptor

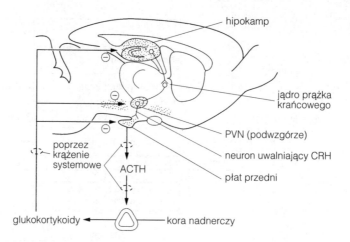

*Rys. 2. Sprzężenie zwrotne w osi podwzgórze–przysadka–nadnercza.
Zakropkowane obszary mózgu cechuje obecność receptorów glukokortykoidowych.
ACTH, hormon adrenokortykotropowy; CRH — hormon uwalniający hormon
adrenokortykotropowy; PVN — jądro przykomorowe*

glukokortykoidów (GR, typ II) o dziesięciokrotnie mniejszym powinowactwie do kortyzolu. Receptory mineralokortykoidów występują w największej ilości w strukturach limbicznych. Receptory glukokortykoidów są szerzej rozpowszechnione i występują zarówno w komórkach glejowych, jak i w neuronach. W hipokampie obydwa typy receptorów występują w tych samych komórkach. W warunkach podstawowego poziomu sekrecji kortyzolu większość receptorów MR wiąże ten hormon, natomiast do jego przyłączenia do receptorów GR dochodzi jedynie wówczas, gdy stężenie kortyzolu jest duże, jak np. w czasie okołodobowego szczytu we wczesnych godzinach porannych.

GR i MR należą do nadrodziny receptorów jądrowych, do której należą również receptory innych steroidów (estrogenu, progesteronu, androgenów), receptory hormonów tarczycy oraz receptory witaminy D3 i kwasu retinowego. Cząsteczki glukokortykoidów mają charakter lipofilny, dlatego z łatwością dyfundują poprzez błony komórkowe. Receptory GR i MR występują w cytoplazmie, gdzie tworzą kompleksy z **białkami szoku cieplnego**, które działają jako białka opiekuńcze (chaperony), stabilizujące funkcjonalną konfigurację receptorów. Związanie ligandu przez receptor powoduje translokację powstałego kompleksu do jądra komórkowego, gdzie wiąże się on ze swoistą sekwencją regulatorową DNA warunkującą odpowiedź na hormon, co nasila albo osłabia transkrypcję określonych genów (*rys. 3*).

Komórki kortykotropowe przedniego płata przysadki, komórki PVN wydzielające CRH oraz neurony hipokampa posiadają receptory GR. Gdy stężenie glukokortykoidów jest duże, receptory te ulegają aktywacji i hamują transkrypcję genów CRH i AVP. Jest to jeden z mechanizmów ujemnego sprzężenia zwrotnego, kontrolującego stężenie glukokortykoidów.

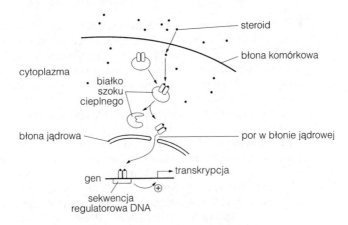

Rys. 3. Schemat modulacyjnego oddziaływania hormonów steroidowych na transkrypcję genów

Stres

Oś podwzgórze–przysadka–nadnercza (HPA) ulega aktywacji w stresie. Fizjologiczne czynniki stresogenne, jak głód, pragnienie, ćwiczenia fizyczne czy uraz, mają charakter uniwersalny i zagrażają homeostazie organizmu. Skoordynowana odpowiedź fizjologiczna, której elementem jest aktywacja HPA, ma charakter adaptacyjny, co oznacza, że ma ona na celu utrzymanie lub przywrócenie homeostazy. Psychologiczne czynniki stresogenne nie zaburzają homeostazy bezpośrednio. Ich wpływ na poszczególne jednostki jest różny i może zostać wyuczona reakcja na nie. Stres psychologiczny często powstaje na skutek poczucia zagrożenia związanego z interakcjami socjalnymi lub w sytuacjach, których trudno uniknąć albo nie ma się nad nimi kontroli. Działanie stresorów psychologicznych powoduje powstanie takich stanów emocjonalnych (**afektywnych**), jak lęk, strach, złość, frustracja, depresja itp. Ich charakter i nasilenie uzależnione są od indywidualnej oceny, na którą decydujący wpływ mają wcześniejsze doświadczenia. Często stosowana definicja robocza stresu określa go jako stan, w którym dochodzi do chronicznego wzrostu poziomu ACTH i glukokortykoidów.

Podwyższona sekrecja glukokortykoidów w sytuacji stresowej jest korzystna dla organizmu. Glukokortykoidy uruchamiają proces mobilizacji tłuszczów z komórek tłuszczowych oraz aminokwasów z komórek mięśniowych. W wątrobie związki te są następnie wykorzystywane jako substraty **glukoneogenezy**. Większość powstałej glukozy ulega następnie przekształceniu w **glikogen** (patrz *Krótkie Wykłady. Biochemia*) i jest w takiej postaci magazynowana. W efekcie ubywa długotrwałych substratów energetycznych; triglicerydów i białek, które są przekształcane w szybko dostępny glikogen oraz glukozę. Szczyt poziomu glukokortykoidów u człowieka, występujący wcześnie rano, odpowiada najdłuższemu, w ciągu doby, okresowi niepobierania pokarmu. Oprócz tego, glukokortykoidy nasilają efekty działania amin katecholowych.

Aktywacja osi HPA w stresie następuje w wyniku działania różnych czynników, których wpływy zbiegają się w komórkach jądra przykomorowego (PVN), wydzielających CRH.

- Wzbudzenie związane ze stresem aktywuje neurony noradrenergiczne, położone w miejscu sinawym, które tworzą projekcję do PVN.
- Odczucia z trzewi, związane z pragnieniem i głodem, za pośrednictwem nerwu językowo-gardłowego (IX) i nerwu błędnego (X) docierają do jądra pasma samotnego i przyległych okolic opuszki. Struktury te wysyłają aksony katecholaminergiczne, aktywujące PVN.
- Wejścia z narządu naczyniowego blaszki krańcowej i narządu podsklepieniowego, które reagują na podwyższenie ciśnienia osmotycznego i angiotensynę II, prowadzą do komórek PVN, wydzielających CRH. Tą drogą następuje aktywacja HPA w czasie odwodnienia.
- Neurony śródmózgowia i mostu, w tym liczne komórki cholinergiczne, wysyłają projekcje do PVN. Uważa się, że przenoszą one sygnały wzrokowe, słuchowe i somatosensoryczne (a także nocyceptywne), związane z sytuacjami stresowymi (np. głośny dźwięk, wywołujący znieruchomienie).
- Większość jąder podwzgórza tworzy połączenia z PVN. Prawdopodobnie, przesyłają one informacje o sytuacji stresowej z kory przedczołowej i struktur limbicznych, takich jak ciało migdałowate i hipokamp.

Duże stężenie glukokortykoidów, występujące w stresie, powoduje aktywację 50% receptorów glukokortykoidów w PVN i hipokampie, co prowadzi do zakończenia reakcji stresowej poprzez ujemne sprzężenie zwrotne. Oś podwzgórze–przysadka–nadnercza jest o wiele bardziej wrażliwa na stresogenną aktywację i hamowanie zwrotne, gdy stężenie glukokortykoidów we krwi jest małe.

Chroniczna aktywacja osi HPA przez długotrwały stres jest bardzo niekorzystna. Utrzymujące się w sposób długotrwały duże stężenie glukokortykoidów, za pośrednictwem odpowiednich receptorów, nadmiernie nasila zarówno przekaźnictwo synaptyczne oparte na aminokwasach pobudzeniowych, jak i dokomórkowy przepływ jonów wapnia przez napięciowozależne kanały wapniowe do neuronów hipokampa, co prowadzi do ich śmierci (patrz temat R1). Może to stanowić przyczynę zmniejszenia liczby neuronów piramidalnych u starych szczurów, czemu towarzyszy zmniejszenie poziomu receptorów kortykotropowych. Efekt ten osłabia wydajność mechanizmu ujemnego sprzężenia zwrotnego przez glukokortykoidy; stwierdzono bowiem, że zarówno u starych szczurów, jak i u osób w podeszłym wieku stężenie kortykosteroidów powraca po stresie do normy znacznie dłużej niż w przypadku osobników młodych.

Długotrwały, wysoki poziom glukokortykoidów hamuje czynność komórek układu odpornościowego. Wysoki poziom stresu zwiększa ryzyko infekcji i zapadalności na nowotwory.

Oś podwzgórze–
–przysadka–
–tarczyca

Hormony tarczycy regulują, między innymi, podstawowe tempo przemiany materii, zwiększając wytwarzanie ciepła metabolicznego poprzez nasilenie syntezy białka, które rozprzęga fosforylację oksydacyjną w mitochondriach. Uwalnianie hormonów tarczycy jest kontrolowane przez podwzgórze i przysadkę mózgową i wpływa na nie szereg czynników, jak np. temperatura otoczenia.

Hormon uwalniający hormon tyreotropowy (tyreoliberyna, TRH) jest tripeptydem, syntetyzowanym w postaci większej cząsteczki prekursorowej, w małych komórkach nerwowych jądra przykomorowego podwzgórza. Aksony tych komórek przebiegają szlakiem guzowo-lejkowym do wyniosłości przyśrodkowej. Uwolniony tu TRH, za pośrednictwem podwzgórzowo-przysadkowego układu krążenia wrotnego, przedostaje się do przedniego płata przysadki, gdzie stymuluje komórki tyreotropowe do uwalniania **hormonu tyreotropowego** (tyreotropiny, TSH). TSH jest glikoproteiną, składającą się z dwóch łańcuchów, α i β. TSH jest uwalniany do krążenia układowego stymulując podziały i wzrost komórek w tarczycy, a także wydzielanie hormonów przez ten gruczoł. Istnieją dwa hormony tarczycy: **tyroksyna (T4)** i **trijodotyronina (T3)**, których nazwy są związane z liczbą zawartych w nich atomów jodu. Około 99% cząsteczek hormonu tarczycy we krwi występuje w postaci związanej z białkami, przede wszystkim z **globuliną wiążącą tyroksynę**. Tylko niezwiązany hormon może łączyć się z receptorem.

Receptory hormonów tarczycy należą do nadrodziny receptorów steroidowych. Tworzą one heterodimery, wspólnie z receptorami kwasu retinowego X. Istotna różnica, w stosunku do receptorów glukokortykoidów, polega na tym, że heterodimer łączy się z sekwencją regulatorową DNA, warunkującą odpowiedź na hormon tarczycy, pod nieobecność ligandu. Receptory te cechuje większe powinowactwo do T3 niż do T4. T4, który stanowi większość uwalnianych hormonów, jest w zasadzie prohormonem, ulegającym przemianie w T3 pod wpływem neuronalnego białka cytozolowego, określanego jako 5'-dejodynaza II. Receptor hormonów tarczycy, po przyłączeniu cząsteczki T3, aktywuje transkrypcję genów.

Sekrecja hormonów tarczycy pozostaje pod kontrolą ujemnego sprzężenia zwrotnego, działającego na kilku poziomach osi HPT. Zmniejszenie stężenia hormonów tarczycy wywołuje nasilenie sekrecji TSH przez komórki tyreotropowe przedniego płata przysadki. Dzieje się tak, ponieważ brak T3 powoduje nasilenie transkrypcji genów receptora TRH i TSH, a więc komórki tyreotropowe nie tylko stają się bardziej wrażliwe na podwzgórzowy TRH, lecz ponadto ich zdolność do wytwarzania TSH ulega nasileniu. Sekrecja TRH z podwzgórza podlega także ujemnemu sprzężeniu zwrotnemu zarówno pod wpływem T3, jak i T4.

Pulsacyjna sekrecja TRH stanowi przyczynę pulsacyjnego uwalniania TSH. Częstotliwość i amplituda tych pulsacji zmieniają się w rytmie okołodobowym, narzucanym przez jądro nadskrzyżowaniowe, przy czym wartości te narastają w nocy (**nocny wyrzut TSH**), zmniejszają się rano i utrzymują się na niskim poziomie aż do popołudnia. Rytm ten jest uzależniony od cyklu światło–ciemność, lecz nie jest związany ze snem.

Sekrecja hormonów tarczycy nasila się pod wpływem zimna. Wrażliwe na temperaturę neurony jądra przedwzrokowego podwzgórza, otrzymujące wejście z termoreceptorów skóry, tworzą projekcje do neuronów noradrenergicznych pnia mózgu. Te z kolei mają połączenia z komórkami wydzielającymi TRH w jądrze przykomorowym podwzgórza. Pod wpływem zimna dochodzi do aktywacji neuronów noradrenergicznych, prowadzącej do nasilenia sekrecji TRH. Zwiększone stężenie hormonów tarczycy nasila tempo przemiany materii, podtrzymujące temperaturę ciała. Efekt ten jest bardzo szybki; nasilenie sekrecji hormonów tarczycy jest widoczne już po 30 sekundach. Cytokiny, np. interleukina-1, hamują transkrypcję genu TRH i dlatego w czasie infekcji lub innej choroby związanej z podwyższeniem poziomu cytokin aktywność osi podwzgórze–przysadka–tarczyca jest zmniejszona. Efekt ten wspomaga zachowanie substratów metabolicznych przez organizm.

Hormony tarczycy pełnią niezwykle istotną rolę w prawidłowym rozwoju mózgu człowieka, już we wczesnych etapach rozwoju płodowego, na długo przed rozpoczęciem funkcjonowania tarczycy płodu, co następuje w 17 tygodniu rozwoju. Za rozwój mózgu w okresie poprzedzającym odpowiada hormon T4 pochodzący od matki, który przechodzi przez łożysko i jest przekształcany w mózgu płodu w T3. Później, T4 docierający do łożyska ulega przekształceniu w L-3,3′,5′-trijodotyroninę przez łożyskową 5′-dejodynazę. Ta forma hormonu jest nieaktywna, lecz uwolniony jod jest wykorzystywany przez tarczycę płodową do syntezy własnych hormonów. W przypadku niedoboru jodu w organizmie matki, najczęściej spowodowanego brakiem tego pierwiastka w pożywieniu, dochodzi do matczynej **hipotyroksynemii**, która stanowi przyczynę **neurologicznego kretynizmu** u noworodków. W tych przypadkach niedobór hormonów tarczycy prowadzi do upośledzenia synaptogenezy, mielinizacji i transportu aksonalnego, szczególnie w obrębie kory mózgowej i kory móżdżku płodu. Około 500 milionów kobiet żyje w strefach ubogich w jod. Skuteczną metodą zapobiegania hipotyroksynemii i kretynizmowi jest uzupełnianie diety o jod.

Hormon wzrostu Hormon wzrostu (**somatotropina**; ang growth hormone, GH) stymuluje podziały komórkowe i wzrost wielu komórek, szczególnie w okresie okołoporodowym, a także w czasie pokwitania. Jego działanie polega na zwiększeniu ilości syntezowanego białka poprzez nasilenie transkrypcji i translacji. GH pobudza lipolizę, mobilizuje kwasy tłuszczowe jako substraty energetyczne. Ma to znaczenie adaptacyjne w czasie wysiłku fizycznego, stresu i postu, trzech najważniejszych stanów, w których dochodzi do nasilenia sekrecji GH.

Sekrecja GH z komórek somatotropowych przedniej przysadki jest regulowana przez dwa hormony: **hormon uwalniający hormon wzrostu (somatokryninę, GHRH)** oraz **hormon hamujący uwalnianie hormonu wzrostu (somatostatynę)**. GHRH jest peptydem, składającym się z 44 reszt aminokwasowych, powstającym z prekursora w neuronach **jądra łukowatego** podwzgórza. Aksony tych komórek mają zakończenia w obrębie wyniosłości przyśrodkowej. Wydzielony GHRH jest transportowany do przedniego płata przysadki przez podwzgórzowo-przysadkowy układ wrotny. Somatostatyna jest ważnym neuroprzekaźnikiem nie tylko w podwzgórzu, lecz w całym ośrodkowym układzie nerwowym (OUN), jednakże zawierające somatostatynę komórki odpowiedzialne za hamowanie uwalniania GH występują jedynie w **przednim jądrze okołokomorowym**, a ich aksony tworzą projekcję do wyniosłości przyśrodkowej. Somatostatyna jest peptydem zbudowanym z 14 reszt aminokwasowych, powstającym z prekursora. GHRH i somatostatyna wywierają przeciwstawne efekty na uwalnianie GH poprzez receptory metabotropowe, sprzężone z układem wtórnego przekaźnika cAMP. GHRH zwiększa stężenie cAMP za pośrednictwem stymulujących białek

G_s, zaś somatostatyna obniża poziom cAMP poprzez białka G_i (hamujące, ang. inhibition). Sekrecja GH jest regulowana zmianami przepływu jonów Ca^{2+} przez błonę komórek somatotropowych.

Sekrecja GH zachodzi w rytmie okołodobowym, pulsacyjnie i zależy przede wszystkim od pulsów GHRH z podwzgórza. Pulsy są znacznie większe w nocy i wyzwalane w trakcie stadiów głębokich (3 i 4) snu wolnofalowego (temat O5). Nocne uwalnianie GH jest najsilniejsze u dzieci i osłabia się z wiekiem. Sygnał do uwolnienia GH pochodzi ze szlaku serotoninergicznego, prowadzącego z pnia mózgu do podwzgórza. Sekrecja GHRH jest również stymulowana przez szlaki dopaminergiczne, noradrenergiczne i enkefalinergiczne, jak również jest silnie uzależniona od innych hormonów. Gen GH zawiera sekwencje regulatorowe, wiążące hormony tarczycy i glukokortykoidy. Hormony tarczycy są niezbędne do utrzymania prawidłowego poziomu syntezy i sekrecji GH. Podstawowe stężenie glukokortykoidów nasila, zaś duże stężenie tych hormonów hamuje syntezę GH.

Ujemne sprzężenie zwrotne uwalniania GH działa na poziomie przysadki poprzez hamowanie syntezy i sekrecji GH, natomiast na poziomie podwzgórza — poprzez zmniejszenie wydzielania GHRH. Ponadto, GH pobudza sekrecję somatostatyny. Efekty te zachodzą za pośrednictwem **insulinopodobnego czynnika wzrostu (IGF-1)**, jednego z peptydów z grupy **somatomedyn**, uwalnianego pod wpływem GH w mózgu lub narządach obwodowych.

Gwałtowne przyspieszenie tempa wzrostu następuje w okresie pokwitania. Zjawisko to występuje, na ogół, pomiędzy 11 a 14 rokiem życia u dziewcząt, zaś u chłopców — około 2 lata później. W czasie pokwitania dochodzi do nasilenia uwalniania płciowych hormonów steroidowych, androgenów i estrogenów, które silnie stymulują sekrecję GH. Stężenie GH we krwi jest największe w okresie pokwitania, jednakże u kobiet sekrecja GH nasila się na krótko przed owulacją, gdy dochodzi do podwyższenia poziomu estrogenów.

M4 NEUROHORMONALNA KONTROLA ROZMNAŻANIA

Hasła

Oś podwzgórze––przysadka–gonady

Hormon uwalniający hormony gonadotropowe (gonadoliberyna) jest syntetyzowany przez neurony w kilku jądrach podwzgórza. Pobudza on komórki przedniego płata przysadki do uwalniania dwóch hormonów gonadotropowych: hormonu dojrzewania pęcherzyka Graafa (folitropiny, FSH) i hormonu luteinizującego (lutropiny, LH). Te dwa hormony tropowe stymulują produkcję hormonów płciowych przez gonady. Sekrecja hormonów gonadotropowych ma charakter pulsacyjny. U samców okres tych pulsacji jest stały, zaś u samic — zależny od fazy cyklu reprodukcyjnego.

Sprzężenie zwrotne u samców

Hormony gonadotropowe stymulują jądra do wytwarzania testosteronu oraz inhibiny, które wywierają zwrotny wpływ hamujący na oś podwzgórze–przysadka–gonady (HPG). Testosteron oddziałuje zarówno na podwzgórze, jak i na przedni płat przysadki, natomiast inhibina powoduje osłabienie sekrecji FSH przez przedni płat przysadki. Wyrzut testosteronu jest pulsacyjny i najsilniejszy pomiędzy północą a południem.

Sprzężenie zwrotne w cyklu rozrodczym u samic

U kobiet hormony gonadotropowe stymulują wzrost pęcherzyków Graafa, które wydzielają estradiol i inhibinę w pierwszej połowie cyklu menstruacyjnego (w fazie pęcherzykowej). Po owulacji pęcherzyk przekształca się w ciałko żółte, wydzielające progesteron w drugiej połowie cyklu (faza lutealna), w odpowiedzi na FSH i LH. W przeważającej części cyklu hormony płciowe wywierają ujemny wpływ zwrotny na uwalnianie hormonów gonadotropowych. W fazie pęcherzykowej za efekt ten odpowiada estradiol i inhibina, natomiast w fazie lutealnej — estradiol i progesteron. Jednakże przez krótki okres bezpośrednio przed owulacją duże stężenie estradiolu wydzielanego przez dojrzały pęcherzyk wywołuje dodatnie sprzężenie zwrotne w osi HPG. W wyniku tego dochodzi do krótkotrwałego nasilenia uwalniania hormonów gonadotropowych, co stanowi sygnał do uruchomienia owulacji.

Pokwitanie i menopauza

Pokwitanie występuje w wyniku aktywacji, uprzednio nieaktywnej, osi podwzgórze–przysadka–gonady. Nie wiadomo, jaki czynnik inicjuje pokwitanie, lecz uważa się, że istotną rolę odgrywa tu sygnał metaboliczny, powstający w efekcie wzrostu lub masy ciała. W trakcie menopauzy dochodzi do zahamowania funkcji jajników, zaś oś podwzgórze–przysadka–gonady pozostaje dalej czynna.

Prolaktyna

Prolaktyna (PRL), uwalniana przez przedni płat przysadki, stymuluje rozwój tkanki gruczołu sutkowego w trakcie ciąży i jest odpowiedzialna za odruchową syntezę i sekrecję pokarmu w reakcji na ssanie sutka u kobiet w okresie laktacji. Sekrecja PRL, podobnie jak GH, podlega dwukierunkowej regulacji przez podwzgórze. W przednim płacie przysadki dopamina hamuje uwalnianie PRL. Wiadomo, że kilka peptydów może pobudzać uwalnianie PRL, lecz nie jest pewne, które z nich działają *in vivo*. Wysoki poziom wydzielania PRL, jaki występuje w trakcie laktacji albo w wyniku choroby, jest przyczyną zahamowania uwalniania LH, co prowadzi do niepłodności.

Tematy pokrewne Budowa anatomiczna i połączenia   Przekaźnictwo
                  podwzgórza (M1)   dopaminergiczne
                  Neurohormonalna kontrola metabolizmu (N1)
                  i wzrostu (M3)

**Oś podwzgórze–
–przysadka–
–gonady**

Oś podwzgórze–przysadka–gonady (ang. hypothalmic–pituitary–gonadal, HPG) ma zasadnicze znaczenie w regulacji procesów reprodukcyjnych. U naczelnych komórki nerwowe rozproszone w podwzgórzu (w okolicy przedwzrokowej, jądrze łukowatym, jądrze okołokomorowym i bocznym podwzgórzu) z dużego prekursora syntetyzują dekapeptyd, określany jako **hormon uwalniający hormony gonadotropowe** albo **gonadoliberyna** (GnRH). GnRH jest wydzielany z zakończeń aksonów w obrębie wyniosłości przyśrodkowej do podwzgórzowo-przysadkowego krążenia wrotnego. GnRH stymuluje komórki gonadotropowe przedniego płata przysadki do wydzielania dwóch hormonów gonadotropowych: **hormonu dojrzewania pęcherzyka Graafa (folitropiny, FSH)** i **hormonu luteinizującego (lutropiny, LH)**. Są one uwalniane do krążenia układowego, które transportuje je do gruczołów płciowych.

Hormony gonadotropowe są dużymi glikoproteinami, składającymi się z dwóch łańcuchów polipeptydowych: α i β. Łańcuchy α FSH i LH są identyczne (i podobne do łańcucha α hormonu tyreotropowego), natomiast łańcuchy β są odmienne, co stanowi podłoże swoistości działania hormonów. Gonadotropiny pobudzają gonady do produkcji **steroidowych hormonów płciowych** i wpływają na rozwój gamet. Sekrecja gonadotropin u samic, lecz nie u samców, przebiega w sposób cykliczny. Wydzielanie gonadotropin jest pulsacyjne, podobnie jak w przypadku innych hormonów przedniego płata przysadki, a wywołuje je wyrzut GnRH z podwzgórza. U samców pulsacje są regularne i występują co około 3 godziny, natomiast u samic ich okres waha się pomiędzy 1 a 12 godz. w zależności od fazy cyklu rozrodczego. W doświadczeniach na samicach małp rezus wykazano, że spowodowanie ciągłego uwalniania GnRH, zamiast uwalniania pulsacyjnego, wywołuje zahamowanie sekrecji hormonów gonadotropowych. Wynik ten wskazuje, że pulsacyjne uwalnianie GnRH jest niezbędne do prawidłowego funkcjonowania osi HPG.

**Sprzężenie
zwrotne
u samców**

W jądrach hormon luteinizujący (LH) pobudza **komórki Leydiga** do syntezy i sekrecji androgenów, przede wszystkim **testosteronu**. FSH, wspólnie z testosteronem, oddziałują na **komórki Sertolego**, organizują rozwój spermatozoidów i wydzielają glikoproteinę, **inhibinę**.

Sekrecja hormonów gonadotropowych u samców podlega ujemnemu sprzężeniu zwrotnemu przez testosteron i inhibinę z jąder. Testosteron oddziałuje zarówno na podwzgórze, jak i na przedni płat przysadki, które posiadają receptory androgenowe. W podwzgórzu testosteron zmniejsza częstotliwość wyrzutów GnRH, natomiast przedni płat przysadki staje się mniej wrażliwy na GnRH. Inhibina hamuje uwalnianie FSH i działa jedynie w przedniej przysadce, ponieważ podwzgórze nie posiada receptorów dla inhibiny. U człowieka istnieje rytm okołodobowy wydzielania testosteronu, nie ma natomiast rytmów długookresowych. Sekrecja testosteronu jest pulsacyjna, przy czym amplituda i czas trwania pulsacji są największe między północą a południem. U samców nie występuje efekt dodatniego sprzężenia zwrotnego testosteronu na hormony gonadotropowe.

Sprzężenie zwrotne w cyklu rozrodczym u samic

U samic sytuacja jest bardziej skomplikowana, ponieważ oś HPG pełni trzy funkcje. Po pierwsze, stymuluje ona dojrzewanie grupy pęcherzyków Graafa (z których jeden dojrzewa całkowicie). Po drugie, jej aktywność wywołuje cykliczne zmiany poziomu uwalnianych hormonów płciowych, przygotowując drogi rodne do zapłodnienia i zagnieżdżenia zapłodnionej komórki jajowej, a po trzecie, w odpowiednim czasie wywołuje owulację, do czego u kobiet dochodzi w 14 dniu cyklu 28-dniowego.

Pierwsza połowa cyklu (dni: 1–14) nosi nazwę **fazy pęcherzykowej**, ponieważ w jej trakcie zachodzi wzrost pęcherzyka Graafa, który wydziela estradiol i inhibinę. Druga połowa cyklu to **faza lutealna** (dni: 15–28), której nazwa związana jest z następującym po owulacji przekształceniem pęcherzyka w **ciałko żółte** (łac. *corpus luteum*), wydzielające **progesteron**.

Mechanizm sprzężenia zwrotnego hormonów steroidowych u różnych gatunków oddziałuje na przedni płat przysadki lub na podwzgórze. U naczelnych w mechanizmie tym odgrywa rolę przede wszystkim przedni płat.

Charakter wspomnianego sprzężenia zwrotnego u kobiet zależy od fazy cyklu menstruacyjnego. Przez większą część fazy pęcherzykowej, niski lub umiarkowany poziom estradiolu i inhibiny wywiera ujemny efekt zwrotny na uwalnianie hormonów gonadotropowych (*rys. 1*).

Estradiol powoduje zmniejszenie wrażliwości przedniego płata przysadki na efekty oddziaływania GnRH, co jest przyczyną zmniejszenia amplitudy pulsacji LH. Z tego powodu w czasie fazy pęcherzykowej pulsacje LH mają dużą częstotliwość, lecz małą amplitudę. U podłoża tego leży prawdopodobnie zmniejszenie liczby receptorów GnRH na powierzchni komórek gonadotropowych.

Około 14 dnia cyklu poziom estradiolu podnosi się na tyle, że dochodzi do odwrócenia kierunku efektu zwrotnego i przejścia osi podwzgórze–przysadka–gonady w tryb dodatniego sprzężenia zwrotnego. Dochodzi do pobudzenia sekrecji LH i FSH, co wywołuje owulację i zmienia metabolizm steroidów pękniętego pęcherzyka Graafa w ten sposób, że zaczyna on wytwarzać i wydzielać progesteron (*rys. 2*). Wzrost stężenia progesteronu na początku fazy lutealnej hamuje uwalnianie GnRH, a co za tym idzie, doprowadza do szybkiego zmniejszenia uwalniania LH.

Rys. 1. Ujemne sprzężenie zwrotne, występujące w czasie fazy pęcherzykowej cyklu menstruacyjnego. Sprzężenie zwrotne u mężczyzn jest podobne, z wyjątkiem tego, że sekrecja hormonu luteinizującego (LH) jest regulowana przez testosteron pochodzący z jąder. FSH, hormon stymulujący dojrzewanie pęcherzyka Graafa; GnRH, hormon uwalniający hormony gonadotropowe

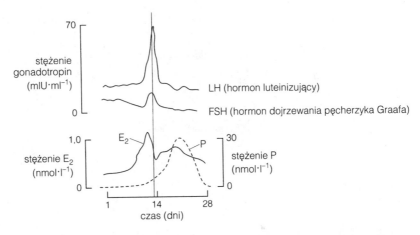

Rys. 2. Zmiany poziomu uwalniania hormonów w czasie cyklu menstruacyjnego. Owulacja, wyzwolona przez silny wyrzut hormonu luteinizującego spowodowany estradiolem (E2), występuje około 14. dnia cyklu. P, progesteron; mIU, mili–jednostka międzynarodowa

Ponownie zaczyna działać mechanizm ujemnego sprzężenia zwrotnego za pośrednictwem steroidów wydzielanych przez gonady. *Rysunek 3* ilustruje mechanizmy sprzężenia zwrotnego, działające w fazie pęcherzykowej i lutealnej (a) oraz w połowie cyklu (b).

Pokwitanie i menopauza

U naczelnych, z wyjątkiem krótkiego okresu postnatalnego, oś HPG jest nieaktywna aż do momentu rozpoczęcia pokwitania. W tym czasie poziom steroidów wydzielanych przez gonady jest niski. Nieaktywność osi HPG jest wynikiem działania tonicznego hamowania GABAergicznego, oddziałującego na neurony wydzielające GnRH. Początek pokwitania jest związany z osłabieniem tego hamowania. W okresie pokwitania występuje bardzo silny rytm okołodobowy wyrzutu hormonów gonadotropowych, przy czym pulsacje LH są dużo silniejsze w czasie snu. Jak dotąd nieznany jest dokładnie czynnik, który wyzwala procesy związane z pokwitaniem. Uważa się, że ma on charakter sygnału metabolicznego, związanego ze wzrostem lub masą ciała. Wydaje się, że u dziewcząt do

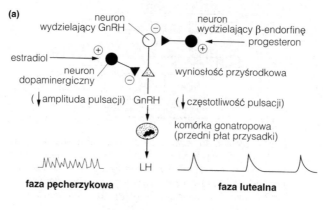

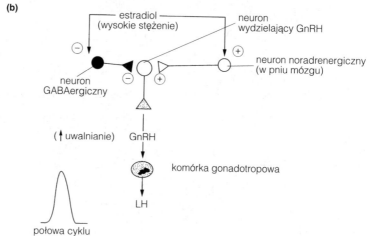

Rys. 3. Schemat mechanizmów regulujących wydzielanie hormonu uwalniającego hormony gonadotropowe (GnRH) przez komórki nerwowe podwzgórza: (a) ujemne sprzężenie zwrotne poprzez estradiol (po lewej) i progesteron (po prawej); (b) dodatnie sprzężenie zwrotne poprzez wysoki poziom estradiolu, który hamuje aktywność GABAergicznych neuronów hamulcowych i pobudza komórki noradrenergiczne, stymulujące uwalnianie GnRH. Kółka niezaczernione – neurony pobudzeniowe; kółka zaczernione – komórki hamujące. LH – hormon luteinizujący

rozpoczęcia pokwitania niezbędne jest osiągnięcie masy ciała wynoszącej 30 kg, natomiast do rozpoczęcia cyklu menstruacyjnego — masy około 47 kg. U tancerek, kobiet uprawiających sporty wyczynowe, a także u anorektyczek dochodzi do zahamowania menstruacji, jeżeli ich masa ciała nadmiernie zmniejszy się.

Koniec okresu rozrodczego, menopauza, związany jest z przerwaniem czynności jajników, natomiast zarówno podwzgórze, jak i przysadka funkcjonują w dalszym ciągu.

Prolaktyna   Prolaktyna (PRL) jest wydzielana przez komórki laktotropowe przedniego płata przysadki. Wspólnie z estrogenem stymuluje wzrost pęcherzyków i przewodów w gruczołach sutkowych w trakcie ciąży. Ssanie sutka powoduje odruchowe uwalnianie prolaktyny, która pobudza syntezę i wydzielanie pokarmu. PRL jest glikoproteiną o sekwencji aminokwasowej zbliżonej do hormonu wzrostu. Jest ona wydzielana pulsacyjnie, a jej wydzielanie zmienia się w zależności od pory dnia (najwyższe pomiędzy północą a godz. 9 rano), od płci (wyższe u kobiet, ponieważ sekrecja PRL jest stymulowana przez estrogeny), a także od fazy cyklu menstruacyjnego. Podobnie jak w przypadku GH, zarówno wysiłek fizyczny, jak i stres pobudzają sekrecję prolaktyny. Jej stężenie jest największe w trakcie ciąży i laktacji.

Sekrecja PRL jest regulowana przez podwzgórze, z jednej strony poprzez neurony dopaminergiczne o działaniu hamującym, z drugiej zaś — przez szereg peptydów aktywujących wydzielanie PRL, podobnie jak i wydzielanie GH. Perykariony zaangażowanych w ten proces neuronów dopaminergicznych (grupy A12, patrz temat N1) znajdują się w jądrze łukowatym podwzgórza, a ich aksony przebiegają drogą guzowo--lejkową i tworzą zakończenia w wyniosłości przyśrodkowej. Uwolniona tu dopamina jest przenoszona przez podwzgórzowo-przysadkowy układ krążenia wrotnego do przedniego płata przysadki. Komórki laktotropowe mają receptory dopaminowe typu D2, które są sprzężone ujemnie z cyklazą adenylanową. Zmniejszenie stężenia cAMP powoduje ograniczenie transkrypcji genu prolaktyny.

Uwalnianie prolaktyny jest pobudzane przez:

- hormon uwalniający hormon tyreotropowy (patrz temat M3);
- naczyniowo aktywny peptyd jelitowy (ang. vasoactive intestinal peptide, VIP) wydzielany do podwzgórzowo-przysadkowego krążenia wrotnego;
- oksytocynę z tylnego płata przysadki, która dociera do przedniego płata poprzez cienkie naczynia krwionośne określane jako **krótkie naczynia wrotne**.

Muszą też jednak istnieć inne czynniki uwalniające prolaktynę, działające także i w odmiennych warunkach fizjologicznych. Na przykład, częste karmienie noworodka (co 2–3 godz.) jest związane z tak silną sekrecją prolaktyny, że dochodzi do zablokowania owulacji w efekcie zahamowania sekrecji LH, co znacznie zmniejsza możliwość zajścia w ciążę w tym okresie.

Do nadmiernej sekrecji prolaktyny (**hiperprolaktynemii**) może występować w efekcie niektórych nowotworów przysadki, a także w wyniku stosowania leków oddziałujących na dopaminergiczny mechanizm hamowania wydzielania prolaktyny, np. antagonistów receptorów dopaminowych. Hiperprolaktynemia wywołuje bezpłodność u kobiet i mężczyzn w wyniku hamowania uwalniania LH, a także nieprawidłowe wydzielanie mleka u obu płci.

M5 Mięsień gładki i mięsień sercowy

Hasła

Mięsień gładki

Mięśnie gładkie nie mają poprzecznego prążkowania, składają się z pojedynczych komórek i znajdują się przede wszystkim w trzewiach, naczyniach krwionośnych i drogach oddechowych. Mięśnie gładkie są unerwiane przez autonomiczny układ nerwowy (AUN). Chociaż mięśnie gładkie kurczą się powoli, to mogą one wywierać znaczną siłę przez długi czas, i to przy małym zużyciu tlenu. Istnieją dwa typy tych mięśni. Jednostkowe (ang. single-unit) komórki mięśnia gładkiego pierwszego typu są elektrycznie sprzężone poprzez złącza szczelinowe i stanowią rytmiczne rozruszniki, automatycznie generujące wapniowe potencjały czynnościowe. Komórki takiego mięśnia są regulowane przez hormony, czynniki miejscowe oraz wewnętrzne komórki nerwowe mięśnia. Do tego typu należy mięśniówka jelita. Mięsień gładki drugiego typu, wielojednostkowy (ang. multi-unit), utrzymuje toniczną aktywność skurczową w efekcie działania neuroprzekaźników pobudzających albo hamujących, uwalnianych przez włókna AUN. Wytwarzają one w komórkach mięśniowych małe potencjały, podobne do potencjałów synaptycznych. Komórki te, występujące np. w mięśniówce naczyń krwionośnych, nie generują na ogół potencjałów czynnościowych.

Skurcz mięśnia gładkiego jest uruchamiany przez zwiększenie stężenia cytoplazmatycznego jonów Ca^{2+}, do którego dochodzi w efekcie potencjału czynnościowego albo stymulacji receptorów sprzężonych poprzez układ inozytolotrisfosforanu (IP_3) z uwalnianiem Ca^{2+} z magazynów wewnątrzkomórkowych bądź też sprzężonych z kanałami wapniowymi. Jony Ca^{2+} wywołują skurcz w wyniku aktywacji kinazy łańcucha lekkiego miozyny. Zahamowanie aktywności tego enzymu przez cAMP umożliwia rozkurcz mięśnia.

Mięsień sercowy

Komórki mięśnia sercowego są poprzecznie prążkowane, mają liczne połączenia szczelinowe i wykazują właściwości rozrusznikowe w wyniku występowania powolnej depolaryzacji ich błony w czasie spoczynku. Występuje w nich sprzężenie pobudzeniowo-skurczowe, podobnie jak w przypadku mięśnia poprzecznie prążkowanego, w przebiegu którego jony Ca^{2+} są uwalniane z siateczki sarkoplazmatycznej. Jednakże dużą rolę odgrywają również jony Ca^{2+} wpływające do wnętrza poprzez kanały wapniowe typu L. Podwyższenie poziomu cAMP, za pośrednictwem receptorów β1-adrenergicznych, zwiększa tempo skurczów i ich siłę poprzez otwarcie kanałów wapniowych. Acetylocholina, oddziałująca na receptory muskarynowe, zmniejsza częstość skurczów serca poprzez otwarcie kanałów potasowych.

Tematy pokrewne	Przegląd mechanizmów synaptycznych (C1) Wolne przekaźnictwo synaptyczne (C3)	Mięśnie szkieletowe i sprzężenie elektromechaniczne (K1) Funkcje autonomicznego układu nerwowego (M6)

Mięsień gładki

Mięśnie gładkie są unerwiane przez włókna pozazwojowe autonomicznego układu nerwowego (AUN). Ich nazwa związana jest z brakiem poprzecznego prążkowania, widocznego w mikroskopie świetlnym w mięśniach szkieletowych i mięśniu sercowym. Mięśnie gładkie znajdują są w trzewiach (np. w jelicie, pęcherzu moczowym, macicy), w większych drogach oddechowych, naczyniach krwionośnych (z wyjątkiem naczyń włosowatych), przewodach gruczołów zewnątrzwydzielniczych i w oczach. Komórki mięśniowe gładkie są kształtu wrzecionowatego i mają centralnie położone jądro komórkowe. W zależności od położenia ich długość waha się pomiędzy: 15–300 μm, a średnica — od 2 do 10 μm. Mechanizm skurczu jest oparty na grubych filamentach aktynowych i cienkich filamentach miozynowych, jednakże, gdy weźmie się pod uwagę moc wytwarzaną z rozkładu 1 mola adenozynotrifosforanu (ATP), mięsień gładki pracuje znacznie bardziej wydajnie niż mięsień poprzecznie prążkowany. Mimo że metabolizm mięśnia gładkiego jest tlenowy, jego zapotrzebowanie na tlen jest niewielkie. Mięsień gładki kurczy się powoli, jednakże może on wywierać siłę w sposób długotrwały bez wykazywania zmęczenia, przy czym wytwarzana siła (w przeliczeniu na jednostkę przekroju mięśnia) może być tak duża, jak w przypadku mięśnia szkieletowego. Wewnątrz komórki mięśnia gładkiego filamenty cienkie są połączone z **ciałkami gęstymi**, pełniącymi funkcję analogiczną do krążków Z w mięśniu poprzecznie prążkowanym. Każda komórka mięśniowa gładka ma liczne ciałka gęste, połączone filamentami pośrednimi, które przenoszą siły wytwarzane przez komórkę do **desmosomów**, łączących sąsiadujące ze sobą komórki. Dzięki temu siła mechaniczna jest wywierana wspólnie przez pęczki tych komórek.

Istnieją dwa zasadnicze typy mięśni gładkich, chociaż wiele mięśni wykazuje cechy obu typów. Mięsień gładki **typu jednostkowego** (ang. single-unit, nazywany również mięśniem fazowym) ma połączenia szczelinowe (temat C1), które elektrycznie sprzęgają przylegające do siebie komórki. Pozwala to na jednoczesną reakcję całej grupy połączonych ze sobą komórek. Do mięśni tego typu, kurczących się w sposób fazowy (rytmiczny), należy mięśniówka jelita odpowiedzialna za perystaltykę. Jednostkowe komórki mięśniowe gładkie wykazują właściwości rozrusznikowe. Ich spoczynkowy potencjał błonowy nie jest stabilny, lecz ulega powolnej, automatycznej depolaryzacji aż do wyzwolenia serii potencjałów czynnościowych związanych z jonami wapnia, co uruchamia skurcz komórki. Występująca następnie hiperpolaryzacja, do której dochodzi w efekcie otwarcia kanałów potasowych zależnych od Ca^{2+}, na krótki czas zatrzymuje aktywność komórki, jednakże powolna depolaryzacja powoduje powtórzenie cyklu. Ponieważ ta aktywność rozrusznikowa jest efektem wewnętrznych właściwości błony komórki mięśniowej i nie ulega zahamowaniu po przecięciu nerwów autonomicznych, określa się ją jako **aktywność miogenną**.

Mięśnie gładkie typu jednostkowego często nie mają silnego unerwienia zewnętrznego ze strony autonomicznego układu nerwowego. Ich aktywność jest koordynowana przez komórki nerwowe znajdujące się w obrębie mięśniówki, tak jak w przypadku jelita. Niektóre mięśnie gładkie o budowie jednostkowej w ogóle nie posiadają wejścia neuronalnego, a ich aktywność jest regulowana przez hormony lub czynniki miejscowe. Skurcz mięśnia jednostkowego może zostać zapoczątkowany przez rozciągnięcie na skutek otwarcia kanałów jonowych wrażliwych na bodźce mechaniczne, co nasila tempo depolaryzacji rozrusznika. Zjawisko to leży u podłoża samoregulacji mózgowych naczyń krwionośnych (patrz temat E6).

Komórki mięśnia gładkiego **typu wielojednostkowego** (ang. multi--unit, nazywanego również mięśniem tonicznym) nie są połączone złączami szczelinowymi, wskutek czego każda z nich działa samodzielnie. W efekcie oddziaływania impulsacji nerwowej i krążących hormonów mięsień gładki wielojednostkowy znajduje się w stanie ciągłego skurczu. Neuroprzekaźniki i hormony wywierają na komórki mięśniowe wpływ pobudzający albo hamujący, wytwarzając potencjały analogiczne do potencjałów postsynaptycznych. Aktywność toniczna tego rodzaju jest typowa dla mięśni gładkich tętnic oraz zwieraczy. Jej mechanizm opiera się na generowaniu potencjałów czynnościowych z małą częstotliwością przez włókna układu autonomicznego, które powodują depolaryzację mięśnia gładkiego bez wytwarzania potencjałów czynnościowych przez komórki mięśniowe. Aksony pozazwojowych neuronów autonomicznych mają liczne zgrubienia o średnicy około 1,5 µm, noszące nazwę żylakowatości, rozmieszczone w regularnych odstępach i zawierające pęcherzyki synaptyczne. Tworzą one synapsy na powierzchni komórek mięśniowych gładkich, określane jako złącza neuroefektorowe. Szerokość szczeliny synaptycznej w tych złączach wynosi od 20 do 200 nm, przy czym szersze szczeliny występują w tkankach mających mniej żylakowatości. Uważa się, że ułatwia to swobodne rozprzestrzestrzenianie się uwolnionego neuroprzekaźnika, który może dzięki temu oddziaływać na większą liczbę komórek. Błona postsynaptyczna gładkich komórek mięśniowych nie jest wyraźnie wyspecjalizowana, jest jednak wyposażona w receptory neuroprzekaźników.

W porównaniu z mięśniem szkieletowym, potencjał spoczynkowy mięśnia gładkiego jest niski (V_{sp} około −60 mV). Do skurczu mięśnia gładkiego dochodzi w efekcie zwiększenia stężenia wolnych jonów Ca^{2+} w cytoplazmie, do którego może dojść kilkoma sposobami.

1. Na skutek wystąpienia potencjałów czynnościowych o podłożu miogennym lub w efekcie depolaryzacji neuronalnej. Komórki mięśniowe gładkie nie mają układu cewek poprzecznych T, natomiast w ich błonie plazmatycznej znajdują się kanały wapniowe typu L, aktywujące się pod wpływem depolaryzacji. Wpływanie jonów Ca^{2+} przez kanały typu L jest odpowiedzialne za potencjały czynnościowe, które trwają od 10 do 500 ms. Potencjały czynnościowe odgrywają istotną rolę w mięśniach jednostkowych (fazowych).

2. Za pośrednictwem neuroprzekaźników lub hormonów oddziałujących na receptory sprzężone ze szlakiem fosfoinozytolowym (patrz temat C3). Stymulacja syntezy IP_3 wywołuje uwolnienie Ca^{2+} z siateczki sarkoplazmatycznej (SR). Mechanizm ten działa w wielojednostkowych (tonicznych) gładkich komórkach mięśniowych. Na przykład, noradrenalina uwolniona z zakończeń włókien współczulnych oddziałuje na receptory adrenergiczne α1 mięśniówki gładkiej naczyń krwionośnych, a ACh, uwalniana z włókien przywspółczulnych, działa na receptory muskarynowe M3. W obu przypadkach w końcowym efekcie dochodzi do skurczu mięśni gładkich jelita.

3. Receptory sprzężone z białkami G mogą również kontrolować wpływanie jonów Ca^{2+} do komórek mięśniowych gładkich poprzez bezpośrednie oddziaływanie białek G na **kanały wapniowe zależne od receptorów**.

W cytoplazmie jony wapnia są wiązane przez **kalmodulinę** (CaM), białko o sekwencji zbliżonej do troponiny (patrz temat K1). Kompleks Ca^{2+}–CaM aktywuje **kinazę łańcucha lekkiego miozyny** (ang. myosin light chain kinase, MLCK), co umożliwia interakcję miozyny z aktyną i, w efekcie, skurcz mięśnia. Rozkurcz mięśnia gładkiego może wystąpić na dwa sposoby. Pierwszy z nich jest oparty na mechanizmie aktywnego transportu, zmniejszającego stężenie cytoplazmatycznego wapnia poprzez transport jonów Ca^{2+} do wnętrza cystern SR albo na zewnątrz komórki. Drugi sposób jest związany z oddziaływaniem neuroprzekaźników lub hormonów na receptory, które hamują procesy biochemiczne skurczu mięśnia, jak w przypadku receptorów β-adrenergicznych sprzężonych z układem wtórnego przekaźnika cAMP (patrz temat C3). Przekaźnik cAMP aktywuje kinazę białkową A, która z kolei hamuje aktywność MLCK. W podobny sposób receptory β2 pośredniczą w rozkurczu mięśni dróg oddechowych i mięśniówki jelita. Mechanizmy regulujące skurcz mięśni gładkich ilustruje *rysunek 1*.

Mięsień sercowy Komórki mięśnia sercowego cechuje poprzeczne prążkowanie, lecz podobnie jak w przypadku mięśnia gładkiego jednostkowego są one sprzężone przez złącza szczelinowe, co umożliwia szybki przepływ potencjałów czynnościowych w sercu, a ich aktywność ma podłoże miogenne. Aktywność rozrusznikowa komórek mięśnia sercowego jest uwarunkowana powolną depolaryzacją, występującą w stanie spoczynkowym, a spowodowaną przez aktywację:

- szczególnego typu kanałów Na^+, różniących się od „zwykłych" napięciowozależnych kanałów sodowych;
- kanałów wapniowych typu T.

Depolaryzację tę opóźnia wypływanie na zewnątrz komórki jonów K^+, poprzez kanały potasowe aktywowane przez muskarynowe receptory cholinergiczne (K_{ACh}). Jednakże potencjał błonowy osiąga ostatecznie wartość progową, co umożliwia powstanie sodowego potencjału czynnościowego (*rys. 2*).

Mechanizm sprzężenia elektromechanicznego jest w mięśniu sercowym podobny do mechanizmu występującego w mięśniu szkieletowym. Sodowy potencjał czynnościowy, przebiegając po błonie komórki mięś-

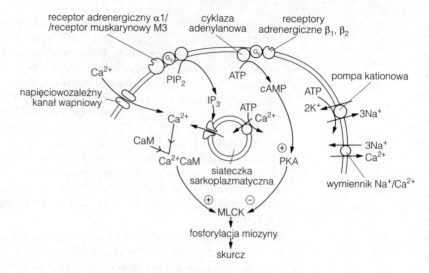

Rys. 1. Regulacja skurczu mięśnia gładkiego. Kinaza łańcucha lekkiego miozyny (MLCK) uruchamia skurcz wtedy, gdy zostanie zaktywowana przez wapń połączony z kalmoduliną (CaM). Kinaza białkowa A (PKA) hamuje aktywność MLCK, co wywołuje rozkurcz. PIP_2 — fosfatydyloinozytolo-4,5-bisfosforan; IP_3 — inozytolo-1,4,5-trisfosforan; cAMP — cykliczny 3',5'-adenozynomonofosforan. Mechanizmy transportujące ułatwiają skurcz poprzez zmniejszanie stężenia Ca^{2+} w cytoplazmie

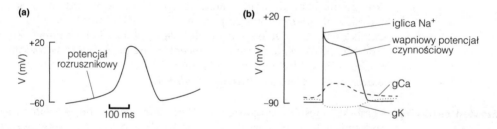

Rys. 2. Potencjały czynnościowe w sercu: (a) w rozruszniku sercowym (węźle zatokowo-przedsionkowym), gdzie występuje powolny, depolaryzujący potencjał rozrusznikowy; (b) w mięśniu komorowym. gCa, przewodnictwo wapniowe; gK, przewodnictwo potasowe

niowej do układu cewek T, powoduje uwolnienie jonów Ca^{2+} z siateczki sarkoplazmatycznej (ang. sarcoplasmatic reticulum, SR) za pośrednictwem receptorów rianodinowych (patrz temat K1). Jednakże, w błonie komórek mięśnia sercowego występują oprócz tego napięciowozależne kanały wapniowe typu L, które ulegają aktywacji pod wpływem szybkiego sodowego potencjału czynnościowego. Wywołuje to z kolei dłużej trwający wapniowy potencjał czynnościowy. Sumaryczny potencjał czynnościowy trwa około 250 ms. Jony wapnia, odpowiedzialne za uruchomienie skurczu mięśnia sercowego, pochodzą więc z dwóch źródeł: magazynu wewnętrznego (SR) i z zewnątrz (za pośrednictwem napięciowozależnych kanałów wapniowych). Inaktywacja kanałów wapniowych zapoczątkowuje repolaryzację komórki mięśniowej, nasilaną równocześnie przez wypływanie jonów K^+. Jak ilustruje *rysunek 2b*, w czasie trwania potencjału czynnościowego mięśnia sercowego, gdy komórki są zdepolaryzowane na skutek napływu jonów Na^+ i Ca^{2+}, przewodnictwo potasowe (gK) jest zmniejszone. Kanały potasowe, które cechuje osłabienie przewodnictwa w trakcie depolaryzacji, określa się jako **dokomórkowe kanały prostujące**. Zachowują się one odmiennie niż odkomórkowe prostujące kanały potasowe, które aktywują się w czasie potencjału czynnościowego w komórkach nerwowych (patrz temat B2).

Aktywacja receptorów β1 na powierzchni komórek mięśnia sercowego powoduje podwyższenie poziomu wewnątrzkomórkowego cAMP. Na skutek fosforylacji kanałów Na^+ i kanałów Ca^{2+} typu T, w efekcie dochodzi do przyspieszenia depolaryzacji rozrusznikowej i do przyspieszenia akcji serca. Z kolei fosforylacja kanałów Ca^{2+} typu L wzmacnia dokomórkowy przepływ jonów wapnia, co zwiększa siłę skurczów. Acetylocholina, oddziałując na receptory muskarynowe M2, spowalnia depolaryzację rozrusznikową poprzez aktywację kanałów K_{ACh}. Receptory te i kanały są bezpośrednio sprzężone przez białko G_i.

M6 FUNKCJE AUTONOMICZNEGO UKŁADU NERWOWEGO

Hasła

Przegląd funkcji autonomicznego układu nerwowego (AUN)	AUN oddziałuje na mięśnie gładkie, mięsień sercowy i gruczoły wewnątrzwydzielnicze, utrzymując podstawowe parametry fizjologiczne na poziomie dostosowanym do aktualnego zachowania zwierzęcia oraz jego środowiska. Większość mechanizmów regulacyjnych, w których uczestniczy AUN, polega na ujemnym sprzężeniu zwrotnym, dopasowującym parametry fizjologiczne do określonych, wymaganych wartości (np. średniego ciśnienia tętniczego). W określonych okolicznościach homeostatyczny charakter mechanizmów autonomicznych sprowadza się do modyfikacji tych parametrów w celu sprostania zmienionym warunkom zewnętrznym. Część współczulna AUN ulega aktywacji w sytuacjach stresowych, wytwarzając odpowiedzi typu: „bać się i walczyć albo uciekać", natomiast część przywspółczulna AUN jest aktywowana w sytuacjach typu: „odpoczywać i trawić". Dwie części układu autonomicznego mogą wywierać przeciwstawne efekty na narządy (np. serce). W kilku przypadkach mechanizmy AUN działają na zasadzie dodatniego sprzężenia zwrotnego, oddalając układ fizjologiczny od stabilnego stanu normalnego (np. w przypadku reakcji seksualnych).
Fizjologia AUN	W zwojach układu autonomicznego, szczególnie w układzie współczulnym, następuje dywergencja włókien przedzwojowych na wiele komórek pozazwojowych. Istnieje także konwergencja, umożliwiająca sumowanie licznych słabych pobudzeń, aż do zapoczątkowania potencjału czynnościowego w komórkach pozazwojowych. Neuroprzekaźnikiem w zwojach autonomicznych jest acetylocholina (ACh), która działa zarówno na receptory nikotynowe (nAChR), jak i muskarynowe (mAChR). Receptory nAChR pośredniczą w szybkim przekaźnictwie cholinergicznym, natomiast aktywacja mAChR znacznie przedłuża czas generowania potencjałów czynnościowych przez komórki pozazwojowe w odpowiedzi na stymulację nAChR. Pozazwojowe włókna współczulne są zazwyczaj noradrenergiczne, a pozazwojowe zakończenia przywspółczulne — wyłącznie cholinergiczne. Komórki chromafinowe rdzenia nadnerczy pełnią rolę pozazwojowych komórek współczulnych i wydzielają głównie adrenalinę. Zakończenia włókien pozazwojowych uwalniają także różne neuroprzekaźniki peptydowe, które modulują efekty neuroprzekaźników pierwszorzędowych bądź mają inne działanie.
Pęcherz moczowy jako przykład skoordynowanej kontroli autonomicznej	Pęcherz moczowy ma podwójne unerwienie autonomiczne. Toniczna aktywność współczulna umożliwia wypełnianie pęcherza. Oddawanie moczu zachodzi na zasadzie odruchu rdzeniowego, w którym receptory rozciągania, znajdujące się w ścianie pęcherza, aktywują przywspółczulny rozkurcz m. zwieracza wewnętrznego pęcherza.

W normalnych warunkach odruch ten pozostaje pod świadomą kontrolą, za pośrednictwem neuronów mostu. Po przerwaniu rdzenia kręgowego oddawanie moczu staje się całkowicie odruchowe.

| **Odruchy aksonalne** | Niektóre włókna aferentne prowadzące z trzewi oraz nocyceptorów, w wyniku pobudzenia, do którego dochodzi na skutek uszkodzenia tkanki, mogą przewodzić potencjały czynnościowe w „odwrotnym", niż normalnie, kierunku. Gdy pobudzenie takie, poprzez kolaterale aksonu, rozprzestrzenia się do zakończeń synaptycznych, dochodzi do uwalniania peptydów o działaniu zapalnym. Efekt ten nosi nazwę odruchu aksonalnego. |

| **Jelitowy układ nerwowy (ang. enteric nervous system, ENS)** | Splot śródścienny błony mięśniowej jelita oraz splot śródścienny warstwy podśluzowej kontrolują, odpowiednio, ruchy jelita oraz wydzielanie. Neurony ruchowe błony mięśniowej jelita wywierają toniczny wpływ pobudzający albo hamujący na mięsień gładki jelita. Neurony ruchowe są pobudzane, za pośrednictwem cholinergicznych neuronów wstawkowych, przez neurony czuciowe, które reagują na rozciągnięcie albo na sygnały chemiczne ze światła jelita. Na ogół, aktywność neuronów czuciowych stymuluje ruch w odcinku położonym, w stosunku do bodźca, po stronie oralnej, a hamuje — po stronie analnej. Aktywność neuronów błony podśluzowej nasila wydzielanie gruczołowe zarówno bezpośrednio, jak i poprzez wzmożenie lokalnego krążenia krwi. |

Tematy pokrewne   Wolne przekaźnictwo synaptyczne (C3)
Budowa obwodowego układu nerwowego (E1)

Mięsień gładki i mięsień sercowy (M5)
Ośrodkowa kontrola czynności autonomicznych (M7)

Przegląd funkcji autonomicznego układu nerwowego (AUN)

Autonomiczny układ nerwowy koryguje skurcze mięśni gładkich i mięśnia sercowego, a także kontroluje wydzielanie gruczołowe, co w efekcie prowadzi do utrzymania parametrów fizjologicznych, takich jak temperatura ciała, akcja serca, ciśnienie krwi, stężenie glukozy we krwi, na poziomie dopasowanym do chwilowej aktywności zwierzęcia lub do środowiska, w którym się ono znajduje. Termin „autonomiczny" oznacza, że AUN zazwyczaj działa w sposób nieuświadomiony, a jego czynność nie ma składowej poznawczej. Określenie „niezależny od woli" (ang. involuntary), które niekiedy stosuje się wobec AUN, jest niewłaściwe, ponieważ istnieje możliwość nauczenia się, poprzez technikę **biologicznego sprzężenia zwrotnego**, kontrolowania w pewnym zakresie, zmiennych regulowanych przez AUN (np. ciśnienia krwi).

W pierwszym przybliżeniu, większość aktywności AUN koncentruje się na homeostatycznej regulacji zmiennych fizjologicznych. Na przykład, średnia wartość ciśnienia tętniczego jest utrzymywana na prawie stałym poziomie pomimo zmian pozycji ciała, wywołujących znaczne wahania ciśnienia hydrostatycznego krwi. Gdy człowiek gwałtownie podniesie się z pozycji leżącej, grawitacyjna tendencja do pozostawania krwi w naczyniach krwonośnych nóg jest pokonywana przez mechanizmy odruchowe mierzące spadek ciśnienia i powodujące skurcze tętniczek i cienkich żył w nogach. Jest to klasyczny przykład mechanizmu ujemnego sprzężenia zwrotnego.

Liczne efekty działania AUN nie mają charakteru takiego sprzężenia zwrotnego, gdyż nie utrzymują określonych zmiennych na ustalonym poziomie, lecz pomimo to mają charakter homeostatyczny, ponieważ dopasowują one wartości tych zmiennych, tak aby organizm mógł sprostać zmienionym wymaganiom. W odpowiedzi na rozmaite czynniki stresujące dochodzi do aktywacji układu współczulnego (ang. sympathetic nervous system, SNS), oddziałującego na serce, naczynia krwionośne, drogi oddechowe i wątrobę, prowadzącej do nasilenia akcji serca, zmian w lokalnym przepływie krwi, zwiększenia przepływu powietrza przez płuca i podwyższenia poziomu glukozy we krwi. Adaptacje te zwiększają szanse wyjścia z sytuacji stresowej bez szwanku. Ogólnie mówiąc, współczulny układ nerwowy pośredniczy w reakcjach typu: „bać się, walczyć i uciekać", natomiast do aktywacji układu przywspółczulnego (ang. parasympathetic nervous system, PSNS) dochodzi wtedy, gdy ciało znajduje się w stanie, który można określić: „odpoczywać i trawić". Układ przywspółczulny pobudza działanie gruczołów wewnątrzwydzielniczych, a także procesy anaboliczne.

Część współczulna i część przywspółczulna AUN mogą wywierać przeciwstawny wpływ, na przykład na średnicę źrenicy (patrz temat H2) lub tempo skurczów serca. Odpowiedni stan jest osiągany w efekcie ustalenia się równowagi pomiędzy aktywnością tych układów, a więc współdziałania SNS i PSNS.

W kilku przypadkach mechanizm działania AUN opiera się na dodatnim sprzężeniu zwrotnym. Reakcje seksualne u człowieka wymagają odruchów autonomicznych, zarówno współczulnych, jak i przywspółczulnych, w których reakcja ruchowa (w postaci powiększenia prącia lub łechtaczki na skutek napływu krwi) nasila aktywność tych samych aferentnych włókien trzewnych, które uruchamiają odruch. Tego typu dodatnie sprzężenie zwrotne oddala układ od stanu stabilnego.

Według klasycznej definicji (podanej w temacie E1) AUN to wyłącznie trzewny układ ruchowy, którego aktywność może być modyfikowana przez wejście czuciowe. Według poglądów alternatywnych, do ANS należy zaliczyć aferentne włókna trzewne, ponieważ przebiegają one tymi samymi nerwami co włókna eferentne. Pozwala to połączyć składową czuciową i ruchową funkcji tej części układu nerwowego. Aferentne włókna trzewne można odróżnić od włókien somatycznych analizując ich neuroprzekaźniki peptydowe. Połączenia włókien AUN z narządami docelowymi ilustruje *rysunek 1*.

Fizjologia AUN Budowa anatomiczna AUN została omówiona w temacie E1, zaś połączenia AUN pokazano na *rysunku 1*. W zwojach autonomicznych występuje dywergencja polegająca na tym, że aksony przedzwojowe rozgałęziają się i tworzą połączenia z większą liczbą komórek pozazwojowych, rozprzestrzeniając w ten sposób aktywność neuronalną na większy obszar docelowy. Występuje również konwergencja, dzięki której kilka włókien przedzwojowych ma synapsy na jednym neuronie pozazwojowym. Stosunek liczby komórek przedzwojowych do pozazwojowych wynosi 1:3

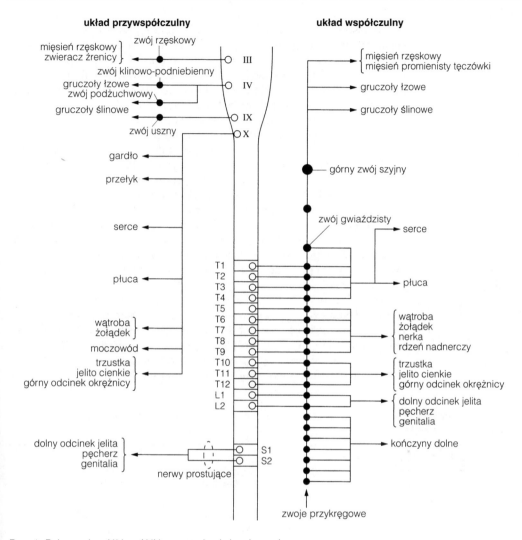

Rys. 1. Połączenia włókien AUN z narządami docelowymi

w układzie przywspółczulnym i 1:200 w układzie współczulnym. Siła połączeń konwergentnych jest różna, jednakże większość z nich jest słaba, co oznacza, że do pobudzenia komórki pozazwojowej niezbędne jest zsumowanie licznych wejść przedzwojowych.

Podstawowym neuroprzekaźnikiem we wszystkich zwojach autonomicznych jest acetylocholina (ACh). ACh, uwolniona przez neurony przedzwojowe, działa na receptory cholinergiczne typu nikotynowego (nAChR) (patrz temat C4), wywołując szybki pobudzeniowy potencjał postsynaptyczny (EPSP), który, jeśli osiągnie odpowiednią wielkość, wywołuje potencjał czynnościowy w komórce pozazwojowej. Ponadto, ACh wiąże się z receptorami muskarynowymi typu M1, których aktywacja znacznie wydłuża okres generowania potencjałów czynnościowych przez komórki pozazwojowe na skutek oddziaływania na jeden z kanałów potasowych, kanał typu K_m. Kanały typu K_m są jednocześnie napięciowozależne i aktywowane ligandem. W wyniku depolaryzacji dochodzi do ich aktywacji, a wynikający stąd odkomórkowy przepływ jonów K^+ ułatwia hiperpolaryzację komórki. Z tego powodu kanały K_m normalnie stabilizują potencjał błonowy, przeciwdziałając wpływom depolaryzującym. Aktywacja receptorów M1 wywołuje zamknięcie kanałów K_m i prowadzi do powstania powolnego EPSP. W efekcie, komórka pozazwojowa generuje potencjały czynnościowe przez wiele sekund.

Prawie wszystkie zakończenia współczulnych aksonów pozazwojowych uwalniają noradrenalinę. Jedyny wyjątek stanowią cholinergiczne włókna współczulne, prowadzące do gruczołów potowych. Do pozazwojowej części SNS zalicza się komórki chromafinowe rdzenia nadnerczy, które wydzielają adrenalinę (i noradrenalinę) bezpośrednio do krwi w wyniku pobudzenia unerwiających je przedzwojowych włókien współczulnych. Istnieją cztery zasadnicze rodzaje receptorów adrenergicznych, które pośredniczą w efektach stymulacji współczulnej. Wszystkie z nich to receptory sprzężone z białkami G, a ich właściwości podsumowuje *tabela 1*.

Wszystkie przywspółczulne aksony pozazwojowe uwalniają ACh, która oddziałuje za pośrednictwem receptorów muskarynowych (mAChR). Istnieje kilka rodzajów mAChR, wywołujących różnorakie efekty, jednakże wszystkie z nich to receptory sprzężone z białkami G (*tab. 1*).

Autonomiczne zakończenia nerwowe uwalniają, oprócz noradrenaliny albo ACh, również adenozyno-5'-trifosforan (ATP) oraz peptydy, które

Tabela 1. *Właściwości receptorów adrenergicznych i muskarynowych oraz główne efekty ich pobudzenia przez AUN*

Receptor	Białko G	Wtórny przekaźnik	Unerwiany narząd	Efekt
α1	G_q	IP_3/DAG	mięśniówka gładka naczyń zwieracze[a]	skurcz
α2	G_i	↓ cAMP	zakończenia adrenergiczne (presynaptyczne)	↓ uwalniania NA
β1	G_s	↑ cAMP	mięsień sercowy	↑ siły skurczu
β2	G_s	↑ cAMP	mięśnie gładkie dróg oddechowych mięsień gładki jelita[b] wątroba	rozkurcz glukoneogeneza
β3	G_s	↑ cAMP	komórki tłuszczowe	lipoliza
M1	G_q	IP_3/DAG	zwoje autonomiczne	zamknięcie kanałów K_m
M2	G_i i G_o	↓ cAMP otwarcie kanałów K^+	mięsień sercowy zwieracze[a] mięśniówka gładka jelita[b] mięśnie gładkie dróg oddechowych	↓ tętna rozkurcz skurcz
M3	G_q	IP_3/DAG	gruczoły zewnątrzwydzielnicze	↑ wydzielania

[a] – również zwieracze jelita i układu moczowo-płciowego

[b] – oprócz zwieraczy

IP_3, inozytolo-1,4,5-trisfosforan; DAG, diacyloglicerol; NA, noradrenalina; cAMP, cykliczny 3',5'-adenozynomonofosforan; NO, tlenek azotu działają jako kotransmitery. ATP uwolniony z zakończeń współczulnych działa na mięśnie gładkie naczyń krwionośnych, wywołując szybkie pobudzeniowe potencjały postsynaptyczne i gwałtowny skurcz. Następnie powstaje wolniejsza odpowiedź, wywoływana przez noradrenalinę. Do kotransmiterów peptydowych należy neuropeptyd Y (ang. neuropeptide Y, NPY) oraz naczyniowoaktywny peptyd jelitowy (VIP). Przedłużają one i modulują efekty działania neuroprzekaźników pierwszorzędowych. Na przykład NPY, wydzielany z zakończeń współczulnych, nasila reakcję skurczową naczyń na noradrenalinę, a VIP uwalniany z zakończeń przywspółczulnych w gruczołach ślinowych powoduje rozszerzenie naczyń, co umożliwia ACh nasilenie wydzielania śliny.

Pęcherz moczowy jako przykład skoordynowanej kontroli autonomicznej

Pęcherz moczowy ma podwójne unerwienie autonomiczne (*rys. 2*). Aktywność włókien współczulnych, docierających do pęcherza, powoduje rozkurcz gładkiego mięśnia wypieracza pęcherza za pośrednictwem receptorów adrenergicznych typu β2. W przeciwieństwie do tego, gładki wewnętrzny mięsień zwieracz ma receptory adrenergiczne α1, a aktywność współczulna powoduje jego skurcz. Dzięki temu toniczna aktywność współczulna umożliwia wypełnienie pęcherza i zapobiega oddawaniu moczu. Wspomagająco działa również poprzecznie prążkowany zewnętrzny mięsień zwieracz, unerwiany przez somatyczne motoneurony krzyżowego odcinka rdzenia kręgowego. Do oddania moczu niezbędna jest aktywacja odruchu przywspółczulnego. Receptory rozciąga-

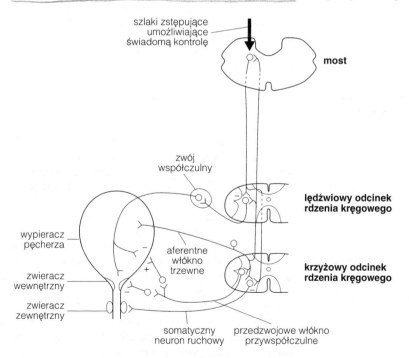

*Rys. 2. Kontrola czynności pęcherza moczowego. +, pobudzenie; –, hamowanie;
synapsy nieoznaczone mają działanie pobudzające*

nia, znajdujące się w ścianie pęcherza, wysyłają sygnały poprzez aferentne włókna trzewne typu Aδ i C, które biegną do krzyżowego odcinka rdzenia, gdzie tworzą synapsy z przedzwojowymi neuronami przywspółczulnymi. Aktywność przywspółczulna wywołuje skurcz mięśnia wypieracza i rozkurcz zwieracza wewnętrznego. Ponadto odgałęzienia włókien aferentnych tworzą długą pętlę odruchową, przebiegającą przez most, która hamuje zarówno współczulne wejście do pęcherza, jak i motoneurony zwieracza zewnętrznego. Świadoma kontrola nad oddawaniem moczu odbywa się za pośrednictwem dróg zstępujących, oddziałujących na neurony mostu. W wyniku przerwania rdzenia kontrola ta przestaje funkcjonować. U ludzi z uszkodzonym rdzeniem opróżnianie pęcherza zachodzi całkowicie na drodze odruchowej. Jednakże, nawet wtedy, odpowiedni trening umożliwia uzyskanie kontroli nad odruchem.

Odruchy aksonalne

Niektóre aferentne włókna trzewne, szczególnie te, które są związane ze współczulnym układem nerwowym, odpowiadają na miejscowe uszkodzenia tkanek wytwarzając potencjały czynnościowe, przewodzone **antydromowo** (w „odwrotnym" kierunku) do innych rozgałęzień aksonu. Zakończenia tych rozgałęzień uwalniają neuroprzekaźniki peptydowe z grupy **tachykinin**, do których należą: substancja P, neurokinina A i neurokinina B. Pod ich wpływem dochodzi do rozkurczu mięśni gładkich tętniczek, co wywołuje rozszerzenie naczyń i nasilenie lokalnego przepływu krwi. Efekty te określa się łącznie jako **odruch aksonalny**, a wywołaną w ten sposób reakcję — jako **neurogenny odczyn zapalny**. Odruchy aksonalne powstają również we włóknach aferentnych nocyceptorów typu C w skórze, gdzie są odpowiedzialne za wtórne rozszerzenie naczyń krwionośnych (ang. flare), w tzw. odpowiedzi potrójnej Lewisa, będącej reakcją na zranienie.

Jelitowy układ nerwowy

Jelitowy układ nerwowy (ang. enteric nervous system, ENS) często uważa się za równorzędną, trzecią część autonomicznego układu nerwowego. Odpowiada on za koordynację ruchów jelita (splot śródścienny błony mięśniowej jelita) oraz za wydzielanie i wchłanianie jelitowe (splot śródścienny warstwy podśluzowej). Większość komórek nerwowych ściany jelita to neurony ruchowe, będące komórkami jednobiegunowymi, tworzącymi połączenia z mięśniami gładkimi podłużnej i okrężnej warstwy mięśniowej. Pobudzeniowe neurony ruchowe są cholinergiczne, lecz wydzielają również tachykininy i NPY. Hamulcowe neurony ruchowe uwalniają VIP i NO. Aktywność tych komórek ma charakter toniczny; generują one potencjały czynnościowe tak długo, jak są pobudzane. Neurony czuciowe są komórkami wielobiegunowymi, reagującymi na rozciągnięcie, bądź też mającymi wypustki w obrębie błony śluzowej, które mogą reagować na sygnały chemiczne ze światła jelita albo na odkształcenie błony śluzowej, związane z obecnością częściowo strawionej miazgi pokarmowej. Neurony czuciowe zasadniczo cechuje aktywność fazowa. W odpowiedzi na długotrwały bodziec wytwarzają zaledwie kilka potencjałów czynnościowych, ponieważ po każdym z nich występuje silna hiperpolaryzacja następcza spowodowana aktywacją kanałów potasowych zależnych od Ca^{2+}. Ich aktywność może być modulowana przez inne neurony, uwalniające VIP, substancję P albo serotoninę, które wywołują powolne EPSP na skutek zamknięcia kanałów K^+. Efekt ten powoduje zwiększenie wrażliwości neuronów czuciowych na docierające bodźce.

Większość neuronów wstawkowych śródściennego splotu błony mięśniowej, łączących neurony czuciowe i ruchowe, to komórki cholinergiczne. Receptory na komórkach ruchowych i interneuronach są receptorami nikotynowymi i z tego powodu przekaźnictwo pomiędzy komórką wstawkową a ruchową jest szybkie. Najczęściej aktywacja neuronu czuciowego, spowodowana rozciągnięciem przez pokarm, pobudza skurcz mięśnia gładkiego warstwy okrężnej po stronie oralnej, a hamuje skurcze po stronie analnej. Oprócz tego, mięśniówka warstwy podłużnej po stronie oralnej rozkurcza się, a po stronie analnej — kurczy. W efekcie tej skoordynowanej aktywności mięśniówki gładkiej dochodzi do **ruchów perystaltycznych**, przesuwających miazgę pokarmową w kierunku analnym. *Rysunek 3* przedstawia schemat połączeń odpowiedzialnych za perystaltykę jelita.

Splot śródścienny warstwy podśluzowej zawiera neurony czuciowe reagujące na bodźce chemiczne lub mechaniczne odkształcenie śluzówki. Poprzez wstawkowe komórki cholinergiczne, neurony te mają połączenia z pobudzeniowymi **neuronami wydzielniczo-ruchowymi**, uwalniającymi ACh i VIP. Ich aktywność wywołuje nasilenie wydzielania przez gruczoły, a także rozkurcz mięśni gładkich tętniczek jelita, rozszerzenie tych naczyń i nasilenie miejscowego przepływu krwi. Hamowanie neuronów wydzielniczo-ruchowych przez neurony enkefalinergiczne ENS lub przez noradrenergiczne neurony współczulne nasila wchłanianie.

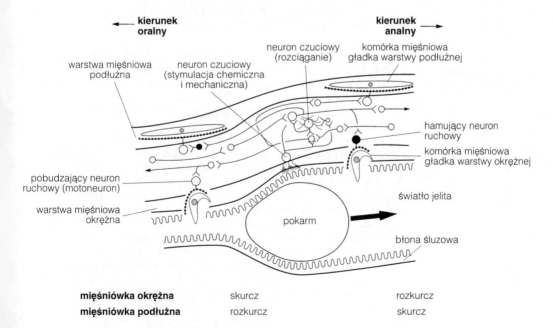

Rys. 3. Obwody połączeń odpowiedzialne za podstawowy odruch motoryki jelita

M7 OŚRODKOWA KONTROLA CZYNNOŚCI AUTONOMICZNYCH

Hasła

Termoregulacja

Zarówno mechanizmy behawioralne, jak i fizjologiczne uczestniczą w utrzymywaniu temperatury ciała na poziomie około 37°C. Poza wąskim zakresem neutralnym, w którym odczuwa się komfort cieplny, dochodzi do zapoczątkowania akumulacji albo utraty ciepła w efekcie uruchomienia procesów opartych na ujemnym sprzężeniu zwrotnym. Niewielkie wahania temperatury otoczenia powodują zmiany tonicznej aktywności współczulnej, docierającej do tętniczek skórnych, wywołując rozszerzenie naczyń (w ciepłym otoczeniu) albo ich skurcz (w zimnym). Większe zmiany temperatury zewnętrznej wywołują oprócz tego pocenie się, uruchamiane przez cholinergiczne pobudzenie współczulne gruczołów potowych, albo dreszcze, szybkie skurcze mięśni spowodowane aktywnością somatycznego układu ruchowego. Tylna część podwzgórza integruje sygnały docierające z wewnętrznych receptorów temperatury w podwzgórzu i rdzeniu kręgowym oraz sygnały z termoreceptorów skórnych. W efekcie procesu integracji dochodzi do odpowiedniej reakcji termoregulacyjnej. Sygnał o wartości fizjologicznie ustalonej („termostat") pochodzi z niewrażliwych na temperaturę interneuronów podwzgórza. Wartość ustalona obniża się w nocy, a podnosi się pod wpływem progesteronu i reakcji odpornościowej na infekcje (gorączka).

**Regulacja sercowo-
-naczyniowa**

Autonomiczny układ nerwowy (AUN) ma zasadnicze znaczenie w regulacji średniego ciśnienia tętniczego na zasadzie ujemnego sprzężenia zwrotnego. Regulacja ta opiera się na połączeniu kontroli nad czynnością serca i oporu obwodowego, przy czym ich wzrost podwyższa ciśnienie tętnicze. Zmiany tonicznej aktywności współczulnej i przywspółczulnej, docierającej do serca, powodują zmiany częstości jego skurczów i ich siły. Dominacja aktywności współczulnej powoduje wzrost częstości i siły skurczów. Toniczna aktywność współczulna, docierająca do mięśni gładkich naczyń krwionośnych, kontroluje średnicę naczyń, a co za tym idzie — opór krążenia obwodowego. Nasilenie tej aktywności wywołuje wzrost oporu obwodowego. Średnie ciśnienie tętnicze jest monitorowane przez baroreceptory aorty i tętnic szyjnych, skąd włókna aferentne prowadzą do jądra pasma samotnego. Jądro to, poprzez inne jądra opuszki, kontroluje przedzwojowe neurony autonomiczne. Podwyższenie średniego ciśnienia tętniczego pobudza baroreceptory, odruchowo aktywując neurony przywspółczulne, a hamując — współczulne. Wynikające stąd zmniejszenie tempa skurczów serca i oporu obwodowego powoduje obniżenie ciśnienia krwi. Liczne wejścia do tego układu neuronalnego, pochodzące z innych obszarów mózgu, wpływają na modulację odpowiedzi układu sercowo-naczyniowego, na aktywność fizyczną i emocje.

Kontrola oddychania	Mimo że w oddychanie zaangażowany jest somatyczny układ ruchowy i mięśnie szkieletowe, sieć neuronalna kontrolująca oddychanie otrzymuje wejścia z trzewnych włókien aferentnych i ma połączenia z ośrodkami autonomicznymi. Skurcze mięśni oddechowych (np. przepony) są uruchamiane przez rytmiczną aktywność neuronów ruchowych w szyjnym odcinku rdzenia kręgowego. Wejście do tych neuronów pochodzi z brzusznej grupy oddechowej (ang. ventral respiratory group, VRG) rdzenia przedłużonego. Sieć komórek VRG, z których niektóre mają wewnętrzną aktywność rozrusznikową, działa jako ośrodkowy generator wzorca aktywności, wytwarzający rytm oddechowy. Wejścia do VRG mogą modyfikować oddychanie. Kilka typów receptorów, znajdujących się w drogach oddechowych, podobnie jak stymulacja baroreceptorów, wywołuje odruchowe hamowanie wdechu. Chemoreceptory obwodowe, które znajdują się w tętnicach, reagujące na obniżenie poziomu tlenu we krwi, oraz ośrodkowe chemoreceptory mózgowe, reagujące na wzrost poziomu CO_2 lub H^+, pobudzają oddychanie. Podstawowy rytm oddechowy ulega modyfikacjom pod wpływem aktywności w wielu okolicach mózgu.

Tematy pokrewne

Układ przednio-boczny i ośrodkowa kontrola bólu (G3)

Funkcje ruchowe rdzenia kręgowego (K4)

Mięsień gładki i mięsień sercowy (M5)

Funkcje autonomicznego układu nerwowego (M6)

Termoregulacja

Temperatura wewnętrzna ciała, wynosząca normalnie około 37°C, jest utrzymywana przez behawioralne i fizjologiczne mechanizmy homeostatyczne. Szczególnie wydajnymi sposobami zmniejszenia szkodliwego wpływu ekstremalnych temperatur otoczenia są zachowania polegające na poszukiwaniu miejsc nasłonecznionych albo zacienionych, przybieraniu zwiniętej pozycji płodowej w zimnym otoczeniu (prowadzącej do zmniejszenia powierzchni, przez którą następuje utrata ciepła), noszeniu ubrań i budowaniu schronień.

Fizjologiczne mechanizmy utraty lub zatrzymania ciepła są aktywowane, gdy temperatura otoczenia zmieni się poza zakres **strefy termoneutralnej**, wynoszący około 1°C, w którym odczuwa się komfort cieplny. Strefa termoneutralna przesuwa się na skali temperatury w zależności od wilgotności powietrza, prędkości wiatru i noszonego ubrania. Nagi człowiek odczuwa komfort termiczny w nieruchomym powietrzu, przy wilgotności 50%, w temperaturze 28°C. Pierwszą reakcją na zmianę temperatury powietrza poza zakres strefy termoneutralnej jest dopasowanie tonicznej aktywności współczulnej docierającej do mięśni gładkich tętniczek skórnych. W przypadku wzrostu temperatury obniżenie tej aktywności wywołuje zmniejszenie ilości uwalnianej noradrenaliny i osłabienie skurczu mięśniówki gładkiej naczyń, co pociąga za sobą **rozszerzenie skórnych naczyń krwionośnych**. W efekcie dochodzi do nagrzania skóry i nasilenia utraty ciepła przez promieniowanie. Gdy temperatura otoczenia jest niska, dochodzi do nasilenia aktywności współczulnej i **skurczu naczyń skórnych**. Większe odchylenia od strefy termoobojętnej wywołują pocenie się albo drżenie mięśni. Gruczoły potowe są unerwiane przez neurony wspólczulne, które są o tyle nietypowe, że uwalniają acetylocholinę (ACh), nie zaś noradrenalinę. ACh aktywuje receptory muskarynowe i wywołuje wydzielanie potu, co powoduje ochłodzenie skóry na skutek parowania. Drżenie mięśniowe polega na prawie równoczesnych skurczach par mięśni agonistyczno-antagonistycznych. U ludzi rozpoczyna się ono w mięśniach żwaczy (żuchwy), rozprzestrzeniając się do mięśni tułowia i proksymalnych części kończyn. Drżenie mięśniowe następuje w wyniku pobudzenia neuronów siatkowatych pnia mózgu, które mają połączenia synaptyczne z motoneuronami γ. Skurcz włókien intrafuzalnych, unerwianych przez te motoneurony, wywołuje odruch na rozciąganie (patrz temat K3). Drżenie mięśniowe jest więc wywoływane obwodowo przez somatyczny, a nie autonomiczny, układ nerwowy. Skurcze mięśni, zarówno związane z drżeniem, jak i aktywnością fizyczną, powodują wytwarzanie ciepła.

Inny mechanizm wytwarzania ciepła, **termogeneza** nie związana z drżeniem mięśnowym, jest szczególnie ważny dla człowieka w okresie neonatalnym. Jest on związany z nasiloną aktywnością współczulną we włóknach unerwiających brunatną tkankę tłuszczową, znajdującą się przede wszystkim na szyi i pomiędzy łopatkami. Uwolniona NA pobudza receptory adrenergiczne typu β3, które podnoszą poziom wewnątrzkomórkowego cAMP. Prowadzi to do aktywacji lipolizy i uwolnienia wolnych kwasów tłuszczowych, które są metabolizowane w mitochondriach komórek brunatnej tkanki tłuszczowej w procesie β-oksydacji. Jednocześnie dochodzi do rozsprzęgnięcia procesów utleniania i fosforylacji w mitochondriach, co prowadzi do wytwarzania dużych ilości ciepła (patrz: *Krótkie wykłady. Biochemia*).

Termoregulacja jest uzależniona od integracji sygnałów pochodzących z dwóch klas termoreceptorów. Włókna aferentne ze skórnych receptorów ciepła i zimna, przenoszące informację o temperaturze skóry, biegną drogą rdzeniowo-wzgórzową. **Wewnętrzne receptory ciepła**, odbierające temperaturę ciała, są zlokalizowane w okolicy przedwzrokowej podwzgórza i szyjnym odcinku rdzenia kręgowego. Włókna aferentne termoreceptorów skórnych i wewnętrznych biegną do tylnej części podwzgórza, obszaru odpowiedzialnego za reakcje termoregulacyjne. Próg aktywacji reakcji pocenia się i drżenia mięśniowego zależy zarówno od temperatury ciała, jak i temperatury skóry. Na przykład, w czasie wykonywania ćwiczeń fizycznych pocenie się, wywołane przez termoreceptory wewnętrzne na skutek wzrostu temperatury ciała, ulega liniowemu zmniejszeniu w miarę obniżania temperatury skóry.

Temperatura ciała jest utrzymywana przez mechanizmy termoregulacyjne na określonym, **ustalonym poziomie**. Poziom ten jest określany jako temperatura, przy której nie są aktywowane mechanizmy akumulacji ani utraty ciepła. Sygnał neuronalny, który działa jako „termostat" określający wartość ustaloną, jest rezultatem zintegrowanej aktywności interneuronów podwzgórza, niewrażliwych na temperaturę. Interneurony te są regulowane przez komórki katecholaminergiczne tworu siatkowatego mostu, a wartość ustalona nie jest stała. Wykazuje ona wahania w rytmie okołodobowym, obniżając się w czasie snu o około 0,5°C. Wartość ustalona wzrasta w efekcie oddziaływania progesteronu w fazie lutealnej cyklu menstruacyjnego również o około 0,5°C. Długotrwała ekspozycja na gorące lub zimne środowisko wywołuje stopniowe, długotrwałe zmiany wartości ustalonej (adaptacja).

W trakcie infekcji, endotoksyny bakteryjne stymulują makrofagi, które wydzielają **interleukinę I (IL-1)**, natomiast komórki zainfekowane wirusem produkują **interferony**. Związki te, noszące nazwę **cytokin** (cząsteczki sygnalizacyjne układu odpornościowego), oddziałują na podwzgórze i podwyższają ustaloną wartość temperatury ciała, powodując gorączkę.

Regulacja sercowo--naczyniowa

Regulacja ciśnienia krwi w długich przedziałach czasowych nie wymaga aktywności AUN, lecz polega na kontroli objętości krwi i jej osmolarności przez wazopresynę oraz kaskadę renina–angiotensyna–aldosteron (patrz temat M2). Jednakże, w krótkotrwałej regulacji ciśnienia krwi, AUN odgrywa rolę decydującą.

Średnie ciśnienie tętnicze pozostaje pod kontrolą autonomicznego układu nerwowego. W stanie spoczynku AUN utrzymuje średnie ciśnienie tętnicze na prawie stałym poziomie, wykorzystując mechanizm ujemnego sprzężenia zwrotnego. Wartość średniego ciśnienia tętniczego zależy od rzutu serca, minutowej objętości krwi przepompowywanej przez lewą komorę oraz od oporu naczyń obwodowych, który jest związany ze średnicą tętniczek. Rzut serca jest uzależniony z kolei od **objętości wyrzutowej**, czyli ilości krwi wyrzucanej z lewej komory podczas jednego skurczu serca, która zależy od siły skurczu oraz od **częstości akcji serca**. Dlatego rzut serca może być powiększony (albo zmniejszony) poprzez zwiększenie (albo zmniejszenie) objętości wyrzutowej lub częstości akcji serca, bądź obydwu wielkości jednocześnie.

AUN reguluje minutową objętość krwi zarówno za pośrednictwem włókien współczulnych, jak i przywspółczulnych, które docierają do serca (patrz temat M5, *rys. 1* i *tab. 1*). Oba rodzaje włókien są aktywne w stanie spoczynkowym, zaś powiększenie rzutu serca jest związane z nasileniem aktywności współczulnej i osłabieniem – przywspółczulnej. W efekcie dochodzi do wzrostu siły skurczu i częstości skurczów. Opór naczyniowy jest kontrolowany wyłącznie przez zmiany tonicznej częstotliwości potencjałów czynnościowych w neuronach współczulnych, unerwiających mięśnie gładkie naczyń. Podwyższenie aktywności tych włókien powoduje skurcz naczyń, który zwiększa opór naczyniowy.

Obwody neuronalne, zaangażowane w regulację średniego ciśnienia tętniczego, znajdują się w rdzeniu przedłużonym (*rys. 1*). Baroreceptory są receptorami reagującymi na rozciąganie, znajdującymi się w zatoce szyjnej i w łuku aorty, reagującymi na szybkie zmiany średniego ciśnienia tętniczego. Włókna aferentne z tych receptorów przebiegają nerwem językowo-gardłowym (IX) oraz nerwem błędnym (X) i kończą się w jądrze pasma samotnego (NST), strukturze uczestniczącej w licznych odruchach trzewnych (jak np. połykaniu czy reakcjach chemoreceptorowych). Włókna komórek NST biegną do grzbietowego jądra nerwu błędnego i do **jądra dwuznacznego**, które wysyłają przedzwojowe aksony przywspólczulne biegnące nerwem błędnym (X) do serca. NST kontroluje unerwienie współczulne serca i naczyń za pośrednictwem wejścia do **tylnej brzuszno-bocznej części rdzenia przedłużonego** (ang. caudal

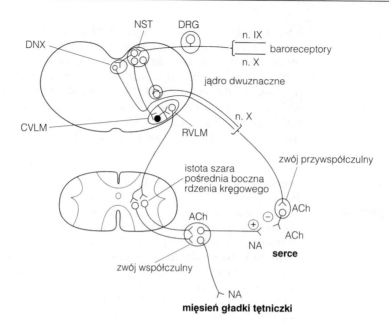

Rys. 1. Obwody neuronalne pnia mózgu kontrolujące średnie ciśnienie tętnicze. DRG, zwój korzenia grzbietowego; DNX, grzbietowe jądro nerwu błędnego; CVLM, tylna brzuszno-boczna część rdzenia przedłużonego; RVLM, przednia brzuszno-boczna część rdzenia przedłużonego; NST, jądro pasma samotnego

ventrolateral medulla, CVLM). Zawiera ona GABAergiczne neurony hamulcowe, które tworzą synapsy na komórkach **przedniej brzuszno-bocznej części rdzenia przedłużonego** (ang. rostral ventrolateral medulla, RVLM). Włókna tych ostatnich przebiegają w dół rdzenia przedłużonego i tworzą połączenia z przedzwojowymi neuronami współczulnymi. Wzrost średniego ciśnienia tętniczego powoduje zwiększenie częstotliwości potencjałów czynnościowych we włóknach aferentnych baroreceptorów, co bezpośrednio prowadzi do aktywacji przywspółczulnego unerwienia serca, zmniejszając częstość skurczów. Jednakże, obecność neuronów hamujących w CVLM oznacza, że pobudzenie baroreceptorów hamuje aktywność współczulną docierającą do serca, co również powoduje zmniejszenie częstości skurczów i siły skurczu. Jednocześnie, obniżenie aktywności włókien współczulnych, unerwiających naczynia, powoduje zmniejszenie oporu obwodowego. Łączny efekt polega na obniżeniu ciśnienia krwi do ustalonego poziomu. Jeśli wystąpi obniżenie średniego ciśnienia tętniczego, to reakcja przebiega w odwrotnym kierunku.

Gdy ciśnienie tętnicze jest zmienione w sposób długotrwały z jakiegokolwiek powodu, dochodzi do ustalenia nowego poziomu, który będzie utrzymywany przez odruchy z baroreceptorów. Utrzymywana będzie również w ten sposób nieprawidłowa wartość w **nadciśnieniu**, za które uważa się ciśnienie tętnicze przekraczające 140/90 mmHg.

Ciśnienie tętnicze ulega zmianom w zależności od sytuacji. Stereotypowa reakcja autonomiczna, nosząca nazwę **reakcji obronnej**, występuje u zwierząt, które znajdują się w sytuacji nagłego zagrożenia. Obejmuje ona **tachykardię** (wzrost częstości skurczów serca), ogólne zwężenie naczyń krwionośnych i gwałtowny wzrost średniego ciśnienia tętniczego. Reakcja ta jest organizowana przez **okolicę obronną** w przednim płacie podwzgórza. Stymulacja okolicy obronnej wywołuje zahamowanie tych komórek NST, które są pobudzane przez włókna z baroreceptorów. W zmiany sercowo-naczyniowe, do których dochodzi w czasie wysiłku fizycznego, zaangażowana jest kora móżdżku i kora mózgowa. Ich aktywność modyfikuje autonomiczne mechanizmy regulacyjne podwzgórza. Podobnie, reakcje sercowo-naczyniowe występujące w stanach emocjonalnych wymagają aktywności struktur układu limbicznego, takich jak ciało migdałowate czy kora zakrętu obręczy.

Kontrola oddychania

Przepona i mięśnie klatki piersiowej, które uczestniczą w ruchach oddechowych, są mięśniami szkieletowymi zaopatrywanymi przez motoneurony somatycznego układu nerwowego. Jednakże, ośrodkowe obwody regulujące oddychanie otrzymują wejścia czuciowe z trzewnych włókien aferentnych i są połączone z ośrodkowymi obwodami autonomicznymi, kontrolującymi układ sercowo-naczyniowy. Ten układ połączeń tłumaczy zjawisko niemiarowości zatokowej, polegającej na zmianach częstości skurczów serca w zależności od fazy oddychania. W czasie wdechu częstość skurczów wzrasta, a w czasie wydechu – maleje. Efekt ten jest spowodowany hamowaniem przedzwojowych komórek przywspółczulnych w jądrze dwuznacznym, unerwiających serce, przez neurony odpowiedzialne za wdech.

Ruchy oddechowe powstają na skutek rytmicznej aktywności motoneuronów rdzenia kręgowego, unerwiających mięśnie oddechowe. Aksony motoneuronów odcinków rdzenia C3–C5 przebiegają nerwami przeponowymi do **przepony**, której skurcz powiększa objętość klatki piersiowej w czasie **wdechu**. Motoneurony odcinków C4–L3 unerwiają mięśnie szyi i zewnętrzne mięśnie międzyżebrowe, uczestniczące we wdechu oraz wewnętrzne mięśnie międzyżebrowe i mięśnie brzucha, odpowiedzialne za **wydech**. Większość spośród mięśni biorących udział w ruchach oddechowych uczestniczy ponadto w innych czynnościach. Na przykład mięśnie brzucha są zaangażowane w zwiększaniu ciśnienia wewnątrz brzucha w trakcie defekacji i wymiotów, a także w lokomocji.

Motoneurony rdzeniowe są pobudzane przez neurony zlokalizowane w obrębie **brzusznej grupy oddechowej** (VRG), położonej w brzuszno--bocznej części rdzenia przedłużonego. To tu generowany jest rytm oddechowy. Istnieją zarówno wdechowe, jak i wydechowe neurony VRG, których aksony tworzą pobudzeniowe połączenia glutaminianergiczne z motoneuronami. Neurony wdechowe występują także w obrębie NST. Otrzymują one wejścia czuciowe przede wszystkim poprzez nerw błędny (X) z receptorów płucnych, reagujących na stan płuc, z baroreceptorów, a także z obwodowych chemoreceptorów kłębka szyjnego i łuku aorty, monitorujących stężenie tlenu w krwi. Ponadto w NST zlokalizowane są chemoreceptory ośrodkowe, reagujące na stężenie CO_2 i H^+ w płynie pozakomórkowym mózgu. Wejścia z tych wszystkich źródeł wpływają na podstawowy rytm oddechowy (*rys.* 2).

Rytm oddechowy powstaje w obrębie sieci neuronów związanych z VRG, noszących nazwę kompleksu **pre-Botzingera**. Składa się on

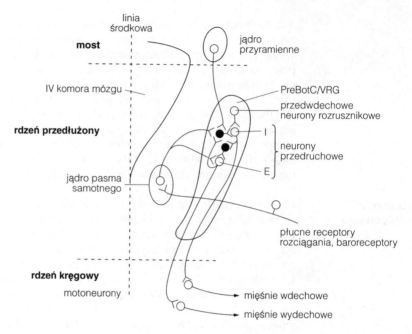

Rys. 2. *Uproszczony model ośrodkowej kontroli oddychania. E, neurony wydechowe; I, neurony wdechowe; PreBotC, kompleks pre-Botzingera; VRG, brzuszna grupa oddechowa*

z kilku populacji komórek nerwowych, z których każda generuje serię potencjałów czynnościowych w określonej fazie cyklu oddechowego. Łącznie neurony kompleksu pre-Botzingera stanowią ośrodkowy generator wzorca, wytwarzający oscylacje, które uruchamiają ruchy oddechowe. Nieznany jest dokładnie mechanizm generowania oscylacji przez kompleks pre-Botzingera. Przypuszcza się, że może on być podobny do innych mechanizmów występujących w pniu mózgu. Jednym z nich jest hamowanie zwrotne pomiędzy populacjami neuronów, działające za pośrednictwem interneuronów GABAergicznych. Powoduje ono, że dwie populacje, aktywne w różnym czasie, nie wytwarzają potencjałów czynnościowych równocześnie. Ponadto, w generowanie rytmu oddechowego zaangażowane są komórki rozrusznikowe działające w sposób oscylacyjny, o czym świadczy występowanie rytmu w preparatach *in vitro*, nawet wtedy, gdy hamowanie zwrotne zostanie zablokowane za pomocą antagonistów receptorów GABAergicznych.

Napełnienie płuc powietrzem wywołuje odruchowe zahamowanie wdechu i przedłuża następujący po nim wydech. Efekt ten, noszący nazwę odruchu Heringa–Breuera, powstaje na skutek pobudzenia wolno adaptujących się płucnych receptorów rozciągania, których włókna aferentne aktywują neurony NST. Komórki NST tworzą połączenia synaptyczne z neuronami VRG, które kończą wdech i zapoczątkowują przedłużony wydech. Szybko adaptujące się receptory rozciągania reagują na podrażnienie dróg oddechowych i uruchamiają odruch kaszlu poprzez obwody neuronalne NST i VRG. Te same receptory wykrywają zesztywnienie płuc spowodowane zapadaniem się pęcherzyków i pobudzają do silnego wdechu, który powoduje ich napełnienie. Za występowanie **bezdechu** lub szybkiego, płytkiego oddychania, występującego gdy w powietrzu znajdują się szkodliwe gazy, odpowiadają receptory płucne reagujące na podrażnienie. Ich pobudzenie jest przekazywane przez cienkie włókna aferentne typu C do NST.

Aktywność baroreceptorów hamuje wdech. Z tego powodu, gdy średnie ciśnienie tętnicze obniża się, np. na skutek krwotoku, powiększa się głębokość wdechu. **Chemoreceptory obwodowe**, pobudzane przede wszystkim przez obniżenie ciśnienia parcjalnego O_2 (hipoksja), oraz **chemoreceptory ośrodkowe**, reagujące na podwyższenie ciśnienia parcjalnego CO_2 (hiperkapnia) i obniżenie pH, powodują zwiększenie głębokości ruchów oddechowych poprzez neurony NTS.

Neurony glutaminianergiczne jądra przyramiennego mostu uczestniczą w utrzymywaniu tonicznego hamowania neuronów wdechowych. Uszkodzenia jądra przyramiennego u zwierząt, u których przecięto wcześniej nerw błędny, wywołują *apneusis*, nienormalny sposób oddychania polegający na utrzymywaniu stałego wdechu i powtarzających się krótkich ruchach wydechowych. Aktywność ośrodkowego generatora wzorca, wytwarzającego rytm oddechowy, ulega zmianom w wielu sytuacjach, np. w czasie snu, wysiłku fizycznego, pobudzenia emocjonalnego oraz mówienia. Wynika stąd, że w kontrolę ruchów oddechowych zaangażowane również są inne okolice mózgu.

N1 PRZEKAŹNICTWO DOPAMINERGICZNE

Hasła

Drogi dopaminergiczne	Główne drogi dopaminergiczne wychodzą ze śródmózgowia i idą do przodomózgowia. Związana z ruchem droga czarno-prążkowiowa z istoty czarnej do prążkowia zawiera większość neuronów dopaminergicznych występujących w mózgu. Neurony dopaminergiczne znajdujące się w brzusznej części nakrywki dają projekcję do struktur limbicznych drogą śródmózgowiowo-limbiczną i do kory drogą śródmózgowiowo-korową. Struktury te tworzą układ motywacyjny. Komórki dopaminergiczne w podwzgórzu sterują wydzielaniem hormonu przysadki.
Synteza dopaminy	Katecholaminy (dopamina, noradrenalina, adrenalina) są syntetyzowane z tyrozyny. Pierwszym etapem jest przekształcenie tyrozyny w L-DOPA, które jest katalizowane przez hydroksylazę tyrozynową. Hamowanie tego enzymu przez aminy katecholowe jest jednym z mechanizmów sterujących syntezą amin katecholowych. Karboksylacja L-DOPA daje dopaminę.
Inaktywacja dopaminy	Dopamina z synaps jest zabierana z powrotem do zakończeń synaptycznych przez nośnik dopaminy o wysokim powinowactwie. Proces ten jest hamowany przez amfetaminy i kokainę. Dopamina, która nie zostanie pobrana zwrotnie, ulega dysymilacji na kwas homowaniliowy pod wpływem tlenowej metylotransferazy katecholowej, a potem oksydazy monoaminowej (ang. monoamine oxidase, MAO). Wolna dopamina w cytoplazmie jest zamieniana przez mitochondrialną oksydazę aminową na kwas dihydroksyfenylooctowy.
Receptory dopaminergiczne	Pięć metabotropowych receptorów dopaminergicznych dzieli się na dwie rodziny. Receptory rodziny D1 (D1 i D5) zwiększają stężenie cyklicznego 3',5'-adenozynomonofosforanu (cAMP), podczas gdy receptory rodziny D2 (D2, D3 i D4) zmniejszają stężenie cAMP. W ogólności, receptory typu D1 są postsynaptyczne, a typu D2 znajdują się zarówno po stronie pre-, jak i postsynaptycznej.

Tematy pokrewne   Wolne przekaźnictwo   Funkcje jąder podstawnych (L6)
                      synaptyczne (C3)   Motywacja (O1)
                      Budowa anatomiczna jąder   Choroba Parkinsona (R3)
                      podstawnych (L5)

**Drogi
dopaminergiczne**

Neurony dopaminergiczne są szeroko rozpowszechnione w układzie nerwowym. Można je znaleźć w siatkówce (komórki amakrynowe), opuszkach nerwu węchowego, w sąsiedztwie komór mózgowych i w zwojach nerwowych autonomicznego układu nerwowego. Większość komórek dopaminergicznych jest zgrupowana w kilku jądrach pnia mózgu, ale ich aksony dochodzą do wielu obszarów przodomózgowia wliczając w to korę mózgową. Główne z tych dróg są pokazane na *rysunku 1*.

Około 80% neuronów dopaminergicznych znajduje się w części zbitej istoty czarnej (SNpc), która stanowi grupę A9 komórek katecholaminergicznych. (Grupy te są numerowane od A1 do A16 i im większa liczba, tym dana grupa jest położona bardziej do przodu). Neurony SNpc wysyłają swoje aksony drogą czarno-prążkowiową do prążkowia i uczestniczą w regulacji ruchu na poziomie jąder podstawnych (patrz temat L5, L6), a ich utrata powoduje chorobę Parkinsona (patrz temat R3). Zgrupowania komórek dopaminergicznych (grupy A8 i A10) w brzusznej nakrywce śródmózgowia dają projekcję do struktur limbicznych (ciało migdałowate, prążkowie i jądro półleżące) lub do asocjacyjnych obszarów korowych (przyśrodkowa część kory przedczołowej, kora obręczy i kora śródwęchowa) drogami, odpowiednio: **śródmózgowiowo-limbiczną** i **śródmózgowiowo-korową**. Grupy te są związane z motywacją, uzależnieniem lekowym (patrz temat O1) i ze schizofrenią. Kilka małych grup komórek dopaminergicznych znajdujących się w podwzgórzu (grupy A11, A12 i A13) wysyła aksony do przysadki i zmniejsza wydzielanie prolaktyny (patrz temat M4) i hormonu wzrostu. Jest to droga guzkowo-lejkowa.

Neurony dopaminergiczne są małe (12–30 μm średnicy) i mają trzy do sześciu dużych, długich dendrytów. Akson wychodzi z jednego z dendrytów. Jest niemielinizowany, ma około 0,5 μm średnicy i ma liczne żylakowatości na całej swojej długości. Potencjał czynnościowy komórek dopaminergicznych charakteryzuje się długim czasem trwania (2–5 ms) i małą prędkością propagacji (0,5 m · s^{-1}).

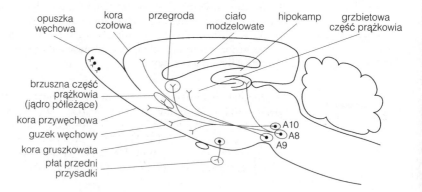

Rys. 1. Główne drogi dopaminergiczne w przekroju strzałkowym przez mózg szczura. Grupy A8 i A10 neuronów dopaminergicznych stanowią początek drogi śródmózgowiowo-limbicznej i śródmózgowiowo-korowej. Droga czarno-prążkowiowa zaczyna się w istocie czarnej (A9). Aksony neuronów grupy A12 idą drogą guzkowo-lejkową

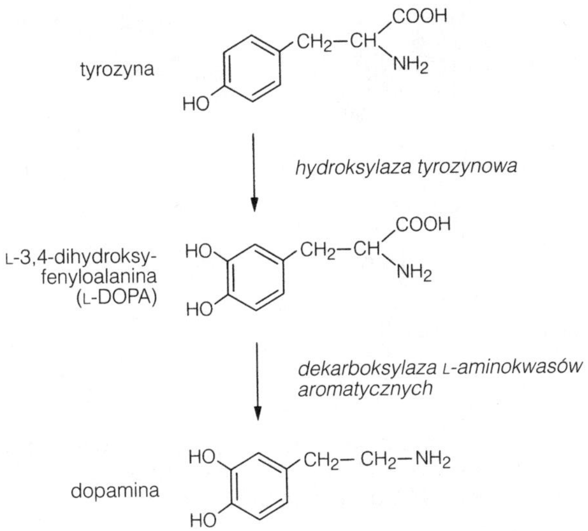

Rys. 2. Synteza dopaminy z aminokwasu — tyrozyny

Synteza dopaminy

Prekursorem wszystkich przekaźników ketecholaminowych (dopamina, norepinefryna i epinefryna) jest aminokwas — L-tyrozyna. Jest on hydroksylowany przez **hydroksylazę tyrozynową** (ang. tyrosine hydroxylase, TH), w wyniku czego powstaje L-3,4-dihydroksyfenyloalanina (L-DOPA), która jest szybko dekarboksylowana przez niespecyficzny enzym **dekarboksylazę L-aminokwasów aromatycznych**, dając w efekcie dopaminę (patrz *rys. 2*).

Tyrozyna jest aktywnie transportowana do mózgu i normalne jej stężenie jest dostateczne, żeby nasycić TH. Tak więc dostarczanie tyrozyny nie może zaburzyć prędkości syntezy dopaminy. Etapem ograniczającym prędkość syntezy amin katecholowych w warunkach podstawowych jest hydroksylaza tyrozynowa. TH podlega regulacji przez:

- zwiększoną ekspresję genu TH, prowadzącą do syntezy *de novo* enzymu;
- fosforylację przez kinazy białkowe, która zwiększa jej aktywność;
- hamowanie przez aminy katecholwe. Jest to przykład **hamowania z punktem granicznym**.

Dopamina jest umieszczana w pęcherzykach przez pęcherzykowy transporter monoaminowy (ang. vesicular monoamine transporter, VMAT), który aktywnie transportuje aminy katecholowe i serotoninę wykorzystując, jako źródło energii wypływ protonów z pęcherzyka (patrz temat C5). Pęcherzykowe transportery monoaminowe są blokowane przez **rezerpinę**, która, uniemożliwiając magazynowanie w pęcherzykach, drastycznie zmniejsza neuroprzekaźnictwo monoaminergiczne. Rezerpina jest użytecznym środkiem w badaniach udziału monoamin w zachowaniu i chorobach psychicznych.

Inaktywacja dopaminy

Trzy mechanizmy obniżają stężenie dopaminy uwolnionej do przestrzeni międzysynaptycznej. Na początku, w wyniku dyfuzji, dopamina rozprzestrzenia się z obszaru synaptycznego. Następnie jest pobierana

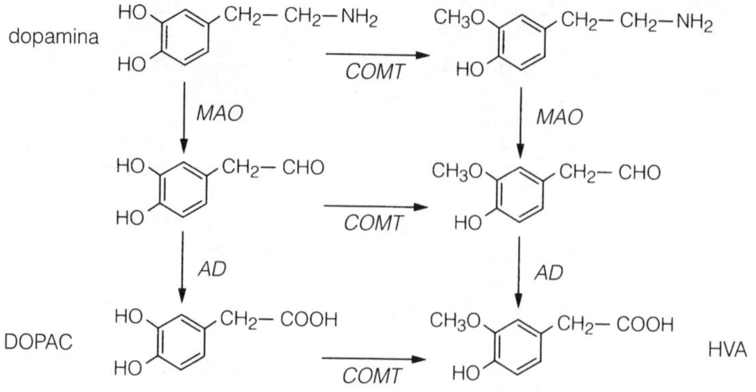

Rys. 3. Produkty przemiany dopaminy. DOPAC, kwas dihydroksyfenylooctowy; HVA, kwas homowaniliowy; COMT, metylotransferaza katecholowa; MAO, oksydaza monoaminowa; AD, dehydrogenaza alkoholowa

z powrotem do aksonu przez **transporter dopaminowy** o wysokim powinowactwie zależny od jonów Na^+ i Cl^-. Należy zaznaczyć, że neurony drogi guzkowo-lejkowej, które uwalniają dopaminę do układu niskowzgórzowo-przysadkowego, nie mają transportera dopaminergicznego. Transporter ten jest kompetycyjnie hamowany przez amfetaminy i kokainę, co potęguje efekt działania dopaminy w synapsie. Mechanizm ten może wyjaśniać proces powstawania uzależnienia lekowego (patrz temat O1).

W dysymilacji amin katecholowych uczestniczą dwa podstawowe enzymy, choć dysymilacja nie jest najważniejszym procesem w inaktywacji dopaminy w synapsie. Pierwotne matabolity (produkty przemiany) dopaminy w ośrodkowym układzie nerwowym to **kwas homowaniliowy** i **kwas dihydroksyfenylooctowy** (ang. dihydroxyphenyl acetic acid, DOPAC). U naczelnych dopamina, która nie zostanie pobrana zwrotnie do aksonu, jest, podobnie jak inne katecholaminy, głównie zamieniana na kwas homowaniliowy. Do tego potrzebne jest sekwencyjne działanie **metylotransferazy katecholowej** (ang. catechol-O-methyl transferase, COMT) i **oksydazy monoaminowej** (**MAO**), które znajdują się w błonie neuronów (*rys. 3*). Dopamina znajdująca się w cytoplazmie nie jest transportowana do pęcherzyków, pozostaje więc swobodna w aksonie i jest rozkładana przez MAO znajdującą się w zewnętrznej błonie mitochondrialnej, a następnie przez dehydrogenazę aldehydową, rozpuszczalny enzym komórkowy (cytosolowy) na DOPAC.

Receptory dopaminergiczne

Za pomocą technik inżynierii genetycznej zidentyfikowano i rozpoznano strukturę pięciu receptorów dopaminergicznych. Wszystkie są receptorami sprzężonymi z matabotropowym białkiem G i dzielą się na dwie grupy. Receptory należące do rodziny D1 są sprzężone z białkiem G_s, aktywują cyklazę adenylanową w celu zwiększenia syntezy cAMP (cykliczny $3',5'$-adenozynomonofosforan). W skład tej rodziny receptorów wchodzą dwa receptory D1 i D5. Natomiast rodzina D2 składa się z trzech receptorów D2, D3 i D4, które są sprzężone z białkiem G_i i hamują cyklazę adenylanową, co zmniejsza syntezę cAMP. Obie rodziny receptorów D1 i D2 są postsynaptyczne (np. w prążkowiu). Dodatkowo receptory D2 są autoreceptorami w neuronach dopaminergicznych w istocie czarnej i brzusznej nakrywce, gdzie współuczestniczą w regulacji syntezy dopaminy. Gdy receptory te zostaną pobudzone przez dopaminę, maleje stężenie cAMP. Prowadzi to do zmniejszenia się fosforylacji hydroksylazy tyrozynowej przez kinazę białkową A. W wyniku tego maleje synteza dopaminy. Presynaptyczne receptory D2 na zakończeniach neuronów korowo-prążkowiowych modulują uwalnianie glutaminianu. Receptory D3 są presynaptycznymi autoreceptorami. Zamykając presynaptyczne kanały Ca^{2+} zmniejszają ilość uwalnianej dopaminy. Droga śródmózgowiowo-korowa różni się od drogi czarno-prążkowiowej obsadą receptorów dopaminergicznych. Po pierwsze, neurony drogi śródmózgowiowo-korowej nie mają autoreceprotów, co oznacza, że nie mają normalnej regulacji syntezy i uwalniania dopaminy. Po drugie, kora, w odróżnieniu od prążkowia, ma receptory D4. Te różnice są istotne w leczeniu schizofrenii.

N2 PRZEKAŹNICTWO NORADRENERGICZNE

Hasła

Drogi noradrenergiczne	Neurony noradrenergiczne znajdują się w moście i rdzeniu przedłużonym. Największym skupieniem tych komórek jest miejsce sinawe. Aksony noradrenergiczne idą pęczkiem przyśrodkowym do większości struktur przodomózgowia, łącznie z korą. Tworzą tam szerokie synapsy, umożliwiające znaczącą dyfuzję przekaźnika.
Synteza noradrnaliny i adrenaliny	Katalizatorem syntezy norepinefryny (noradrenaliny NA) z dopaminy jest β-hydroksylaza dopaminy. W komórkach adrenergicznych w mózgu i w komórkach chromochłonnych w rdzeniu nadnerczy NA jest metabolizowana na epinefrynę.
Inaktywacja noradrenaliny	Transporter o dużym powinowactwie przenosi NA ze szczeliny synaptycznej z powrotem do aksonu. Transporter ten jest hamowany przez trójpierścieniowe leki przeciwdepresyjne. Środki farmakologiczne o budowie podobnej do NA (np. tyramina) są zabierane przez transporter, co zwiększa uwalnianie NA (pośrednio sympatominetyczne) lub następnie są przetwarzane na słabe adrenergiczne środki agonistyczne i uwalniane później jako fałszywe przekaźniki. Enzymy oksydaza monoaminowa (MAO) i metylotransferaza katecholowa (COMT) są odpowiedzialne za rozpad NA, w wyniku którego powstaje glikol 3-metoksy-4-hydroksyfenylowy, który jest potem wydzielany.
Receptory adrenergiczne	Receptory adrenergiczne są receptorami metabotropowymi pobudzanymi przez NA i adrenalinę. Receptory $\alpha 1$ są typowymi receptorami postsynaptycznymi i są sprzężone z układem przekaźników wtórnych IP_3/DAG. Receptory $\alpha 2$ są presynaptyczne i zmniejszają stężenie cyklicznego 3′,5′-adenozynomonofosforanu (cAMP). Wszystkie receptory adrenergiczne β są sprzężone z białkami G_s i podnoszą poziom cAMP.
Wzbudzenie	Aktywność neuronów noradrenergicznych w miejscu sinawym (LC) jest skorelowana z poziomem pobudzenia zwierzęcia. Neurony te odpowiadają też na pojawienie się bodźców, na które zwierzę zostało nauczone zwracać uwagę. Efektem działania noradrenaliny wydzielanej w całym mózgu jest zwiększenie odpowiedzi neuronów na specyficzne pobudzające i hamujące sygnały wejściowe.

Drogi noradrenergiczne

Ciała komórek neuronów noradrenergicznych znajdują się w moście i rdzeniu przedłużonym (komórki grup A1-A6, z wyjątkiem A3). Grupy A1 i A2, odsunięte najbardziej do tyłu, wysyłają swoje aksony do rdzenia kręgowego, gdzie tworzą synapsy z zakończeniami włókien aferentnych pierwszorzędowych. Pozostałe dają projekcję w dwu pęczkach, pęczku grzbietowym i pęczku brzusznym, które łączą się tworząc **pęczek przyśrodkowy przodomózgowia**, który dochodzi do podwzgórza, ciała migdałowatego (poprzez prążek krańcowy), wzgórza, struktur limbicznych, hipokampa i nowej kory. Główne skupisko komórek noradrenergicznych występuje w **miejscu sinawym** (LC, grupa A6), z którego wychodzi większość aksonów noradrenergicznego pęczka grzbietowego i idzie do móżdżku. U szczura LC zawiera około 200 000 neuronów (patrz *rys. 1*). Neurony noradrenergiczne są małe z cienkimi, bogato rozgałęzionymi aksonami, które rozprzestrzeniają się szeroko. Ich aksony mają żylakowatości na całej długości, ale nie tworzą bliskich kontaktów synaptycznych, tak że NA jest uwalniana w pewnej odległości od celu. To zjawisko, jak również szerokie rozprzestrzenienie zakończeń neuronów NA powoduje, że przekaźnictwo noradrenergiczne nazywa się „areozolem neuronalnym".

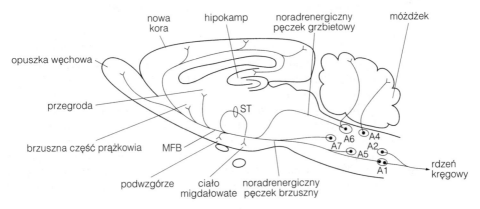

Rys. 1. Główne drogi noradrenergiczne w strzałkowym przekroju mózgu szczura. Grupa A6 to miejsce sinawe. MFB, przyśrodkowy pęczek przodomózgowia; ST (ang. stria terminalis), prążek krańcowy

Synteza noradrenaliny i adrenaliny

Pierwszy etap syntezy NA polega na syntezie dopaminy z tyrozyny. W dalszym etapie syntezy z dopaminy powstaje norepinefryna (NA, patrz *rys. 2*), a katalizatorem tej reakcji jest β-**hydroksylaza dopaminy** (DβH), enzym znajdujący się w błonie pęcherzyków synaptycznych. NA jest aktywnie przenoszona do pęcherzyków synaptycznych przez monoaminowy transporter pęcherzykowy (patrz temat C5), gdzie jest magazynowana wiążąc się z białkiem chromograniną (zmniejszającym jej aktywność osmotyczną) i adenozyno-5'-trifosforanem (ATP). Są one uwalniane łącznie z NA. Ponieważ mała ilość rozpuszczalnej β-hydroksylazy dopaminy jest również uwalniana wraz z NA i nie ulega metalbolizmowi ani wchłanianiu zwrotnemu przez błonę, enzym ten jest używany jako znacznik aktywności neuronów noradrenergicznych.

Dla neuronów noradrenergicznych reakcja kończy się na tym etapie. Jednakże we względnie małej liczbie neuronów adrenergicznych tyłomóz-

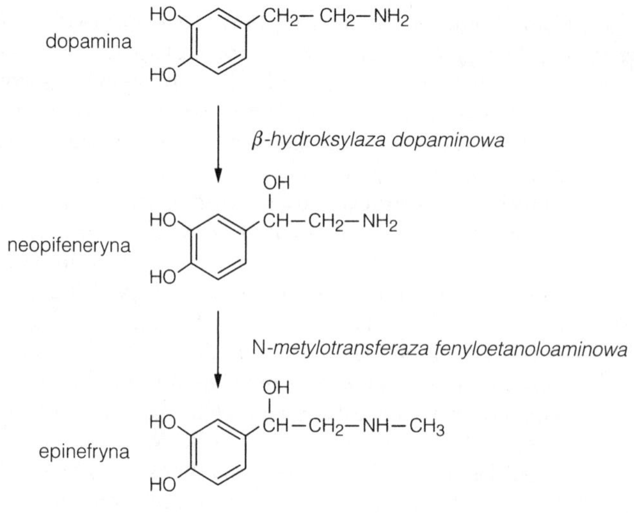

Rys. 2. Synteza norepinefryny i epinefryny. Te aminy katecholowe, podobnie jak dopamina, pochodzą od tyrozyny. Początkowe etapy syntezy pokazano w temacie N1, rys. 2

gowia (i w komórkach chromochłonnych rdzenia nadnerczy) enzym **N-metylortansferaza fenyloetanoloaminy** katalizuje N-metylację noradrenaliny do adrenaliny.

Duża aktywność komórek neuronów LC zwiększa ekspresję genów hydroksylazy tyrozynowej (TH) i syntezę enzymu od nowa, tak żeby nadążyć za zwiększonym zapotrzebowanie na syntetyzowaną NA. W efekcie nie hydroksylaza tyrozynowa, lecz β-hydroksylaza dopaminy jest enzymem ograniczającym prędkość syntezy noradrenaliny, przez co dopamina i jej metabolity mogą być uwalniane razem z NA.

Inaktywacja noradernaliny

Dyfuzja i wchłanianie zwrotne są kluczowymi mechanizmami usuwającymi NA ze szczeliny synaptycznej. Transporterem NA jest rozpuszczalny transporter zależny od jonów NA^+ i Cl^-, występujący w neuronach noradrenergicznych. Jest on odpowiednikiem transportera dopaminergicznego. Transporter NA jest hamowany przez grupę trójpierscieniowych leków przeciwdepresyjnych.

Transporter NA nie jest wysoko wyspecjalizowany. Amfetaminy, tyramina i inne związki o budowie podobnej do NA są również przenoszone przez ten transporter. To hamuje wchłanianie zwrotne samej NA, przez co efekt jej działania w synapsie jest przedłużony. Dodatkowo związki te wypierają magazynowaną NA z pęcherzyków do cytoplazmy, gdzie część jest rozkładana przez mitochondrialną oksydazę monoaminową, a reszta jest uwalniana do szczeliny synaptycznej przez transporter NA działający w przeciwnym kierunku. Zwiększają one uwalnianie NA, przez co są nazywane **pośrednimi sympatomimetykami** (naśladującymi działaniem aktywność układu współczulnego). Ponieważ wielokrotne dawki amfetaminy wyczerpują zapasy magazynowanej NA, ilość amfetaminy potrzebna do wywołania podobnego efektu jest coraz większa. Jest to przykład na tolerancję leku (patrz temat O1). Część substratów transportera NA jest metabolizowana w zakończeniach synaptycznych, a produkty (metabolity) są magazynowane w pęcherzykach. Po uwolnieniu do przestrzeni synaptycznej wywołują słaby efekt w adrenoreceptorach. Są to tzw. **fałszywe neuroprzekaźniki**.

Metaboliczny rozkład NA nie ma znaczenia w jego inaktywacji i odbywa się różnymi drogami w obwodowym i ośrodkowym układzie nerwowym (OUN). W układzie ośrodkowym oksydaza monoaminowa (MAO) katalizuje tworzenie aldehydu 3,4-dihydroksyfenylowego, który następnie jest redukowany do odpowiedniego alkoholu **3,4=dihydroksyfenyloglikolu** (DOPEG). Ostatecznie jest metylowany przez metylotransferazę katecholową, w wyniku czego powstaje **3-metoksy-4-hydroksyfenyloglikol** (MOPEG), który jest wydalany w moczu. MOPEG jest stosowany jako miara aktywności noraderninergicznej w OUN.

Receptory adrenergiczne

Adrenoreceptory są receptorami matabotropowymi, pobudzanymi zarówno przez noradrenalinę, jak i adrenalinę. W *tabeli 1* zestawiono receptory i związane z nimi białka G oraz układy przekaźników wtórnych. W OUN receptory α2 są presynaptycznymi autoreceptorami, które zmniejszają ilość uwalnianej norepinefryny. Zmniejszają one fosforylację kanałów wapniowych Ca^{2+} typu N zależną od cyklicznego adezynomonofosforanu (cAMP), przez co hamują napływ jonów Ca^{2+}. Receptory presynaptyczne β również występują w zakończeniach noradrenergicznych w mózgu. Zwiększają one ilość uwalnianej NA przez zwiększenie fosforylacji zależnej od cAMP i otwieranie kanałów Ca^{2+}. Obydwa efekty uwalniania NA — pobudzający i hamujący występują postsynaptycznie w neuronach OUN.

Wzbudzenie

Ogólne wzbudzenie (ang. *arousal*) jest regulowane przez rozproszoną projekcję neuronów noradrenergicznych. Aktywność tych komórek synchronizuje ogólne uwolnienie noradrenaliny (NA) w znacznej części mózgu. Norepinefryna moduluje aktywność neuronów, na które działają inne neuroprzekaźniki. Rejestracja aktywności LC u zwierząt wykazała, że częstotliwość toniczna tych neuronów jest niska w czasie snu i rośnie razem ze wzrostem wzbudzenia. U zwierząt czuwających częstotliwość

Tabela 1. Receptory adrenergiczne

Receptor	Białko G	Wtórny przekaźnik/efektor
α1	Gq	IP_3/DAG
	Go	↓gK
α2	Gi	↓cAMP
		↑gK ↓gCa
β1	Gs	↑cAMP
		↑gCa
β2	Gs	↑cAMP
β3	Gs	↑cAMP

IP_3, inozytolotrisfosforan; DAG,diacyloglicerol; cAMP, cykliczny adenozyomonofosforan

wyładowań wzrasta, gdy zwierzę przełącza uwagę z czynności nie wymagającej wysokiej czujności (np. mycie się) na zachowanie zorientowane, np. na pojawiający się bodziec. Neurony LC odpowiadają podczas działania takiego bodźca, na który nauczyły się wcześniej zwracać uwagę. Aktywność ta nie zależy ani od cech bodźca, ani od reakcji ruchowych podczas wykonywanego zadania.

Neuromodulacyjny efekt działania NA na komórki kory mózgu i móżdżku polega na wzmacnianiu, wywieranego przez układy wejściowe, efektu pobudzającego (glutaminianergicznego) lub hamującego (GABA-ergicznego). Takie działanie interpretowane jest jako **zwiększenie stosunku sygnału do szumu** w neuronach, do których dochodzi projekcja noradrenergiczna.

N3 PRZEKAŹNICTWO SEROTONINERGICZNE

Hasła

Drogi serotoninergiczne

Neurony serotoninergiczne znajdują się w jądrze szwu, które leży blisko linii środkowej wzdłuż całego pnia mózgu. Część ich aksonów schodzi do rdzenia kręgowego i hamuje wejścia bólowe wchodzące do drogi rdzeniowo-wzgórzowej. Pozostałe aksony biegną w pęczku przyśrodkowym przodomózgowia do większości struktur przodomózgowia, ze splotem naczyniówkowym i naczyniami krwionośnymi kory włącznie.

Synteza serotoniny

Serotonina (5-hydroksytryptamina, 5-HT) jest syntetyzowana z tryptofanu, którego stężenie w osoczu może wpływać na poziom serotoniny w mózgu. Ograniczenie szybkości syntezy 5-HT występuje na etapie hydroksylacji tryptofanu, której katalizatorem jest hydroksylaza tryptofanowa. Aktywność tego enzymu wzrasta ze wzrostem częstotliwości wyładowań neuronu, tak aby synteza serotoniny była wystarczająca przy danej aktywności neuronów.

Inaktywacja serotoniny

Wchłanianie wsteczne serotoniny za pośrednictwem transportera kończy jej rolę jako neuroprzekaźnika. Transporter jest hamowany przez trójpierścieniowe przeciwdepresanty i selektywne inhibitory wchłaniania wstecznego (np. Prozac). 5-HT jest rozkładana przez oksydazę monoaminową (MAO) na kwas 5-hydroksyindolooctowy.

Receptory serotoninergiczne

Z wielu podtypów receptorów 5-HT wszystkie, z wyjątkiem receptora 5-HT$_3$, są receptorami metabotropowymi. Receptory 5-HT$_3$, są niespecyficznymi kanałami kationowymi bramkowanymi przez ligandy. Większość receptorów występuje w błonie postsynaptycznej, ale receptor 5-HT$_{1A}$ jest presynaptycznym autoreceptorem hamującym uwalnianie serotoniny.

Tematy pokrewne
Wolne przekaźnictwo synaptyczne (C3)
Układ przednio-boczny i ośrodkowa
   kontrola bólu (G3)

Zegary biologiczne
   mózgu (O3)
Sen (O4)

Drogi seroto-ninergiczne

Skupiska neuronów serotoninergicznych (oznaczone B1–B9) są rozproszone w całym pniu mózgu głównie wzdłuż linii środkowej w **jądrach szwu**. Projekcja do rdzenia, kończąca się w rogach grzbietowych, ma istotne znaczenie w czuciu bólu, ponieważ moduluje ona sygnały z nocyceptorów idące do drogi rdzeniowo-wzgórzowej (temat G3). Inne serotoninergiczne aksony w rdzeniu kręgowym tworzą synapsy z przedzwojowymi neuronami układu autonomicznego. Projekcja wstępująca biegnie pęczkiem przyśrodkowym przodomózgowia do podwzgórza, ciała migdałowatego, prążkowia, wzgórza, hipokampa i kory nowej (*rys. 1*). Większość struktur mózgowych jest unerwiona przez aksony serotoninergiczne, dotyczy to również splotu naczyniówkowego i naczyń krwionośnych mózgu, które regulują odpowiednio wydzielanie płynu mózgowordzeniowego i przepływ krwi w naczyniach mózgowych.

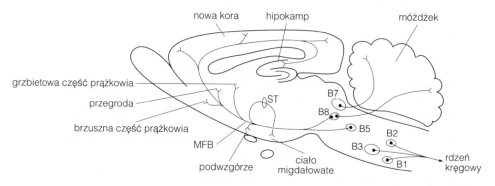

Rys. 1. Główne drogi serotoninergiczne (5-HT) w przekroju strzałkowym mózgu szczura. Grupy komórek B1-B8 odpowiadają jądrom szwu zawierającym 5-HT (z wyjątkiem B4 i B6). MFB, pęczek przyśrodkowy przodomózgowia; ST, prążek krańcowy

Synteza serotoniny

Prekursorem serotoniny jest aminokwas — tryptofan. Stężenie tryptofanu w osoczu, które zmienia się zależnie od stosowanej diety, może wpływać na poziom serotoniny w mózgu. Serotonina ulega hydroksylacji pod wpływem **hydroksylazy tryptofanu**, w wyniku czego powstaje 5-hydroksytryptofan (5-HTP), a reakcja ta jest etapem ograniczajacym szybkość syntezy serotoniny. Dekarboksylacja 5-HTP przez dekerboksylazę L-aminokwasów aromatycznych (ten sam enzym występuje w neuronach katecholaminowych) daje w efekcie serotoninę, często nazywaną też **5-hydroksytryptaminą** (5-HT), która jest indolaminą (*rys. 2*).

Prędkość syntezy serotoniny jest dostosowana do częstotliwości wyładowań neuronu. Zwiększenie częstotliwości zwiększa fosforylację hydroksylazy tryptofanu, zależną od kanału Ca^{2+}.

Inaktywacja serotoniny

Dyfuzja i wchłanianie zwrotne za pośrednictwem nasycalnego transportera, zależnego od jonów Na^+ i Cl^-, są głównymi czynnikami, które kończą działanie serotoniny w synapsie. Transporter jest hamowany przez trójpierścieniowe leki przeciwdepresyjne i stosunkowo nowe selektywne inhibitory neuronalnego wychwytu serotoniny jak fluoksetyna (Prozac). Oksydacyjna deaminacja serotoniny przez oksydazę monoaminową wytwarza główny produkt przemiany zwany **kwasem 5-hydroksyindolooctowym** (5-HIAA).

Receptory serotoninergiczne

Istnieje wiele podtypów receptorów serotoninergicznych, z których wszystkie, z wyjątkiem jednego, są metabotropowe. Receptor $5-HT_3$ należy do nadrodziny kanałów jonowych bramkowanych ligandami. W *tabeli 1* zestawiono receptory 5-HT i ich relacje z białkami G i przekaźnikami wtórnymi. Autoreceptory presynaptyczne podtypu $5-HT_{1A}$

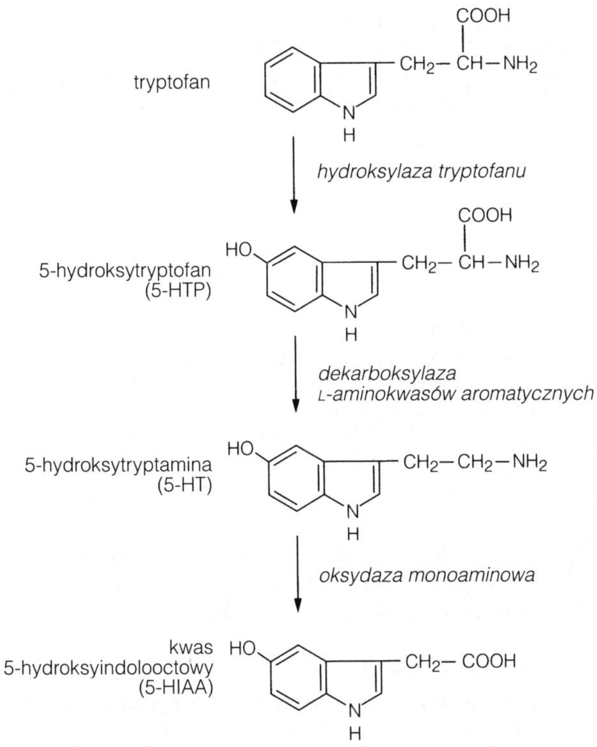

Rys. 2. Synteza serotoniny z aminokwasu tryptofanu

hamują uwalnianie serotoniny. Odbywa się to w wyniku bezpośredniego działania związanych z nimi białek G, które otwierają kanały jonowe K^+, co powoduje hiperpolaryzację błony komórki. Większość receptorów podtypów 5-HT$_1$, 5-HT$_2$ i 5-HT$_3$ znajduje się w błonie postsynaptycznej.

Tabela 1. Receptory serotoninergiczne

Receptor	Białko G	Wtórny przekaźnik /efektor	Działanie
5-HT$_{1A,B,D-F}$	Gi	↓cAMP	Wolne przekaźnictwo hamujące Hamowanie presynaptyczne
5-HT$_{2A-C}$	Gq	IP$_3$/DAG	Wolne przekaźnictwo pobudzające
5-HT$_3$	–	Kanał bramkowany ligandami (nieselektywne przewodzenie kationów)	Szybkie przekaźnictwo pobudzające
5-HT$_4$	Gs	↑cAMP	
5-HT$_{5A,B}$	?		
5-HT$_6$	Gs	↑cAMP	
5-HT$_7$	Gs	↑cAMP	

5-HT, serotonina; IP$_3$, inozytolotrisfosforan; DAG, diacyloglicerol; cAMP, cykliczny adenozynomonofosforan.

N4 PRZEKAŹNICTWO ACETYLOCHOLINERGICZNE

Hasła

Drogi cholinergiczne

Somatyczne i autonomiczne neurony ruchowe (motoneurony) przedzwojowe, idące z pnia mózgu i rdzenia kręgowego, są cholinergiczne. Główna projekcja cholinergiczna idzie z trzech podstawowych źródeł. Istota siatkowata mostu wysyła aksony do rdzenia kręgowego lub drogą wstępującą do struktur przodomózgowia. Jądra podstawy przodomózgowia tworzą bogate połączenia z korą, a przegroda daje projekcję do hipokampa.

Synteza acetylocholiny

Acetylocholina (ACh) powstaje z acetylokoenzymu A i choliny z udziałem acetylotransferazy cholinowej, enzymu występującego w neuronach cholinergicznych.

Inaktywacja acetylocholiny

Pod wpływem działania esterazy acetylocholinowej (AChE) acetylocholina znajdująca się w szczelinie synaptycznej ulega hydrolizie, w wyniku której powstaje cholina i kwas octowy. Proces ten kończy działanie tego przekaźnika. Cholina jest przesyłana z powrotem do zakończenia nerwowego przez transporter cholinergiczny zależny od jonów Na^+.

Receptory cholinergiczne

Receptory nikotynowe (nAChR) są receptorami jonowymi bramkowanymi przez ligandy, a receptory muskarynowe (mAChR) są receptorami metabotropowymi. Wydaje się, że w ośrodkowym układzie nerwowym (OUN) występowanie receptorów nikotynowych jest ograniczone głównie do komórek Renshawa znajdujących się w rdzeniu kręgowym. Receptory muskarynowe są szeroko rozpowszechnione w ośrodkowym układzie nerwowym, przy czym podtyp M1 jest receptorem postsynaptycznym, a M2 receptorem presynaptycznym. W nerwach obwodowych receptory nikotynowe biorą udział w szybkim przekaźnictwie w zwojach autonomicznego układu nerwowego i w złączu nerwowo-mięśniowym mięśni szkieletowych. Receptory muskarynowe występują w mięśniach gładkich, mięśniu sercowym oraz w gruczołach i reagują na acetylocholinę uwalnianą z autonomicznego układu nerwowego (AUN)

Ośrodkowe funkcje cholinegiczne

Neurony części podstawnej kresomózgowia u naczelnych ulegają pobudzeniu w wyniku prezentacji bodźców wzmacniających. Skutkiem ich działania jest wytworzenie długotrwałego pobudzenia neuronów kory. W efekcie powodują one wzbudzenie kory w odpowiedzi na bodźce, które w wyniku uczenia nabrały cech bodźców nagradzających.

Tematy pokrewne   Funkcje autonomicznego układu   Anatomiczne podłoże pamięci
nerwowego M6)   u ssaków (Q3)
Sen (O4)   Choroba Alzheimera (R4)

Drogi cholinergiczne

Motoneurony w jądrach ruchowych nerwów czaszkowych i rogach brzusznych rdzenia kręgowego są neuronami cholinergicznymi, tak jak i neurony przedzwojowe układu autonomicznego. Aksony tych wszystkich komórek dają projekcje do obwodowego układu nerwowego. Trzy obszary znajdujące się w mózgu zawierają neurony cholinergiczne idące do różnych obszarów ośrodkowego układu nerwowego. Najbardziej do tyłu znajdują się neurony **jąder boczno-grzbietowych nakrywki** i **jąder międzykonarowych** (części **tworu siatkowatego mostu**), wysyłające aksony do rdzenia kręgowego oraz drogami wstępującymi — do ciała migdałowatego, wzgórza i części podstawnej przodomózgowia. Drugi obszar, część podstawna kresomózgowia zawiera **wielkokomórkowe jądra przodomózgowia**, wliczając w to **jądro podstawne Meynerta** (NBM) i **jądra pasma przekątnego** (NDB), które dają bogatą projekcję do kory mózgu. Trzeci obszar, **część przyśrodkowa przegrody**, jest początkiem **drogi przegrodowo-hipokampalnej** (*rys. 1*). Zanik ośrodkowych dróg cholinergicznych jest związany typowo z chorobą Alzheimera (temat R4). Interneurony cholinergiczne występują w prążkowiu i jądrze półleżącym.

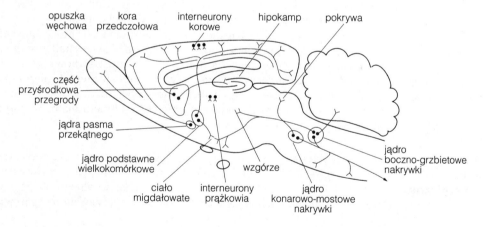

Rys. 1. Główne drogi cholinergiczne w strzałkowym przekroju mózgu szczura. Jądro podstawne wielkokomórkowe u szczura jest znane u naczelnych jako jądro podstawne Meynerta

Synteza acetylocholiny

Acetylocholina (ACh) jest syntetyzowana z choliny i acetylokoenzymu A z udziałem enzymu acetylotransferazy cholinowej (ChAT). Acetylokoenzym A pochodzi z glikolizy i musi być transportowany z mitochondriów neuronów cholinergicznych. Produkcja acetylokoenzymu A jest uważana za element ograniczający szybkość syntezy ACh. Neurony cholinergiczne wytwarzają transporter cholinergiczny zależny od jonów Na$^+$, który ulega nasyceniu przy osoczowym stężeniu choliny i jest odpowiedzialny za jej wchłanianie do neuronu. ChAt jest wiarygodnym znacznikiem aktywności neuronów cholinegicznych. ACh jest dostarczana do pęcherzyków przez transporter podobny do transportera w neuronach monoaminergicznych (patrz temat C5).

Inaktywacja acetylocholiny

Acetylocholina jest jedynym neuroprzekaźnikiem, którego aktywność w synapsie kończy się rozkładem przez enzym. ACh jest hydrolizowana w szczelinie synaptycznej przez **acetylocholinoesterazę** (AChE), w wyniku czego powstaje cholina i kwas octowy. Uwolniona cholina jest odzyskiwana przez transporter cholinergiczny zależny od jonów Na^+. AChE może być wydzielana w sposób zależny od jonów Ca^{2+} i działać jako neuromodulator w istocie czarnej oraz w móżdżku, gdzie poza działaniem katalizującym zwiększa odpowiedź neuronów móżdżku na glutaminian.

Receptory cholinergiczne

Wyodrębniono dwa typy receptorów cholinergicznych: **receptory nikotynowe** (nAChR), będące kanałami jonowymi bramkowanymi ligandem, i **receptory muskarynowe** (mAChR), będące receptorami matabotropowymi sprzężonymi z białkiem G (*tab. 1*).

Receptory nikotynowe występują rzadko w OUN. Potwierdzono ich występowanie w komórkach Renshawa, gdzie uczestniczą w szybkim przekaźnictwie pobudzającym.

W OUN występują powszechnie postsynaptyczne receptory muskarynowe podtypu M1. Presynaptyczne autoreceptory hamują uwalnianie acetylocholiny, ale nie wywierają żadnego efektu na syntezę ACh. Do autoreceptorów należą receptory podtypu M2 i być może podtypu M4.

W obwodowym układzie nerwowym zarówno receptory muskarynowe, jak i nikotynowe biorą udział w przekaźnictwie cholinergicznym w zwojach autonomicznych. Same receptory muskarynowe występują w układzie autonomicznym w złączach neuroefektorowych mięśni gładkich, mięśnia sercowego i gruczołach. Receptory nikotynowe występują w złączu nerwowo-mięśniowym pomiędzy motoneuronami somatycznymi a mięśniami szkieletowymi.

Ośrodkowe funkcje cholinergiczne

U naczelnych neurony cholinergiczne, występujące w części podstawnej kresomózgowia (jądro podstawne Meynerta), zmieniają chwilowo aktywność w czasie wykonywania zadania behawioralnego, szczególnie gdy prezentowane są bodźce wzmacniające (pozytywne albo negatywne)

Tabela 1. Recptory muskarynowe

Receptor	Białko G	Wtórny przekaźnik/efektor
M1	Gq	IP_3/DAG
M2	Gi	$\downarrow$cAMP
	Go	$\uparrow$gK
M3	Gq	IP_3/DAG
M4	Gi	$\downarrow$cAMP

IP_3, inozytolotrisfosforan; DAG, diacyloglicerol; cAMP, cykliczny adenozyomonofosforan

lub bodźce stale poprzedzające wzmocnienie. Acetylocholina wywołuje długotrwałe torowanie neuronów kory nowej i hipokampa. Jej działanie polega na długotrwałym zmniejszaniu aktywowanego jonami Ca^{2+} przepływu jonów K^+, co skraca hiperpolaryzację występującą po potencjale czynnościowym. Dzięki temu zwiększa się prawdopodobieństwo wystąpienia potencjałów czynnościowych w neuronach korowych w odpowiedzi na dochodzące sygnały pobudzające. Układ cholinergiczny kresomózgowia może więc być specyficznym układem wzbudzeniowym, uruchamianym przez zdarzenia istotne lub związane z nagrodą, jak również może wspomagać uczenie asocjacyjne (patrz temat Q3). Ośrodkowe neurony cholinergiczne w pniu mózgu odgrywają ważną rolę w regulacji snu i czuwania. Jest to omówione w temacie O4.

01 MOTYWACJA

Hasła

Zachowania motywacyjne

Zachowania motywacyjne są ukierunkowane na osiągnięcie określonego celu, a ich napęd stanowią stany wewnętrzne (np. głód) i czynniki zewnętrzne. Niedobory fizjologiczne stanowią motywację do zachowania apetytywnego (np. poszukiwania pokarmu) i zachowania konsumacyjnego (np. spożywania pokarmu). Bodziec, który zwiększa prawdopodobieństwo wystąpienia zachowania motywacyjnego, jest bodźcem wzmacniającym dodatnim, zaś bodziec zmniejszający to prawdopodobieństwo — bodźcem wzmacniającym ujemnym. Jakość wzmacniająca danego bodźca jest wybiórcza dla danego gatunku i zależy od kontekstu sytuacyjnego.

Dopaminergiczny układ nagrody

Uważa się, że wstępujące drogi dopaminergiczne pobudzają zachowania motywacyjne. Dowodów na to dostarczają wyniki badań, w których neurony mezolimbiczne wykazują aktywność w obecności kontekstowych bodźców wzmacniających oraz badań wpływu manipulacji farmakologicznych układu mezolimbicznego na zachowanie. Dla szczurów silną nagrodę stanowi nawet sama stymulacja elektryczna układu mezolimbicznego. To, czy motywacja uruchomi działanie, jest najprawdopodobniej uzależnione od jądra półleżącego przegrody (w części brzusznej prążkowia), będącego strukturą układu limbicznego, integrującą dopaminergiczne wejście motywacyjne z informacją o bodźcach wzmacniających, pochodzącą z ciała migdałowatego.

Uzależnienia lekowe

Substancje uzależniające są dodatnimi bodźcami wzmacniającymi, które zastępują oddziaływanie bodźców naturalnych, takich jak np. pokarm lub seks, na dopaminergiczny mózgowy układ nagrody. Rozróżnia się trzy aspekty uzależnienia: tolerancję, która powoduje, że powtarzanie dawki substancji uzależniającej wywołuje coraz słabsze efekty; zależność, powodującą, iż normalne funkcjonowanie jest możliwe tylko po zażyciu substancji, oraz objawy odstawienia, czyli występowanie nieprzyjemnych efektów, gdy brak substancji w organizmie. Tolerancja może występować bez uzależnienia, jednakże uzależnienie jest zawsze poprzedzone powstaniem tolerancji. Badania na zwierzętach, wykorzystujące metodę warunkowania instrumentalnego, wskazują, że tolerancja jest większa, gdy substancja jest podawana w stałym kontekście sytuacyjnym, a słabsza — gdy podawana w nowej sytuacji. Oznacza to udział procesów uczenia się w zachowaniach związanych z uzależnieniem. Substancje uzależniające aktywują układ mezolimbiczny, zaś uzależnienie można osłabić poprzez uszkodzenie neuronów dopaminergicznych lub zablokowanie receptorów dopaminowych. W uzależnieniu od określonych substancji odgrywają także rolę inne układy neuroprzekaźnikowe. W trakcie występowania objawów odstawienia układ nagrody wykazuje obniżoną aktywność; dochodzi również do wydzielania hormonu uwalniającego hormon adrenokortykotropowy z podwzgórza i jądra migdałowatego, co aktywuje reakcje stresowe.

Tematy pokrewne   Budowa anatomiczna jąder   Przekaźnictwo dopaminergiczne
                      podstawnych (L5)   (N1)
                      Neurohormonalna kontrola   Kontrola pobierania pokarmu (O2)
                      rozmnażania (M4)   Rodzaje uczenia się (Q1)

Zachowania motywacyjne

Zachowania, które są napędzane przez określone stany wewnętrzne albo zewnętrzne sygnały i zdarzenia oraz są ukierunkowane na osiągnięcie danego celu, określa się jako **zachowania motywacyjne** lub celowe. Niektóre zachowania motywacyjne występują w celu zaspokojenia potrzeb fizjologicznych. Niedobór wody albo substratów energetycznych (np. glukozy czy lipidów) powoduje powstanie sygnałów neuronalnych wywołujących świadomą percepcję pragnienia lub głodu. Sygnały te wywołują z kolei napęd (psychol. popęd) do zachowań **apetytywnych** lub poszukiwawczych, takich jak poszukiwanie źródła wody lub pożywienia, a następnie zachowań **konsumacyjnych**: picia i jedzenia. Bodziec, który może wyzwolić zachowanie motywacyjne nosi nazwę **bodźca wyzwalającego**. Bodziec wyzwalający działa jako dodatni bodziec wzmacniający, jeżeli zwiększa prawdopodobieństwo wystąpienia reakcji. Zwierzę będzie się starało uzyskać dostęp do dodatniego bodźca wzmacniającego. Ujemnego bodźca wzmacniającego natomiast będzie zwierzę unikać i w tym wypadku będzie to **zachowanie awersyjne**. Podniety działają w sposób wybiórczy dla gatunku. Pozbawione uprzednio pokarmu koty lub krowy, którym poda się trawę i mięso, wykazują jednoznaczne preferencje pokarmowe i zazwyczaj nie przyjmują innego pożywienia, nawet gdy jest to jedyny dostępny pokarm.

Jakość wzmacniająca danego bodźca jest uzależniona od kontekstu. Na przykład, pożywienie stanowi bardzo silną nagrodę dla głodnego człowieka, ale jego dodatnia wartość wzmacniająca zmniejsza się znacznie po osiągnięciu sytości. Jednakże nawet w stanie sytości określona potrawa może wciąż stanowić wzmocnienie dodatnie, jeżeli jest nowa i smaczna. Wskazuje to, że motywacja do spożywania pokarmu jest uzależniona od złożonych interakcji stanu wewnętrznego, wskazówek zewnętrznych i pamięci. Liczne zachowania motywacyjne występują mimo braku niedoborów fizjologicznych. Zachodzi to w przypadku zachowań rozrodczych, takich jak poszukiwanie partnera, kopulacja, budowa gniazda i opieka nad potomstwem. Zachowania te są nasilane przez określone stany wewnętrzne mózgu — zegary biologiczne (patrz temat O4), hormony, a także przez łatwe do zidentyfikowania zdarzenia zewnętrzne. Bodźce do uruchomienia innych zachowań, takich jak słuchanie muzyki, eksploracja nieznanego otoczenia, uprawianie sportu, czy też prowadzenie badań naukowych, są jak dotąd nieznane.

Dopaminergiczny układ nagrody

Na zachowanie motywacyjne składają się dwie komponenty: **aktywacja** i **ukierunkowanie**. Aktywacja określa siłę danego zachowania, a ukierunkowanie określa jego typ (picie, jedzenie, kopulacja itp.). Szereg danych doświadczalnych wskazuje, że w aktywacji zachowań motywacyjnych decydującą rolę grają wstępujące neurony dopaminergiczne. Szlak prowadzący z istoty czarnej do prążkowia (droga czarno-prążkowiowa) uczestniczy w motywacyjnych zachowaniach lokomocyjnych (patrz temat L5), włączając w to zachowania związane z aktywnością konsumacyjną. Układ mezolimbiczny kontroluje zachowania motywacyjne, związane z działaniem zewnętrznych dodatnich bodźców wzmacniających. Dowodów na to dostarczają wyniki następujących badań.

1. Aktywność neuronów układu mezolimbicznego nasila się w obecności naturalnych bodźców wzmacniających, takich jak pożywienie.
2. Podanie amfetaminy do jądra półleżącego przegrody (łac. *nucleus accumbens*), unerwianego przez wstępujący układ mezolimbiczny, nasila zachowania motywacyjne. Mechanizm działania amfetaminy polega na ułatwieniu przekaźnictwa dopaminergicznego, co nasila dodatni efekt wzmacniający bodźca.
3. Uszkodzenia dopaminergicznego szlaku mezolimbicznego, wykonane metodami chirurgicznymi lub chemicznymi z zastosowaniem toksycznego analogu dopaminy — 6-hydroksydopaminy (6-OHDA), osłabiają zachowania apetytywne. Na przykład, osłabiają aktywność deprywowanych pokarmowo szczurów, którym podaje się pokarm, oraz osłabiają „drapieżne" zachowania seksualne samic szczurów.
4. **Samodrażnienie wewnątrzczaszkowe** (ang. intracranial self stimulation, ICSS) polega na chronicznym wszczepieniu elektrody do mózgu zwierząt (zazwyczaj szczurów), które następnie uczy się naciskać dźwignię, uruchamiającą urządzenie dostarczające słaby prąd poprzez wszczepioną eletrodę. Jeżeli elektroda ta jest umieszczona w przyśrodkowym pęczku przodomózgowia (ang. medial forebrain bundle, MFB), przez który przebiegają aksony neuronów mezolimbicznych, szczury naciskają dźwignię nawet do 100 razy na minutę, pobudzając w ten sposób własny MFB. Jeżeli zwierzęta mogą wybierać między pożywieniem a samodrażnieniem, to deprywowane pokarmowo szczury wybierają samodrażnienie, co oznacza, że stanowi ona niezwykle silny bodziec wzmacniający. Podobne efekty wywiera samodrażnienie wielu okolic mózgu, przy czym większość z nich zawiera komórki uwalniające katecholaminy. Badania farmakologiczne wskazują, że spośród nich największe znaczenie ma dopamina.

Omówione wyniki wskazują, że neurony mezolimbiczne stanowią **mózgowy układ motywacyjny**, nazywany również **układem nagrody**. Sygnalizuje on przyjemny (hedonistyczny) charakter lub dodatnią wzmacniającą jakość bodźca, takiego jak pożywienie czy woda, i w ten sposób aktywuje odpowiednie zachowanie ukierunkowane na osiągnięcie celu.

Najważniejszą strukturą docelową układu mezolimbicznego jest **jądro półleżące** przegrody (łac. *nucleus accumbens*), zaliczane, ze względu na podobieństwo budowy do *neostriatum*, brzusznej części prążkowia. Stanowi ono element obwodu: przedni zakręt obręczy — jądra podstawy (patrz temat L5), który, jak się uważa, jest zaangażowany w przekształcanie motywacji w odpowiednią aktywność ruchową. Oprócz tego, jądro półleżące przegrody otrzymuje wejście z ciała migdałowatego, zespołu jąder położonego w płacie skroniowym, zaangażowanego w wyuczone zachowania apetytywne i awersyjne. Uszkodzenia ciała migdałowatego upośledzają zdolność zwierząt do nauczenia się związku pomiędzy bodźcem a nagrodą.

Jądro półleżące przegrody integruje dopaminowy układ nagrody z glutaminianergicznymi wejściami z ciała migdałowatego, które niosą nabytą informację o kontekście sytuacyjnym, w którym występują bodźce wzmacniające. Wynik tego procesu integracyjnego określa, czy i w jakim stopniu motywacja przekształci się w działanie.

Uzależnienia lekowe

Wszystkie substancje o działaniu uzależniającym wykazują dodatnie działanie wzmacniające, które jest odpowiedzialne za zachowania poszukiwawcze u osób uzależnionych. Obecnie uważa się, że substancje uzależniające są „terrorystami", opanowującymi mózgowy układ nagrody, który w normalnych warunkach odpowiada za zachowania motywacyjne ukierunkowane na poszukiwanie naturalnych bodźców wzmacniających.

Uzależnienie charakteryzują trzy właściwości: tolerancja, zależność i objawy odstawienia. **Tolerancja** polega na osłabieniu reakcji na powtarzalne podawanie substancji uzależniającej, co powoduje konieczność stałego zwiększania dawki w celu uzyskania pierwotnego efektu. U podłoża tolerancji na konkretne substancje leżą liczne, odmienne mechanizmy fizjologiczne, które cechuje różny czas trwania. Należy do nich indukcja enzymów, zmiany ilości receptorów i modyfikacje mechanizmów przekazywania sygnałów. W przypadku niektórych substancji uzależniających zmiany w procesach fizjologicznych sięgają tak daleko, że normalne funkcjonowanie jest możliwe jedynie w obecności substancji. Zjawisko to nosi nazwę **zależności**. W braku substancji uzależniającej pojawia się **zespół odstawienia**, którego objawy są zawsze nieprzyjemne. Należą do nich anhedonia (utrata poczucia przyjemności), depresja, bezsenność, lęk i pobudzenie. Stan ten trwa tak długo, aż zmiany fizjologiczne związane z tolerancją powrócą do normy.

Jest istotne, że uzależnienie nie może występować bez tolerancji, lecz tolerancja może istnieć bez uzależnienia. Na przykład, osoby regularnie pijące alkohol w umiarkowanych ilościach wykazują tolerancję wobec etanolu, jednakże nie wykazują uzależnienia ani objawów odstawienia w przypadku deprywacji.

W badaniach behawioralnych i fizjologicznych aspektów uzależnienia duże znaczenie mają metody warunkowania instrumentalnego (patrz temat Q1). Do pomiaru dodatniego efektu wzmacniającego substancji wykorzystuje się naciskanie przez zwierzęta (najczęściej szczury lub małpy) dźwigni, która uruchamia układ dostarczający substancję uzależniającą doustnie lub dożylnie. Mówiąc ogólnie, im silniejszy jest dodatni efekt wzmacniający danej substancji, tym intensywniej zwierzę naciska dźwignię. W badaniach dotyczących różnicowania związków trenuje się zwierzęta doświadczalne, tak aby naciskały dwie dźwignie, z których jedna dostarcza nagrody w postaci pokarmu i jednoczesnej dożylnej dawki substancji, podczas gdy druga — tylko pokarmu. Zwierzęta mogą nauczyć się rozróżniać te dwie sytuacje z ponad 90% dokładnością. Następnie, podając inne substancje i mierząc tempo naciskania dźwigni, testuje się, czy przypominają one w swoim działaniu tą, do której zwierzę jest przyzwyczajone.

Bardzo istotny jest kontekst, w którym następuje pobieranie substancji uzależniającej. Ilustruje to efekt warunkowanej preferencji miejsca u zwierząt. Po podaniu substancji zwierzęta umieszcza się w określonym otoczeniu, natomiast pod nieobecność substancji — w innym. Następnie umożliwia się zwierzętom wybór między obu miejscami (mogą one swobodnie przemieszczać się z jednego do drugiego) i mierzy się czas, w jakim przebywają w każdym z nich. Jeśli zwierzętom podawano substancje dostarczające wzmocnienia dodatniego, to przebywały one chętniej w tym miejscu, w którym nastąpiło podanie substancji. Wykazywały również zależność tolerancji na substancję od kontekstu. Tolerancja jest większa, gdy substancja jest podawana w stałym miejscu, niż w nowej sytuacji. Zjawisko to stanowi przykład **uczenia zależnego od kontekstu** i wskazuje na znaczenie uczenia się w zachowaniach związanych z uzależnieniem. Dowody dotyczące związku substancji uzależniających z mezolimbicznym układem nagrody pochodzą głównie z doświadczeń na zwierzętach.

Substancje uzależniające obniżają próg ICSS. Kokaina nasila aktywność lokomotoryczną szczurów, który to efekt można zablokować poprzez zniszczenie zakończeń dopaminergicznych w jądrze półleżącym przegrody za pomocą toksycznego analogu dopaminy, 6-OHDA. Zastosowanie mikrodializy *in vivo*, pozwalającej na ciągłe pobieranie próbek płynu międzykomórkowego z wybranej okolicy mózgu i równoczesny pomiar ilości uwalnianego neuroprzekaźnika, wykazało, że w obrębie jądra półleżącego przegrody dochodzi do uwolnienia dopaminy w czasie dożylnego samopodawania kokainy, a także w trakcie doustnego samopodawania etanolu. Poza tym, uszkodzenia jądra półleżącego przegrody przez 6-OHDA wywołują długotrwałe osłabienie samopodawania zarówno kokainy, jak i amfetaminy. Nie dotyczy to jednak etanolu.

Efekty podawania antagonistów receptora dopaminowego D1 podkreślają rolę neuroprzekaźnictwa dopaminergicznego w działaniu substancji uzależniających. Blokery receptora D1 powodują zmniejszenie:

- samopodawania etanolu u szczurów;
- aktywności lokomotorycznej wywołanej kokainą u szczurów;
- samopodawania kokainy u naczelnych;
- przymusu uzyskania kokainy u ludzi uzależnionych.

Działanie wzmacniające substancji uzależniających nie odbywa się jedynie za pośrednictwem mezolimbicznego układu dopaminowego. Mimo że układ ten odgrywa najprawdopodobniej pewną rolę w nagradzających właściwościach etanolu i związków opioidowych, jego zniszczenie za pomocą 6-OHDA nie zapobiega samopodawaniu tych substancji. Wskazuje to na udział innych mechanizmów. Dodatnie działanie wzmacniające etanolu, benzodiazepin i barbituranów jest związane, przynajmniej częściowo, z ich efektem zmniejszającym lęk. Wspólny mechanizm ich działania polega na nasilaniu hamowania GABAergicznego poprzez wiązanie z receptorem $GABA_A$ i nasilanie napływu jonów

Cl⁻ do wnętrza neuronów. Podanie antagonistów receptora GABA$_A$ do ciała migdałowatego i połączonych z nim struktur osłabia samopodawanie alkoholu u szczurów. Podobnie wzmacniające właściwości takich substancji opioidowych, jak heroina i morfina, opierają się na aktywacji receptorów opioidowych μ. Antagoniści tych receptorów blokują samopodawanie heroiny.

Tolerancja, uzależnienie i objawy odstawienia powstają w efekcie adaptacyjnych zmian w układzie nerwowym. W przypadku kokainy, jednym z możliwych mechanizmów rozwoju tolerancji jest zmniejszenie liczby receptorów dopaminowych w synapsach jądra półleżącego przegrody. Działanie kokainy polega na hamowaniu aktywności transportera dopaminowego, co blokuje pobieranie zwrotne dopaminy do zakończeń presynaptycznych i zwiększa jej stężenie w szczelinie synaptycznej. W efekcie chronicznego podawania kokainy dochodzi do zmniejszenia liczby postsynaptycznych receptorów typu D1, co oznacza, że do powstania określonej odpowiedzi postsynaptycznej niezbędne jest większe stężenie dopaminy w synapsie.

W przypadku uzależnienia od opioidów nie dochodzi do zmiany liczby receptorów μ, lecz do osłabienia ich sprzężenia z białkami G$_i$, co w efekcie powtarzalnego podawania substancji prowadzi do osłabienia hamującego oddziaływania na cyklazę adenylanową. Odstawienie opioidów wywołuje nasilenie aktywacji cyklazy adenylanowej. Zjawisko to występuje, ponieważ receptory μ, które słabiej hamują cyklazę, pobudzane jedynie przez endorfiny, nie są w stanie odpowiednio zrównoważyć aktywacji cyklazy adenylanowej przez receptory sprzężone z białkami G$_s$, znajdujące się w tych samych komórkach.

Ogólnie, reakcje fizjologiczne występujące w efekcie odstawienia substancji uzależniającej są przeciwne do reakcji zachodzących po jednorazowym podaniu tej substancji. Natychmiast po odstawieniu kokainy, alkoholu i opioidów dochodzi do podwyższenia progu ICSS, a także do obniżenia poziomu uwalniania dopaminy z jądra półleżącego przegrody. W czasie trwania zespołu odstawienia aktywność układu nagrody, w porównaniu ze stanem normalnym, jest obniżona, najprawdopodobniej na skutek zmniejszenia liczby receptorów.

Odstawienie substancji uzależniających pobudza wydzielanie hormonu uwalniającego hormon kortykotropowy z podwzgórza. Wywołuje to wewnątrzwydzielnicze i behawioralne reakcje stresowe (temat M3), związane z zespołem odstawiennym. Neuroadaptacyjne zmiany w przekaźnictwie GABAergicznym mogą być przyczyną lęku.

Jak dotąd nie znaleziono zadowalającego wyjaśnienia mechanizmu zjawiska przymusu poszukiwania substancji, który powoduje zachowaniem ludzi w okresach, gdy nie są uzależnieni fizjologicznie ani nie cierpią z powodu objawów odstawienia. Z pewnością istotnym elementem jest uczenie. Zaproponowano, że efekt ten można wyjaśnić występowaniem długotrwałych zmian w układzie mezolimbicznym, spowodowanych zażywaną substancją, które czynią ten układ nadwrażliwym na kolejne podanie substancji. Kwestia ta ma istotne znaczenie, ponieważ przymus używania substancji jest główną przeszkodą dla osób uzależnionych, pragnących uwolnić się od nałogu.

02 KONTROLA POBIERANIA POKARMU

Hasła

Hipoteza dwóch ośrodków

Uszkodzenia brzuszno-bocznej części podwzgórza (ang. ventrolateral hypothalamus, VLH) hamują pobieranie pokarmu, natomiast uszkodzenia brzuszno-przyśrodkowej części podwzgórza (ang. ventromedial hypothalamus, VMH) powodują pobieranie pokarmu w nadmiernych ilościach. Zgodnie z tymi obserwacjami zaproponowano hipotezę, według której VLH reaguje na sygnał głodu i zapoczątkowuje jedzenie, natomiast VMH odbiera sygnał sytości i powoduje zakończenie jedzenia. Hipoteza ta obecnie została odrzucona, ponieważ uszkodzenia VLH upośledzają wiele więcej zachowań, niż tylko pobieranie pokarmu, a ich mechanizm sprowadza się do zniszczenia drogi czarno-prążkowiowej, która przebiega przez VLH. Ponadto efekty uszkodzeń VMH związane są ze zmianami w procesach regulacji wydzielania insuliny przez autonomiczny układ nerwowy. Nadmierne wydzielanie insuliny nasila pobieranie pokarmu, jednak tylko wskutek zwiększenia częstości posiłków. Otyłość jest skutkiem stymulacji syntezy tłuszczów przez insulinę.

Pień mózgu i czynniki obwodowe

Wielkość posiłku jest kontrolowana przez sygnały sytości pochodzące z neuronów, a także z krwi. Są one wykrywane przez jądro pasma samotnego (NST) oraz pole najdalsze (łac. *area postrema*; ang. nucleus of solitary tract), narząd okołokomorowy. Jedzenie jest hamowane na skutek rozciągnięcia żołądka, wydzielania cholecystokininy do dwunastnicy w reakcji na obecność produktów trawienia, a także w efekcie zwiększenia osmolarności osocza, występującej po pobraniu pokarmu. Za hamowanie pobierania pokarmu odpowiadają neurony oksytocynoergiczne jądra przykomorowego podwzgórza, które tworzą projekcję do NST.

Sygnały ilości tłuszczu: insulina i leptyna

Sygnały informujące o ilości tłuszczu, uwalniane w ilościach proporcjonalnych do rozmiarów zapasów tłuszczu organizmu, zapewniają homeostatyczną kontrolę nad masą ciała w długich przedziałach czasowych poprzez zrównoważenie pobierania pokarmu i wydatku energetycznego. Uważa się, że charakter sygnałów informujących o ilości tłuszczu mają: insulina i leptyna. Stężenie tych związków w osoczu jest odzwierciedleniem ilości tłuszczu w ciele. Mogą one przekraczać barierę krew–mózg. Insulina, uwalniana przez komórki β trzustki, redukuje pobieranie pokarmu. Leptyna jest uwalniana przez komórki tłuszczowe. Redukuje ona pobieranie pokarmu i nasila wydatek energetyczny. Obydwa peptydy oddziałują na część brzuszną podwzgórza i hamują działanie neuropeptydu Y (NPY), związku silnie pobudzającego jedzenie.

Otyłość

Otyłość jest efektem niedopasowania ilości pobieranego pokarmu i wydatku energetycznego. Osoby otyłe prawdopodobnie reagują

silniej na bodźce zewnętrzne niż na sygnały wewnętrzne
(fizjologiczne), regulujące ilość pobieranego pokarmu, a ponadto
wykazują mniejsze zdolności do zużywania energii. Mutacje genu
kodującego leptynę, lub jej receptor, powodują otyłość u myszy.
W osoczu otyłych ludzi występuje wysoki poziom leptyny, co
stanowi odzwierciedlenie dużej ilości tłuszczu w organizmie. Otyłość
może być związana z nieprawidłową budową cząsteczki leptyny
bądź jej receptora.

Anorexia nervosa

Osoby anorektyczne głodzą się i wykazują nadmierną aktywność
fizyczną. Według hipotezy lęku, wyjaśniającej anoreksję, u osób tych
w czasie jedzenia dochodzi do nasilenia wydzielania hormonu
uwalniającego hormon adrenokortykotropowy (CRH), co wywołuje
lęk, a ponadto hamuje jedzenie. Według hipotezy nagrody,
zwiększeniu stężenia glukokortykoidów, wywołanemu przez CRH
aktywujący przysadkę i nadnercza w efekcie głodzenia się i wysiłku
fizycznego, towarzyszy uczucie przyjemności, stanowiące dodatni
bodziec wzmacniający.

Tematy pokrewne   Budowa anatomiczna i połączenia   Neurohormonalna kontrola
                      podwzgórza (M1)   metabolizmu i wzrostu (M3)
                      Funkcje tylnego płata przysadki   Motywacja (O1)
                      (M2)

**Hipoteza dwóch
ośrodków**

Uszkodzenia elektrolityczne **brzuszno-bocznej części podwzgórza** (VLH)
powodują **afagię**, niechęć do pobierania pokarmu. W przeciwieństwie
do tego, uszkodzenie brzuszno-przyśrodkowej części podwzgórza
(VMH) jest przyczyną **hiperfagii** (jedzenia nadmiernych ilości pożywienia) i otyłości. Na podstawie tych obserwacji zaproponowano, że VLH
stanowiłby „ośrodek głodu", którego zniszczenie uniemożliwiałoby rea-
gowanie zwierzęcia na sygnały głodu, natomiast VMH byłby „ośrodkiem sytości", którego uszkodzenie powodowałoby brak możliwości
zareagowania na pojawienie się sygnałów sytości. Według tej **hipotezy
dwóch ośrodków**, VLH zapoczątkowuje jedzenie, a VMH — kończy.
Hipoteza ta jednak obecnie została odrzucona z następujących powodów:

1. Uszkodzenia VLH wywołują oprócz afagii także **adypsję** (niechęć do
   picia), **akinezję** (obniżenie aktywności ruchowej) oraz **pomijanie
   zmysłowe** (ang. sensory neglect), które polega na braku reakcji na bodźce czuciowe (somatosensoryczne, węchowe i słuchowe). Zarówno
   akinezja, jak i pomijanie zmysłowe występują w chorobie Parkinsona
   (patrz tematy L6 i R3), która jest spowodowana zanikiem czarno-
   -prążkowych neuronów dopaminergicznych. Droga czarno-prążkowiowa przebiega poprzez VLH. Uszkodzenie tego szlaku za pomocą 6-hydroksydopaminy (6-OHDA), podanej do istoty czarnej (patrz
   temat L5), wywołuje efekty bardzo podobne do efektów uszkodzeń
   elektrolitycznych VLH. Z tego powodu należy uznać, że uszkodzenia

VLH są związane ze zniszczeniem neuronów dopaminergicznych, co pociąga za sobą ogólne zaburzenia procesów motywacyjnych, nie zaś wybiórczy deficyt, dotyczący jedynie pobierania pokarmu.

2. Zwierzęta z uszkodzeniami VMH spożywają nadmierne ilości pożywienia i stają się otyłe, jednakże jest to spowodowane nie przez zwiększenie ilości pokarmu spożywanego jednorazowo, lecz przez zwiększenie częstości posiłków. Dzieje się tak, ponieważ uszkodzenia VMH zaburzają ośrodkową kontrolę autonomicznego układu nerwowego, która z kolei modyfikuje wewnątrzwydzielnicze mechanizmy regulujące metabolizm.

W normalnych warunkach wydzielanie insuliny z komórek β trzustki pozostaje pod kontrolą układu autonomicznego — jest pobudzane przez układ przywspółczulny, a hamowane przez układ współczulny. Sekrecja insuliny jest wyzwalana również w efekcie podwyższenia stężenia glukozy i aminokwasów we krwi, do którego dochodzi w krótkim czasie po spożyciu posiłku. Insulina nasila pobieranie glukozy i aminokwasów przez mięśnie, wątrobę i tkankę tłuszczową, a także syntezę triacylgliceroli z kwasów tłuszczowych w komórkach mięśniowych (**lipogeneza**, patrz *Krótkie wykłady. Biochemia*).

U zwierząt z uszkodzeniami VMH aktywność układu przywspółczulnego jest nasilona, a układu współczulnego — osłabiona. Wywołuje to nadmierne wydzielanie insuliny, wzmożenie lipogenezy i nadmierne odkładanie triacylgliceroli w komórkach tłuszczowych, prowadzące do otyłości. Oprócz tego, wysoki poziom insuliny jest przyczyną szybkiego usuwania glukozy i aminokwasów z układu krążenia. Zgodnie z **hipotezą glukostatyczną**, chwilowe obniżenie poziomu glukozy we krwi (u szczurów występujące zawsze na kilka minut przed rozpoczęciem jedzenia) inicjuje jedzenie. U zwierząt z uszkodzeniami VMH spadek ten występuje szybciej z powodu podwyższonego poziomu insuliny i dlatego szybciej przystępują one do kolejnego posiłku. Podsumowując, w normalnych warunkach VMH odpowiada za częstość pobierania pokarmu, a poziom jego aktywności jest związany ze stężeniem glukozy, pochodzącej z ostatnio spożytego posiłku.

Pień mózgu i czynniki obwodowe

Pień mózgu reguluje ilość pokarmu spożywanego w trakcie posiłku, reagując na **sygnały sytości**. Jedzenie jest hamowane przez sygnały humoralne i neuronalne. Jądro pasma samotnego i sąsiadujący z nim narząd okołokomorowy, **pole najdalsze**, (patrz *rys. 1, 2* w temacie M2), tworzą wspólnie jednostkę funkcjonalną, która integruje sygnały docierające z obwodu. Do jądra pasma samotnego docierają włókna aferentne z kubków smakowych i przełyku (temat J2), żołądka, jelit i wątroby, natomiast w obrębie AP znajdują się neurony chemosensoryczne, które mogą reagować na czynniki pochodzące z krwi. Rozciągnięcie żołądka pobudza receptory rozciągania, których włókna aferentne biegną nerwem błędnym (X) do NST. Uszkodzenia pola najdalszego u szczurów powodują spożywanie większych ilości pokarmu jednorazowo, natomiast całkowita ilość spożytego pokarmu pozostaje niezmieniona, ponieważ zwierzęta te jedzą rzadziej. Wskazuje to, że długoterminowa kontrola nad pobieraniem pokarmu nie jest upośledzona.

W odpowiedzi na obecność kwasów tłuszczowych, monoacyloglicero-li i niektórych aminokwasów, śluzówka dwunastnicy wydziela peptyd, **cholecystokininę** (CCK). Oprócz działania w obrębie układu pokarmo-wego, CCK hamuje jedzenie poprzez stymulację włókien aferentnych ner-wu błędnego, przewodzących sygnały informujące o rozciągnięciu jeli-ta. Wielkość posiłku jest więc ograniczana w sposób synergistyczny przez mechaniczne rozciągnięcie oraz CCK. Przyjmowanie pokarmu podwyższa osmolarność osocza (np. NaCl), co normalnie pobudza pra-gnienie (patrz temat M2). Gdy woda jest niedostępna, podwyższenie os-molarności jest wykrywane przez osmoreceptory zlokalizowane w ścia-nie żyły wrotnej wątrobowej, a w efekcie dochodzi do zakończenia jedze-nia. Mechanizm ten można uważać za sposób kontroli osmolarności oso-cza poprzez ograniczenie przyjmowania roztworów czynnych osmo-tycznie. Osmoreceptory uczestniczące w tym mechanizmie stanowią odmienny typ receptorów niż te, które grają rolę podczas picia; hipoos-molarność hamuje pobieranie płynów, ale nie pobudza pobierania pokarmu.

Za hamowanie pobierania pokarmu na skutek rozciągnięcia elemen-tów układu pokarmowego, działania CCK i hiperosmolarności odpo-wiada jądro przykomorowe (PVN) podwzgórza, otrzymujące wejście z NST. NST otrzymuje również projekcję zwrotną z PVN, tworzoną przez małe komórki uwalniające oksytocynę. Projekcja ta kontroluje takie odruchowe aspekty pobierania pokarmu jak połykanie i jest bardzo pre-cyzyjna, czego dowodzą doświadczenia z odmóżdżonymi szczurami, z nieczynnym przodomózgowiem. U takich zwierząt, deprywowanych pokarmowo, pobudzenie pnia mózgu wywołuje połykanie pokarmu, lecz nie połykanie wody. Reakcja ta jest hamowana przez wypełnienie żołądka lub dożylne podanie CCK albo hipertonicznego roztworu soli.

Stres powoduje zmniejszenie pobierania pokarmu poprzez aktywację neuronów PVN, które uwalniają CRH. Działa on lokalnie, pobudzając neurony PVN uwalniające oksytocynę, które są odpowiedzialne za hamowanie pobierania pokarmu (*rys. 1*).

Sygnały ilości tłuszczu: insulina i leptyna

Kontrola nad masą ciała w długich przedziałach czasowych jest bardzo precyzyjna. Uważa się, że opiera się ona na utrzymywaniu stałego poziomu tłuszczu w organizmie. Wymaga to istnienia **sygnału o ilości tłuszczu,** który stanowi odzwierciedlenie ilości zmagazynowanego tłusz-czu i uruchamia odpowiednie mechanizmy homeostatyczne, równo-ważące pobieranie i wydatkowanie energii. Zaproponowano, że taką rolę mogłyby grać dwa hormony peptydowe, **insulina** i **leptyna**. Stężenie osoczowe obu z nich jest silnie skorelowane z zawartością tłuszczu w organizmie. Ponadto przechodzą one przez barierę krew–mózg z udziałem wybiórczych mechanizmów transportujących, które cechuje możliwość wysycenia.

Stężenie insuliny w płynie mózgowo-rdzeniowym jest skorelowane z jej stężeniem w osoczu, jednak tylko w długich okresach. Stężenie insu-liny w płynie mózgowo-rdzeniowym nie ulega zmianom pod wpływem przejściowych wahań stężenia w osoczu, które są związane z pobiera-niem pokarmu i byciem na czczo. Insulina, oddziałując na część brzuszną podwzgórza, zmniejsza pobieranie pokarmu.

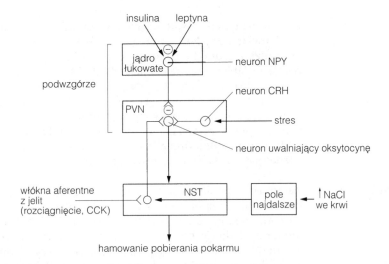

Rys. 1. Obwody uczestniczące w hamowaniu pobierania pokarmu. Działanie hamujące, –. CRH, hormon uwalniający hormon kortykotropowy; NPY, neuropeptyd Y; NST, jądro pasma samotnego; PVN, jądro przykomorowe; CCK, cholecystokinina; ⊖, hamowanie

Leptyna jest wydzielana wyłącznie przez adipocyty (komórki tłuszczowe) i oddziałuje na część brzuszną podwzgórza, zmniejszając pobieranie pokarmu i nasilając wydatek energetyczny. Wytwarzanie leptyny ulega nasileniu pod wpływem podniesienia poziomu insuliny, do którego dochodzi po jedzeniu, zaś zmniejsza się w efekcie działania glukokortykoidów, uwalnianych na skutek postu. Leptyna reguluje więc ilość tłuszczu w organizmie na zasadzie ujemnego sprzężenia zwrotnego (*rys. 2*).

Leptyna i insulina wpływają na pobieranie pokarmu wywołując zmniejszenie wydzielania **neuropeptydu Y** (NPY). Jest on zarówno najsilniejszym znanym obecnie stymulatorem pobierania pokarmu, jak

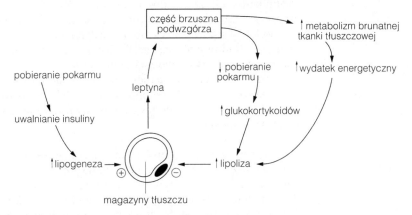

Rys. 2. Leptyna kontroluje zasoby tłuszczu na zasadzie ujemnego sprzężenia zwrotnego. Powiększenie zasobów tłuszczu wywołuje nasilenie uwalniania leptyny, co aktywuje procesy nasilające rozkład tłuszczu

i neuropeptydem wystepującym w mózgu w największych ilościach. Szlak uwalniający NPY i zaangażowany w regulację pobierania pokarmu pochodzi z jądra łukowatego podwzgórza i wiedzie do PVN (patrz *rys. 1*). Osłabienie wydzielania NPY do PVN powoduje nasilenie aktywności neuronów oksytocynoergicznych, hamujących pobieranie pokarmu. Wpływ leptyny na wydatek energetyczny polega na pobudzaniu dróg współczulnych unerwiających brunatną tkankę tłuszczową, kierowanym przez podwzgórze. Brunatna tkanka tłuszczowa, w efekcie oddziaływania noradrenaliny na receptory β3, wytwarza ciepło metaboliczne (patrz *Krótkie wykłady. Biochemia*).

Otyłość

Zaburzenia pobierania pokarmu i regulacji masy ciała są bardzo powszechne w społeczeństwach rozwiniętych. Jedna trzecia mieszkańców Ameryki Północnej wykazuje co najmniej 20% nadwagę, co stanowi kliniczną definicję **otyłości**. Otyłość jest głównym czynnikiem ryzyka w chorobach sercowo-naczyniowych, cukrzycy i innych. Do otyłości może dojść różnymi sposobami, które nie są dobrze poznane. Doświadczenia, w których otyłe osoby, aby otrzymać pożywienie, muszą wykonywać określone czynności, sugerują, że reagują one silniej na bodźce zewnętrzne (jak bardzo apetyczne wydaje się jedzenie) niż na czynniki pochodzenia wewnętrznego (głód i sytość), w odróżnieniu od innych osób. Chociaż trudno jest wykazać różnice w aktywności osób otyłych i szczupłych, wiadomo jednak, że otyłość jest związana z obniżoną aktywnością współczulną i zmniejszoną ilością brunatnej tkanki tłuszczowej. Dlatego wydaje się, że ogólny wydatek energetyczny może być mniejszy u osób otyłych.

U myszy mutacje genu kodującego leptynę (gen *ob*) lub genu kodującego receptor leptyny (gen *db*) wywołują otyłość. W pierwszym przypadku błąd dotyczy budowy cząsteczki leptyny, natomiast w drugim podwzgórze nie jest w stanie prawidłowo reagować na dostępną leptynę (**oporność na leptynę**). Myszy otyłe, z przyczyn wrodzonych lub nabytych, wykazują podwyższony poziom leptyny w osoczu, co jest wynikiem nadmiernej ilości tłuszczu. Otyli ludzie również wykazują podwyższone stężenie leptyny w osoczu, a w niektórych przypadkach ich otyłość jest związana z opornością na leptynę, przy zachowaniu prawidłowej budowy tej cząsteczki. Utracie masy ciała, w wyniku stosowania diety, towarzyszy zmniejszenie stężenia leptyny. Jeżeli leptyna jest sygnałem sytości, to spadek ten wywoła nasilenie odczucia głodu i zmniejszenie wydatku energetycznego. Wskazuje to, że bezcelowe jest stosowanie diety odchudzającej bez równoczesnego wykonywania ćwiczeń fizycznych.

Anorexia nervosa

Anorexia nervosa jest chorobą atakującą najczęściej, choć nie wyłącznie, młode kobiety. Charakteryzuje ją zmniejszenie ilości pobieranych pokarmów i wzmożona aktywność fizyczna. Rokowanie jest niepomyślne. Mechanizm tej choroby próbowano wyjaśnić na kilka sposobów, przy czym wyjaśnienie jest trudne z powodu wątpliwości, czy obserwowane objawy neurochemiczne stanowią przyczynę, czy też skutek wygłodzenia. Hipoteza lęku oparta jest na obserwacji, że kobiety anorektyczne odczuwają lęk spożywając pokarm. Równocześnie wiadomo, że anorektyczki wykazują nasilone uwalnianie CRH i glukokortykoidów, co stanowi odzwierciedlenie aktywacji osi podwzgórze–przysadka–nadnercza (patrz temat M3). Jedzenie stymuluje uwalnianie CCK, która — oprócz działania sygnalizującego sytość — również pobudza wydzielanie CRH. CRH zarówno nasila poczucie lęku, jak i hamuje pobieranie pokarmu. Według hipotezy nagrody glukokortykoidy działają jako bodźce wzmacniające dodatnio, prowadząc do stanu euforii. Zwierzęta wykazują tendencję do samopodawania kortykosteroidów, a glukokortykoidy nasilają uwalnianie dopaminy z zakończeń nerwowych szlaku mezolimbicznego. Autorzy tej hipotezy twierdzą, że zredukowane pobieranie pokarmu i wysiłek fizyczny, którym towarzyszy podwyższenie poziomu glukokortykoidów, stają się wtórnymi bodźcami wzmacniającymi, co oznacza, że ich działanie wywiera efekt nagradzający. Żadna ze wspomnianych hipotez nie tłumaczy mechanizmu zaburzającego homeostazę masy ciała, ani nie wyjaśnia genezy stanów psychologicznych prowadzących do jadłowstrętu.

03 ZEGARY BIOLOGICZNE MÓZGU

Hasła

Rytmy endogenne (wewnętrzne)

Wartości licznych parametrów fizjologicznych (np. rytm snu i czuwania, temperatura głęboka ciała, wydzielanie hormonów przedniego płata przysadki) wykazują wahania w rytmie okołodobowym (około 24-godzinnym). Pod nieobecność czynników zewnętrznych, z których najważniejszym jest światło, rytmy okołodobowe biegną z okresem nie 24, lecz 25 godzin. Po kilku tygodniach swobodnie biegnący rytm snu i czuwania przedłuża swój okres jeszcze bardziej, osiągając 30 godzin. Zjawiska te wskazują na istnienie zegarów okołodobowych, których działanie jest regulowane przez czynniki zewnętrzne.

Jądro nadskrzyżowaniowe

Zastosowanie stymulacji, uszkodzeń i przeszczepów wykazuje, że zegar okołodobowy regulujący rytm snu i czuwania jest zlokalizowany w jądrze nadskrzyżowaniowym (ang. suprachiasmatic nucleus, SCN), położonym w przedniej części podwzgórza. Wewnętrzny oscylator neuronalny, znajdujący się w SCN, generuje potencjały czynnościowe z częstotliwością, która zmienia się sinusoidalnie, a najwyższa aktywność przypada w ciągu dnia. Wyjścia z SCN, biegnące do innych okolic podwzgórza, regulują cykl snu i czuwania, a także czynności autonomiczne i wewnątrzwydzielnicze. Sygnały świetlne docierają do SCN za pośrednictwem szlaku siatkówkowo-podwzgórzowego (ang. retino-hypothalamic tract, RHT) i synchronizują aktywność SCN z cyklem 24-godzinnym.

Szyszynka

Szyszynka, będąca narządem okołokomorowym, w czasie fazy ciemnej cyklu okołodobowego wydziela do krwi hormon melatoninę. Melatonina przechodzi przez barierę krew–mózg i dociera do SCN. Czas trwania pulsu melatoniny jest bezpośrednią miarą długości nocy i w ten sposób sygnalizuje on zwierzętom żyjącym z dala od równika aktualną porę roku. U zwierząt rozmnażających się okresowo, melatonina, oddziałująca na SCN, kontroluje cykle reprodukcyjne. Światło hamuje syntezę melatoniny za pośrednictwem wejścia z siatkówki do SCN, a następnie wyjścia z SCN, oddziałującego na współczulne unerwienie szyszynki. W obrębie SCN znajdują się receptory melatoninowe, a podanie melatoniny osłabia przykre objawy związane z szybką zmianą stref czasowych (ang. jet-lag).

Tematy pokrewne
Neurohormonalna kontrola metabolizmu i wzrostu (M3)

Neurohormonalna kontrola rozmnażania (M4)
Sen (O4)

**Rytmy
endogenne
(wewnętrzne)**

Wiele czynności fizjologicznych zmienia się w sposób cykliczny, z okresem zbliżonym do jednej doby, a więc w sposób **okołodobowy**. Do czynności tych należą: sen i czuwanie, temperatura głęboka ciała, wydzielanie hormonów przedniego płata przysadki, mechanizmy autonomiczne (np. regulacja przepływu krwi przez skórę) i wydalanie potasu w moczu. Ludzie odizolowani od wszystkich zewnętrznych informacji o aktualnym czasie, np. przebywający w głębokich jaskiniach lub bunkrach i mający niczym nie ograniczone możliwości spania, jedzenia oraz włączania i wyłączania światła, przejawiają początkowo wewnętrzne rytmy o okresie około 25 godzin. Takie wydłużenie okresu **rytmów wolno (swobodnie) biegnących**, w stosunku do normalnego okresu 24-godzinnego, dowodzi istnienia wewnętrznych **zegarów okołodobowych**, które normalnie są synchronizowane przez czynniki zewnętrzne, noszące nazwę **dawców czasu**. Dawcą czasu (niem. Zeitgeber) mogą być: światło, ćwiczenia fizyczne, interakcje socjalne lub rozkład zajęć. Najsilniejszym dawcą czasu jest światło. Silny impuls świetlny zastosowany w czasie subiektywnej nocy wywołuje zmiany cyklu okołodobowego. U ludzi śpiących normalnie, najniższa wartość temperatury głębokiej ciała występuje około godz. 5 rano. Impuls świetlny, zastosowany w nocy przed godz. 5, wywołuje opóźnienie rytmu (**opóźnienie fazy**), natomiast impuls zastosowany później – **przyspieszenie fazy**.

Po około 1–2 tygodniach dochodzi do desynchronizacji swobodnie biegnących rytmów różnych zmiennych fizjologicznych. Na ogół fluktuacje temperatury głębokiej ciała, wydzielania hormonu adrenokortykotropowego i glukokortykoidów, a także snu REM (ang. rapid eye movement) przebiegają w dalszym ciągu z okresem około 25 godz. Natomiast okres cykli snu i czuwania oraz wydzielania hormonu wzrostu wydłuża się do około 30 godz. Wskazuje to na istnienie dwóch zegarów okołodobowych, których okresy w normalnych warunkach, dniem i nocą są regulowane przez cykl światło–ciemność.

**Jądro
nadskrzyżo-
waniowe**

Zegar okołodobowy, regulujący rytm snu i czuwania, jest zlokalizowany w **jądrze nadskrzyżowaniowym (SCN)**, w przedniej części podwzgórza. Wykazano, że stymulacja elektryczna SCN przesuwa rytmy okołodobowe w sposób przewidywalny, zniszczenie SCN powoduje całkowite zniesienie rytmów okołodobowych (lecz nie uniemożliwia snu), a przeszczep płodowego SCN zwierzętom, u których zniszczono tę strukturę, przywraca im rytmikę okołodobową.

Funkcja rozrusznikowa (zegarowa) SCN jest związana z aktywnością pojedynczych neuronów, położonych w brzuszno-bocznym **rdzeniu** SCN. Częstotliwość generowania potencjałów czynnościowych przez te komórki zmienia się w rytmie okołodobowym. Stanowią one okołodobowe oscylatory, a ich aktywność jest zachowana nawet wtedy, gdy wyizoluje się je i hoduje w kulturach komórkowych. Częstotliwość potencjałów czynnościowych tych neuronów zmienia się sinusoidalnie w okresie 24 godzin, przyjmując najwyższe wartości w ciągu dnia, a najniższe — w nocy. Projekcje z SCN, przebiegające przede wszystkim do innych struktur podwzgórza, regulują rytm snu i czuwania, a także czynności autonomiczne i wewnątrzwydzielnicze. Istnieją również projekcje do wzgórza oraz podstawnej części przodomózgowia (np. jądra przegrody), które najprawdopodobniej są odpowiedzialne za okołodobowe wahania zdolności do zapamiętywania oraz funkcji poznawczych. Większość komórek SCN ma charakter GABAergiczny, a oprócz tego uwalnia jednocześnie peptydy. Uważa się, że komórki te wywierają działanie hamujące.

Sygnały świetlne, niosące informację o całkowitej luminancji, ale nie o kolorze, kształcie czy ruchu, docierają do SCN za pośrednictwem **drogi siatkówkowo-podwzgórzowej** (ang. retinohypothalamic tract, RHT). Na drogę tę składają się aksony pochodzące z populacji niewielkich komórek zwojowych siatkówki, pobudzanych przez fotoreceptory, czopki, które są rozproszone na dużej powierzchni siatkówki. Włókna te, uwalniające glutaminian, tworzą bezpośrednie połączenia synaptyczne z neuronami rdzenia SCN.

Szyszynka

Szyszynka jest narządem okołokomorowym, który w czasie ciemności wydziela do krwiobiegu melatoninę. Czas trwania pulsu melatoniny jest bezpośrednio związany z długością nocy, a więc także i długością dnia, czyli **fotoperiodem**. Wydzielona melatonina jest transportowana wraz z krwią i przechodzi przez barierę krew–mózg, docierając do SCN. Dla zwierząt żyjących w szerokościach geograficznych innych niż równik, długość dnia zmienia się w trakcie roku i w związku z tym wydzielanie melatoniny stanowi sygnał, niosący informację o aktualnej porze roku. U zwierząt rozmnażających się sezonowo długość pulsu melatoniny za pośrednictwem SCN reguluje aktywność osi podwzgórze–przysadka––gonady obu płci. Na przykład u owiec dłuższy sygnał melatoninowy związany z krótszym fotoperiodem w listopadzie (na półkuli północnej) pobudza samice do rui, natomiast u samców pobudza wzrost jąder, co pociąga za sobą wzrost wydzielania testosteronu i spermatogenezę. Mimo że wpływ fotoperiodu na wydzielanie melatoniny nie ma znaczenia dla procesów reprodukcyjnych u ludzi, wywiera ona efekt zwrotny na działanie zegara okołodobowego w SCN i w ten sposób wpływa na cykl snu i czuwania.

Droga, poprzez którą światło hamuje syntezę melatoniny, jest przedstawiona na *rysunku 1*. Komórki nerwowe rdzenia SCN (otrzymujące wejście z siatkówki poprzez RHT) hamują część autonomiczną jądra przykomorowego (PVN) podwzgórza. Aksony neuronów PVN biegną przez pień mózgu i tworzą połączenia synaptyczne z przedzwojowymi neuronami współczulnymi w obrębie istoty szarej pośredniej bocznej rdzenia kręgowego, w segmentach T1 i T2. Te neurony współczulne tworzą projekcję do górnego zwoju szyjnego, zaś komórki pozazwojowe unerwiają szyszynkę. Aktywność górnego zwoju szyjnego nasila się w nocy. Noradrenalina, wydzielana z zakończeń współczulnych jego neuronów, oddziałuje z receptorami β-adrenergicznymi **pinealocytów** (komórek szyszynki) i stymuluje syntezę melatoniny. Szlak biosyntezy melatoniny ilustruje *rysunek 2*.

Melatonina oddziałuje zarówno z receptorami metabotropowymi, sprzężonymi z białkami G_i, prowadząc do zahamowania aktywności cyklazy adenylanowej, jak i z receptorami należącymi do nadrodziny receptorów steroidowych, noszących nazwę **receptorów RZRβ**. Obydwa

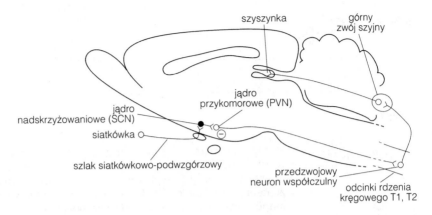

Rys. 1. Schemat układu połączeń, który powoduje zahamowanie wydzielania melatoniny z szyszynki

rodzaje receptorów występują w SCN. Melatonina reguluje zegar około-dobowy w SCN, zmienia fazę cyklu snu i czuwania u zwierząt i ludzi, a także osłabia objawy **jet-lag**, zaburzeń snu związanych z nagłą desyn-chronizacją rytmu światła i ciemności oraz rytmów okołodobowych, powstającą w efekcie podróży lotniczych poprzez kilka stref czasowych.

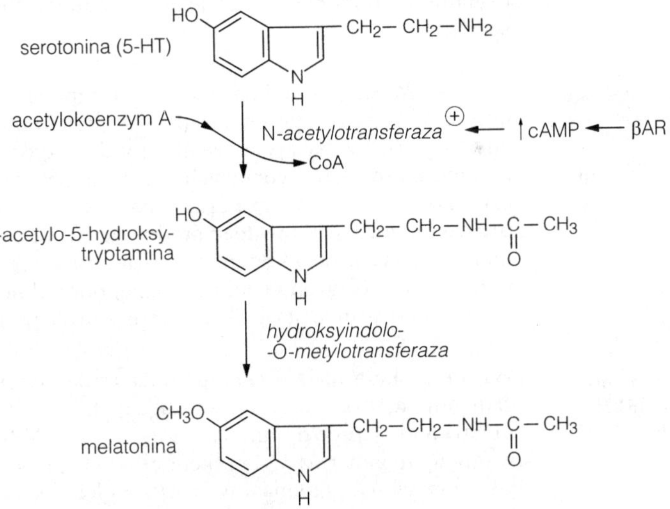

Rys. 2. Synteza melatoniny w szyszynce. N-acetylotransferaza jest aktywowana przez noradrenalinę, pochodzącą z zakończeń współczulnych i działającą na receptory β-adrenergiczne. cAMP, cykliczny adenozynomonofosforan

04 SEN

Hasła

<table>
<tr>
<td>

Rodzaje snu

</td>
<td>

W zapisie elektroencefalograficznym (EEG), umożliwiającym rejestrację aktywności elektrycznej mózgu poprzez elektrody umieszczone na skórze głowy, u osobników czuwających można zaobserwować fale o wysokiej częstotliwości i niewielkiej amplitudzie. Na podstawie elektroencefalogramu, a także innych pomiarów fizjologicznych, rozróżnia się dwa rodzaje snu. Sen NREM (ang. nonrapid eye movement) cechuje zapis EEG o niskiej częstotliwości i dużej amplitudzie. W czasie snu wolnofalowego zmniejsza się mózgowy przepływ krwi i zużycie glukozy, nasila się wyrzut hormonów, a napięcie mięśniowe jest utrzymane. Zasypiająca osoba przechodzi przez cztery stadia snu NREM, z których każde cechuje kolejno coraz niższa częstotliwość. Po około 90 minutach rozpoczyna się sen REM (z szybkimi ruchami oczu, ang. rapid eye movement), w czasie którego zapis EEG przypomina stan mózgu czuwającego. Napięcie mięśniowe jest zniesione, występują szybkie ruchy gałek ocznych i krótkie skurcze mięśni kończyn. We śnie REM czynności autonomiczne stają się niestabilne. Występują marzenia senne.

</td>
</tr>
<tr>
<td>

Twór siatkowaty

</td>
<td>

Twór siatkowaty, znajdujący się w pniu mózgu, składa się z dużych komórek, które otrzymują informacje o wielu modalnościach zmysłowych i wysyłają swoje aksony do wzgórza, a ponadto — z komórek małych, tworzących rozproszone projekcje aminergiczne do przodomózgowia. Stan czuwania mózgu wymaga aktywacji projekcji tworu siatkowatego śródmózgowia do wzgórza. Neurony monoaminergiczne, aktywne w czasie czuwania, są nieaktywne podczas snu. Neurony cholinergiczne, normalnie nieaktywne w czasie czuwania, stają się aktywne w trakcie snu REM.

</td>
</tr>
<tr>
<td>

Mechanizmy snu NREM

</td>
<td>

Wzgórze i kora mają wzajemne połączenia zwrotne, a w czasie czuwania neurony wzgórza wykazują stałą aktywność na umiarkowanym poziomie. W stadium 2 snu NREM neurony wzgórzowe generują serie potencjałów czynnościowych, określane jako wrzeciona, natomiast w stadiach głębokich (3 i 4) neurony wzgórza stają się nieaktywne, a komórki kory generują potencjały czynnościowe zgodnie z własnym rytmem wewnętrznym. Rozłączenie wzgórza i kory zachodzi na skutek braku aktywności pobudzeniowej w szlaku prowadzącym z okolicy przedwzrokowej podwzgórza do wzgórza.

</td>
</tr>
<tr>
<td>

Mechanizmy snu REM

</td>
<td>

W trakcie snu REM neurony wzgórzowo-korowe są pobudzane przez przedwzrokowe podwzgórze. Oprócz tego, w odróżnieniu od snu NREM, w trakcie snu REM szlaki cholinergiczne prowadzące z mostu do wzgórza wykazują wysoką aktywność, co z kolei

</td>
</tr>
</table>

pobudza korę mózgową. Aktywność tę rejestruje się w zapisie EEG w postaci iglic mostowo-kolankowato-potylicznych (ang. pontine- -geniculate-occipital, PGO). Komórki położone w obrębie mostu, które wywołują iglice PGO, są również odpowiedzialne za szybkie ruchy gałek ocznych i nieregularności autonomiczne. Aktywność tworu siatkowatego rdzenia przedłużonego i mostu w czasie snu REM blokuje wejścia zmysłowe i wyjścia ruchowe, praktycznie odcinając mózg od świata zewnętrznego.

Funkcje snu

Znaczenie i cel zjawiska snu próbują wyjaśnić trzy ogólne grupy hipotez. Hipotezy ekologiczne stwierdzają, że sen unieruchamia zwierzęta i pozwala im uniknąć ataku drapieżników w okresie największego zagrożenia. Według hipotez metabolicznych, w czasie snu zachodzi wyrównanie do poziomu wyjściowego produktów reakcji chemicznych, które gromadzą się w czasie aktywności organizmu. Na poparcie tych hipotez przytacza się to, że szczury, którym uniemożliwiono zaśnięcie, umierały na skutek zaburzeń układu termoregulacyjnego i odpornościowego, a także wykrycie endogennych czynników snu. Hipotezy dotyczące roli snu w uczeniu się postulują, że sen jest konieczny, aby zapomnieć błędnie powstałe asocjacje („fałszywe wspomnienia") albo, że sen jest niezbędny do konsolidacji pamięci. Hipotezy dotyczące związku snu z uczeniem, w odróżnieniu od innych hipotez, biorą pod uwagę rolę marzeń sennych.

Tematy pokrewne

Przekaźnictwo noradrenergiczne (N2)
Przekaźnictwo serotoninergiczne (N3)
Przekaźnictwo acetylocholinergiczne (N4)

Uczenie się z udziałem hipokampa (Q4)
Padaczka (R2)

Rodzaje snu

Rejestracja całkowitej aktywności elektrycznej mózgu za pomocą elektrod powierzchniowych, umocowanych do skóry głowy, nosi nazwę elektroencefalografii (EEG). Fale EEG mają podczas czuwania małą amplitudę i wysoką częstotliwość (*rys. 1*), a odpowiedni elektroencefalogram określa się jako **zdesynchronizowany**. Na podstawie EEG i innych pomiarów fizjologicznych można rozróżnić dwa rodzaje snu: **sen NREM** i **sen REM**.

Sen NREM cechuje zapis EEG o dużej amplitudzie i niskiej częstotliwości (**zsynchronizowany**). W czasie snu NREM utrzymane pozostaje napięcie mięśniowe i występują niekiedy ruchy zmieniające pozycję ciała (przewracanie się w łóżku). Maleje częstość oddechów i tętno oraz obniża się średnie ciśnienie tętnicze, a motoryka jelit ulega stłumieniu. W czasie snu NREM zachodzi najsilniejsze uwalnianie hormonu wzrostu. W trakcie zasypiania w zapisie EEG pojawiają się zmiany obrazujące przejście od stanu czuwania poprzez cztery stadia (1–4) snu NREM, polegające na stopniowym zmniejszeniu częstotliwości fal EEG. W stadium 2 występują serie o wyższej częstotliwości, noszące nazwę **wrzecion snu**. Stadia 3 i 4 często określa się łącznie jako **sen delta** (Δ), ponieważ charakteryzuje je występowanie fal o częstotliwości 1–4 Hz (zakres delta). W trakcie przechodzenia od stadium 1 do 4 zachodzi zmniejszenie częstotliwości

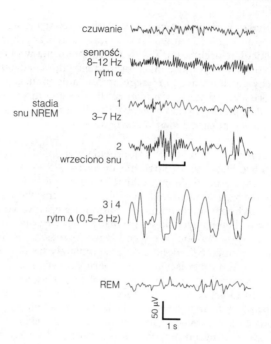

Rys. 1. Fale EEG mózgu człowieka w stanie czuwania i podczas snu

EEG (i wzrost jego amplitudy), a jednocześnie obudzenie osoby zasypiającej staje się coraz trudniejsze. Ludzie obudzeni w czasie snu NREM są zagubieni, nie mogą sprawnie wykonywać zadań kognitywnych i bardzo szybko zasypiają ponownie. Pozytronowa tomografia emisyjna wykazuje zmniejszenie przepływu mózgowego krwi i zużycia glukozy w czasie snu NREM sięgające nawet 40%.

Sen REM jest niekiedy określany jako **sen paradoksalny**, ponieważ EEG w czasie snu REM przypomina zapis uzyskiwany w czasie czuwania. Napięcie mięśniowe jest zniesione, występują jednak skurcze zewnętrznych mięśni ocznych, powodujące szybkie ruchy gałek ocznych, od których pochodzi nazwa tego rodzaju snu. Oprócz tego występują szybkie skurcze mięśni ucha środkowego, a także dystalnych mięśni kończyn. Tempo oddychania i skurczów serca, średnie ciśnienie tętnicze oraz temperatura wewnętrzna ciała stają się nieregularne. W czasie snu REM dochodzi do erekcji, a jej brak jest podstawą rozróżnienia impotencji o podłożu organicznym od psychogennej. Osoby obudzone ze snu REM zazwyczaj opowiadają o swoich marzeniach sennych. W tym momencie marzenia te pozostają w obszarze pamięci krótkotrwałej (temat Q1), ponieważ jeżeli nie zostaną one natychmiast powtórzone, ulegną zapomnieniu po 1–2 minutach.

W trakcie typowego snu nocnego (*rys. 2*) osoby dorosłe zapadają szybko w głęboki sen NREM (stadium 4). Następnie sen REM i sen NREM występują naprzemiennie, co około 90 minut, przy czym w miarę upływu czasu długość stadium REM przedłuża się. Udział snu REM zmienia się w sposób zasadniczy w rozwoju. U wcześniaków, które przyszły na świat 10 tygodni przed terminem porodu, sen REM zajmuje

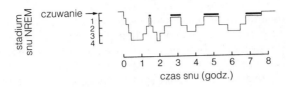

Rys. 2. Stadia snu w trakcie typowego snu nocnego. Linie pogrubione oznaczają okresy snu REM (paradoksalnego)

80% całego czasu snu. Wielkość ta maleje do 50% u niemowląt urodzonych w prawidłowym czasie i do 35% u dwuletnich dzieci. Udział snu REM zmniejsza się do 25% u 10-latków i pozostaje na tym poziomie u dorosłych. Podobne zmiany obserwuje się i u innych ssaków. U ludzi całkowity czas poświęcany na sen wynosi 24 godziny na dobę u trzymiesięcznych płodów i szybko zmniejsza się do 12 godzin u dzieci w wieku 1 roku, a następnie powoli skraca się w ciągu całego życia.

Twór siatkowaty Od dawna wiadomo, że cykl snu i czuwania jest uzależniony od pnia mózgu. Mózg kota, któremu przecięto rdzeń kręgowy na poziomie odcinka C1, wykazuje w dalszym ciągu aktywność elektroencefalograficzną, typową dla normalnego cyklu sen/czuwanie. Natomiast w wyniku przecięcia śródmózgowia dochodzi do powstania izolowanego przodomózgowia, którego EEG wykazuje nieprzerwanie aktywność charakterystyczną dla snu NREM. Bardziej szczegółowe badania wykazały, że brak możliwości przejścia mózgu w stan czuwania jest spowodowany przecięciem projekcji z tworu siatkowatego śródmózgowia do wzgórza, nie zaś uszkodzeniem „klasycznych" dróg zmysłowych, prowadzących do wzgórza. Stymulacja śródmózgowia kotów normalnych prądem elektrycznym o wysokiej częstotliwości wywołuje reakcję wzbudzenia (ang. arousal) i desynchronizację EEG. Wynika stąd, że w śródmózgowiu znajdują się komórki nerwowe odpowiedzialne za stan czuwania.

Twór siatkowaty, który, jak wykazały powyższe badania, jest zaangażowany w regulację cyklu snu i czuwania, rozciąga się przez cały pień mózgu, tworzy projekcje do wzgórza i składa się z neuronów dwóch rodzajów. Komórki duże, o średnicy 50–100 μm, tworzą obwody integrujące wejścia zmysłowe kilku modalności (wzrokowe, przedsionkowe, somatosensoryczne z proprioreceptorów) i sprawują kontrolę nad ruchami oczu i odruchami utrzymującymi postawę. W czasie czuwania komórki te generują z wysoką częstotliwością potencjały czynnościowe, ich włókna charakteryzuje duża szybkość przewodzenia, a zakończenia uwalniają glutaminian albo GABA.

Drugą grupę stanowią komórki małe, o średnicy 10–20 μm. Uwalniają one neuroprzekaźniki aminowe skupiające się w jądrach pnia mózgu, a ich projekcje do przodomózgowia są rozbudowane i rozproszone (Sekcja N). Komórki te generują regularnie, z niską częstotliwością (1–10 Hz) potencjały czynnościowe, które są przewodzone z niewielką prędkością. Wiele spośród neuronów aminergicznych to komórki rozrusznikowe, które generują potencjały czynnościowe spontanicznie, w sposób skorelowany z aktualnym zachowaniem. Komórki noradrenergiczne, niezbędne do występowania zjawiska wzbudzenia, są aktywne podczas czuwania. a słabo aktywne — w czasie snu. Komórki serotoninergiczne są najbardziej aktywne w trakcie lokomocji, a nieaktywne — w czasie snu REM. Komórki cholinergiczne części podstawnej przodomózgowia, które są związane ze wzbudzeniem (patrz temat N4), w trakcie czuwania wykazują aktywność okresową, natomiast są nieaktywne w czasie snu. Z kolei komórki cholinergiczne pnia mózgu, nieaktywne w trakcie czuwania, są aktywne podczas snu REM.

Mechanizmy snu NREM

Korę nową i wzgórze łączy gęsta sieć wzajemnych połączeń. Charakterystyczną cechą komórek wzgórzowo-korowych jest występowanie dwóch stanów aktywności, w zależności od potencjału spoczynkowego (V_{sp}). W trakcie czuwania (normalny V_{sp}) ich aktywność ma charakter toniczny, natomiast w czasie snu NREM dochodzi do hiperpolaryzacji neuronów i generowania potencjałów czynnościowych w postaci krótkich serii („paczek"). Ten typ aktywności jest związany z zanikiem zjawiska inaktywacji kanałów wapniowych typu T, w efekcie hiperpolaryzacji. W tych warunkach depolaryzacja, spowodowana dokomórkowym przepływem jonów Ca^{2+}, wyzwala potencjały czynnościowe. Serie potencjałów czynnościowych neuronów wzgórzowo-korowych wyzwalają serie potencjałów czynnościowych w komórkach kory. Są to wrzeciona snu, charakterystyczne dla stadium 2 snu NREM. W stadiach snu głębokiego (3 i 4) komórki wzgórzowo-korowe hiperpolaryzują się tak silnie, że zanika ich aktywność, a komórki kory przyjmują własny rytm aktywności (delta).

Nie wiadomo, jaka jest przyczyna zapoczątkowania snu NREM. Wiadomo natomiast, że hiperpolaryzacja komórek wzgórzowo-korowych we śnie NREM jest spowodowana zanikiem aktywności pobudzeniowej z podwzgórza. Na początku snu NREM komórki **brzuszno-bocznego pola przedwzrokowego** (ang. ventrolateral preoptic area, VLPO) są aktywowane. GABAergiczne komórki VLPO hamują położone w pobliżu histaminergiczne neurony jądra guzowo-suteczkowatego, które wywierają wpływ pobudzeniowy na wzgórze i korę. W miarę pogłębiania się snu NREM, zmniejsza się coraz bardziej aktywność wejścia z dużych neuronów tworu siatkowatego do wzgórza, a także zanika modulacyjny wpływ układu noradrenergicznego i serotoninergicznego na wzgórze i korę.

Mechanizmy snu REM

Podczas snu REM, podobnie jak w stanie czuwania, neurony wzgórzowo-korowe ulegają ponownie pobudzeniu przez połączenia histaminergiczne pochodzące z podwzgórza. Jednakże w stanie czuwania aktywność komórek wzgórzowo-korowych pozostaje przede wszystkim pod wpływem NA i 5-HT, zaś neurony cholinergiczne są całkowicie nieaktywne bądź aktywne jedynie chwilowo. W przeciwieństwie do tego, w czasie snu REM neurony uwalniające NE i 5-HT są nieaktywne, natomiast wysoki poziom aktywności wykazują neurony cholinergiczne pnia mózgu. Wydaje się, że przejście ze stanu czuwania, poprzez sen wolnofalowy do snu REM, może zachodzić w wyniku istnienia zwrotnego układu połączeń pomiędzy aminergicznymi komórkami pnia mózgu (*rys. 3*). Neurony cholinergiczne aktywne w czasie snu REM określa się jako **komórki włączeniowe REM**, zaś neurony aminergiczne, nieaktywne w czasie snu REM — jako **komórki wyłączeniowe REM**.

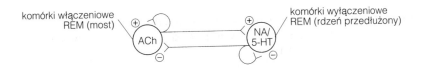

komórki włączeniowe REM (most) ACh

komórki wyłączeniowe REM (rdzeń przedłużony) NA/5-HT

Rys. 3. Organizacja układu wzajemnych połączeń jąder aminergicznych, który może stanowić podłoże przejścia ze stanu czuwania poprzez sen NREM do snu paradoksalnego (REM). ACh, acetylocholina; NA, noradrenalina; 5-HT, serotonina

Komórki włączeniowe REM są najprawdopodobniej zlokalizowane w **jądrze konarowo-mostowym** oraz **boczno-brzusznym jądrze nakrywki** w obrębie mostu, ponieważ:

- uszkodzenia tych okolic znacznie zmniejszają ilość snu REM,
- podanie agonistów cholinergicznych (lub inhibitorów acetylocholinesterazy) w pobliże tych jąder zwiększa ilość snu REM u zwierząt,
- wystąpienie stadium snu REM jest bezpośrednio poprzedzone wysoką aktywnością neuronów tych jąder.

Jądra te tworzą projekcje do przyśrodkowych jąder siatkowatych mostu, które desynchronizują aktywność kory mózgowej, gdy zostaną pobudzone przez komórki włączeniowe REM. Komórki wyłączeniowe REM znajdują się w jądrze sinawym oraz w jądrach szwu, a ich aktywność w stanie czuwania wywiera wpływ hamujący na neurony włączeniowe REM.

Charakterystyczną cechą snu REM jest okresowe występowanie **iglic mostowo-kolankowo-potylicznych** (ang. pontine-geniculate-occipital, PGO). Powstają one w okolicy okołoramieniowej mostu, a także w innych obszarach pnia mózgu. Aktywność fazowa komórek nerwowych tych obszarów pobudza neurony przedsionkowe i siatkowate, co w efekcie doprowadza do pobudzenia neuronów okoruchowych (powodując ruchy gałek ocznych) i innych komórek, wywołujących fazowe zmiany rytmu oddechowego, częstości skurczów serca, przepływu krwi oraz skurcze mięśni, charakterystyczne dla snu REM. Neurony mostu, generujące iglice PGO, wywołują rozprzestrzenienie aktywności w ciele kolankowatym bocznym i korze wzrokowej. Iglice PGO stanowią odbicie ogólnej aktywacji wzgórza i kory, do której dochodzi w trakcie snu REM.

Drugą ważną cechą snu REM jest silne zahamowanie wejścia zmysłowego i wyjścia ruchowego, co jest związane z aktywnością tworu siatkowatego mostu oraz rdzenia przedłużonego. Za blokadę wejścia zmysłowego odpowiada GABAergiczne hamowanie presynaptyczne zakończeń aferentnych przez komórki tworu siatkowatego. Natomiast do **atonii** (zaniku napięcia mięśniowego) dochodzi w efekcie glicynergicznego hamowania postsynaptycznego motoneuronów. W ten sposób w czasie snu REM dochodzi do „odłączenia" mózgu od świata zewnętrznego. Zwierzęta ze zlokalizowanymi uszkodzeniami mostu, powodującymi zanik atonii, w czasie snu REM mogą przejawiać zachowania stereotypowe. Wskazuje to, że w czasie snu REM u normalnego zwierzęcia generowane są wzorce ruchowe, które jednakże nie mogą zostać wykonane. Oznacza to, że nie możemy wykonać tego, co się nam śni.

Funkcje snu   Znaczenie snu dla organizmu próbowano wyjaśnić na wiele sposobów,
zaś współczesne poglądy w tej kwestii można zaliczyć do trzech kategorii.

Ekologiczne

Sen powstał w procesie ewolucji jako środek do zmniejszenia ryzyka
ataku drapieżników. W czasie snu zwierzę jest nieruchome i ciche, a więc
jest trudniejsze do odnalezienia. Należy oczekiwać, że ilość czasu, jaką
zwierzę poświęca na sen, jest związana z ryzykiem zaatakowania go
przez drapieżnika.

Metaboliczne

Hipotezy metaboliczne postulują, że w czasie czuwania dochodzi do
powstawania zaburzeń metabolicznych, które są korygowane w czasie
snu. Szczury pozbawione snu wykazują objawy anoreksji (mimo że ilość
pobieranego przez nie pokarmu zwiększa się), osłabienia ruchowego
oraz stresu (hipertrofia nadnerczy i owrzodzenia układu pokarmowego).
W dłuższym okresie dochodzi do zaburzenia mechanizmu termoregulacji, co prowadzi do hipotermii, oraz do załamania się układu odpornościowego. W efekcie, po okresie 4 tygodni, zwierzęta umierają z powodu
infekcji. Wskazuje to, że sen może pełnić funkcje anaboliczne, zasilając
magazyny energetyczne oraz utrzymując temperaturę ciała. Jest interesujące, że ta sama część podwzgórza, pole przedwzrokowe (POA), jest
zaangażowana zarówno w procesy termoregulacyjne, jak i uruchamianie
snu REM. Lokalne ogrzanie POA u swobodnie poruszających się zwierząt wywołuje sen NREM lub przedłuża czas jego trwania, a obciążenie
termiczne w czasie czuwania jest przyczyną przedłużenia snu delta
w czasie następującej nocy. Poparcia dla hipotezy homeostatycznej
dostarczyło zidentyfikowanie **czynników snu**, związków występujących
u zwierząt pozbawionych snu, które wywołują sen, gdy podane zostaną
zwierzętom czuwającym. Jednym z tych czynników jest **interleukina-1**,
cytokina syntetyzowana przez komórki glejowe i makrofagi, która stymuluje czynności układu odpornościowego. Wywołuje ona sen NREM.
Być może, sen jest niezbędny do utrzymania prawidłowej aktywności
układu immunologicznego.

Uczenie się i pamięć

Dwie, raczej odmienne hipotezy sugerują znaczenie snu w procesach
uczenia się i zapamiętywania. Uczenie się zachodzi poprzez modyfikacje
wydajności przekaźnictwa w wybranych synapsach sieci neuronów,
w odpowiedzi na określoną aktywność wejściową (patrz temat Q4). Gdy
taka aktywność pojawi się ponownie na wejściu, „wyuczone" synapsy
ulegają ponownej aktywacji, przywołując odpowiedni ślad pamięciowy.
    Pierwsza hipoteza zakłada, że chociaż sieci połączeń korowych są
„odłączone" w czasie snu REM, to w wyniku wewnętrznie generowanych iglic PGO, działających jako przypadkowy szum, są one okresowo
pobudzane. Aktywowane w ten sposób połączenia nie reprezentują jednak określonej, wyuczonej asocjacji, lecz asocjacje rzekome. Istnieje spe-
cjalny mechanizm, osłabiający połączenia synaptyczne takich rzekomych
asocjacji. Sen REM byłby więc sposobem na usunięcie „fałszywych" śla-

dów pamięciowych i mógłby mieć istotne znaczenie w zapobieganiu wysyceniu się zdolności sieci neuronalnych do modyfikacji.

Według drugiej hipotezy, opartej głównie na badaniach uczenia się szczurów w labiryncie, w czasie snu zachodzi konsolidacja śladów pamięciowych. W czasie snu REM miałoby dochodzić do wzmocnienia tych synaps w hipokampie, które były aktywne w czasie treningu w labiryncie. Za wzmocnienie odpowiadałaby aktywność w rytmie theta (θ) (częstotliwość w zakresie: 4–10 Hz), która jest generowana w jądrach przegrody i przenosi się do hipokampa poprzez cholinergiczną drogę przegrodowo-hipokampalną. Rytm theta pojawia się zarówno w czasie treningu (temat Q4), jak i w następujących po nim epizodach snu REM.

W hipotezach wskazujących na rolę snu REM w uczeniu się marzenia senne stanowią fragmenty „fałszywych" śladów pamięciowych, ulegających eliminacji, bądź też są konsekwencją procesu zachowania śladów pamięciowych. Pozostałe hipotezy nie uwzględniają roli marzeń sennych.

P1 WCZESNE KSZTAŁTOWANIE SIĘ UKŁADU NERWOWEGO

Hasła

Wykształcanie się cewy nerwowej

Wczesny zarodek ludzki zbudowany jest z dwu warstw, ektodermy (zewnętrzny listek zarodkowy) i endodermy (wewnętrzny listek zarodkowy). Komórki ektodermalne położone w linii środkowej bliżej tylnego końca zarodka przekształcają się w mezodermę i strunę grzbietową, która leży pomiędzy dwiema pierwotnymi warstwami. Ektoderma ponad struną grzbietową wytwarza zgrubienie zwane płytką grzbietową. Płytka zawija się i przekształca w rynienkę nerwową, a w 28 dniu rozwoju zamyka tworząc cewę nerwową. Komórki leżące w grzbietowej części cewy wywędrowują i przekształcają się w grzebień nerwowy, który jest zaczątkiem obwodowego układu nerwowego. Pozostała cewa nerwowa jest zalążkiem ośrodkowego układu nerwowego.

Indukowanie neurogenezy

Sygnał indukujący rozwój układu nerwowego u żaby pochodzi z tzw. organizatora, położonego w blaszce mazodermalnej. Jeżeli dokona się transplantacji tego fragmentu mezodermy do innego osobnika, to powoduje on wykształcanie się cewy nerwowej. Rolę organizatora w zarodkach ssaków pełni węzeł Hensena.

Kształtowanie się przednio-tylnej osi cewy nerwowej

Cewa nerwowa wykształca się wzdłuż trzech głównych osi: przednio-tylnej, grzbietowo-brzusznej i odśrodkowej (poprzecznej). U żab organizator wytwarza sygnały, które inicjują tworzenie się przednio-tylnego uporządkowania zawiązku układu nerwowego. Cewa nerwowa dzieli się na szereg kolejnych przedziałów. Proces ten odbywa się pod kontrolą sekwencyjnie aktywowanych genów segmentacji i genów *Hox*. Te wysoce konserwatywne geny kodują czynniki transkrypcyjne. Ekspresja genów *Hox* zachodzi w bardzo wąskim pasie komórek zarodkowych ułożonych wzdłuż przednio-tylnej osi, a jej kontrola odbywa się pod wpływem gradientu stężeń kwasu retinowego wydzielanego przez węzeł Hensena.

Kształtowanie się grzbietowo- -brzusznej osi cewy nerwowej

Białka SHH (ang. sonic hedgehog proteins) pochodzące ze struny grzbietowej indukują tworzenie się blaszki brzusznej w dolnej ścianie cewy nerwowej. Blaszka brzuszna zaczyna sama z kolei wydzielać własne białka SHH. Jest to sygnałem do różnicowania się neuronów ruchowych. Ektoderma naskórkowa wydziela białka morfogenetyczne kości (ang. bone morphogenetic proteins, BMP), które są sygnałem indukującym wykształcanie się blaszki grzbietowej w górnej ścianie cewy nerwowej. Płytka górna również wydziela BMP, co wspomaga różnicowanie komórek rogów grzbietowych. SHH i BMP kontrolują ekspresję genów *Pax*, kodujących czynniki transkrypcyjne. Geny te są odpowiedzialne za wykształcanie się grzbietowo-brzusznego zróżnicowania cewy nerwowej. Pełnią one podobną rolę, jak geny *Hox*.

Tematy pokrewne   Budowa obwodowego układu   Wyznaczanie fenotypu
                      nerwowego (E1)   komórkowego (P2)
                      Budowa ośrodkowego układu
                      nerwowego (E2)

Wykształcanie się cewy nerwowej

W jedenastym dniu po zapłodnieniu zarodek ludzki jest dwuwarstwowym dyskiem. **Endoderma** jest pojedynczą warstwą płaskich komórek położonych w górnej części pęcherzyka żółtkowego. **Ektoderma** ma w tym czasie grubość od 2 do 4 komórek i na brzegach przechodzi w błonę owodniową. W części tylnej linii środkowej komórki ektodermy namnażają się tworząc **smugę pierwotną**. Na jej końcu przednim tworzy się zawiązek komórek nazywany **węzłem Hensena** (*rys. 1*). Smuga pierwotna jest zaczątkiem mezodermy, która rozrasta się na boki i do przodu, tworząc trzeci listek zarodkowy. Proces, w którym zarodek przekształca się w trzywarstwową strukturę, nazywa się **gastrulacją**. Z węzła Hensena w piątym dniu po zapłodnieniu wyrasta **struna grzbietowa** położona w linii środkowej pomiędzy ekto- i endodermą. Jest ona zaczątkiem przyszłego kręgosłupa.

Węzeł Hensena i struna grzbietowa indukują tworzenie się zgrubienia zwanego **płytką nerwową**. Płytka nerwowa przekształca się następnie w bruzdę nerwową, a ta w cewę nerwową. Przekształcanie się bruzdy nerwowej w cewę nerwową rozpoczyna się na wysokości czwartego somitu ciała zarodka i szybko postępuje ku przodowi i ku tyłowi. Pod koniec 4 tygodnia życia zarodkowego cewa nerwowa zamyka się na

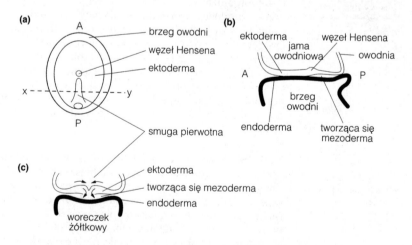

Rys. 1. Zarodek ludzki w 13 dniu ciąży. A, przedni; P, tylny; (a) widok z góry; (b) przekrój podłużny; (c) przekrój poprzeczny na poziomie x-y w części (a); strzałki pokazują kierunki migracji komórek tworzących mezodermę

końcu przednim i tylnym przez zarośnięcie przedniego i tylnego otworu cewy (*rys. 2*). Ten proces nazywa się **neurulacją**.

Z części grzbietowej cewy nerwowej zaczynają migrować na boki komórki, które utworzą grzebień nerwowy, będący zaczątkiem obwodowego układu nerwowego. Natomiast cewa nerwowa w miarę rozwoju utworzy ośrodkowy układ nerwowy. Zaburzenia w zamykaniu się przedniego końca rynienki nerwowej powodują patologiczny rozwój zarodka prowadzący do **bezmózgowia** (łac. *anencephalis*). Taki płód nie wykształca znacznej części przodomózgowia oraz czaszki i umiera krótko po urodzeniu. W przypadku zaburzeń w zamykaniu lędźwiowo-krzyżowego końca rynienki nerwowej dochodzi do **rozszczepienia rdzenia** (ang. spina bifida). W najbardziej ostrej postaci, gdy mamy do czynienia z **przepukliną oponowo-rdzeniową** (ang. meningomyelocele), elementy rdzenia kręgowego, ogona końskiego i opon mózgowych wrastają w strunę grzbietową powodując patologiczny rozwój tyłomózgowia i kręgosłupa. Częściej zdarzają się jednak mniej poważne zaburzenia ograniczone do uszkodzeń opon i kości.

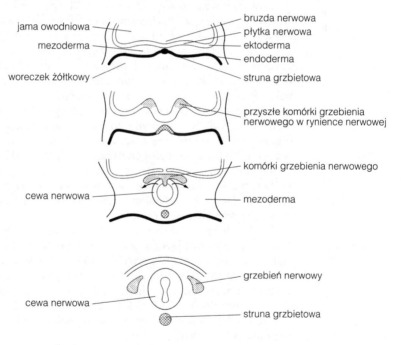

Rys. 2. Proces neurulacji pokazany na środkowo-poprzecznych przekrojach przez zarodek ludzki od 20 do 24 dnia rozwoju. Zamykanie przedniego i tylnego końca cewy nerwowej kończy się około 28 dnia rozwoju

Indukowanie neurogenezy

U wszystkich kręgowców za różnicowanie się ektodermy w tkankę nerwową odpowiada obszar zwany **organizatorem neurogenezy**. U ptaków i ssaków rolę tę pełni węzeł Hensena. U żab, które są najbardziej powszechnym obiektem doświadczalnym w badaniach nad neurogenezą, organizatorem jest mezoderma **wargi grzbietowej balstoporu** (ang. dorsal blastopore lip, DBL, *rys. 3*).

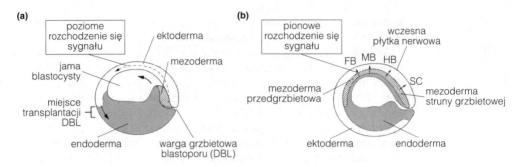

Rys. 3. Tworzenie się płytki nerwowej w procesie gastrulacji u żaby. (a) 9 godzin, pogrubione strzałki pokazują kierunek migracji komórek; (b) 12 godzin, pojawienie się płytki nerwowej. FB, obszar przodomózgowia, HB, obszar tyłomózgowia, MB, obszar śródmózgowia; SC, obszar rdzenia kręgowego. Cienkie strzałki pokazują kierunek rozprzestrzeniania się sygnałów indukujących neurogenezę (szczegóły w tekście)

Transplantacja DBL z embrionu dawcy do embrionu biorcy w miejscu przeciwstawnym do jego własnego DBL (por. miejsce transplantacji na *rys. 3a*) powoduje wykształcanie się wtórnej osi zarodkowej zorientowanej w tym samym kierunku, co pierwotna oś zarodkowa. Jednak w przypadku wtórnej osi zarodkowej cewa nerwowa różnicuje się z ektodermy gospodarza. Dowodzi to, że DBL wytwarza sygnały chemiczne odpowiedzialne za indukcję neuronalną. Jedną z substancji pełniących rolę sygnałową w tym procesie może być białko **chordyna** wydzielane przez węzeł Hensena i komórki smugi pierwotnej w embrionach kurcząt. Podawane do zarodków żab białko to powoduje indukcję neuronalną. Działa ono poprzez wiązanie się z białkowymi czynnikami wzrostowymi nazywanymi **białkami morfogenetycznymi kości** (BMP) produkowanymi endogennie przez ektodermę. Normalnie chordyna powoduje przekształcanie się ektodermy w naskórek, jednak wiązanie z BMP hamuje epidermalizację i w zamian prowadzi do przekształcania ektodermy w tkankę nerwową.

BMP należą do dużej grupy czynników wzrostowych nazywanej rodziną **transformującego czynnika wzrostu β**. Większość z tych substancji związana jest z rozwojem układu nerwowego. Wiążą się one z zewnątrzkomórkowymi domenami receptorów błonowych, które pod wpływem tego ulegają dimeryzacji i aktywują wewnątrzkomórkowe domeny receptorów, będące kinazami serynowo/treoninowymi. Kinazy kontrolują kaskadę przekazywania sygnałów w komórce, które z kolei regulują cykl komórkowy.

Kształtowanie się przednio--tylnej osi cewy nerwowej

Cewa nerwowa jest ukształtowana w trzech kierunkach:

- oś przednio-tylna unerwienia, która przebiega wzdłuż długiej osi ciała,
- oś grzbietowo-brzuszna,
- oś promieniowa, która rozciąga się od układu komorowego ku powierzchni opon mózgowych.

Wczesne kształtowanie się układu nerwowego wzdłuż osi przednio--tylnej następuje już w czasie gastrulacji. Doświadczenia u zarodków żab pokazały, że w tym procesie przekazywanie sygnałów odbywa się w dwu kierunkach. Bardzo wczesne sygnały pochodzą z organizatora i rozprzestrzeniają się poprzez ektodermę w kierunku przednim. Obszary ektodermy położone blisko organizatora będą rdzeniem kręgowym, a te położone dalej będą mózgiem. Nazywa się to **poziomym rozchodzeniem się sygnałów** (*rys. 3a*). W miarę postępowania gastrulacji, pod płytką nerwową, w ścisłym kontakcie wzdłuż przednio-tylnej osi płytki, rozrasta się mezoderma. **Pionowe rozchodzenie się sygnałów** (*rys. 3b*) pochodzących z **mezodermy struny grzbietowej** położonej w dystalnym końcu zarodka powoduje przekształcanie się, leżącej powyżej, płytki nerwowej w rdzeń kręgowy, tyłomózgowie i śródmózgowie. Natomiast z położonej proksymalnie **mezodermy przedstrunowej** rozwija się przodomózgowie.

Wzdłuż osi neuronalnej pojawiają się powtarzające się odcinki zwane **neuromerami**. Te położone w tyłomózgowiu, czyli **neuromery tylne**, cechuje powtarzający się wzór uporządkowania komórek (**metameryzm**). Klony komórek pochodzących z pojedynczej komórki prekursorowej zwykle pozostają w granicach danego monomeru tylnego. Pojawianie się wczesnych neuronów można porównać do zapinania zamka błyskawicznego. Grupy komórek w postaci prążków układają się na przemian w parzystych i nieparzystych neuromerach tylnych, w których sekwencyjnie postępuje neurogeneza. Również w przodomózgowiu pojawia się segmentacja, chociaż nie ma ono wyraźnej metamerycznej budowy. Każdy z przedziałów ma swoją własną sekwencję rozwojową. Tworzenie się segmentacji jest cechą wewnętrzną zarodka. Dlatego zaindukowana ektoderma usunięta z gastruli i hodowana w kulturze tkankowej przekształca się w cewę nerwową o prawidłowej segmentacji.

Segmentacja układu nerwowego pojawia się w wyniku sekwencyjnej aktywacji genów zwanych **genami segmentacji**. Geny segmentacji działają w porządku ustalonym przez plan rozwoju. Każdy z nich ulega ekspresji w ściśle określonej domenie wzdłuż osi neuronalnej. W rezultacie tego ustalonego wzoru ekspresji genów segmentacji, komórki w poszczególnych przedziałach syntetyzują specjalne białka powierzchniowe zwane cząsteczkami adhezji komórkowej oraz wydzielają substancje sygnałowe, które stanowią kod pozycji danej komórki i określają jej sposób interakcji z sąsiednimi komórkami. Interakcje między komórkami wyznaczają, dokąd będą one migrowały, jakie wytworzą wzajemne połączenia, a nawet — które z nich przeżyją i utworzą dojrzały układ nerwowy.

Badając mutacje u *Drosophila*, wpływające na wczesne etapy jej rozwoju, zidentyfikowano liczne geny odpowiedzialne za ten proces. Wiele z tych genów ma swoje homologi u kręgowców, u których są one również związane z wczesnym kształtowaniem się osi neuronalnej. Jedna z grup, **geny homeotyczne** z rodziny *Hox*, determinuje segmentację w obrębie rdzenia kręgowego i tyłomózgowia. Mutacje w genach homeotycznych powodują patologiczny rozwój części ciała, w wyniku czego powstają osobniki, u których w miejscu danego narządu rozwija się zupełnie inny. U mutantów *Antennapedia* w miejsce czułków rozwijają się odnóża. Geny *Hox* kodują czynniki transkrypcyjne, które z kolei kontrolują ekspresję innych genów. Wszystkie geny *Hox* zawierają sekwencję o bardzo wysokim stopniu podobieństwa zwaną **homeoboksem**. Homeoboks koduje domenę białkową o długości 60 aminokwasów zwaną

homeodomeną. Jej część wiąże się ze specyficznymi sekwencjami DNA w genach, których transkrypcja jest kontrolowana przez homeodomenę. U *Drosophila* występuje tylko pojedyncza grupa sprzężeń genów homeotycznych. Kręgowce natomiast mają cztery takie grupy sprzężeń (*Hox* A-D), każda zlokalizowana w innym chromosomie. Każda grupa sprzężeń zawiera 13 sekwencji, kodujących znane geny. U kręgowców geny zlokalizowane w odpowiadających sobie pozycjach w każdej grupie sprzężeń są genami homologicznymi, co jest prawdopodobnie wynikiem duplikacji genów jednej wyjściowej grupy sprzężeń, powstałej wcześnie w rozwoju filogenetycznym. A więc geny zajmujące tę samą pozycję w różnych kompleksach są bardziej do siebie podobne niż geny sąsiadujące w jednym kompleksie. Większość genów *Hox* u kręgowców ma swoje odpowiedniki u *Drosophila*. Ekspresja genów *Hox* ma miejsce w bardzo wąskim pasie komórek zarodkowych ułożonych wzdłuż osi przednio-tylnej. Ich zadaniem jest regulacja wytwarzania się przedziałowości i powstawania neuromerów tylnych.

Sekwencja ułożenia genów *Hox* w chromosomie dokładnie odwzorowuje kolejność ich ekspresji wzdłuż osi neuronalnej. Geny usytuowane bliżej końca 5' decydują o rozmieszczeniu struktur położonych najbardziej ku tyłowi. Zwłaszcza przednia (w kierunku od czoła do ogona) granica ekspresji poszczególnych genów *Hox* w układzie nerwowym jest bardzo wyraźna i odpowiada kolejności tych genów w chromosomie (to znaczy od końca 3'). To zjawisko, nazywane **współliniowością**, rozwinęło się przypuszczalnie dlatego, że geny *Hox* mogą być aktywowane tylko sekwencyjnie w ściśle określonym porządku.

Aktywacja w komórce właściwego genu *Hox* wzdłuż przednio-tylnej osi wymaga jakiegoś sygnału określającego jego pozycję. Rolę tę, z następujących powodów, pełni prawdopodobnie kwas retinowy (ang. retinoic acid, RA):

* zarówno niedobór, jak i nadmiar kwasu retinowego prowadzi do deformacji w rozwoju tyłomózgowia;
* eksperymentalna zmiana stężenia kwasu retinowego wpływa na ekspresję genów *Hox*; podanie RA *in utero* przesuwa ekspresję genów *Hox* z części przedniej do części tylnej, co prowadzi do nadmiernego rozwoju tyłomózgowia kosztem przodomózgowia;
* RA jest syntetyzowany w węźle Hensena.

Komórki wywędrowują ze smugi pierwotnej do węzła Hensena, gdzie namnażają się i migrują dalej ku przodowi, co rozpoczyna tworzenie się głowowych struktur mózgowia. Pierwsze komórki, które przechodzą przez węzeł, zostają poddane krótkiemu działaniu kwasu retinowego o małym stężeniu. Jest to impuls, który aktywuje geny *Hox* na końcu 3' nici DNA. Geny te determinują wykształcanie się najbardziej przednich struktur mózgowia. Później, gdy wzrasta produkcja RA w węźle Hensena, komórki przechodzące przez węzeł zostają poddane działaniu większych stężeń RA przez dłuższy czas. W tych warunkach aktywowane są położone bardziej do tyłu (tzn. w kierunku końca 5') geny *Hox* (*rys. 4*). RA działa poprzez wewnątrzkomórkowe receptory kwasu retinowego, należące do nadrodziny receptorów steroidowych, które są regulatorami ekspresji genów. Promotory genów *Hox* zawierają sekwencję regulatorową wiążącą receptory RA.

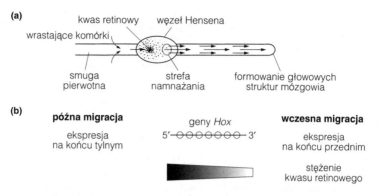

Rys. 4. Kwas retinowy (RA) jako sygnał określający pozycję. (a) Komórki poddane są działaniu RA w czasie ich wędrówki przez węzeł Hensena. (b) Wczesna migracja wystawia komórki na działanie niskich stężeń RA, co aktywuje geny Hox *w części przedniej łańcucha DNA*

Równocześnie z tworzeniem się przedziałowości w tyłomózgowiu pod wpływem ekspresji genów *Hox* w komórkach tyłomózgowia zachodzi kształtowanie się osi przednio-tylnej rdzenia kręgowego. Na proces ten wpływa aktywacja genów *Hox* w komórkach **mezodermy przyosiowej**.

W przodomózgowiu pojawia się podział na sześć **prozomerów**, trzy z nich odpowiadają międzymózgowiu, a trzy pozostałe kresomózgowiu. Uważa się, że białka zawierające homeodomeny i kodowane przez geny wysoce konserwatywne zarówno u kręgowców, jak i bezkręgowców są substancjami kluczowymi dla rozwoju mózgu. Dowodzi tego ich precyzyjna ekspresja w specyficznych miejscach i czasie.

Kształtowanie się grzbietowo- -brzusznej osi cewy nerwowej

Grzbietowo-brzuszne zróżnicowanie cewy nerwowej jest szczególnie wyraźne w tyłomózgowiu i rdzeniu kręgowym. W strunie grzbietowej leżącej tuż pod cewą nerwową dochodzi do ekspresji genów *shh* (ang. sonic hedgehog), które kodują białka o takiej samej nazwie (SHH), należące do czynników wzrostowych z nadrodziny **czynnika wzrostowego transformującego β**. SHH indukują tworzenie się **blaszki brzusznej**, będącej wąskim prążkiem komórek glejowych rozciągniętym wzdłuż pośrodkowej szczeliny cewy nerwowej. Blaszka brzuszna ulega także samoindukcji dzięki ekspresji swoich własnych genów *shh*. Białka SHH pochodzące najpierw ze struny grzbietowej, a później także z blaszki brzusznej indukują różnicowanie neuronów ruchowych w brzusznej części rdzenia kręgowego (*rys. 5*).

Mimo iż blaszka brzuszna wydziela białka SHH na całej długości, to różnicowanie neuronów serotoninergicznych i dopaminergicznych zachodzi odpowiednio w tyłomózgowiu i śródmózgowiu. Wynika stąd, że rodzaj różnicujących komórek zależy od miejsca położenia ich komórek macierzystych w przednio-tylnej osi neuronalnej.

W chwili zamknięcia się cewy nerwowej, **białka morfogenetyczne kości** w komórkach naskórkowej ektodermy indukują tworzenie się blaszki korzeni grzbietowych, której komórki zaczynają następnie wydzielać własne białka BMP. Te lokalnie wydzielane BMP zapoczątko-

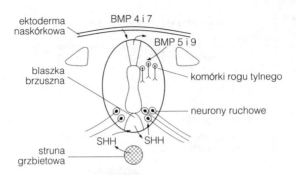

Rys. 5. Grzbietowo-brzuszne kształtowanie się cewy nerwowej. SHH, białka „sonic hedgehog", BMP, białka morfogenetyczne kości

wują z kolei różnicowanie się interneuronów, które staną się komórkami korzeni grzbietowych.

Uważa się, że białka SHH i BMP działają jak sygnalizatory miejsca, które wywierają swój wpływ na kształtowanie się osi grzbietowo-brzusznej poprzez aktywację rodziny **genów Pax**, kodujących czynniki transkrypcyjne działające podobnie do produktów genów *Hox*.

W przestrzeni pomiędzy ektodermą naskórkową i neuronalną wykształca się tzw. grzebień nerwowy. Tworzy się on w czasie zamykania się cewy nerwowej, gdy od rynienki oddziela się grupa komórek wędrujących na boki. Te, położone dystalnie staną się neuronami czuciowymi zwojów korzeni grzbietowych, neuronami układu współczulnego (włączając komórki chromafinowe rdzenia nadnerczy), neuronami jelitowymi oraz komórkami Schwanna. Z położonych proksymalnie komórek grzebienia nerwowego powstaną jądra nerwów czaszkowych i neurony układu parasympatycznego. Częściowo przekształcą się one także w komórki mezodermalne łuków ramieniowych. Tożsamość komórek grzebienia nerwowego wydaje się zdeterminowana przez geny *Hox* zanim jeszcze wywędrują one z cewy nerwowej, komórki te docierają zatem do właściwego im miejsca.

P2 WYZNACZANIE FENOTYPU KOMÓRKOWEGO

Hasła

Różnicowanie się typów komórek

Różnicowanie się komórek jest sterowane przez wzajemne oddziaływanie sygnałów zewnątrzkomórkowych, na które komórka jest wystawiona, i wzoru ekspresji genów w tej komórce. Sygnały zewnątrzkomórkowe mogą zmieniać zarówno ekspresję genów, jak i niektóre geny kodujące detektory sygnałów zewnątrzkomórkowych.

Różnicowanie się komórek w neurony

Komórki neuronabłonkowe wyściełające cewę nerwową wyzwalają namnażanie się neuroblastów lub też dają sygnał komórkom posmitotycznym do różnicowania się w neurony. U *Drosophila* wejście na drogę różnicowania w neurony przez komórki nabłonkowe wymaga ekspresji genów proneuronalnych, a następnie genów neurogenicznych. Komórki, w których dochodzi do ekspresji genów neurogenicznych wcześniej niż w innych, stają się neuroblastami, a produkty tych genów hamują geny proneuronalne w sąsiadujących komórkach. Wskutek tego te ostatnie stają się komórkami naskórkowymi.

Pojedyncze linie komórek nerwowych

Miejsce położenia neuroblastu w cewie nerwowej wyznacza wzór ekspresji jego genów i rodzaj sygnałów zewnątrzkomórkowych, na które jest on wystawiony. Ten zespół czynników określa typ neuronu, jakim będzie dany neuroblast.

Wyznaczanie drogi różnicowania się neuronów ruchowych

Różnicowanie neuronów ruchowych zapoczątkowują białka SHH. Z kolei neurony ruchowe indukują sąsiadujące komórki do różnicowania w interneurony. Przez krótki czas po ustaleniu fenotypu neuronów ruchowych nie jest jeszcze sprecyzowane przeznaczenie ich aksonów, jednak w kilka godzin po zakończeniu procesu różnicowania aksony zaczynają wyrastać w kierunku właściwych im mięśni.

Linie komórek glejowych

Komórki glejowe i neurony różnicują się z pojedynczych komórek progenitorowych. W nerwie wzrokowym (część ośrodkowego układu nerwowego) komórki progenitorowe linii O-2A namnażają się i różnicują w oligodendrocyty w odpowiedzi na sygnał pochodzący z astrocytów typu I. Po siedmiu dniach astrocyty typu 1 zaczynają wytwarzać inny czynnik, powodujący różnicowanie progenitorów O-2A w astrocyty typu 2. W obwodowym układzie nerwowym neuroblasty produkują czynniki wzrostowe, które indukują różnicowanie się komórek glejowych z mniej zróżnicowanych komórek prekursorowych.

Tematy pokrewne   Komórki glejowe i proces   Wczesne kształtowanie się
                       mielinizacji (A4)   układu nerwowego (P1)
                       Bariera krew–mózg (A5)   Czynniki neurotroficzne (P6)

Różnicowanie się   Neuroektoderma daje początek dużej liczbie typów komórkowych,
typów komórek   zarówno neuronom, jak i komórkom glejowym, z których każdy cechuje
                        się własną tożsamością i **fenotypem**. W rozwoju, przyszły fenotyp nie
                        zróżnicowanej komórki jest jej nieuchronnym **przeznaczeniem**. Proces,
                        w którym komórki prekursorowe przekształcają się w komórki dojrzałe,
                        nazywa się **różnicowaniem**. Sekwencja typów komórek prowadząca od
                        komórki prekursorowej do komórki dojrzałej to **linia komórkowa**
                        danego rodzaju. Różnicowanie jest wynikiem wzajemnego oddziaływa-
                        nia dwóch czynników:

- zewnętrznych cząsteczek sygnałowych (rozpuszczalnych lub wiążących
  się z receptorami na powierzchni komórek lub receptorami w zewnętrznej macierzy komórkowej) w otoczeniu komórkowym lub
  wytwarzanych przez inne komórki;
- sekwencji czasowej ekspresji genów, w czym pośredniczą sygnały wewnątrzkomórkowe, zwykle czynniki transkrypcyjne. Niektóre z tych
  sygnałów wewnętrznych są czynnikami dziedzicznymi danej linii
  komórkowej, inne powstają w odpowiedzi na bodźce przenoszone
  kaskadą wtórnych przekaźników informacji.

Różnicowanie się   U kręgowców niektóre z komórek neuronabłonkowych wyścielających
komórek   cewę nerwową stają się **neuroblastami**, które dzielą się mitotycznie. Po
w neurony   pewnym czasie, który jest różny w zależności od przeznaczenia komórki,
                        podziały mitotyczne komórek potomnych neuroblastów ustają. Komórki
                        potomne wywędrowują z warstwy neuronabłonkowej ku powierzchni
                        cewy nerwowej, gdzie rozpoczyna się proces ich różnicowania w neu-
                        rony. U *Drosophila* skupiska komórek nabłonkowych zwanych **dome-
                        nami proneuronalnymi** różnicują w neuroblasty pod kontrolą grupy
                        genów zwanych genami proneuronalnymi, np. geny *achaete-scute*. Akty-
                        wacja specyficznych **genów proneuronalnych** w poszczególnych dome-
                        nach osi neuronalnej zależy od wzoru ekspresji genów segmentacji
                        i genów homeotycznych (temat E1), które są odpowiedzialne za
                        wykształcanie się osi przednio-tylnej. Podobna regulacja występuje także
                        podczas kształtowania się osi grzbietowo-brzusznej. Komórki nie pod-
                        dane działaniu wymienionych genów albo stają się epidermoblastami,
                        albo wymierają w procesie apoptozy (programowana śmierć komórek).
                             Ekspresja **genów neurogenezy** w danej komórce hamuje różnicowa-
                        nie sąsiadujących komórek w neuroblasty. Dotyczy to także komórek
                        sąsiadujących w obrębie jednej domeny proneuronalnej. U wczesnych
                        zarodków *Drosophila* miejsce zniszczonego neuroblastu zostaje zajęte
                        przez inną komórkę, która normalnie byłaby komórką naskórkową.
                             Dwa najbardziej intensywnie badane geny neurogenezy to geny *notch*
                        (N) i *delta* (Dl), które u *Drosophila* kodują białka Notch i Delta. Mutacje
                        uszkadzające funkcje tych genów powodują nadmierną ekspansję neuro-

blastów kosztem liczby epidermoblastów. Mutacje, wskutek których mechanizmy sygnalizacyjne regulowane przez białko Notch są stale aktywne, prowadzą do różnicowania komórek proneuronalnych w epidermoblasty, nawet przy braku białka Delta (*rys. 1*).

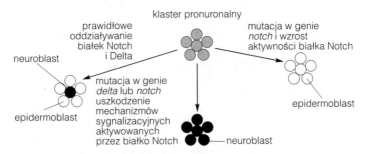

Rys. 1. Rola genów neurogenezy notch i delta w procesie tworzenia neuronów u Drosophila

Białko Notch jest białkiem wiążącym się z błoną komórkową, w którego dużej domenie zewnątrzkomórkowej wielokrotnie powtarza się poddomena naskórkowego czynnika wzrostu (ang. epidermal growth factor, EGF). Poddomeny EGF są miejscami wiązania mniejszego **białka Delta**, które także jest białkiem śródbłonowym i również zawiera powtarzające się poddomeny EGF. Po związaniu z białkiem Delta (*rys. 2*) białko receptorowe Notch ulega rozerwaniu wskutek proteolizy, a uwolniona w ten sposób domena wewnątrzkomórkowa zostaje przeniesiona do jądra komórkowego. W jądrze wewnątrzkomórkowa domena Notch tworzy kompleks z białkiem wiążącym DNA nazywanym **supresorem Hairless** (ang. hair – włosy, less – bez), który powoduje transkrypcję represora genów proneuronalnych. Komórki, w których poziom białka Delta jest najwyższy, wywierają największą supresję genów proneuro-

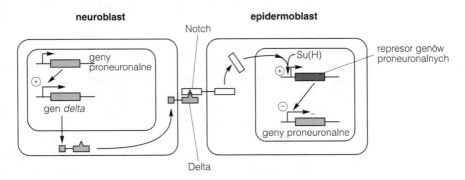

Rys. 2. Sygnalizacyjne oddziaływanie białek Delta-Notch w różnicowaniu się neuronów. Komórki w skupieniach proneuronalnych uruchamiają ekspresje genów proneuronalnych. Te z kolei aktywują transkrypcję i translację białek Delta i Notch. Komórki wytwarzające najwięcej białka Delta powodują supresję genów proneuronalnych w sąsiadujących komórkach poprzez aktywację drogi przekazywania sygnałów białka Notch, w czym uczestniczą dwa zespoły czynników transkrypcyjnych; białko Su(H), (ang. Supresor of Hairless)

nalnych w sąsiadujących komórkach i tym samym „wygrywają wyścig" różnicowania w neuroblasty.

Wiele z bardzo intensywnie badanych genów u *Drosophila*, w tym geny *achaete-scute, notch i delta*, mają swoje homologi u kręgowców, u których pełnią one podobne funkcje.

Pojedyncze linie komórek nerwowych

Pojedyncza komórka w obrębie każdego skupienia proneuronalnego staje się neuroblastem dysponującym pełnym potencjałem rozwojowym. Jej dalsze losy zależą teraz od aktywacji dodatkowych zespołów genów działających kolejno w hierarchicznym systemie genów kontrolujących rozwój układu nerwowego. Są to tzw. kompleksy homeotycznych genów selektorowych, które kontrolują syntezę białek nadających komórce pewne specjalne cechy, stanowiące o jej wartości pozycyjnej. Dzięki temu może ona uzyskać ogólną informację o swoim położeniu w tkance. Osiągnięta wartość pozycyjna pozwala neuroblastom reagować na sygnały morfogenetyczne, które ostatecznie determinują typ neuronu, jakim się staną. Mimo że większość tych genów zidentyfikowano najpierw u bezkręgowców, to okazało się, że homologiczne z nimi geny występują także u kręgowców, u których odgrywają one podobną rolę. W chwili obecnej mechanizm transformacji neuroblastu w dojrzałą komórkę nerwową znany jest zaledwie fragmentarycznie u niewielu organizmów.

Wyznaczanie drogi różnicowania się neuronów ruchowych

Różnicowanie komórek brzusznej części cewy nerwowej w neurony ruchowe odbywa się pod wpływem białek SHH wydzielanych przez komórki blaszki brzusznej. Proces ten zachodzi dzięki aktywacji dwóch czynników transkrypcyjnych i równoczesnej supresji dwóch innych. Badając ten proces u tropikalnej rybki danio gen kodujący białko SHH zastąpiono homologicznym genem pochodzącym od *Drosophila*. Okazało się, że różnicowanie neuronów ruchowych u danio pod kontrolą genu od muszki owocowej przebiegało prawidłowo. Pokazuje to, jak ścisła jest homologia homeotycznych genów selektorowych u kręgowców i bezkręgowców. Przyszłe neurony ruchowe przechodzą swój ostatni podział mitotyczny, po czym dochodzi w nich do sekwencyjnej ekspresji genów homeoboks. Jeden z tych genów, *Isl-1* uważany jest za wczesny marker determinacji różnicowania neuroblastów w neurony ruchowe. Neurony ruchowe, z kolei, wydzielają białka, które skłaniają położone bardziej grzbietowo komórki do różnicowania się w interneurony.

U danio każdy segment morfogenetyczny rdzenia kręgowego zawiera początkowo tylko trzy pierwotne neurony ruchowe, dzięki czemu można łatwo śledzić ich dalsze losy (*rys. 3*).

Akson przedniego neuronu pierwotnego wyrasta w kierunku mięśni bocznych, środkowy neuron pierwotny unerwia mięśnie grzbietowe, podczas gdy tylny neuron pierwotny wysyła projekcję do mięśni brzusznych. Jeżeli neurony pierwotne zostaną przeszczepione w inne niż naturalne miejsca w segmentach morfogenetycznych rdzenia w okresie, gdy wyrastają ich aksony, to wytworzą one, mimo wszystko, prawidłowe połączenia nerwowe. W tym okresie zdeterminowane jest już przeznaczenie neuronu i rozwija się on niezależnie. Jeżeli jednak przeszczepimy neurony wcześniej, tuż po jego wyróżnicowaniu, ale przed aksonoge-

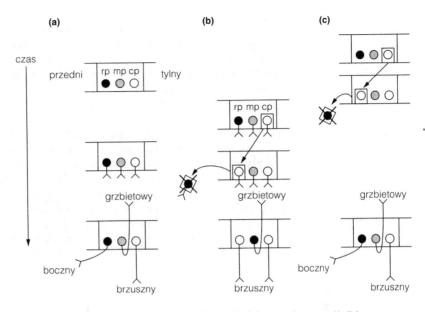

Rys. 3. Różnicowanie się neuronów ruchowych: (a) normalny rozwój; (b)
przeszczepienie tylnego neuronu pierwotnego (cp) w miejsce zajmowane normalnie
przez przedni neuron pierwotny (rp) w okresie aksonogenezy; (c) przeszczepienie
cp w miejsce rp w okresie poprzedzającym aksonogenezę. Mp, środkowy neuron
pierwotny

nezą, to nabiera on cech wynikających z jego pozycji w polu morfogene-
tycznym. Tak więc, tylny neuron pierwotny przeszczepiony do przedniego końca unerwia mięśnie boczne, a nie brzuszne. To sugeruje, że
wczesny rozwój odbywa się pod wpływem sygnałów związanych
z pozycją, w jakiej znajdują się komórki wzdłuż segmentów morfogenetycznych rdzenia kręgowego.

Linie komórek
glejowych
Pojedyncze komórki progenitorowe cewy nerwowej lub grzebienia nerwowego mogą dać początek zarówno neuronom, jak i komórkom glejowym. Różnicowanie się komórek glejowych zostało zbadane w nerwie
wzrokowym szczura, który czynnościowo jest tkanką ośrodkowego układu nerwowego.

W nerwie wzrokowym występują trzy rodzaje komórek glejowych.
Astrocyty typu 1 kontaktują się z naczyniami krwionośnymi i odgrywają
dużą rolę w utrzymaniu integralności bariery krew–mózg. Astrocyty
typu 2 otaczają przewężenia Ranviera. Natomiast oligodendrocyty wytwarzają osłonkę mielinową wokół aksonów komórek zwojowych siatkówki. Te trzy typy komórek można rozróżnić dzięki wytwarzanym
przez nie specyficznym antygenom.

Różnicowanie się komórek glejowych jest wynikiem wzajemnych
oddziaływań pomiędzy kilkoma typami komórek i wydzielanymi przez
nie sygnałami chemicznymi. Zarówno astrocyty typu 2, jak i oligodendrocyty różnicują ze wspólnej linii komórek prekursorowych nazywanych progenitorem O-2A, pojawiających się w 17 dniu embriogenezy
(E17). Astrocyty typu1 rozwijają się w tym samym czasie z innej linii

komórek prekursorowych. Komórki progenitora O-2A dzielą się mitotycznie przez pierwszy tydzień po urodzeniu, dając początek oligoden-
drocytom (*rys. 4*).

Po określonej liczbie podziałów komórki O-2A różnicują się w astrocyty typu 2. Zarówno liczba podziałów, jak i różnicowanie są kontrolowane przez sygnały wytwarzane w astrocytach typu 1. Jeżeli komórki
O-2A hoduje się w kulturach tkankowych pod nieobecność astrocytów
typu 1, natychmiast przestają się one dzielić i różnicują w oligodendrocyty. Czynnikami stymulującymi mitozę są **czynnik z wzrostowy pochodzący płytek krwi** (ang. platelet-derived growth factor, PDGF) i **neurotrofina 3** (ang. neurotrophin 3, NT-3) wydzielane przez astrocyty typu1.
W siódmym dniu po urodzeniu astrocyty typu 1 zaczynają wydzielać
inny czynnik wzrostowy, **czynnik neurotroficzny rzęskowy** (ang. ciliary
neurotrophic factor, CNTF), który stymuluje przekształcanie się nie zróżnicowanych jeszcze komórek O-2A w astrocyty typu 2. Wydaje się, że
oprócz CNTF proces ten zależy jeszcze od innego, dotąd nie zidentyfiko-
wanego czynnika.

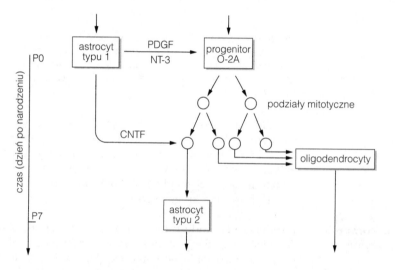

Rys. 4. Różnicowanie komórek glejowych w ośrodkowym układzie nerwowym.
CNTF, czynnik neurotroficzny zwojów rzęskowych, PDGF, czynnik wzrostowy
pochodzący z płytek krwi; NT-3, neurotrofina 3

W obwodowym układzie nerwowym, w chwili, gdy komórki grzebienia nerwowego migrują i zaczynają tworzyć zwoje nerwowe, neuroblasty zaczynają wydzielać **glejowy czynnik wzrostu 2** pochodzący z komórek glejowych (ang. glial growth factor 2, GGF2), który hamuje różnicowanie neuronów i promuje powstawanie komórek glejowych. Komórki
mikrogleju różnicują się z nieneuronalnych komórek progenitorowych
pochodzących z mezodermy, które przedostają się do rozwijającego się
układu nerwowego.

P3 ROZWÓJ KORY MÓZGU

Hasła

Rozwój kory mózgowej	Warstwa przykomorowa (rozrodcza, ang. ventricular zone, VZ) cewy nerwowej zawiera komórki pnia, które namnażają się dając początek neuronom i komórkom glejowym. Neurony wywędrowują z warstwy przykomorowej w określony sposób, który powoduje utworzenie promienistej sześciowarstwowej struktury. Dwie najbardziej powierzchniowe warstwy będą w przyszłości korą nową mózgu. VZ przekształci się w warstwę wyściółkową (ependymę), a pokrywająca ją warstwa okołokomorowa zachowa zdolność do wytwarzania komórek glejowych przez całe dorosłe życie. Migracja neuronów odbywa się wzdłuż wypustek promieniowych komórek glejowych i poprzez całą grubość pierwotnej ściany mózgu. Duże neurony projekcyjne dojrzewają wcześniej i wędrują na krótszym dystansie niż pozostałe. Mniejsze neurony pojawiają się później w rozwoju i przechodzą do bardziej powierzchniowych warstw przez warstwy zajęte już przez duże neurony.
Rozwój kory móżdżku	W warstwie przykomorowej powstaje warstwa ziarnista wewnętrzna, która jest źródłem neuronów głębokich jąder móżdżku oraz komórek Purkinjego, które wędrują ku powierzchni. Komórki VZ w obrębie skośnej wargi przedniej wywędrowują i formują warstwę ziarnistą zewnętrzną, która wytwarza ogromną liczbę komórek ziarnistych. Migrują one w dół po promieniowych komórkach glejowych i usadawiają się poniżej komórek Purkinjego.

Tematy pokrewne Budowa ośrodkowego układu nerwowego (E2)   Połączenia neuronalne w korze móżdżku (L2)

Rozwój kory mózgowej

We wczesnym okresie rozwoju ściany trzech pęcherzyków mózgowych (*rys. 1*) zbudowane są z pojedynczej warstwy komórek neuronabłonka kolumnowego. Komórki te dadzą początek zarówno neuronom, jak i komórkom glejowym. W pierwszej fazie komórki prekursorowe neuronów, czyli neuroblasty, dzielą się znacznie częściej niż komórki glejowe. U ludzi aż do szóstego tygodnia rozwoju zarodka podziały komórek neuronabłonkowych powodują powiększanie się jedynie powierzchni warstwy przykomorowej i nie prowadzą do zwiększenia jej grubości. Po sześciu tygodniach rozwoju ściany cewy nerwowej stają się, z jednowarstwowej, strukturą kilkuwarstwową. To przekształcenie nazywa się **promienistym kształtowaniem** się cewy nerwowej. W pierwszej fazie ściana cewy nerwowej różnicuje na **warstwę przykomorową** (ang. ventricular zone, VZ), w której następuje namnażanie się komórek, i **warstwę brzeżną** (ang. marginal zone, MZ), zawierającą promieniście uporządko-

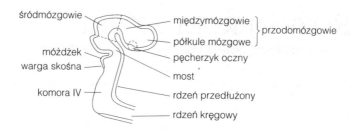

Rys. 1. Cewa nerwowa zarodka człowieka w 5. tygodniu ciąży, przekrój przyśrodkowo-styczny

wane wypustki komórek glejowych. Komórki, które w danej chwili się nie dzielą (np. te znajdujące się w interfazie cyklu komórkowego), są dwubiegunowe i wysyłają swoje odprowadzenia poprzez całą grubość neuronabłonka. Natomiast w dzielących się komórkach progenitorowych odprowadzenia ulegają retrakcji, a ich ciała komórkowe pozostają w ścianie komory. Komórki te dzielą się symetrycznie. Z komórki rodzicielskiej powstaje jedna **komórka pnia**, która może podlegać dalszym podziałom, oraz jedna komórka postmitotyczna, która wywędrowuje poza obręb ściany komory (*rys. 2*). Okresowe zmiany w kształcie i pozycji zajmowanej przez komórki progenitorowe, jakie zachodzą w czasie ich kolejnych cykli komórkowych, nazywa się **ruchami interkinetycznymi**.

Migrujące neurony opuszczają VZ i tworzą **pierwotną płytkę korową** (*rys. 3*). Pomiędzy nią i warstwą przykomorową znajduje się **warstwa pośrednia**, w której mieszczą się aksony neuronów pierwotnej **płytki korowej** oraz aksony wyrastające w kierunku kory ze struktur podkorowych, np. ze wzgórza. Namnażające się w warstwie przykomorowej neurony przechodzą przez warstwę pośrednią i wnikają do pierwotnej płytki korowej. Powoduje to rozsadzenie płytki na leżącą zewnętrznie warstwę brzeżną i położoną poniżej **warstwę podpłytkową**. W środku rozszczepionej pierwotnej płytki korowej gromadzi się coraz grubszy pokład neuronów tworzących warstwę korową. W warstwie podpłytkowej zachodzi bardzo intensywna **synaptogeneza** (tworzenie synaps). Do neuronów, które przechodzą przez obszar podpłytkowy, docierają włókna wstępujące z innych okolic rozwijającej się kory lub okolic podkorowych.

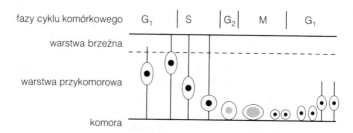

Rys. 2. Ruchy interkinetyczne proliferujących komórek w ścianie cewy nerwowej. G₁, faza spoczynku; S, faza syntezy DNA; G₂, przygotowanie do podziału; M, mitoza. (więcej wiadomości o cyklu komórkowym w Krótkie wykłady. Biochemia, *wyd. 2)*

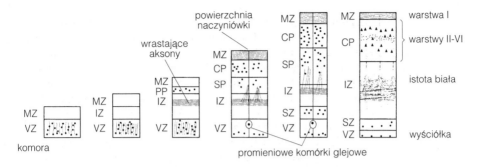

Rys. 3. Rozwój kory nowej mózgu. CP, warstwa korowa; IZ, warstwa pośrednia; MZ, warstwa brzeżna; SP, warstwa podpłytkowa; SZ, warstwa okołokomorowa; VZ, warstwa przykomorowa

Neurony tworzą z nimi połączenia synaptyczne i następnie wędrują wyżej do warstwy korowej. Neurony, które z jakichś powodów nie opuszczą warstwy podpłytkowej, wymierają w procesie apoptozy. Wskazuje to na przejściowy charakter warstwy podpłytkowej.

W późniejszych fazach neurogenezy w rozwijającym się układzie nerwowym pojawia się jeszcze jeden obszar proliferujących komórek, czyli **warstwa okołokomorowa**. W warstwie tej powstają przede wszystkim małe interneurony. Proces ich narodzin u ludzi trwa aż do drugiego roku życia. Dojrzała kora nerwowa powstaje głównie z warstwy korowej, przy czym najbardziej zewnętrzna pierwsza warstwa kory utworzy się z warstwy brzeżnej (por. temat E2). Warstwa pośrednia stanie się z kolei podkorową istotą białą. Niektóre komórki pierwotnej warstwy neuronabłonkowej utworzą **warstwę wyściełającą** komory mózgowe (ependymę). Ponad nią pozostanie cienka warstwa okołokomorowa, w której namnażające się komórki różnicują się w komórki glejowe. Do niedawna sądzono, że dojrzały układ nerwowy nie ma zdolności do wytwarzania nowych neuronów. Obecnie wiadomo, że w warstwie wyściełającej przechowywane są komórki pnia, które mogą się dzielić i różnicować w neurony nawet u dorosłych osobników.

Neurony wywędrowują z warstwy przykomorowej po rusztowaniu utworzonym przez wypustki **promieniowych komórek glejowych**, po których poruszają się ruchem ameboidalnym. Komórki promieniowe różnicują się bardzo wcześnie w rozwoju. Ich ciała komórkowe leżą w warstwie przykomorowej. Są to komórki dwubiegunowe. Jeden z końców ich długich wypustek przyczepiony jest do komórek leżących w wewnętrznej warstwie neuronabłonkowej, a drugi umocowany jest w błonie podstawnej komórek naczyniówki. Takie uporządkowanie tworzy rodzaj rusztowania, po którym neurony wspinają się w swojej wędrówce ku powierzchniowym warstwom kory. Neurony, które wędrowały po tym samym glioblaście, pozostają blisko siebie, utrzymują wzajemne kontakty i dzięki temu tworzą kolumnową strukturę charakterystyczną dla dojrzałej kory mózgu. Po zakończeniu migracji neuronów większość glioblastów promieniowych różnicuje się w astrocyty. Jedynie w dwóch okolicach mózgu pozostają one niezróżnicowane. Są to komórki Müllera w siatkówce i komórki Bergmanna w móżdżku.

Dzień narodzin neuronu jest dniem, w którym traci on zdolność do dalszych podziałów. Dla neuronów postmitotycznych rozpoczyna się okres migracji do właściwych im miejsc przeznaczenia. Narodziny neuronu oraz drogę jego wędrówki można śledzić stosując technikę autoradiografii i obserwując zarodek w różnym czasie po podaniu [^{3}H]tymidyny. Izotop ten znakuje wszystkie komórki syntetyzujące DNA, czyli komórki znajdujące się w fazie S cyklu komórkowego w chwili podania znacznika. W komórkach tych izotop jest inkorporowany do replikujących się cząsteczek DNA. Taka metoda badawcza ujawnia podstawowe cechy procesu różnicowania się neuronów. Po pierwsze, okazuje się, że duże neurony projekcyjne rodzą się wcześniej niż małe neurony i interneurony. Po drugie, młodsze neurony migrują poprzez warstwy zajęte już przez wcześniej różnicujące neurony. Dlatego neurony rodzące się najpóźniej wędrują najdalej i zajmują miejsce w najbardziej powierzchniowych warstwach kory. Wskutek tego w tych warstwach kory najwięcej jest małych komórek nerwowych, podczas gdy duże neurony leżą głównie w głębszych warstwach kory. Dodatkowo czas, w jakim rodzi się neuron, determinuje jego dalsze przeznaczenie, czyli to, jakim typem dojrzałej komórki będzie i w której warstwie osiądzie. Młode komórki progenitorowe przeszczepione do embrionów w różnym wieku przełączają swój program rozwoju, dostosowując się do wieku rozwojowego gospodarza. Jednak komórki będące tuż przed ostatnim podziałem nie mają już takich możliwości i dojrzewają zgodnie z przeznaczeniem wyznaczonym w organizmie dawcy. Pokazuje to, że wskazówki zewnętrzne działające na neuron w okresie jego narodzin wyznaczają jego losy. Sądzi się, że sygnały zewnętrzne pochodzą od neuronów, które pojawiły się wcześniej. Na przykład komórki piramidalne warstwy VI, które rodzą się pierwsze, zaczynają wysyłać sygnały indukujące przekształcanie się neuroblastów warstwy przykomorowej w komórki prekursorowe warstwy V kory.

Rozwój kory móżdżku

Zawiązek móżdżku składa się z neuronabłonka o niezbyt silnie wyrażonej strukturze warstwowej, w którym można zaobserwować ruchy interkinetyczne komórek. W krótkim czasie pojawia się w nim typowy podział na warstwę przykomorową, przejściową i brzeżną, tak jak wszędzie w cewie nerwowej. W miarę pogrubiania się zawiązku móżdżku komórki progenitorowe w warstwie przykomorowej formują **warstwę ziarnistą zewnętrzną** (ang. external granular layer, EGL) i **warstwę ziarnistą wewnętrzną** (ang. internal granular layer, IGL). Komórki, które tworzą EGL, migrują z warstwy przykomorowej do przedniej wargi skośnej (przednio-grzbietowy zachyłek komory IV) (*rys. 4*).

W przeciwieństwie do tego, co obserwujemy w innych częściach ośrodkowego układu nerwowego, nie wszystkie komórki pierwotnej warstwy rozrodczej w móżdżku są komórkami postmitotycznymi, bo część z nich to wciąż jeszcze dzielące się neuroblasty. Komórki wewnętrznej warstwy ziarnistej dają początek neuroblastom jądrowym i neuroblastom, będącym w przyszłości komórkami Purkinjego. Neuroblasty jądrowe przekształcają się w neurony głębokich jąder móżdżku i pozostają w warstwie pośredniej, z której powstanie istota biała móżdżku. Neuroblasty komórek Purkinjego wędrują ku powierzchni do miejsc

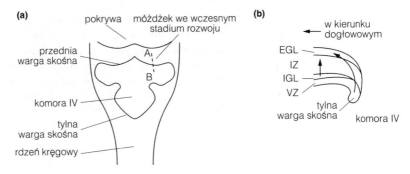

Rys. 4. Wczesny okres rozwoju móżdżku. (a) Widok z góry na tyłomózgowie we wczesnym okresie rozwoju. Warga skośna otacza nie zamkniętą przestrzeń w cewie nerwowej, która w przyszłości stanie się IV komorą mózgu przykrytą z góry przez móżdżek. Z tylnej wargi skośnej wytworzy się splot naczyniówkowy. (b) Przekroje na poziomie A-B przez wargę skośną i móżdżek we wczesnym okresie rozwoju. Przednia warga skośna wytwarza komórki, które wędrują do zewnętrznej warstwy ziarnistej (EGL), gdzie staną się neuroblastami dla komórek ziarnistych. Wewnętrzna warstwa ziarnista jest źródłem neuroblastów dla przyszłych komórek Purkinjego (strzałka na wprost). IZ, warstwa pośrednia

przeznaczenia ciągnąc za sobą pojedynczy neuryt (przyszły akson), który rośnie wzdłuż drogi wędrówki. Komórki wewnętrznej warstwy ziarnistej są też źródłem neuroblastów dla komórek Golgiego, które migrują na krótkim odcinku. Natomiast neuroblasty zewnętrznej warstwy ziarnistej początkowo różnicują się w komórki koszyczkowe, po czym dzielą się one bardzo intensywnie i długo, aby ostatecznie przekształcić się w ogromną liczbę komórek ziarnistych i gwiaździstych.

Promieniowe komórki glejowe (**glej Bergmanna**) tworzą rusztowanie, po którym neuroblasty komórek ziarnistych wędrują z zewnętrznej warstwy ziarnistej poprzez warstwę komórek Purkinjego do wewnętrznej warstwy ziarnistej. W czasie wędrówki ciągną za sobą własne aksony, które rozgałęziają się dając początek przyszłym włóknom równoległym móżdżku (*rys. 5*).

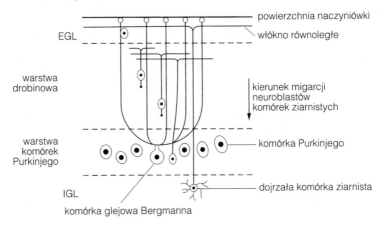

Rys. 5. Migracja neuroblastów przyszłych komórek ziarnistych przez korę móżdżku

Znaczenie, jakie odgrywają w rozwijającym się mózgu komórki glejowe, można docenić obserwując mysie mutanty *weaver*. Zwierzęta będące homozygotami *weaver* cierpią na poważne zaburzenia koordynacji ruchowej. Komórki Bergmanna nie tworzą u tych zwierząt prawidłowo ukształtowanego rusztowania. Zaburza to migrację komórek ziarnistych, które zatrzymują się w warstwie drobinowej. Konsekwencją tego jest patologiczny rozwój kory móżdżku.

P4 ODNAJDYWANIE DROGI PRZEZ WZRASTAJĄCE AKSONY

Hasła

Stożki wzrostu

Na koniuszkach wyrastających aksonów tworzą się stożki wzrostu. W ich błonie dochodzi do ekspresji powierzchniowych receptorów komórkowych, które rozpoznają sygnały o krótkim i długim zasięgu. Dzięki temu mogą one kierować wyrastaniem aksonów, powodując ich przyciąganie lub odpychanie. Stożki wzrostu pełzną ruchem ameboidalnym po podłożu. Połączenie receptorów stożków wzrostu z cząsteczkami w podłożu powoduje polimeryzację aktyny w czołowym krańcu stożka. Mechanizm ten zapewnia jego posuwanie się do przodu. Polimeryzacja mikrotubul wewnątrz stożków wzrostu jest warunkiem koniecznym wyrastania aksonów, głównie dlatego, że zapewnia transport aksopazmatyczny.

Przewodniki wyrastania aksonów

Cząsteczki przylegania komórkowego (ang. cell adhesion molecules, CAM), które są integralnymi białkami błony komórkowej, oraz białka macierzy zewnątrzkomórkowej (np. laminina i fibronektyna) pośredniczą w interakcjach między komórkami lub między komórkami a ich otoczeniem. Wzajemne oddziaływania polegające na przyciąganiu lub odpychaniu się komórek mają krótki zasięg. Znane są trzy duże grupy cząsteczek adhezji komórkowej: integryny, nadrodzina immunoglobulin oraz kadheryny. Cząsteczki należące do nadrodziny immunoglobulin obecne w układzie nerwowym nazywane są neuronowymi cząsteczkami adhezji komórkowej, N-CAM. Zapewniają one przyleganie komórek poprzez wiązanie się z identycznymi lub różnymi cząsteczkami N-CAM w błonie sąsiednich komórek. Przyczepność komórek jest podstawą łączenia się aksonów w pęczki i kierowania wzrostu aksonów we właściwym kierunku w rozwijającym się układzie nerwowym. Za długodystansowe kierowanie wzrostem aksonów odpowiedzialne są dwie grupy białek: netryny i semaforyny. Netryny powodują przyciąganie aksonów i ich wyrastanie z komórek ściany grzbietowej cewy nerwowej w kierunku blaszki brzusznej. Jedno i to samo białko z rodziny semaforyn może powodować z jednej strony odpychanie aksonów komórek piramidalnych, a z drugiej, przyciąganie dendrytów tych samych komórek. W ten sposób determinuje ono kierunek, w którym będą się rozrastały neuryty w obrębie warstw kory.

Tworzenie się map topograficznych

Badania nad wytwarzaniem się połączeń między komórkami zwojowymi siatkówki i pokrywą u żab oraz kurcząt pokazały, że miejsce, do którego dotrą dane aksony, jest wyznaczane przez gradient stężeń cząsteczek sygnałowych wzdłuż przednio-tylnej i grzbietowo-brzusznej osi w pokrywie. Te różnice stężeń są wykrywane przez stożki wzrostu aksonów docierających do pokrywy. Pozycja wzdłuż osi przednio-tylnej zależy nie tylko od gradientu stężeń substancji sygnałowych w pokrywie, ale także od gęstości receptorów w błonie aksonów wyrastających z siatkówki.

Tematy pokrewne   Lokalizacja bodźca (F3)   Czynniki neurotroficzne (P6)
                      Oko i układ wzrokowy (H2)

Stożki wzrostu   Aksony wyrastają z neuroblastów, wydłużają się i kierują do właściwych im miejsc, gdzie tworzą połączenia nerwowe. Czubek rosnącego aksonu nazywa się **stożkiem wzrostu**. W błonie komórkowej stożków wzrostu dochodzi do ekspresji szeregu receptorów. Rozpoznają one albo sygnały o krótkim zasięgu (wskazówki miejscowe), takie jak specyficzne cząsteczki znakujące obecne w macierzy zewnątrzkomórkowej lub na powierzchni sąsiadujących komórek, albo sygnały o długim zasięgu (wskazówki sekrecyjne). Każde z nich mogą powodować przyciąganie lub odpychanie rosnących aksonów. Wzajemne oddziaływania pomiędzy aksonem i substancjami markerowymi wskazują aksonom właściwe im miejsce przeznaczenia.

Stożek wzrostu (*rys. 1*) składa się ze spłaszczonych, ułożonych wachlarzowato wypustek cytoplazmatycznych zwanych **lamellipodiami**. Są on bardzo bogate w mitochondria i zawierają mnóstwo pęcherzyków błonowych, których błony komórkowe ulegają bezustannej inkorporacji do błony stożka wzrostu. Dodatnie końce mikrotubul wnikają z aksonu do lamellipodiów. Na dodatnich końcach mikrotubul zachodzi polimeryzacja tubuliny, co zapewnia przedłużenie mikrotubul. Na czołowym krańcu lamellipodium znajduje się gęsta plątanina **aktyny włókienkowej** (ang. F-actin). Z lamellipodiów wyrastają liczne kolcowate **filipodia**, zawierające wiązki aktyny F.

Stożki wzrostu pełzną ruchem ameboidalnym po podłożu (**substratum**) tak długo, póki receptory obecne w błonie stożków nie napotkają w podłożu cząsteczek, które rozpoznają i z którymi się wiążą. Jest to sygnałem wyzwalającym polimeryzację aktyny i rozszerzanie się stożka wzrostu. Proces ten jest cykliczny, albowiem aktyna ulega depolimeryzacji, proksymalny obszar stożka obkurcza się, a uwolnione monomery

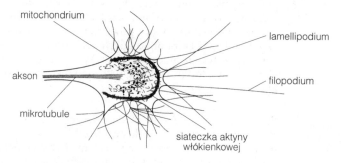

Rys. 1. Budowa stożka wzrostu

aktyny powracają do krańca czołowego. Posuwanie się koniuszka stożka wzrostu odbywa się w następujący sposób. Polimery aktyny w czołowym krańcu stożka są ciągnięte w kierunku wstecznym, do wnętrza aksonu dzięki ich interakcji z miozyną. Jest to mechanizm przypominający proces skurczu mięśni. Wytwarza to naprężenie, wskutek którego filipodia słabo przyczepione do podłoża ulegają retrakcji. Filipodia mocno połączone z podłożem przeciwstawiają się temu naprężeniu. Skutkiem tego stożek wzrostu posuwa się w kierunku miejsc, gdzie jest on najmocniej połączony z podłożem. Stożki wzrostu wyrastają ku właściwym im miejscom, kierowane przez substancje wydzielane miejscowo lub w bardziej odległych okolicach. Mogą one powodować bądź przyciąganie, bądź odpychanie stożków wzrostu. Posuwanie się stożków wzrostu zależy także od polimeryzacji tubuliny w mikrotubulach. Ma to w dużej mierze związek z rolą, jaką mikrotubule odgrywają w szybkim transporcie aksoplazmatycznym, którym do zakończenia aksonu dostarczane są białka syntetyzowane w cytoplazmie ciała komórki.

Przewodniki wyrastania aksonów

Sterowaniem wyrastania aksonów zajmuje się kilka dużych rodzin białek. Te, które regulują wzrost aksonów na krótkich odcinkach (miejscowo), nazywane są **cząsteczkami adhezji komórkowej** (CAM). Mogą one być integralnymi białkami błony komórkowej lub też białkami macierzy pozakomórkowej. Jeżeli wskutek interakcji zachodzi przyciąganie aksonu, mamy do czynienia z **kierowaniem przez kontakt**, jeżeli natomiast skutkiem interakcji jest odpychanie aksonów, to mówimy o **hamowaniu przez kontakt**. Do białek CAM zawartych w macierzy pozakomórkowej należą **laminina, fibronektyna i tenascyna C**. Laminina i fibronektyna stymulują wzrost aksonów tworząc korytarze, którymi kierują aksony we właściwym kierunku. Tenascyna C odgrywa rolę stymulatora wzrostu aksonów w jednych neuronach i inhibitora ich wyrastania w innych.

Białka CAM związane z błonami komórkowymi należą do trzech dużych klas. Są to **integryny, nadrodzina immunoglobulin** (Ig) i **kadheryny**, które odgrywają mniejszą rolę niż poprzednie dwie.

Integryny są błonowymi receptorami cząsteczek macierzy pozakomórkowej w błonie plazmatycznej stożków wzrostu. Najogólniej są one heterodimerami zbudowanymi z łańcuchów α i β. Istnieje wiele izoform obu łańcuchów (dotąd zidentyfikowano piętnaście izoform łańcucha α i osiem izoform łańcucha β). Kombinacje izoform obu łańcuchów tworzą ogromną liczbę integryn, z których każda cechuje się specyficznym powinowactwem wiązania określonego białka CAM macierzy pozakomórkowej. Daje to wielkie możliwości kodowania dróg wyrastania aksonów w rozwijającym się układzie nerwowym.

Nadrodzina **immunoglobulin** (Ig) jest niezwykle liczna. Te, które syntetyzowane są w układzie nerwowym, noszą nazwę neuronowych cząsteczek adhezji komórkowej, **N-CAM**. Zbudowane są z trzech domen: pojedynczego segmentu śródbłonowego, krótkiej domeny wewnątrzkomórkowej i dużego fragmentu zewnątrzbłonowego. Ten ostatni składa się z wielokrotnych powtórzeń domen Ig i domen typu fibronektyny III. Wiele z białek tej grupy może wiązać się ze sobą wzajemnie (**wiązania homofilne**) lub z innymi białkami należącymi do tej rodziny (**wiązania heterofilne**). Oba rodzaje wiązania zapewniają adhezję komórek. Siła adhezji białek N-CAM jest regulowana przez kwas sjalowy, będący cukrem o ujemnym ładunku elektrycznym. Im więcej reszt sjalowych w cząsteczce N-CAM, tym mniejsza jest jej zdolność do adhezji. Białka N-CAM we wczesnym rozwoju zarodkowym zawierają dużo kwasu sjalowego, w związku z czym wzajemne przyleganie komórek jest słabe. Pozwala to na intensywne mnożenie się i wytwarzanie różnych rodzajów komórek. Procesy te słabną w miarę upływu czasu, ponieważ białka N-CAM zawierają coraz mniej reszt kwasu sjalowego i tym samym powodują coraz większą adhezję komórek, które zaczynają się przekształcać w struktury tkankowe.

Fascykuliny są grupą białek Ig-CAM odpowiedzialnych za wzajemne przyleganie aksonów kilku neuronów (tego samego lub różnego typu), które dzięki temu łączą się w wiązki lub pęczki (łac. *fasciculi*). W procesie tym aksony stanowią przewodniki dla siebie nawzajem. Aksony, które nie zawierają właściwych CAM, są eliminowane w procesie rozwoju.

Wiązania heterofilne pomiędzy dwoma różnymi białkami Ig-CAM zapewniają właściwe kierowanie aksonów neuronów spoidłowych w ścianie grzbietowej cewy nerwowej. Dzięki temu wyrastają one w kierunku spodnim i przechodzą na drugą stronę blaszki brzusznej. Komórki spoidłowe wydzielają aksoninę 1, a komórki blaszki brzusznej zawierają powierzchniowe białko Nr-CAM. Oba te białka o wysokim wzajemnym powinowactwie wiążą się ze sobą. Podawanie przeciwciał skierowanych przeciw jednemu lub drugiemu białku powoduje, że ponad połowa aksonów spiodłowych nie przekracza blaszki brzusznej.

Oddziaływania między komórkami o długim zasięgu zapewniają dwie inne rodziny białek, netryny i semaforyny. **Netryny** to białka sekrecyjne o dużej masie cząsteczkowej. Wiążą się one z macierzą pozakomórkową, gdzie wchodzą w interakcje z białkami N-CAM na powierzchni stożków wzrostu. Wyrastanie aksonów spoidłowych ze ściany grzbietowej części cewy nerwowej w kierunku części spodniej spowodowane jest przez netrynę wydzielaną w blaszce brzusznej. Warto zauważyć, że gdy aksony rosną przez blaszkę brzuszną, tracą wrażliwość na netrynę, co pozwala im dalej się rozrastać już pod kontrolą innych sygnałów. Netryny mogą być chemorepelentami dla niektórych neuronów, powodując odpychanie ich aksonów. Neurony ruchowe nerwu bloczkowego (IV nerw czaszkowy) są umiejscowione w ścianie brzusznej cewy nerwowej. Ich aksony wyrastają ku powierzchni grzbietowej poza blaszkę brzuszną. Wykazano, że netryna może być dla tych aksonów bądź atraktantem, bądź repelentem, w zależności od jej oddziaływań z różnymi białkami N-CAM.

Semaforyny są dużą rodziną białek sekrecyjnych lub związanych z błonami komórkowymi. Semaforyna 3A (sem 3A) odpycha neurony czuciowe pierwszego rzędu w obwodowym układzie nerwowym. Odgrywa także znaczenie w rozwoju kory mózgowej. Sem A odpycha aksony komórek piramidalnych, ale w zamian przyciąga ich dendryty. Ponieważ w korze mózgowej występuje stopniowe zróżnicowanie stężenia semaforyny — największe jest ono na powierzchni kory, a najmniejsze w podkorowej istocie białej — to aksony komórek piramidalnych rosną w kierunku istoty białej, podczas gdy ich dendryty rosną w przeciwnym kierunku.

Tworzenie się map topograficznych

Aksony muszą utworzyć połączenia z odpowiednimi komórkami docelowymi. Jeżeli dane aksony wytworzą topograficzne połączenia, to sąsiadujące z nimi aksony utworzą synapsy na sąsiadujących ze sobą neuronach docelowych w bardzo precyzyjny i uporządkowany sposób, prowadzący do powstania mapy, czyli odwzorowania uporządkowania neuronów danej struktury w strukturze, do której wysyłają swoje odprowadzenia. Procesy, które leżą u podłoża tworzenia się map topograficznych w połączeniach nerwowych, najintensywniej badano w czasie kształtowania się **dróg nerwowych między siatkówką i pokrywą** wzrokową śródmózgowia u żab i kurcząt. Jeżeli u żaby przecięto nerw wzrokowy i obrócono gałkę oczną o 180°, to nerw wzrokowy odtwarzał się w procesie regeneracji, jednak zwierzę spostrzegało otoczenie tak jakby było ono obrócone (*rys. 2a*). Nie potrafiło ono także nauczyć się kompensowania tego defektu, co oznacza, że droga siatkówkowo-pokrywowa została w sposób nieodwracalny zdeterminowana przez mechanizmy rozwojowe (*rys. 2b*). Jeżeli u normalnej żaby usunięto połowę siatkówki, to połączenia aksonów pozostałej połowy rozszerzały się na całą

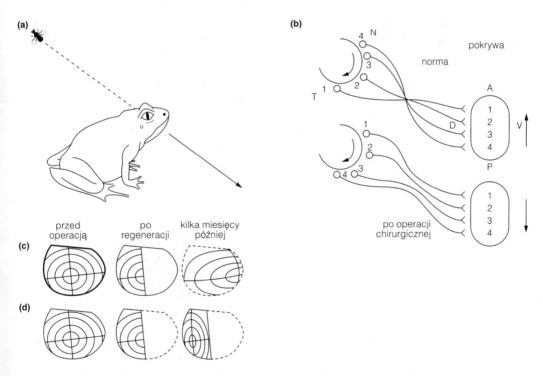

Rys. 2. Specyficzność połączeń wzrokowych siatkówki i pokrywy śródmózgowia. (a) zachowanie żaby po przecięciu nerwu wzrokowego i obróceniu gałki ocznej o 180°; (b) po zmianie unerwienia pokrywa zachowuje przedoperacyjną mapę uporządkowania pozycji siatkówkowych. Reprezentacja obrazu z siatkówki (strzałka do góry) w pokrywie jest obrócona o 180°. N, siatkówka nosowa, T, siatkówka skroniowa; A, przedni; P, tylny; D, grzbietowy; V, brzuszny. (c) kształtowanie się mapy topograficznej po chirurgicznym usunięciu połowy siatkówki. (d) odtworzenie całkowitej mapy topograficznej po usunięciu połowy pokrywy. W (c) i (d) kontury są liniami izoprzestrzennymi w odstępach 20°, poczynając od środka siatkówki

pokrywę (*rys. 2c*). Jeżeli z kolei usunięto połowę pokrywy (*rys. 2d*), to aksony neuronów siatkówki zreorganizowały połączenia, tak że całkowite odwzorowanie siatkówki było reprezentowane w pozostałej połowie pokrywy. Te doświadczenia pokazują, że pozycja ostatecznych połączeń nie jest zakodowana nieodwracalnie. W trakcie rozwoju połączeń wzrokowych wzdłuż przednio-tylnej i grzbietowo-brzusznej osi pokrywy występuje gradientowe zróżnicowanie stężeń substancji sygnałowych rozpoznawane przez receptory w stożkach wzrostu rosnących aksonów.

Molekularne podłoże specyficznego rozwoju połączeń wzrokowych siatkówki i pokrywy badano u kurcząt. U tych zwierząt siatkówka nosowa wysyła projekcję do pokrywy tylnej, a siatkówka skroniowa do pokrywy przedniej (*rys. 3*). Stożki wzrostu aksonów części nosowej inkubowane wraz z błonami komórkowymi pochodzącymi z przedniej i tylnej pokrywy są niewrażliwe na sygnały w tych błonach. Stożki wzrostu aksonów części skroniowej nie poddają się działaniu sygnałów w błonach komórkowych przedniej pokrywy, ale kurczą się i przestają posuwać się naprzód, gdy inkubowane są wraz z błonami komórkowymi tylnej pokrywy. Komórki pokrywy wytwarzają substancję zwaną **efryną A2**, która rozmieszczona jest w całej pokrywie zgodnie z gradientem stężeń, najwyższym w części tylnej. Podobny gradient stężeń **receptorów efryny A3** (receptory Eph A3) występuje w zakończeniach aksonów wyrastających z siatkówki, przy czym największe ich zagęszczenie jest w komórkach części skroniowej siatkówki. Dlatego w sposób stopniowo zróżnicowany komórki tylnej pokrywy działają odpychająco na aksony neuronów części skroniowej siatkówki. Eph A3 należą do dużej nadrodziny receptorów typu kinazy tyrozynowej (temat P6).

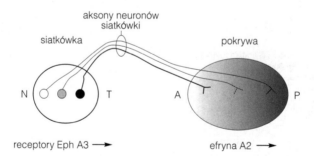

Rys. 3. Przednio-tylny gradient ekspresji efryny A3 w pokrywie i receptorów efryny A3 w siatkówce. Oba gradienty stężeń stanowią informację o pozycji w trakcie ustalania się topograficznej mapy połączeń między siatkówką i pokrywą.
N, siatkówka nosowa; T, siatkówka skroniowa; A, przednia pokrywa; P, tylna pokrywa

P5 SYNAPTOGENEZA I PLASTYCZNOŚĆ ROZWOJOWA

Hasła

Ogólne spojrzenie na tworzenie się synaps

Aksony po dotarciu do właściwych im miejsc wytwarzają połączenia synaptyczne. Komórki, które nie utworzą połączeń, wymierają wskutek apoptozy (programowana śmierć komórek). Komórki, które utworzyły połączenia, są wspomagane przez czynniki troficzne.

Tworzenie synaps w złączu nerwowo--mięśniowym

Blaszka podstawna w szczelinie synaptycznej złącza nerwowo--mięśniowego (ang. neuromuscular junction, nmj) może indukować tworzenie się prawidłowych zakończeń presynaptycznych i struktur postsynaptycznych w mięśniach. Zakończenia nerwów ruchowych wydzielają agrynę wiążącą się z receptorami w blaszce podstawnej. Agryna aktywuje mechanizm, który powoduje agregację receptorów nikotynowych acetylocholiny (ang. nicotinic cholinergic receptor, nAChR) w synapsie. Zakończenia nerwów wydzielają także białko, które wyzwala zwiększanie liczby receptorów nAChR. Z kolei pobudzenie mięśnia powoduje zatrzymanie ekspresji genów dla receptora nAChR w jądrach włókna mięśniowego, położonego daleko od umiejscowienia synapsy. Wynikiem tego procesu jest duże zagęszczenie receptorów nAChR w synapsie i małe zagęszczenie receptorów poza złączem nerwowo-mięśniowym.

Eliminacja synaps w złączu nerwowo--mięśniowym

We wczesnych etapach rozwoju włókna mięśniowe są unerwiane przez kilka motoneuronów. Jednak w miarę rozwoju, dzięki procesowi eliminacji synaps zachowuje się tylko pojedyncze unerwienie. Pierwszym etapem tego procesu jest regulacja w dół (ang. down regulation) liczby receptorów nAChR. Potem następuje retrakcja aksonów. Eliminowanie synaps spowodowane jest zmianami napięcia elektrycznego wytwarzanego wskutek aktywności sąsiadujących zakończeń aksonowych.

Tworzenie synaps w ośrodkowym układzie nerwowym

Rodzaj receptorów, jaki ulega ekspresji w synapsach, dokładnie odpowiada rodzajowi neuroprzekaźnika wydzielanego przez docierające aksony. Zidentyfikowano białka związane z tworzeniem się skupisk receptorów kwasu glutaminowego.

Plastyczność rozwojowa w układzie wzrokowym

Plastyczność rozwojowa polega na modyfikacji połączeń synaptycznych utworzonych we wczesnym okresie rozwoju, pod wpływem nowych doznań zmysłowych. Jednym z elementów tego procesu jest eliminacja synaps. Zjawisko to obserwuje się często w trakcie dojrzewania układu wzrokowego na wszystkich piętrach strukturalnych tego układu. Kolumny dominacji ocznej w pierwszorzędowej korze wzrokowej, które uczestniczą w widzeniu dwuocznym, wykształcają się w wyniku aktywności bioelektrycznej

neuronów. U kociąt proces ten odbywa się w ściśle określonym
czasie po urodzeniu, nazywanym okresem krytycznym, i zachodzi
dzięki aktywności neuronów wywoływanej przez stymulację
świetlną. U naczelnych kształtowanie się kolumn dominacji ocznej
zaczyna się jeszcze przed urodzeniem, a mechanizmem spustowym
są spontaniczne wyładowania komórek zwojowych siatkówki.

Tematy pokrewne   Biologia molekularna   Początkowe etapy przetwarzania
                      receptorów (C4)   wzrokowego (H6)
                      Drogi kolumn grzbietowych   Mięśnie szkieletowe i sprzężenie
                      przewodzące czucie   elektromechaniczne (K1)
                      dotyku (G2)

**Ogólne
spojrzenie na
tworzenie się
synaps**

Podczas rozwoju układu nerwowego liczba powstających komórek nerwowych jest większa niż liczba neuronów, które przeżyją w dojrzałym
układzie nerwowym. Aksony, które docierają do ich miejsc przeznaczenia, konkurują z innymi aksonami o możliwość utworzenia połączeń
(synaps) w procesie **synaptogenezy**. Komórki, którym nie udało się
wytworzyć połączeń, obumierają w procesie apoptozy. Tkanki docelowe
aksonów, a także inne organy wydzielają substancje wspomagające czynności tych neuronów, które wytworzyły już połączenia z innymi komórkami. Substancje te to czynniki troficzne.

**Tworzenie
synaps w złączu
nerwowo-
-mięśniowym**

Tworzenie się synaps badano najintensywniej w złączach nerwowo-
-mięśniowych (por. temat K1). Różnicowanie zarówno struktur pre-, jak
i postsynaptycznych odbywa się pod wpływem sygnałów pochodzących
z **blaszki synaptycznej podstawnej** (ang. basal lamina, bl) oraz z macierzy pozakomórkowej w szczelinie synaptycznej, która wiąże kolagen,
esterazę acetylocholinową, lamininę oraz inne białka. Sygnalizacyjną rolę
bl odkryto w doświadczeniach, w których u dorosłej żaby uszkadzano
zarówno włókna mięśniowe, jak i aksony nerwów ruchowych. Po takim
uszkodzeniu włókna mięśniowe i aksony nerwów ruchowych ulegają
atrofii, a pozostają bl oraz komórki Schwanna otaczające zdegenerowane
aksony. Po kilku dniach dochodzi do inwazji mioblastów w miejscu uszkodzenia. Zaczynają się one różnicować we włókna mięśniowe, natomiast aksony odrastają i tworzą nowe synapsy dokładnie w tych samych
miejscach, co przed uszkodzeniem. Jeżeli zablokuje się regenerację mięśni przez naświetlanie promieniami X, to aksony nadal odtwarzają normalne zakończenia presynaptyczne. Strefa aktywna znajduje się w blasz-
cze bl pofałdowania postsynaptycznego, tak jak w prawidłowym złączu
nerwowo-mięśniowym. Podobnie, jeżeli zblokuje się odrastanie aksonów,
to włókna mięśniowe wytwarzają prawidłowe struktury postsynaptyczne w tych samych miejscach, gdzie wcześniej były synapsy. Również
skupienia receptorów nikotynowych acetylocholiny (nAChR) umiejscowione są tak jak przed uszkodzeniem.

Ekspresja receptorów nAChR w rozwijających się włóknach mięśniowych jest na ogół niska (około 1000 cząsteczek nAChR na μm^2). W chwili
gdy do włókien mięśniowych docierają zakończenia nerwowe, receptory

nAChR tworzą skupienia o bardzo dużej gęstości ($10\,000$ nAChR/μm^2) zlokalizowane w obrębie strefy aktywnej, podczas gdy gęstość tych receptorów poza złączem maleje do 10 nAChR na μm^2. Stosunkowo dużą gęstość nAChR obserwuje się także na całej powierzchni tych komórek mięśniowych, które były odnerwione przez znaczny okres. Powoduje to dużą reaktywność mięśni na acetylocholinę. Stan taki nazywa się **nadwrażliwością po odnerwieniu**.

W rozwijających się synapsach poziom nAChR regulowany jest przez trzy mechanizmy:

- Tworzenie skupisk nAChR wymaga aktywności dużego białka zwanego **agryną**, które wydzielane jest przez zakończenia neuronów ruchowych i wiąże się z synaptyczną blaszką podstawną. Działanie agryny jest przenoszone przez receptory błonowe mięśni. Jednym z komponentów tych receptorów jest **kinaza specyficzna dla mięśni** (ang. muscle specific kinase, MuSK). Należy ona do rodziny receptorów typu kinazy tyrozynowej. Jej działanie polega na wspomaganiu tworzenia się skupisk nAChR na skutek aktywacji błonowego białka **rapsyny** (*rys. 1*). Kaskada aktywacji agryny, kinazy MuSK i rapsyny powoduje także tworzenie skupisk innych białek synaptycznych, w tym esterazy acetylocholinowej. Myszy transgeniczne pozbawione któregokolwiek z tych białek nie wytwarzają prawidłowych synaps nerwowo-mięśniowych, są niezdolne do poruszania się, nie mogą oddychać i umierają wkrótce po urodzeniu.
- W błonie postsynaptycznej zachodzi nie tylko tworzenie skupisk receptorów nAChR, ale występuje także tzw. regulacja w górę (ang. upregulation) ekspresji samych receptorów. Proces ten jest regulowany przez mechanizm sygnalizacyjny, aktywujący transkrypcję genów kodujących podjednostki receptora nACh w jądrach leżących pod synapsą. Zakończenia nerwowe wydzielają śródbłonowe białko **neuroregulinę**, które zawiera domenę czynnika wzrostu naskórka (ang. epidermal growth factor, EGF). Wiąże się ono z receptorami ErbB czynnika wzrostu naskórka, co powoduje przekazanie sygnałów transkrypcyjnych do jądra komórkowego.
- Acetylocholina wiążąc się z receptorami nAChR powoduje depolaryzację błony komórkowej mięśni. Te zmiany potencjału błonowego zależą od aktywności postsynaptycznej i powodują hamowanie transkrypcji genów kodujących białka receptorowe nAChR w jądrach położonych daleko od obszaru synaptycznego.

W wyniku tego procesu w prawidłowo unerwionych mięśniach nAChR leżą głównie w skupiskach w obrębie złącza nerwowo-mięśniowego. Natomiast w mięśniach odnerwionych brak aktywności przekaźnika powoduje równomierne rozmieszczenie receptorów nikotynowych na całej powierzchni błony włókien mięśniowych. Stanowi to podłoże nadwrażliwości po odnerwieniu.

Eliminacja synaps w złączu nerwowo--mięśniowym

Każdy motoneuron ma bardzo wiele rozgałęzień, poprzez które unerwia on wiele włókien mięśniowych. We wczesnym okresie rozwoju rozgałęzienia kilku motoneuronów zbiegają się tworząc synapsy na danym włóknie mięśniowym. Wszystkie synapsy na każdym włóknie

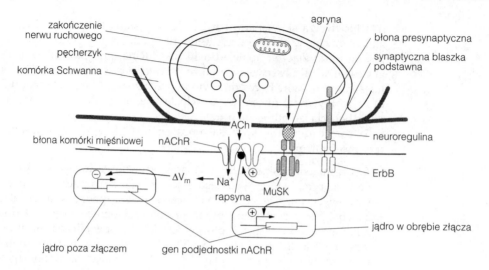

Rys. 1. Mechanizmy regulujące ekspresję i tworzenie skupisk receptorów nikotynowych acetylocholiny (nAChR) w złączu nerwowo-mięśniowym. Erb B, receptor czynnika wzrostu naskórka; MuSK, kinaza specyficzna dla mięśni

mięśniowym, poza synapsą z pojedynczego motoneuronu, są eliminowane, gdyż motoneurony wycofują swoje rozgałęzienia z wielokrotnie unerwionych włókien mięśniowych. Ostatecznie każdy motoneuron ogranicza swoje rozgałęzienia, tak że określony zespół włókien (jednostka ruchowa) unerwiany jest wyłącznie przez rozgałęzienia jednego motoneuronu (*rys. 2*). W czasie regeneracji po odnerwieniu mięśnia obserwuje się takie samo zjawisko. Początkowo wytwarza się wielokrotne unerwienie, które po 2–3 tygodniach jest redukowane do unerwienia przez pojedynczy motoneuron.

Najwcześniejszym zdarzeniem w procesie eliminacji synaps jest regulacja w dół liczby receptorów nACh, po czym następuje retrakcja zakończeń presynaptycznych. Tworzenie się skupisk nAChR jest konieczne dla podtrzymania wytworzonych połączeń synaptycznych. Myszy, które nie

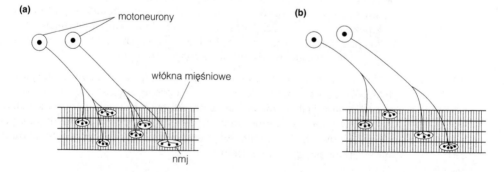

Rys. 2. Eliminacja synaps w złączu nerwowo-mięśniowym. (a) Każdy z dwu przedstawionych motoneuronów tworzy początkowo połączenia z wieloma włóknami mięśniowymi. Powoduje to zachodzenie na siebie obszarów unerwianych przez oba neurony. Usuwanie synaps prowadzi do tego, że każdy motoneuron ma wyłączną kontrolę nad określonym zestawem włókien mięśniowych (jednostka ruchowa) (b)

wytwarzają agryny i kinazy MuSK, mają mniej prawidłowych zakończeń nerwowych. Eliminacja lub utrzymanie danej synapsy jest wynikiem współzawodnictwa między synapsami, którego wynik zależy od aktywności synaps. U dorosłych zwierząt rozgałęzienia motoneuronu wytwarzają kilka złączy nerwowo-mięśniowych na pojedynczym włóknie mięśniowym. Nieodwracalne zablokowanie jednego z nich przez podanie α-bungarotoksyny (α-BTX), antagonisty receptorów nACh, prowadzi do eliminacji nieczynnej synapsy. Jeżeli jednak zablokuje się kilka sąsiednich synaps, podając α-BTX, żadna z synaps nie zostanie wyeliminowana. Sugeruje to, że jakiś miejscowy sygnał informujący o aktywności nie zablokowanej synapsy jest odpowiedzialny za eliminację nieczynnych synaps. Molekularne podłoże tego zjawiska jest nieznane.

Tworzenie synaps w ośrodkowym układzie nerwowym

Synapsy powstające w ośrodkowym układzie nerwowym mają bardzo słabo wykształconą blaszkę podstawną. W synapsach tych stwierdzono obecność agryny, jednak nie wykryto ani kinazy MuSK, ani rapsyny. Jednak, receptory właściwe danej synapsie ulegają agregacji poniżej strefy aktywnej. Oznacza to, że istnieją w nich mechanizmy zapewniające transkrypcję w komórce postsynaptycznej receptorów właściwych dla neuroprzekaźnika wydzielanego przez zakończenia presynaptyczne w danej synapsie. Na przykład, presynaptyczne zakończenia glutaminergiczne powodują ekspresję receptorów dla kwasu glutaminowego. Receptory te tworzą także skupiska w synapsach. Nie wiadomo, w jaki sposób proces ten jest regulowany. Zidentyfikowano jednak kilka białek, które są związane z tworzeniem skupisk receptorów kwasu glutaminowego oraz z kotwiczeniem tych receptorów w cytoszkielecie komórki.

Plastyczność rozwojowa u układzie wzrokowym

Połączenia synaptyczne utworzone we wczesnym okresie rozwoju mogą być modyfikowane pod wpływem docierających doznań zmysłowych. Zjawisko to nazywa się plastycznością rozwojową. Jego głównym przejawem jest eliminacja synaps, do której dochodzi albo z powodu śmierci neuronów (apoptozy), albo retrakcji niewłaściwych rozgałęzień aksonów. Najwięcej doświadczeń dotyczących tego zjawiska wykonano badając plastyczność rozwojową w układzie wzrokowym.

U kręgowców niższych (np. u żab) ustalone w rozwoju połączenia dróg nerwowych pomiędzy siatkówką i pokrywą są następnie doskonalone. U szczurów w początkowym okresie rozwoju zakończenia aksonów z nosowej i skroniowej części siatkówki dochodzące do wzgórków czworaczych (pokrywa) zachodzą na siebie. Jednak pod koniec drugiego tygodnia rozwoju postnatalnego wiele synaps zostaje wyeliminowanych, głównie wskutek retrakcji nadmiarowych rozgałęzień aksonalnych. Rezultatem końcowym tego procesu jest uporządkowanie dróg nerwowych, tak że aksony ze skroniowej części siatkówki unerwiają przednią część wzgórków czworaczych, a aksony z części nosowej tworzą synapsy w tylnej części wzgórków.

Plastyczność w pierwszorzędowej korze wzrokowej, V1, jest podłożem tworzenia się kolumn dominacji ocznej i tym samym rozwoju widzenia dwuocznego. Jeżeli w okresie krytycznym kociętom zaszyje się eksperymentalnie powieki jednego oka, to mają one bardzo słabo rozwinięte kolumny dominacji ocznej dla tego oka. Dzieje się tak, ponieważ utworzone wcześniej połączenia z nie widzącego oka ulegają eliminacji pod wpływem bardzo silnej konkurencji wywieranej przez czynne połączenia z drugiego, normalnie widzącego oka. Konkurencyjność połączeń z widzącego oka jest wynikiem ich stałej elektrycznej aktywności w odpowiedzi na bodźce świetlne. Podawanie tetrodotoksyny (TTX) do siatkówki nieoperowanego oka, w celu zablokowania potencjałów czynnościowych neuronów zwojowych siatkówki, powoduje przesunięcie dominacji ocznej na rzecz oka z zaszytą powieką. Podobne przesunięcie dominacji ocznej obserwuje się wówczas, gdy zablokuje się aktywność neuronów korowych, zwiększając hamowanie GABAergiczne przez podawanie agonistów receptorów GABA.

Również receptory NMDA są związane z plastycznością w układzie wzrokowym. U młodych zwierząt poziom ich ekspresji jest wyższy, a próg aktywacji niższy w porównaniu z dorosłymi osobnikami. Ich udział w generowaniu odpowiedzi na bodźce wzrokowe w głębokich warstwach kory V1 maleje między 3 a 6 tygodniem życia. Można to zjawisko opóźnić trzymając kocięta w ciemności. Okres ten pokrywa się z **okresem krytycznym** plastyczności rozwojowej w układzie wzrokowym kociąt. Okres krytyczny plastyczności można również przesunąć w czasie, hodując zwierzęta w ciemności. Okres krytyczny albo okno czasowe pojawiające się w trakcie rozwoju to wąski przedział czasu, w którym nabywane doświadczenie może wywołać trwałe zmiany w zachowaniu, utrzymujące się przez całe dorosłe życie. W okresie krytycznym rozwoju dróg nerwowych, będących podłożem widzenia dwuocznego, można odwrócić skutki wcześniejszej deprywacji jednego oka, jeżeli zwierzęciu pozwoli się patrzeć znowu obojgiem oczu. Jeżeli jednak podobne zabiegi odbywają się poza okresem krytycznym, to nie zmieniają już dominacji ocznej.

U naczelnych, inaczej niż u kociąt, kolumny dominacji ocznej kształtują się jeszcze przed urodzeniem. Podstawą ich rozwoju jest również aktywność bioelektryczna neuronów, jednak nie musi być ona wywołana bodźcami świetlnymi. Wystarczające są spontaniczne wyładowania komórek zwojowych rozprzestrzeniające się falami poprzez siatkówkę. Paczki wyładowań w obu siatkówkach są niezgodne w fazie. Uważa się, że przesunięcie to jest odpowiedzialne za segregację sygnałów dochodzących z lewego i prawego oka do wyższych pięter układu wzrokowego. Spontaniczne wyładowania neuronów zwojowych siatkówki aktywują prawdopodobnie receptory NMDA, pokazano bowiem, że antagonista tych receptorów, AP5, blokuje aktywność neuronów układu wzrokowego (podobnie jak TTX) i zaburza segregację wejść z obu oczu. Mimo że kolumny dominacji ocznej u naczelnych wykształcają się w okresie płodowym, to poddają się zmianom plastycznym jeszcze przez 6 tygodni po urodzeniu.

P6 CZYNNIKI NEUROTROFICZNE

Hasła

| Czynniki neurotroficzne | Czynniki neurotroficzne wspomagają przeżywanie neuronów dzięki temu, że blokują proces apoptozy. Dzielą się one na trzy duże klasy: neurotrofiny, czynniki wzrostowe i cytokiny. |

Neurotrofiny
Czynnik wzrostu nerwów (ang. nerve growth factor, NGF) wspomaga przeżywanie neuronów czuciowych w zwojach korzeni grzbietowych i neuronów współczulnych. Inne neurotrofiny, takie jak czynnik neurotroficzny pochodzący z mózgu (ang. brain derived neurotrophic factor, BDNF) oraz neurotrofiny 3–6 (NT 3–6) zapewniają przeżywanie neuronów w ośrodkowym układzie nerwowym. Wszystkie mają bardzo podobną budowę.

Przekazywanie sygnału przez neurotrofiny
Neurotrofiny wiążą się z dwoma rodzajami receptorów. Receptory o wysokim powinowactwie wiązania to receptory typu kinazy tyrozynowej (Trk). Połączenie z neurotrofiną powoduje dimeryzację receptorów Trk i aktywację wewnątrzbłonowej domeny kinazy tyrozynowej. Wiązanie neurotrofin z ich receptorami aktywuje trzy różne drogi przenoszenia sygnałów w komórce, co prowadzi z jednej strony do zablokowania apoptozy, a z drugiej wspomaga wzrost poprzez zmianę ekspresji genów.

Działanie neurotrofin
Aby przeżyć, różne klasy neuronów wymagają różnych neurotrofin. Wrażliwość neuronów danego typu na neurotrofiny zmienia się w trakcie rozwoju. Neurotrofiny mogą być wydzielane przez tkanki, które rosnące aksony spotykają po drodze, przez tkanki docelowe wyrastających aksonów oraz przez te same neurony, które są zależne od danej neurotrofiny. W mózgu najwyższy poziom neurotrofin obserwowany jest w hipokampie. Obecność neurotrofin w tej strukturze może mieć duże znaczenie dla komórkowych mechanizmów procesu uczenia się.

Apoptoza
Szacuje się, że połowa powstałych neuronów wymiera w okresie rozwoju w procesie zwanym apoptozą (programowana śmierć komórek). Proces apoptozy różni się od procesu nekrozy (śmierć komórek wskutek ostrych uszkodzeń) tym, że nie wywołuje odpowiedzi immunologicznej. Mechanizmy apoptozy są uruchamiane w nieobecności czynników neurotroficznych i związanym z tym brakiem sygnału z receptorów Trk. Wiąże się to z przełączeniem kaskady zdarzeń biochemicznych w komórce na zwiększone wytwarzanie proteaz.

Tematy pokrewne   Wolne przekaźnictwo synaptyczne (C3)   Uczenie się z udziałem
Odnajdywanie drogi przez wzrastające   hipokampa (Q4)
aksony (P4)

Czynniki neurotroficzne

W pewnych okolicznościach wytworzone połączenia synaptyczne są eliminowane z powodu śmierci neuronów, które tworzyły te połączenia. Pozostałe synapsy zostają utrzymane dzięki dostępności czynników neurotroficznych — substancji zapobiegających apoptozie i wydzielanych w miejscach docelowych projekcji nerwowej lub pochodzących z innych źródeł. Czynniki neurotroficzne dzielą się na trzy duże klasy:

- **neurotrofiny** — odkryte jako substancje wspomagające różnicowanie i przeżywanie neuronów;
- **czynniki wzrostowe** — substancje stymulujące namnażanie się i różnicowanie wielu różnych typów komórek;
- **cytokiny** — duża i bardzo zróżnicowana grupa związków sekrecyjnych regulujących działanie układu immunologicznego.

Neurotrofiny

Pierwszym czynnikiem neurotroficznym odkrytym w organizmie był **czynnik wzrostu nerwów** (NGF). Wspomaga on przeżywanie neuronów czuciowych w zwojach korzeni grzbietowych (DRG) i neuronów współczulnych. W zarodkach kurcząt, którym podawano NGF, zwiększyła się liczba neuronów DRG, ponieważ mniej neuronów umierało w procesie apoptozy, a przeżywające neurony były większe i miały dłuższe aksony. Podobne zmiany obserwowano w neuronach współczulnych. Zarodki kurcząt, którym podano przeciwciała skierowane przeciw NGF, utraciły większość neuronów współczulnych. NGF jest syntetyzowany przez tkanki docelowe neuronów czuciowych i współczulnych oraz przez niektóre inne neurony. Wydzielanie NGF jest zależne od aktywności neuronu i mobilizacji jonów Ca^{2+} z magazynów wewnątrzkomórkowych. Inne neurotrofiny, takie jak **czynnik neurotroficzny pochodzący z mózgu** (BDNF) i **neurotrofiny 3, 4, 5 i 6** (NT-3–6), wspomagają przeżywanie neuronów ośrodkowego układu nerwowego. Wszystkie neurotrofiny mają bardzo podobną budowę biochemiczną. Każda składa się z dwu identycznych podjednostek białkowych, liczących około 120 aminokwasów w łańcuchu i połączonych w miejscach hydrofobowych. Różne regiony cząsteczki zawierają miejsca ekspozycji aminokwasów zasadowych, które warunkują specyficzność działania poszczególnych neurotrofin.

Przekazywanie sygnału przez neurotrofiny

Neurotrofiny są rozpoznawane przez dwa typy receptorów: receptory o niskim i o wysokim powinowactwie wiązania. Receptory o niskim powinowactwie ($p75^{LNTR}$) ($K_D \approx 10^{-9}M$) blokują proces apoptozy i zwiększają wiązanie neurotrofin z receptorem o wysokim powinowactwie.

Receptory o wysokim powinowactwie ($K_D \approx 10^{-11}M$) należą do nadrodziny **receptorów typu kinazy tyrozynowej** (Trk). Są to duże białka błonowe zbudowane z trzech domen: pojedynczej domeny śródbłonowej, wewnątrzkomórkowej domeny kinazy tyrozynowej oraz położonej zewnątrzkomórkowo domeny zawierającej kilka poddomen immunoglobulinopodobnych. Zidentyfikowano trzy różne rodzaje receptorów Trk, które wiążą specyficznie różne neurotrofiny (*tab. 1*). Ich ekspresja ograniczona jest tylko do tych neuronów, które są wrażliwe na daną neurotrofinę.

Tabela 1. Specyficzność receptorów Trk

Neurotrofina	Receptor	Typ neuronów zależnych od neurotrofiny
NGF	TrkA	Wstępujące włókna receptorów bólu, neurony współczulne, neurony cholinergiczne okolicy podstawnej przodomózgowia
BDNF	TrkB	Włókna wstępujące mechanoreceptorów, komórki zwojowe siatkówki, neurony hipokampa
NT-3	TrkA, TrkB, TrkC	Włókna wstępujące proprioreceptorów i ślimaka, neurony hipokampa

Rodzina receptorów typu kinazy tyrozynowej jest bardzo liczna i oprócz klasycznych receptorów neurotrofin zawiera także receptory innych czynników wzrostowych (np. czynnik wzrostu naskórka, czynnik wzrostowy pochodzenia płytkowego), receptory insuliny i receptor efryny Eph (por. temat P4). Wszystkie te receptory cechuje wspólny mechanizm przekazywania sygnałów. Powiązanie ze specyficznym dla nich ligandem powoduje dimeryzację cząsteczek receptora (*rys. 1*) i w wyniku tego aktywację domeny kinazy tyrozynowej. To z kolei katalizuje reakcję fosforylacji reszt tyrozynowych i odsłania miejsca wiązania **domeny 2 homologii z białkami Src** (ang. Src homology domain 2, SH2) w trzech białkach efektorowych. Związanie każdego z białek SH2 powoduje aktywację trzech wewnątrzkomórkowych szlaków przekazywania sygnału kaskadą wtórnych przekaźników.

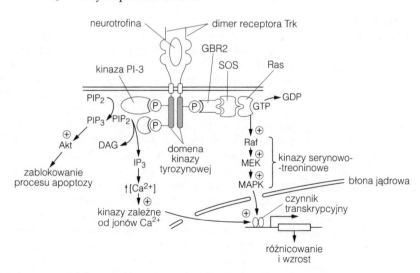

Rys. 1. Przekazywanie sygnałów przez neurotrofiny. Związanie białka SH2 z fosfotyrozyną w aktywnym dimerze receptora Trk włącza trzy drogi przekazywania sygnałów w komórce. DAG, diacyloglicerol; IP_3, inozytolo-1,4,5-trisfosforan; PI-3, kinaza fosfatydyloinozytolu 3-OH; PIP_2, fosfatydyloinozytolo-4,5-bisfosforan; PIP_3, fosfatydyloinozytolo-3,4,5-trisfosforan; SoS, czynnik wymieniający nukleotydy guaninowe

1. Związanie i fosforylacja **fosfolipazy C** (PLC-γ) powoduje powstanie diacyloglicerolu i inozytolo-1,4,5-trisfosforanu z fosfatydyloinozytolo-4,5-bisfosforanu (PIP_2) (por. temat C3). W wyniku tej reakcji dochodzi do mobilizacji wapnia z magazynów wewnątrzkomórkowych, co ma wpływ na agregację białek cytoszkieletowych i transkrypcję genów.
2. Aktywacja **kinazy fosfatydyloinozytolu-3OH** (PI-3K) powoduje przekształcenie PIP_2 do fosfatydyloinoznozytolo-3,4,5-trisfosforanu, który z kolei aktywuje kinazę serynowo-treoninową **Akt**. Pełni ona rolę inhibitora apoptozy i wspomaga przeżywanie neuronów.
3. Związanie białka adaptorowego **GBR2** powoduje połączenie receptora z kompleksem zawierającym białko wiążące 5'-guanozynotrifosforan, białko **ras**. Ma ono pewne sekwencje homologiczne z podjednostką Gα białka G. W kompleksie tym obecne jest także białko **SoS** (ang. Son of Sevenless) znane jako czynnik wymieniający nukleotydy guaninowe. W stanie nieaktywnym ras wiąże 5'-guanozynodifosforan (GDP). Białko SoS powoduje dysocjację tego kompleksu i uwolnienie GDP. W jego miejsce z białkiem ras wiąże się spontanicznie GTP. Prowadzi to do aktywacji białka ras, uwolnienia go z kompleksu z receptorem Trk i przyłączenia do kaskady kinaz białkowych aktywowanych przez mitogeny (MAP). Stanowią one liczną grupę kinaz serynowo-treoninowych, które uczestniczą w przekazywaniu sygnału w komórce dzięki kaskadowej fosforylacji kolejnych substancji z tej grupy. Ostatecznym rezultatem transdukcji sygnału z udziałem kinaz MAP jest aktywacja czynników transkrypcyjnych, które regulują ekspresję genów odpowiedzialnych za różnicowanie i wzrost.

Działanie neurotrofin

Różne klasy neuronów czuciowych w DRG potrzebują różnych neurotrofin, aby przeżyć. Wykazano to u myszy transgenicznych z wyłączonymi genami kodującymi neurotrofiny. Zwierzęta te umierały zaraz po urodzeniu, mimo że ich pierwszorzędowe włókna wstępujące różnicowały się i tworzyły połączenia synaptyczne jeszcze przed urodzeniem. U mutantów mysich z zablokowaną ekspresją genów kodujących NGF i receptor TrkA nie wykształcały się cienkie pierwszorzędowe włókna wstępujące odpowiedzialne za przenoszenie bodźców bólowych i termicznych. Z kolei myszy z wyłączonymi genami dla NT-3 i receptora TrkC utraciły duże neurony w zwojach korzeni grzbietowych, unerwiające wrzeciona mięśniowe i ścięgna. U zwierząt tych włókna wstępujące z mechanoreceptorów rozwijały się prawidłowo.

Zapotrzebowanie neuronów na neurotrofiny zmienia się w trakcie rozwoju. W bardzo wczesnej fazie rozwoju neurony czuciowe w DRG i w zwojach trójdzielnych są niezależne od dostępności neurotrofin. W miarę jednak upływu czasu ich dalszy los zależy od obecności BDNF i NT-3. Po dotarciu ich aksonów do miejsc docelowych, w tym przypadku nabłonka, tracą one wrażliwość na BDNF i NT-3 i stają się z kolei zależne od NGF, który jest wydzielany przez komórki nabłonkowe. BDNF i NT-3 wydzielane są miejscowo w mezenchymie, przez którą przechodzą rosnące aksony nerwu trójdzielnego, oraz przez ich własne neurony. Synteza i wydzielanie substancji troficznej przez te same neurony które na nią odpowiadają, nazywana jest wydzielaniem **autokrynnym**

W wielu neuronach dochodzi do równoczesnej ekspresji genów kodujących zarówno białka BDNF i NT-3, jak i białka receptorów tych neurotrofin.

Geny kodujące neurotrofiny podlegają ekspresji także w komórkach nerwowych mózgu. Neurony cholinergiczne okolicy podstawnej przodomózgowia i prążkowia są zależne od troficznego wpływu NGF przenoszonego przez receptory TrkA. Najwyższy poziom syntezy NGF obserwuje się w hipokampie. Regulacja ekspresji neurotrofin zależna jest od aktywności bioelektrycznej. Pobudzenie glutaminianergiczne docierające do hipokampa zwiększa syntezę BDNF i NGF *in vivo*, podczas gdy stymulacja GABAergiczna tych samych komórek powoduje zmniejszenie syntezy tych neurotrofin. Łącznikiem pomiędzy pobudzeniem neuronów a aktywacją genów kodujących neurotrofiny jest napływ jonów Ca^{2+} do komórki. W czasie rozwoju długotrwałego wzmocnienia synaptycznego (ang. long-term potentiation, LTP), zjawiska, które jest prawdopodobnie podłożem niektórych form uczenia się i zależy od napływu jonów Ca^{2+} (por. temat Q4), obserwowano zwiększoną syntezę neurotrofin w tężcowo stymulowanych komórkach. Możliwe zatem, że neurotrofiny mają wpływ na pewne zmiany morfologiczne w synapsach obserwowane podczas uczenia się i zapamiętywania.

Apoptoza

Szacuje się, że w okresie rozwoju połowa powstałych neuronów wymiera w procesie zwanym apoptozą (programowana śmierć komórek). Dzieje się tak, ponieważ w trakcie współzawodnictwa neuronów o wytworzenie połączeń w układzie nerwowym część z nich nie uzyskała połączeń we właściwym czasie lub też nie były one dostatecznie zaopatrywane w substancje wzrostowe. Również komórki glejowe wymierają na skutek apoptozy, jednak nie wiadomo, jak dużej liczby komórek to dotyczy. Istnieje przekonanie, że komórki są nieuchronnie skazane na śmierć w procesie apoptozy i tylko obecność substancji neurotroficznych chroni część z nich przed wymieraniem. Trudno wyjaśnić, dlaczego w trakcie rozwoju układu nerwowego dochodzi do tak dużej proliferacji komórek, które później masowo umierają. Wydaje się to nieuzasadnione ekonomicznie. Być może jednak ten nadmiar warunkuje kształtowanie się optymalnych połączeń w układzie nerwowym.

Apoptoza jest zjawiskiem różnym od nekrozy. Śmierć pasywna zwana nekrozą komórek ma szybki przebieg, wiąże się z pęcznieniem komórki, wakuolizacją cytoplazmy, po czym następuje całkowity jej rozpad i wylanie się organelli i cytoplazmy na zewnątrz. Powoduje to aktywację mikrogleju i makrofagów oraz uruchomienie procesów zapalnych (*rys. 2*). Jeżeli jednak neurony umierają aktywnie w wyniku programowanej śmierci komórek, zwanej apoptozą, to najpierw dochodzi do ich obkurczenia. Chromatyna kondensuje w pobliżu błony jądrowej (**piknotyczny** obraz jądra), po czym jądro komórki ulega fragmentacji, a następnie komórka zostaje rozerwana. Jej szczątki otoczone błoną plazmatyczną pozostają w otaczającej tkance, jako tzw. ciałka apoptyczne. Z wyjątkiem jądra, inne organelle wewnątrzkomórkowe wydają się nie uszkodzone. Ponieważ zawartość komórki nie wylewa się na zewnątrz, nie dochodzi do reakcji zapalnej. Komórki Schwanna znajdujące się w pobliżu neuro-

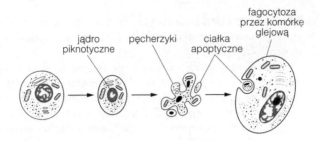

Rys. 2. Ultrastrukturalne przejawy procesu apoptozy. Chromatyna kondensuje
w pobliżu błony jądrowej (piknotyczny obraz jądra), po czym jądro komórki ulega
fragmentacji, a następnie komórka zostaje rozerwane na drobne pęcherzyki, tzw.
ciałka apoptyczne. Szczątki komórek są usuwane z tkanki na drodze fagocytozy

nów wymierających w procesie apoptozy, mimo iż normalnie nie biorą
udziału w fagocytozie, teraz pochłaniają ciałka apoptyczne.

W kontrolę procesu apoptozy zaangażowane są bardzo liczne geny,
z których wiele związanych jest z regulacją cyklu komórkowego. Bardzo
uproszczony model tego procesu przedstawia *rysunek 3*.

Sekwencja zdarzeń prowadząca do apoptotycznej śmierci komórek
jest następująca. Podczas nieobecności czynników nurotroficznych nie
dochodzi do fosforylacji cytoplazmatycznego białka **BAD**, które w formie nieufosforylowanej wiąże, działające przeciw apoptozie, białko **Bcl**
z zewnętrzną błoną mitochondrialną. Uniemożliwia to interakcję białka
Bcl z białkiem **Bax**, które tworzy homomeryczny kanał jonowy w zewnętrznej błonie mitochondrialnej. Napływ jonów przez kanał Bax powoduje

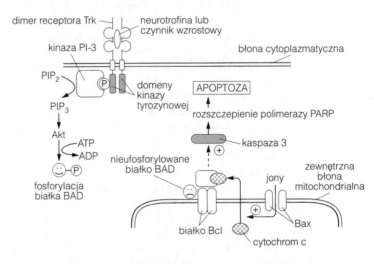

Rys. 3. Uproszczony schemat ilustrujący zdarzenia molekularne blokujące, bądź
wspomagające proces apoptozy. W obecności czynnika neurotroficznego
rozpuszczalne białko cytoplazmatyczne BAD jest fosforylowane. W formie
ufosforylowanej ma ono zdolność hamowania procesu apoptozy. Jeżeli czynnik
neurotroficzny jest niedostępny, białko BAD nie podlega fosforylacji i uruchamia
proces apoptozy (szczegóły w tekście)

uwolnienie cytochromu c z mitochondriów do cytozolu, gdzie aktywuje on proteazy cysteinowe, tzw. **kaspazy**. Jedna z nich, kaspaza-3, rozszczepia **polimerazę PARP**, kluczowy enzym w naprawie DNA. W mózgach myszy transgenicznych z wyłączonym genem kaspazy-3 obserwowano znacznie więcej komórek nerwowych i glejowych niż u zwierząt normalnych. Również liczba komórek wykazujących zmiany apoptyczne była mniejsza.

P7 ZRÓŻNICOWANIE PŁCIOWE MÓZGU

Hasła

Dymorfizm płciowy

Różnice w budowie i fizjologii mózgu, różnice w zachowaniu, a także różnice w czynnościach poznawczych pomiędzy obiema płciami nazywamy dymorfizmem płciowym. U szczurów wyraźny dymorfizm płciowy obserwuje się w podwzgórzu. Pole przedwzrokowe (ang. preoptic area, POA) podwzgórza u samców jest związane z kontrolą procesu kopulacji i tonicznego wydzielania gonadotropin, natomiast u samic reguluje cykliczne wydzielanie gonadotropin oraz cykl owulacyjny. Z kolei jądro brzuszno-przyśrodkowe jest ośrodkiem kontroli nerwowej zachowania przygotowawczego do kopulacji (lordoza) u samic. Ekspresja receptywnej postawy u samic wymaga obecności estrogenów i progesteronu. Również inne obszary mózgu (np. ciało migdałowate, hipokamp i kora oczodołowo-czołowa) wykazują dymorfizm płciowy, który może stanowić podłoże różnic obserwowanych między płciami w sposobie rozwiązywania zadań poznawczych.

Model zwierzęcy dymorfizmu płciowego mózgu u szczurów

Podłożem zróżnicowania płciowego mózgu u szczurów jest różny u obu płci wpływ hormonów w okresie krytycznym tuż przed i tuż po urodzeniu. Intensywne wydzielanie testosteronu przez jądra od 15 dnia życia płodowego do 10 dnia po urodzeniu ma zasadniczy wpływ na anatomiczną, fizjologiczną i behawioralną maskulinizację mózgu samców u szczurów. Testosteron przekształcany jest do estradiolu przez aromatazę zawartą w neuronach. W neuronach podwzgórza, hipokampa i kory oczodołowo-czołowej są receptory estradiolu, przez które wywiera on swoje działanie.

Zróżnicowanie płciowe mózgu u człowieka

Nie ma dostatecznie przekonujących dowodów na to, że u człowieka dymorfizm płciowy mózgu wykształca się również pod wpływem ekspozycji rozwijającego się układu nerwowego na działanie hormonów we wczesnym okresie płodowym. Naturalnie pojawiające się mutacje, w wyniku których mózg człowieka w okresie prenatalnym zostaje poddany działaniu dużych stężeń hormonów steroidowych, nie mają wpływu na rozwój psychiczny i płciowy. Pierwszy okres w czasie rozwoju płodu, w którym jądra wydzielają duże ilości testosteronu, zawiera się między 12 i 18 tygodniem ciąży. Jednak w tym czasie nie obserwowano w mózgu ekspresji receptorów estrogenu i androgenów. Drugi okres znacznej sekrecji testosteronu występuje w okresie okołoporodowym, kiedy w mózgu obecne są receptory androgenów i być może ma on wpływ na zróżnicowanie płciowe mózgu człowieka.

Tematy pokrewne   Neurohormonalna kontrola   Czynniki neurotroficzne (P6)
                         rozmnażania (M4)

Dymorfizm płciowy

U kręgowców mózg samicy i samca różni się zarówno pod względem struktury, jak i fizjologii. Znajduje to odzwierciedlenie w różnym u obu płci zachowaniu związanym z rozrodczością oraz różnym nabywaniu zadań poznawczych. Zróżnicowanie to nazywa się dymorfizmem płciowym. Szczególnie wyraźny jest on w podwzgórzu szczurów, u których wykształca się pod wpływem ekspozycji w okresie krytycznym układu nerwowego na działanie hormonów. Jądro przyśrodkowe pola przedwzrokowego (ang. medial preoptic area, MPOA), nazywane **dymorficznym płciowo jądrem pola przedwzrokowego** (ang. sexual dimorphic nucleus of the preoptic area, SDN-POA), jest większe u samców niż u samic. Różnica ta ustala się w okresie okołoporodowym (tzn. w czasie tuż przed i tuż po urodzeniu), gdy stężenie testosteronu jest większe u samców szczurów niż u samic. Raz ukształtowana różnica zachowuje się i nie zależy już od zmian w ilości hormonów płciowych. U samców jądro MPOA jest związane z zachowaniem kopulacyjnym i utrzymaniem tonicznego wydzielania hormonów rozrodczych, natomiast u samic jądro MPOA reguluje cykl owulacyjny. U szczurów komórki jądra MPOA syntetyzują hormon uwalniający **hormony gonadotropowe** (ang. gonadotrophin releasing hormone, GnRH), który stymuluje wydzielanie hormonu luteinizującego i hormonu folikulinowego z przedniej części przysadki (por. temat M4). U samic wydzielanie gonadotropin może być zwiększone pod wpływem dużego stężenia estrogenu wytwarzanego przez dojrzałe mieszki jajników. W zjawisku tym pośredniczą neurony POA, w których dochodzi do ekspresji receptorów estrogenu. U samców duże stężenie estrogenu nie powoduje uwalniania gonadotropin, natomiast chirurgiczne usunięcie jądra MPOA u samców szczurów i rezusów prowadzi do zaniku zachowań kopulacyjnych. Z kolei w czasie kopulacji obserwuje się u samców wysoką aktywność bioelektryczną neuronów w jądrze MPOA.

Powstawanie lordozy u samic kontrolowane jest przez brzuszno-przyśrodkowe jądro podwzgórza (ang. ventromedial hypothalamus, VMH). **Lordoza** jest przejawem receptywnego zachowania rozrodczego, w którym zmiana postawy ciała (wygięcie kręgosłupa, ekspozycja tylnej części ciała i odgięcie ogona na bok) ułatwia kopulację. Usunięcie jądra VMH uniemożliwia lordozę u samic, natomiast u zwierząt kontrolnych przejawiających lordozę rejestruje się wysoką aktywność elektryczną neuronów VMH. Zupełnie odwrotne zjawisko obserwuje się w trakcie kopulacji u samców. Aktywność neuronów VMH jest w tym czasie zablokowana przez dochodzącą do nich projekcję z jądra MPOA. Ekspresja postawy ułatwiającej kopulację u samic wymaga 24-godzinnej ekspozycji na działanie estrogenu i następnie przynajmniej godzinnej ekspozycji na progesteron. Estrogen powoduje zwiększenie gęstości receptorów dla progesteronu w jądrze VMH u samic, natomiast nie wpływa na poziom tych receptorów u samców.

Cechy dymorfizmu płciowego w podwzgórzu szczurów ilustruje *rysunek 1*.

Inne obszary mózgu u szczurów, takie jak ciało migdałowate, grzbietowa część hipokampa i kora oczodołowo-czołowa, także cechuje dymorfizm płciowy. Te okolice mózgu są związane z procesami uczenia się i pamięci w układzie nerwowym. Ich zróżnicowanie u obu płci może

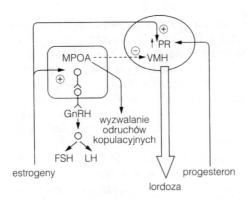

*Rys. 1. Model obrazujący związek podwzgórza z czynnościami rozrodczymi
u samic szczurów. Typowe zachowanie seksualne samic, lordoza, przejawia się
dzięki obecności progesteronu i estrogenów. Małe wielkokomórkowe jądro
przedwzrokowe (MPOA) w podwzgórzu u samic wywiera mniejszy wpływ hamujący
na jądro brzuszno-przyśrodkowe (VMH) podwzgórza niż u samców, u których jądro
MPOA jest większe. Dzięki temu u samców wykształcają się męskie zachowania
seksualne*

stanowić podłoże różnic w nabywaniu zadań poznawczych przez samice
i samce. Samce szczurów, na przykład, uczą się lepiej zadań w labiryn-
tach, natomiast samice lepiej rozwiązują zadania typu unikania.

Dymorfizm płciowy występuje także w mózgu naczelnych, w tym
u człowieka. Jednak doniesienia pokazujące, że jądro podwzgórza,
będące odpowiednikiem jądra SDN-POA u szczurów, jest większe
u mężczyzn niż u kobiet nie znalazły potwierdzenia w innych badaniach.
Natomiast spoidło przednie i inne struktury łączące obie półkule są
większe u kobiet niż u mężczyzn.

U rezusów kora oczodołowo-przedczołowa jest zaangażowana
w procesy uczenia w pewnych testach różnicowania, w których poziom
wykonania u samców jest z reguły wyższy niż u samic. Badania polegające na uszkadzaniu kory oczodołowo-przedczołowej w różnym okresie rozwoju zwierząt pokazały, że zdolność do rozwiązywania testów
różnicowania pojawia się u samców wcześniej, niż u samic. U ludzi late-
ralizacja funkcji obu półkul mózgu obserwowana jest u większości osobników. Lewa półkula wyspecjalizowana jest w rozwiązywaniu zadań
werbalnych, natomiast prawa półkula związana jest z zadaniami niewer-
balnymi i wzrokowo-przestrzennymi. Ta asymetria funkcjonalna wyra-
żona jest mocniej u mężczyzn, a u kobiet zaznacza się słabiej. W badaniach czynnościowych z użyciem techniki pozytronowej tomografii emi-
syjnej wykazano, że u kobiet w czasie zadań językowych aktywowane są
pewne obszary mózgu zarówno w prawej, jak i w lewej półkuli.
U mężczyzn w tych samych testach aktywacja obszarów w prawej
półkuli była znikoma. Mniejsza specjalizacja półkulowa w mózgu dziewczynek pozwala im przypuszczalnie zachować większą plastyczność
przez dłuższy okres niż u chłopców. Również powrót funkcji językowych po uszkodzeniu lewej półkuli jest szybszy u dziewczynek niż
u chłopców. Podłożem tego może być także większa plastyczność prawej

półkuli u dziewczynek. Zaburzenia związane z rozwojem, takie jak dysleksja, afazja i autyzm, w których uszkodzenia funkcji językowo-werbalnych są jednymi z najpoważniejszych objawów, wiążą się z dysfunkcją lewej półkuli i występują częściej u chłopców niż u dziewczynek.

Model zwierzęcy dymorfizmu płciowego mózgu u szczurów

Zróżnicowanie płciowe mózgu u szczurów jest spowodowane różną ekspozycją na działanie hormonów w okresie krytycznym, czyli w okresie okołoporodowym. Duże ilości testosteronu wydzielanego przez jądra w okresie od 15 (E15) dnia życia płodowego do 10 dnia po urodzeniu (P10) powodują maskulinizację mózgu u samców; ciąża trwa u szczurów 21 dni.

Obserwacje te zostały potwierdzone w badaniach, w których oseski szczurów poddano niewłaściwemu działaniu hormonów w pierwszych czterech dniach po urodzeniu (P1–P4). Dorosłe samice szczurów, którym w dniach P1–P4 podano testosteron, nie miały prawidłowo rozwiniętych jajników, nie reagowały zwiększonym wydzielaniem gonadotropin w odpowiedzi na estrogen i znacznie rzadziej przejawiały zachowanie typu lordozy, za to obserwowano u nich zachowania rozrodcze charakterystyczne dla samców. U tych samic jądro MPOA było większe niż u zwierząt kontrolnych. Wszelkie próby zmiany zróżnicowania płciowego mózgu u noworodków szczurzych przez podawanie hormonów kończyły się niepowodzeniem, jeżeli były podejmowane później niż 10 dni po urodzeniu.

Badania *in vitro* neuronów podwzgórza w hodowlach tkankowych wykazały, że testosteron wspomaga wyrastanie neurytów. Ten efekt troficzny ujawnia się pod warunkiem, że testosteron zostanie przekształcony do estradiolu przez enzym **aromatazę**. Estradiol z kolei wywiera swoje działanie poprzez receptory estrogenu (*rys. 2*). Wysoki poziom aromatazy obserwuje się w okresie okołoporodowym w tych samych komórkach, w których zachodzi ekspresja receptorów estrogenu. Zjawisko to zanotowano w podwzgórzu, ciele migdałowatym i innych strukturach układu limbicznego oraz w korze oczodołowo-czołowej.

Zatem maskulinizacja mózgu u szczurów wiąże się z podstawieniem grup aromatycznych (wydzielanych między dniem E15 i P10)) w cząsteczce testosteronu i jego przekształceniem do estradiolu. Ten z kolei wspomaga wzrost neuronów działając przez receptory estrogenu. Stężenie estradiolu we krwi ciężarnych samic jest największe w ostatnim okresie ciąży. Jednak u żeńskich płodów mózg nie ulega maskulinizacji, ponieważ w krwiobiegu samic występuje α-fotoproteina, która wiążąc się z estrogenami uniemożliwia im przekroczenie bariery krew–mózg (*rys. 3*).

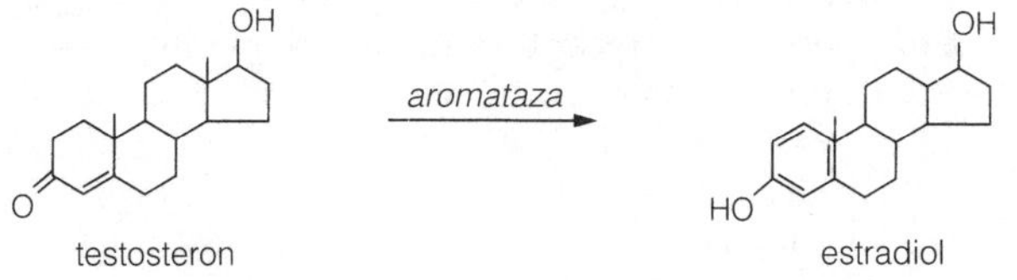

Rys. 2. Przekształcanie testosteronu do estradiolu

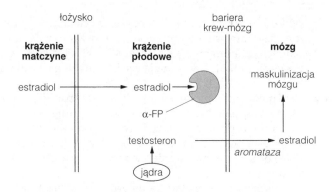

Rys. 3. Model płciowego różnicowania mózgu u szczura

Zróżnicowanie płciowe mózgu u człowieka

Jakkolwiek mózg człowieka przejawia dymorfizm płciowy, nie ma dowodów na to, że jest to skutkiem ekspozycji na działanie hormonów we wczesnym okresie rozwojowym. Dziewczynki, które w wyniku wrodzonej wady rozwojowej (**wrodzony rozrost nadnerczy**) zostały poddane działaniu dużych stężeń androgenów, nie przejawiają zwiększonej liczby męskich zachowań seksualnych, jakkolwiek częściej obserwuje się w tej grupie skłonności homoseksualne. **Zespół niewrażliwości na androgeny** jest spowodowany utratą, wskutek mutacji, funkcji genu kodującego receptory androgenu. Osobniki płci męskiej z mutacją tego genu wykształcają krótką pochwę i przejawiają drugorzędowe żeńskie cechy płciowe, ponieważ ich jądra wydzielają testosteron, który jest przekształcany do estradiolu. Osoby te wyglądają jak normalne kobiety, zachowują się jak kobiety i tworzą związki seksualne z mężczyznami, mimo że podczas rozwoju ich mózg został poddany działaniu dużych stężeń estrogenu. Oznacza to, że zwierzęcy model u szczurów nie ma zastosowania u ludzi.

Jądra męskich płodów ludzi wydzielają testosteron między 12 a 18 tygodniem ciąży. W tym czasie w podwzgórzu syntetyzowana jest także aromataza. Jednak w okresie od 12 do 24 tygodnia ciąży nie znaleziono w mózgu ani receptorów estrogenu, ani androgenów. W trakcie rozwoju obserwowano dwa inne okresy dużego stężenia testosteronu w mózgu. Pierwszy notuje się między 34 i 41 tygodniem ciąży, a drugi okresie dojrzewania płciowego. Ponieważ jednak dymorfizm płciowy w mózgu człowieka zaznacza się już w wieku 2 lat, to wpływ na to zróżnicowanie mogłaby mieć jedynie ekspozycja na duże stężenie hormonów płciowych w okresie prenatalnym. Ponadto, zespół niewrażliwości na androgeny wskazuje, że jeżeli hormony płciowe mają w ogóle wpływ na dymorfizm płciowy mózgu człowieka, to odbywa się to poprzez oddziaływanie androgenów z receptorami androgenów, nie zaś pod wpływem estrogenów.

Q1 RODZAJE UCZENIA SIĘ

Hasła

Definicja uczenia się	Uczenie się jest to powstawanie trwałych zmian zachowania będących efektem doświadczenia. Podłożem uczenia się jest plastyczność układu nerwowego, polegająca na zdolności do przebudowywania połączeń nerwowych. Zmiany nabyte pod wpływem doświadczenia są przechowywane w układzie nerwowym (pamięć) jako ślady pamięciowe lub engramy. Uprzednio wyuczone zachowania są przywoływane, wydobywane z pamięci i odtwarzane pod wpływem odpowiednich bodźców.
Pamięć deklaratywna i proceduralna	Najogólniej wyróżnia się dwa rodzaje pamięci — pamięć opisową (deklaratywną) i pamięć sposobów postępowania (proceduralną). Pamięć opisowa to pamięć doznań, o których można świadomie opowiedzieć lub wywołać jako wyobrażenie pamięciowe. Obejmuje ona pamięć epizodyczną, dotyczącą zespołu zdarzeń, które zaszły w określonym miejscu i czasie, oraz pamięć semantyczną, będącą pamięcią znaczenia słów, praw, pojęć, formuł, kategorii, twierdzeń, a także faktów i ogólnych zasad zebranych w trakcie określonego doświadczenia. Pamięć proceduralna to długotrwała pamięć zręczności ruchowej, percepcyjnej lub asocjacyjnej, która często jest wywoływana bez udziału świadomości. Wiele zdarzeń związanych z uczeniem się zawiera elementy obu kategorii pamięci.
Pamięć krótkotrwała i pamięć długotrwała	Pamięć opisowa ma przynajmniej dwie fazy zależne od czasu. Pamięć krótkotrwała (ang. short-term memory, STM) dotyczy doznań sprzed kilku sekund lub minut, ma ograniczoną pojemność i wymaga ciągłego powtarzania, aby nabywana informacja mogła zostać zatrzymana w magazynie pamięci. Pamięć krótkotrwała, czasami nazywana pamięcią bezpośrednią, oparta jest na dwu niezależnych podsystemach. W pętli fonologicznej związanej z aktywnością lewej półkuli mózgowej zatrzymywane są informacje werbalne. W pętli wzrokowo-przestrzennej związanej z aktywnością prawej półkuli zatrzymywane są natomiast informacje dotyczące relacji bodźców w przestrzeni. Pamięć długotrwała (ang. long-term memory, LTM) pozwala zachować ślady znacznej ilości doznań trwale lub przez bardzo długi czas i ma nieograniczoną pojemność. Informacja może być zatrzymywana w STM i LTM sekwencyjnie lub równolegle. Proces konsolidacji pozwala zachować informacje w magazynie LTM. Amnezja (utrata lub osłabienie pamięci, niepamięć) wskutek uszkodzeń mózgu powoduje zaburzenie lub zanik LTM, nie uszkadza natomiast STM. Utrata pamięci doznań poprzedzających przyczynę wywołującą niepamięć to amnezja wsteczna. Zaburzenie tworzenia nowych śladów pamięciowych, utrata pamięci doznań po przyczynie wywołującej niepamięć to amnezja następcza.

Nieasocjacyjne i asocjacyjne uczenie się	Pamięć proceduralna może być zarówno asocjacyjna, jak i nieasocjacyjna. Uczenie nieasocjacyjne zachodzi wówczas, gdy w środowisku występuje tylko pojedynczy rodzaj bodźca. W przypadku habituacji, powtarzający się słaby bodziec, powoduje stopniowe zmniejszenie się wrodzonej (np. ruchowej) reakcji organizmu. Sensytyzacja to przejściowe zwiększenie wrażliwości na określony rodzaj bodźca w wyniku zastosowania go po bodźcu awersyjnym, np. bólowym. Uczenie asocjacyjne wymaga zbieżności dwóch bodźców w czasie. Warunkiem koniecznym wytworzenia klasycznego odruchu warunkowego jest zbieżność w czasie bodźca warunkowego i następującego po nim bodźca bezwarunkowego, który może być bodźcem atrakcyjnym (np. pokarm) lub awersyjnym (np. szok elektryczny). Bodziec warunkowy musi zawsze występować krótko przed bodźcem bezwarunkowym. W warunkowaniu instrumentalnym zwierzęta uczą się związku, jaki zachodzi pomiędzy wykonaniem określonej reakcji ruchowej lub aktywnym powstrzymaniem się od wykonania określonego ruchu a pojawieniem się bodźca, który może być atrakcyjny (nagradzanie) lub awersyjny (karanie).

Tematy pokrewne Budowa anatomiczna i połączenia   Uczenie się z udziałem
                      podwzgórza (M1)   hipokampa (Q4)
                  Uczenie się proceduralne
                      u bezkręgowców (Q2)

Definicja uczenia się

W trakcie rozwoju w niektórych drogach nerwowych wytwarzają się połączenia, które przez całe życie pozostają trwałe i niezmienne. Te połączenia nerwowe nazywane są **połączeniami sztywnymi** i **specyficznymi**. Jednak część połączeń ulega ciągłej przebudowie nie tylko w okresie rozwoju układu nerwowego, ale także w dorosłym życiu pod wpływem nabywanego doświadczenia. Te połączenia nazywane są **połączeniami plastycznymi**, a proces ich reorganizacji jest przykładem **plastyczności** układu nerwowego. Ogólną zasadą obserwowaną w świecie zwierząt jest to, że im mniej złożony jest układ nerwowy (mówiąc wprost im mniej zawiera neuronów), tym bardziej jest on wyspecjalizowany. Zatem mniejsza jest jego zdolność do zmian adaptacyjnych (plastycznych) w odpowiedzi na zmieniające się środowisko.

Nabywanie zmian w zachowaniu i ich odtwarzanie pod wpływem danego doświadczenia jest przejawem **uczenia się**. Uczenie się jest rodzajem plastyczności w układzie nerwowym. **Pamięć** to przechowywanie nabytych zmian w zachowaniu w czasie. Biologicznym podłożem pamięci jest engram lub ślad pamięciowy. U zwierząt procesy uczenia się i pamięci można badać jedynie instrumentalnie przez **przypominanie** (ang. recall), w którym wcześniej wyuczone zachowanie wywoływane jest przez właściwy bodziec.

Pamięć deklaratywna i proceduralna

Procesy pamięciowe nie są zjawiskami jednorodnymi, podlegają one zróżnicowaniu w zależności od czasu utrzymywania się śladu pamięciowego oraz od rodzaju nabywanej informacji i stopnia świadomego zaangażowania się w zapamiętywanie i odtwarzanie informacji. Wyodrębniono różne rodzaje pamięci (*rys. 1*). W zależności od charakteru nabywanej informacji wyróżnia się dwie główne kategorie pamięci: pamięć opisową (deklaratywną) i pamięć sposobów postępowania (proceduralną). Niektórzy badacze sądzą, że istnieje trzecia duża kategoria pamięci emocjonalnej.

Pamięć deklaratywna ma najczęściej charakter pamięci świadomej, określanej po angielsku „explicit memory". Uczenie deklaratywne zachodzi szybko i wymaga niewielu prób, ale równie łatwo może być zapominane. Ta forma pamięci ulega uszkodzeniu przy amnezji. Jedną z form pamięci deklaratywnej jest pamięć epizodyczna, obejmująca miejsca i zdarzenia (np. wakacje na wyspie Bali), w której tworzone są asocjacje między określonym miejscem i czasem. Przykładem zaangażowania tej formy pamięci jest test przestrzennej nawigacji, w którym szczury uczą się skojarzeń pomiędzy miejscem ich położenia w labiryncie a wskazówkami zewnętrznymi znajdującymi się w otoczeniu. U ludzi skanowanie mózgu z wykorzystaniem techniki PET wykazało, że ta forma pamięci związana jest z przyśrodkowym płatem skroniowym i polami kory przedczołowej. Drugą kategorią pamięci deklaratywnej jest **pamięć semantyczna**, dotycząca znaczenia słów, praw, pojęć, formuł, kategorii, wyobrażeń, a także faktów i ogólnych zasad zebranych w trakcie określonego doświadczenia; wiedza, że Bali należy do Indonezji, może być przywołana bez pobytu kiedykolwiek na tej wyspie. Stąd pamięć semantyczna jest formą umiejętności „wiedzieć, że...". Skanowanie mózgu techniką PET u chorych z zaburzeniami pamięci semantycznej wykazało zmniejszoną aktywność metaboliczną tkanki mózgowej w przednim płacie skroniowym, szczególnie w lewej półkuli mózgu.

Badania u pacjentów z uszkodzeniami mózgu pokazały, że pamięć semantyczna odnosząca się do zestawów pokrewnych informacji jest podzielona na wiele kategorii, a ich engramy są zlokalizowane w różnych obszarach mózgu. Na przykład kategoria istot żywych (zwierzęta, rośliny, itp.) jest całkowicie rozdzielna z kategorią przedmiotów nieożywionych (gwiazdy, skały, narzędzia). Przypominanie sobie ściśle okreś-

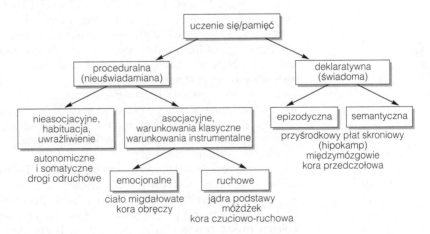

Rys. 1. Rodzaje pamięci. Pamięć epizodyczna ma również charakter asocjacyjny

lonej rzeczy wymaga aktywacji wielu miejsc w mózgu, w każdym, z których kodowane są poszczególne atrybuty (kolor, czynność, nazwa) tej rzeczy. Zasady reprezentacji wiedzy w mózgu są jak dotychczas bardzo słabo poznane. W badaniach klinicznych odnotowano przypadki pacjentów z zaburzeniami pamięci semantycznej w pojedynczej kategorii. Nie potrafili oni nazwać właściwie owoców, ale nie mieli żadnych kłopotów z prawidłowym nazywaniem warzyw.

Pamięć sposobów postępowania (**proceduralna**, ruchowa) jest formą pamięci nieuświadamianej (ang. implicit memory), dotyczącą umiejętności i nawyków, np. chodzenia, pływania, jazdy na rowerze, gry na instrumentach muzycznych. Stąd pamięć proceduralna jest formą umiejętności „wiedzieć, jak...". Pamięć ta tworzy się powoli, jej utrwalenie wymaga wielu prób i powtórzeń. W pewnym sensie jest to pamięć narastająca, ponieważ jej efektywność zwiększa się stopniowo w czasie. Wykonywanie zadań opartych na pamięci proceduralnej nie wymaga świadomego przypominania, a raz wyuczone nie ulegają zapominaniu przez lata, nawet jeżeli nie były powtarzane. Wiele umiejętności zawiera zarówno komponenty pamięci epizodycznej, jak i proceduralnej. Gra na flecie wymaga umiejętności czytania nut (pamięć deklaratywna) i właściwego przywołania sekwencji ruchowych palców oraz siły dmuchania dla wygenerowania odpowiedniego dźwięku (pamięć proceduralna).

Pamięć krótkotrwała i pamięć długotrwała

Pamięć deklaratywna ma przynajmniej dwie (a prawdopodobnie więcej) fazy powstawania w zależności od czasu. **Pamięć krótkotrwała** (STM; świeża) utrzymuje się od kilku sekund lub minut nawet do kilku godzin, ma ograniczoną pojemność, wymaga ciągłych powtórzeń i łatwo ulega zaburzeniu, jeżeli równocześnie docierają konkurujące bodźce. Ulega w sposób ciągły osłabieniu, tak że dawniejsze, nie powtarzane zdarzenia zostają wyparte przez nowo nabywane. **Pamięć długotrwała** (LTM, odległa) pozwala zachować ślady znacznej ilości doznań trwale lub przez bardzo długi czas, wydaje się, że ma niewyczerpaną pojemność i nie wymaga ciągłego powtarzania. Obie fazy można odróżnić fizjologicznie. Pamięć krótkotrwała zaburzana jest przez anestetyki lub chwilowe oziębienie mózgu. Pamięć długotrwała jest odporna na tego rodzaju procedury. Również amnezja pozwala rozróżnić obie kategorie pamięci. Pamięć krótkotrwała nie ulega zaburzeniu przy **amnezji**, natomiast LTM jest uszkodzona lub zanika przy amnezji. W zależności od chronologii zdarzeń objętych amnezją wyróżnia się dwa jej rodzaje: **amnezję wsteczną** (retrogradną), polegającą na braku pamięci zdarzeń, które miały miejsce przed pojawieniem się zaburzenia, oraz **amnezję następczą** (anterogradną), polegającą na braku zdolności uczenia się i zapamiętywania nowych zdarzeń występujących po zadziałaniu czynnika wywołującego niepamięć. Uszkodzenia mózgu często przejawiają się obiema formami amnezji.

Pamięć krótkotrwałą często bada się u ludzi jako zdolność do przypominania sobie przypadkowej sekwencji liczb prezentowanych badanemu w pojedynczej próbie. Jeżeli badany z powodzeniem zapamiętuje pięć liczb, to w następnej próbie sekwencja składa się z sześciu liczb. Każda kolejna próba zawiera jedną dodatkową liczbę. Jeżeli badany popełni błąd, to prezentowana sekwencja jest powtarzana tak długo, aż zostanie zapamiętana prawidłowo. Liczba prób koniecznych do osiągnięcia sukcesu jest odwrotnie proporcjonalna do liczby elementów w sekwencji. U osób bez uszkodzeń mózgu obserwuje się tzw. efekt prymatu — przypominają one sobie lepiej materiał z początku listy, ponieważ częściej go powtarzały, oraz **efekt świeżości** — lepsze przypominanie elementów z końca listy, ponieważ STM tych elementów jeszcze nie zanikła.

Badania u osób z uszkodzeniem kory wykazały, że w mózgu istnieją przynajmniej dwa niezależne podsystemy pamięci krótkotrwałej. Pierwszy to **pętla fonologiczna**, dzięki której wypowiedziane dźwięki są zapamiętywane dostatecznie długo, aby zapewnić płynność mowy. W ten sposób frazy i zdania mogą być zrozumiałe. Proces ten wymaga aktywności lewej półkuli mózgowej. Natomiast w **pętli wzrokowo-przestrzennej** magazynowane są aktualne informacje wzrokowe i przestrzenne. Badania z wykorzystaniem techniki PET pokazały, że ten proces pamięci związany jest z aktywnością prawej półkuli.

Związek pamięci krótkotrwałej i długotrwałej nie jest jeszcze wyjaśniony. Jeden z modeli zakłada, że większość z docierającej informacji zostaje utracona z powodu zanikania pamięci krótkotrwałej. Jednak niektóre elementy zostają wzmocnione poprzez procesy uwagi i wzbudzenia i dzięki temu przechodzą do magazynu pamięci długotrwałej. Proces ten nazywa się konsolidacją pamięci (*rys. 2*). Inna hipoteza zakłada, że informacje percepcyjne docierają równolegle do STM i LTM, przy czym niektóre elementy zostają wyselekcjonowane i zatrzymane w LTM.

W bardzo złożonych zadaniach, takich jak na przykład prowadzenie samochodu, przetwarzanie informacji wymaga równoczesnego rejestrowania wejść czuciowych z bardzo wielu źródeł, udziału pamięci krótkotrwałej i dostępności do magazynu pamięci długotrwałej. W zadanie to zaangażowana jest forma pamięci nazywana **pamięcią bezpośrednią** (ang. working memory). Jest ona rozmieszczona w wielu miejscach w mózgu. W czasie jazdy samochodem prowadzący musi równocześnie utrzymać w pamięci bezpośredniej pozycję i prędkość innych jadących (wejście czuciowe), aktualne rozmieszczenie znaków drogowych (STM) oraz cel i wyobrażenie o drodze, którą zamierza przebyć (LTM). Każdy z tych elementów jest na bieżąco aktualizowany w czasie podróży. Pamięć bezpośrednią często utożsamia się z pamięcią krótkotrwałą.

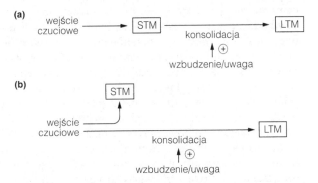

Rys. 2. Prawdopodobne czynnościowe zależności pomiędzy pamięcią krótkotrwałą (STM) i pamięcią długotrwałą (LTM); (a) model szeregowy; (b) model równoległy

Nieasocjacyjne i asocjacyjne uczenie się

Pamięć proceduralna jest wynikiem uczenia się właściwej reakcji ruchowej w odpowiedzi na dany bodziec. Uczenie się to może być dwojakiego rodzaju: nieasocjacyjne i asocjacyjne. **Uczenie nieasocjacyjne** pojawia się w odpowiedzi na tylko jeden rodzaj bodźca. Przykładem uczenia nieasocjacyjnego jest habituacja i sensytyzacja. **Habituacja** polega na stopniowym zmniejszaniu się lub zaniku reakcji (która normalnie występuje po okazjonalnej prezentacji bodźca) na słaby powtarzający się bodziec. **Sensytyzacja** to przejściowe zwiększenie wrażliwości na określony rodzaj bodźca, które pojawia się w wyniku zastosowania go po silnym bodźcu awersyjnym, np. bólowym. Procesy biochemiczne będące podłożem obu zjawisk zostały poznane u ślimaka morskiego *Aplysia californica* (por. temat Q2).

Uczenie się asocjacyjne wymaga prezentacji dwóch różnych rodzajów bodźców w krótkim odstępie czasu lub w określonym porządku. Pozwala to zwierzętom przewidzieć zależność w rodzaju: jeżeli A, to B, i dzięki temu zachować się właściwie do tej zależności. Wytwarzanie **klasycznych odruchów warunkowych** po raz pierwszy badano u psów, które uczyły się kojarzyć dźwięk dzwonka z następującym po nim podawaniem pokarmu, stanowiącym wzmocnienie w tym teście. Głodne psy na widok lub zapach pokarmu wydzielają ślinę. Pokarm w tym przypadku stanowi bodziec bezwarunkowy (ang. unconditioned stimulus, US), a wydzielanie śliny jest **reakcją bezwarunkową** na bodziec US. Reakcja bezwarunkowa znajduje się pod kontrolą połączeń nerwowych, które mają charakter połączeń sztywnych, stąd wydzielanie śliny jest odruchem automatycznym. Związek pomiędzy bodźcem US i reakcją bezwarunkową stanowi przykład specyficzności. Jeżeli dźwięk dzwonka, **bodziec warunkowy** (ang. conditioned stimulus, CS), poprzedzał w czasie podawanie psu pokarmu, to po pewnej liczbie skojarzeń tych dwóch bodźców ślina wydziela się już po włączeniu dzwonka. Teraz wydzielanie śliny jest już **reakcją warunkową**, ponieważ zwierzęta nauczyły się wydzielać ślinę po prezentacji jedynie bodźca CS. Cechą charakterystyczną wytwarzania klasycznych odruchów warunkowych jest **zasada zbieżności w czasie** (koincydencji) bodźca warunkowego i bodźca bezwarunkowego. Bodziec warunkowy ma znaczenie sygnalizacyjne i musi poprzedzać bodziec bezwarunkowy, a stosunki czasowe między bodźcami muszą być tak dobrane, aby zwierzęta mogły nauczyć się, że pomiędzy bodźcem CS i US istnieje możliwa do przewidzenia zależność. Jeżeli natomiast zaprzestać stosowania bodźca bezwarunkowego w ślad za bodźcem warunkowym, to reakcja warunkowa stopniowo zanika, aż do **wygaszenia** klasycznego odruchu warunkowego. Wygaszenie reakcji warunkowej nastąpi także, jeżeli zostaną zaburzone stosunki czasowe pomiędzy bodźcami, np. oba bodźce będą prezentowane w sposób przypadkowy. Uczenie klasycznych odruchów warunkowych ma tę zaletę, iż pozwala badać zdolności percepcyjne zwierząt. Jeżeli, na przykład, bodźcem warunkowym jest światło czerwone, to uczenie zajdzie pod warunkiem, że zwierzę potrafi rozróżnić światło czerwone od światła o innej długości fali. Wytwarzanie klasycznych odruchów warunkowych, w których bodziec US jest bodźcem bólowym, a reakcją jest strach, nosi nazwę **warunkowania awersyjnego**.

Innym rodzajem uczenia asocjacyjnego jest wytwarzanie **instrumentalnych odruchów warunkowych**. W tym przypadku zwierzęta uczą się zależności pomiędzy wykonaną własną reakcją ruchową (np. naciśnięcie dźwigni) a pojawieniem się bodźca, nazywanego **bodźcem wzmacniającym** (ang. reinforcer; np. kulki pokarmu). Bodźce wzmacniające mogą być atrakcyjne (pozytywne), czyli takie, które zwiększają prawdopodobieństwo wykonania reakcji zmierzającej do ich osiągnięcia. Mogą to być także bodźce awersyjne (negatywne), które wywołują reakcję wycofania się, w celu ich uniknięcia. Uczenie reakcji instrumentalnych wykorzystuje się do badania zachowań motywacyjnych (por. temat M1).

Q2 UCZENIE SIĘ PROCEDURALNE U BEZKRĘGOWCÓW

Hasła

Aplysia	Ślimak morski, *Aplysia*, ma stosunkowo prosty układ nerwowy. Służy zatem powszechnie w badaniach dotyczących biochemicznego podłoża procesów uczenia się. Chowanie skrzela do jamy ciała jest reakcją wywołaną podrażnieniem przez bodziec dotykowy mięsistego wyrostka zwanego syfonem. Obwód nerwowy odpowiedzialny za tę reakcję składa się z neuronów czuciowych, mających swoją reprezentację w skórze syfonu, oraz z neuronów ruchowych, które bezpośrednio unerwiają mięśnie skrzela, powodując ich skurcz i odruch wycofania.
Habituacja	Jeżeli słaby bodziec dotyka wielokrotnie syfonu, to początkowo silna reakcja wycofania skrzela ulega osłabieniu, niemal do zaniknięcia. Zjawisko to nazywa się habituacją odpowiedzi. Bodziec, który w sposób powtarzalny aktywuje synapsy pomiędzy neuronami czuciowymi i ruchowymi, powoduje zmniejszenie ilości wydzielanego neuroprzekaźnika, co w czasie kilkunastu minut powoduje osłabienie reakcji. Długotrwałej habituacji utrzymującej się przez kilka tygodni towarzyszy synteza nowych białek i eliminacja synaps.
Uwrażliwienie (sensytyzacja)	Jeżeli w sytuacji doświadczalnej, w której wytwarzano habituację odruchu cofania, podamy zwierzęciu silny bodziec bólowy (np. szok elektryczny) w okolicy głowy lub ogona, to zaobserwujemy ponownie reakcję cofania skrzela o sile przewyższającej siłę reakcji na początku habituacji. Odwrócenie habituacji nazywa się dyshabituacją lub uwrażliwieniem (sensytyzacją). Znacznie zwiększonej sile odruchu cofania towarzyszy wzrost transmisji (wydzielania serotoniny) w synapsie pomiędzy neuronem czuciowym i ruchowym. Długotrwała sensytyzacja połączona jest z transkrypcją i translacją białek związanych z tworzeniem nowych synaps.
Uczenie się asocjacyjne	Odruch cofania skrzela można u *Aplysia* wzmocnić także dzięki klasycznemu warunkowaniu reakcji behawioralnej. Wytwarzanie warunkowania odruchu cofania skrzela u *Aplysia* jest możliwe wówczas, gdy bodziec warunkowy (CS) — łagodny bodziec dotykowy w okolicy syfonu połączony jest z bodźcem bezwarunkowym (US) — szokiem elektrycznym w okolicy ogona. Podłożem biochemicznym tej formy uczenia się jest wzmocnienie mechanizmów towarzyszących sensytyzacji wywołanej przez US przez zastosowanie łagodnego bodźca warunkowego (CS).

Tematy pokrewne   Wolne przekaźnictwo synaptyczne (C3)   Uczenie się z udziałem
Napięciowozależne kanały wapniowe (C6)   hipokampa (Q4)

Aplysia

Ślimak morski, *Aplysia* (*rys. 1a*) wykorzystywany jest powszechnie w badaniach dotyczących molekularnych mechanizmów procesów uczenia się. Jego zaletą jest stosunkowo nieskomplikowany układ nerwowy zawierający około 2×10^4 neuronów umiejscowionych w 10 zwojach. Są to duże neurony, które można łatwo zidentyfikować zarówno ze względu na pełnioną czynność, jak i typ wydzielanego przez nie neuroprzekaźnika. Na *rysunku 2* przedstawiono schematycznie najprostszy obwód nerwowy, zaangażowany w procesy uczenia u *Aplysia*, które zostaną omówione w tym rozdziale. Prosta reakcja behawioralna taka jak odruch cofania skrzela u *Aplysia* służy jako model doświadczalny w badaniu procesów uczenia się. Chowanie skrzela do jamy płaszcza (odruch wycofania) jest reakcją wywołaną podrażnieniem przez bodziec dotykowy (strzyknięcie strugi morskiej wody) mięsistego wyrostka zwanego syfonem.

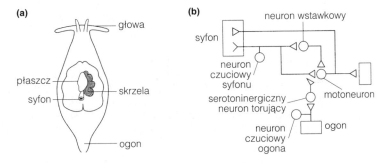

Rys. 1. Aplysia. (a) Budowa anatomiczna. (b) Obwód nerwowy zaangażowany w uczenie proceduralne odruchu wycofania skrzela

Habituacja

Dziesięciokrotne powtórzenie słabego bodźca dotykowego powoduje, że odruch wycofania u *Aplysia* ulega osłabieniu. Zjawisko to nazywane **habituacją** utrzymuje się przez kilka minut. Habituacja powoduje zmniejszenie wydzielania neuroprzekaźnika w neuronach czuciowych syfonu. Powtarzająca się stymulacja prowadzi do zwiększenia napływu jonów wapnia do zakończeń aksonalnych neuronów czuciowych, co powoduje długo utrzymującą się inaktywację kanałów wapniowych typu N i w konsekwencji zmniejszenie napływu jonów Ca^{2+}. Tego typu habituacja jest przykładem **osłabienia homosynaptycznego**, ponieważ powtarzająca się stymulacja danej synapsy wywołuje osłabienie siły tej samej synapsy. Długotrwała habituacja utrzymująca się przez kilka tygodni rozwija się wówczas, gdy wzrasta liczba powtórzeń bodźca dotykowego. Początkowo jest ona wywoływana przez te same zjawiska co habituacja krótkotrwała, jednak w miarę upływu czasu staje się zależna od syntezy białek i cechuje się zmniejszeniem liczby synaps.

Uwrażliwienie (sensytyzacja)

Jeżeli w sytuacji doświadczalnej, w której wytwarzano habituację odruchu cofania skrzela, podamy zwierzęciu bodziec bólowy (np. serię impulsów elektrycznych) w okolicy głowy lub tyłu nogi, to następny bodziec dotykowy wywoła ponownie reakcję cofania skrzela o sile przewyższającej siłę normalnej reakcji na ten bodziec. Zjawisko to nazywane

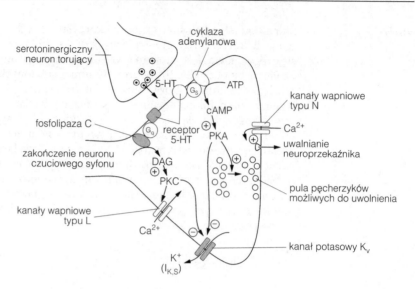

Rys. 2. Sensytyzacja u Aplysia. Kanał jonowy K⁺ jest fosforylowany zarówno przez kinazę PKA, jak i kinazę PKC, co prowadzi od zmniejszenia przepływu jonów K⁺ przez kanał I_{KS} i rozszerzenia potencjału czynnościowego. Wydłuża to czas napływu jonów Ca²⁺ przez kanały typu L do wnętrza komórki. Im większe stężenie jonów wapnia, tym większa ilość neuroprzekaźnika jest wydzielana w zakończeniu presynaptycznym. DGA, diacyloglicerol; 5-HT, serotonina

uwrażliwieniem lub sensytyzacją może utrzymywać się przez kilka minut. Podając bodziec bólowy kilkakrotnie w czasie 1,5 godziny można wywołać uwrażliwienie utrzymujące się przez kilka tygodni. Początkowe zjawiska biochemiczne są takie same w przypadku krótko- i długotrwałej sensytyzacji (*rys. 2*). Stymulacja bólowa ogona aktywuje wstawkowe neurony torujące, w których neuroprzekaźnikiem jest serotonina. Tworzą one synapsy akso-aksonalne na zakończeniach neuronów czuciowych. Serotonina działa poprzez dwa rodzaje receptorów metabotropowych zlokalizowanych w tych zakończeniach. Receptory pierwszego typu związane są z układem wtórnych przekaźników cyklicznego 3′,5′-adenozynomonofosforanu (AMP, ang. cyclic adenosime monophosphate) i kinazy białkowej PKA. Kinaza PKA fosforyluje kanał jonowy K⁺, co powoduje zmniejszenie zależnego od serotoniny prądu jonów K⁺ (I_{KS}). Prowadzi to do wydłużenia potencjału czynnościowego i zwiększenia napływu jonów Ca²⁺ do zakończeń aksonalnych. Ponadto kinaza PKA mobilizuje uwalnianie neuroprzekaźnika z dodatkowej puli pęcherzyków. Receptory serotoniny drugiego typu działają poprzez układ wtórnych przekaźników związanych z diacyloglicerolem, który aktywuje kinazę białkową PKC. W wyniku tego zostaje przedłużony czas napływu jonów Ca²⁺ do komórki. Ostatecznym efektem jest zwiększone uwalnianie neuroprzekaźnika z zakończeń neuronów czuciowych. W przeciwieństwie do habituacji torowanie jest procesem heterosynaptycznym, będącym rezultatem aktywacji neuronu wstawkowego.

Jeżeli proces uwrażliwienia poprzedzono podaniem substancji blokujących syntezę mRNA lub syntezę białek, to zjawisko to nie utrzymywało się dłużej niż 3 godziny. Dlatego krótkotrwałe uwrażliwienie można odróżnić od długotrwałego na podstawie zależności tych zjawisk od transkrypcji i translacji. Jednym z czynników, który powoduje przejście uwrażliwienia krótkotrwałego w długotrwałe, jest kinaza PKA, która zmienia ekspresję genów (*rys. 3*). Kinaza PKA fosforyluje **czynnik transkrypcyjny CREB** (ang. cAMP response element binding protein), który ulega translokacji do jądra i wiąże się z miejscem regulatorowym DNA powodując transkrypcję położonych za nim genów. Jednym z genów aktywowanych na tej drodze jest proteaza, powodująca degradację podjednostki regulatorowej PKA. Tym samym pozbawiona regulacji podjednostka katalityczna PKA pozostaje aktywna i utrzymuje długotrwałą fosforylację kanału K⁺. Długotrwała sensytyzacja połączona jest także z transkrypcją i translacją białek związanych z wyrastaniem i rozgałęzianiem się aksonów oraz z tworzeniem nowych synaps.

Uczenie się asocjacyjne

Odruch cofania skrzela można u *Aplysia* wzmocnić nie tylko na drodze sensytyzacji, ale także dzięki warunkowaniu reakcji behawioralnej. Warunkowanie jest procedurą prowadzącą do kojarzenia dwóch zdarzeń, a więc uczenia się. Wytwarzanie warunkowania odruchu cofania skrzela u *Aplysia* jest możliwe wówczas, gdy bodziec warunkowy (CS) — łagodny bodziec dotykowy w okolicy płaszcza lub syfonu połączony jest z bodźcem bezwarunkowym (US) — podrażnienie prądem tylnej części nogi. Przed treningiem sam bodziec dotykowy CS wywołuje słabą reakcję behawioralną (cofnięcie skrzela), natomiast bodziec bezwarunkowy wywołuje reakcję gwałtowną. Wielokrotne łączne stosowanie obu bodźców (CS poprzedza bodziec US o 0,5 s) prowadzi do pojawienia się silnej reakcji bezwarunkowej — cofanie skrzela w odpowiedzi jedynie na bodziec CS. Jakie są odpowiedniki komórkowe tej formy plastyczności asocjacyjnej u *Aplysia*? Z badań wynika, że w czasie uczenia się wzrasta efektywność przewodnictwa w synapsie pomiędzy neuronem czuciowym i ruchowym. Dzieje się tak dzięki modulującemu połączeniu docierającemu z neuronów torujących do zakończeń aksonalnych neuronów

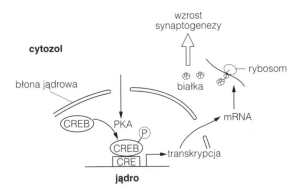

Rys. 3. Podczas długotrwałej sensytyzacji kinaza PKA aktywuje transkrypcję i translację białek związanych ze zmianami strukturalnymi połączeń synaptycznych. CRE, sekwencja odpowiedzi na cykliczny AMP; CREB, białko wiążące się z sekwencją odpowiedzi na cAMP

czuciowych. Bodziec US aktywuje neuron torujący, powodując krótki wyrzut serotoniny w synapsie, którą aksony neuronu torującego tworzą na zakończeniach aksonalnych neuronu czuciowego (*rys. 2*). Serotonina, działając jako neuroprzekaźnik, powoduje aktywację cyklazy adenylanowej w neuronie czuciowym związanym z drogą bodźca warunkowego. Z kolei pobudzenie neuronu czuciowego wywołane bodźcem dotykowym (CS) w okolicy syfonu zwiększa wewnątrzkomórkowe stężenie jonów wapnia w neuronie czuciowym. Aktywowana przez serotoninę cyklaza adenylanowa staje się wrażliwa na jony Ca^{2+} i dlatego w odpowiedzi na pojawienie się potencjału czynnościowego związanego z bodźcem warunkowym jej aktywność wzrasta jeszcze bardziej, stymulowana zwiększonym stężeniem jonów Ca^{2+}. Cyklaza adenylanowa jest detektorem równoczesności sygnałów w układzie nerwowym. Jej aktywność jest wzmacniana dzięki niemal równoczesnemu wyrzutowi serotoniny (US) i wzrostowi stężenia jonów Ca^{2+} (CS). Warunkowanie klasyczne u *Aplysia* jest zjawiskiem specyficznym dla określonego obwodu nerwowego, bowiem tylko w zakończeniach czuciowych syfonu enzym, czyli cyklaza adenylanowa, poddana jest działaniu sygnałów wywołanych przez oba bodźce. Przerwa w czasie pomiędzy bodźcem CS i US musi być krótka, ponieważ wzrost stężenia wapnia w zakończeniach nerwowych jest szybko buforowany i stąd sygnał ten ma bardzo krótki okres trwania. Wykazano, że warunek równoczesności bodźców CS-US musi być spełniony, aby doszło do uczenia asocjacyjnego typu warunkowania klasycznego u *Aplysia*. Biochemiczny mechanizm, który wymaga, aby bodziec CS poprzedzał bodziec US, jest nieznany.

Q3 ANATOMICZNE PODŁOŻE PAMIĘCI U SSAKÓW

Hasła

Przyśrodkowy płat skroniowy	Uszkodzenie struktur w przyśrodkowym płacie skroniowym, szczególnie hipokampa, u ludzi, małp i szczurów powoduje zarówno amnezję wsteczną, jak i następczą, natomiast nie zaburza uczenia proceduralnego. Hipokamp jest strukturą szczególnie zaangażowaną w konsolidację nowo tworzonej pamięci epizodycznej w pamięć długotrwałą. U naczelnych pamięć epizodyczna dotyczy bardzo wielu kategorii nabywanej informacji. U szczurów natomiast hipokamp jest związany przede wszystkim z uczeniem przestrzennym, dzięki czemu zwierzęta, poruszając się, potrafią odnajdywać drogę.
Międzymózgowie	Struktury przyśrodkowego płata skroniowego są połączone z jądrami wzgórza i podwzgórza. Uszkodzenie tych struktur międzymózgowia u ludzi i małp (wskutek urazów lub chorób) powoduje bardzo ciężkie amnezje.
Ciało migdałowate i awersyjne uczenie się	Warunkowanie klasyczne, podczas którego obojętny bodziec warunkowy poprzedza nieprzyjemny bodziec bezwarunkowy, polega na wytwarzaniu reakcji strachu wyzwalanej przez bodziec obojętny. Tego rodzaju uczenie awersyjne zachodzi z udziałem ciała migdałowatego. Stymulacja ciała migdałowatego uruchamia odpowiedź stresową.
Ciało migdałowate i modulowanie pamięci	Poziom wzbudzenia (ang. arousal) określa prawdopodobieństwo, z jakim dana pamięć ulegnie konsolidacji. Ogólne wzbudzenie, sygnalizowane przez uwolnienie katecholamin we współczulnym układzie nerwowym, powoduje stymulację dróg wstępujących nerwu błędnego. To prowadzi do aktywacji układu noradrenergicznego w mózgu, który wysyła projekcję do hipokampa i ciała migdałowatego, powodując konsolidację pamięci. Hormony wydzielane przez struktury osi podwzgórzowo-przysadkowo-nadnerczowej również wywierają wpływ na czynność hipokampa i ciała migdałowatego. Uczenie jest najbardziej optymalne przy umiarkowanym stężeniu katecholamin i glukokortykoidów. Zbyt duże, jak i zbyt małe stężenie tych hormonów nie sprzyja uczeniu. Ciało migdałowate może zwiększać konsolidację pamięci poprzez aktywację układu cholinergicznego w okolicy podstawnej przodomózgowia, który jest związany z procesami uwagi.
Kora przedczołowa	Powiązania kory przedczołowej z płatem skroniowym i ze strukturami międzymózgowia związanymi z uczeniem się, a także

> obserwowane skutki uszkodzenia tej kory sugerują, że zarówno
> u ludzi, jak i u małp ma ona związek z zadaniami opartymi na
> pamięci bezpośredniej.
>
> **Tematy pokrewne**   Neurohormonalna kontrola   Przekaźnictwo
>   metabolizmu i wzrostu (M3)   acetylocholinergiczne (N4)
>   Przekaźnictwo noradrenergiczne   Rodzaje uczenia się (Q1)
>   (N2)   Uczenie się z udziałem
>   hipokampa (Q4)

Przyśrodkowy płat skroniowy

Większość dowodów wskazujących na udział poszczególnych struktur mózgu w tworzeniu się pamięci pochodzi z badań u osób z uszkodzeniami układu nerwowego lub u zwierząt, którym chirurgicznie usuwano niektóre struktury. W literaturze znane są najbardziej dwa szeroko opisane przypadki pacjentów, u których uszkodzenie płata skroniowego, w tym formacji hipokampa, spowodowało poważne zaburzenia procesów uczenia się i pamięci. Pierwszym był pacjent o inicjałach H.M., który cierpiał na lekooporną padaczkę. Usunięto mu chirurgicznie przyśrodkową część płatów skroniowych, obejmującą ciało migdałowate, dwie trzecie przedniego hipokampa oraz leżącą wokół korę (*rys. 1*). Operacja skończyła się sukcesem, znosząc dokuczliwe napady padaczkowe. Jednak pacjent H.M. utracił zdolność zapamiętywania nowych informacji dotyczących bodźców i zdarzeń. Uszkodzona została u niego pamięć deklaratywna, natomiast pamięć krótkotrwała oraz pamięć dawnych zdarzeń utrzymała się na dobrym poziomie. Zaobserwowano u niego częściowe uszkodzenie pamięci wstecznej, dotyczącej faktów i zdarzeń, które miały miejsce w ciągu trzech lat poprzedzających zabieg chirurgiczny. Najbardziej ostrym objawem była jednak amnezja następcza, przejawiająca się całkowitą niemożnością tworzenia nowej pamięci długotrwałej. Pacjent H.M. nie potrafił utrzymać w pamięci zdarzeń, miejsc, osób, z którymi się stykał w czasie dłuższym niż trwa pamięć krótka. Kolejne badania wykazały, że zachował on zdolność do przechowywania i użycia pewnych rodzajów informacji. Okazało się, że pacjent H.M. może nabywać umiejętności ruchowe i uczyć się przy wielokrotnym powtarzaniu niektórych zadań. Nie sprawiał mu trudności test, w którym osoba badana musi odtworzyć wzór prezentowany jako odbicie w lustrze (zadanie o nadspodziewanie dużym stopniu trudności). Problem polegał na tym, że mimo wielokrotnego powtarzania testu pacjent nigdy nie pamiętał, że wykonywał już to zadanie, stąd za każdym razem od nowa należało wyjaśnić mu zasady postępowania. Drugim znanym przypadkiem klinicznym był pacjent R.B., u którego wskutek niedotlenienia wywołanego zaburzeniem akcji serca doszło do uszkodzeń pamięci bardzo podobnych jak u pacjenta H.M., jednak nie tak ostro wyrażonych. Przeprowadzone 5 lat później badania wykazały, że niedotlenienie spowodowało obustronne uszkodzenie warstwy komórek piramidalnych w określonym obszarze hipokampa.

Najczęściej wykorzystywanym modelem zwierzęcym w badaniach nad zaburzeniami pamięci są makaki z obustronnymi chirurgicznymi

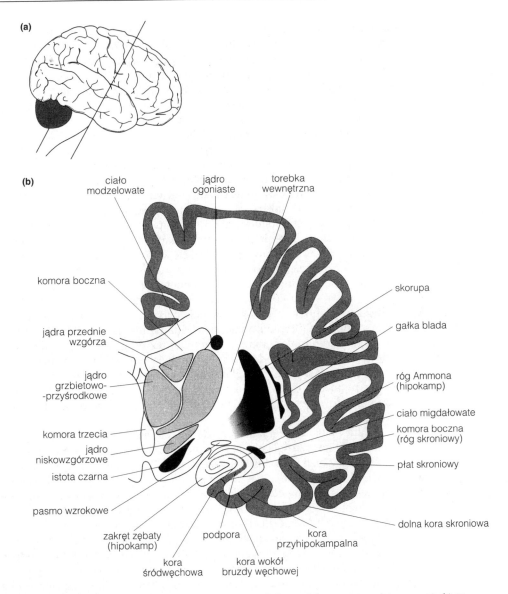

Rys. 1. Przekrój przez ludzki mózg (a) na poziomie, na którym widoczne są podstawowe struktury anatomiczne przyśrodkowego płata skroniowego (b)

uszkodzeniami płatów skroniowych. W typowych doświadczeniach zwierzęta są trenowane w teście „dobierania nie według wzoru" (ang. delay non-matching to sample, DNMS). W teście tym małpa uczy się wybierać określony przedmiot, pod którym znajduje się nagroda w postaci atrakcyjnego pokarmu. Po pewnym okresie odroczenia, kiedy zwierzę nie widzi tacy z przedmiotem i karmnikami, tacka jest prezentowana ponownie. Jednak znajdują się na niej teraz dwa przedmioty, jeden znajomy, prezentowany wcześniej, oraz drugi nowy, nigdy wcześniej nie pokazywany. Tym razem pokarm ukryty jest pod nowym obiektem wzrokowym, zatem małpa, aby zdobyć nagrodę, musi wybrać nowy przedmiot, tzn. zapamiętać, który przedmiot widziała wcześniej. Po wyuczeniu się tego zadania zwierzęta poddawane są operacjom chirurgicznym i po okresie rekonwalescencji ponownie testowane. Małpy z uszkodzeniami mózgu przejawiają po operacji amnezję następczą. Bardzo precyzyjne uszkodzenia dotyczące określonych okolic mózgu pokazały, że najbardziej ostre zaburzenia pamięci wystąpiły u tych zwierząt, u których zniszczono korę wokół bruzdy węchowej oraz korę przyhipokampalną.

U szczurów interwencje chirurgiczne ograniczające się ściśle do hipokampa powodują większe zaburzenia pamięci niż u naczelnych. Hipokamp odgrywa u szczurów szczególną rolę w uczeniu się zadań związanych z **poruszaniem w przestrzeni**. Jednym z najbardziej popularnych testów jest test w **labiryncie wodnym Morrisa**. Zadanie odbywa się w okrągłym basenie (średnica 1,3 m) wypełnionym ciepłą, nieprzezroczystą wodą. W basenie znajduje się platforma (średnica 8 cm) ukryta 1 cm pod powierzchnią wody. W trakcie kolejnych prób szczury pływają w basenie i przypadkowo odnajdują platformę, na którą mogą się wspiąć i tym samym uniknąć nieprzyjemnej konieczności długotrwałego pływania. W ciągu kolejnych sesji szczury uczą się położenia platformy odnosząc jej pozycję do wskazówek przestrzennych znajdujących się w laboratorium. Stopień wyuczenia zadania mierzy się długością czasu potrzebną do odnalezienia platformy lub też długością drogi, jaką zwierzęta przebywają, aby odnaleźć platformę. W teście tym wykonuje się też próby kontrolne, w których platforma wystaje nieco ponad powierzchnię wody, po to, aby upewnić się, że obserwowane różnice w uczeniu się nie są spowodowane innymi czynnikami, takimi jak różnice w lokomocji, postrzeganiu i motywacji.

Szczury z uszkodzeniami hipokampa, ale nie po selektywnych uszkodzeniach w korze, przejawiają znaczne zaburzenia w nabywaniu zadania w testowej wersji tego doświadczenia. Ich zachowanie nie różni się natomiast od zachowania zwierząt nie poddanych operacji w wersji kontrolnej tego eksperymentu. Doświadczenia, w których szczurom wstrzykiwano kolchicynę w celu uszkodzenia specyficznej populacji komórek hipokampalnych (komórki ziarniste zakrętu zębatego), wykazały, że hipokamp nie jest miejscem stałej lokalizacji pamięci przestrzennej. Kolchicynę podawano 1, 4, 8 i 12 tygodni po tym, jak szczury nauczyły się odnajdywać platformę, i po kolejnych dwu tygodniach testowano ponownie poziom wykonania zadania (*rys. 2*). Okazało się, że grupa, która otrzymała kolchicynę 12 tygodni po zakończeniu testu, pamiętała położenie platformy równie dobrze, jak grupa kontrolna. Wykonanie zadania

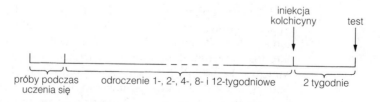

Rys. 2 Procedura badania przebiegu w czasie procesu uczenia przestrzennego u szczurów w labiryncie wodnym Morrisa

było jednak gorsze w pozostałych grupach otrzymujących iniekcje kolchicyny, przy czym stopień upośledzenia był tym większy, im krótszy był czas między pierwszym etapem doświadczenia a podaniem kolchicyny. Eksperyment ten pokazał, że hipokamp odgrywa kluczową rolę w procesie konsolidacji pamięci przestrzennej, jednak w miarę upływu czasu ślad pamięciowy przesuwa się do innych obszarów mózgu, prawdopodobnie do nowej kory. Bardzo możliwe, że amnezja wsteczna obserwowana u pacjentów z uszkodzeniami przyśrodkowego płata skroniowego jest wynikiem utraty pamięci, która z hipokampa lub sąsiadującej z nim kory nie została jeszcze przekazana do bardziej odległych obszarów w nowej korze.

Tego rodzaju specjalizacja hipokampa, dotycząca uczenia przestrzennego, może być cechą gatunkową szczura. U naczelnych hipokamp odgrywa prawdopodobnie znacznie szerszą rolę, będąc miejscem asocjacji bodźców o różnych modalnościach, dzięki czemu powstają w nim ślady pamięciowe faktów i zdarzeń. Tym samym jest on miejscem konsolidacji pamięci epizodycznej.

Międzymózgowie Z płatem skroniowym w bardzo silny sposób połączone są trzy struktury międzymózgowia, które mogą odgrywać rolę w procesach pamięciowych. Główna projekcja wychodząca z hipokampa odbywa się poprzez sklepienie i dociera do **ciał suteczkowatych** w podwzgórzu, które z kolei mają połączenia z **jądrami przednimi wzgórza**. Ponadto pola kory skroniowej i ciało migdałowate tworzą połączenia z **jądrem grzbietowo--przyśrodkowym wzgórza**. Obustronne uszkodzenia tylko jednej z tych struktur międzymózgowia powodują niezbyt ostre zaburzenia pamięci w teście dobierania nie według wzoru u małp. Natomiast łączne uszkodzenie wszystkich trzech struktur prowadzi do poważnego upośledzenia pamięci. U pacjenta N.A., który wskutek wypadku doznał uszkodzenia lewego grzbietowo-przyśrodkowego wzgórza, obserwowano zaburzenia pamięci podobne do tych, jakie przejawiał pacjent H.M., jednak nie były one tak ostre. Również objawy kliniczne **choroby Korsakoffa**, czyli amnezja wsteczna i następcza, świadczą o udziale struktur międzymózgowia w procesach poznawczych. Osoby z tą chorobą wykazują neurdegeneracyjne zmiany w jądrze grzbietowo-przyśrodkowym wzgórza, w ciałkach suteczkowatych oraz innych obszarach mózgu, które ulegają uszkodzeniu z powodu niedoboru tiaminy (witaminy B1) wywołanym długotrwałym alkoholizmem. Dlatego uważa się, że struktury przyśrodkowego płata skroniowego stanowią komponenty układu pamięciowego w mózgu.

Ciało migdałowate i awersyjne uczenie się Uczenie awersyjne lub warunkowanie strachu zachodzi wówczas, gdy neutralny bodziec warunkowy, np. dźwięk, jest łączony w czasie z bodźcem bezwarunkowym, będącym bodźcem bólowym, np. krótki szok elektryczny podany w łapy zwierzęcia. Po kilku skojarzonych prezentacjach obu bodźców dźwięk nabiera znaczenia wzmocnienia negatywnego i wywołuje warunkową reakcję strachu, na którą składają się komponenty autonomiczne, hormonalne i behawioralne. Pojawienie się wymienionych składowych reakcji strachu jest skorelowane ze zwiększoną siłą wyładowań w **jądrze środkowym** ciała migdałowatego. Uszkodzenia chirurgiczne ciała migdałowatego powodują, że zwierzęta nie są zdolne do nauczenia się warunkowej reakcji strachu. Po operacjach zaburzeniu ulega także wcześniej wyuczona reakcja. Elektryczna stymulacja ciała migdałowatego u ludzi podczas operacji chirurgicznych wywołuje odczucia relacjonowane przez pacjentów jako niepokój i strach. Połączenia czynnościowe ciała migdałowatego (*rys. 3*) wskazują na jego rolę w uczeniu awersyjnym. Wysyła ono bowiem projekcję pobudzającą do układu cholinergicznego związanego z procesami uwagi oraz do układu współczulnego, a także aktywuje uwalnianie hormonów stresu.

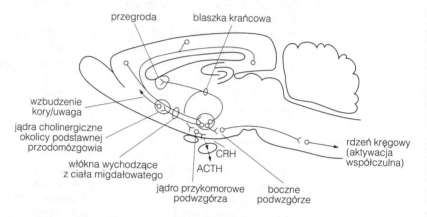

Rys. 3. Połączenia nerwowe ciała migdałowatego. CRH, hormon uwalniający kortykotropinę; ACTH, hormon adrenokortykotropowy

Ciało migdałowate i modulowanie pamięci

Procesy neronowe związane z czynnością ciała migdałowatego modulują zakres konsolidacji tworzącej się pamięci. Zdarzenia i fakty, które są ważne, wyzwalają większe wzbudzenie układu nerwowego, co zwiększa prawdopodobieństwo konsolidacji, czyli utworzenia trwałego śladu pamięciowego. Sygnałami wzbudzenia, które wywołują odpowiedź ciała migdałowatego, jest wydzielanie hormonów stresu przez gruczoły nadnerczy oraz wydzielanie wielu białkowych neuromodulatorów związanych z reakcją stresową w ośrodkowym układzie nerwowym. Adrenalektomia, czyli usunięcie nadnerczy, powoduje pogorszenie uczenia się. Przypominanie w obojętnych emocjonalnie testach na uczenie się jest łatwiejsze, jeżeli do organizmu podaje się adrenalinę lub noradrenalinę w krótkim czasie po zakończeniu początkowego uczenia się (etap nabywania). Zależność zmian w przypominaniu od dawki podanych środków farmakologicznych ma kształt odwróconej litery U. Oznacza to, że umiarkowane dawki katecholamin bardziej skutecznie poprawiają pamięć niż dawki zbyt małe lub zbyt duże. Ponieważ żadna z wymienionych substancji nie przechodzi przez barierę krew–mózg, należy sądzić, że ich działanie na ośrodkowy układ nerwowy odbywa się na obwodzie. Katecholaminy działają przez receptory β-adrenergiczne trzewnych dróg wstępujących, biegnących nerwem błędnym do jądra pasma samotnego (NTS). Projekcja z NTS aktywuje neurony noradrenergiczne w miejscu sinawym (por. temat N2), które jest częścią mózgowego układu wzbudzenia. Układ ten wysyła projekcję do ciała migdałowatego i hipokampa i tą drogą moduluje procesy pamięciowe. Elektryczna stymulacja nerwu błędnego tuż po zakończeniu etapu nabywania poprawia przypominanie zadania, przy czym zależność pomiędzy częstotliwością stymulacji i poprawą pamięci ma kształt odwróconej litery U. Przecięcie nerwu błędnego lub usunięcie NTS znosi mnemoniczny efekt podawania katecholamin.

Glukokortykoidy uwalniane podczas aktywacji osi podwzgórzowo--przysadkowo-nadnerczowej (por. temat M3) także wywierają wpływ na efektywność procesów uczenia się i zapamiętywania. Substancje te bez przeszkód przekraczają barierę krew–mózg i wywierają swoje działanie przez receptory steroidowe, których gęstość jest bardzo duża w hipokampie i ciele migdałowatym.

Małe dawki glukokortykoidów wspomagają pamięć, podczas gdy duże dawki (np. w czasie chronicznej ekspozycji na stres) uszkadzają pamięć. Jeżeli stężenie glukokortykoidów jest małe, to łączą się one z receptorami mineralokortykoidów o wysokim powinowactwie i wzmacniają siłę (wagę) synaps ważnych dla procesu uczenia się (por. temat Q4). Odwrotnie, duże stężenie glukokortykoidów powoduje pełne wysycenie receptorów o niskim powinowactwie, co blokuje wzmacnianie znaczenia synaps będących podstawą uczenia się.

W przysadce syntetyzowane jest białko prekursorowe, z którego powstaje hormon adrenokortykotropowy (ACTH) oraz białko opioidowe, β-endorfina. Obie substancje zaburzają uczenie się, działając na ośrodkowy układ nerwowy. Enkefaliny, także białka opioidowe, są wydzielane razem z katecholaminami przez gruczoły nadnerczy i powodują uszkodzenie pamięci działając obwodowo. Nalokson, antagonista receptorów opioidowych wspomaga procesy pamięci. Wiele substancji działających na receptory GABA, opioidowe lub adrenergiczne wywiera wpływ na uczenie się i zapamiętywanie poprzez modulację czynności jądra bocznego ciała migdałowatego. Przecięcie blaszki krańcowej, czyli drogi nerwowej, którą biegną odprowadzenia neuronów jąder ciała migdałowatego (rys. 3), blokuje wpływ omawianych substancji i hormonów stresu na procesy pamięciowe. Wydaje się, że projekcja noradrenergiczna w ciele migdałowatym odgrywa nadrzędną rolę w modulowaniu procesów pamięci, ponieważ mikroiniekcje antagonisty receptorów β-adrenergicznych — propranololu — znoszą wpływ większości z wymienionych substancji na pamięć. Dobrze udokumentowany jest korzystny wpływ układu cholinergicznego na procesy poznawcze. Substancje będące antagonistami receptorów muskarynowych zaburzają proces uczenia się, natomiast inhibitory esterazy acetylocholinowej poprawiają go. Modulacja pamięci przez acetylocholinę odbywa się prawdopodobnie w takich strukturach jak droga przegrodowo-hipokampalna i jądra okolicy podstawnej przodomózgowia, które otrzymują projekcję z ciała migdałowatego.

Kora przedczołowa

Kora przedczołowa (ang. prefrontal cortex, PFC) jest związana z takimi czynnościami intelektualnymi jak rozwiązywanie złożonych problemów i zachowania planowe. W czynności te zaangażowana jest pamięć bezpośrednia. Można więc sądzić, że kora przedczołowa jest miejscem przechowywania tej pamięci. Również połączenia kory przedczołwej czynią to przypuszczenie bardzo prawdopodobne. Po pierwsze, włókna kojarzeniowe tworzą zwrotne połączenia z innymi polami korowymi, co oznacza, że kora przedczołowa otrzymuje informacje wzrokowe, słuchowe i somatosensoryczne. Po drugie, kora przedczołowa jest połączona z przyśrodkowym płatem skroniowym i wzgórzem grzbietowo-przyśrodkowymi, strukturami, których rola w procesach pamięci jest dobrze udokumentowana.

W teście **przestrzennych reakcji odroczonych** przed małpą umieszczano nagrodę w jednym z dwu karmników znajdujących się na tacy testowej. Następnie oba karmniki zakrywano identycznymi płytkami i zasłaniano cała tacę. Po okresie odroczenia odsłaniano tacę, aby małpa mogła dokonać wyboru. Poprawne wykonanie tego zadania polegało na odsłonięciu płytki, pod którą była nagroda. Silne zaburzenia przestrzennych reakcji odroczonych pojawiły się po uszkodzeniu u małp kory przedczołowej. Zaburzenia były tym większe, im dłuższy był okres odroczenia między pierwszą prezentacją pokarmu a próbą wyboru.

Rejestracje czynności bioelektrycznej kory przedczołowej pokazały, że podczas testu neurony w tym obszarze ulegają wzbudzeniu zgodnie z bardzo charakterystycznym wzorcem. Pewne grupy komórek były aktywne tylko podczas okresu odroczenia, inne ulegały wzbudzeniu, gdy zwierzę obserwowało umieszczanie pokarmu w karmniku, w jeszcze innych neuronach wyładowania występowały, gdy małpie pozwalano dokonać wyboru. Wydaje się, że poszczególne obszary kory przedczołowej zajmują się analizą poszczególnych elementów danej sytuacji doświadczanej i tym samym są one odpowiedzialne za formowanie specyficznych rodzajów pamięci bezpośredniej.

U ludzi uszkodzenia kory przedczołowej również powodują zaburzenia pamięci bezpośredniej w zadaniach, które wymagają użycia świeżo zapamiętanych danych do podjęcia właściwej decyzji. Osoby z takimi uszkodzeniami mają duże trudności rysowania właściwej drogi w labi-

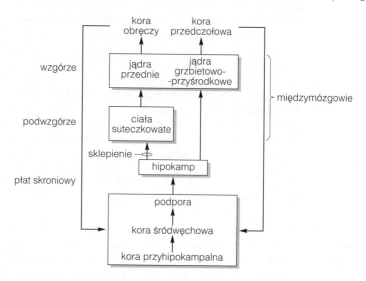

Rys. 4. Anatomiczne podłoże pamięci w przodomózgowiu u ssaków

ryntach. Popełniają one wielokrotnie te same błędy, po czym kontynuują rozwiązywanie zadania od początku labiryntu, a nie jak to czynią osoby zdrowe – od miejsca, w którym popełniły błąd. Prawdopodobny obwód nerwowy związany z mózgowym układem pamięci został przedstawiony na *rysunku 4*.

Q4 UCZENIE SIĘ Z UDZIAŁEM HIPOKAMPA

Hasła

Hipoteza map poznawczych	Istnieje hipoteza, która postuluje, że hipokamp u szczurów jest miejscem lokalizacji map poznawczych (nazywanych też przestrzennymi), aktualizowanych w sposób ciągły pod wpływem uczenia się (epizodycznego), które zachodzi, gdy zwierzę poznaje otaczające je środowisko. Mapy ułatwiają szczurom nawigację podczas ich wędrówek. Dowodem przemawiającym za hipotezą map poznawczych jest obecność w hipokampie puli neuronów, nazywanych „komórkami miejsca", które ulegają wzbudzeniu tylko wówczas, gdy szczur znajduje się w określonym położeniu w przestrzeni. Stanowi ono pole recepcyjne komórki miejsca zlokalizowanej w hipokampie. Na podstawie kombinacji wskazówek czuciowych i lokomotorycznych rejestrowanych przez układ nerwowy, w polach recepcyjnych komórek miejsca zakodowane są relacje między obiektami w środowisku.
Połączenia neuronalne w hipokampie	Wejście pobudzające w hipokampie dociera z kory śródwęchowej aksonami drogi przeszywającej, które tworzą synapsy na dendrytach komórek ziarnistych zakrętu zębatego. Aksony komórek ziarnistych (tzw. włókna mszate) tworzą z kolei połączenia synaptyczne na neuronach piramidalnych w polu CA3 hipokampa właściwego. Aksony neuronów pola CA3 wysyłają odgałęzienia, które docierają do komórek piramidalnych pola CA1 (kolaterale Schaffera) w ipsilateralnym hipokampie (położonym po tej samej stronie danej półkuli), do komórek podwzgórza i do komórek w kontralateralnym hipokampie. Ostatecznie zakończenia aksonów komórek pola CA1 tworzą synapsy na neuronach kory śródwęchwej. Wszystkie neurony opisanego obwodu są neuronami pobudzającymi, w których neuroprzekaźnikiem jest kwas glutaminowy. Ponadto, w hipokampie obecne są także hamujące, GABAergiczne neurony wstawkowe. Do hipokampa docierają również modulujące wejścia cholinergiczne, noradrenergiczne i serotoninergiczne.
Długotrwałe wzmocnienie synaptyczne (LTP)	Uważa się, że uczenie się polega na wzmocnieniu siły, inaczej wagi, synaps. Postulat Hebba głosi, że do wzmocnienia wagi synapsy dochodzi wtedy, gdy oba tworzące ją neurony ulegają równoczesnemu pobudzeniu. Synapsy, które spełniają ten warunek, nazywane są synapsami hebbowskimi. Długotrwałe wzmocnienie synaptyczne (ang. long-term potentiation, LTP) polega na zwiększeniu siły synaps i może być procesem asocjacyjnym (hebbowskim) lub nieasocjacyjnym. LTP bada się najczęściej w synapsach między neuronami piramidalnymi pola CA3 i CA1 hipokampa. W synapsach tych wytwarza się asocjacyjna forma LTP.

Zjawisko to polega na wzroście efektywności przewodzenia synaptycznego po tężcowej stymulacji (krótkotrwałym bodźcem o wysokiej częstotliwości) włókien aferentnych neuronów pola CA3. Pojedynczy bodziec, podany po stymulacji tężcowej, wywołuje wyższy pobudzający potencjał postsynaptyczny w komórkach pola CA1, niż przed tetanizacją. LTP może się utrzymywać przez wiele godzin, a nawet dni.

Komórkowe procesy fizjologiczne związane z asocjacyjną formą LTP

Zjawisko LTP ma trzy fazy: fazę indukcji, przejawiania i utrzymywania się. Indukcja LTP zależy od: aktywacji receptorów NMDA przez bodziec tężcowy, wzrostu wydzielania kwasu glutaminowego w zakończeniach aksonów neuronów CA3 i silnej depolaryzacji błony postsynaptycznej neuronów CA1. Równoczesne pobudzenie wejścia presynaptycznego i depolaryzacja błony postsynaptycznej spełniają regułę Hebba. Stwarza to warunki do otwarcia kanałów jonowych związanych z receptorami NMDA. Kanały te są jedną z dróg, którą do wnętrza komórki przechodzą jony wapnia. Masowy napływ jonów wapnia pełni kluczową rolę w indukcji LTP. Depolaryzacja błony postsynaptycznej znosi blokadę kanałów jonowych związanych z receptorem NMDA przez jony magnezu [Mg^{2+}]. Dzieje się to dzięki aktywacji innej drogi przekazywania sygnału przez kwas glutaminowy, drogi przez receptory AMPA. Aktywacja receptorów AMPA powoduje otwarcie kanału sodowego, napływ jonów Na^+ i depolaryzację błony. Ponadto na utrzymanie się zjawiska LTP mają wpływ substancje nazywane wstecznymi przekaźnikami synaptycznymi. Dyfundują one z komórki postsynaptycznej poprzez szczelinę synaptyczną w okolice zakończenia presynaptycznego, w którym aktywują jeden lub kilka przekaźników, mających wpływ na zwiększenie wydzielania kwasu glutaminowego i utrzymanie się LTP. Utrzymanie LTP dłużej niż dwie godziny wymaga transkrypcji i translacji białek, od których zależy utrwalenie morfologicznej modyfikacji synaps.

Czy LTP jest podłożem uczenia się?

Optymalne warunki indukcji LTP są bardzo podobne do tych, które towarzyszą uczeniu się zadań przestrzennych u szczurów, kiedy w hipokampie rejestrowany jest rytm teta (θ). Rytm teta jest generowany przez regularnie wyładowujące się neurony hipokampa, będące pod wpływem projekcji cholinergicznej dochodzącej z przegrody mózgu. LTP wytworzone *in vivo* może się utrzymywać nawet przez wiele miesięcy. Działanie środkami farmakologicznymi lub manipulacje genetyczne (szczepy transgeniczne) prowadzące do zaburzenia procesu generowania LTP często powodują także upośledzenie procesu uczenia się.

Tematy pokrewne

Szybkie przekaźnictwo
  synaptyczne (C2)
Sen (O4)
Rodzaje uczenia się (Q1)
Uczenie się proceduralne
  u bezkręgowców (Q2)

Anatomiczne podłoże
  pamięci u ssaków (Q3)
Uczenie się zadań
  ruchowych w móżdżku
  (Q5)

Hipoteza map poznawczych

Uważa się, że hipokamp i otaczająca go kora mózgowa u szczura są miejscami reprezentacji przestrzeni i lokalizacji zwierzęcia w stosunku do tej przestrzeni. Jest to główne założenie **hipotezy map poznawczych**, która ma jeszcze kilka dodatkowych postulatów. Po pierwsze, mapa pozwala zwierzęciu odnajdywać drogę poruszania się w środowisku, w którym żyje. Po drugie, podstawą jej tworzenia jest pamięć epizodyczna (deklaratywan), dzięki której na podstawie kojarzenia wskazówek czuciowych i ruchowych formowana jest reprezentacja własnej lokalizacji w przestrzeni. Po trzecie, tworzenie mapy nie wymaga wzmocnienia i po czwarte, mapa może być na bieżąco uaktualniana dzięki eksploracji otoczenia.

Dowodem przemawiającym za hipotezą map poznawczych jest obecność w hipokampie puli neuronów piramidalnych, nazywanych **komórkami miejsca**, które ulegają wzbudzeniu tylko wówczas, gdy szczur znajduje się w określonym położeniu w przestrzeni. W typowej sytuacji doświadczalnej szczurom implantuje się na długi czas elektrody w hipokampie, dzięki którym można rejestrować zewnątrzkomórkowo aktywność bioelektryczną neuronów. Następnie szczury umieszcza się w aparacie nazywanym labiryntem w kształcie znaku „+". Szczury eksplorując aparat uczą się relacji między labiryntem a wskazówkami wzrokowymi, znajdującymi się w pokoju doświadczalnym, i dzięki temu mogą bez trudu odnajdywać pokarm umieszczony na końcu jednego z ramion labiryntu. Labirynt można tak obracać, że zmienia się relacja między nim a otaczającymi go bodźcami zewnętrznymi. Dane położenie labiryntu w przestrzeni, które powoduje wyładowania określonej komórki, nazywane jest **polem recepcyjnym miejsca** tej komórki, analogicznie do pól recepcyjnych neuronów czuciowych (*rys. 1*). Właściwością pól recepcyjnych miejsca jest kodowanie relacji między cechami otoczenia, w którym znajdują się szczury.

● Dany szereg pól recepcyjnych miejsca stanowi reprezentację określonego środowiska.
● Nie ma zależności pomiędzy lokalizacją pól recepcyjnych miejsca w środowisku zewnętrznym a położeniem komórki miejsca w mózgu.
● Dana komórka miejsca może mieć kilka pól recepcyjnych, każde związane z odmiennym kontekstem wskazówek zewnętrznych.

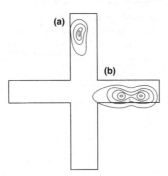

Rys. 1. Pola recepcyjne dwóch komórek miejsca (a, b) zarejestrowane podczas eksploracji przez szczury czteroramiennego labiryntu. Kontury odzwierciedlają wzrastającą siłę wyładowań w kierunku do środka pola recepcyjnego

- Pola recepcyjne miejsca przemieszczają się zgodnie z rotacją wskazówek zewnętrznych w pokoju doświadczalnym, ale utrzymują się, jeżeli w pomieszczeniu wyłączy się światło. Oznacza to, że nie są one formalnie związane z wejściem czuciowym.
- Powiększają się one lub zawężają w zależności od manipulowania rozmiarami i kształtem przestrzeni, do której się odnoszą. Pozwala to szczurom wykorzystywać wskazówki ruchowe (np. „liczba" kroków) podczas poruszania się w otoczeniu, w którym się znajdują.
- Nowe pola recepcyjne miejsca powstają wówczas, gdy szczur eksploruje nowe środowisko.
- Zmiany w znanym środowisku powodują zniknięcie istniejących wcześniej pól recepcyjnych miejsca.
- W zadaniach w labiryncie, w których szczur musi znać swoje położenie po to, aby odnaleźć pokarm, popełnienie przez zwierzę błędu powoduje, że pola recepcyjne miejsca odpowiadają niewłaściwej lokalizacji (tj. odnoszą się do miejsca, o którym szczur „myśli", że jest, a nie gdzie w rzeczywistości jest).
- U starych szczurów, które wykazują postępujący z wiekiem ubytek w uczeniu przestrzennym, pola recepcyjne miejsca cechuje mniejsza rozdzielczość przestrzenna i mniejsza niezawodność (tzn. stabilność z próby na próbę).

Połączenia neuronalne w hipokampie

Formacja hipokampa stanowi część płaszcza dawnego (allocortex), która przez bruzdę hipokampa została wpuklona do rogu dolnego komory bocznej, tworząc tam wyniosłość zwaną hipokampem właściwym lub **rogiem Ammona** (łac. cornus ammonis, CA). Do formacji tej zaliczamy także **zakręt zębaty** i **podporę**. Kora zakrętu zębatego i hipokampa właściwego jest trójwarstwowa. Natomiast podpora, która stanowi obszar przejściowy pomiędzy korą starą hipokampa a sześciowarstwową korą nową w **polu śródwęchowym**, ma sześć niezbyt wyraźnie rozgraniczonych warstw. Włókna z kory śródwęchowej docierają do hipokampa **drogą przeszywającą** i tworzą połączenia synaptyczne na dendrytach komórek ziarnistych zakrętu zębatego. Aksony **komórek ziarnistych** (włókna mszate) tworzą z kolei synapsy na neuronach piramidalnych pola CA3 hipokampa właściwego (*rys.* 2). Neurony pola CA3 wysyłają zakończenia aksonalne do komórek piramidalnych pola CA1.

Aksony komórek piramidalnych pola CA3 rozgałęziają się i tworzą:

- **włókna spoidłowe**, które docierają do hipokampa położonego w drugiej półkuli (hipokamp kontralateralny);
- włókna eferentne, które opuszczają formację hipokampa poprzez **sklepienie** i tworzą zakończenia presynaptyczne głównie na neuronach podwzgórza i wzgórza;
- kolaterale (bocznice), które zawracają i tworzą połączenia synaptyczne na tych samych lub sąsiednich komórkach CA3 (**kolaterale zwrotne**) lub na komórkach pola CA1 (**kolaterale Schaffera**).

Aksony neuronów pola CA1 docierają do podpory i kory śródwęchowej. Włókna docierające drogą przeszywającą, a także odprowadzenia komórek ziarnistych i piramidalnych są to pobudzające połączenia glutaminergiczne. W hipokampie obecne są także interneurony hamujące,

(a)

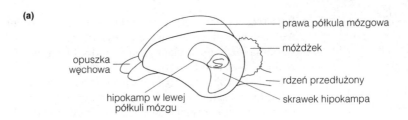

(b)

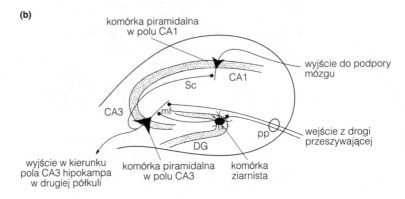

Rys. 2. Hipokamp. (a) Położenie hipokampa w lewej półkuli w stosunku do innych struktur mózgu. (b) Schematyczny rysunek skrawka hipokampa, na którym pokazano główne neurony pobudzające. Na podstawie Revest, P. i Longstaff, A. (1998); DG, zakręt zębaty; pp, droga przeszywająca; Sc, kolaterale Schaffera; mf, włókna mszate

w których przekaźnikiem jest kwas γ-aminomasłowy (GABA). Pozostałe połączenia nerwowe hipokampa to wejście cholinergiczne z przegrody mózgu oraz drogi noradrenergiczne i serotoninergiczne z układu siatkowatego pnia mózgu. Wejścia te mają charakter modulujący.

Długotrwałe wzmocnienie synaptyczne (LTP)

Kluczową tezą współczesnej neurobiologii jest twierdzenie, że uczenie się polega na zmianie siły połączeń synaptycznych, czyli na modulacji wagi synaps. Mechanizm, który mógłby być podłożem tych zmian w synapsach zaproponowany w 1949 roku przez D. O. Hebba, nazywa się **regułą Hebba**. Zgodnie z nią przekaźnictwo we wszystkich synapsach pomiędzy dwoma neuronami ulega wzmocnieniu, jeżeli neurony te zostaną pobudzone w tym samym czasie. Synapsy, które przejawiają ten rodzaj plastyczności, nazywane są **synapsami hebbowskimi** i mogą pośredniczyć w uczeniu asocjacyjnym, ponieważ działają one jako detektory równoczesności w układzie nerwowym; kojarzą wyładowania komórki pre- i postsynaptycznej. Regułę Hebba podsumowuje aforyzm „coś, co wspólnie jest pobudzane, jest także połączone ze sobą" (ang. what fires together, wires together). W układzie nerwowym opisano zjawiska, które mogą zwiększać wagę synaps — **długotrwałe wzmocnienie synaptyczne** (ang. long-term potentiation, LTP), bądź ją zmniejszać — **długotrwałe osłabienie synaptyczne** (ang. long-term depression, LTD). Oba zjawiska można obserwować w hipokampie. LTP zarejestrowano także w korze nowej, ciele migdałowatym i innych miejscach układu nerwowego, podczas gdy LTD występuje w móżdżku. Zarówno LTP, jak i LTD są uznawane za komórkowe substraty procesu uczenia się i pamięci.

LTP może być procesem zarówno asocjacyjnym (hebbowskim), jak i nieasocjacyjnym. Wzmocnienie w synapsach pomiędzy kolateralami Schaffera (ang. Schaffer collaterals, SC) i komórkami pola CA1 ma charakter asocjacyjny. Zjawisko to można badać *in vitro* na skrawkach hipokampa w hodowli tkankowej, rejestrując wewnątrz- lub zewnątrzkomórkowo aktywność bioelektryczną neuronów CA1 po elektrycznej stymulacji pęczków włókien kolaterali Schaffera (*rys. 3*). W odpowiedzi na krótką stymulację o niskiej częstotliwości kolaterali Schaffera w komórkach pola CA1 pojawia się krótkotrwały postsynaptyczny potencjał pobudzający (EPSP), wywołany wydzieleniem kwasu glutaminowego do szczeliny synaptycznej. Jeżeli włókna aferentne zostaną pobudzone serią krótkotrwałych bodźców o wysokiej częstotliwości (tzw. bodźce tężcowe lub tetaniczne, zwykle 100 Hz w ciągu 0,5 s), to pojedynczy bodziec o niskiej częstotliwości, który zostanie podany po stymulacji tężcowej, wywołuje wyższy pobudzający potencjał postsynaptyczny w komórkach pola CA1, niż przed tetanizacją. LTP może utrzymywać się w skrawkach hipokampa tak długo, jak przeżywają one w hodowli, a więc przez wiele godzin, a nawet kilka dni i charakteryzuje się następującymi cechami:

1. **Specyficznością wejścia** — drażnienie pęczków kolaterali Schaffera, nie poddanych wcześniej stymulacji tetanicznej (tężcowej), bodźcami o niskiej częstotliwości nie wywołuje zwiększenia EPSP w neuronach pola CA1.
2. **Współdziałaniem** — prawdopodobieństwo wywołania LTP wzrasta wraz ze zwiększeniem liczby aferentnych włókien kolaterali Schaffera poddanych stymulacji tetanicznej. Słabe bodźce elektryczne (tzn. niski prąd stymulacji) mimo wysokiej częstotliwości nie wywołują LTP, ponieważ pobudzają niewielką liczbę włókien aferentnych. Silne bodźce pobudzają wiele włókien jednocześnie, dlatego wywołują LTP.

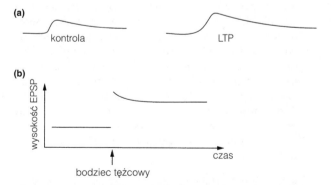

Rys. 3. LTP w skrawku hipokampa. (a) Postsynaptyczny potencjał pobudzający (EPSP) rejestrowany w komórce piramidalnej pola CA1 przed (kontrola) i po tężcowej stymulacji (LTP). (b) EPSP pozostaje podwyższony przez wiele godzin

3. **Asocjacyjnością** — Do danej komórki pola CA1 docierają kolaterale Schaffera komórek CA3 z hipokampa położonego w tej samej półkuli (tożstronnie) oraz, jako włókna spoidłowe, kolaterale Schaffera z pola CA3 hipokampa położonego w przeciwnej półkuli (przeciwstronnie). Stymulacja każdego z tych wejść słabym bodźcem o wysokiej częstotliwości nie powoduje LTP. Jeżeli jednak oba wejścia zostaną pobudzone równocześnie, jedno słabym, a drugie silnym bodźcem tetanicznym, to pobudzenie silnego wejścia spowoduje depolaryzację błony postsynaptycznej oraz rozprzestrzenianie się depolaryzacji w okolice słabego wejścia synaptycznego. Ponieważ wejście to jest także aktywne i to w sytuacji, gdy błona postsynaptyczna jest odpowiednio zdepolaryzowana, oba warunki konieczne do wywołania LTP są spełnione. Skutkiem tego jest wywołanie długotrwałego wzmocnienia synaptycznego w miejscu słabego wejścia. Tego rodzaju LTP nazywane jest **heterosynaptycznym**. W obwodzie tym powstaje także **homosynaptyczne LTP**. Zachodzi to w synapsach utworzonych przez kolaterale Schaffera drażnione silnym bodźcem tężcowym.

Komórkowe procesy fizjologiczne związane z asocjacyjną formą LTP

W błonie komórkowej neuronów CA1 występują dwa rodzaje receptorów kwasu glutaminowego, receptory AMPA i receptory NMDA. W temacie C4 opisano, że indukcja LTP wymaga aktywacji postsynaptycznych receptorów kwasu glutaminowego typu NMDA i depolaryzacji błony postsynaptycznej, wystarczająco dużej do usunięcia jonów magnezu Mg^{2+} z kanału (blokada zależna od napięcia). Tych warunków nie spełnia stymulacja SC bodźcem o niskiej częstotliwości. Ilość wydzielanego kwasu glutaminowego jest mała, aktywowana jest niewielka liczba receptorów AMPA i powstający w wyniku tego EPSP jest zbyt mały, aby mógł spowodować otwarcie kanałów związanych z receptorami NMDA. Natomiast stymulacja o wysokiej częstotliwości otwiera dużą liczbę kanałów związanych z receptorami AMPA, depolaryzując komórkę w sposób wystarczający do aktywacji receptorów NMDA. Zarówno współdziałanie, jak i asocjacyjność służą takiemu zwiększeniu depolaryzacji komórek CA1, aby doszło do otwarcia kanałów związanych z receptorami NMDA. Tetaniczna stymulacja nie jest jedynym sposobem wywołania LTP. Każdy inny sposób, który doprowadzi do wystarczającej depolaryzacji komórek CA1, włączając przeciwdziałanie hamującemu wpływowi GABA, może skutecznie wywołać LTP. Receptory NMDA są przepuszczalne dla jonów Ca^{2+}, podobnie jak dla jonów Na^+ i K^+. Jednak to wzrost stężenia jonów Ca^{2+} jest sygnałem indukującym LTP. Antagoniści receptorów NMDA, np. kompetytywny agonista, kwas D-2-amino-5-fosfonowalerianowy (AP5, APV) lub bloker otwarcia kanałów, dizokilpina (MK801), zapobiegają indukcji LTP.

Przynajmniej kilka warunków musi zostać spełnionych, aby doszło do **indukcji** LTP:

• Indukcja LTP wymaga niemal równoczesnej aktywacji neuronu presynaptycznego (uwolnienie kwasu glutaminowego do szczeliny synaptycznej) i neuronu postsynaptycznego (depolaryzacji błony postsynaptycznej). Otwarcie kanałów dla jonów wapnia pod warunkiem wystąpienia opisanej wyżej koincydencji jest cechą szczególną receptorów NMDA, co czyni LTP procesem hebbowskim (asocjacyjnym).

- Wsteczna propagacja potencjałów czynnościowych związanych z przepływem jonów wapnia (por. temat C6) w neuronach CA1 rozszerza się także na kolce dendrytyczne tych neuronów, powodując sumowanie się sygnałów powstałych w błonie perykarionu i tych powstałych w kolcach dendrytycznych. Bardzo wąskie szyjki kolców dendrytycznych powodują, że jony Ca^{2+} zostają niejako „złapane w pułapkę", i tym samym ich przedłużona obecność w kolcach dendrytycznych zwiększa efektywność sygnału. Istnieją obecnie przekonujące dowody na to, że w niektórych synapsach można wywołać LTP niezależne od receptorów NMDA, wymagające natomiast aktywacji napięciowozależnych kanałów wapniowych typu L.
- Indukcja LTP zależy także od metabotropowych receptorów glutaminianowych, wówczas gdy synapsa jest po raz pierwszy poddana stymulacji tężcowej. Wywołanie LTP w synapsie, która już „doświadczyła" tężcowej stymulacji, nie wymaga udziału metabotropowych receptorów NMDA. Pełnią więc one rolę molekularnego włącznika LTP.

Miejsce, w którym LTP ulega **ekspresji**, od wielu lat jest przedmiotem kontrowersji licznych grup badaczy. Istnieją dwie szkoły, z których jedna opowiada się za lokalizacją w błonie presynaptycznej, a druga — w błonie postsynaptycznej. Obecnie uważa się, że przynajmniej w synapsach pomiędzy neuronami pola CA3 i pola CA1 ekspresja LTP zachodzi w błonie postsynaptycznej. Przytacza się na to kilka argumentów:

- Błona postsynaptyczna staje się bardziej reaktywna na wydzielony kwas glutaminowy, ponieważ uwrażliwieniu ulegają receptory AMPA.
- **Milczące synapsy**, czyli takie, w których zwykła stymulacja o niskiej częstotliwości nie aktywuje receptorów NMDA, początkowo zawierają jedynie receptory NMDA. Jednak wskutek tetanizacji dochodzi w nich do ekspresji receptorów AMPA, dzięki czemu reagują one na stymulację pojawieniem się EPSP.
- Wskutek tetanizacji synapsy namnażają się i w miejscu, gdzie była tylko jedna, obserwuje się powstawanie dwu nowych.

Istnieją dowody eksperymentalne potwierdzające te mechanizmy. Na przykład, **zależna od wapnia i kalmoduliny kinaza białkowa II** (CaM-KII) jest głównym białkiem zgrubienia postsynaptycznego. Udowodniono, że zwiększona aktywność CaMKII utrzymuje się przez długi czas po indukcji LTP, a ponadto aktywność CaMKII jest konieczna do wywołania LTP. Zwiększając aktywność CaMKII można w pewnym stopniu naśladować zjawisko LTP. Bardziej specyficzne badania na skrawkach hipokampa *in vitro* wykazały, że CaKMII fosforyluje receptory glutaminianu inne niż NMDA. Są to receptory AMPA (podjednostka GluR1). Prowadzi to do zwiększenia przepływu jonów przez związane z nimi kanały.

Indukcja LTP w synapsach pomiędzy neuronami CA3–CA1 związana jest także z obecnością czynnika presynaptycznego. Szczególną uwagę zwraca tlenek azotu jako związek, który łączy proces indukcji LTP zależny od depolaryzacji błony postsynaptycznej z procesem utrzymania się

LTP, zależnym, zdaniem wielu badaczy, od zwiększonego uwalniania neuroprzekaźnika z neuronu presynaptycznego. NO uważany jest za substancję, która przenosi informację wstecznie od neuronu postsynaptycznego do presynaptycznego. Nazwano go w związku z tym **wstecznym przekaźnikiem plastyczności** (ang. retrograde messenger). NO jest syntetyzowany przez zależną od jonów Ca^{2+} syntazę tlenku azotu (NOS). NO dyfunduje z komórki postsynaptycznej poprzez szczelinę synaptyczną w okolice zakończenia presynaptycznego, w którym aktywuje cyklazę guanylanową, mającą wpływ na zwiększenie wydzielania kwasu glutaminowego i utrzymanie LTP.

Po jednorazowej krótkiej stymulacji tężcowej LTP utrzymuje się tylko około 2 godzin. Jednak po wielokrotnej tetanizacji LTP staje się cechą trwałą uwrażliwionych synaps. Tego rodzaju LTP nazywane jest długotrwałym LTP (ang. long-lasting LTP, L-LTP). Jego **utrzymywanie się** zależne jest od transkrypcji i translacji, ponieważ zastosowanie inhibitorów mRNA lub syntezy białek powoduje zanik tej formy LTP. W utrzymanie L-LTP zaangażowanych jest prawdopodobnie kilka mechanizmów. Nie są one dobrze poznane i nie wyjaśniają, jak zmiany morfologiczne, które pojawiły się w synapsach, są utrzymywane. Nie wiadomo też, w jaki sposób regulowany jest obrót substancji związanych z utrzymywaniem L-LTP przez bardzo długi czas po tym, jak początkowy sygnał, który wywołał te zmiany, przeminął. Do odpowiedzi na te pytania przybliżają nas nieco następujące fakty:

1. CaMKII składa się z czterech podjednostek. Ulegają one fosforylacji w sposób zależny od kalmoduliny i wzrostu stężenia jonów Ca^{2+}. Aktywacja CaMKII przez wapń i kalmodulinę prowadzi do szybkiej autofosforylacji CaMKII. W tej formie CaMKII pozostaje aktywna nawet wobec braku wapnia i kalmoduliny. Dzieje się tak, ponieważ nawet jeżeli dana podjednostka ulegnie defosforylacji, to jest ona natychmiast w sposób autonomiczny fosforylowana przez pozostałe podjednostki. W ten sposób CaMKII wydaje się trwale aktywna. Zakłada się, że pełni ona rolę molekularnego czujnika aktywności synaptycznej.

2. Innym z możliwych wtórnych przekaźników zaangażowanych w utrzymanie się LTP jest cyklaza adenylanowa i jej substrat, czyli cykliczny adenozynomonofosforan, cAMP. Jony Ca^{2+} stymulują izoformę cyklazy adenylanowej, co prowadzi do wzrostu stężenia cAMP. W konsekwencji dochodzi do długotrwałej aktywacji kinazy białkowej A, która ma wpływ na zmianę ekspresji genów w komórce. Mechanizm ten jest bardzo zbliżony do tego, jaki obserwowano podczas uczenia się u *Aplysia* (temat Q2). Kluczowe zdarzenia prowadzące do indukcji LTP przedstawia diagram na *rysunku 4*. Należy zaznaczyć, że nieco odmienne mechanizmy leżą u podłoża nieasocjacyjnego LTP, które można obserwować w synapsach innych niż te pomiędzy neuronami pola CA3 i CA1 hipokampa.

Czy LTP jest podłożem uczenia się?
Należy się zastanowić nad podstawowym pytaniem, czy zjawisko LTP jest rzeczywiście związane z procesami uczenia się i pamięci. Przeciw tej hipotezie świadczą wyniki uzyskane u zwierząt transgenicznych, u któ-

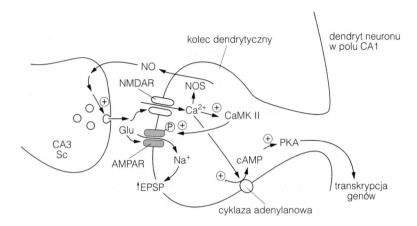

Rys. 4. Kluczowe zdarzenia molekularne zachodzące podczas indukcji LTP. Sc, kolaterale Schaffera; glu, kwas glutaminowy; AMPAR, receptory AMPA; NMDAR, receptory NMDA; NO, tlenek azotu; NOS, syntaza tlenku azotu; PKA, kinaza białkowa A; CaMKII, zależna od wapnia i kalmoduliny kinaza białkowa II

rych wskutek manipulacji genetycznych nie dochodzi do ekspresji LTP w synapsach między włóknami drogi przeszywającej i komórkami ziarnistymi zakrętu zębatego. Mimo tego defektu, zwierzęta te są zdolne do uczenia się w teście nawigacji przestrzennej. Najmniej radykalna interpretacja tych wyników postuluje, że LTP w wymienionych synapsach nie ma żadnego związku z tą formą uczenia się. Inna możliwość zakłada, że przy pomocy LTP nie można wyjaśnić procesu uczenia się.

Pewne dowody podtrzymują hipotezę, iż LTP jest przejawem uczenia się na poziomie komórkowym. Przede wszystkim tężcowa stymulacja jest zjawiskiem fizjologicznym i występuje spontanicznie w organizmie. Ponadto, wiele manipulacji zaburzających LTP powoduje także pogorszenie skuteczności uczenia się i odwrotnie. W czasie eksploracji labiryntu przez szczury w elektroencefalogramie obserwuje się rytm θ o częstotliwości 4–10 Hz. Odzwierciedla on okresowe wyładowania komórek hipokampa, będących pod wpływem projekcji cholinergicznej dochodzącej z przegrody mózgu. Podczas wyładowań θ rejestruje się także, zgodne z fazą wyładowania w komórkach miejsca. Natomiast pozostałe komórki piramidalne milczą z powodu zwiększonej aktywności interneuronów hamujących, blokujących ich aktywność. Aktywność o częstotliwości θ gwarantuje, że w określonym środowisku tylko komórki zaangażowane w proces uczenia się są aktywne. Wiadomo też, że jednym z bardziej efektywnych sposobów indukcji LTP in vitro jest zastosowanie stymulacji o parametrach rytmu θ. Prawdopodobnie rytm θ jest naturalnie występującą w układzie nerwowym stymulacją prowadzącą do uczenia się. Za hipotezą, że zmiany przewodnictwa synaps są podstawą procesów przetwarzania informacji i pamięci przemawia również ich przebieg i utrzymywanie się w czasie. U swobodnie zachowujących się szczurów, u których wytworzono LTP stymulując drogi nerwowe przez implantowane na stałe elektrody, zjawisko to utrzymywało się przez wiele miesięcy, a więc jego przebieg w czasie bardzo przypomina uczenie się.

Podawanie antagonistów receptorów NMDA powoduje nie tylko blokadę indukcji LTP, ale także uniemożliwia uczenie się w testach na pamięć przestrzenną. Zablokowanie receptorów NMDA przez kwas D-2-amino-5-fosfonowalerianowy (APV) lub dizokilpinę upośledza u szczurów proces uczenia się w labiryncie wodnym Morrisa. W testach behawioralnych myszy transgeniczne niezdolne do syntezy CaMKII uczą się gorzej od myszy kontrolnych. U innego szczepu myszy transgenicznych, których neurony pola CA1 syntetyzują niepełną formę receptora NMDA, niemożliwa jest indukcja w tym obszarze LTP zależnego od receptorów NMDA. Zwierzęta te uczą się gorzej zadań przestrzennych w teście Morrisa, w porównaniu ze zwierzętami kontrolnymi. Obserwowano też u nich degradację pól recepcyjnych i towarzyszącą temu utratę aktywności bioelektrycznej komórek miejsca.

Q5 UCZENIE SIĘ ZADAŃ RUCHOWYCH W MÓŻDŻKU

Hasła

Model Marra, Albersa i Ito	Nabywanie zadania ruchowego, w które zaangażowany jest móżdżek, powoduje osłabienie wagi synaps tworzonych przez zakończenia włókien równoległych (ang. parallel fibers, pf) na komórkach Purkinjego (ang. Purkinje cells, PC). Aktywność tych synaps zbiega się w czasie z aktywnością synaps z włókien pnących (ang. climbing fibers, cf), którymi do komórek tych docierają błędne sygnały. Zmniejszenie wagi synaps nazywa się długotrwałym osłabieniem transmisji synaptycznej (ang. long-term depression, LTD).
Wytwarzanie klasycznego odruchu warunkowego zamykania migotki u królika	U królika nagłe dmuchnięcie strumieniem powietrza w oko powoduje natychmiastowe cofnięcie gałki ocznej w głąb oczodołu i odruch zamknięcia powieki (migotki). Ten klasyczny odruch bezwarunkowy można wytworzyć korelując w czasie pojawienie się sygnału dźwiękowego z dmuchnięciem powietrza. Dźwięk aktywuje synapsy pomiędzy pf i PC tuż przed pojawieniem się sygnału wywołanego dmuchnięciem, który dociera do PC poprzez włókna pnące. Tak więc synapsy pf-PC są miejscem wytwarzania LTD. Powtarzające się wielokrotne występowanie obu bodźców w ścisłej zależności czasowej prowadzi do zmniejszenia pobudliwości komórek Purkinjego, co przekłada się na wzrost wielkości sygnału wychodzącego z móżdżku i docierającego do neuronów ruchowych odpowiedzialnych za skurcze mięśni gałek ocznych.
Długotrwałe osłabienie transmisji synaptycznej (LTD)	LTD obserwowano w korze i hipokampie, a także w móżdżku. Pojawienie się osłabienia synaptycznego w korze móżdżku wymaga równoczesnej aktywacji dwu oddzielnych wejść pobudzających komórki Purkinjego, tj. włókien pnących, co powoduje napływ jonów Ca^{2+} i włókien równoległych, co stymuluje receptory kwasu glutaminowego. Efektem tego jest odwrażliwienie receptorów AMPA w synapsach pf-PC.

Tematy pokrewne	Połączenia neuronalne w korze móżdżku (L2)	Rodzaje uczenia się (Q1)
	Funkcje móżdżku (L4)	Uczenie się z udziałem hipokampa (Q4)

Model Marra, Albersa i Ito

Podczas uczenia się zadań ruchowych w móżdżku równoczesna aktywacja dwu oddzielnych wejść pobudzających komórki Purkinjego, tj. włókien równoległych (pf) oraz włókien pnących (cf), prowadzi do osłabienia transmisji synaptycznej w synapsach, które są tworzone na komórce

Purkinjego przez zakończenia aksonalne włókien równoległych. Ten typ plastyczności w układzie nerwowym nazywany jest **długotrwałym osłabieniem synaptycznym** (LTD).

W **modelu** uczenia ruchowego **Marra, Albersa i Ito** kora czołowa (poprzez drogę korowo-mostową) aktywuje wejście włókna mszate- –włókna równoległe. Sądzi się natomiast, że włókna pnące docierające z jąder oliwki przewodzą błędne sygnały. We wszystkich synapsach pf-PC, które ulegają aktywacji przez włókna równoległe w tym samym czasie, gdy dociera do nich błędny sygnał z włókien pnących, dochodzi do długotrwałego osłabienia transmisji synaptycznej — LTD.

Waga (moc) synaps, które nie są jednocześnie aktywowane, nie zmienia się. Natomiast w następstwie aktywności włókien równoległych, sygnał, jaki dociera do komórek Purkinjego poprzez osłabione synapsy, powoduje ich mniejsze pobudzenie. Prowadzi to do osłabienia hamującego wpływu tych komórek na neurony położone w głębokich jądrach móżdżku, do których wysyłają one swoją projekcję. Ostatecznym efektem utrzymywania się LTD jest zwiększenie aktywności we włóknach wychodzących z móżdżku.

Wytwarzanie klasycznego odruchu warunkowego zamykania migotki u królika

Migotka jest trzecią powieką, która chroni gałkę oczną królika przed podrażnieniem lub uszkodzeniem. Nagłe dmuchnięcie strumieniem powietrza w oko powoduje natychmiastowe cofnięcie gałki ocznej w głąb oczodołu i automatyczne nasunięcie się migotki na oko dzięki jej naturalnej elastyczności. Jest to klasyczny odruch bezwarunkowy intensywnie badany doświadczalnie. Warunkowanie to polega na korelowaniu w czasie bodźca bezwarunkowego (US) z bodźcem warunkowym (CS), którym jest dźwięk o określonej częstotliwości. Obwód nerwowy zaangażowany w wytwarzanie odruchu zamykania migotki przedstawia *rysunek 1*.

Bodziec US, jakim jest dmuchnięcie powietrza, odbierany jest przez neurony czuciowe jądra pasma rdzeniowego nerwu trójdzielnego (piątego nerwu czaszkowego). Ruch migotki (reakcja bezwarunkowa) zależy od skurczu mięśnia retraktora gałki ocznej. Mięsień ten jest unerwiany przez siódmy nerw czaszkowy (twarzowy), którego włókna są aksonami neuronów jądra odwodzącego dodatkowego leżącego w tylnym moście. Wytwarzanie odruchu warunkowego wymaga zaangażowania móżdżku. Informacja o bodźcu US przesyłana jest włóknami pnącymi, które mają swój początek w jądrach oliwki i docierają do komórek Purkinjego kory móżdżku. Natomiast informacja o bodźcu CS dociera poprzez włókna równoległe drogą z brzusznego jądra ślimakowatego i jąder mostu do tych samych komórek. Aktywacja synaps pomiędzy włóknami równoległymi i komórkami Purkinjego przez bodziec CS na 250 ms przed dotarciem do tych synaps sygnału wywołanego bodźcem US prowadzi do długotrwałego osłabienia ich transmisji, czyli do pojawienia się LTD. Wskutek utrzymywania się LTD każdy kolejny bodziec CS docierający do komórek Purkinjego powoduje ich mniejsze pobudzenie. Ponieważ komórki Purkinjego wysyłają hamującą projekcję do jądra wsuniętego, to osłabienie ich aktywności powoduje wzrost sygnału, jaki ostatecznie dociera do neuronów ruchowych mięśni gałki ocznej drogą poprzez jądro czerwienne.

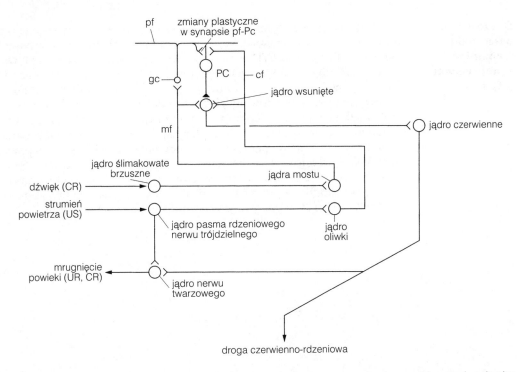

Rys. 1. Uczenie się zadań ruchowych w móżdżku. Obwód nerwowy zaangażowany w wytwarzanie odruchu warunkowego zamykania migotki u królika; pf, włókna równoległe; PC, komórki Purkinjego, CR, reakcja warunkowa; UR, reakcja bezwarunkowa; US, bodziec bezwarunkowy; cf, włókna pnące; gc, komórka ziarnista; mf, włókna mszate

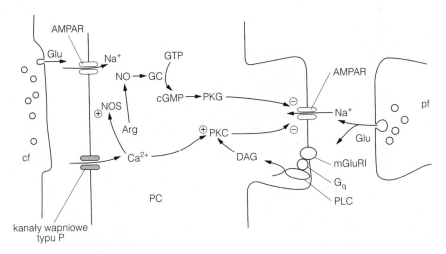

Rys. 2. Mechanizm molekularny LTD w móżdżku. glu, kwas glutaminowy; AMPAR, receptory AMPA; mGluR1, receptory metabotropowe kwasu glutaminowego typu 1; PKG, kinaza białkowa G; PKC, kinaza białkowa C; GC, cyklaza guanylanowa, PLC, fosfolipaza C; DAG, diacyloglicerol; PC, komórka Purkinjego; pf, włókna równoległe; cf, włókna pnące; G_q, białko G

Długotrwałe osłabienie transmisji synaptycznej (LTD)

LTD obserwuje się w hipokampie i korze mózgu, gdzie powstaje także zjawisko LTP, oraz w móżdżku, w którym nigdy nie udało się zaobserwować LTP. Indukcja LTD w móżdżku wymaga jednoczesnego napływu jonów Ca^{2+} do PC i aktywacji receptorów metabotropowych dla glutaminianu — mGluR1 oraz receptorów AMPA w synapsach pf-PC. Napływ jonów Ca^{2+} jest spowodowany głęboką depolaryzacją wywołaną aktywnością włókien pnących, co prowadzi do otwarcia napięciowozależnych kanałów wapniowych typu P. Receptory są aktywowane przez kwas glutaminowy uwalniany przez włókna równoległe. LTD w synapsach komórek Purkinjego jest rezultatem utrzymującego się zmniejszenia wrażliwości postsynaptycznych receptorów AMPA (*rys. 2*) spowodowanego ich fosforylacją przez kinazę białkową C i prawdopodobnie przez kinazę G, które są aktywowane w wyniku syntezy tlenku azotu.

R1 UDARY I TOKSYCZNOŚĆ POBUDZENIOWA

Hasła

Komórkowe mechanizmy udaru mózgu	Większość udarów mózgu jest spowodowana zablokowaniem tętnic mózgowych przez skrzepy krwi powstające lokalnie lub docierające z serca wraz z krwiobiegiem. W obszarze niedokrwienia (ischemii) komórki pozbawione tlenu i glukozy szybko ulegają zmianom nekrotycznym i umierają. W obszarze otaczającym miejsce zawału, czyli w półcieniu (ang. penumbra), śmierć komórek jest odroczona w czasie i spowodowana przede wszystkim nadmiernym pobudzeniem (ekscytotoksycznością) wywołanym przez wydzielany w dużych ilościach kwas glutaminowy. Nadmierne pobudzenie powoduje w tym obszarze programowaną śmierć komórek zwaną apoptozą.
Śmierć komórek wskutek nadmiernego pobudzenia	W komórkach pozbawionych dostępu tlenu zmniejsza się gwałtownie stężenie ATP, co powoduje ograniczenie aktywności pompy sodowo-potasowej. W wyniku tego do komórki napływają swobodnie jony Na^+ i Cl^-, czego skutkiem jest osmotyczne pęcznienie komórki. Wypływają zaś z niej jony K^+, prowadząc do długotrwałej depolaryzacji. Efektem nadmiernego pobudzenia komórki jest wyrzut dużych ilości neuroprzekaźnika — kwasu glutaminowgo — do szczeliny synaptycznej. Aktywizuje on receptory NMDA, AMPA i receptory metabotropowe mGluR i tym samym stymuluje napływ jonów Ca^{2+} do wnętrza neuronu. Nadmiar jonów Ca^{2+} może wyzwalać bądź zmiany nekrotyczne, bądź apoptozę. W tym drugim przypadku dzieje się tak, ponieważ jony wapnia powodują z jednej strony wzrost ilości wolnych rodników, z drugiej zaś, drogą wewnątrzkomórkowego przekazywania sygnałów, modyfikują proces transkrypcji genów. Również nadmierne wydzielanie jonów Zn^{2+} z pobudzających zakończeń synaptycznych działa w podobny sposób jak duże stężenie jonów Ca^{2+}. Ekscytotoksyczność spowodowana nadmiarem kwasu glutaminowego jest główną przyczyną prowadzącą do śmierci komórek w wielu różnych stanach neurodegeneracyjnych.
Strategie zapobiegania skutkom udarów mózgu	Większość strategii postępowania w udarach mózgu sprowadza się do ochrony komórek znajdujących się w obszarze otaczającym rdzenny obszar udaru. Poszukiwanie skutecznych leków odbywa się z wykorzystaniem zwierzęcych modeli udaru mózgu. Jednak często zdarza się, że środki skuteczne u zwierząt nie przynoszą podobnych sukcesów w postępowaniu klinicznym u ludzi. Antagoniści receptorów NMDA, inhibitory kanałów wapniowych oraz wymiatacze wolnych rodników stosowane w badaniach na zwierzętach nie okazały się użyteczne w klinice człowieka.

Najbardziej skutecznym postępowaniem u pacjentów z ostrym niedotlenieniem mózgu jest stosowanie substancji rozpuszczających skrzepy. Bardzo intensywnie bada się obecnie substancje będące antagonistami receptorów AMPA, a także inhibitory procesu apoptozy oraz związki chelatujące jony cynku.

Tematy pokrewne
Potencjał spoczynkowy (B1)
Wolne przekaźnictwo
  synaptyczne (C3)

Biologia molekularna receptorów
  (C4)
Inaktywacja neuroprzekaźnika (C7)

Komórkowe mechanizmy udaru mózgu

Większość udarów mózgu (zatorów w naczyniach) powstaje w wyniku zatkania tętnic skrzepami powstającymi bądź lokalnie, bądź docierającymi wraz krwiobiegiem z serca. Zablokowanie przepływu krwi (**ischemia**) pozbawia mózg zaopatrzenia w tlen i glukozę. W obszarze bezpośrednio pozbawionym przepływu krwi neurony oraz komórki glejowe umierają z powodu **hipoksji** (braku tlenu). Obszar ten nazywa się **rdzennym obszarem udaru**, a komórki w jego obrębie umierają z powodu nekrozy. Rdzeń udaru otacza sąsiadująca tkanka zwana **półcieniem**, penumbra. W obszarze tym występują objawy niedokrwienia, jednak może on być zaopatrywany przez dodatkowe tętnice. Komórki w obszarze półcienia mogą przeżyć niedokrwienie lub też umierają z pewnym odroczeniem w czasie, a bezpośrednią przyczyną ich śmierci nie jest brak tlenu, ale **ekscytotoksyczność** wywołana nadmiarem neuroprzekaźnika. Niedobór tlenu powoduje zwiększone wydzielanie kwasu glutaminowego przez niedotlenione neurony i aktywację receptorów glutaminianergicznych. Skutkiem tego jest masowy napływ jonów Ca^{2+} do komórki, przewyższający ich fizjologiczne stężenie w czasie normalnego pobudzenia neuronu. Patologicznie duże stężenie jonów Ca^{2+} jest mechanizmem wyzwalającym proces apoptozy prowadzącym do śmierci komórki.

Śmierć komórek wskutek nadmiernego pobudzenia

Do śmierci komórki wskutek ekscytotoksyczności prowadzi następująca kaskada zdarzeń. Podczas niedokrwienia maleje stężenie ATP, co upośledza wszystkie procesy komórkowe wymagające nakładu energii, w tym aktywność Na^+/K^+-ATPazy i pompy sodowo-potasowej. Zaburzenia w działaniu pompy kationowej powodują wzrost wewnątrzkomórkowego stężenia jonów Na^+ i w konsekwencji jonów Cl^-. Prowadzi to do wchłaniania wody przez komórkę i jej spęcznienia (*rys. 1*). Ponadto wzrasta także zewnątrzkomórkowe stężenie jonów K^+, czyniąc potencjał równowagi dla jonów potasu (E_K) bardziej dodatnim (por. równanie Nernsta, temat B1). Wywołuje to depolaryzację błony komórkowej i aktywację napięciowozależnych kanałów wapniowych. Napływ jonów Ca^{2+} do komórki uruchamia wydzielanie neuroprzekaźnika. Ponieważ większość neuronów w mózgu jest glutaminergiczna, prowadzi to do nadmiernego uwalniania kwasu glutaminowego. Wydzielanie kwasu glutaminowego kontrolowane jest przez zależny od Na^+/K^+ transporter glutaminianu (por. temat C7), który normalnie usuwa nadmiar kwasu glutaminowego ze szczeliny synaptycznej. Jego funkcjonowanie jest uzależnione od

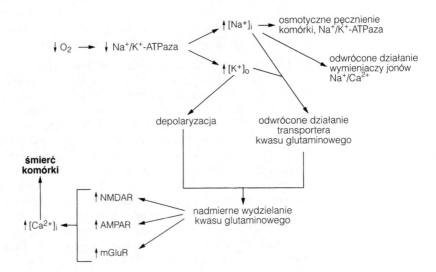

Rys. 1. Kluczowe zdarzenia prowadzące do ekscytotoksyczności i śmierci komórek w udarach mózgu spowodowanych niedokrwieniem. NMDAR, receptory NMDA; AMPAR, receptory AMPA; mGluR, receptory metabotropowe kwasu glutaminowego

dopływu energii i regulowane dzięki gradientowi stężeń jonów Na^+ i K^+ utrzymywanemu przez Na^+/K^+-ATPazę. Podczas niedokrwienia wewnątrzkomórkowe stężenie jonów Na^+ i zewnątrzkomórkowe stężenie jonów K^+ jest tak duże, że wymusza odwrócone działanie transportera kwasu glutaminowego. W konsekwencji przenosi on cząsteczki kwasu glutaminowego ze zdepolaryzowanych zakończeń aksonalnych neuronów i z astrocytów do przestrzeni pozakomórkowej.

Znaczna depolaryzacja błony komórkowej połączona z wydzielaniem kwasu glutaminowego to warunki konieczne i wystarczające do pobudzenia receptorów NMDA, co powoduje napływ jonów Ca^{2+} do komórki. Obok tej drogi są jeszcze inne prowadzące do wzrostu wewnątrzkomórkowego stężenia jonów wapnia:

- Ischemia powoduje rekrutację receptorów AMPA przepuszczalnych dla jonów Ca^{2+}.
- Stymulacja receptorów metabotropowych typu 1 (ang. metabotropic glutamate receptors, mGluR1), które są związane z wewnątrzkomórkowym przekazywaniem sygnału drogą przez fosfoinozytole, prowadzi do uwolnienia jonów wapnia z magazynów wewnątrzkomórkowych.
- Z powodu dużego wewnątrzkomórkowego stężenia jonów sodu wymieniacz jonów NA^+/Ca^{2+} działa w sposób odwrócony. Normalnie, ten system transportu zapewnia wymianę dokomórkowego prądu sodowego na przeciwprąd wapniowy i tym samym usuwanie jonów wapnia z komórki. Jednak, gdy maleje gradient sodowy, transport działa w przeciwnym kierunku, co zwiększa stężenie jonów Ca^{2+} w komórce.
- Niekontrolowany napływ jonów wapnia do komórki powoduje przeciążenie systemów transportu i buforowania, które nie są już w stanie

regulować stężenia wolnych jonów Ca^{2+} w cytoplazmie. Duże stężenie jonów wapnia uruchamia procesy prowadzące do śmierci komórki.

Bardzo duże cytoplazmatyczne stężenie jonów Ca^{2+} jest toksyczne i powoduje nekrotyczną śmierć neuronów. Natomiast nie wiadomo dokładnie, jakie stężenie jonów Ca^{2+} uruchamia proces apoptozy. Mimo że wzrost stężenia jonów Ca^{2+} jest skorelowany z procesem apoptozy, to, paradoksalnie, w kulturach tkankowych umiarkowany wzrost stężenia jonów Ca^{2+} działa jako czynnik chroniący przed apoptozą (np. przez aktywację napięciowozależnych kanałów wapniowych).

Jony cynku (Zn^{2+}), wydzielane przez niektóre pobudzające zakończenia aksonalne (np. włókna mszate – kiciaste w hipokampie), działają jak neuroprzekaźniki lub neuromodulatory w ośrodkowym układzie nerwowym, poprzez różne typy receptorów. Podczas niedokrwienia jony Zn^{2+} są uwalniane przez zakończenia nerwowe i wnikają do komórek postsynaptycznych tą samą drogą, co jony wapnia, tzn. przez kanały jonowe związane z receptorami NMDA, AMPA i przez napięciowozależne kanały wapniowe. Stężenie Zn^{2+} obserwowane w stanach niedokrwiennych jest toksyczne dla neuronów. Podawanie substancji chelatujących jony cynku tuż przed przejściowym zablokowaniem ukrwienia mózgu powoduje zmniejszenie liczby wymierających komórek nerwowych. Wydaje się, że jony Zn^{2+} wraz z jonami Ca^{2+} odgrywają główną rolę w procesach prowadzących do śmierci neuronów po udarach mózgu.

Istnieje kilka mechanizmów wymierania neuronów, w które zaangażowane są jony Ca^{2+}. Po pierwsze, jony Ca^{2+} aktywują wiele różnych enzymów, w tym endonukleazy i proteazy, których niekontrolowane działanie zaburza czynność komórek nerwowych. Po drugie, jony Ca^{2+} uruchamiają procesy nadmiernej produkcji wolnych rodników tlenowych, w tym bardzo reaktywnych anionów nadtlenkowych ($\cdot O_2^-$), które zaburzają wiele reakcji chemicznych, między innymi powodują peroksydację lipidów w błonie komórkowej. Uszkodzenia wywołane przez **wolne rodniki** prowadzą do apoptozy. Po trzecie, jony Ca^{2+}, działając poprzez kinazy białkowe, aktywują transkrypcję genów uruchamiających proces apoptozy.

Ekscytotoksyczność spowodowana nadmiarem neuroprzekaźnika prowadzi do wymierania komórek nerwowych w chorobach neurologicznych o podłożu genetycznym, np.:

● w **chorobie Huntingtona** degeneracji ulegają neurony kolczyste w prążkowiu, otrzymujące pobudzenie glutaminianergiczne z kory nowej;
● w **stwardnieniu zanikowym bocznym** (choroba układu ruchowego) obserwuje się utratę neuronów ruchowych w pniu mózgu i rdzeniu kręgowym.

Strategie zapobiegania skutkom udarów mózgu

Ponieważ neurony w obszarze rdzennym niedokrwienia umierają w bardzo krótkim czasie po zatkaniu naczyń, nie ma w zasadzie żadnych skutecznych sposobów zapobiegania tym zmianom patologicznym. Wysiłek badaczy i klinicystów skupia się na ochronie otaczającego obszar rdzeniowy półcienia i dotyczy głównie ograniczania skutków ekscytotoksyczności. Nowych leków skutecznie chroniących przed udarem poszukuje się w badaniach na zwierzętach, u których niedokrwienie wywoływane jest chirurgicznie przez zamknięcie domózgowych naczyń krwionośnych. Jednak niektóre ze strategii skutecznych u zwierząt nie przynoszą pożądanych efektów w postępowaniu klinicznym u ludzi. Do najczęściej stosowanych strategii należą:

1. W ostrych stanach niedokrwiennych podawany jest **tkankowy aktywator plazminogenu**. To endogenne białko trombolityczne ma zdolność rozpuszczania skrzepów. Postępowanie to nie może być jednak stosowane w udarach krwotocznych spowodowanych przerwaniem naczyń krwionośnych.

2. Podawanie antagonistów receptorów NMDA, czyli APV, dizokilpiny i dekstrofanu, powoduje ograniczenie obszaru półcienia u zwierząt, jednak nie okazało się skuteczną strategią u ludzi. Może to sugerować, że u ludzi aktywacja receptorów NMDA nie jest tak bardzo istotna w rozwoju ekscytotoksyczności. Okazało się, że w przypadku neuronów piramidalnych pola CA1 hipokampa lepsze ochronne działanie wywierają antagoniści receptorów AMPA. Jednym z najbardziej skutecznych sposobów zapobiegania ogniskowemu niedokrwieniu u szczurów jest łączne podawanie antagonistów receptorów glutaminianergicznych i inhibitorów apoptozy, np. cykloheksymidu.

3. Antagoniści kanałów wapniowych z grupy nimodypiny blokują napływ jonów Ca^{2+} poprzez kanały typu L. Kanały te nie są bezpośrednio związane z uwalnianiem neuroprzekaźnika, jednak ich obecność w błonie neuronów piramidalnych może świadczyć, że stanowią one główną drogę napływu jonów wapnia do komórki. Niestety leki te nie są skuteczne w postępowaniu klinicznym.

4. Wymiatacze wolnych rodników, które blokują późne etapy rozwoju ekscytotoksyczności, skutecznie ograniczają skutki ogniskowego niedokrwienia, jednak, podobnie jak wiele innych terapeutyków skutecznych u zwierząt, nie mają tak korzystnego działania u ludzi.

5. Dotąd niedostatecznie przebadanym, ale prawdopodobnym sposobem zapobiegania skutkom niedokrwienia może być zablokowanie napływu jonów Zn^{2+} do komórki.

6. Nadzieje wiąże się także z metodami zapobiegającymi apoptotycznej śmierci komórek.

R2 PADACZKA

Hasła

| Rodzaje padaczek |

Padaczka charakteryzuje się nawracającymi napadami padaczkowymi, krótkimi epizodami nienormalnej synchronizacji wyładowań czynnościowych komórek nerwowych. Padaczka może być nabyta (czynnikami ryzyka są urazy głowy, nowotwory mózgu i choroby neurodegeneracyjne) lub dziedziczona. Uogólnione (toniczno-kloniczne oraz napady nieświadomości) napady padaczkowe obejmują duży obszar i zawsze są związane z utratą przytomności, podczas gdy napady częściowe rozpoczynają się w pojedynczym ognisku i może im towarzyszyć utrata przytomności (objawy złożone) lub nie (objawy proste). Poszczególne leki mogą nie być skuteczne we wszystkich rodzajach padaczek.

| Neurobiologia padaczki |

Komórki piramidalne CA3 w hipokampie wytwarzają w warunkach fizjologicznych paczki potencjałów czynnościowych i poprzez bocznice Schaffera oddziałują na komórki CA1. Intensywne hamowanie z GABAergicznych interneuronów zapobiega jednak powstawaniu paczkowych wyładowań w komórkach CA1. Natomiast w modelu zwierzęcym padaczki komórek w skrawkach preparatów hipokampa komórki CA3 wyzwalają paczkowe wyładowania komórek CA1, a paczkowe pobudzenie samych komórek CA3 jest zwiększane przez napadowe depolaryzacje neuronów (ang. paroxysmal depolarizing shifts, PDS) spowodowane napływem jonów Ca^{2+}. PDS wywołuje nienormalne międzynapadowe wyładowania iglicowe, które występują pomiędzy napadami padaczkowymi, i można je obserwować w zapisie EEG. Rozwój nadpobudliwości, który stwarza predyspozycje do wystąpienia padaczki, jest związany, jak się wydaje, z receptorami NMDA. Jednakże pojedyncze napady są rozpoczynane przez receptory AMPA (receptory NMDA są pobudzane w następnej kolejności), a kończone przez adenozynę wytwarzaną z ATP w wyniku wysokiej aktywności neuronów występujących w napadzie padaczkowym.

| Prawdopodobne przyczyny nadpobudliwości |

Stwierdzono istnienie rzadkich wrodzonych przypadków padaczki spowodowanych mutacją napięciowozależnych kanałów dla jonów Na^+ lub K^+ albo cholinergicznych receptorów nikotynowych. Nadpobudliwość występująca w padaczkach nabytych może być spowodowana odpowiedzią układu autoimmunologicznego (np. przeciwciała wytwarzane przeciw pojedynczym receptorom glutaminianergicznym) lub przez intensywne odrastanie uszkodzonych aksonów. W takim przypadku nadpobudliwość jest wynikiem zwiększonej liczby zwrotnych połączeń pobudzających. W zwierzęcym modelu padaczki nadpobudliwość jest spowodowana zwiększoną czułością receptorów NMDA połączoną ze zmniejszeniem hamowania za pośrednictwem receptorów $GABA_A$.

Farmakologia padaczki	Barbiturany i benzodiazepany zwiększają hamowanie GABAergiczne związane z receptorami $GABA_A$, ale mogą również działać przeciw-konwulsyjnie przez oddziaływanie na receptory napięciowozależne lub receptory AMPA. Działanie fenytoiny i karbamazepiny polega na blokowaniu kanałów jonowych Na^+. Napady nieświadomości są wynikiem zsynchronizowanych wyładowań w układzie wzgórzowo-korowym, spowodowanych pobudzeniem kanałów Ca^{2+} typu T. Kanały te są blokowane przez etosuksymid, lek skuteczny w leczeniu napadów nieświadomości.

Tematy pokrewne   Szybkie przekaźnictwo synaptyczne (C2)   Sen (O4)
                      Biologia molekularna receptorów (C4)   Uczenie się z udziałem
                                                             hipokampa (Q4)

Rodzaje padaczek

Napady padaczkowe są spowodowane nienormalnymi, synchronicz-nymi wyładowaniami dużej populacji neuronów, które zazwyczaj ulegają samoograniczeniu. **Padaczkę** definiuje się jako chorobę, w której napady padaczkowe powtarzają się. Zapadalność na tę chorobę wynosi około 1% i pomimo różnorodnych, obecnie osiągalnych leków, kontrola napadów jest zadowalająca jedynie u 75% chorych. Najczęściej występujące czyn-niki ryzyka w padaczce to uraz głowy dostatecznie silny, by spowodować utratę przytomności, odstawienie alkoholu u alkoholików, choroby neu-rodegeneracyjne mózgu. Niektóre rodzaje padaczek są dziedziczone. Padaczki są klasyfikowane zgodnie z ich objawami klinicznymi.

Napady uogólnione obejmują duże obszary mózgu. Zalicza się do nich **napady toniczno-kloniczne** (*grand mal*) charakteryzujące się utratą przytomności i konwulsjami oraz **napady nieświadomości** (*petit mal*), w których chory traci przytomność tylko na kilka sekund i którym towa-rzyszy 3 Hz sygnał EEG pochodzący ze wzgórza. **Napady częściowe (ogniskowe)** rozpoczynają się w jednym obszarze mózgu, typowo w ko-rze ruchowej (**napad jacksonowski**) lub w płacie skroniowym. W napa-dach częściowych z objawami prostymi chorzy nie tracą przytomności, natomiast w napadach częściowych z objawami złożonymi następuje utrata przytomności. Lekarstwa skuteczne w jednym rodzaju padaczki mogą nie być skuteczne w innym, co świadczy o różnorodności wywołujących je mechanizmów. W niektórych wypadkach obserwuje się więcej niż jeden rodzaj padaczki, bądź też przechodzenie z jednego rodzaju w drugi, co wskazuje na wspólny mechanizm zaburzeń leżących u podłoża różnych typów padaczki.

Neurobiologia padaczki

Komórkowe i molekularne mechanizmy padaczki były szczególnie inten-sywnie badane w hipokampie. Krótkie, o dużej częstotliwości (1 s, 60 Hz) stymulacje hipokampa lub ciała migdałowatego u szczura wykonywane raz lub dwa razy dziennie za pomocą implantowanych na stałe elektrod powodowały (po około dwóch tygodniach) występowanie napadów padaczkowych, przypominających napady częściowe z objawami złożo-nymi u ludzi. Taki zwierzęcy model wywoływania padaczki nazywa się kindlingiem (rozniecaniem), a aktywność padaczkową bada się następnie w skrawkach hipokampa otrzymanych z przygotowanych w ten sposób szczurów. Aktywność padaczkowa może być również wywoływana w skrawkach hipokampa normalnego zwierzęcia (bez uprzedniego kindlingu) w wyniku różnych manipulacji, jak np. podawanie agonistów receptorów NMDA lub antagonistów receptorów GABA$_A$.

Spontaniczne wyładowania paczkowe należą do normalnego typu zachowań komórek piramidalnych CA3, ale nie występują w komórkach piramidalnych CA1 (patrz *rys. 2* w temacie Q4). Mimo że komórki CA1 są w normalnym hipokampie pobudzane fizjologicznie przez komórki CA3, nie występują w nich wyładowania paczkowe dzięki ich równoczesnemu hamowaniu przez interneurony GABAergiczne. Zmiany padaczkowe w skrawkach hipokampa zmieniają zachowanie komórek piramidalnych na kilka sposobów. Po pierwsze, komórki CA3 poprzez kolaterale Shaffera wyzwalają w komórkach CA1 wyładowania paczkowe, co wskazuje na osłabienie hamowania. Po drugie, modelowanie komputerowe hipokampa pokazuje, że jeśli normalny poziom hamowania zostałby obniżony, to połączenia między sąsiednimi komórkami piramidalnymi CA3 mogłyby powodować wyładowania synchroniczne. Po trzecie, wyładowania paczkowe neuronów piramidalnych w skrawkach epileptycznych nie są normalne. W komórkach tych pojawia się **depolaryzacja napadowa neuronu** (PDS), silna, długotrwała depolaryzacja błony komórkowej, wywołana napływem jonów Ca^{2+} i powodująca powstanie paczki potencjałów czynnościowych. Zjawiska te wywołują **wyładowania międzynapadowe**, nienormalnej aktywności EEG, która powstaje między napadami padaczkowymi.

Geneza padaczki jest wiązana z powstaniem nadpobudliwości, która predysponuje do wystąpienia napadów padaczkowych. Nadpobudliwość jest blokowana przez leki **przeciwpadaczkowe** i to odróżnia ją od procesów, które wywołują określony napad padaczkowy hamowany przez leki **przeciwdrgawkowe**. Antagoniści receptorów NMDA są dobrymi środkami przeciwpadaczkowymi w tym sensie, że skutecznie zapobiegają powstaniu aktywności epileptycznej w skrawkach hipokampa, ale nie są zbyt efektywne w zahamowaniu istniejącej aktywności epileptycznej (tzn. nie są dobrymi środkami przeciwdrgawkowymi). Można wyciągnąć stąd wniosek, że receptory NMDA są niezbędne dla genezy padaczki.

Z drugiej strony uważa się, że aktywność receptorów AMPA zapoczątkowuje pojedyncze napady padaczkowe. Następnie pobudzane są receptory NMDA i otwierane kanały Ca^{2+} typu L, co prowadzi do przedłużonych wyładowań. Prawdopodobnie adenozyna odgrywa kluczową rolę w kończeniu się indywidualnych napadów padaczkowych. W czasie napadów aktywność neuronów jest bardzo wysoka i adenozyna powstała w wyniku intensywnej hydrolizy ATP jest transportowana wzdłuż błony do receptorów adenozynowych. Wzrost stężenia adenozyny, które osiąga szczyt około 30–60 s od początku napadu, jest częściowo normalną, fizjologiczną odpowiedzią na wzrost przepływu krwi wywołany zapotrzebowaniem metabolicznym. Adenozyna działa na receptory A1, które przez sprzężenie z białkiem G$_i$ otwierają kanały K$^+$ i zamykają kanały Ca^{2+}. Koniec napadu jest wynikiem hiperpolaryzacji następującej w wyniku tego mechanizmu. Agoniści adenozynowych receptorów A1 są środkami przeciwkonwulsyjnymi.

Prawdopodobne przyczyny nadpobudliwości

Trzy, rzadko występujące padaczki wrodzone są spowodowane mutacją pojedynczego genu. W jednej występuje mutacja punktowa w genie kodującym napięciowozależne kanały dla jonów Na^+. W drugiej zmutowany jest gen kodujący podjednostki napięciowozależnego kanału dla jonów K^+. Prąd jonowy w kanałach zawierających zmutowane podjednostki jest o 20–40% mniejszy, co jest przyczyną nadpobudliwości neuronów w tych padaczkach. Trzecia z padaczek wrodzonych jest spowodowana mutacją podjednostki α4 nikotynowego receptora acetylocholiny (nAChR). Receptory nikotynowe w mózgu mają dużą przepuszczalność dla jonów Ca^{2+} i część z nich jest umiejscowiona na błonie presynaptycznej, gdzie przyczyniają się do zwiększonego uwalniania GABA. Zmutowane receptory nAChR mają mniejszą przepuszczalność dla jonów Ca^{2+}, co może być przyczyną padaczki ze względu na niedostateczne hamowanie synaptyczne.

Padaczka nabyta powstaje często na skutek uszkodzeń mózgu, ale występuje ona z opóźnieniem od kilku tygodni do kilku lat. Może być również wynikiem długotrwałych procesów, takich jak **choroby układu autoimmunologicznego** i **rozrost aksonów**. Przeciwciała podjednostki GluR3 receptora AMPA (ale nie innych podjednostek) wywołują padaczkę u królików. Przeciwciała GluR3 zaobserwowano również w encefalopatii Rasmussena, chorobie neurodegeneracyjnej, o nieznanym pochodzeniu, występującej u ludzi i charakteryzującej się napadami padaczkowymi oraz postępującym zanikiem kory mózgowej w jednej półkuli.

Intensywny rozrost włókien kiciastych komórek ziarnistych w zakręcie zębatym (ang. mossy fiber sprouting, MFS) można wywołać w modelach zwierzęcych padaczki płata skroniowego i w **stwardnieniu rogu Ammona**, w którym następuje gwałtowna śmierć neuronów i pourazowa proliferacja komórek gleju – patologia, która występuje powszechnie w hipokampie w opornej na leki padaczce u ludzi. Chirurgiczne usunięcie stwardniałego hipokampa zazwyczaj daje dobre rezultaty w leczeniu padaczki, co może świadczyć o tym, że rozrost włókien kiciastych może powodować nadwrażliwość. Normalnie trudno jest wywołać w komórkach ziarnistych zakrętu zębatego aktywność podobną do występującej w czasie napadu padaczkowego, ponieważ brak jest zwrotnych połączeń włókien kiciastych z sąsiednimi komórkami ziarnistymi. Jednakże rozrost włókien kiciastych powoduje, jak to pokazano stosując technikę tzw. patch clamping całych komórek ziarnistych, powstanie zwrotnych synaps pobudzających i to one prawdopodobnie przyczyniają się do powstania nadpobudliwości.

W chwili obecnej trudno jest powiedzieć, jaka jest kolejność zdarzeń w padaczce związanej z rozrostem włókien kiciastych. Możliwy ich przebieg pokazano na *rysunku 1*. W hipotezie tej przyjmuje się, że napad padaczkowy powoduje śmierć neuronów (dodatnie sprzężenie zwrotne), co pogarsza sytuację stymulując dalszy rozrost włókien kiciastych. Takie zjawisko prawie na pewno występuje w **stanie padaczkowym**, w którym

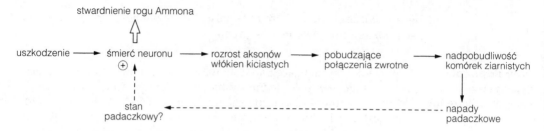

Rys. 1. Model rozrostu włókien kiciastych wyjaśniający genezę nadpobudliwości w padaczce. Napady padaczkowe mogą przyspieszać śmierć neuronów

napady są wydłużone do wielu minut. Nie wiadomo jednak, czy neurony nie umierają w wyniku bardziej typowych, krótkich napadów trwających tylko ułamki sekund. Byłby to przypadek, w którym rozrost włókien kiciastych nie poprzedzałaby śmierć neuronów.

Sposób działania niektórych leków stosowanych z powodzeniem w zapobieganiu napadów padaczkowych wspiera hipotezę, że padaczka jest spowodowana jednocześnie zbyt dużym pobudzeniem i zbyt małym hamowaniem. W zwierzęcym modelu padaczki (kindling) receptory NMDA stają się bardziej wrażliwe na działanie agonistów, a ponadto aktywacja receptorów NMDA zmniejsza hamowanie wywoływane przez receptory $GABA_A$. Łącznikiem między receptorami NMDA i $GABA_A$ są jony Ca^{2+}. Napływ jonów Ca^{2+} przez receptory NMDA aktywuje fosfatazę zwaną **kalcyneuryną**. To powoduje defosforylację receptorów $GABA_A$, przez co zmniejsza się płynący przez nie prąd jonowy Cl^- wywołany przyłączeniem GABA. Podsumowując tę hipotezę: padaczka jest wynikiem większego pobudzenia receptorów NMDA sprzężonego ze zmniejszonym hamowaniem, związanym z receptorami $GABA_A$. Nie wiadomo jednak, co powoduje nadwrażliwość receptorów NMDA.

Farmakologia padaczki

Barbiturany i benzodiazepany oddziałują na receptory $GABA_A$, zwiększając przepływ jonów Cl^- po przyłączeniu GABA do receptora. Przeciwkonwulsyjne działanie tych leków jest zazwyczaj związane ze zwiększeniem hamowania GABA. Dodatkowo, barbiturany mogą działać przeciwpadaczkowo blokując kanały jonowe Ca^{2+} typu L i N i niekompetytywnie hamując receptory AMPA. Benzodiazepiny natomiast mogą dodatkowo działać przeciwdrgawkowo, gdyż blokują wchłanianie zwrotne adenozyny i blokują napięciowozależne kanały dla jonów Na^+. Wigabartyna, lek przeciwdrgawkowy skuteczny w leczeniu padaczek częściowych, zwiększa pośrednio GABAergiczne hamowanie, hamując enzym transaminazę GABA, który normalnie rozkłada GABA.

Od dawna wiadomo, że dwa szeroko stosowane preparaty – fenytoina i karbamazepina działają przeciwdrgawkowo przyłączając się do wnętrza porów napięciowozależnych kanałów Na^+ i utrzymując je w stanie nieaktywnym.

W czasie napadów nieświadomości neurony wzgórza wytwarzają paczki wyładowań obserwowane również w czasie snu wolnofalowego. (patrz temat O5). Wyładowania paczkowe są zsynchronizowane i podtrzymywane przez wzajemne połączenia zwrotne między wzgórzem i korą mózgu. Mechanizm ten wywołuje charakterystyczny 3 Hz rytm w zapisie EEG. Wyładowania paczkowe są wynikiem aktywacji kanałów wapniowych Ca^{2+} typu T, a krótki czas trwania napadów nieświadomości (tylko kilka sekund) jest prawdopodobnie spowodowany tym, że kanały Ca^{2+} typu T są szybko dezaktywowane przez następującą depolaryzację. Etosuksymid i podobne leki, które są szczególnie skuteczne w leczeniu napadów nieświadomości, w stężeniach terapeutycznych powodują częściowe zablokowanie kanałów Ca^{2+} typu T. Interesujące jest to, że inny preparat stosowany w leczeniu napadów nieświadomości, kwas walpronowy, nie wywiera żadnego działania na kanały Ca^{2+} typu T; w rzeczywistości jest on jednym z kilku leków przeciwdrgawkowych, których sposób działania nie jest znany.

R3 CHOROBA PARKINSONA

Hasła

Objawy i przyczyny choroby Parkinsona

Choroba Parkinsona (ang. Parkinson's disease, PD) jest zespołem hipokinetycznym charakteryzującym się drżeniem mięśniowym, sztywnością mięśni, akinezją (trudnościami w zapoczątkowaniu ruchu) i bradykinezją (spowolnieniem ruchu). Rzadka dziedziczna odmiana choroby Parkinsona jest związana z mutacją α-synukleiny, składnika ciałek Lewy'ego. Nabyta choroba Parkinsona jest związana z urazem głowy, nowotworem mózgu i prawdopodobnie z toksynami występującymi w środowisku.

Neuropatologia

Główną patologią w chorobie Parkinsona jest śmierć dużej liczby neuronów dopaminergicznych w istocie czarnej, których aksony biegną do prążkowia. Następuje również śmierć innych neuronów monoaminergicznych. Ciałka Lewy'ego występują w cytoplazmie komórek objętych procesem patologicznym. Zawierają one α-synukleinę i występują zarówno w chorobie Parkinsona, jak i innych chorobach neurodegeneracyjnych. W chorobie Parkinsona śmierć komórek jest spowodowana przez reakcje wolnych rodników, na które istota czarna jest szczególnie wrażliwa.

Model MPTP choroby Parkinsona

Preparat zwany pirydyną (1-metylo-4-fenylo-1,2,3,6-tetrahydro-pirydyna, MPTP) powoduje szybki i gwałtowny rozwój choroby Parkinsona u ludzi i małp. Preparat ten okazał się użytecznym środkiem do badania powstawania deficytu ruchowego w chorobie Parkinsona. MPTP przechodzi przez barierę krew–mózg, gdzie w wyniku utleniania jest zamieniana na toksyczną 1-metylo-4-fenylopirydynę (MPP$^+$). MPP$^+$ wchodzi do neuronów dopaminergicznych i wytwarza wolne rodniki, które zabijają neuron. MPTP wywołująca u małp chorobę Parkinsona zmniejsza aktywność drogi wzgórzowo-korowej, umożliwiającej wykonanie ruchu. Drżenie mięśniowe jest wynikiem oscylacyjnej aktywności neuronów we wzgórzu.

Leczenie choroby Parkinsona

Najważniejszym lekiem w leczeniu choroby Parkinsona jest L-DOPA, która po przekroczeniu bariery krew–mózg jest zamieniana w dopaminę przez β-hydroksylazę dopaminy. Choć terapia ta jest skuteczna na początku choroby, po kilku latach staje się mniej użyteczna i u większości pacjentów rozwija się dyskineza.

Obecnie dużą rolę w leczeniu choroby Parkinsona odgrywają też antagoniści receptorów dopaminergicznych, inhibitory oksydazy monoaminowej (MAO) i antagoniści muskarynowych receptorów cholinergicznych. Wydaje się, że w przyszłości w leczeniu choroby Parkinsona będą wykorzystywani antagoniści receptorów glutaminianergicznych i adenozynowych. Leczenie chirurgiczne polega na selektywnych uszkodzeniach wzgórza lub gałki bladej bądź przeszczepach do prążkowia komórek dopaminergicznych, pobranych ze śródmózgowia embrionów ludzkich.

Tematy pokrewne   Korowe sterowanie ruchami   Funkcje jąder podstawnych (L6)
dowolnymi (K6)   Przekaźnictwo dopaminergiczne
Budowa anatomiczna jąder   (N1)
podstawnych (L5)

**Objawy
i przyczyny
choroby
Parkinsona**

Najczęściej występującym zespołem hipokinetycznym jest **choroba Parkinsona (PD)** powodująca: **drżenia mięśni** z częstotliwością 4–7 Hz, głównie kończyn, malejące podczas ruchów dowolnych; zwiększenie napięcia mięśniowego; **sztywność** wszystkich mięśni kończyn (w przeciwieństwie do selektywnej sztywności występującej w spastyczności); trudności w zapoczątkowaniu ruchu (**akinezję**) oraz spowolnienie wykonywanych ruchów (**bradykinezję**). Chorego charakteryzuje maskowata twarz, mała częstotliwość mrugania powiek, zgięte plecy w czasie chodzenia, powłóczysty chód. Przy zachwianiu równowagi odruch prostowania może nie być dostatecznie szybki, by uchronić chorego przed upadkiem.

Choć choroba Parkinsona jest na ogół **samoistna** (o nieznanych przyczynach), występują rzadkie przypadki dziedziczenia. Badania genealogii rodzinnych pozwoliły na ujawnienie kilku genów związanych z dziedziczną chorobą Parkinsona. W jednej z tych rodzin u osobników dotkniętych chorobą stwierdzono punktową mutację w genie kodującym α-**synukleinę**, składnik ciałek Lewy'ego (patrz niżej). Jest również prawdopodobieństwo istnienia genetycznej składowej samoistnej choroby Parkinsona. Wzrasta liczba przypadków choroby u bliskich krewnych chorych na PD, wliczając w to 53% współczynnik zgodności u monozygotycznych (identycznych) bliźniaków, u których w badaniach PET stwierdzono zaburzenia w układzie dopaminergicznym. Sporadyczne przypadki choroby Parkinsona stwierdzono po urazach głowy lub guzach, które zniszczyły śródmózgowie. Stwierdzono również przypadki choroby Parkinsona o przyczynach epidemiologicznych, które mogą być wynikiem narażenia na toksyny występujące w środowisku człowieka. Ciężkie przypadki choroby Parkinsona występują po wchłonięciu pirydyny (MPTP), która jest chemicznie pokrewna z herbicydami (środkami chwastobójczymi).

Neuropatologia

Charakterystyczną patologią choroby Parkinsona jest śmierć dużej liczby neuronów znajdujących się w części zbitej istoty czarnej (SNpc), z której wychodzi droga czarno-prążkowiowa. Inne neurony dopaminergiczne w śródmózgowiu również umierają, ale w mniejszym stopniu. Obserwuje się też zanik komórek noradrenergicznych w miejscu sinawym i komórek cholinergicznych w części podstawnej kresomózgowia. Obustronne zniszczenie SNpc u małp, dokonane neurotoksyną – 6-hydroksydopaminą, powoduje sztywność i bradykinezję, ale nie towarzyszy temu drżenie mięśni. Obumieranie komórek w chorobie Parkinsona jest związane z występowaniem **ciałek Lewy'ego** w cytoplazmie neuronów, szczególnie należących do SNpc. Ciałka Lewy'ego mają średnicę 5–25 μm i składają się z rdzenia, który stanowi błędnie złożone białko α-synukleina, otoczonego warstwą **ubikuityny**, małego białka występującego we wszystkich eukariotycznych komórkach, które wiążą białka w celu ich zniszczenia. Ciałka Lewy'ego są charakterystyczne również dla innych chorób neurodegeneracyjnych i służą prawdopodobnie do usuwania błędnie zbudowanych białek.

U ludzi zdrowych liczba neuronów w istocie czarnej maleje wraz z wiekiem z prędkością około 5% na 10 lat. Utrata około 50% komórek (związana z 70–80% zmniejszeniem poziomu dopaminy w prążkowiu) uznawana jest za początek objawów choroby Parkinsona, a więc naturalny ubytek tych neuronów może być przyczyną tylko bardzo późno rozwijającej się choroby. Badania za pomocą PET wykazały, że w chorobie Parkinsona prędkość zaniku komórek gwałtownie wzrasta (do 12% na rok). Wynika stąd, że zmiany wywołujące chorobę Parkinsona zaczynają się około 5 lat przed pojawieniem się pierwszych jej objawów.

Wrażliwość komórek w chorobie Parkinsona jest skorelowana z zawartością występującej w nich neuromelaniny (ciemnego barwnika, który akumulowany jest z wiekiem). SNpc ma ze wszystkich jąder mózgu największą liczbę komórek zabarwionych tym barwnikiem (ok. 90%), jest więc najbardziej narażona na śmierć. Rola neuromelaniny w chorobie Parkinsona polega na tym, że barwnik ten wiąże żelazo, które bierze udział w mechanizmie powodującym śmierć komórek.

Śmierć komórek w PD jest powodowana przez reaktywne związki tlenu (*rys. 1*). W normalnych warunkach **anion ponadtlenkowy** ($\cdot O_2^-$) jest zamieniany przez **dysmutazę ponadtlenkową** w nadtlenek wodoru,

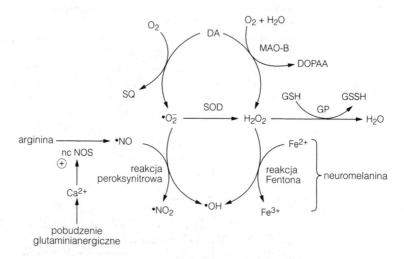

Rys. 1. Reakcje wolnych rodników w chorobie Parkinsona. DA, dopamina; DOPAA, aldehyd 3,4-dihydrofenyloacetylowy; GP, peroksydaza glutationowa; GSH i GSSH, zredukowany i utleniony glutation; ncNOS, neuronowa izoforma syntazy tlenku azotu; SOD, ponadtlenkowa dysmutaza; SQ, semichinon. Szczegóły w tekście

który jest następnie zamieniany w wodę przez **peroksydazę glutatio-nową**. Jednakże w chorobie Parkinsona stężenie glutationu w SNpc jest o połowę mniejsze niż w zdrowej istocie czarnej, natomiast ilość żelaza związanego z neuromelaniną jest większa. To sprzyja **reakcji Fentona,** w której nadtlenek wodoru jest zamieniany na silnie toksyczny **rodnik hydroksylowy** (·OH).

Model MPTP choroby Parkinsona

W 1982 roku przypadkowo odkryto, że nielegalnie produkowana pirydyna **MPTP** (1-metylo-4-fenylo-1,2,3,6-tetrahydropiryna) powoduje bardzo ciężki przebieg choroby Parkinsona w grupie uzależnionych od heroiny, którzy zażywali MPTP. To odkrycie doprowadziło do powstania użytecznego zwierzęcego modelu choroby Parkinsona. U małp MPTP powoduje w pełni rozwiniętą chorobę Parkinsona. MPTP po wstrzyknięciu przekracza barierę krew–mózg, jest pobierana przez astrocyty i utleniana do MPP^+ przez glejową oksydazę monoaminową (MAO-B). Następnie MPP^+ jest zabierany przez specyficzny transporter dopaminy do neuronów dopaminergicznych, gdzie ujawniają się toksyczne efekty tego procesu.

W neuronach dopaminowych MPP^+ hamuje oddychanie mitochondriów, co obniża poziom ATP i powoduje wytwarzanie anionów ponadtlenkowych — oba te czynniki zabijają neurony. U małp, u których wywołano chorobę Parkinsona stosując MPTP, stwierdzono zwiększone pobudzenie neuronów części wewnętrznej gałki bladej (GPi) i jąder niskowzgórza, a obniżenie pobudzenia neuronów części zewnętrznej gałki bladej (GPe) (patrz *rys. 1*, temat L6). Efektem tych zmian jest zmniejszenie aktywności układu wzgórzowo-korowego umożliwiającego ruch; jest to przyczyną akinezji i bradykinezji.

U małp sztywność mięśni jest prawdopodobnie spowodowana nieprawidłową aktywnością długiej pętli korowej odruchu na rozciąganie (patrz temat K6). Pacjenct z chorobą Parkinsona nie może stłumić odruchu na rozciąganie przy próbach zmiany pozycji. Na przykład, na prośbę, by usiadł, występuje nieprawidłowy współskurcz mięśni pleców i kończyn. Taki wzorzec pobudzenia mięśni występuje normalnie u ludzi w pozycji stojącej. Neurofizjologiczna przyczyna tremoru (drżenia mięśni) nie jest jasna, ale stwierdzono, że jest on skorelowany z oscylacjami o częstotliwości 3–6 Hz występującymi w neuronach brzuszno-bocznego wzgórza. Zatem, w celu zmniejszenia drżenia mięśni u chorych na parkinsonizm usuwa się chirurgicznie tę część wzgórza (patrz niżej).

Leczenie choroby Parkinsona

W leczeniu choroby Parkinsona stosuje się zarówno środki farmakologiczne, jak i chirurgiczne. Głównym lekiem w leczeniu farmakologicznym jest L-DOPA. Jest ona bezpośrednim prekursorem dopaminy (patrz temat N1), przechodzi przez barierę krew–mózg i prawdopodobnie jest wchłaniana przez zakończenia synaptyczne pozostałych komórek dopaminergicznych, gdzie jest przetwarzana w dopaminę. Ponieważ L-DOPA jest w organizmie szybko metabolizowana przez dekarboksylazę DOPA, zazwyczaj podaje się ją z inhibitorem dakarboksylazy, który nie przekracza bariery krew–mózg. Uzyskuje się przez to zwiększone wchłanianie do mózgu i redukcję efektów ubocznych. L-DOPA jest skuteczna we wczesnych etapach leczenia, lecz staje się mniej efektywna, gdy jest podawana przez długi czas. U 80% pacjentów leczonych przewlekle powstaje dyskineza, zespół hiperkinetyczny, który przypomina objawami ruchowymi chorobę Huntingtona (patrz temat L6).

W innych metodach leczenia farmakologicznego stosuje się substancje, jak:

- agoniści receptorów dopaminergicznych;
- inhibitory izoenzymu B oksydazy monoaminowej (MAO-B), które hamują rozkład dopaminy (patrz temat N1);
- antagoniści muskarynowych receptorów cholinergicznych, których przypuszczalne działanie polega na zmniejszeniu pobudzenia GABA-ergicznych neuronów w prążkowiu przez duże bezkolcowe interneurony cholinergiczne.

Inne metody, które mogą być owocne w przyszłości, to:

- Stosowanie przeciwutleniaczy, ponieważ choroba Parkinsona jest wynikiem uszkodzeń spowodowanych przez wolne rodniki. Przeprowadzone obszerne badania kliniczne nie dostarczyły jednak dowodów, że podawanie witaminy E w dużych ilościach powoduje poprawę.
- Odkrycie zwiększonego pobudzenia receptorów glutaminianergicznych w chorobie Parkinsona wywołanej MPTP zapoczątkowało badania kliniczne skuteczności stosowania antagonistów receptorów glutaminianergicznych.
- Aktywność neuronów prążkowia drogi pośredniej zawierających GABA i enkefaliny jest w chorobie Parkinsona zwiększona z powodu braku hamowania dopaminergicznego. Jednakże komórki te są hamowane zwrotnie przez interneurony GABAergiczne (*rys. 2*). Ilość uwalnianego GABA w tych interneuronach jest zmniejszona przez presynaptyczne receptory adenozynowe (A2$_A$). Stąd więc antagoniści receptorów A2$_A$ mogliby odgrywać pewną rolę w leczeniu choroby Parkinsona przez zwiększenie hamowania zwrotnego drogi pośredniej. Antagoniści receptorów A2$_A$ poprawiają zdolności ruchowe u małp z zespołem Parkinsona wywołanym MPTP.

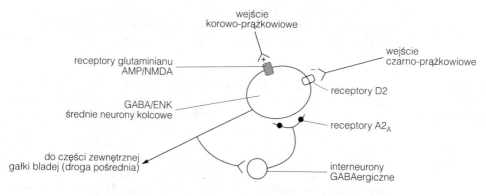

Rys. 2. Hamowanie zwrotne na drodze pośredniej neuronów prążkowia jest zniesione przez receptory adenozynowe (A2$_A$). Wejście czarno-prążkowiowe zanika w chorobie Parkinsona

Leczenie chirurgiczne polega na uszkodzeniach OUN i przeszczepach tkanek. Wykonuje się wybiórcze uszkodzenia gałki bladej, jądra nisko-wzgórzowego lub brzuszno-bocznego wzgórza. Uszkodzenia wzgórza są szczególnie pomocne do zmniejszaniu drżenia, ale są mniej skuteczne w leczeniu sztywności i bradykinezji. Terapia przeszczepowa polega na wstrzyknięciu – do prążkowia – komórek dopaminergicznych pobranych ze śródmózgowia embrionów ludzkich. Badania PET z zastosowaniem [^{18}F] fluorodopy, która jest wchłaniana przez komórki dopaminergiczne, pokazały, że przeszczepione komórki nie są odrzucane przez organizm biorcy i ich aktywność dopaminergiczna wzrasta z czasem. U większości pacjentów występuje częściowa poprawa.

R4 CHOROBA ALZHEIMERA

Hasła

Objawy choroby Alzheimera

Choroba Alzheimera jest jednym z najczęściej spotykanych zaburzeń typu otępienia starczego. Ryzyko zachorowania wzrasta wraz z wiekiem. W początkowym okresie rozwoju choroby jej objawy są niełatwe do zidentyfikowania. W miarę upływu czasu choroba postępuje, prowadząc do nasilających się zaburzeń pamięci, zdolności poznawczych, uwagi i motywacji. Większość pacjentów z chorobą Alzheimera przejawia także symptomy choroby Parkinsona, w tym neurodegeneracyjne zmiany w istocie czarnej pnia mózgu.

Neuropatologia choroby Alzheimera

Pacjenci cierpiący na chorobę Alzheimera mają zmniejszoną objętość kory mózgu oraz struktur podkorowych. Objawem charakterystycznym dla tej choroby są dwie formy patologicznych zmian morfologicznych obserwowanych przede wszystkim w korze, hipokampie i ciele migdałowatym. Pierwszą formą są blaszki starcze utworzone z pozakomórkowych złogów białka β-amyloidu otoczonych szczątkami zdegenerowanych neurytów i komórkami glejowymi aktywowanymi przez procesy zapalne. W niektórych obszarach mózgu, nie związanych bezpośrednio z etiologią choroby, obserwowano także rozproszone płytki nie zawierające uszkodzonych neurytów i reaktywnych komórek glejowych. Ten rodzaj zmian spotykany jest zarówno u pacjentów z chorobą Alzheimera, jak i u zdrowych starszych osób. Sploty włókienek nerwowych to drugi rodzaj patologicznych struktur znajdowanych w mózgu osób chorych. Utworzone są one z parzystych, spiralnie skręconych włókienek (ang. paired helical filaments, PHF) wypełniających wnętrze komórek nerwowych. Sploty włókienek nerwowych powstają ze szczątków uszkodzonego aparatu mikrotubularnego neuronów, a ich głównym składnikiem jest wysoko ufosforylowane białko tau, którego fizjologiczną rolą jest udział w polimeryzacji i stabilizacji mikrotubul. Gęstość występowania splotów jest skorelowana ze stopniem nasilenia choroby Alzheimera. Najpoważniejszym patologicznym objawem tej choroby jest wymieranie neuronów glutaminianergicznych w korze mózgu oraz degeneracja układów neuroprzekaźnikowych wysyłających projekcję do kory i hipokampa (np. drogi projekcji cholinergicznej z okolicy podstawnej przodomózgowia).

Choroba Alzheimera o podłożu rodzinnym

Obok wieku, również obciążenia rodzinne należą do pewnych (rzadkich) czynników ryzyka zachorowania na chorobę Alzheimera. Najistotniejszym czynnikiem genetycznym leżącym u podłoża otępienia typu Alzheimera jest jeden z alleli genu apolipoproteiny E. Mutacje w genie kodującym białko prekursorowe amyloidu (ang. amyloid precursor proteine, APP) położonym w 21 chromosomie,

zwiększają ryzyko nieprawidłowej przemiany białka APP
i powstawania dużych ilości toksycznego β-amyloidu. Obecność
białka β-amyloidu jest czynnikiem ryzyka w tzw. wcześnie
objawiającej się odmianie AD o podłożu rodzinnym oraz w zespole
Downa. Część przypadków wczesnej rodzinnej odmiany AD
związana jest z dwoma genami kodującymi białka zwane
preseniliną 1 i preseniliną 2. Mutacje w genie kodującym białko tau
prowadzą również do rodzinnej odmiany otępienia z objawami
choroby Parkinsona.

β-amyloid i choroba Alzheimera

Istnieją dwie drogi przemian białka APP, z których jedna prowadzi
do powstawania toksycznej formy β-amyloidu. W normie β-amyloid
jest białkiem sekrecyjnym znajdowanym w płynie
mózgowo-rdzeniowym. Jego białko prekursorowe APP ulega
nadmiernej ekspresji u chorych z zespołem Downa, a także po
niedokrwieniu mózgu i urazach mechanicznych czaszki. W wyniku
nieprawidłowej przemiany APP powstaje toksyczna forma
β-amyloidu, która podlega agregacji i odkłada się w postaci płytek
starczych. Mutacje w genie kodującym APP zwiększają wytwarzanie
β-amyloidu i jego odkładanie się w płytkach starczych, prowadząc
do tworzenia się patologicznych splotów włókienek nerwowych
(ang. neurofibrillary tangles). Mutacje w genach kodujących
presenilinę mogą zaburzać mechanizmy regulujące przemianę
kataboliczną białka APP.

Białko tau i choroba Alzheimera

Główną fizjologiczną funkcją białka tau jest jego udział
w polimeryzacji tubuliny i w procesie stabilizacji mikrotubul.
Mutacje w genie kodującym białko tau prowadzą do zespołów
otępiennych, w których powstają sploty włókienek nerwowych
znajdowane głównie w korze czołowej i skroniowej. Gęstość splotów
nie jest skorelowana z liczbą płytek starczych w tych obszarach
mózgu. Pojawienie się zmutowanych form białka tau może zaburzać
prawidłowe tworzenie się mikrotubul oraz zwiększać agregację
cząsteczek tau i powstawanie PHF. Mimo że PHF tworzą wysoko
ufosforylowane cząsteczki białka tau, to nie ma rozstrzygających
dowodów, że jest to skutek mutacji. Przyczyny nadmiernej
niefizjologicznej fosforylacji izoform białka tau nie są znane.

Interwencja farmakologiczna w chorobie Alzheimera

U niektórych pacjentów z chorobą Alzheimera poprawę ich stanu
przynosi podawanie inhibitorów esterazy acetylocholinowej, enzymu
rozkładającego acetylocholinę. Powoduje to wzrost poziomu
i przedłużenie czasu utrzymywania się neuroprzekaźnika
w szczelinie synaptycznej. Z kolei leki przeciwzapalne spowalniają
zaburzenia funkcji poznawczych. Jednakże naprawdę efektywna
terapia nie istnieje. Być może lepszy skutek przyniosłoby
zastosowanie leków hamujących enzymy odpowiedzialne za
przemiany biochemiczne APP.

Tematy pokrewne   Przekaźnictwo   Choroba Parkinsona (R3)
                        acetylocholinergiczne (N4)

Objawy choroby Alzheimera

Choroba **Alzheimera** (ang. Alzheimer's disease, AD) jest jedną z najczęstszych przyczyn **otępienia** związanego z wiekiem. Otępienie powoduje znaczące zahamowanie funkcji intelektualnych i wpływa na upośledzenie podstawowych funkcji życiowych. W badaniu zależności wiekowej zaburzeń otępiennych ustalono, że do wieku 70 lat współczynnik rozpowszechniania wynosi około 5%, aby powyżej 80. roku życia wzrosnąć do 20–30%. Choroba Alzheimera jest przede wszystkim patologią układu nerwowego, chociaż obserwuje się w niej także zaburzenia układu pokarmowego. Nie powinna być mylona z drugim, co do częstości występowania, rodzajem tzw. **otępienia naczynipochodnego**, którego przyczyną są liczne, drobne perforacje mózgowych naczyń krwionośnych. Może ona występować z różnym nasileniem u cierpiących na nią osób. Nagłe i znaczne pogorszenie pojawia się często po przeżytym stresie. Chorobę Alzheimera charakteryzuje stopniowe narastanie objawów otępienia, tj. zespołu psychopatologicznego, w którym zaburzone są wyższe funkcje korowe, takie jak pamięć krótkoterminowa, ale także długoterminowa pamięć semantyczna (szczególnie werbalna). Przypominanie dotyczące pamięci dawnej jest stosunkowo dobrze zachowane aż do późnych stadiów choroby. Uszkodzeniu funkcji poznawczych i uwagi towarzyszy zwykle zmniejszenie motywacji. Około dwie trzecie pacjentów z chorobą Alzheimera ma także objawy choroby Parkinsona, w tym degenerację neuronów w istocie czarnej pnia mózgu i ciałek Levy'ego (por. temat R3). Ostatecznie, chorzy nie są w stanie wypełniać samodzielnie podstawowych czynności fizjologicznych i wymagają stałej opieki. Oczekiwana długość przeżycia po zdiagnozowaniu choroby wynosi około 5 lat.

Neuropatologia choroby Alzheimera

Skanowanie mózgu za pomocą tomografii komputerowej u pacjentów, u których stwierdzono otępienie typu Alzheimera, pokazuje znaczne atroficzne zmiany w korze mózgu i w strukturach podkorowych połączone z powiększeniem komór mózgowych. Masa mózgu zmniejsza się o 3–40%. W niektórych obszarach mózgu, szczególnie w korze czołowej i skroniowej oraz w hipokampie i ciele migdałowatym, obserwuje się dwa rodzaje patologicznych struktur, będących przejawem zmian neurodegeneracyjnych.

1. **Płytki starcze** są sferycznymi pozakomórkowymi tworami o średnicy od 5 do 150 μm. Zawierają on głównie złogi nierozpuszczalnej formy **β-amyloidu** i apolipoproteinę E, a także białka odpowiedzi immunologicznej na stan zapalny. Część rdzenna i otoczka płytek starczych są wypełnione dystroficznymi (spęczniałymi, uszkodzonymi i obumierającymi) neurytami, mikroglejem i astrocytami aktywowanymi przez cytokiny, biorące udział w reakcji zapalnej. Obok dojrzałych płytek starczych w mózgu obserwuje się także płytki rozproszone, które nie zawierają depozytów włókienkowego β-amyloidu, dystroficznych neurytów i reaktywnych komórek glejowych. Płytki rozproszone są zlokalizowane w obszarach mózgu nie związanych z klinicznymi objawami choroby Alzheimera (np. we wzgórzu i móżdżku) i występują także u ludzi starych nie wykazujących cech zespołu otępienia. Znaczenie obecności płytek rozproszonych nie jest dotychczas wyjaśnione.

2. **Sploty włókienek nerwowych** są obok złogów β-amyloidu drugim ważnym elementem patologicznych zmian strukturalnych w chorobie Alzheimera. Zbudowane są głównie z parzystych, spiralnie skręconych włókienek tworzących, tzw. PHF (ang. paired helical filaments). Liczne sploty obserwuje się przede wszystkim w dużych neuronach piramidalnych kory śródwęchowej, hipokampa, ciała migdałowatego oraz w obszarach, które wysyłają projekcję do tych struktur. PHF często występują w dystroficznych neurytach lub w płytkach starczych. Badania wykazały, że istnieje dodatnia korelacja gęstości występowania splotów włókienek nerwowych i nasilenia objawów choroby Alzheimera. Zwyrodnienia włókienkowe obserwowano także w innych chorobach neurodegeneracyjnych, w których nie znajdowano płytek starczych. Mogłoby to sugerować, że oba rodzaje zmian patologicznych powstają w sposób od siebie niezależny. PHF składają się głównie z białka tau, które w warunkach fizjologicznych jest rozpuszczalnym białkiem cytoplazmatycznym związanym z mikrotubulami cytoszkieletu komórki. W PHF białko tau występuje w formie nierozpuszczalnej, wysoko ufosforylowanej i związanej z ubikwityną.

Neurony, które najbardziej masowo wymierają w miarę rozwoju choroby Alzheimera, to przede wszystkim glutaminianergiczne neurony piramidalne kory i hipokampa, neurony cholinergiczne wielkokomórkowego jądra podstawnego Meynerta (por. temat N4) oraz neurony projekcji noradrenergicznej i serotoninergicznej pochodzącej, odpowiednio, z miejsca sinawego i jąder szwu. W chorobie Alzheimera obserwuje się także degenerację neuronów dopaminergicznych istoty czarnej, co jest przede wszystkim cechą choroby Parkinsona. Układy projekcji GABAergicznej i peptydoergicznej są stosunkowo nienaruszone w AD. Niektórzy badacze uważają, że zmiany neurodegeneracyjne pojawiają się początkowo w opuszce węchowej (chorzy z AD mają zaburzony węch), po czym rozprzestrzeniają się do kory śródwęchowej i hipokampa. W następnej kolejności obumierają korowo-korowe aksony kojarzeniowe, co prowadzi do utraty wzajemnej komunikacji między różnymi polami korowymi. Struktury podkorowe, takie jak jądro Meynerta, miejsce sinawe i jądra szwu, pozbawione fizjologicznych sygnałów z miejsc docelowych ich projekcji także ulegają degeneracji.

Choroba Alzheimera o podłożu rodzinnym

Większość zachorowań na chorobę Alzheimera to przypadki samoistne, istnieje jednak pewna ich liczba o podłożu rodzinnym, związane z mutacjami w czterech genach. Badania genealogiczne tych przypadków mogą wnieść pewne dane pomocne do wyjaśnienia przyczyn i ustalenia sposobów postępowania w chorobie Alzheimera. Samoistna choroba Alzheimera może mieć także podłoże genetyczne związane z polimorfizmem genu kodującego apolipoproteinę E.

Większość zachorowań na chorobę Alzheimera notuje się po 60. roku życia, jednak odnotowuje się przypadki, gdy choroba pojawia się już w wieku 30 lat. **Forma wczesna AD** związana jest z mutacjami w trzech genach. Pierwszym jest gen kodujący **białko prekursorowe amyloidu** (APP). APP jest białkiem błonowym, którego przemiana prowadzi do powstawania nierozpuszczalnej formy β-amyloidu zdeponowanego w płytkach starczych. Gen kodujący APP położony jest w chromosomie 21. Ustalono, że istnieje związek pomiędzy nieprawidłową transkrypcją tego genu a pojawianiem się rzadkiej, wcześnie objawiającej się, rodzinnej odmiany choroby Alzheimera. Warto odnotować, że w **zespole Downa** również obserwuje się wczesne zmiany otępienne typu Alzheimera. Zespół Downa jest spowodowany obecnością dodatkowej, trzeciej kopii chromosomu 21 (**trisomia chromosomu 21**). Stąd wypływa wniosek, że nadmierna synteza białka APP może prowadzić do choroby Alzheimera. Użytecznym zwierzęcym modelem w badaniu etiologii AD są szczepy myszy transgenicznych, które mają kopie zmutowanych genów kodujących APP i przejawiają zmiany patologiczne podobne do obserwowanych u pacjentów.

Dwa inne geny (zlokalizowane w chromosomie 14 i 1) związane z wczesnym objawianiem się AD to geny kodujące spokrewnione białka **presenilinę 1** i **presenilinę 2**. Są to duże białka związane z błonami siateczki śródplazmatycznej i aparatu Golgiego, zaangażowane w transport komórkowy nowo syntetyzowanych białek. Zidentyfikowano około 50 mutacji *missense* w genie preseniliny, które powodują wczesny, bardzo nasilony rozwój AD. Mutacje *missense* w genie kodującym białko tau (w chromosomie 17) prowadzą do rozwoju otępienia połączonego z objawami zespołu Parkinsona. Na całym świecie opisano przynajmniej kilkanaście rodzin dotkniętych tą formą choroby.

Późno objawiająca się choroba Alzheimera związana jest z polimorfizmem genu kodującego białko ApoE, którego zadaniem jest regulacja zwrotnego obiegu cholesterolu w procesach naprawy błon biologicznych. Gen *apoE* położony w chromosomie 19 ma trzy allele, *e2*, *e3*, i *e4*. Produkt allelu *e4* jest czynnikiem ryzyka w chorobie Alzheimera. Natomiast produkt allelu *e2* wywiera działanie protekcyjne, chroniąc przed rozwojem choroby. Osoby homozygotyczne pod względem allelu *e4* nie tylko z większym prawdopodobieństwem zapadają na chorobę Alzheimera, ale także rozwija się ona u nich wcześniej, niż u osobników z innym genotypem. Ustalono, że od 60 do 90% wszystkich przypadków AD wiąże się z niekorzystnym genotypem *apoE*. Zwiększanie ryzyka choroby wskutek dziedziczenia izoformy *e4* jest związane z czynnością białka ApoE, które powoduje agregację cząsteczek białka β-amyloidu i jego odkładanie w płytkach starczych (patrz poniżej).

β-amyloid i choroba Alzheimera

Wykazano, że β-amyloid jest produktem proteolizy białka prekursorowego amyloidu nazywanego APP (ang. amyloid precursor protein). Ponieważ wszystkie mutacje w genie *app*, które prowadzą do rozwoju choroby Alzheimera, są zlokalizowane w pobliżu miejsc cięcia białka APP, uważa się, że to nieprawidłowe przemiany kataboliczne APP są przyczyną powstawania toksycznych form β-amyloidu, wywołujących chorobę.

Przemiany biochemiczne białka APP mogą przebiegać dwiema drogami. Jedna to szlak sekrecyjny, a druga – szlak endosomalno-lizosomalny. Tylko jedna z nich prowadzi do powstania cząsteczek β-amyloidu zawierającego 40 lub 42 aminokwasy w łańcuchu i odkładanego w płytkach starczych. Mniejszość cząsteczek APP podlega normalnym przemianom. APP zawiera 23 miejsca hydrofobowe zlokalizowane w pobliżu końca C łańcucha, które są odpowiedzialne za kotwiczenie białka w błonie siateczki śródplazmatycznej, błonie pęcherzyków Golgiego i błonie komórkowej. Sekrecyjny szlak przemian APP zachodzi z udziałem **α-sekretazy**. W wyniku działania tego enzymu dochodzi do cięcia w obrębie Lys[16] i Leu[17] (licząc od końca N białka APP), co prowadzi do powstania dwóch fragmentów: większego, zwanego rozpuszczalnym sAPPα, uwalnianym do światła retikulum i ciałek Golgiego lub na powierzchni komórki, oraz mniejszego, CTF83 (C-końcowy fragment zawierający 83 aminokwasy w łańcuchu), który pozostaje zakotwiczony w błonie i może być następnie poddany przemianom na drodze lizosomalnej (*rys. 1*). Proteoliza fragmentu pozostającego w błonie komórkowej prowadzi do uwolnienia, z udziałem γ-sekretazy, fragmentu zwanego p3, który obejmuje aminokwasy 17-39/43. Drugi szlak przemian prowadzący do powstawania peptydów βA przebiega w obrębie endosomów i lizosomów. Głównymi enzymami tego szlaku są sekretazy β i γ. β-sekretaza tnie białko APP bliżej końca N, niż α-sekretaza, co prowadzi do uwolnienia białka sAPPβ. Pozostający w błonie fragment końca C zawierający 99 aminokwasów jest trawiony przez **γ-sekretazę**, w wyniku czego powstają peptydy $βA_{40}$ i $βA_{42}$.

Białko βA wydzielane jest normalnie przez komórki nerwowe i odnajdywane w płynie mózgowo-rdzeniowym zdrowych osób. Dotychczas wyizolowano i ustalono sekwencję aminokwasową jedynie β-sekretazy (nazywanej też enzymem tnącym APP w miejscu β, (ang. β-site APP-cleaving enzyme, BACE). Jest to błonowa proteaza aspartylowa.

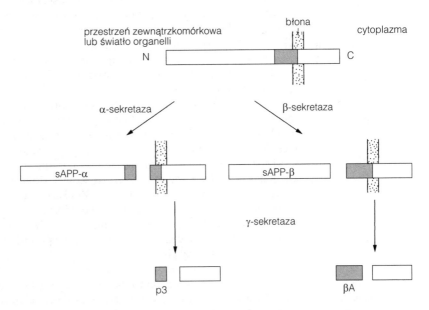

Rys. 1. Przemiany metaboliczne białka prekursorowego amyloidu (APP). Domena β-amyloidu cząsteczki prekursorowej jest zakreskowana. sAPP, sekrecyjne białko prekursorowe amyloidu

Jedną z dróg poznania przyczyn choroby Alzheimera jest zrozumienie roli, jaką odgrywają w mózgu białka APP i βA. APP lub produkty jego przemian katabolicznych mogą działać jako inhibitory proteaz, jako cząsteczki adhezji komórkowej lub jako czynniki neuroprotekcyjne chroniące przed ekcytotoksycznością kwasu glutaminowego. U ludzi dochodzi do zwiększonej ekspresji białka APP pod wpływem stresu, np. po niedokrwieniu lub po urazach głowy.

Hipoteza związku βA z patogenezą AD opiera się na następujących obserwacjach. U osób chorych syntetyzowane są duże ilości tego białka, które ulega konwersji do formy włókienkowej odkładanej w płytkach starczych. Ponadto białko βA wywiera niekorzystne działanie na komórki nerwowe. Wprawdzie białko βA może spontanicznie ulegać agregacji w nierozpuszczalną formę włókienkową, to istnieje wiele czynników, które dodatkowo nasilają ten proces. Już samo duże stężenie βA sprzyja agregacji. Obecność izoformy e4 genu kodującego białko ApoE także niebezpiecznie zwiększa agregację βA. Krzyżowanie myszy transgenicznych mających zmutowane geny *app* z myszami *knockout* pozbawionymi genu *app* daje potomstwo, w mózgach którego obserwuje się znacząco mniej płytek starczych, niż u rodzicielskich osobników transgenicznych.

Obserwacje u chorych z wczesną odmianą choroby Alzheimera wykazały, że mutacje w genie *app* zwiększają prawdopodobieństwo cięcia białka prekursorowego przez β- i γ-sekretazę i nasilają tendencję do agregacji zmutowanego białka. Stąd wniosek, że mutacje w genie *app* zwiększają produkcję i tworzenie depozytów białka βA.

Nie wiadomo, jaka jest rola preseniliny. Osoby z mutacją w genie kodującym presenilinę lub zwierzęta transgeniczne z nadmierną ekspresją preseniliny wykazują także zwiększony poziom białka $βA_{42}$. Jedna z hipotez zakłada, że presenilina reguluje transport zarówno γ-sekretazy, jak i APP, co ułatwia cięcie białka prekursorowego prowadzące do powstania βA. Zgodnie z inną hipotezą twierdzi się, że presenilina jest po prostu γ-sekretazą, stąd jej nadmiar powoduje też wzmożoną produkcją i odkładanie się βA.

W jaki sposób nadmiar białka βA może prowadzić do choroby Alzheimera? Część łańcucha białka βA jest bardzo podobna do neuromodulatora białkowego, substancji P, która wywiera działanie poprzez receptory tachykininy. Podobnie mogłoby oddziaływać na komórki białko βA. Istnieją sprzeczne doniesienia o działaniu peptydu βA *in vitro*. Stwierdzono, że białko βA podawane w małych stężeniach do hodowli komórkowych wykazuje działanie neurotroficzne. Wieksze stężenia tego białka są toksyczne, prowadząc do śmierci komórek, w wyniku zwiększenia napływu jonów Ca^{2+} i uruchomienia mechanizmów apoptycznych lub martwiczych oraz tworzenia się parzystych spiralnie skręconych włókienek lub płytek starczych.

Białko tau i choroba Alzheimera

Białko tau jest białkiem cytoplazmatycznym, którego główną fizjologiczną funkcją jest udział w procesach polimeryzacji tubuliny i stabilizacji mikrotubul. Jak wykazano, nadmierna fosforylacja białka tau zmniejsza jego powinowactwo do mikrotubul i zapoczątkowuje proces jego polimeryzacji we włókna. Faktycznie, głównym składnikiem wewnątrzkomórkowych, parzystych spiralnie skręconych włókienek (PHF) jest wysoko ufosforylowane białko tau. Uważa się, że tworzenie się PHF jest przyczyną zmian neurodegeneracyjnych prowadzących do otępienia starczego. W rzeczywistości to gęstość splotów włókienkowych, nie gęstość zaś płytek starczych koreluje z rozmiarami zaburzeń wywołanych chorobą Alzheimera. W parzystych skręconych włókienkach białka tau wykazano obecność epitopów APP i βA. Uważa się, że działanie peptydów βA może powodować nadmierną fosforylację białka tau, co w konsekwencji prowadzi do uszkodzenia cytoszkieletu i śmierci komórki. Podobny skutek powodują mutacje w genie kodującym białko tau. Napływ jonów Ca^{2+} do komórki wywołany toksycznym działaniem βA aktywuje proteazę, **kalpainę**, która tnie białko p35 do białka p25. W normie białko p35 kontroluje aktywność **zależnej od cykliny kinazy 5** (cdk5), która odgrywa ważną rolę w procesie wyrastania neurytów. Cięcie białka p35 do formy p25 powoduje nieprawidłową lokalizację cdk5 i jej permanentną aktywację, czego skutkiem jest nadmierna fosforylacja białka tau. Ponieważ fosforylacja uniemożliwia wiązanie się białka tau z mikrotubulami, zaburzeniu ulega także struktura cytoszkieletu komórkowego. Na *rysunku 2* przedstawiono podsumowanie patologicznych zmian przejawiających się w trakcie rozwoju choroby Alzheimera.

Udział nieprawidłowej przemiany APP w rozwoju choroby Alzheimera nie jest jednoznaczny. Obraz ten komplikują obserwacje dotyczące innej formy otępienia zwanej chorobą Picka. W tym przypadku w mózgu osób chorych występują bardzo liczne sploty włókienek nerwowych ograniczone głównie do kory czołowo-skroniowej. Jednak u pacjentów z chorobą Picka nie stwierdzono obecności płytek starczych. Liczne mutacje w genie kodującym białko tau są związane z różnorodnymi formami otępienia czołowo-skroniowego, w tym także z chorobą Picka. Mutacje, które pojawiają się w intronach genu *tau*, powodują zaburzenia w procesie alternatywnego składania (por. *Krótkie wykłady. Biochemia*, Wyd. II) *tau* mRNA, wskutek czego w komórce powstają niekorzystne stosunki ilościowe między poszczególnymi izoformami białka tau. Mechanizmy te leżą u podłoża rodzinnej wczesnej odmiany choroby Alzheimera, której objawem jest obecność skręconych wstążkowych włókienek zarówno w komórkach glejowych, jak i w neuronach. Natomiast mutacje występujące w eksonach genu *tau* uszkadzają strukturę domen wiązania z mikrotubulami. Może to powodować następujące skutki:

- destabilizację mikrotubul powodującą uszkodzenie aparatu transportu w neuronach i utratę ich funkcji;
- wzrost prawdopodobieństwa agregacji białka tau wyzwalającej mechanizm tworzenia się patologicznych struktur włókienkowych, które są toksyczne dla neuronu.

Nie wiadomo, jakie czynniki powodują agregację białka tau i tworzenie PHF. Być może są za to odpowiedzialne oddziaływanie białka tau z ujemnie naładowanymi glikozoaminoglikanami siarczanowymi, takimi jak np. siarczan heparanu. Obecność tego związku stwierdzono w komórkach nerwowych we wczesnej fazie tworzenia się zwyrodnień włókienkowych.

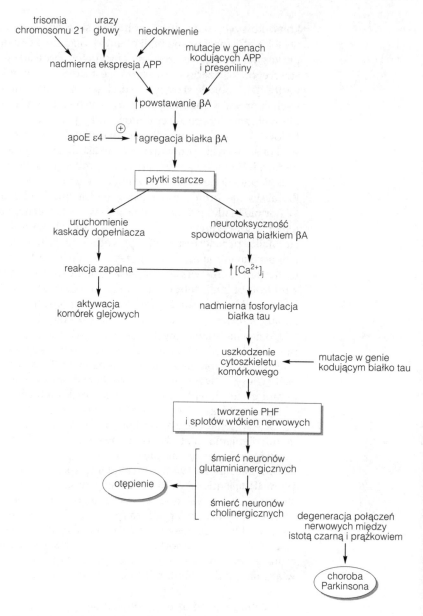

Rys. 2. Sumaryczne zestawienie zdarzeń zachodzących w trakcie rozwoju choroby Alzheimera. APP, białko prekursorowe amyloidu; βA, białka β-amyloidu; PHF, parzyste spiralnie skręcone włókienka; apoE, apolipoproteina E

Interwencja farmakologiczna w chorobie Alzheimera

Farmakoterapia choroby Alzheimera ogranicza się na razie do zastosowania licencjonowanych leków hamujących aktywność esterazy acetylocholinowej i butyrylocholinowej (np. donepezil). Ich stosowanie opiera się na założeniu, że zwiększają one efektywność działania acetylocholiny wydzielanej przez te neurony cholinergiczne okolicy podstawnej przodomózgowia, które nie uległy zmianom degeneracyjnym pod wpływem choroby. Inną grupę stanowią niesteroidowe leki przeciwzapalne, np. indometacyna. Badania kliniczne wykazują ich korzystny wpływ na procesy poznawcze. Uważa się, że mogą one poprawiać złożone funkcje struktur korowych i nasilać stan czuwania. Inne dostępne metody terapeutyczne w chorobie Alzheimera to:

- stosowanie antagonistów kanałów wapniowych oraz przeciwutleniaczy i wymiataczy wolnych rodników, co ma zapobiegać neurotoksycznym skutkom kumulacji βA;
- infuzje czynników neurotroficznych, które chronią neurony przed uszkodzeniami i wspomagają ich przeżywanie;
- podawanie inhibitorów β- i γ-sekretazy lub innych substancji uniemożliwiających agregację βA
- zastosowanie substancji blokujących przemiany metaboliczne białka p35, w których pośredniczy kalpaina.

LITERATURA UZUPEŁNIAJĄCA

Istnieje wiele obszernych podręczników neurobiologii, ale żaden z nich nie może spełnić wszystkich oczekiwań. Różni czytelnicy mają wobec podręczników subiektywne preferencje i dlatego nie będziemy rekomendować jakiejś szczególnej książki. Zamiast tego zestawiliśmy listę podręczników, o których przydatności dla studentów jesteśmy z doświadczenia przekonani.

Literatura ogólna

Bear, M.P., Connors, B.W., Paradiso, M.A. (1996) *Neuroscience: Exploring the brain.* Williams & Wilkins, Baltimore.

Kandel, E.R., Schwartz, J.H., Jessel, T.M. (1991) *Principles of Neural Science*, 3rd Edn. Pearson Education, Harlow.

Nicholls, J.G., Martin, A.R., Wallace, B.G. (1992) *From Neuron to Brain*, 3rd Edn. Sinauer Associates, Sunderland, MA.

Levitan, I.B., Kaczmarek, I.K. (1997) *The Neuron; Cell and Molecular Biology*, 2nd Edn. Oxford University Press, Oxford.

Shephard, G.M. (1994) *Neurobiology*, 3rd Edn. Oxford University Press, Oxford.

Zigmond, M.J., Bloom, F.E., Landis, S.C., Roberts, J.L., Squire, L.R. (1999) *Fundamental Neuroscience*. Academic Press, San Diego.

Literatura dla zaawansowanych

Czytelnikom pragnącym poszerzyć swą wiedzę w zakresie specyficznych tematów polecamy zestawione tu artykuły. W wielu przypadkach są one zbyt zaawansowane dla studentów pierwszych lat, ale stanowią cenne źródło informacji w przedmiotach studiowanych w późniejszym toku studiów.

Sekcja A

Pardridge, W.M. (1998) *Introduction to the Blood-Brain Barrier.* Cambridge University Press, Cambridge.

Swanson, G (Ed.) (1996) Special issue: Glial signaling. *Trends Neurosci.* **19**, 305–369.

Walmsey, B., Alvarez, F.J., Fyffe, R.E.W. (1998) Diversity of structure and function at mammalian central synapses. *Trends Neurosci.* **21**, 81–88.

Sekcja B

Hille, B. (1992) *Ionic Channels of Excitable Cells*, 2nd Edn. Sinauer Assiociates, Sunderland, MA.

Hodgkin, A.L. (1964) The ionic basis of nervous conduction. *Science,* **145**, 1148–1153.

Huxley, A.F. (1964) Excitation and conduction in nerve. *Science,* **145**, 1154–1159.

Matthews, G.G. (1998) *Cellular Physiology of Nerve and Muscle*, 3rd Edn. Blackwell Science, Malden, MA.

Ogden, D. (Ed.) (1994) *Microelectrode Techniques. The Plymouth Workshop Handbook.* The company of Biologists Limited, Cambridge.

Sekcja C

Buhl, E.H., Halasy, K., Somogyi, P. (1994) Diverse sources of hippocampal unitary inhibitory postsynaptic potentials and the nuber of synaptic release sites. *Nature,* **368**, 823–828.

Nicholls, D.G. (1994) *Proteins, Transmitters and Synapses.* Blackwell Scientific Publications, Oxford.

Revest, P., Longstaff, A. (1998) *Molecular Neuroscience.* BIOS Scientific Publishers Ltd, Oxford.

Sudhof, T.S. (1995) The synaptic vesicle cycle: a cascade of protein-protein interactions. *Nature,* **375**, 869–875.

Sekcja D

Hoffman, D.A., Magee, J.C., Colbert, C.M., Jonhston, D. (1997) K⁺ channel regulation of signal propagation in dentrites of hippocampal pyramidal cells. *Nature,* **387,** 869–875.

Midtgaard, J. (1994) Processing of information from different sources: spatial synaptic integration in the dendrites of vertebrate CNS neurons. *Trends Neurosci.* **17,** 166–173.

Stuart, G., Spruston, N., Sakmann, B., Hausser, M. (1997) Action potential initiation and backpropagation in neurons in the mammalian CNS. *Trends Neurosci.* **20,** 125–131.

Sekcja E

Barr, M.L., Kiernan, J.A. (1983) *The Human Nervous System,* 4th Edn. Harper and Row Publishers, Philadelphia.

Berns, G.S. (1999) Functional neuroimaging. *Life Sciences,* **65,** 2531–2540.

Fitzgerald, M.J.T. (1996) *Neuroanatomy: basic and clinical,* 3rd Edn. W.B. Saunders Company, London.

Tagamets, M.A., Horwitz, B. (1999) Functional brain imaging and modeling of brain disorders. *Prog. Brain Research,* **121,** 185–200.

Sekcja F

Konig, P., Engel, A.K., Singer, W. (1996) Integrator or coincidence detector? The role of the cortical neuron revisited. *Trends Neurosci.* **19,** 130–137.

Von der Malsburg, C. (1995) Binding in models of perception and brain function. *Curr. Opin. Neurobiol.* **5,** 520–526.

Sekcja G

Berlucchi, G., Aglioti, S. (1997) The body in the brain: neural bases of corporeal awareness. *Trends Neurosci.* **20,** 560–564.

Melzack, R., Wall, P. (1993) *The Challenge of Pain,* 2nd Edn. Penguin, London.

Wall, P. (1999) *Pain: the science of suffering.* Weidenfeld and Nicholson, London.

Sekcja H

Bullier, J., Novak, L.G. (1995) Parallel versus serial processing: new vistas on the distributed oraganization of the visual system. *Curr. Opin. Neurobiol.* **5,** 497–503.

Crick. F., Koch, C. (1995) Are we aware of neural activity in primary visual cortex? *Nature,* **375,** 121–123.

Goodale, M.A., Milner, A.D. (1992) Separate visuals pathway for perception and action. *Trends Neurosci.* **15,** 20–25.

Grossberg, S., Mingolla, E., Ross, W.D. (1997) Visual brain and visual perception: how does the cortex do perceptual grouping? *Trends Neurosci.* **20,** 106–111.

Hubel, D.H. (1982) Exploration of the primary visual cortex, 1955-78. *Nature,* **299,** 515–524.

Livingstone, M.S. (1988) Art, illusion and the visual system. *Scientific American,* **258,** 68–76.

Masland, R.H. (1986) the functional architecture of the retina. *Scientific American,* **255,** 90–99.

Sharpe, L.T., Stockman, A. (1999) Rod pathways: the importance of seeing nothing. *Trends Neurosci.* **22,** 497–504.

Sekcja I

Brainard, M.S. (1994) Neural substrates of sound localization. *Curr. Opin. Neurobiol.* **4,** 557–562.

Cohen, Y.E., Knudsen, E.I. (1999) Maps versus clusters: different representations of auditory space in the midbrain and forebrain. *Trends Neurosci.* **22,** 128–135.

Hudspeth, A.J. (1997) Mechanical amplification of stimuli by hair cells. *Curr. Opin. Neurobiol.* **7,** 480–486.

King, A.J. (1999) Sensory experience and the formation of a computional map of auditory space in the brain. *Bioessays,* **21,** 900–911.

Sekcja J

Freeman, W. (1991) The physiology of perception. *Scientific American,* **264,** 34–41.

Mombaerts, P. (1999) 7TM proteins as odorant and chemosensory receptors. *Science,* **286,** 707–711.

Mori, K., Nagao, H., Yoshihara, Y. (1999) The olfactory bulb: coding and processing of odor molecule information. *Science,* **286,** 711–715.

Nakanishi, S. (1995) Second-order neurons and receptors mechanisms in visual and olfactory-information processing. *Trends Neurosci.* **18,** 359–364.

Smith, D.V., Margolis, F.L. (1999) Taste processing: wetting our appetites. *Curr. Biol.* **9,** 453–455.

Smith, D.V., St John, S.J. (1999) Neural coding of gustatory information. *Curr. Opin. Neurobiol.* **9,** 427–435.

Sekcja K

Blake, D.J., Kroger, S. (2000) The neurobiology of Duchenne muscular dystrophy: learning lessons from muscle? *Trends Neurosci.* **23,** 92–99.

Clarac, F., Cattaert, D., Le ray, D. (2000) Central control components of a 'simple' stretch reflex. *Trends Neurosci.* **23,** 199–208.

Georgopoulos, A.P. (1995) Current issues in directional motor control. *Trends Neurosci.* **18,** 506–510.

Grillner, S. (1996) Neural networks for vertebrate locomotion. *Scientific American,* **274,** 48–53.

Rowe, J.B., Frackowiak, R.S. (1999) The impact of brain imaging technology on our understanding of motor function and dysfunction. *Curr. Opin. Neurobiol.* **9,** 728–734.

Sekcja L

Alexander, G.E., DeLong, M.R., Strick, P.L. (1986) Parallel organization of functionally segregated circuits linking basal ganglia and cortex. *Ann. Rev. Neurosci.* **9,** 357–381.

Chesselet, M-F., Delfs, J.M. (1996) Basal ganglia and movement disorders: an update. *Trends Neurosci.* **19,** 417–422.

Grieve, K.L., Acuna, C., Cudeiro, J. (2000) The primitive pulvinar nuclei: vision and action. *Trends Neurosci.* **23,** 35–39.

Swanson, G. (Ed.). (1998) Special issue: cerebellum development, physiology and plasticity. *Trends Neurosci.* **21,** 367–418.

Sekcja M

Hadley, M.E. (1992) *Endocrinology,* 3rd Edn. Pretince-Hall International, New Jersey.

Herman. J.P., Cullinan, W.E. (1997) Neurocircuitry of stress: central control of the hypothalamo-pituitaryadrenocortical axis. *Trends Neurosci.* **20,** 78–84.

Johnson, M., Everitt, B. (1988) *Essential Reproduction,* 3rd Edn. Blackwell Scientific publications, Oxford.

Jordon, D. (Ed.) (1997) Central nervous control of autonomic function. Harwood Academic, Amsterdam.

Kalin, N.H. (1993) The neurobiology of fear. *Scientific American,* **208,** 54–60.

LeVay, S. (1993) *The Sexual Brain.* MIT Press, Cambidge, MA.

Zakon, H.H. The effect of steroid hormones on electrical activity of excitable cells. *Trends Neurosci.* **21,** 202–207.

Sekcja N

Cooper, J.R., Bloom, F.E., Roth, R.H. (1991) *The Biochemical Basis of Neuropharmacology,* 6th Edn. Oxford University Press, Oxford.

Nemeroff, C.B. (1998) The neurobiology of depression. *Scientific American,* **278,** 28–35.

Perry, E., Walker, M., Grace, J., Perry, R. (1999) Acetylcholine in mind: a neurotrasmitter correlate of consciousness. *Trends Neurosci.* **22,** 273–280.

Sekcja O

Bergh, C., Sodersten, P. (1996) Anorexia nervosa, self-starvation and the reward of stress. *Nature Medicine,* **2,** 21–22.

Elmkuist, J.K., Maratos-Flier, E., Saper, C.B., Flier, J.S. (1998) Unraveling the central nervous system pathways underlying responses to leptin. *Nature Neurosci.* **1,** 445–450.

Inui, A. (1999) Feeding and body weight regulation by hypothalamic neuropeptides--mediation of the actions of leptin. *Trends Neurosci.* **22,** 62–67.

Kalivas, P.W., Nakamura, M. (1999) Neural system for behavioral activation and reward. *Curr. Opin. Neurobiol.* **9,** 223–227.

Spanagel, R. and Weiss, F. (1999) The dopamine hypothesis of reward: past and current status. *Trends Neurosci.* **22,** 521–527.

Steriade, M., Contreras, D., Amzica, F. (1994) Synchronized sleep oscillations and theis paroxysmal developments. *Trends Neurosci.* **17**, 199–208.

Sekcja P

Eisen, J.S. (1999) Patterning motoneurons in the vertebrate nervous system. *Trends Neurosci.* **22**, 321–326.

Jessen, K.R., Mirsky, R. (1999) Schwann cells and their precursors emerge as major regulators of nerve development. *Trends Neurosci.* **22**, 402–410.

Mehler, M.F., Mabie, P.C., Zhang, D., Kessler, J.A. (1997) Bone morphogenetic proteins in the nervous system. *Trends Neurosci.* **20**, 309–317.

Parnavelas, J.G. (2000) The orogin and migration of cortical neurons: new vistas. *Trends Neurosci.* **23**, 216–131.

Rakic, P. (1998) Specification of cerebral cortical areas. *Science,* **241**, 170–176.

Ruegg, M.A., Bixby, J.L. (1998) Argin orchestrates synaptic differentiation at the vertebrate neuromuscular junction. *Trends Neurosci.* **21**, 22–27.

Shwaab, D.F., Hofman, M.A. (1995) Sexual differentiation of the human hypothalamus in relation to gender and sexual orientation. *Trends Neurosci.* **18**, 264–270.

Wiesel, T.N. (1982) Postnatal development of the visual cortex and the influence of the environment. *Nature,* **299**, 583–591.

Sekcja Q

Bliss, T.V.P., Collingridge, G.L. (1993) A synaptic model of memory: long-term potentiation in the hippocampus. *Nature,* **361**, 31–39.

Buckner, R.L., Kelley, W.M., Petersen, S.E. (1999) Frontal cortex contributes to human memory formation. *Nature Neurosci.* **2**, 311–314.

Edwards, F. (1995) LTP-a structural model to explain the inconsistencies. *Trends Neurosci.* **18**, 250–255.

Fletcher, P.C., Frith, C.D., Rugg, M.D. (1997) The functional neuroanatomy of episodic memory. *Trends Neurosci.* **20**, 213–218.

Kim, J.J., Thompson, R.F. Cerebellar circuits and synaptic mechanism involved in classical eyeblink conditions. *Trends Neurosci.* **20**, 177–181.

Klintsova, A.Y., Greenough, W.T. (1999) Synaptic plasticity in cortical systems. *Curr. Opin. Neurobiol.* **9**, 203–208.

Linden, D.J. (1994) Long-term synaptic depression in the mammalian brain. *Neuron,* **12**, 457–472.

Morales, M., Goda, Y. (1999) Nomadic NMDA receptors and LPT. *Neuron,* **23**, 431–434.

Rose, S.P.R. (1995) Cell-adhesion molecules, glucocorticoids and long-term memory formation. *Trends Neurosci.* **18**, 502–506.

Silvia, A.J., Kogan, J.H., Frankland, P.W., Kida, S. (1998) Creb and memory. *Ann. Rev. Neurosci.* **21**, 127–148.

Soderling, T.R., Derkach, V.A. (2000) Postsynaptic protein phosphorylation and LTP. *Trends Neurosci.* **23**, 75–80.

Wilson, M.A., Tonagawa, S. (1997) Synaptic plasticity, place cells and spatial memory: study with second generation knockouts. *Trends Neurosci.* **20**, 102–106.

Sekcja R

Campbell, P. (Ed.) (1999) Neurological disorders. *Nature,* **399** (suppl.), A3–A45.

Dirnagl, U., Iadecola, C., Moskowitz, M.A. (1999) Pathobiology of ischemic stroke: an integrated approach. *Trends Neurosci.* **22**, 391–397.

Kempermann, G., Gage, F. New nerve cells for the adult brain. *Scientific American,* **280**, 38–43.

Hardy, J. (1997) Amyloid, the presenilins and Alzheimer's disease. *Trends Neurosci.* **20**, 154–159.

Schoepp, D.D., Conn, P.J. (1993) Metabotropic glutamate receptors in brain function and pathology. *Trends Pharmacol. Sci.* **14**, 13–20.

Wheal, H.V., Bernard, C., Chad, J.E., Cannon, R.C. (1998) Pro-epileptic changes in synaptic function can be accompanied by pro-epileptic changes in neuronal excitability. *Trends Neurosci.* **21**, 167–174.

INDEKS

Opracował Grzegorz Hess

Gwiazdką oznaczono numery stron, na których hasła znajdują się na rysunku, w jego podpisie lub w tabeli.

Wydawnictwo Naukowe PWN SA
Wydanie pierwsze
Skład i łamanie: W-TEAM
Arkuszy drukarskich 36,25
Druk ukończono we wrześniu 2002 r.
Druk i oprawa: Pabianickie Zakłady Graficzne SA